● 厦门大学首批“十四五”精品教材立项建设项目

数字逻辑电路实验

主　编● 谢作生

副主编● 李　杰　曾文华　朱晋英

厦门大学出版社 XIAMEN UNIVERSITY PRESS | 国家一级出版社 全国百佳图书出版单位

图书在版编目（CIP）数据

数字逻辑电路实验 / 谢作生主编. -- 厦门 ：厦门大学出版社，2025. 6. -- ISBN 978-7-5615-9758-3

Ⅰ. TN79-33

中国国家版本馆 CIP 数据核字第 2025ZW6983 号

责任编辑 郑　丹
美术编辑 李嘉彬
技术编辑 许克华

出版发行 厦门大学出版社
社　　址 厦门市软件园二期望海路 39 号
邮政编码 361008
总　　机 0592-2181111　0592-2181406(传真)
营销中心 0592-2184458　0592-2181365
网　　址 http://www.xmupress.com
邮　　箱 xmup@xmupress.com
印　　刷 厦门市明亮彩印有限公司

开本 787 mm×1 092 mm　1/16
印张 27.25
字数 648 千字
版次 2025 年 6 月第 1 版
印次 2025 年 6 月第 1 次印刷
定价 49.00 元

厦门大学出版社
微信二维码

厦门大学出版社
微博二维码

前　言

目前传统的计算机、电子信息类硬件实验通常在线下进行。实验教学的开展受时间、场地、内容和单次实验结果认定等多方面的限制，较难用数字化的手段完成过程管理和结果评价。

结合厦门大学数字实验平台的建设，厦门大学“电子线路实验”课程教学团队对数字教育技术如何赋能传统硬件类实验课进行了一次有益的探索。通过将数字实验平台的计算能力和软件能力、FPGA 开发工具提供的远程下载调试能力、口袋实验板的便携性以及基于 Verilog HDL 语言的自动评测技术有机衔接，课程教学团队初步实现了数字实验平台对硬件实验的全流程支撑，在一定程度上突破了传统硬件实验的时空限制，实现了数字技术背景下的传统硬件实验的泛在开展模式。本书就是在这样一个背景下产出的，其定位是为“以学生为主体”的实验教学提供系统性支撑材料。

本书对通信工程、计算机、软件工程等相关专业的“数字电子线路”“数字逻辑”课程对应实验的不同需求进行了整合，涵盖基于 Logisim 软件的数字逻辑电路实验、基于中小规模集成电路芯片的数字逻辑电路实验和基于 FPGA 的数字逻辑电路实验三部分内容。其中第一部分包括 Logisim 仿真软件的使用、逻辑代数、集成门电路与触发器、组合逻辑电路和同步时序逻辑电路等 8 个实验；第二部分包括门电路参数特性测量、组合逻辑电路、时序逻辑电路和时基 555 及其运用等 4 个实验；第三部分包括 FPGA 开发基础、组合逻辑电路、时序逻辑电路、有限状态机、常用接口模块、XADC/DAC 模块运用及波形发生器等方面的 16 个实验。

结合实验教学的实际需求，本书编写团队按照“积木式、开箱即用”的思想对教材内容进行了选取，对教材内容的呈现进行了设计，对配套教学资料进行了整理。用户可依据不同专业需求和教学难度要求，灵活抽取实验内容模块，构建 20～64 学时的实验教学。

全书由谢作生进行统稿。第一部分由曾文华老师进行编写、定稿，第二部分由朱晋英老师根据现有实验教材进行整理、汇总，第三部分由谢作生、李杰老师根据近年编写的实验讲义进行汇总、整理，其中实验十三至实验二十三由谢作生牵头汇总、整理，实验二十四至实验二十八、附录由李杰老师牵头汇总、整理。

编者

2025 年 1 月

目　录

第一部分　基于 Logisim 仿真软件的数字逻辑电路实验

第二部分　基于中小规模集成电路芯片的数字逻辑电路实验

第三部分　基于 FPGA 的数字逻辑电路实验

第一部分

基于 Logisim 仿真软件的数字逻辑电路实验

实验一　Logisim 仿真软件的使用

1　实验目的及学习要求

1.1　实验目的

(1)了解 Logisim 仿真软件的基本功能。

(2)掌握 Logisim 仿真软件的基本使用方法。

(3)培养科学精神、工匠精神、系统观及规矩意识。

1.2　学习要求

(1)通过课前预习，了解 Logisim 仿真软件的基本功能，并预先下载到自己的电脑上进行安装运行。

(2)通过课间练习，掌握 Logisim 仿真软件的基本使用方法，重点掌握 Logisim 仿真软件电路封装的功能。

(3)通过课后复习，掌握 Logisim 仿真软件各种组件的使用方法。

2　实验原理

2.1　Logisim 简介

Logisim 是一款用于设计和模拟数字逻辑电路的仿真工具，其特点是操作简单、界面直观，通过简单的鼠标拖拽连线即可完成数字逻辑电路的设计与仿真。Logisim 的子电路封装功能可以让用户方便地构建大规模的数字逻辑电路。

Logisim 软件界面包括 5 个部分(图 1.1)：菜单栏、工具栏、管理窗、属性表和画布。菜单栏共有 6 个一级菜单，每个一级菜单又有若干个二级菜单。工具栏共有 14 个按钮。管理窗提供所有的基本组件(以文件夹目录形式显示)，其中第一个文件夹为用户目录。属性表为当前选中组件的基本属性(图 1.1 中显示的是“与门”组件的属性)，用户可以根据需要修改其属性参数。画布区域是用户绘制电路的窗口，也是我们最经常使用的区域。

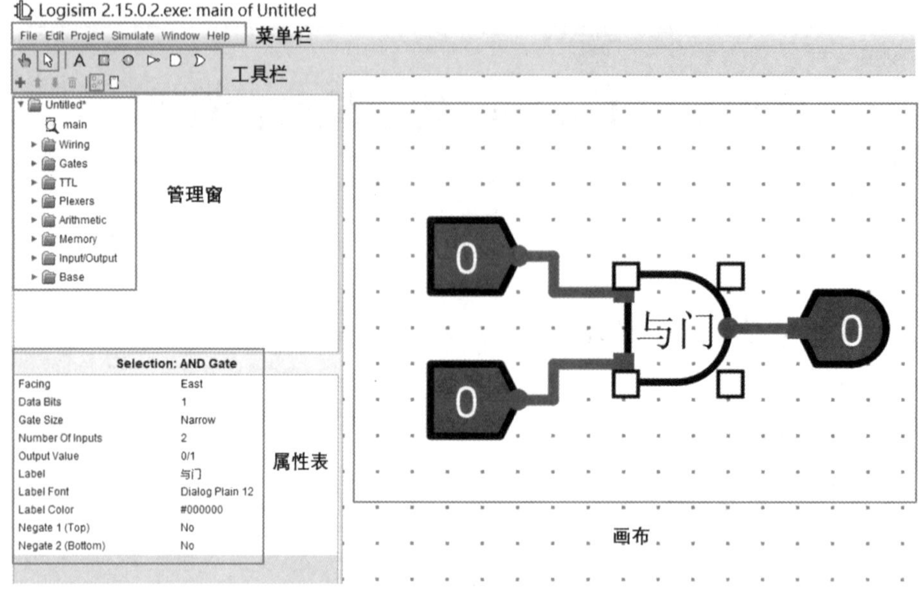

图 1.1　Logisim 软件界面的 5 个部分

2.2　Logisim 基本组件介绍

Logisim 共有 8 个基本组件(位于图 1.1 的管理窗中),分别是线路(Wiring)、门电路(Gates)、TTL 芯片(TTL)、多路复用器(Plexers)、算术运算(Arithmetic)部件、存储器(Memory)、输入/输出(Input/Output)组件和基本工具(Base)。下面分别进行介绍。

2.2.1　线路(Wiring)

线路组件中共有 13 个部件(图 1.2),分别是分线器(Splitter)、输入与输出(Pin)、探针(Probe)、隧道(Tunnel)、上拉电阻(Pull Resistor)、时钟(Clock)、函数发生器(Programmable Generator)、常量(Constant)、电源(Power)、接地(Ground)、晶体管(Transistor)、传输门(Transmission Gate)和位扩展器(Bit Extender)。

分线器是 Logisim 中最常用的组件,可以用于"一变多""多变一""2 个 4 位输入拼接成 1 个 8 位输出""1 个 8 位输入分成 2 个 4 位输出"等(图 1.3)。

探针用于显示电路中某个位置的数值(图 1.4)。

隧道用于连接电路中的部件(图 1.5),也是 Logisim 中常用的组件。

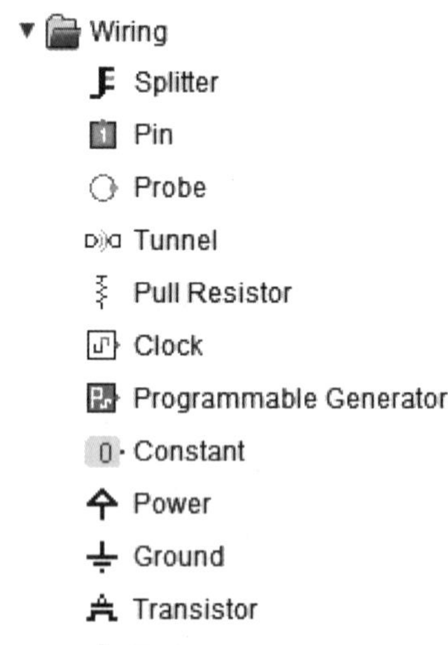

图 1.2　线路组件中的 13 个部件

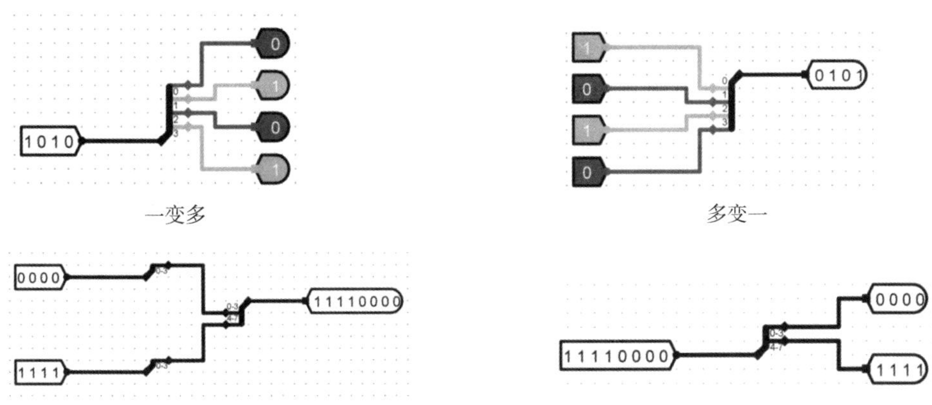

图 1.3　分线器的使用

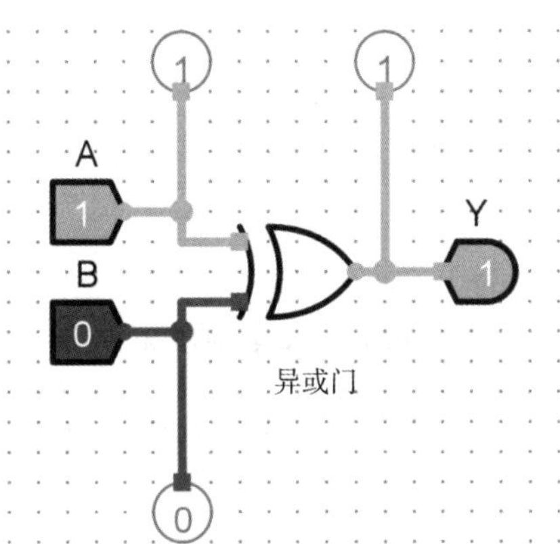

图 1.4　探针的使用

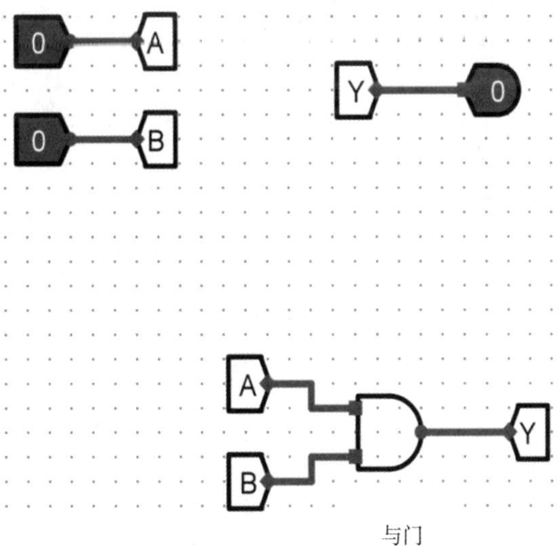

图 1.5　隧道的使用

时钟的频率可以改变(菜单:Simulate→Tick Frequency),按 Ctrl+T 产生 1 次时钟(Tick Once),按 Ctrl+K 则产生连续的时钟(Ticks Enabled)。具体见图 1.6。

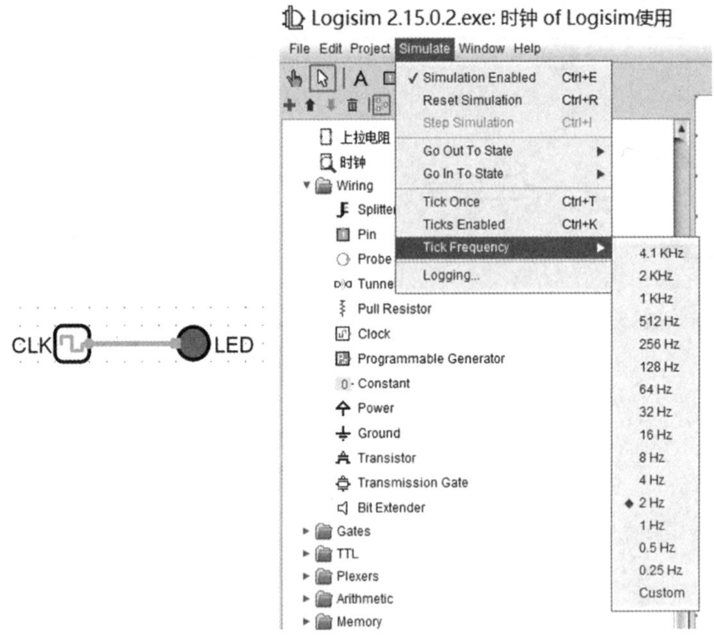

图 1.6 时钟的使用

函数发生器用于产生连续的波形,波形的形状可以通过设置不同的参数而改变(图 1.7)。

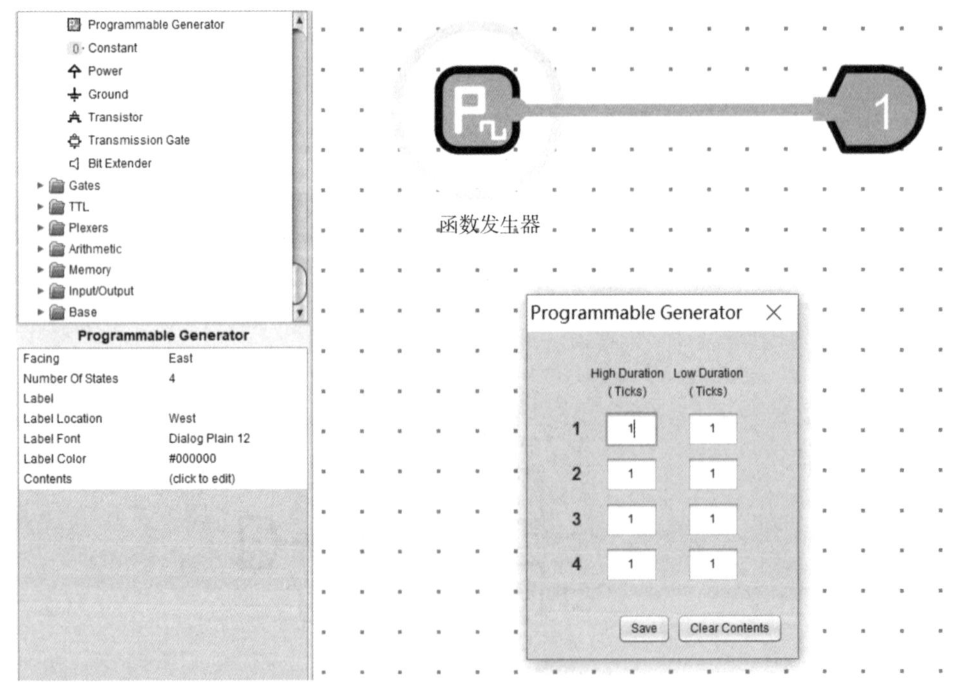

图 1.7 函数发生器的使用

晶体管有 2 个输入端(C、X)和 1 个输出端(Y)。$C=0$ 时,$Y=X$;$C=1$ 时,$Y=$高阻。具体见图 1.8。

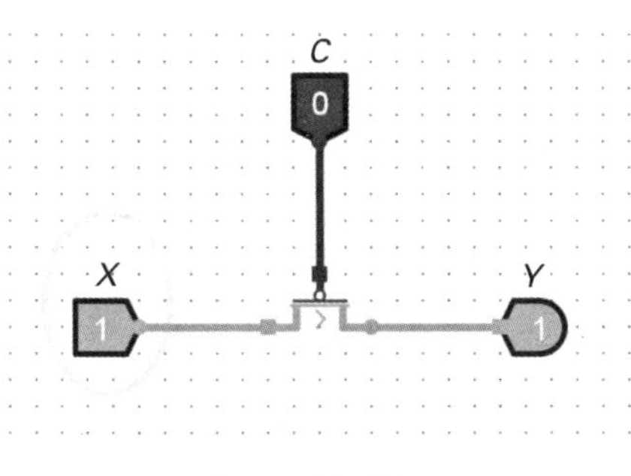

$C=0$　$Y=X$

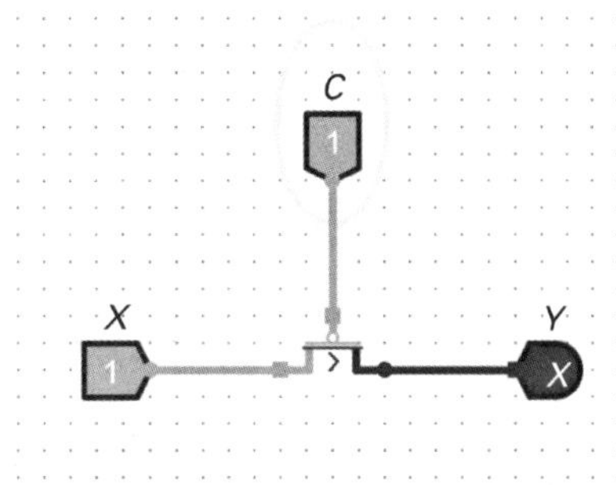

$C=1$　$Y=$高阻

图 1.8　晶体管的使用

传输门有 3 个输入端(H、L、X)和 1 个输出端(Y)。$H=1$、$L=0$ 时,$Y=X$;$H=0$、$L=1$ 时,$Y=$高阻;$H=0$、$L=0$ 或者 $H=1$、$L=1$ 时,Y 出错。具体见图 1.9。

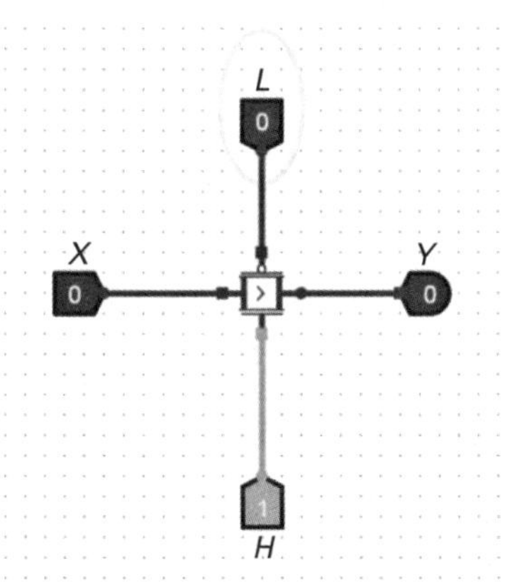

$H=1$、$L=0$　$Y=X$

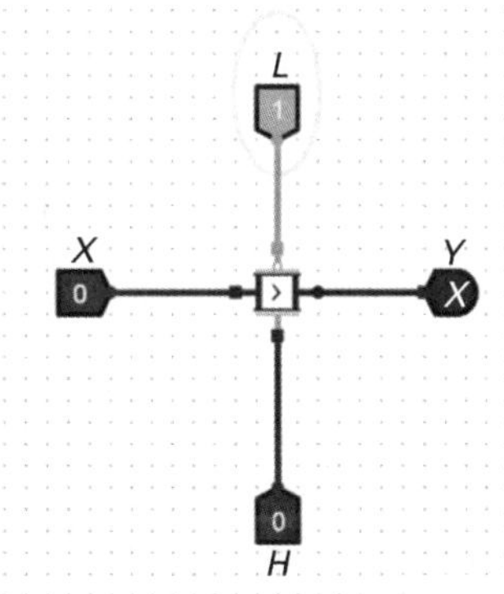

$H=0$、$L=1$　$Y=$高阻

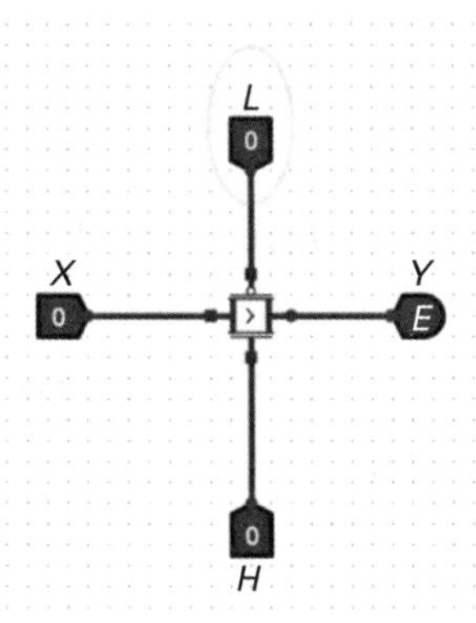

$H=0$、$L=0$　Y 出错

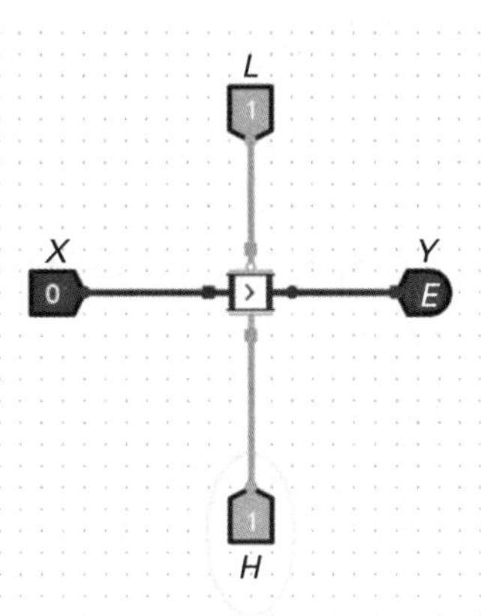

$H=1$、$L=1$　Y 出错

图 1.9　传输门的使用

位扩展器可以用于零扩展(无符号数扩展),也可以用于符号扩展(有符号数扩展),具体见图 1.10。

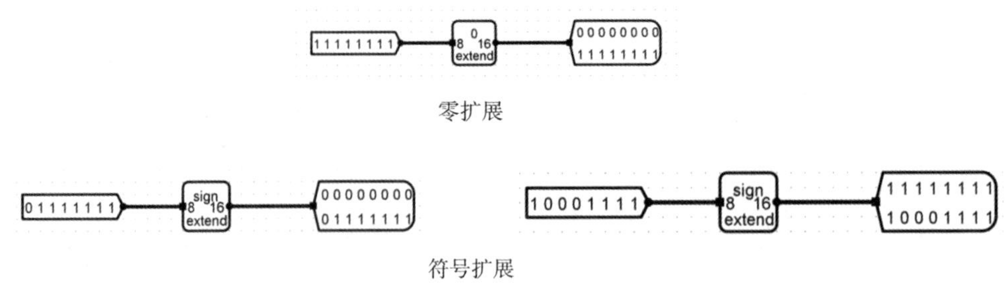

图 1.10　位扩展器的使用

2.2.2　门电路(Gates)

门电路组件中共有 12 个部件(图 1.11),分别是非门(NOT Gate)、缓冲器(Buffer)、与门(AND Gate)、或门(OR Gate)、与非门(NAND Gate)、或非门(NOR Gate)、异或门(XOR Gate)、异或非门(XNOR Gate)、奇校验(Odd Parity)、偶校验(Even Parity)、可控缓冲器(Controlled Buffer)、可控反相器(Controlled Inverter)。

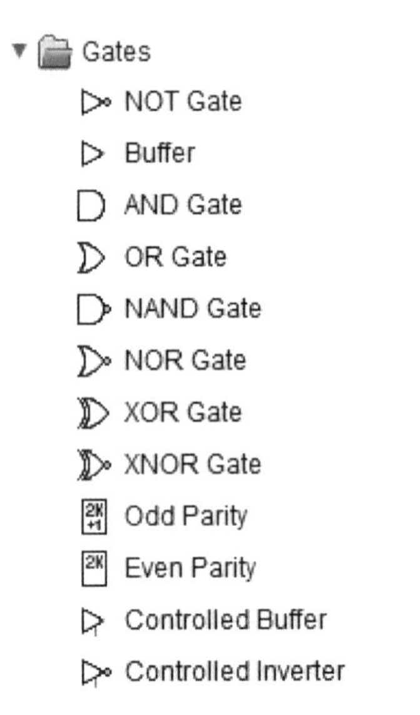

图 1.11　门电路组件中的 12 个部件

非门、缓冲器、与门、或门、与非门、或非门、异或门、异或非门的使用比较简单,这里就不再详细叙述。

奇校验的输出(Y)与输入(A、B)之间的关系为异或,即 $Y=A\oplus B$。偶校验的输出(Y)与输入(A、B)之间的关系为异或非,即 $Y=\overline{A\oplus B}$。具体见图 1.12。

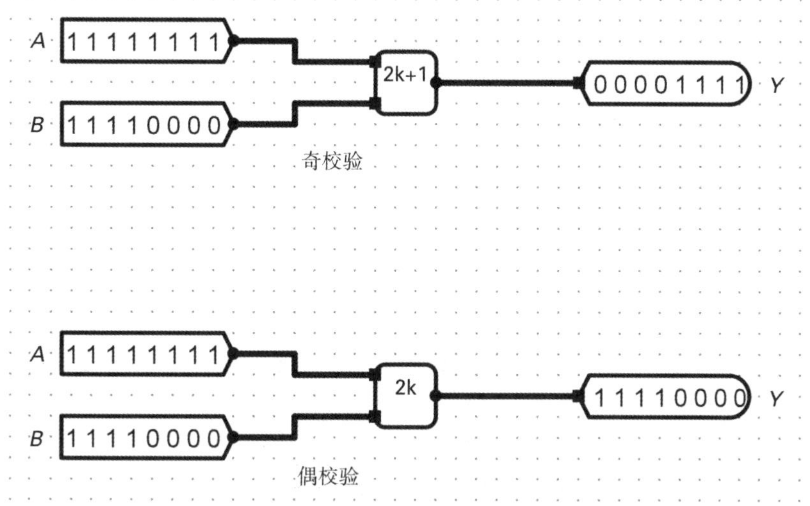

图 1.12　奇校验和偶校验部件

可控缓冲器有 2 个输入端(C、X)和 1 个输出端(Y)。$C=1$ 时,$Y=X$;$C=0$ 时,$Y=$高阻,具体见图 1.13。

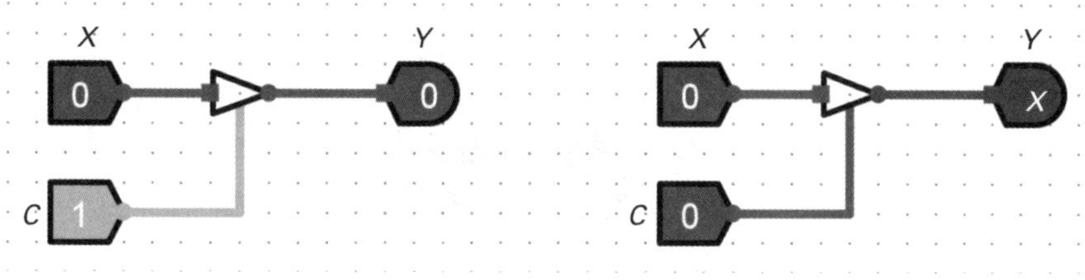

图 1.13　可控缓冲器的使用

可控反相器也有 2 个输入端(C、X)和 1 个输出端(Y)。$C=1$ 时,$Y=\overline{X}$;$C=0$ 时,$Y=$高阻,具体见图 1.14。

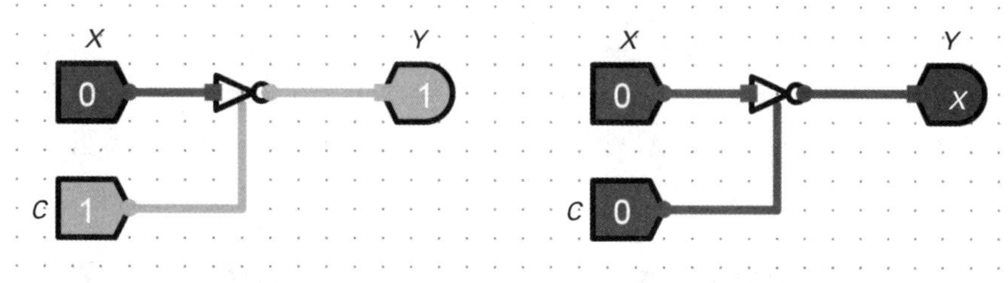

图 1.14　可控反相器的使用

2.2.3　TTL 芯片(TTL)

TTL 芯片组件中共有 12 个部件(图 1.15),分别是 7400(4 个与非门)、7402(4 个或非门)、7404(6 个非门)、7408(4 个与门)、7432(4 个或门)、7447(七段码译码器)、7485(4 位比较器)、7486(4 个异或门)、74125(4 个三态门)、74165(8 位并-串转换移位器)、74283(4 位加法器)、747266(4 个异或非门)。

▼ TTL

- 7400: quad 2-input NAND gate
- 7402: quad 2-input NOR gate
- 7404: hex inverter
- 7408: quad 2-input AND gate
- 7432: quad 2-input OR gate
- 7447: BCD to 7-segment decoder
- 7485: 4-bit magnitude comparator
- 7486: quad 2-input XOR gate
- 74125: quad bus buffer, three-state outputs, negative enable
- 74165: 8-bit parallel-to-serial shift register
- 74283: 4-bit binary full adder
- 747266: quad 2-input XNOR gate

图 1.15　TTL 芯片组件中的 12 个部件

7400 芯片的使用方法见图 1.16。图 1.16 只给出了一个与非门的接线，输入为 A 和 B，输出为 Y，V_{CC} 接电源，GND 接地，$Y=\overline{A\cdot B}$。7402、7404、7408、7432、7486、747266 芯片的使用方法与 7400 芯片类似。

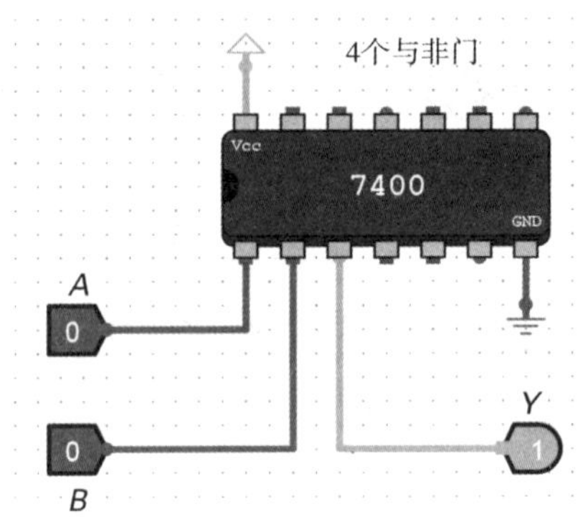

图 1.16　7400 芯片的使用

74125 芯片的使用方法见图 1.17。图 1.17 只给出了一个三态门的接线，输入为 C 和 X，输出为 Y，V_{CC} 接电源，GND 接地。当 $C=0$ 时，$Y=X$；当 $C=1$ 时，$Y=$高阻。

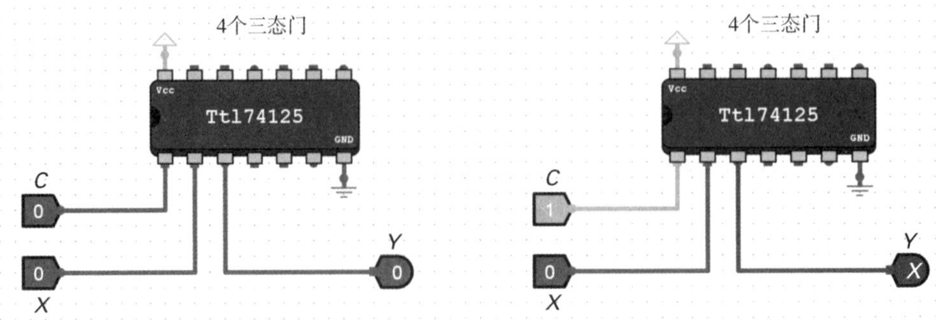

图 1.17　74125 芯片的使用

7447 芯片用于将 4 位二进制数转换为 7 位七段码，图 1.18 给出了 7447 与数码管的连接方式。当 LT=1，BI=1，RBI=1 时，输出 Y 为输入 A 对应的七段码，数码管将显示 A 对应的十六进制数。

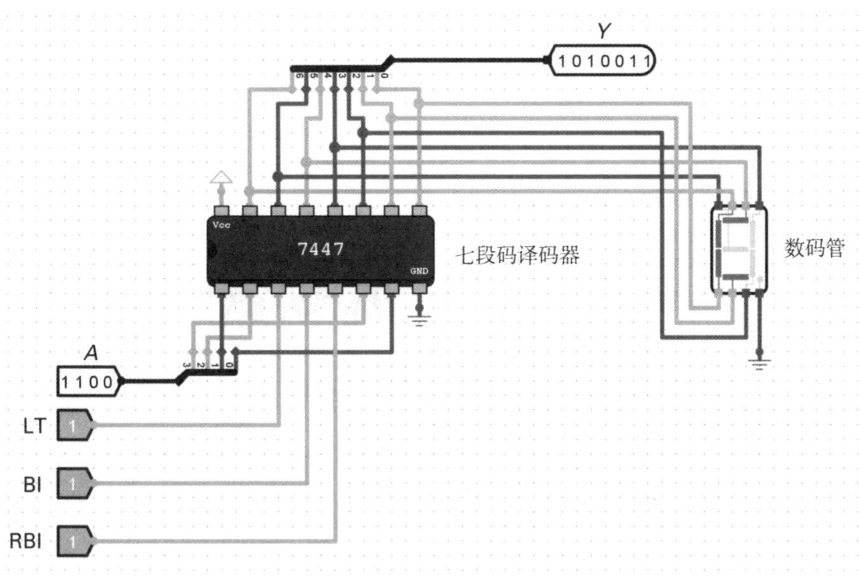

图 1.18　7447 芯片的使用

7485 芯片用于实现两个 4 位无符号二进制数的比较。A、B 为输入端，左边的 $A<B$、$A=B$、$A>B$ 为控制端，右边的 $A<B$、$A=B$、$A>B$ 为输出端。置控制端 $A<B$、$A=B$、$A>B$ 均为 1，当 A 小于 B 时，输出端 $A<B$ 为 1，$A=B$ 和 $A>B$ 均为 0；当 A 等于 B 时，输出端 $A=B$ 为 1，$A<B$ 和 $A>B$ 均为 0；当 A 大于 B 时，输出端 $A>B$ 为 1，$A<B$ 和 $A=B$ 均为 0。具体见图 1.19。

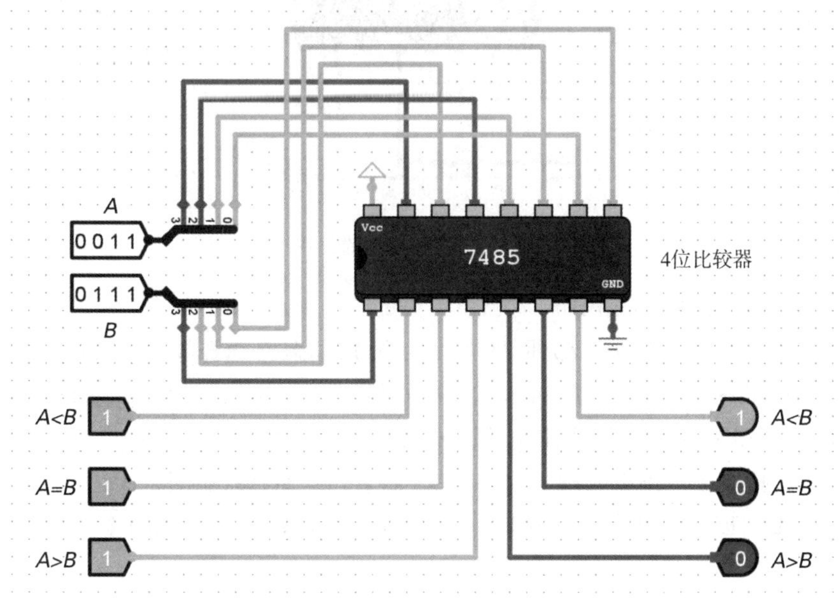

图 1.19　7485 芯片的使用

74165 芯片用于实现 8 位并行二进制数转换为 1 位串行二进制数。输入信号为 Data(8 位)、Serial Input、Clk Inhibit、Shift/Load、CLK；输出信号为 Q_7 和$\overline{Q_7}$。置 Data=10101010、Serial Input=0、Clk Inhibit=0、Shift/Load=0，按 CLK 按钮，则将 Data 中的数据送到 74165 芯片中。再置 Shift/Load=1，按 CLK 按钮多次，则将 Data 中的数据通过 Q_7 和$\overline{Q_7}$输出。具体见图 1.20。

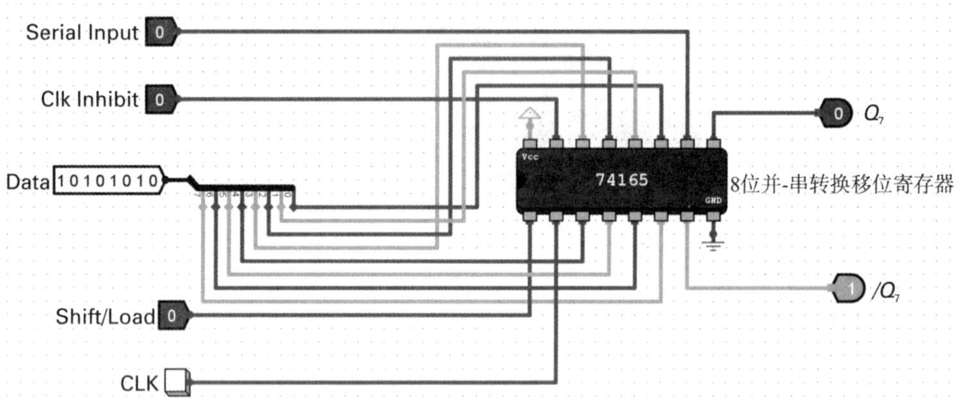

图 1.20 74165 芯片的使用

74283 芯片用于两个 4 位二进制数相加。输入信号为 A(4 位)、B(4 位)、C_{in}；输出信号为 C(4 位)、C_{out}；$\{C_{out}, C\}=A+B+C_{in}$。具体见图 1.21。

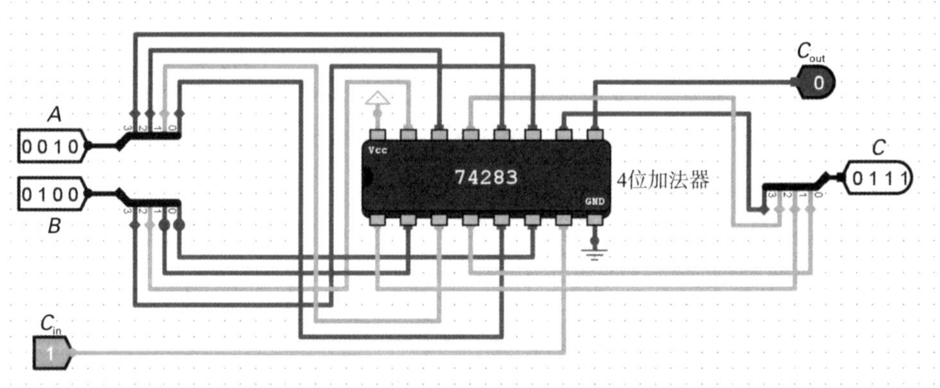

图 1.21 74283 芯片的使用

2.2.4 多路复用器(Plexers)

多路复用器组件中共有 6 个部件(图 1.22)，分别是多路选择器(Multiplexer)、多路分配器(Demultiplexer)、解码器(Decoder)、七段码解码器(7-Segment Display Decoder)、优先级编码器(Priority Encoder)、位选择器(Bit Selector)。

使用多路选择器部件可以实现 2 路，4 路，8 路，…，2^n 路选择器，图 1.23 为 2 路选择器。输入为 A、B、SEL、EN，输出为 Y。当 EN=0 时，Y=高阻；当 EN=1、SEL=0 时，$Y=A$；当 EN=1、SEL=1 时，$Y=B$。

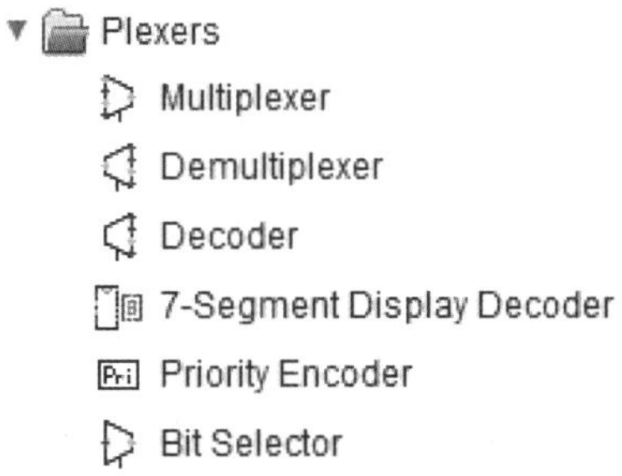

▼ Plexers
- Multiplexer
- Demultiplexer
- Decoder
- 7-Segment Display Decoder
- Priority Encoder
- Bit Selector

图 1.22　多路复用器组件中的 6 个部件

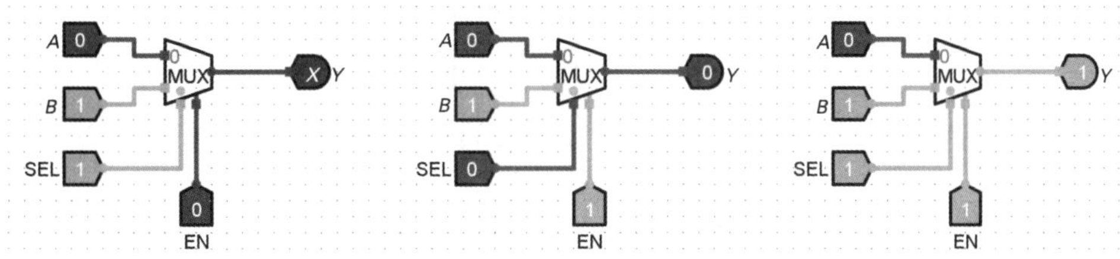

图 1.23　多路选择器的使用——2 路选择器

使用多路分配器部件可以实现 2 路，4 路，8 路，…，2^n 路分配器，图 1.24 为 2 路分配器。输入为 X、EN、SEL，输出为 Y_0、Y_1。当 EN=0 时，Y_0 和 Y_1 均为高阻；当 EN=1、SEL=0 时，$Y_0=X$；当 EN=1、SEL=1 时，$Y_1=X$。

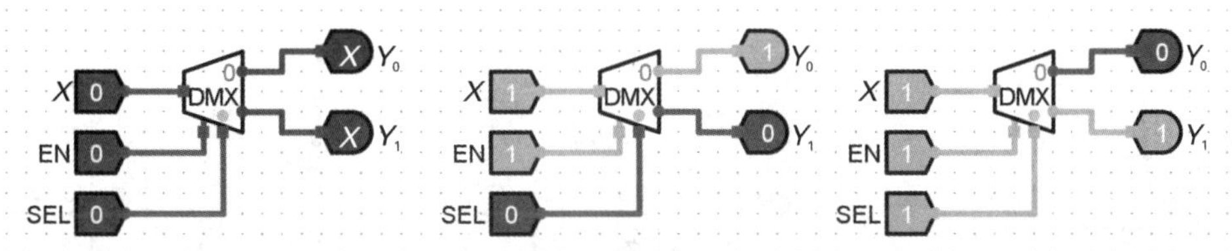

图 1.24　多路分配器的使用——2 路分配器

使用解码器部件可以实现 1 位，2 位，3 位，…，n 位解码器，图 1.25 为 1 位解码器。输入为 EN、SEL，输出为 Y_0、Y_1。当 EN=0 时，Y_0 和 Y_1 均为高阻；当 EN=1、SEL=0 时，$Y_0=1$、$Y_1=0$；当 EN=1、SEL=1 时，$Y_0=0$、$Y_1=1$。

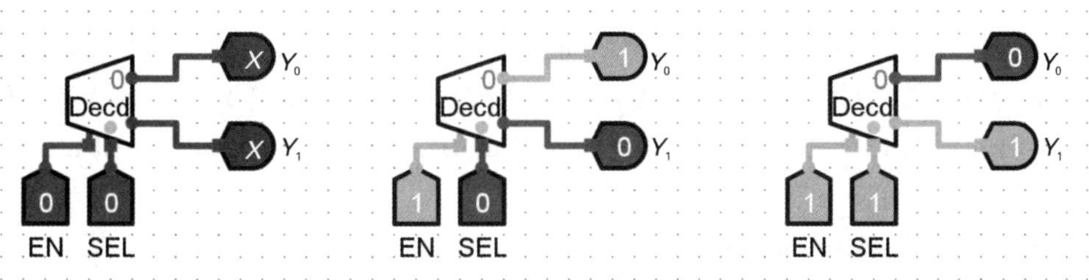

图 1.25　解码器的使用——1 位解码器

使用七段码解码器部件可以将4位二进制数转换为7位七段码，图1.26给出了七段码解码器与数码管的连接方式。当EI＝1、LT＝1、BI＝1、RBI＝1时，输出Seg为输入Data对应的七段码，数码管将显示Data对应的十六进制数。

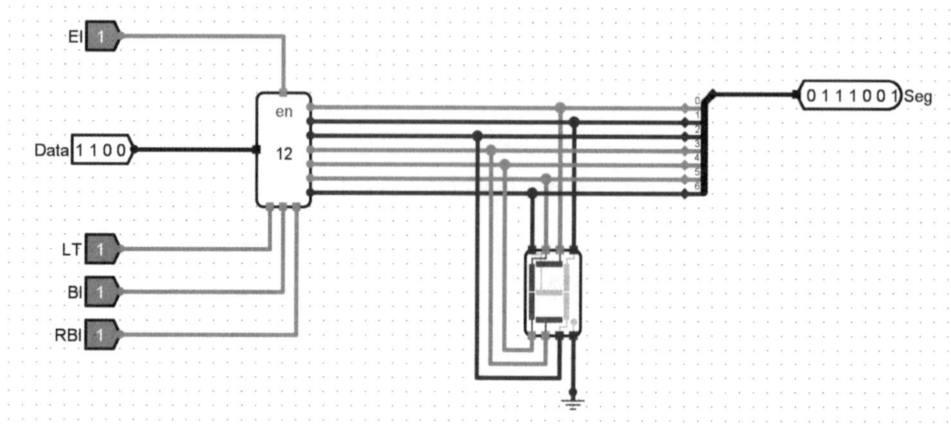

图1.26　七段码解码器的使用

使用优先级编码器部件可以实现2路，4路，8路，…，2^n路优先级编码器，图1.27为8路优先级编码器。输入为In0～In7、EN，输出为EO、Out、GS。当EN＝0时，EO＝0、GS＝0、Out＝任意；当EN＝1、In0～In7全部为0时，EO＝1、GS＝0、Out＝任意；当EN＝1、In0～In7不全部为0时，EO＝0、GS＝1、Out＝In0～In7中最高位1的位置（图1.27中最高位1为In5，因此Out＝101）。

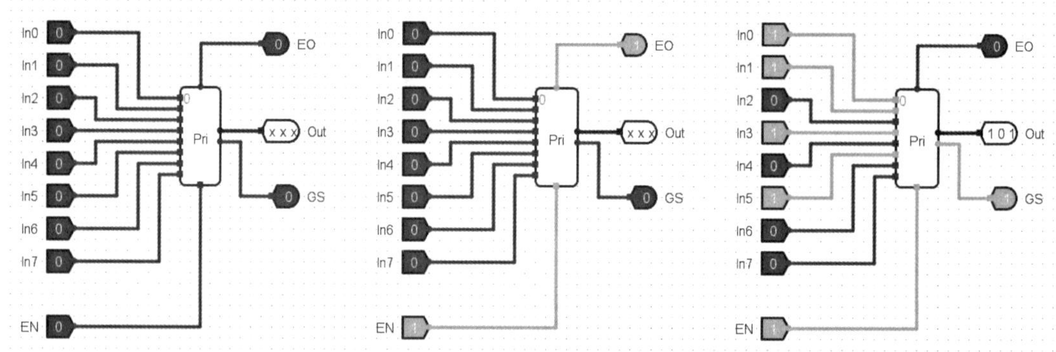

图1.27　优先级编码器的使用——8路优先级编码器

位选择器的输入为 X 和SEL，输出为 Y，如图1.28所示。假设 X＝00011011，当SEL＝00时，输出 Y 为输入 X 的第1～第0位（Y＝11）；当SEL＝01时，输出 Y 为输入 X 的第3～第2位（Y＝10）；当SEL＝10时，输出 Y 为输入 X 的第5～第4位（Y＝01）；当SEL＝11时，输出 Y 为输入 X 的第7～第6位（Y＝00）。

2.2.5　算术运算（Arithmetic）

算术运算组件中共有9个部件（图1.29），分别是加法器（Adder）、减法器（Subtractor）、乘法器（Multiplier）、除法器（Divider）、求补器（Negator）、比较器（Comparator）、移位器（Shifter）、位加法器（Bit Adder）、位发现器（Bit Finder）。

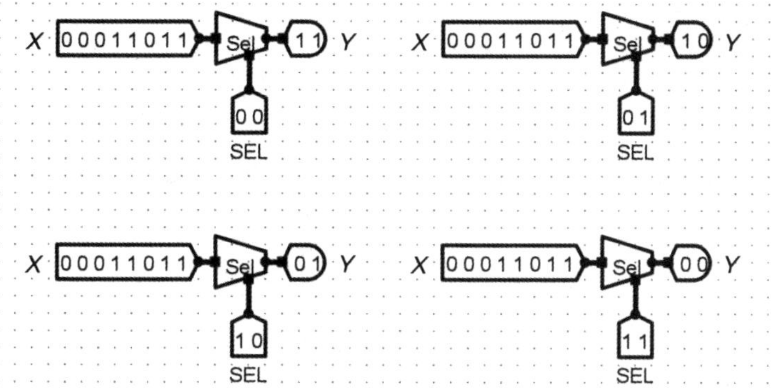

图 1.28　位选择器的使用

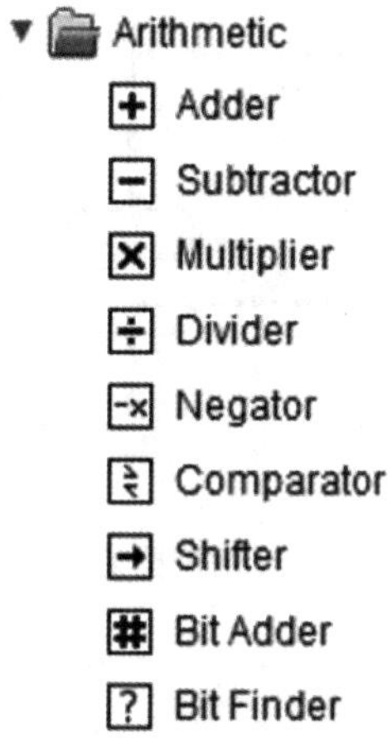

Arithmetic
Adder
Subtractor
Multiplier
Divider
Negator
Comparator
Shifter
Bit Adder
Bit Finder

图 1.29　算术运算组件中的 9 个部件

加法器和减法器的输入都是 A、B、C_{in}，输出都是 Y、C_{out}。加法器完成"$\{C_{out},Y\}=A+B+C_{in}$"运算，减法器完成"$\{C_{out},Y\}=A-B-C_{in}$"运算。具体见图 1.30。

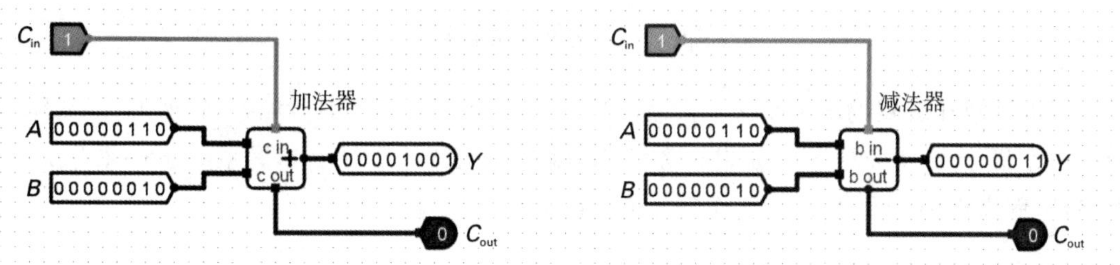

图 1.30　加法器和减法器的使用

乘法器的输入是 A、B、C，输出是 YU、YL。乘法器完成"$Y=\{\mathrm{YU},\mathrm{YL}\}=A\times B+C$"运算。具体见图 1.31。

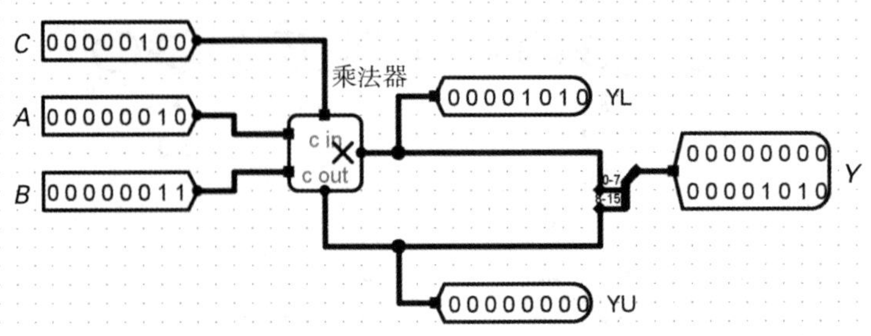

图 1.31 乘法器的使用

除法器的输入是 A、B，输出是 Q、R。其中 A 是被除数，B 是除数，Q 是商，R 是余数。具体见图 1.32。

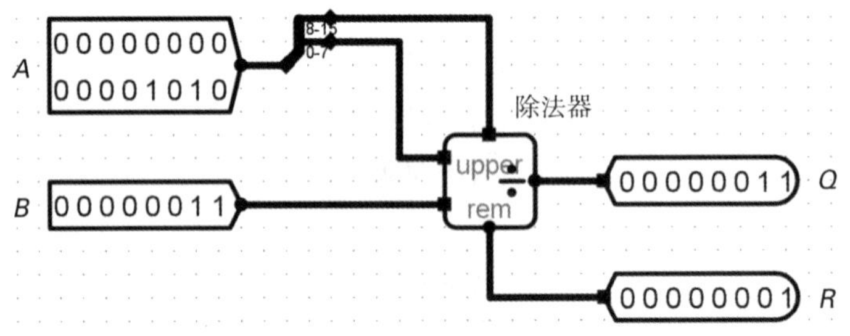

图 1.32 除法器的使用

求补器的输入是 X，输出是 Y。输出与输入之间的关系是 $Y=0-X$。具体见图 1.33。

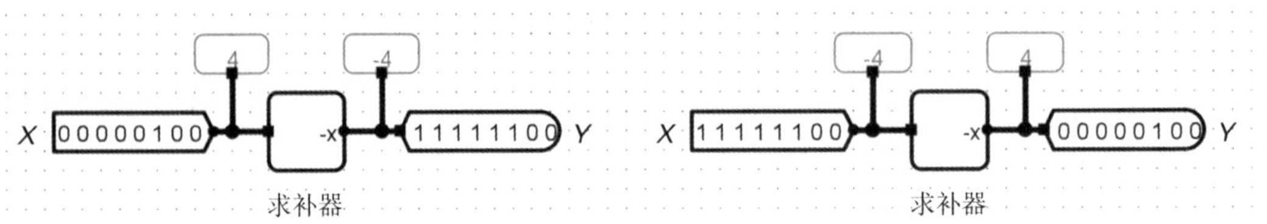

图 1.33 求补器的使用

有符号数比较器的输入是 A、B，输出是 $A>B$、$A=B$、$A<B$。如果 A 小于 B，则输出端 $A<B$ 等于 1，其余等于 0；如果 A 等于 B，则输出端 $A=B$ 等于 1，其余等于 0；如果 A 大于 B，则输出端 $A>B$ 等于 1，其余等于 0。具体见图 1.34。

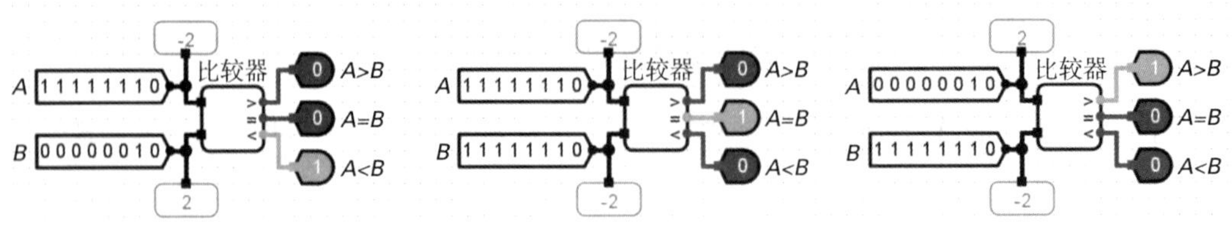

图 1.34 比较器的使用

移位器可以实现逻辑左移、逻辑右移、算术右移、循环左移、循环右移等 5 种移位运算。移位器的输入是 X、S，输出是 Y；$Y=X$ 移位 S 次。具体见图 1.35。

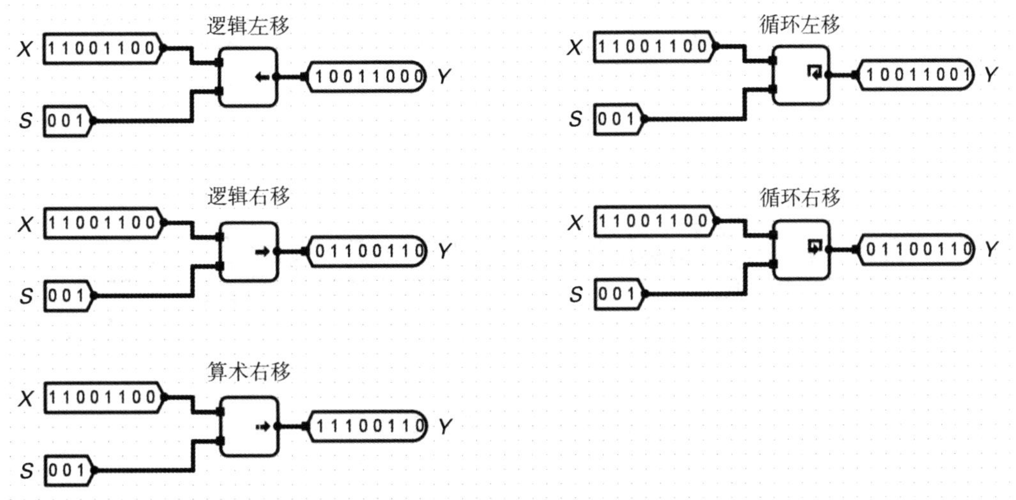

图 1.35　移位器的使用

位加法器的输入是 X，输出是 Y；$Y=X$ 中 1 的个数。具体见图 1.36。

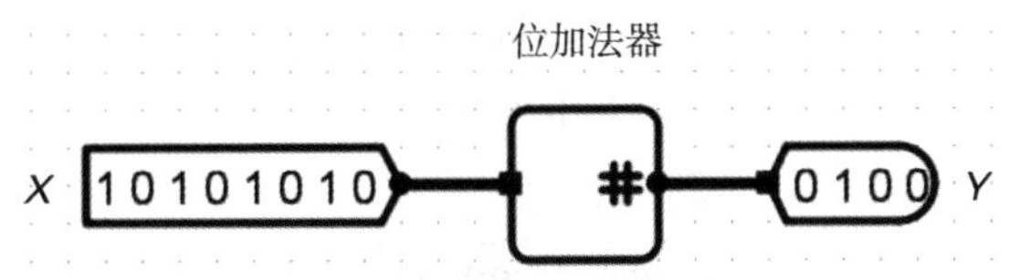

图 1.36　位加法器的使用

位发现器可以发现输入中最右边 1 的位置、最左边 1 的位置（图 1.37 中上面的两种情况），也可以发现输入中最右边 0 的位置、最左边 0 的位置（图 1.37 中下面的两种情况）。位发现器的输入是 X，输出是 Y、S。如果是发现输入中 1 的位置，当输入 X 中没有 1 时，$S=0$、$Y=0$；当输入 X 中有 1 时，$S=1$、$Y=X$ 中 1 的位置。如果是发现输入中 0 的位置，当输入 X 中没有 0 时，$S=0$、$Y=0$；当输入 X 中有 0 时，$S=1$、$Y=X$ 中 0 的位置。具体见图 1.37。

2.2.6　存储器(Memory)

存储器组件中共有 11 个部件（图 1.38），分别是 D 触发器（D Flip-Flop）、T 触发器（T Flip-Flop）、JK 触发器（J-K Flip-Flop）、SR 触发器（S-R Flip-Flop）、寄存器（Register）、计数器（Counter）、移位寄存器（Shift Register）、随机数发生器（Random Generator）、RAM 存储器（RAM）、ROM 存储器（ROM）、可编程逻辑阵列 ROM 存储器（PLA ROM）。

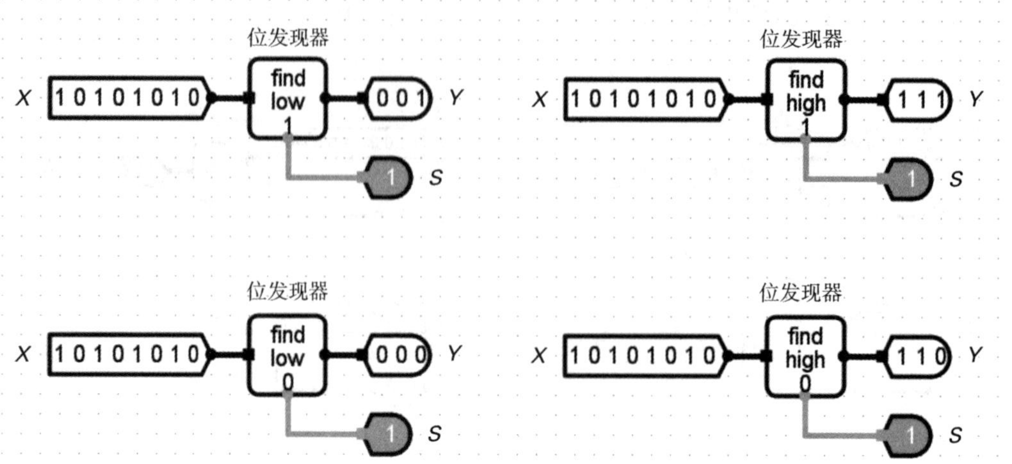

图 1.37　位发现器的使用

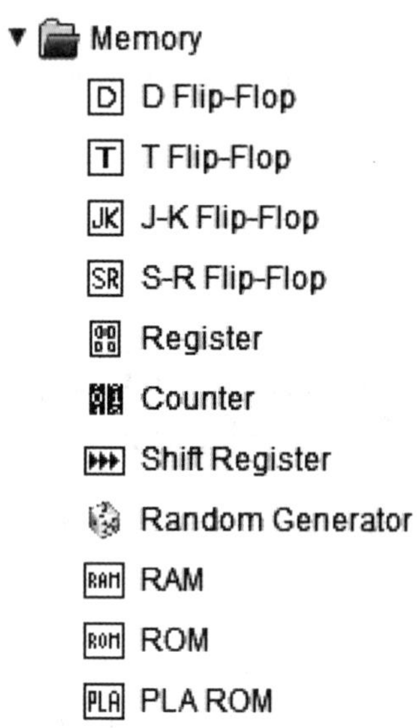

图 1.38　存储器组件中的 11 个部件

D 触发器、*T* 触发器、*JK* 触发器、*SR* 触发器的使用方法类似，见图 1.39。其中，Set、Clr 分别为置 1、置 0 控制端，CLK 为时钟信号，*D*、*T*、*J*、*K*、*S* 和 *R* 分别为各个触发器的输入端，*Q* 和/*Q* 为两个互补的输出端。

寄存器的输入为 *D*、EN、CS、CLK、Set、Clr，输出为 *Q*。其中，Set、Clr 分别为置 1、置 0 控制端，CS 为片选信号，EN 为使能控制信号。当 CS=0、EN=1 时，输入数据 *D* 在时钟信号 CLK 的作用下，送到寄存器的输出端 *Q*。具体见图 1.40。

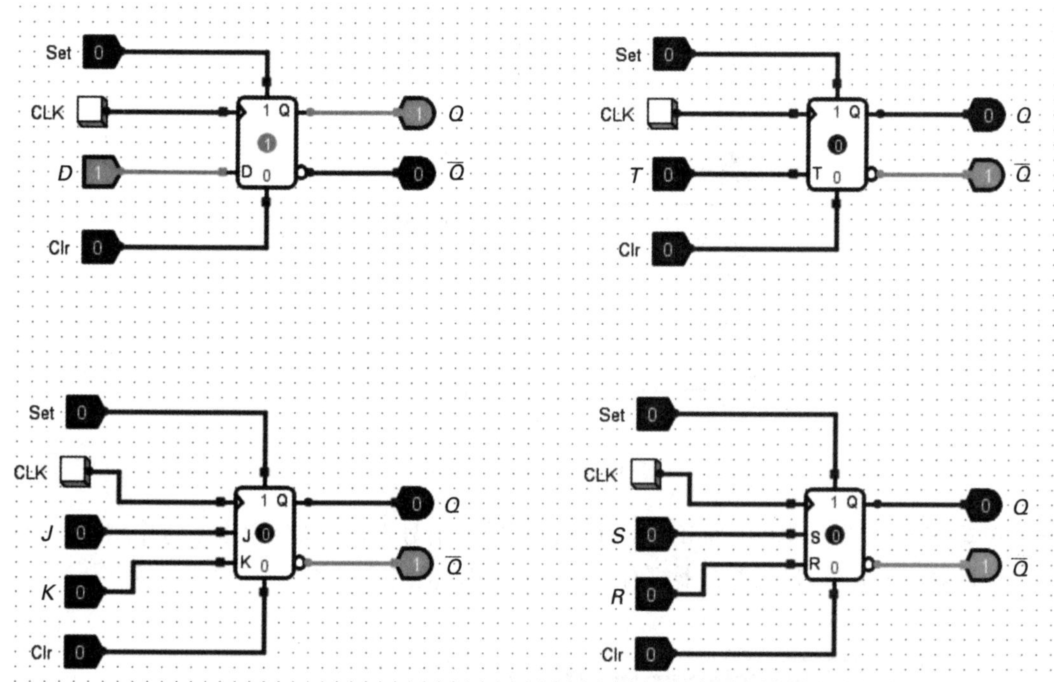

图 1.39　*D* 触发器、*T* 触发器、*JK* 触发器、*SR* 触发器的使用

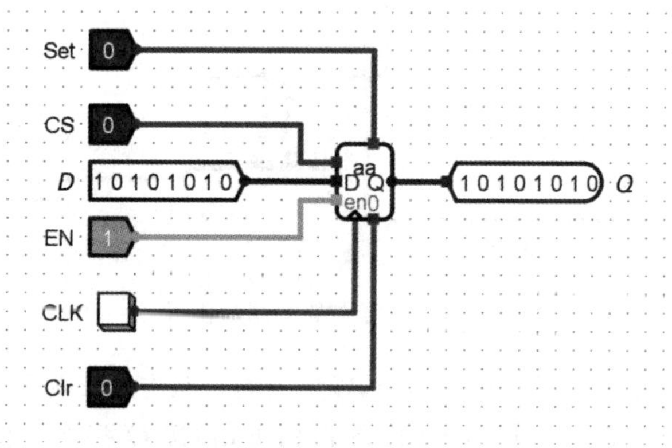

图 1.40　寄存器的使用

计数器输入为 *D*、EN、Load、Rever、CLK、Set、Clr，输出为 *Q*。其中，Set、Clr 分别为置 1、置 0 控制端，EN 为使能控制信号，Load 为装入控制信号，Rever 为正向/反向计数控制信号。当 EN=1、Load=1 时，输入数据在时钟信号 CLK 的作用下，送到计数器的输出端 *Q*；当 EN=1、Load=0、Rever=0 时，输出 *Q* 在时钟信号 CLK 的作用下进行正向计数(加 1)；当 EN=1、Load=0、Rever=1 时，输出 *Q* 在时钟信号 CLK 的作用下进行反向计数(减 1)。具体见图 1.41。

移位寄存器的输入为 *D*、Load、Shift、Input、CLK、Clr，输出为 *Q*、Q_0。其中，Clr 为清零控制端，Load 为装入控制信号，Shift 为移位控制信号，Input 为输入控制信号，Q_0 为 *Q* 的最低位(第 0 位)。当 Load=1 时，输入数据 *D* 在时钟信号 CLK 的作用下，送到移位寄存器的

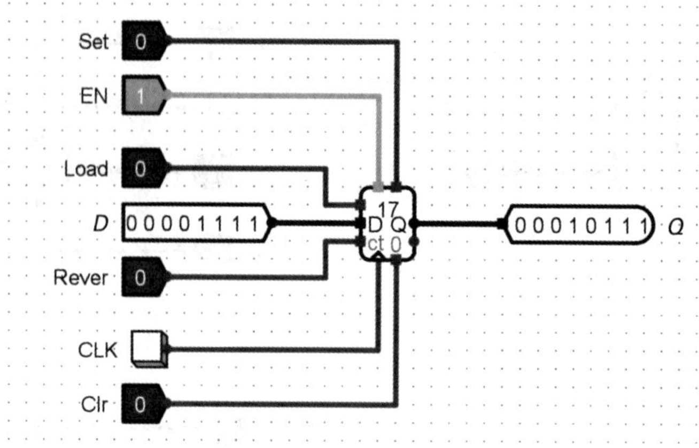

图 1.41　计数器的使用

输出端 Q 和 Q_0；当 Load＝0、Shift＝1 时，Input 中的信号在时钟信号 CLK 的作用下，送到移位寄存器的最高位，移位寄存器进行右移操作。具体见图 1.42。

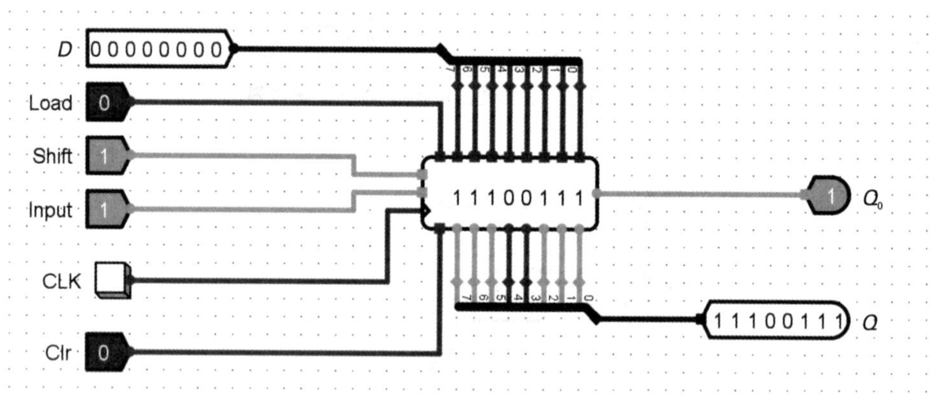

图 1.42　移位寄存器的使用

随机数发生器的输入为 EN、CLK、Clr，输出为 Q。其中，Clr 为复位控制端，EN 为使能控制端。当 EN＝1 时，在时钟信号 CLK 的作用下，输出 Q 将产生随机数据。具体见图 1.43。

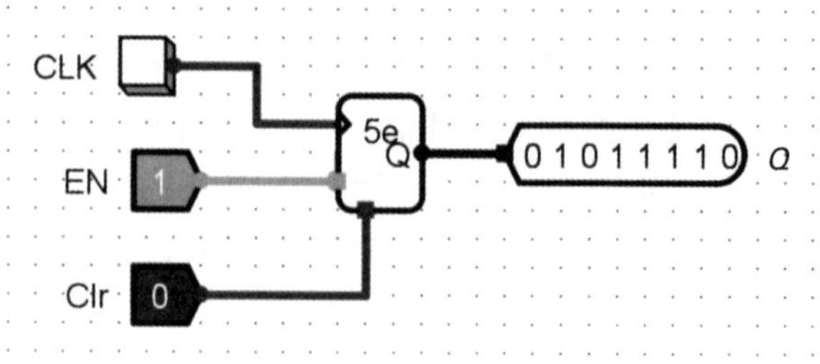

图 1.43　随机数发生器的使用

RAM 存储器的输入为 A、Sel、CLK、Load、Clr、Str、D_{in}，输出为 D_{out}。其中，A 为存储器的地址，D_{in} 为输入存储器中的数据，D_{out} 为存储器输出的数据，Sel 为存储器片选信号，Load 为存储器输出控制信号，Str 为存储器输入控制信号，Clr 为清零信号。

RAM 存储器可以工作在同步、异步和分离三种方式。在同步方式（只读方式）下，当 Sel＝0、Load＝1 时，在时钟信号 CLK 的作用下，存储器输出地址 A 单元中的数据。在异步方式（只读方式）下，不需要时钟信号 CLK，当 Sel＝0、Load＝1 时，存储器直接输出地址 A 单元中的数据。在分离方式（读/写方式）下，当 Sel＝0、Load＝1、Str＝1 时，则将 D_{in} 中的数据写入存储器地址为 A 的单元中；当 Sel＝0、Load＝1、Str＝0 时，存储器输出地址 A 单元中的数据。具体见图 1.44。

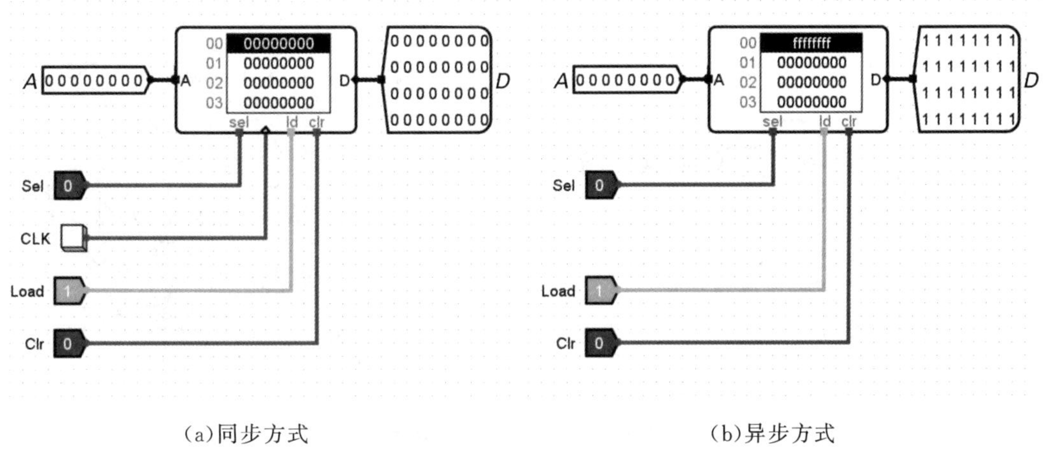

(a)同步方式　　　　(b)异步方式

(c)分离方式

图 1.44　RAM 存储器的使用

ROM 存储器的输入为 A 和 Sel，输出为 D。当 Sel＝0 时，输出 D 为地址 A 单元中的数据。具体见图 1.45。

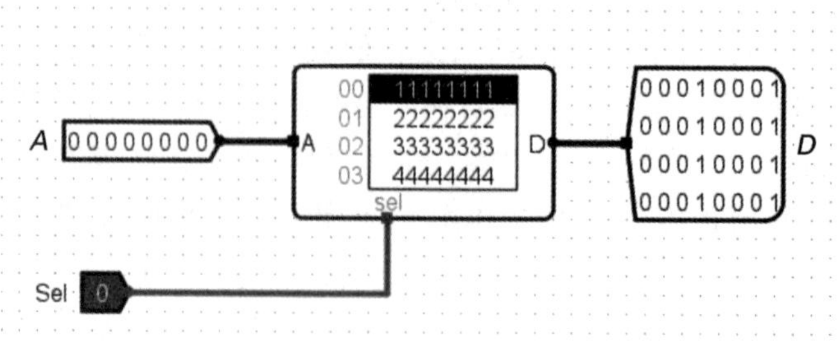

图 1.45　ROM 存储器的使用

可编程逻辑阵列 ROM 存储器的输入为 A、Sel，输出为 D。当 Sel=0 时，输出 D 为地址 A 单元中的内容。具体见图 1.46。

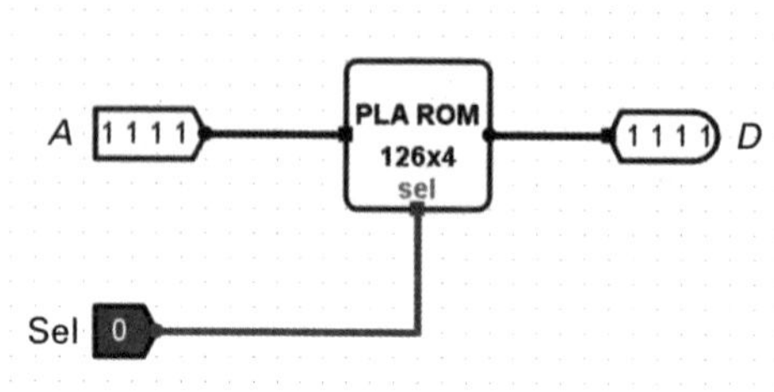

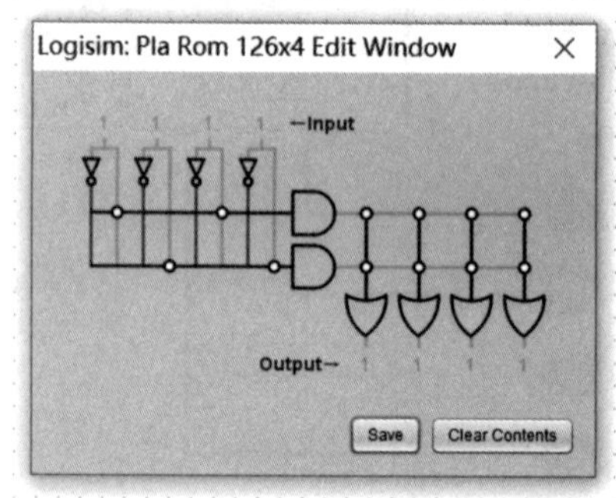

图 1.46　PLA ROM 的使用

2.2.7　输入/输出(Input/Output)组件

输入/输出组件中共有 14 个部件(图 1.47)，分别是按钮(Button)、开关(Switch)、DIP 开关(Dip Switch)、滑杆(Slider)、游戏杆(Joystick)、键盘(Keyboard)、蜂鸣器(Buzzer)、LED 灯(LED)、三色灯(RGB LED)、数字示波器(Digital Oscilloscope)、七段数码管(7-Segment Display)、十六进制数码管(Hex Digit Display)、LED 点阵(LED Matrix)、终端(TTY)。

按钮、开关、DIP 开关、滑杆、游戏杆的使用方法比较简单。具体见图 1.48。

键盘有 3 个输入端：CLK、EN、Button；2 个输出端：Data、Out。其中，CLK 接时钟信号，EN 接 1，Button 接按钮。在键盘上输入字符时(如 a)，则 Data=该字符(a)的 ASCII 码(61H)，Out=1。如果将 Data、Out、CLK、Button 接终端(TTY)，此时按

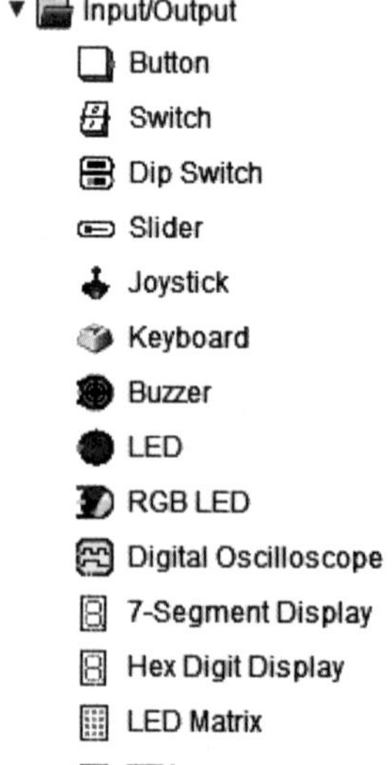

图 1.47　输入/输出组件中的 14 个部件

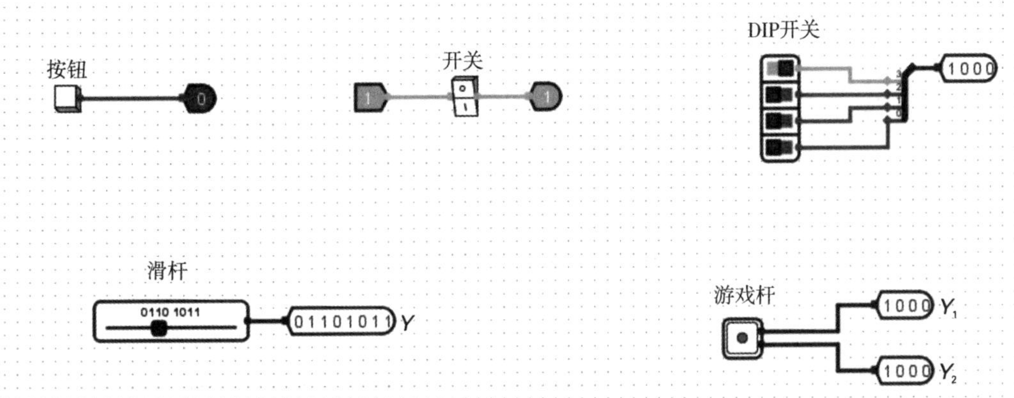

图 1.48 按钮、开关、DIP 开关、滑杆、游戏杆的使用

Ctrl＋T 两次(即产生一个时钟信号),则将键盘的按键值送终端显示。具体见图 1.49。

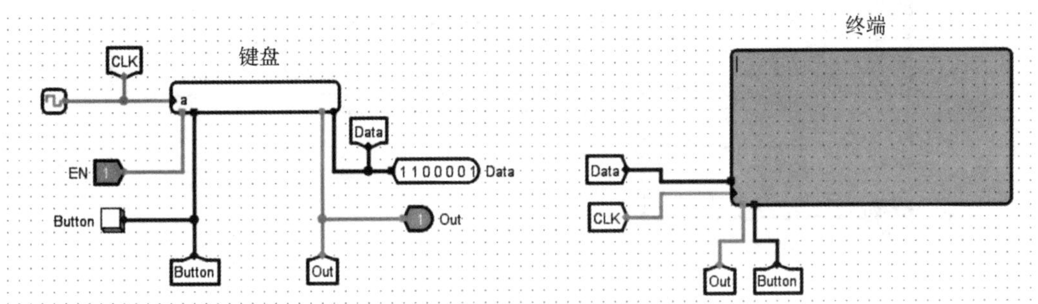

图 1.49 键盘和终端的使用

蜂鸣器的输入为 Fre、Vol、EN。EN＝1 时蜂鸣器工作,此时改变 Fre 的值则改变蜂鸣器的声音,改变 Vol 的值则改变蜂鸣器的音量。具体见图 1.50。

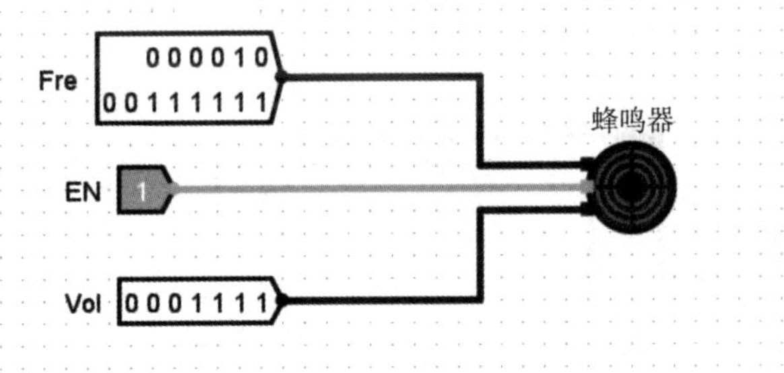

图 1.50 蜂鸣器的使用

LED 灯和三色灯的使用方法见图 1.51。$X=1$ 时,LED 灯亮。R、G、B 取不同的值(共 8 种组合)时,三色灯会显示不同的颜色。

数字示波器的输入有 CLK、EN、Clr、IN1～IN32。图 1.52 给出了 3 个输入的数字示波器。当 EN＝1、Clr＝0 时,输入信号(IN1、IN2、IN3)在时钟信号 CLK 的作用下,在数字示波器上显示。

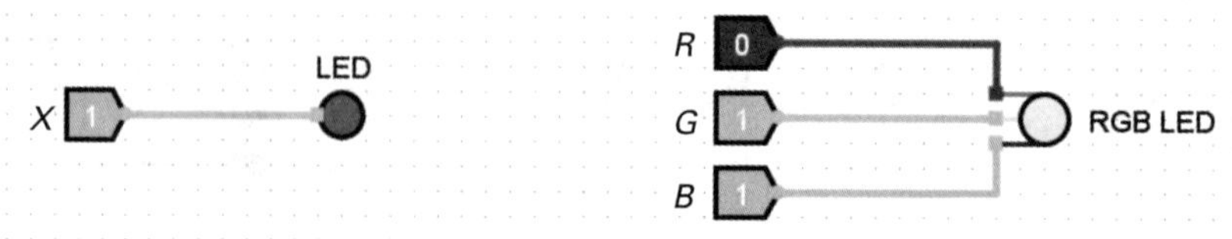

图 1.51　LED 灯和三色灯的使用

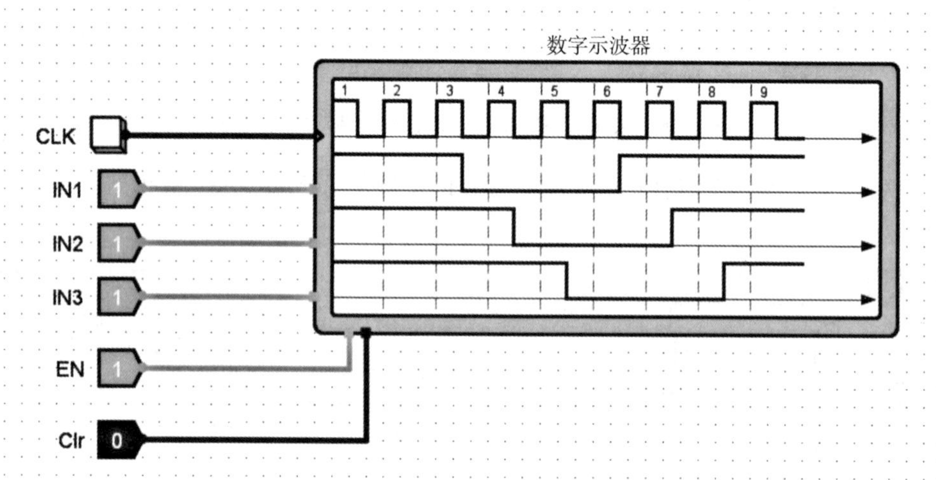

图 1.52　数字示波器的使用

七段数码管有 8 个输入，其中 7 个输入与七段码解码器的输出相连，另一个输入 DP 用于显示小数点(如果不需要显示小数点，则接地，否则接电源)。图 1.53 中，输入 $X=1111=$ F，经七段码解码器后得到 F 的七段码(71H＝1110001，从下往上看七段码解码器的输出)，此时在七段数码管上显示 F。

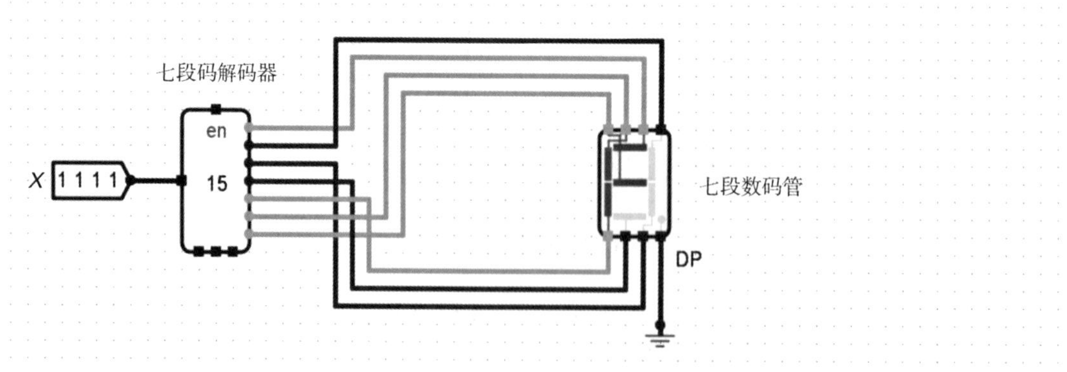

图 1.53　七段数码管的使用

十六进制数码管的使用见图 1.54。输入 X(4 位二进制数)直接连到十六进制数码管上。如果不需要显示小数点，则输入 DP 接地，否则接电源。

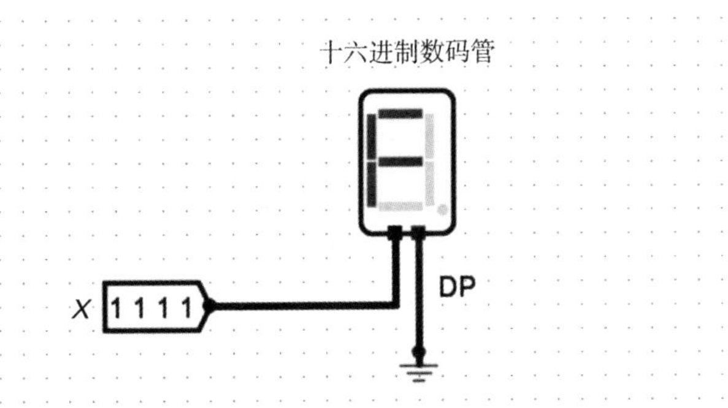

图 1.54　十六进制数码管的使用

LED 点阵最大可以显示 32×32 的点阵码。图 1.55 为 7×5 点阵(7 行、5 列)。如果要显示英文字母 E，将 E 的 5×7 点阵码(7FH、49H、49H、49H、41H)送到 LED 点阵即可。

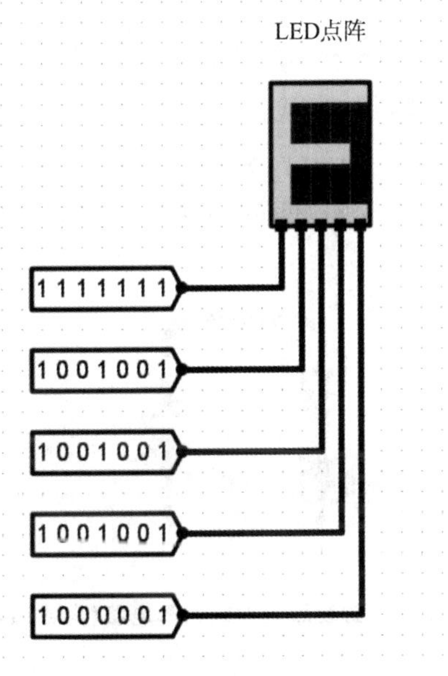

图 1.55　LED 点阵的使用

2.2.8　基本工具(Base)

基本工具组件中共有 7 个工具(图 1.56)，分别是戳孔工具(Poke Tool)、编辑工具(Edit Tool)、选择工具(Select Tool)、连线工具(Wiring Tool)、文本工具(Text Tool)、菜单工具(Menu Tool)、标记(Label)。这 7 个工具的使用方法比较简单，这里就不再详细叙述。

2.3　Logisim 的电路封装

Logisim 可以将一个电路封装为一个部件供其他电路使用。图 1.57 为采用与门、或门和非门实现的异或运算电路(异或门)，图 1.58 为封装后的异或运算电路(异或门)，图 1.59 为封装后的异或运算电路(异或门)的使用。

图 1.56　基本工具组件中的 7 个工具

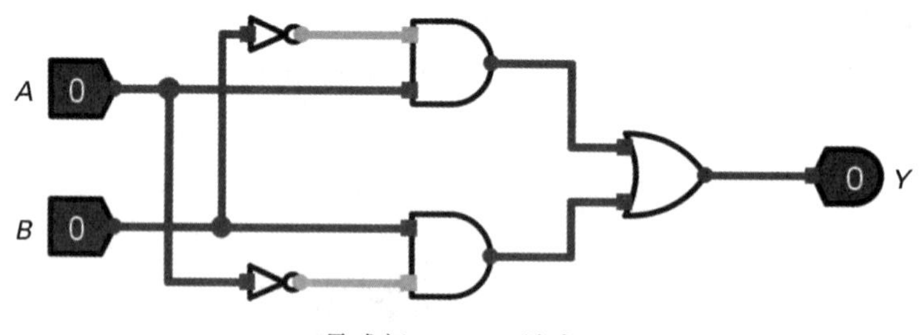

图 1.57　采用与门、或门和非门实现的异或运算电路(异或门)

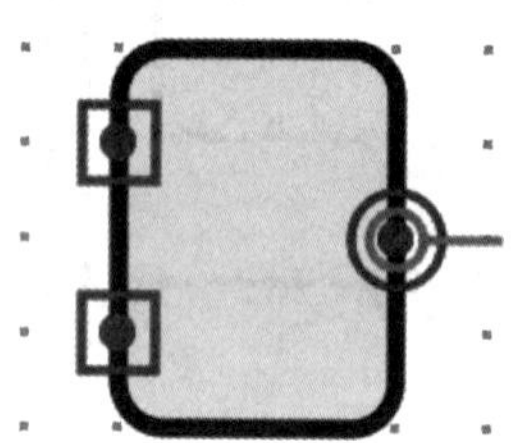

图 1.58　封装后的异或运算电路(异或门)

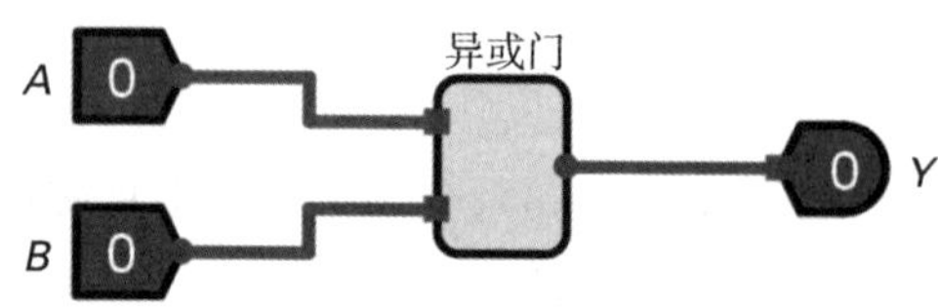

图 1.59　封装后的异或运算电路(异或门)的使用

3　实验仪器

(1)电脑 1 台(台式计算机或笔记本电脑)。

(2)JDK 软件、Logisim 仿真软件。

4　实验内容

4.1　运行 Logisim 软件

打开“命令提示符”，执行“java-version”，检查电脑上是否安装了 JDK（Java Development Kit，Java 开发工具包）。如果能够显示 java 版本号（图 1.60），表示已经安装了 JDK；否则点击“jdk-8u121-windows-x64.exe”（也可以是其他版本的 JDK）安装 JDK。

```
命令提示符
Microsoft Windows [版本 10.0.19044.3086]
(c) Microsoft Corporation。保留所有权利。

C:\Users\lily2002>java -version
java version "1.8.0_121"
Java(TM) SE Runtime Environment (build 1.8.0_121-b13)
Java HotSpot(TM) 64-Bit Server VM (build 25.121-b13, mixed mode)

C:\Users\lily2002>_
```

图 1.60　检查电脑是否安装了 JDK

点击“logisim-hust-20200118.exe”（也可以是其他版本的 Logisim 软件）运行 Logisim 软件，出现图 1.61 所示的界面。

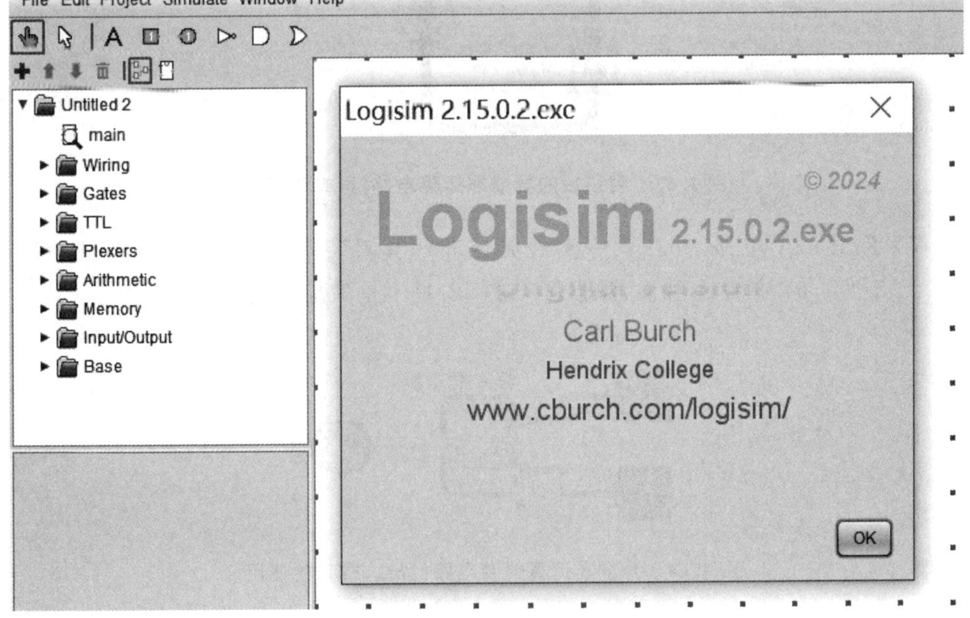

图 1.61　运行后的 Logisim 软件界面

4.2 Logisim 组件的使用

在 Logisim 中打开“Logisim 仿真软件的使用.circ”设计文件，按照 2.2 小节的内容（Logisim 基本组件介绍），在 Logisim 软件上熟悉各个组件的使用方法。

4.3 Logisim 电路封装的使用

在 Logisim 中新建一个电路（点击菜单“Project”→“Add Circuit”，输入电路名称），并在其中实现图 1.62 所示的电路。

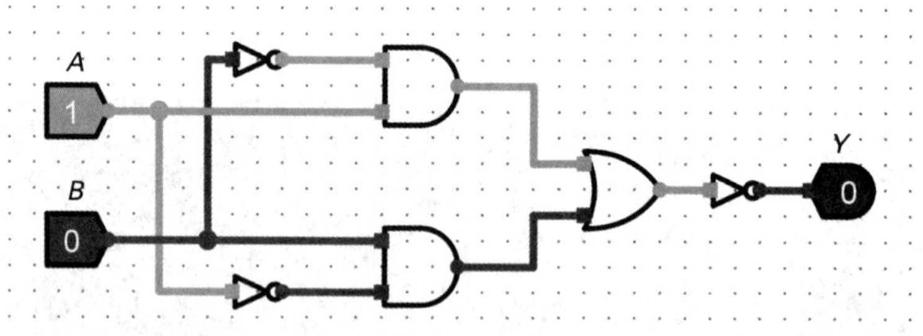

图 1.62 采用与门、或门和非门实现的异或非运算电路(异或非门)

点击菜单“Project”→“Edit Circuit Appearance”，可得到异或非运算电路（异或非门）的封装（见图 1.63）。

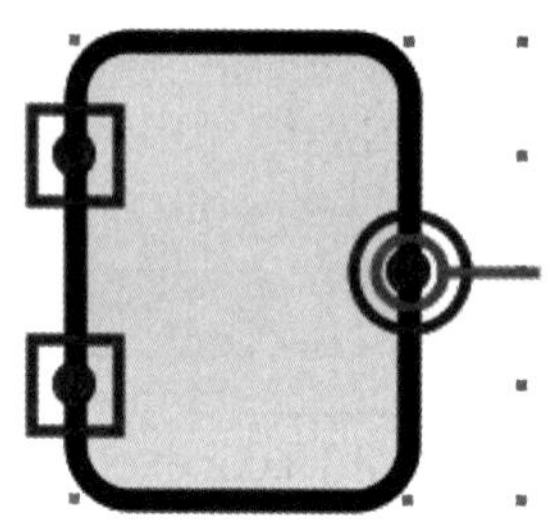

图 1.63 封装后的异或非运算电路(异或非门)

接着来新建一个电路，并在其中实现异或非运算封装电路（异或非门）的使用（见图 1.64）。点击图 1.64 中的 A 和 B，观察 Y 与 A、B 是不是满足异或非运算关系。

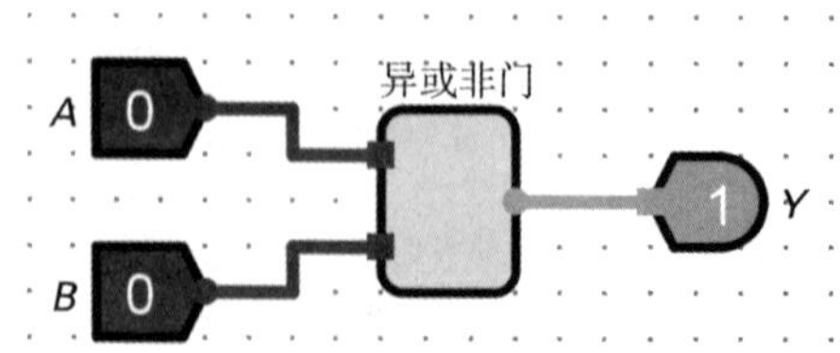

图 1.64 异或非运算封装电路(异或非门)的使用

5 能力拓展

请在网上查阅 Logisim 仿真软件的使用文档，进一步掌握 Logisim 基本组件的使用方法和 Logisim 电路封装的方法。

实验二　逻辑代数基础验证

1　实验目的及学习要求

1.1　实验目的

(1)掌握在 Logisim 上验证逻辑函数的真值表,逻辑代数的代入规则、反演规则和对偶规则的方法。

(2)掌握在 Logisim 上验证使用"与非门"、"或非门"和"与或非门"实现与、或、非逻辑的方法。

(3)掌握在 Logisim 上验证使用"与-或"表达式、"或-与"表达式实现逻辑函数的方法。

(4)掌握在 Logisim 上验证逻辑函数代数化简、卡诺图化简和列表化简的方法。

(5)培养科学精神、工匠精神、系统观及规矩意识。

1.2　学习要求

(1)通过课前预习,了解逻辑代数基础的相关知识。

(2)通过课间练习,掌握在 Logisim 上验证逻辑代数的基本规则、逻辑函数的表示形式、逻辑函数的化简方法。

(3)通过课后复习,掌握在 Logisim 上实现各种复杂的逻辑函数、验证各种逻辑函数的化简方法。

2　实验原理

逻辑代数基础包括逻辑代数的基本概念、基本定理和规则,逻辑函数的表示形式,以及逻辑函数的化简。可以在 Logisim 上验证逻辑函数的真值表,验证逻辑代数的代入规则、反演规则和对偶规则,验证采用"与非门""或非门""与或非门"实现的与、或、非逻辑,验证采用"与-或"表达式、"或-与"表达式实现的逻辑函数,验证逻辑函数的代数化简法、卡诺图化简法和列表化简法。

2.1　在 Logisim 上验证逻辑函数的真值表

表 2.1 为逻辑函数 $F=A\cdot B+\overline{A}\cdot C$ 的真值表。可以在 Logisim 上实现逻辑函数 F,并验证 F 的真值表,具体见图 2.1。

表 2.1　逻辑函数 $F=A\cdot B+\overline{A}\cdot C$ 的真值表

A	B	C	F
0	0	0	0
0	0	1	1
0	1	0	0
0	1	1	1
1	0	0	1
1	0	1	1
1	1	0	0
1	1	1	0

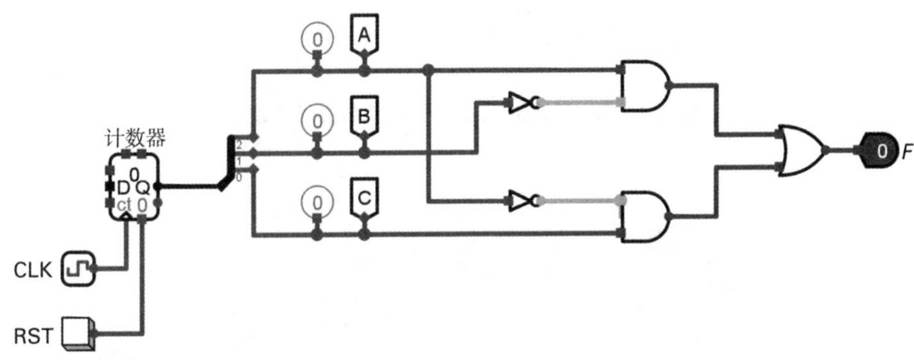

图 2.1　在 Logisim 上验证逻辑函数 $F=A\cdot B+\overline{A}\cdot C$ 的真值表

2.2　在 Logisim 上验证逻辑代数的代入规则

逻辑函数 $F_1=A\cdot(B+C)$与逻辑函数 $F_2=A\cdot B+A\cdot C$ 是等价的。根据逻辑代数的代入规则，逻辑函数 $G_1=A\cdot[B+(C+D)]$与逻辑函数 $G_2=A\cdot B+A\cdot(C+D)$也是等价的。可以在 Logisim 上实现逻辑函数 G_1 和 G_2，观看其输出是否相等(等价)，从而验证逻辑代数的代入规则，具体见图 2.2。

2.3　在 Logisim 上验证逻辑代数的反演规则

根据逻辑代数的反演规则，逻辑函数 $F=\overline{A}\cdot B+C\cdot\overline{D}$的反函数为$\overline{F}=(A+\overline{B})\cdot(\overline{C}+D)$。可以在 Logisim 上实现逻辑函数 F 和$\overline{F}$，观看其输出是否相反，从而验证逻辑代数的反演规则，具体见图 2.3。

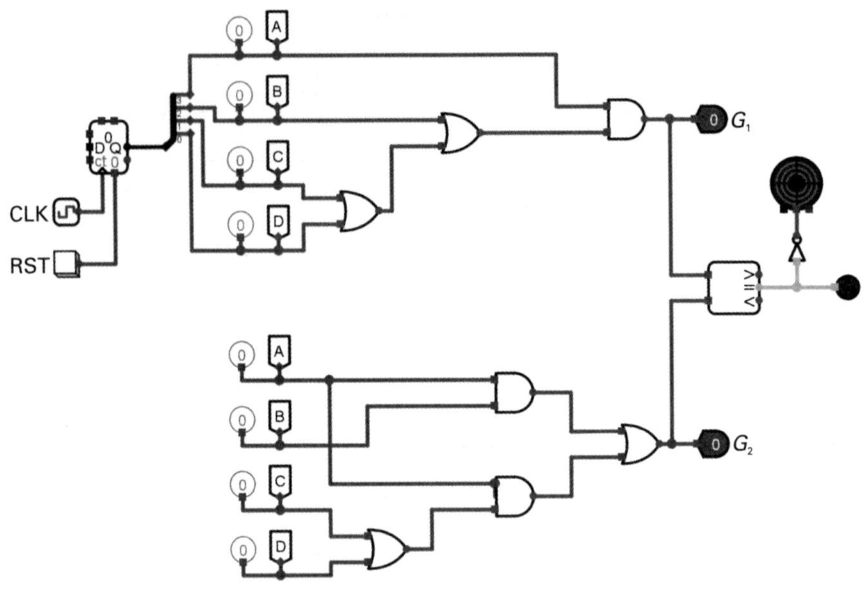

图 2.2　在 Logisim 上验证逻辑代数的代入规则

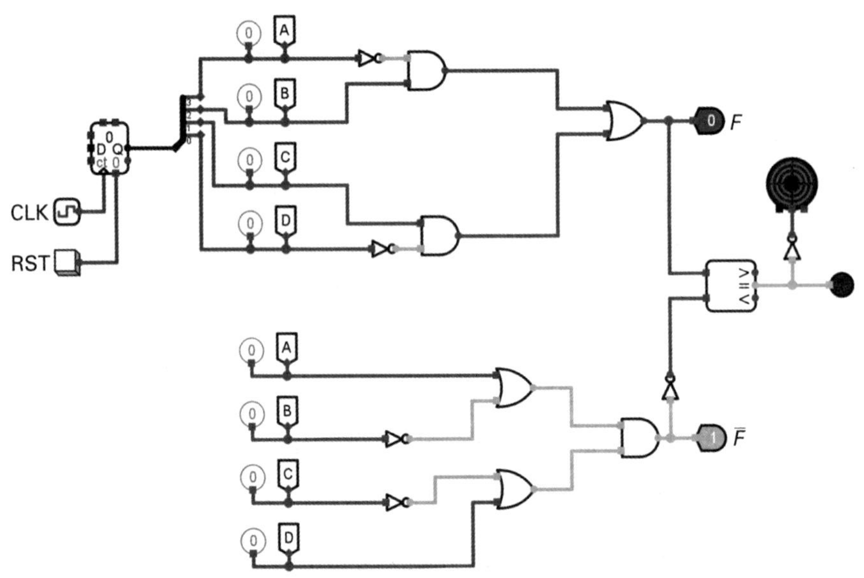

图 2.3　在 Logisim 上验证逻辑代数的反演规则

2.4　在 Logisim 上验证逻辑代数的对偶规则

逻辑函数 $F=A\cdot B+\overline{A}\cdot C+\overline{B}\cdot C$ 的对偶函数是 $F'=(A+B)\cdot(\overline{A}+C)\cdot(\overline{B}+C)$；逻辑函数 $G=A\cdot B+C$ 的对偶函数是 $G'=(A+B)\cdot C$。因为 $F=G$，根据逻辑代数的对偶规则，有 $F'=G'$。可以在 Logisim 上实现逻辑函数 F 和 G、F' 和 G'，观看 F 与 G 的输出

是否相等、F'与 G'的输出是否相等，从而验证逻辑代数的对偶规则，具体见图 2.4。

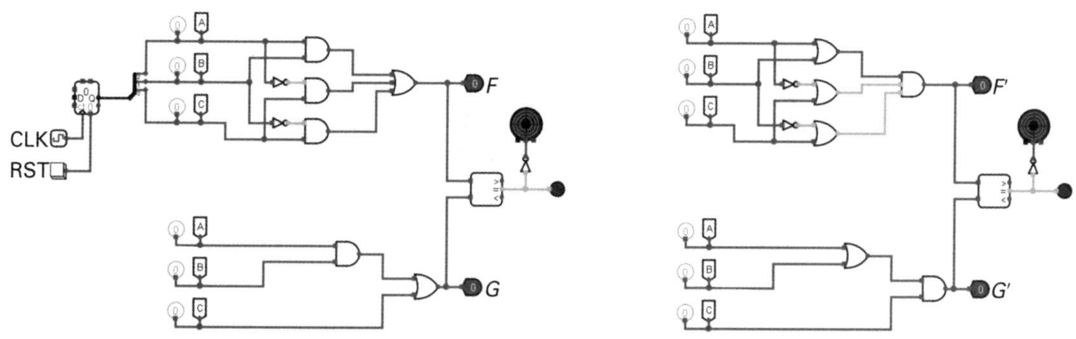

图 2.4　在 Logisim 上验证逻辑代数的对偶规则

2.5　在 Logisim 上验证“与非门”“或非门”实现的与、或、非逻辑电路

使用“与非门”可以实现与、或、非逻辑，使用“或非门”同样可以实现与、或、非逻辑。在 Logisim 上可以实现相应的电路，具体见图 2.5。

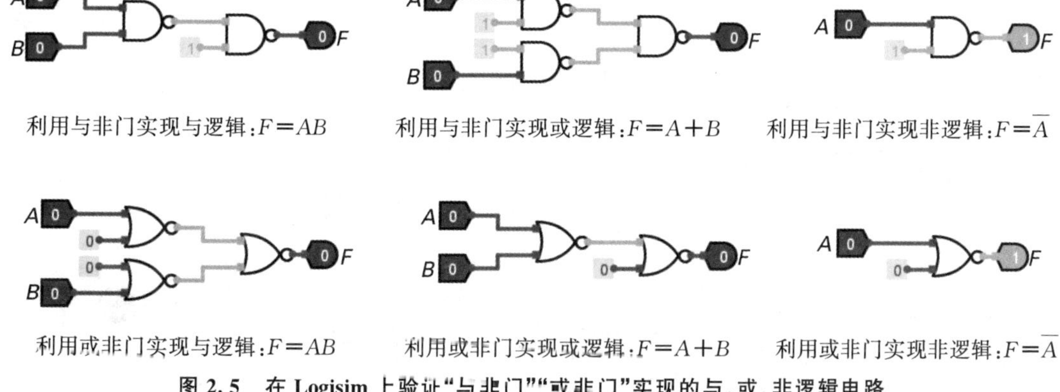

利用与非门实现与逻辑：$F=AB$　利用与非门实现或逻辑：$F=A+B$　利用与非门实现非逻辑：$F=\overline{A}$

利用或非门实现与逻辑：$F=AB$　利用或非门实现或逻辑：$F=A+B$　利用或非门实现非逻辑：$F=\overline{A}$

图 2.5　在 Logisim 上验证“与非门”“或非门”实现的与、或、非逻辑电路

2.6　在 Logisim 上验证“与或非门”实现的与、或、非逻辑电路

使用“与或非门”可以实现与、或、非逻辑。在 Logisim 上可以实现相应的电路，具体见图 2.6。图 2.7 为“与或非门”子电路。

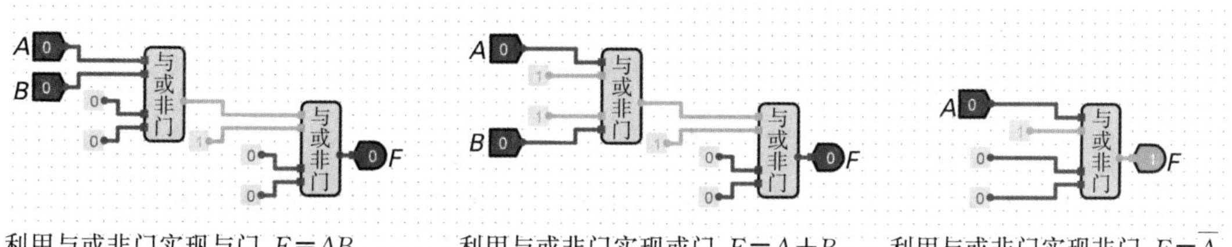

利用与或非门实现与门：$F=AB$　利用与或非门实现或门：$F=A+B$　利用与或非门实现非门：$F=\overline{A}$

图 2.6　在 Logisim 上验证“与或非门”实现的与、或、非逻辑电路

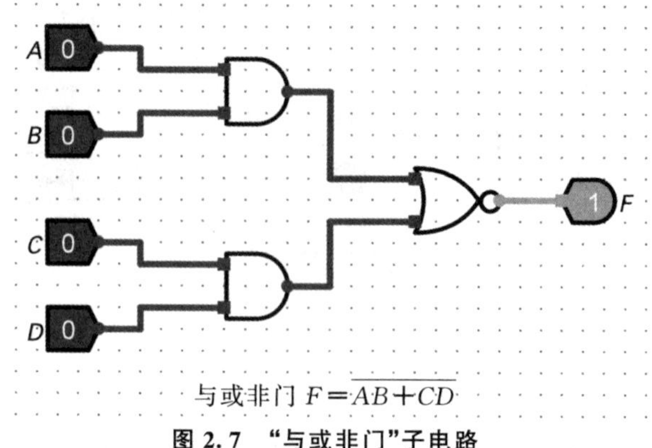

图 2.7 “与或非门”子电路

2.7 在 Logisim 上验证使用“与-或”表达式、“或-与”表达式实现的逻辑函数

逻辑函数 $F=(A\cdot\overline{B}+C)\cdot(\overline{A}+\overline{B\cdot\overline{C}})+\overline{B}$，如果用“与-或”表达式实现，则有 $F_1=A\cdot\overline{B}+\overline{A}\cdot C+\overline{B}+C=F$；如果用“或-与”表达式实现，则有 $F_2=(A+\overline{B}+C)\cdot(\overline{A}+\overline{B}+C)\cdot(\overline{B}+C)=F$。在 Logisim 上可以实现逻辑函数 F、F_1、F_2，具体见图 2.8。

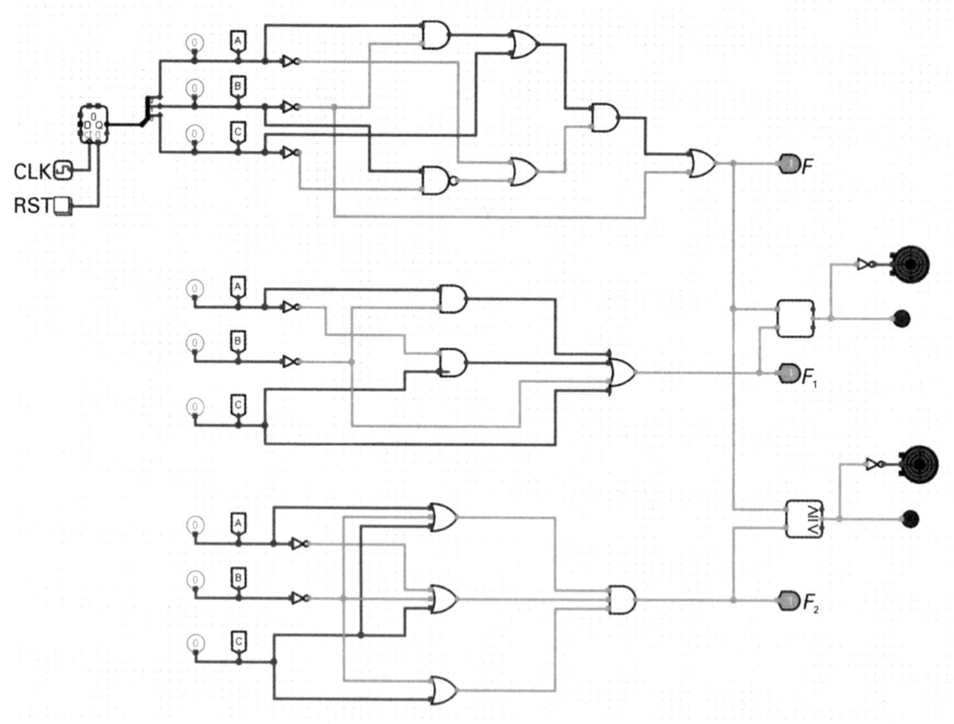

图 2.8 在 Logisim 上验证使用“与-或”表达式、“或-与”表达式实现的逻辑函数

2.8 在 Logisim 上验证使用标准“与-或”表达式、标准“或-与”表达式实现的逻辑函数

逻辑函数 $F=A\cdot\overline{B}+B\cdot\overline{C}$用标准“与-或”表达式实现，则有 $F_1=\overline{A}\cdot B\cdot\overline{C}+A\cdot\overline{B}\cdot\overline{C}+A\cdot\overline{B}\cdot C+A\cdot B\cdot\overline{C}=\sum m(2,4,5,6)=F$。在 Logisim 上可以实现逻辑函数 F、F_1，具体见图 2.9。

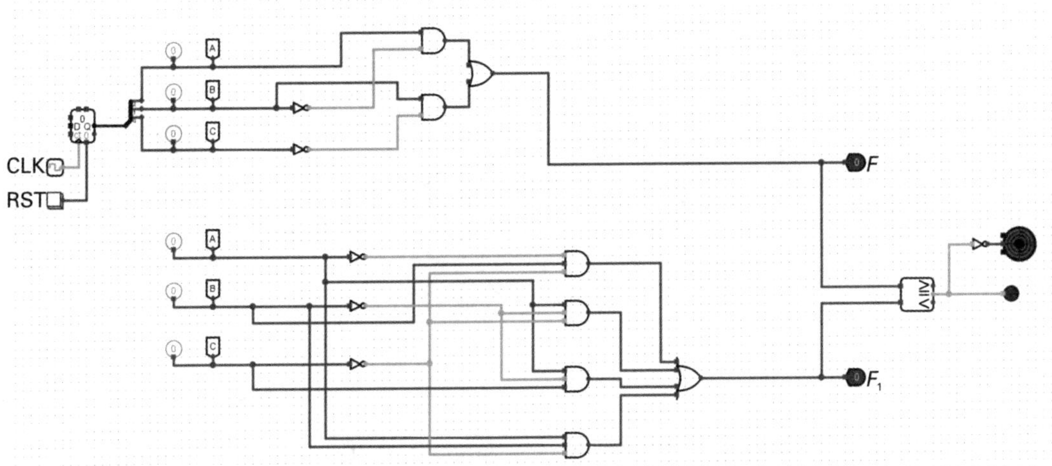

图 2.9 在 Logisim 上验证使用标准“与-或”表达式实现的逻辑函数

逻辑函数 $F=\overline{A}\cdot C+A\cdot\overline{B}\cdot\overline{C}$用标准“或-与”表达式实现，则有 $F_1=(A+B+C)\cdot(A+\overline{B}+C)\cdot(\overline{A}+B+\overline{C})\cdot(\overline{A}+\overline{B}+C)\cdot(\overline{A}+\overline{B}+\overline{C})=\prod M(0,2,5,6,7)=F$。在 Logisim 上可以实现逻辑函数 F、F_1，具体见图 2.10。

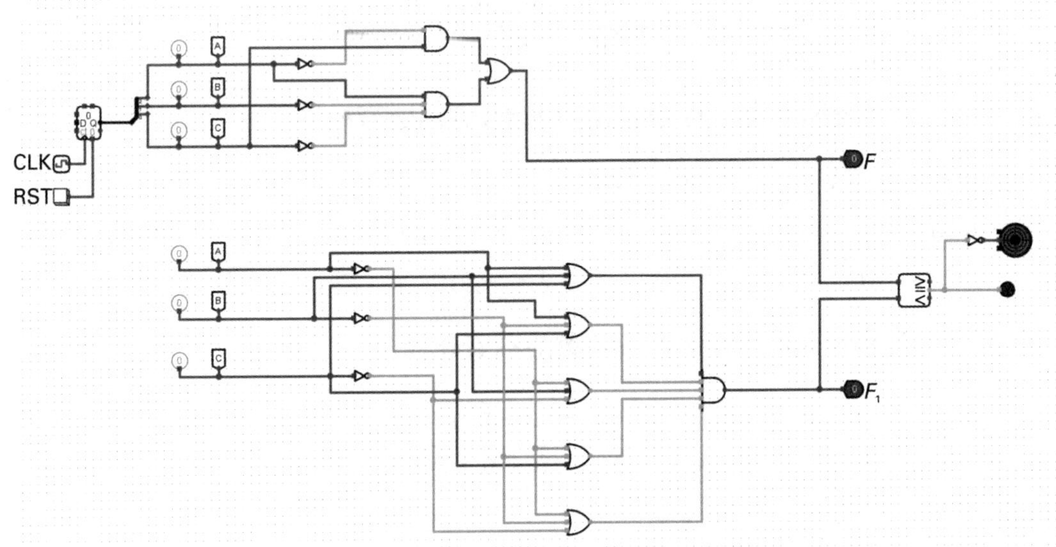

图 2.10 在 Logisim 上验证使用标准“或-与”表达式实现的逻辑函数

2.9　在 Logisim 上验证逻辑函数的代数化简法

逻辑函数 $F=A\cdot D+A\cdot \overline{D}+A\cdot B+\overline{A}\cdot C+B\cdot D+\overline{B}\cdot E+D\cdot E$，采用代数法化简后有 $F_1=A+C+B\cdot D+\overline{B}\cdot E+D\cdot E=F$。在 Logisim 上可以实现逻辑函数 F、F_1，具体见图 2.11。

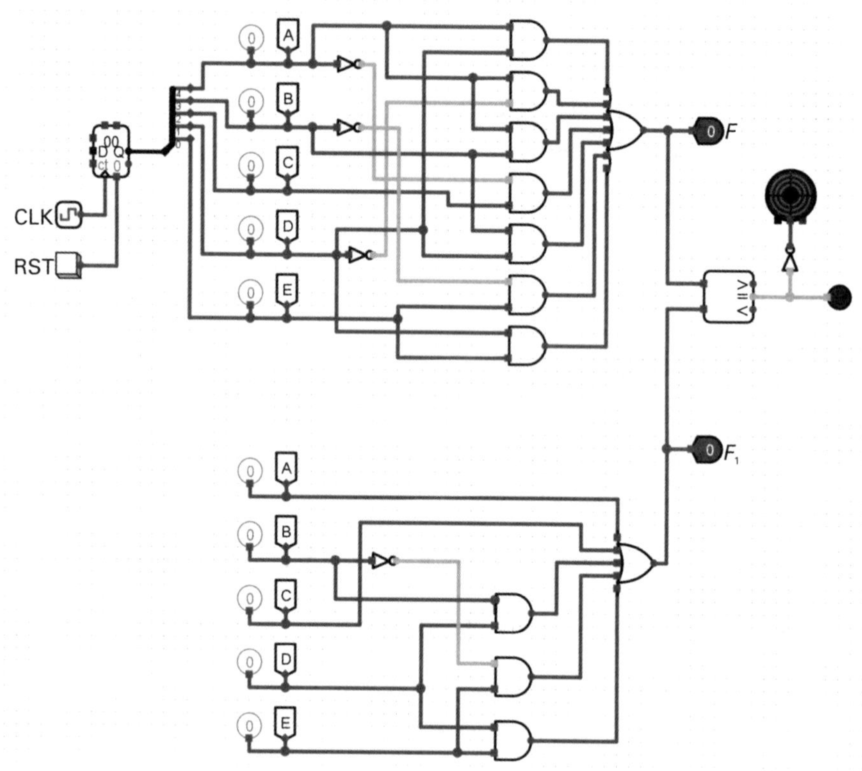

图 2.11　在 Logisim 上验证逻辑函数的代数化简法

2.10　在 Logisim 上验证逻辑函数的卡诺图化简法

逻辑函数 $F=\overline{A}\cdot C\cdot D+\overline{B}\cdot C\cdot \overline{D}+\overline{A}\cdot B\cdot C\cdot \overline{D}+A\cdot \overline{B}\cdot \overline{D}+A\cdot B\cdot \overline{C}\cdot \overline{D}$，采用卡诺图法化简后有 $F_1=\overline{A}\cdot C+A\cdot \overline{C}\cdot \overline{D}+A\cdot \overline{B}\cdot \overline{D}=F$，或 $F_2=\overline{A}\cdot C+A\cdot \overline{C}\cdot \overline{D}+\overline{B}\cdot C\cdot \overline{D}=F$。在 Logisim 上可以实现逻辑函数 F、F_1、F_2，具体见图 2.12。

2.11　在 Logisim 上验证逻辑函数的列表化简法

逻辑函数 $F=\sum m(0,3,4,5,6,7,8,10,11)$，采用列表法化简后有 $F_1=\overline{A}\cdot B+A\cdot \overline{B}\cdot C+\overline{B}\cdot C\cdot D+\overline{B}\cdot \overline{C}\cdot \overline{D}=F$，或 $F_2=\overline{A}\cdot B+A\cdot \overline{B}\cdot \overline{D}+\overline{B}\cdot C\cdot D+\overline{B}\cdot \overline{C}\cdot \overline{D}=F$。在 Logisim 上可以实现逻辑函数 F、F_1、F_2，具体见图 2.13。

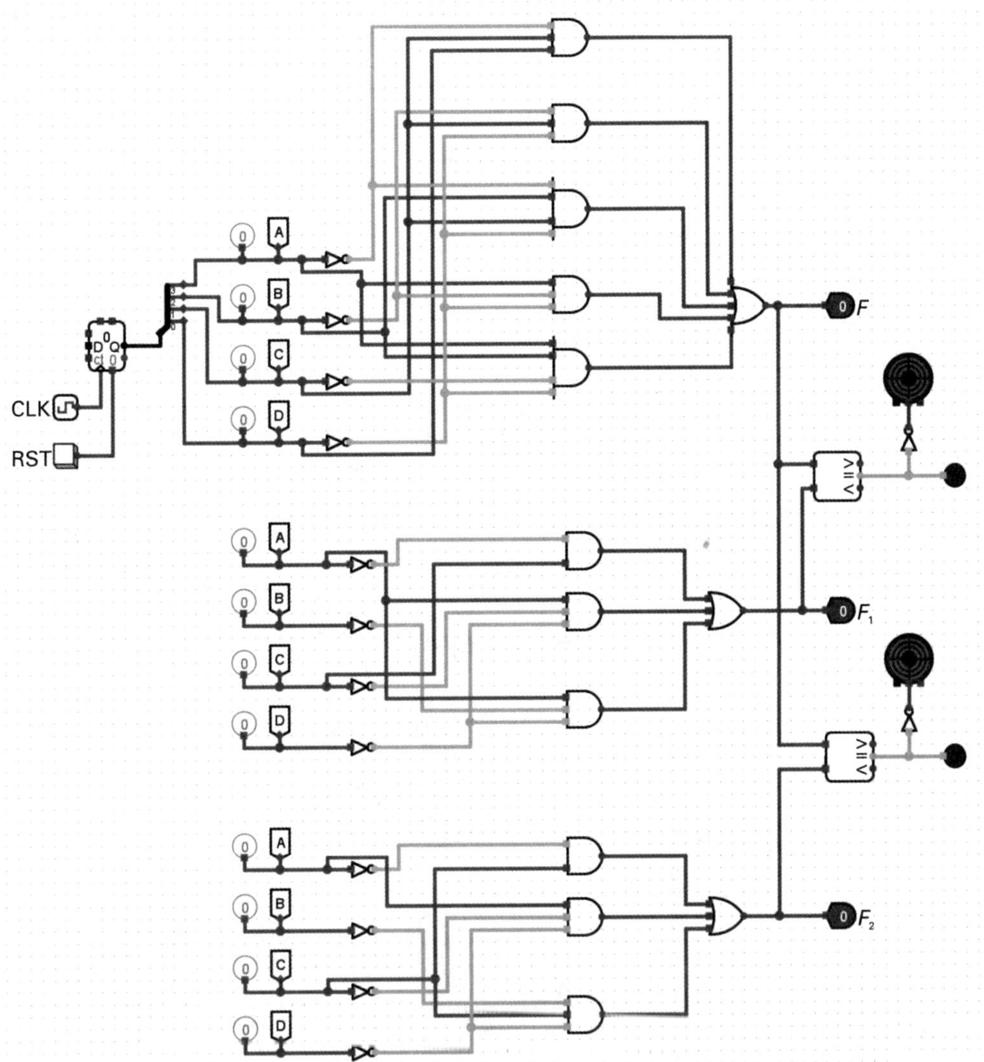

图 2.12　在 Logisim 上验证逻辑函数的卡诺图化简法

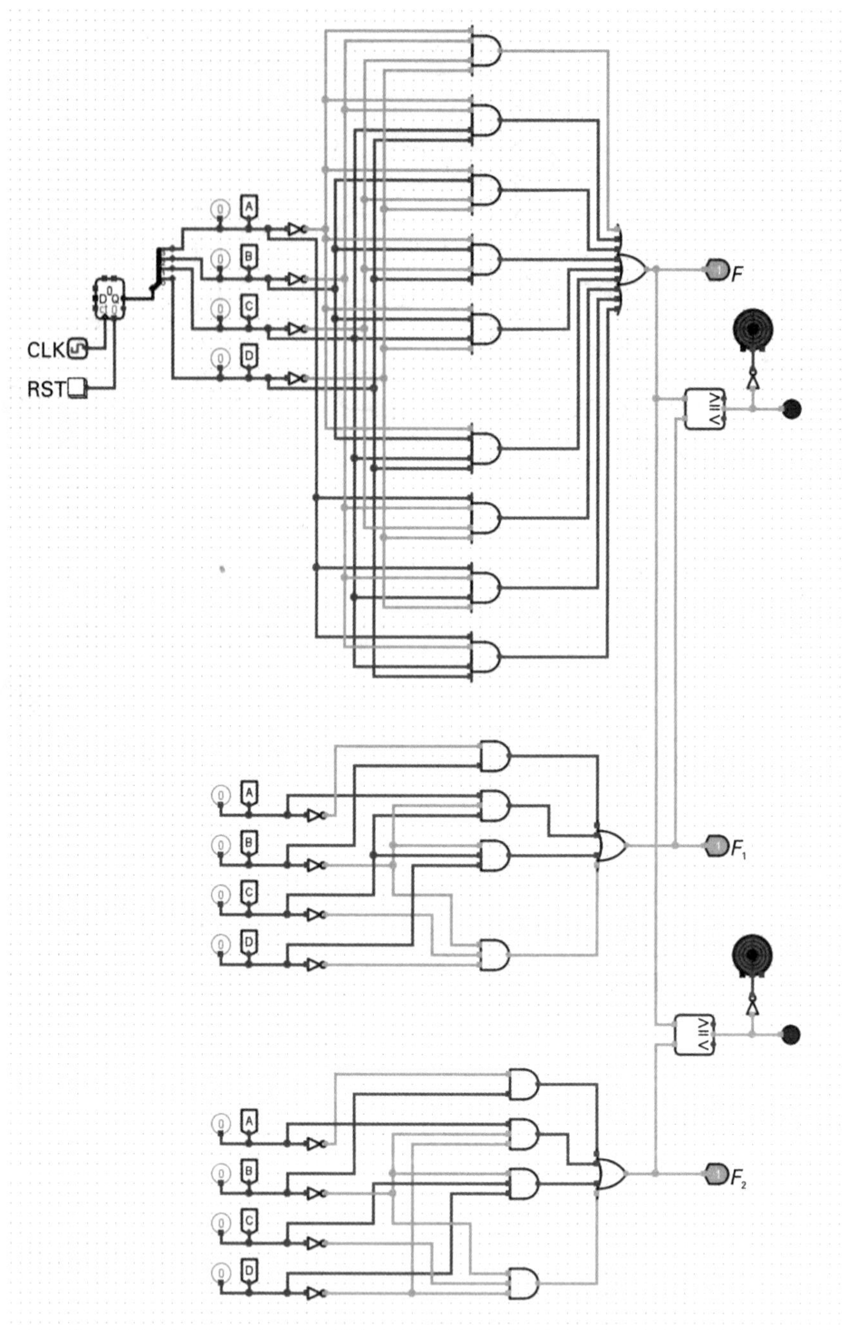

图 2.13　在 Logisim 上验证逻辑函数的列表化简法

3　实验仪器

(1)电脑 1 台(台式计算机或笔记本电脑)。

(2)JDK 软件、Logisim 仿真软件。

4　实验内容

4.1　在 Logisim 上完成逻辑代数基础验证

(1)点击“logisim-hust-20200118. exe”运行 Logisim 软件，在 Logisim 中打开“逻辑代数基础验证.circ”设计文件。

(2)打开图 2.1 所示的电路，先点击“RST”按钮(复位)，然后点击“CLK”按钮(时钟)，观看输入(A、B、C)和输出 F 是不是如表 2.1 所示真值表的关系。

(3)打开图 2.2 所示的电路，先点击“RST”按钮，然后点击“CLK”按钮，观看输入从全部为 0 变到全部为 1 的过程，如果 LED 灯一直不亮、蜂鸣器一直不响，则表示在 Logisim 上验证正确，否则表示验证不正确。图 2.3、图 2.4、图 2.8、图 2.9、图 2.10、图 2.11、图 2.12、图 2.13 所示电路的验证方法相同。

(4)打开图 2.5 所示的电路，点击 A 和 B，观看输出(F)与输入(A、B)之间是否满足相应的逻辑关系(与、或、非)。图 2.6 所示的电路，验证方法相同。

4.2　课外实验

(1)请采用“与或非门”实现逻辑函数 $F=\overline{A}\cdot B+C$，并在 Logisim 上进行验证。

(2)请采用标准“与-或”表达式表示逻辑函数 $F=\overline{(A\cdot\overline{B}+B\cdot\overline{C})\cdot(\overline{A}\cdot B)}$，并在 Logisim 上进行验证。

(3)请采用标准“或-与”表达式表示逻辑函数 $F=\overline{A\cdot B+\overline{A}\cdot C}+\overline{B}\cdot C$，并在 Logisim 上进行验证。

(4)请采用代数法化简逻辑函数 $F=\overline{A}\cdot\overline{C}\cdot(\overline{B}+B\cdot D)+A\cdot\overline{C}\cdot D$，并在 Logisim 上进行验证。

(5)请采用卡诺图法化简逻辑函数 $F=A\cdot\overline{C}+A\cdot D+\overline{B}\cdot\overline{C}+\overline{B}\cdot D$，并在 Logisim 上进行验证。

(6)请采用列表法化简逻辑函数 $F=\sum m(0,5,7,8,9,10,11,14,15)$，并在 Logisim 上进行验证。

5　能力拓展

请阅读逻辑代数基础的相关资料，进一步掌握在 Logisim 上实现各种复杂的逻辑函数并验证其功能的方法。

实验三　集成门电路与触发器

1　实验目的及学习要求

1.1　实验目的

(1)了解 Logisim 中 TTL 芯片部件、触发器部件的使用方法。
(2)掌握利用 Logisim 的门电路实现集成门电路芯片的方法。
(3)掌握利用 Logisim 的门电路实现触发器的方法。
(4)培养科学精神、工匠精神、系统观及规矩意识。

1.2　学习要求

(1)通过课前预习,了解集成门电路和触发器的相关知识。
(2)通过课间练习,掌握在 Logisim 上利用门电路实现集成门电路芯片、触发器的方法。
(3)通过课后复习,掌握在 Logisim 上仿真实现触发器输出波形的方法。

2　实验原理

74 系列 TTL 集成门电路芯片是最常用的逻辑电路芯片。Logisim 的 TTL 组件中已经实现了 8 个 74 系列 TTL 集成门电路芯片(7400、7402、7404、7408、7432、7486、747266、74125),其他的 74 系列 TTL 集成门电路芯片(如 7410、7411、7420、7427、7451、7454 等)可以利用 Logisim 的门电路实现,并将其封装为子电路。

Logisim 的存储器组件中包含 4 个触发器部件(D 触发器、T 触发器、JK 触发器、SR 触发器)。利用 Logisim 的门电路可以实现基本 RS 触发器、钟控 RS 触发器、钟控 D 触发器、钟控 JK 触发器、钟控 T 触发器、主从 RS 触发器、主从 JK 触发器和维持-阻塞 D 触发器,利用 Logisim 的函数发生器可以仿真实现触发器的输出波形。

2.1　Logisim 自带的 74 系列 TTL 集成门电路芯片

Logisim 的 TTL 组件中已经实现了 8 个 74 系列 TTL 集成门电路芯片。
(1)7400(4 个与非门)。
(2)7402(4 个或非门)。
(3)7404(6 个非门)。

(4)7408(4 个与门)。

(5)7432(4 个或门)。

(6)7486(4 个异或门)。

(7)74125(4 个三态门)。

(8)747266(4 个与或非门)。

图 3.1 所示为 Logisim 中 7400 芯片的使用方法。A、B 为输入,Y 为输出,$Y=\overline{A \cdot B}$。其他 74 系列 TTL 集成门电路芯片的使用方法与此类似。

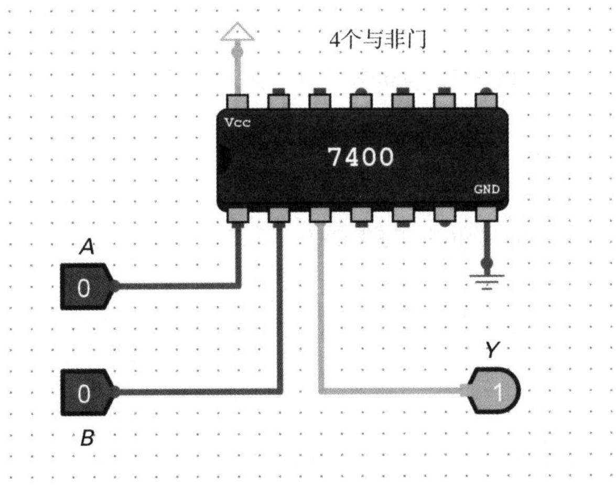

图 3.1 7400 芯片的使用方法

2.2 利用 Logisim 的门电路实现 74 系列 TTL 集成门电路芯片

7410 为 3 个 3 输入与非门芯片。在 Logisim 上利用门电路实现的 7410 芯片见图 3.2,封装后的 7410 芯片及其使用方法见图 3.3。A、B、C 为输入,Y 为输出,$Y=\overline{A \cdot B \cdot C}$。

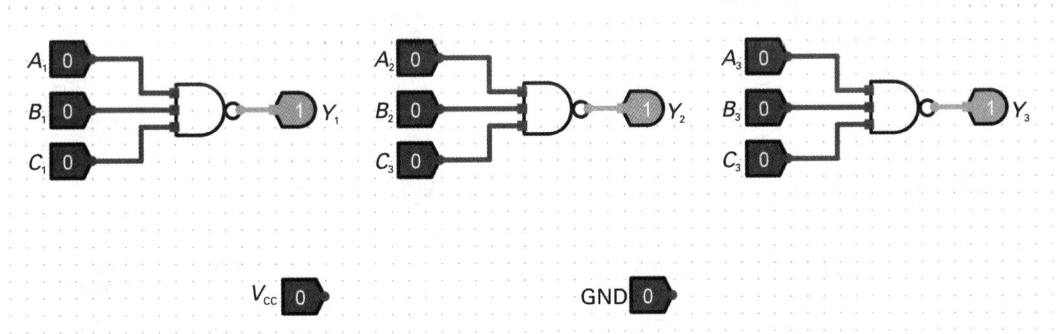

图 3.2 在 Logisim 上利用门电路实现的 7410 芯片

7411(3 个 3 输入与门)、7420(2 个 4 输入与非门)、7427(3 个 3 输入或非门)、7451(2 个 2-2 输入与或非门)、7454(1 个 2-2-2-2 输入与或非门)等芯片的实现方法与 7410 芯片类似,这里就不再详细叙述。

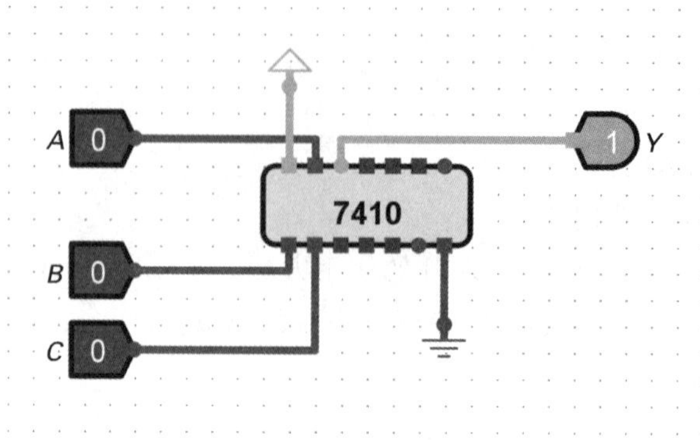

图 3.3　7410 芯片的封装及其使用方法

2.3　Logisim 自带的 4 个触发器

Logisim 的存储器组件中自带 4 个触发器。

(1)*D* 触发器。

(2)*T* 触发器。

(3)*JK* 触发器。

(4)*SR* 触发器。

图 3.4 为 Logisim 自带的 4 个触发器的使用方法。其中 SET、CLR 分别为置位、复位输入信号，CLK 为时钟信号，*D*、*T*、*J*、*K*、*S*、*R* 为输入信号，Q 和$\overline{Q}$为互补的输出信号。

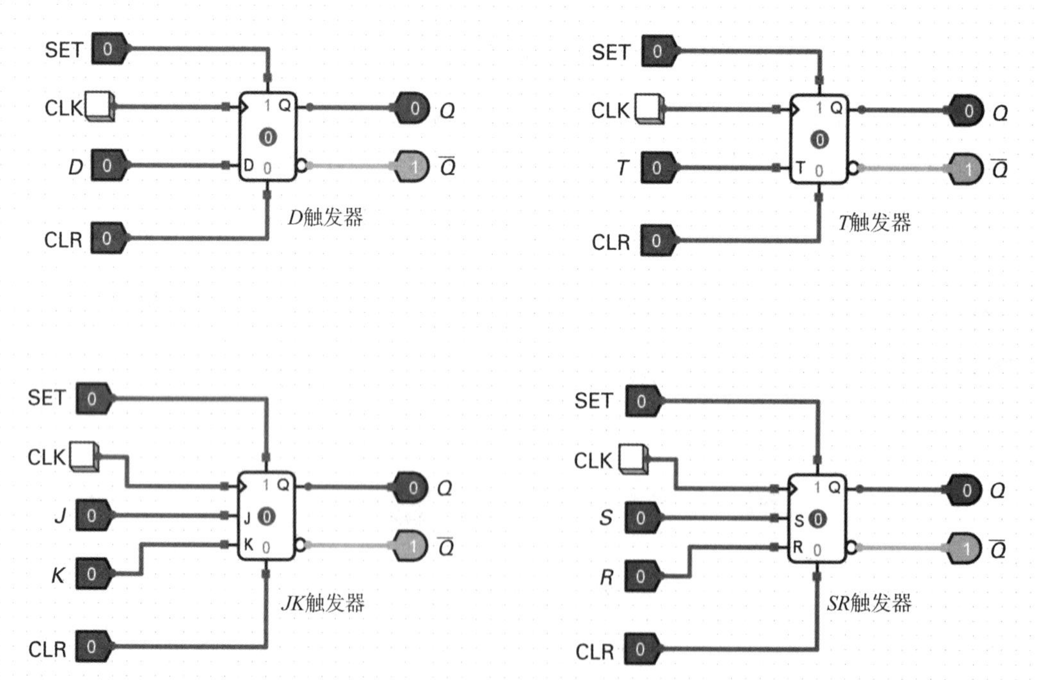

图 3.4　Logisim 自带的 4 个触发器

2.4　利用 Logisim 的门电路实现各种触发器

2.4.1　“与非门”构成的基本 *RS* 触发器

Logisim 实现的“与非门”构成的基本 *RS* 触发器如图 3.5 所示。

(1)RS=00 时,Q=不定。

(2)RS=01 时,Q=0。

(3)RS=10 时,Q=1。

(4)RS=11 时,Q=不变。

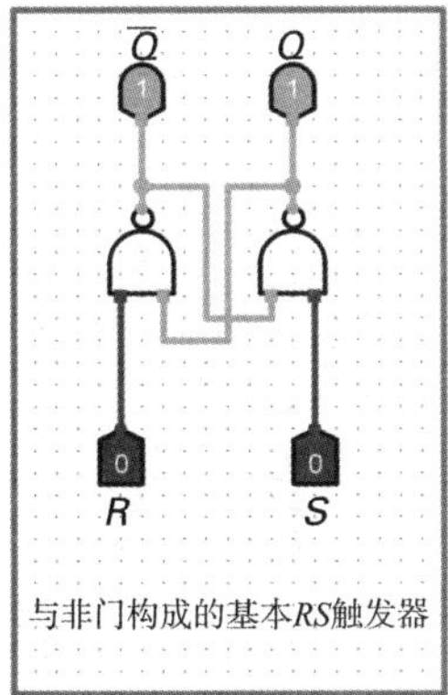

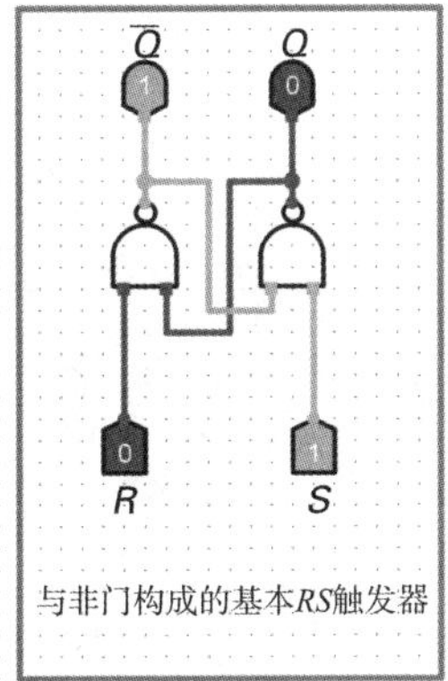

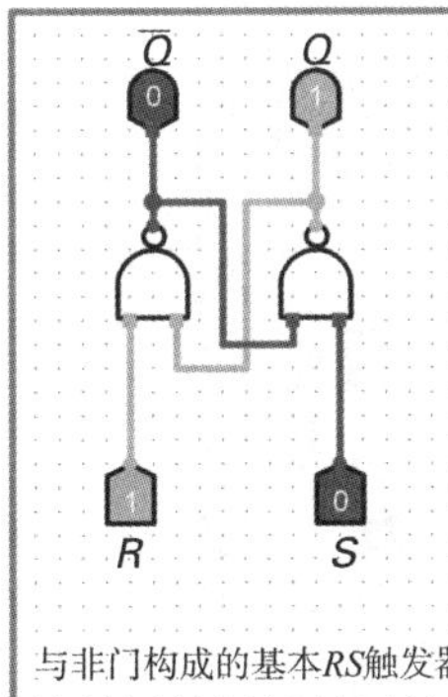

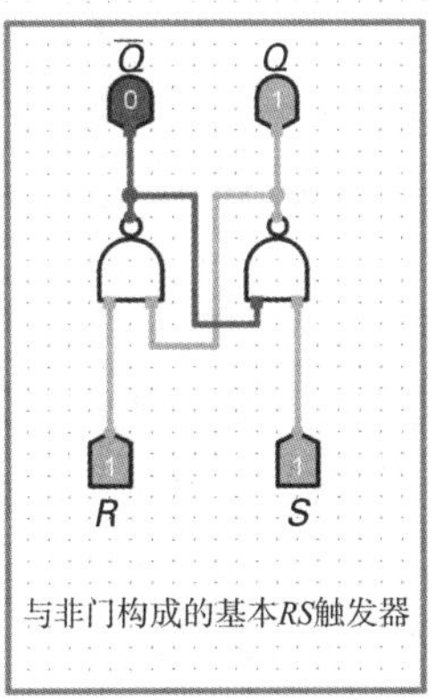

图 3.5　Logisim 实现的“与非门”构成的基本 RS 触发器

2.4.2　“或非门”构成的基本 *RS* 触发器

Logisim 实现的“或非门”构成的基本 *RS* 触发器如图 3.6 所示。

(1)RS=00 时,Q=不变。

(2)RS=01 时,Q=1。

(3)RS=10 时,Q=0。

(4)RS=11 时,Q=不定。

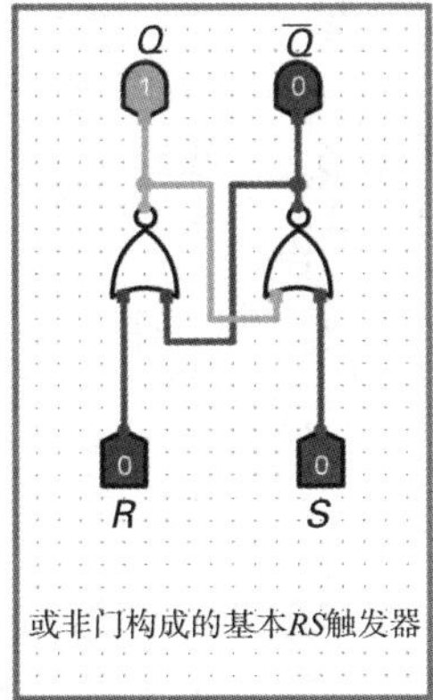

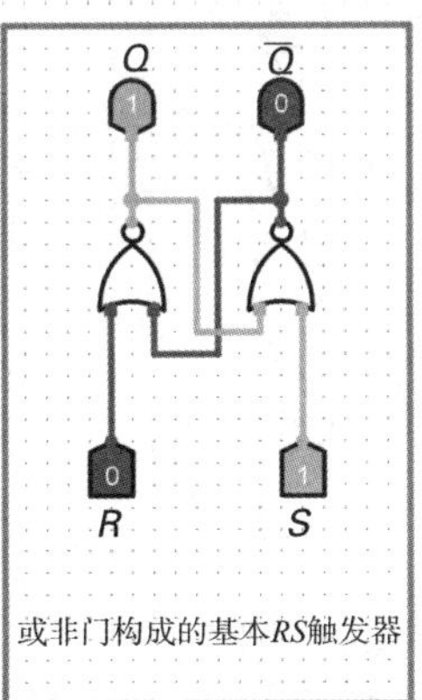

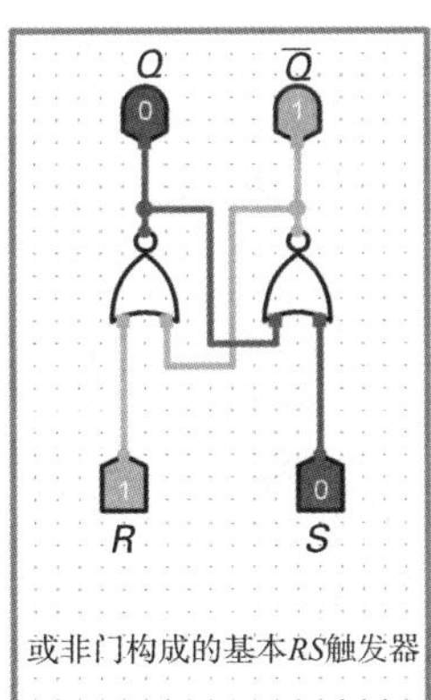

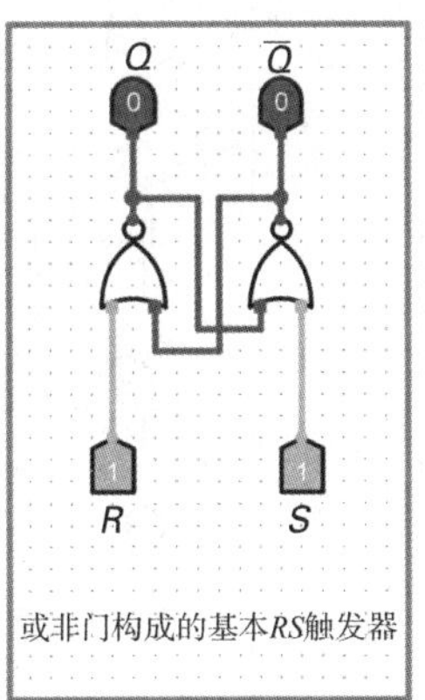

图 3.6　Logisim 实现的“或非门”构成的基本 *RS* 触发器

2.4.3 钟控 *RS* 触发器

Logisim 实现的钟控 *RS* 触发器如图 3.7 所示。

(1)CP=0 时,*Q*=不变。

(2)CP=1、*RS*=00 时,*Q*=不变。

(3)CP=1、*RS*=01 时,*Q*=1。

(4)CP=1、*RS*=10 时,*Q*=0。

(5)CP=1、*RS*=11 时,*Q*=不定。

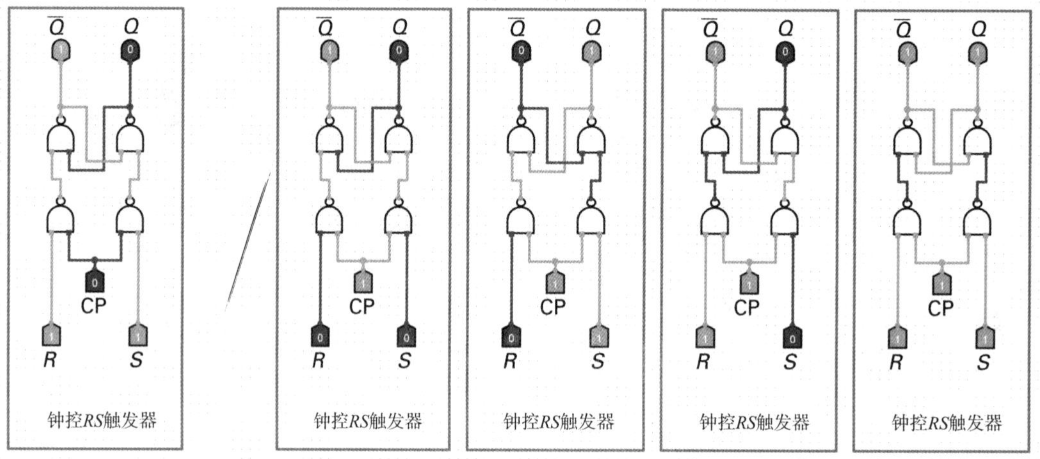

图 3.7 Logisim 实现的钟控 *RS* 触发器

2.4.4 钟控 *D* 触发器

Logisim 实现的钟控 *D* 触发器如图 3.8 所示。

(1)CP=0 时,*Q*=不变。

(2)CP=1、*D*=0 时,*Q*=0。

(3)CP=1、*D*=1 时,*Q*=1。

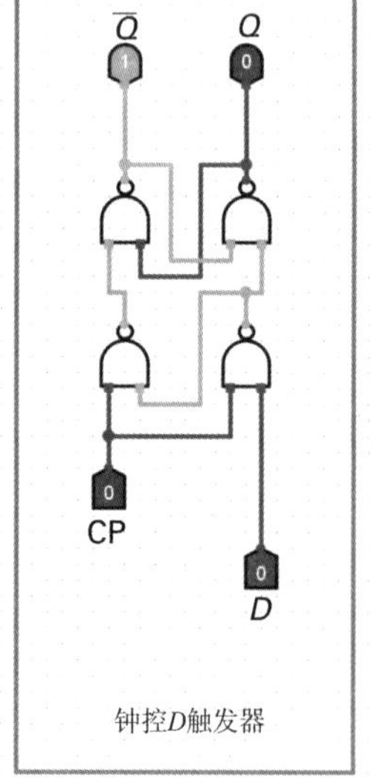

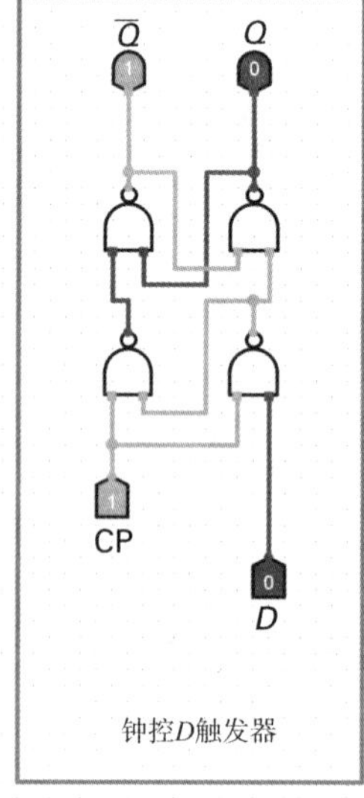

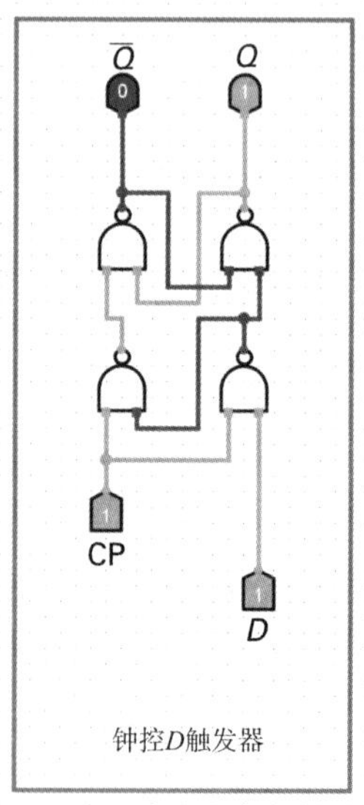

图 3.8 Logisim 实现的钟控 *D* 触发器

2.4.5　钟控 *JK* 触发器

Logisim 实现的钟控 JK 触发器如图 3.9 所示。

(1)CP=0 时,Q=不变。

(2)CP=1、JK=00 时,Q=不定。

(3)CP=1、JK=01 时,Q=0。

(4)CP=1、JK=10 时,Q=1。

(5)CP=1、JK=11 时,Q=翻转。

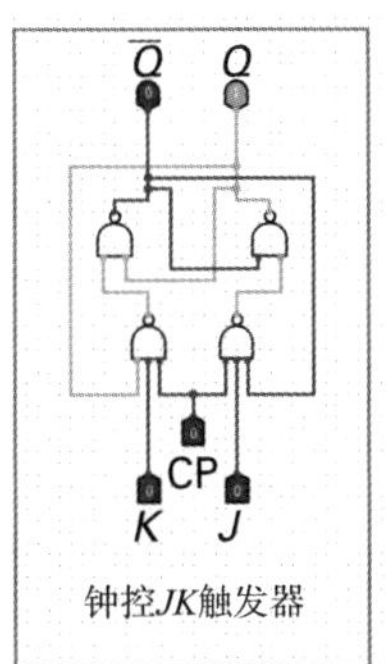

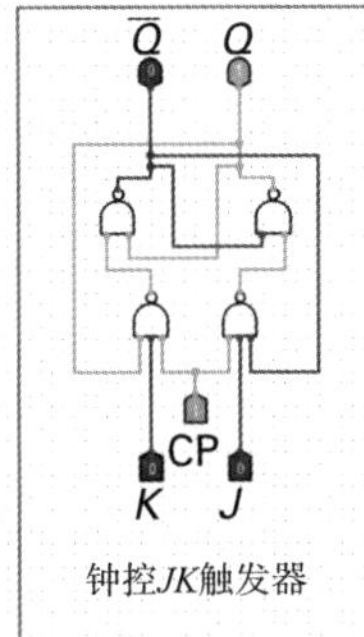

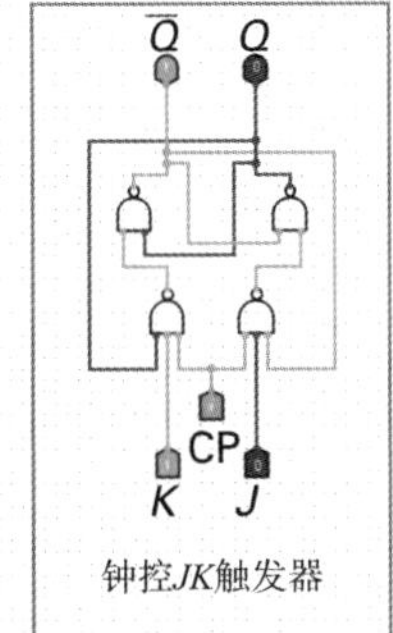

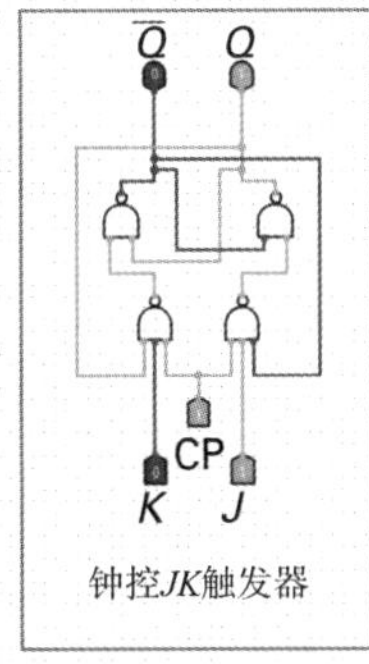

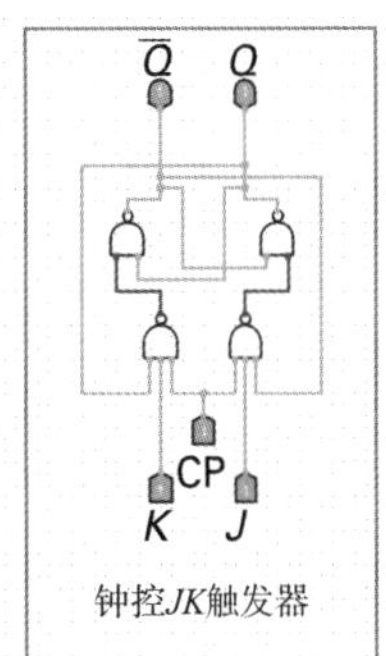

图 3.9　Logisim 实现的钟控 *JK* 触发器

2.4.6　钟控 *T* 触发器

Logisim 实现的钟控 T 触发器如图 3.10 所示。

(1)CP=0 时,Q=不变。

(2)CP=1、T=0 时,Q=不变。

(3)CP=1、T=1 时,Q=翻转。

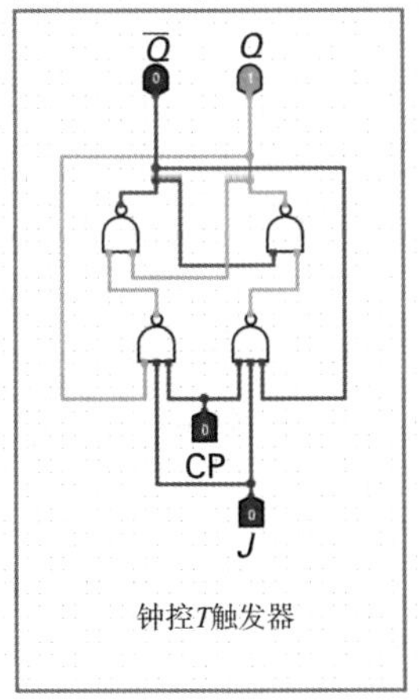

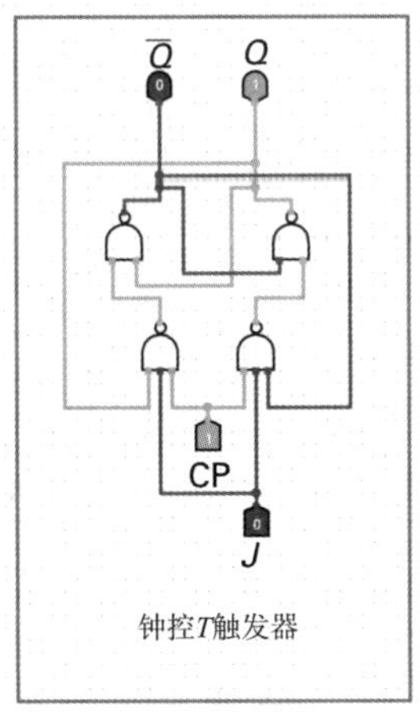

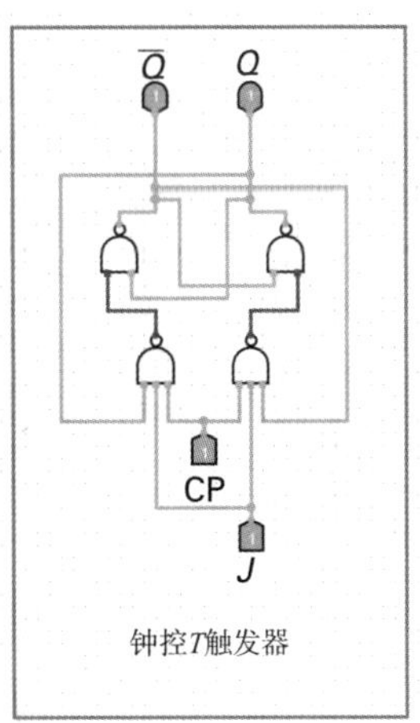

图 3.10　Logisim 实现的钟控 *T* 触发器

2.4.7　主从 *RS* 触发器

Logisim 实现的主从 RS 触发器如图 3.11 所示。

(1)R_D=0、S_D=1 时,异步清零(Q=0)。

(2)$R_D=1$、$S_D=0$ 时，异步置 1($Q=1$)。

(3)$R_D=1$、$S_D=1$、$RS=00$、CP 下降沿时，$Q=$不变。

(4)$R_D=1$、$S_D=1$、$RS=01$、CP 下降沿时，$Q=1$。

(5)$R_D=1$、$S_D=1$、$RS=10$、CP 下降沿时，$Q=0$。

(6)$R_D=1$、$S_D=1$、$RS=11$、CP 下降沿时，$Q=$不定。

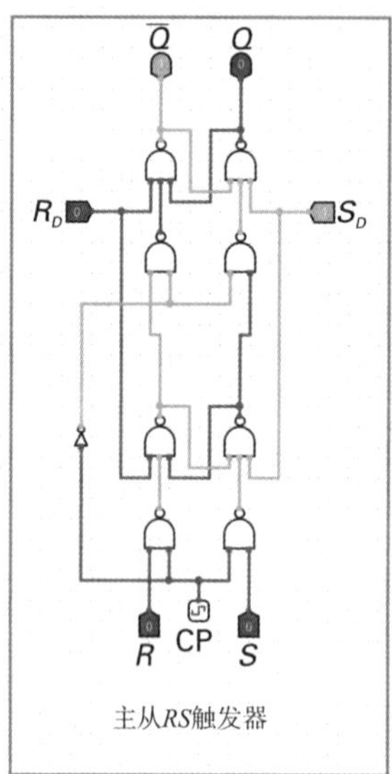

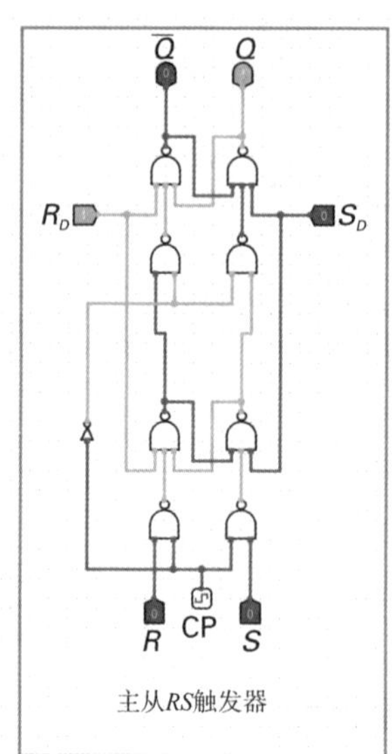

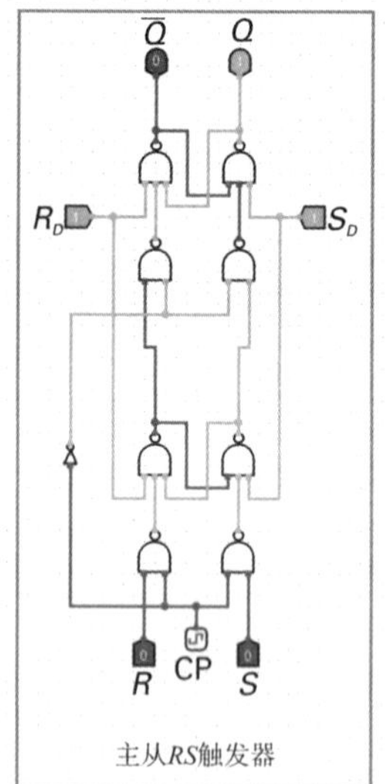

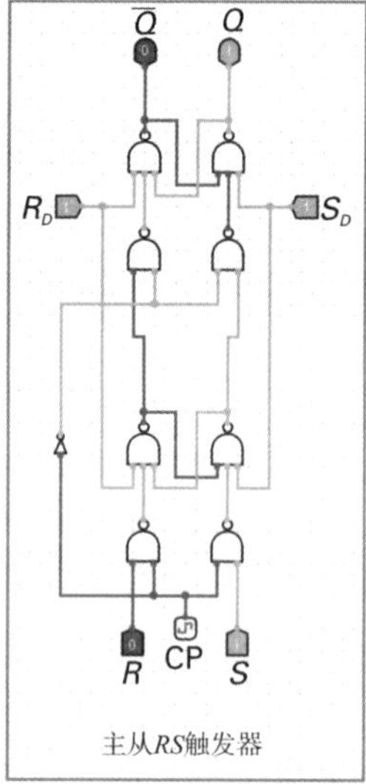

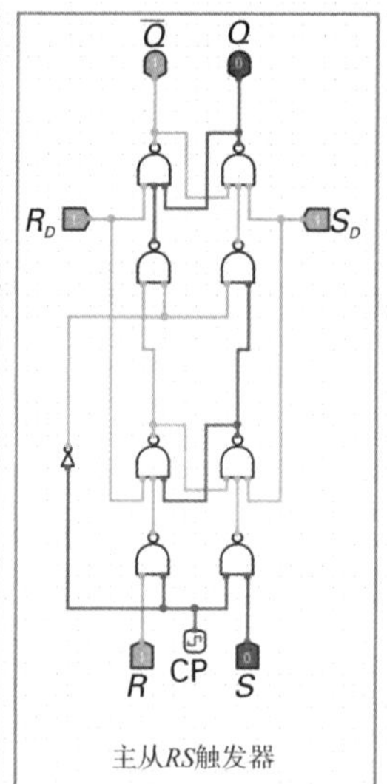

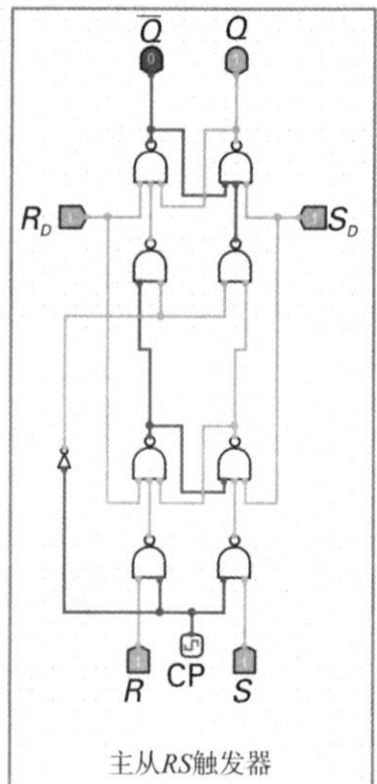

图 3.11 Logisim 实现的主从 *RS* 触发器

2.4.8 主从 *JK* 触发器

Logisim 实现的主从 *JK* 触发器如图 3.12 所示。

(1)$R_D=0$、$S_D=1$ 时，异步清零($Q=0$)。

(2)$R_D=1$、$S_D=0$ 时，异步置 1($Q=1$)。

(3) $R_D=1$、$S_D=1$、$JK=00$、CP 下降沿时，$Q=$不变。

(4) $R_D=1$、$S_D=1$、$JK=01$、CP 下降沿时，$Q=0$。

(5) $R_D=1$、$S_D=1$、$JK=10$、CP 下降沿时，$Q=1$。

(6) $R_D=1$、$S_D=1$、$JK=11$、CP 下降沿时，$Q=$翻转。

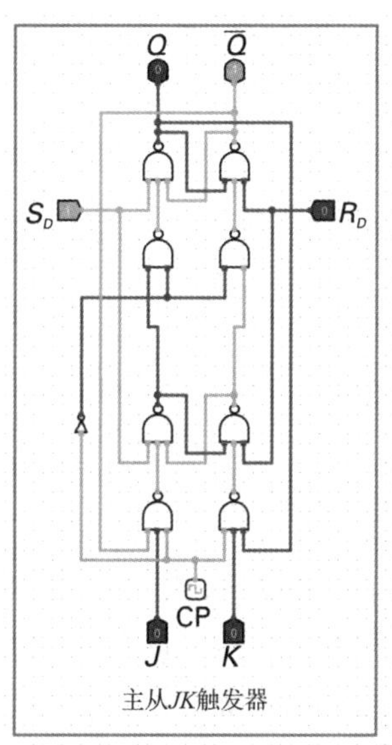

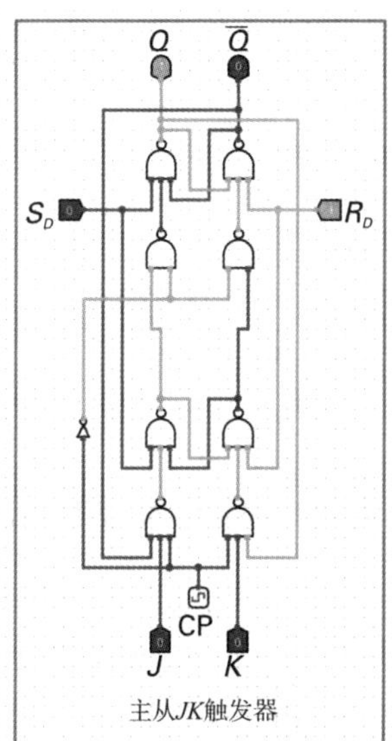

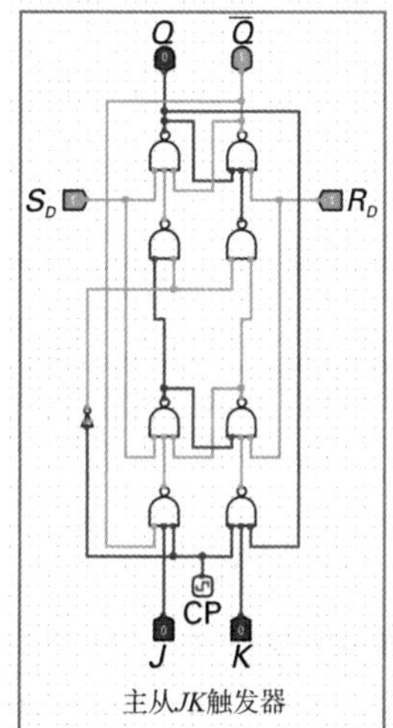

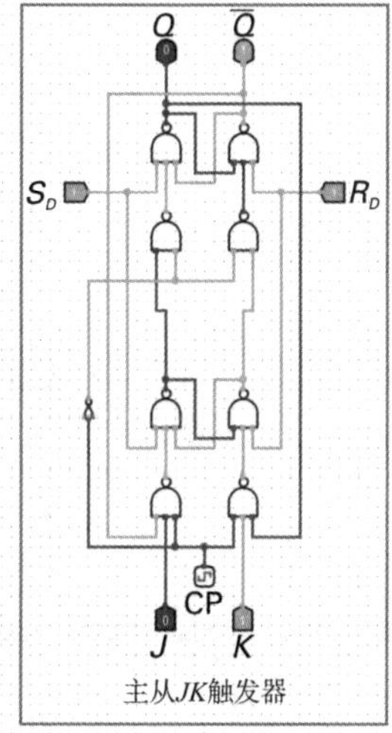

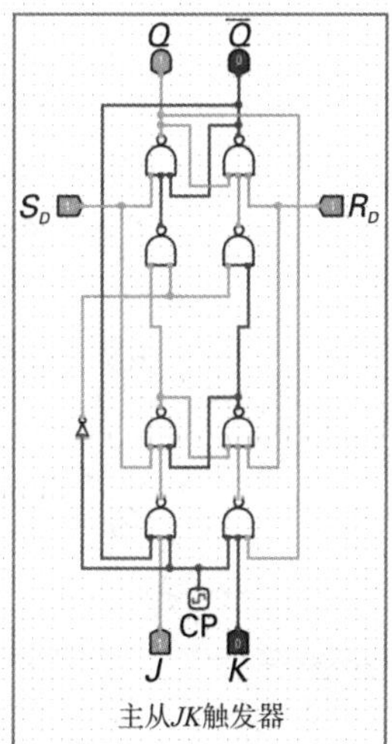

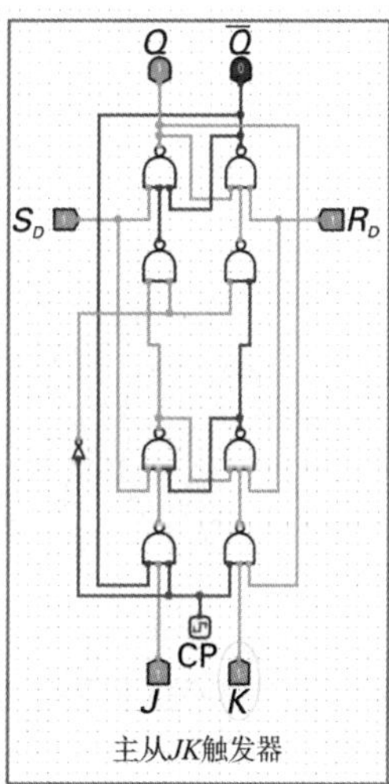

图 3.12　Logisim 实现的主从 *JK* 触发器

2.4.9　维持-阻塞 *D* 触发器

Logisim 实现的维持-阻塞 D 触发器如图 3.13 所示。

(1) $R_D=0$、$S_D=1$ 时，异步清零($Q=0$)。

(2) $R_D=1$、$S_D=0$ 时，异步置 1($Q=1$)。

(3) $R_D=1$、$S_D=1$、$D=0$、CP 上升沿时，$Q=0$。

(4) $R_D=1$、$S_D=1$、$D=1$、CP 上升沿时，$Q=1$。

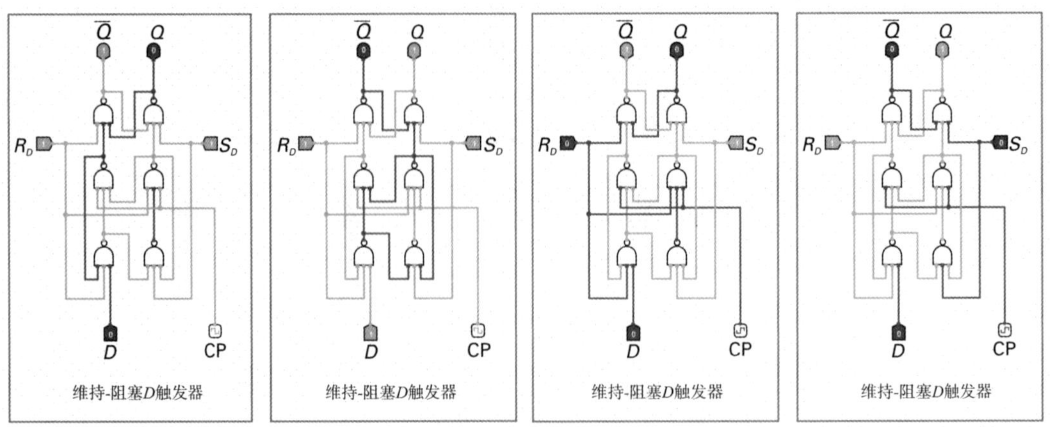

图 3.13 Logisim 实现的维持-阻塞 D 触发器

2.5 在 Logisim 上仿真触发器电路的波形

在 Logisim 上可以仿真得到触发器电路的输出波形，图 3.14 为在 Logisim 上仿真 D 触发器的输出波形。图 3.14 右上角的电路为 D 触发器；中间的电路为通过计数器将时钟 CLK 信号 4 分频后得到 CP(即 CP 的频率为 CLK 频率的 1/4)，同时通过函数发生器产生输入 D 的波形，函数发生器的参数见图 3.14 左上角的对话框；CLK、CP、D、Q 的波形见图 3.14 的下半部分。

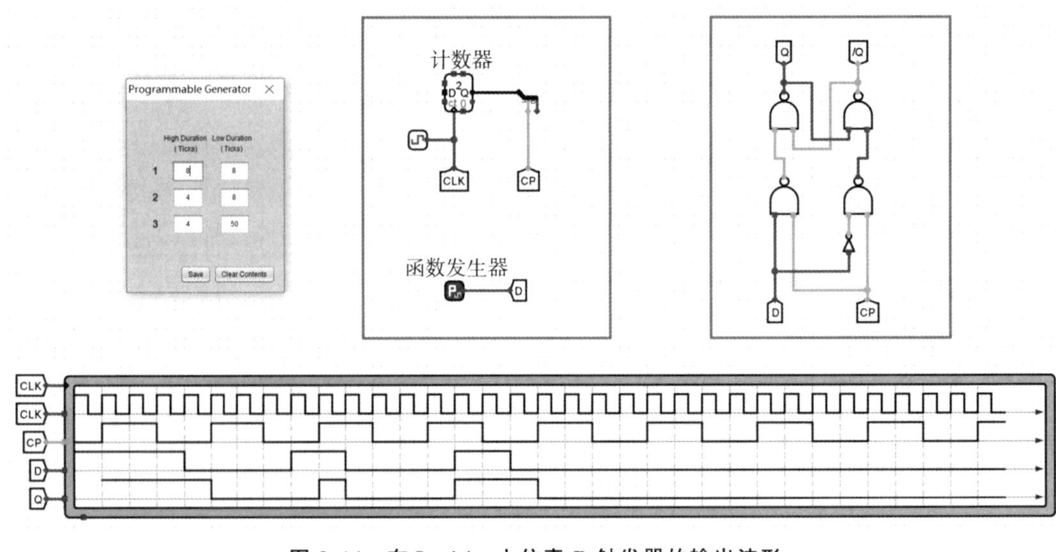

图 3.14 在 Logisim 上仿真 D 触发器的输出波形

3 实验仪器

(1)电脑 1 台(台式计算机或笔记本电脑)。

(2)JDK 软件、Logisim 仿真软件。

4　实验内容

4.1　在 Logisim 上验证集成门电路与触发器的功能

点击“logisim-hust-20200118.exe”运行 Logisim 软件，在 Logisim 中打开“集成门电路与触发器.circ”设计文件。按照 2.1 至 2.4 小节的内容，在 Logisim 上验证集成门电路与触发器的功能。

4.2　在 Logisim 上验证触发器电路的输出波形

打开“集成门电路与触发器.circ”设计文件中的“仿真 D 触发器的输出波形”电路(图 3.14)。先设置函数发生器的参数(见图 3.14 的左上角)，设置时钟频率＝4 Hz，按 Ctrl＋R，再按 Ctrl＋K，波形开始移动。等出现图 3.14 的波形后，按 Ctrl＋K，波形停止移动。分析 CP、D、Q 的波形，可知其正确反映了 D 触发器的输入与输出关系。

4.3　课外实验

(1)请在 Logisim 上利用门电路实现以下 74 系列 TTL 集成门电路芯片，并进行验证。

①7411(3 个 3 输入与门)；

②7420(2 个 4 输入与非门)；

③7427(3 个 3 输入或非门)；

④7451(2 个 2-2 输入与或非门)；

⑤7454(1 个 2-2-2-2 输入与或非门)。

(2)已经 D 触发器、T 触发器的电路如图 3.15(a)所示，时钟信号(CP)、输入信号(A、B)的波形如图 3.15(b)所示。请在 Logisim 上仿真实现 D 触发器输出 Q 和 T 触发器输出 Q 的波形。

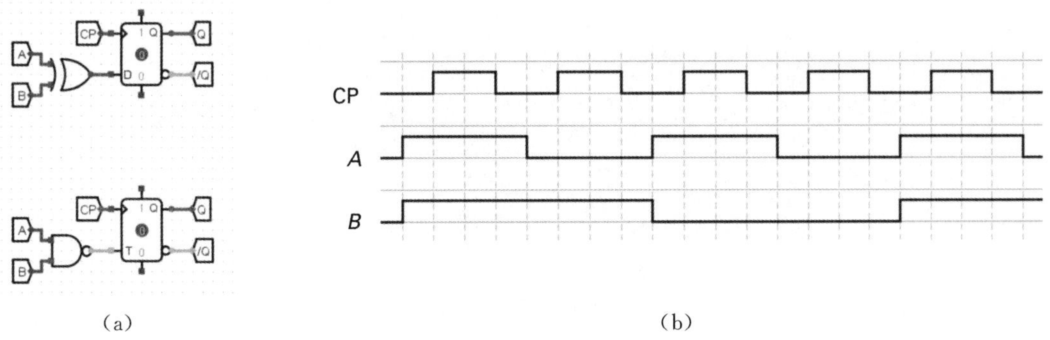

(a)　　(b)

图 3.15　D 触发器、T 触发器的电路与输入波形

(3)已经 JK 触发器的电路如图 3.16(a)所示，时钟信号 CP 和输入信号 A 的波形如图 3.16(b)所示。请在 Logisim 上仿真实现 JK 触发器输出 Q_1、Q_2 的波形。

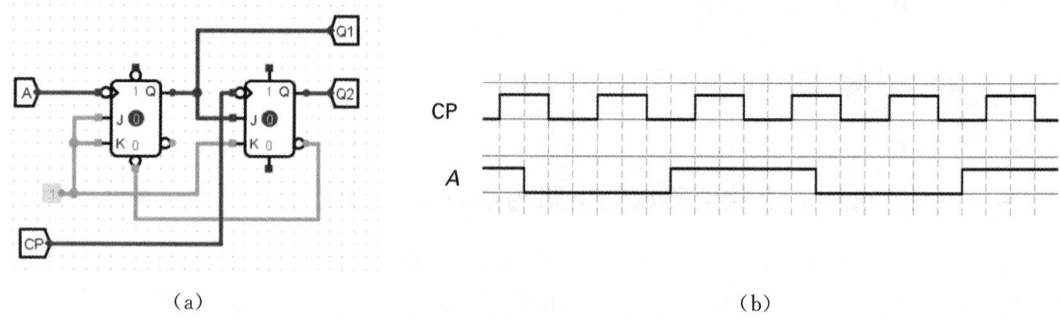

(a) (b)

图 3.16 *JK* 触发器的电路与输入波形

5 能力拓展

请阅读集成门电路和触发器的相关资料，进一步掌握在 Logisim 上实现各种集成门电路芯片和触发器，以及仿真得到触发器输出波形的方法。

实验四 组合逻辑电路

1 实验目的及学习要求

1.1 实验目的

(1)掌握在 Logisim 上实现常用组合逻辑电路的方法。

(2)掌握在 Logisim 上验证使用共用项可以简化多输出函数组合逻辑电路、无反变量提供可以简化组合逻辑电路的方法。

(3)掌握在 Logisim 上验证增加冗余项可以消除组合逻辑电路险象的方法。

(4)培养科学精神、工匠精神、系统观及规矩意识。

1.2 学习要求

(1)通过课前预习,了解常用组合逻辑电路的分析和设计方法,使用共用项简化多输出函数组合逻辑电路的方法,无反变量提供简化组合逻辑电路的方法,以及增加冗余项消除组合逻辑电路险象的方法。

(2)通过课间练习,掌握如何在 Logisim 上实现常用的组合逻辑电路,如何在 Logisim 上验证使用共用项简化多输出函数组合逻辑电路、无反变量提供简化组合逻辑电路、增加冗余项消除组合逻辑电路的险象。

(3)通过课后复习,掌握在 Logisim 上实现各种复杂的组合逻辑电路。

2 实验原理

组合逻辑电路是指电路在任何时刻产生的稳定输出值,仅仅取决于该时刻各输入值的组合,而与过去的输入值无关。组合逻辑电路由逻辑门组成,不包含任何记忆元件。组合逻辑电路的信号是单向传输的,不存在任何反馈回路。

在设计多输出函数的组合逻辑电路时,因为各输出函数之间存在相互联系,因此需要找出各输出函数的共用项,从而简化电路的结构。

有一些组合逻辑电路的输出函数中含有输入变量的反变量,如果采用非门来实现反变量,会增加组合逻辑电路的复杂性。可以通过逻辑公式的变换,在不需要非门的情况下,实现这种组合逻辑电路,并使电路的结构简化。

增加冗余项可以消除组合逻辑电路的险象,即在组合逻辑电路的输出函数中,“或”上多余的“与项”，或者“与”上多余的“或项”，使输出函数不可能在某种条件下变成“$X+\overline{X}$”或“$X\cdot\overline{X}$”的形式，从而消除可能产生的险象。

可以在 Logisim 上采用逻辑门实现常用的组合逻辑电路，并验证其输入与输出的关系（真值表）。可以在 Logisim 上验证使用共用项简化多输出函数的组合逻辑电路，验证无反变量提供简化组合逻辑电路，验证增加冗余项消除组合逻辑电路的险象。

2.1 在 Logisim 上实现“全加器电路”

“全加器电路”的输入为 A_i、B_i、C_{i-1}，输出为 S_i、C_i，真值表如表 4.1 所示。图 4.1 为在 Logisim 上实现的“全加器电路”（图中的两个电路都可以实现全加器的功能），图 4.1 的存储器中存放的是全加器的真值表（表 4.1）。

表 4.1 全加器的真值表

A_i	B_i	C_{i-1}	S_i	C_i	S_i C_i 对应的十进制
0	0	0	0	0	0
0	0	1	1	0	2
0	1	0	1	0	2
0	1	1	0	1	1
1	0	0	1	0	2
1	0	1	0	1	1
1	1	0	0	1	1
1	1	1	1	1	3

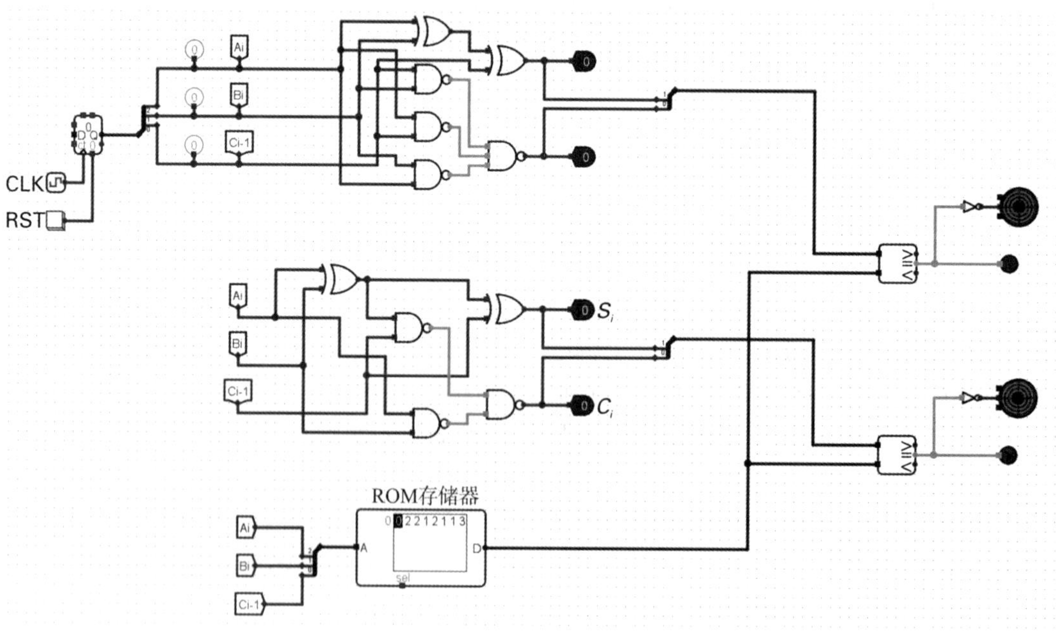

图 4.1 在 Logisim 上实现的“全加器电路”（两个电路）

2.2　在 Logisim 上实现“半加器电路”

“半加器电路”的输入为 A、B，输出为 S、C，真值表如表 4.2 所示。图 4.2 为在 Logisim 上实现的“半加器电路”，图 4.2 的存储器中存放的是半加器的真值表(表 4.2)。

表 4.2　半加器的真值表

A B	S C
0 0	0 0
0 1	1 0
1 0	1 0
1 1	0 1

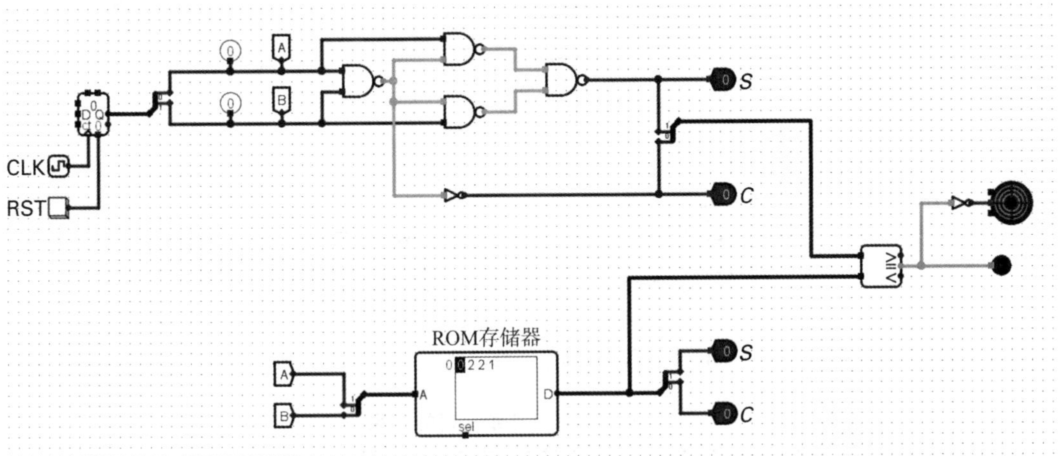

图 4.2　在 Logisim 上实现的“半加器电路”

2.3　在 Logisim 上实现“两个 2 位二进制数相乘电路”

“两个 2 位二进制数相乘电路”的输入为 A_1、A_0 和 B_1、B_0，输出为 M_3、M_2、M_1、M_0，$\{M_3\ M_2\ M_1\ M_0\}=\{A_1\ A_0\}\times\{B_1\ B_0\}$。图 4.3 为在 Logisim 上实现的“两个 2 位二进制数相乘电路”(图中的两个电路都可以实现两个 2 位二进制数相乘的功能)，图 4.3 的下半部分为 Logisim 自带的乘法器。

2.4　在 Logisim 上实现“8421 码转余 3 码电路”

“8421 码转余 3 码电路”的输入为 8421 码(A、B、C、D)，输出为余 3 码(W、X、Y、Z)，输入与输出之间的关系见表 4.3。图 4.4 为在 Logisim 上实现的“8421 码转余 3 码电路”，图 4.4 的 ROM1 中存放的是 8421 码与余 3 码之间的关系(表 4.3)，ROM2 中存放的是屏蔽字(输入＝1010～1111 时，为非法的 8421 码，需要对这 6 种情况进行屏蔽)。

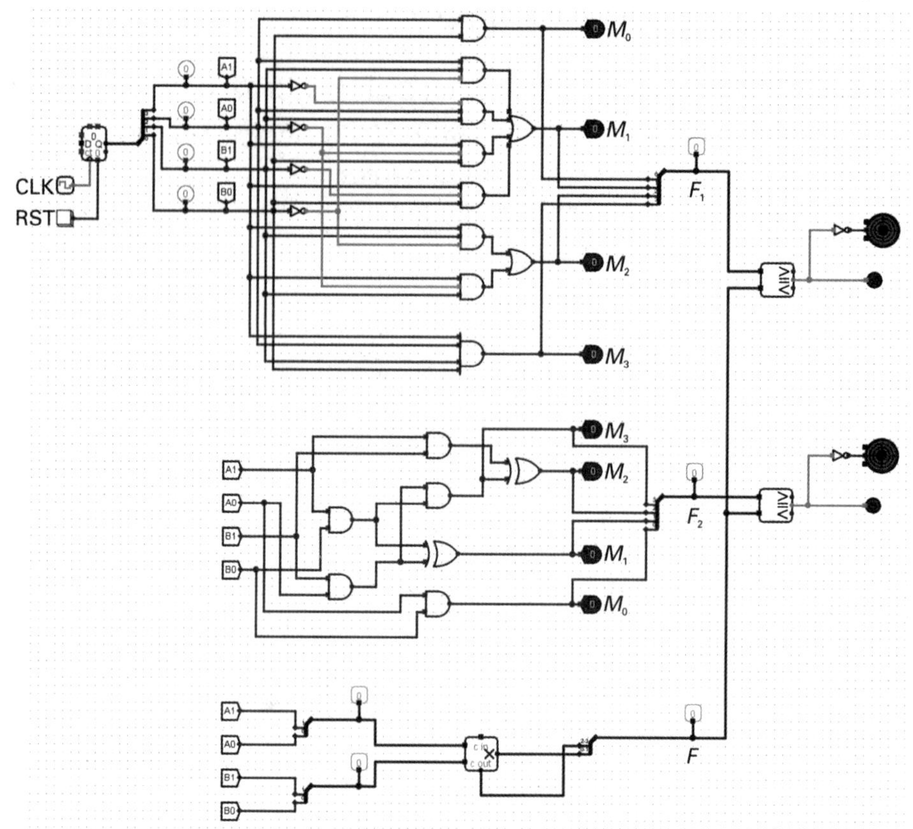

图 4.3 在 Logisim 上实现的"两个 2 位二进制数相乘电路"(两个电路)

表 4.3 8421 码与余 3 码的关系

8421 码(A、B、C、D)	余 3 码(W、X、Y、Z)	8421 码(A、B、C、D)	余 3 码(W、X、Y、Z)
0000	0011	0101	1000
0001	0100	0110	1001
0010	0101	0111	1010
0011	0110	1000	1011
0100	0111	1001	1100

2.5 在 Logisim 上实现"不一致电路"

"不一致电路"的输入为 A、B、C,输出为 F;仅当 A、B、C 均为 0(或者均为 1)时,输出 F=0;其他情况时,输出 F=1。图 4.5 为在 Logisim 上实现的"不一致电路",图 4.5 的存储器中存放的是输出(F)与输入(A、B、C)之间的真值表。

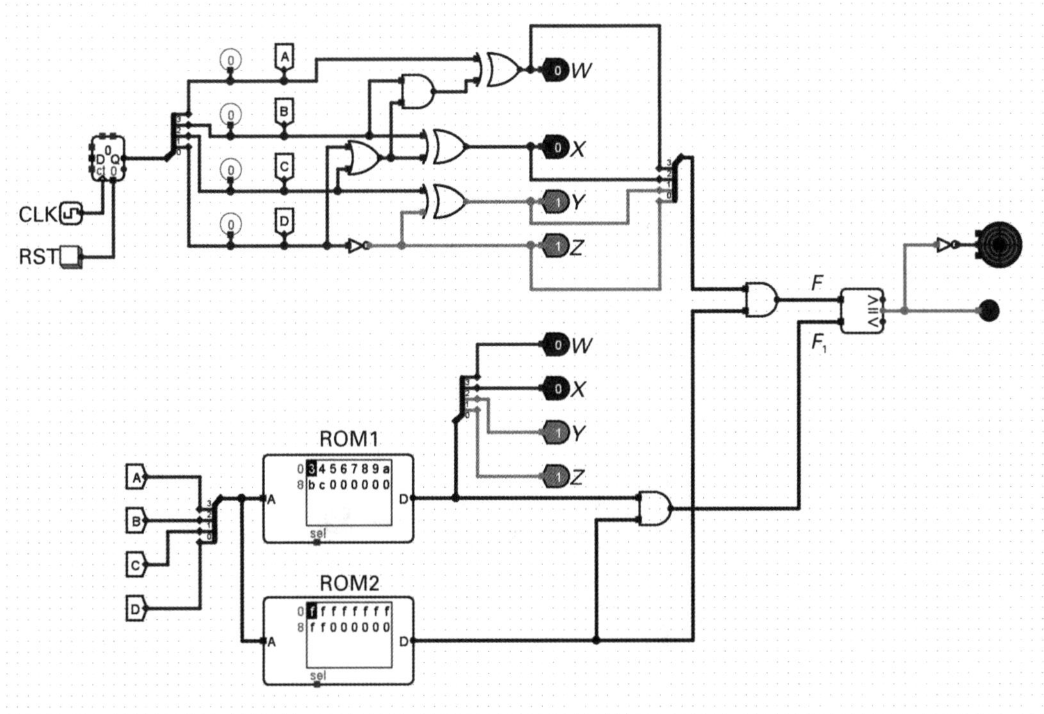

图 4.4　在 Logisim 上实现的“8421 码转余 3 码电路”

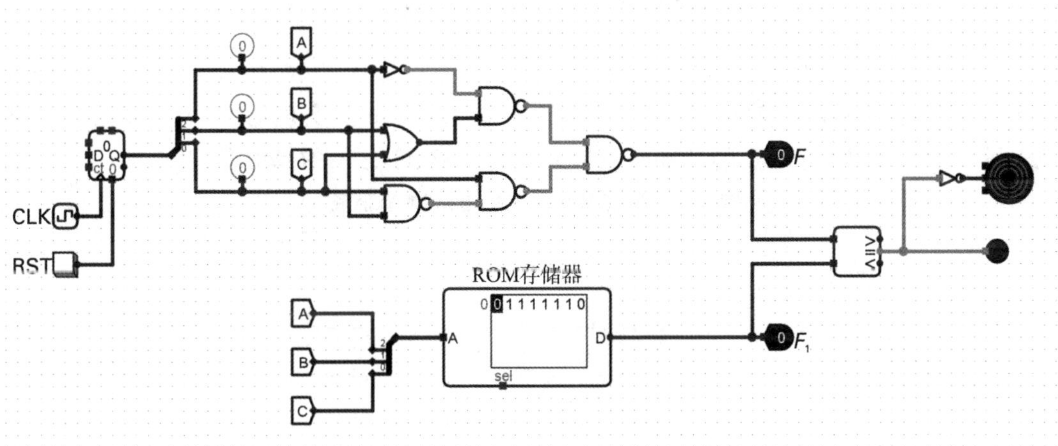

图 4.5　在 Logisim 上实现的“不一致电路”

2.6　在 Logisim 上实现“数值比较器电路”

“数值比较器电路”的输入为 a_3、b_3、a_2、b_2、a_1、b_1，输出为 F；仅当 $a_3=b_3$、$a_2=b_2$、$a_1=b_1$ 时，输出 $F=1$；其他情况时，输出 $F=0$。图 4.6 为在 Logisim 上实现的“数值比较器电路”，图 4.6 的下半部分为 Logisim 自带的比较器。

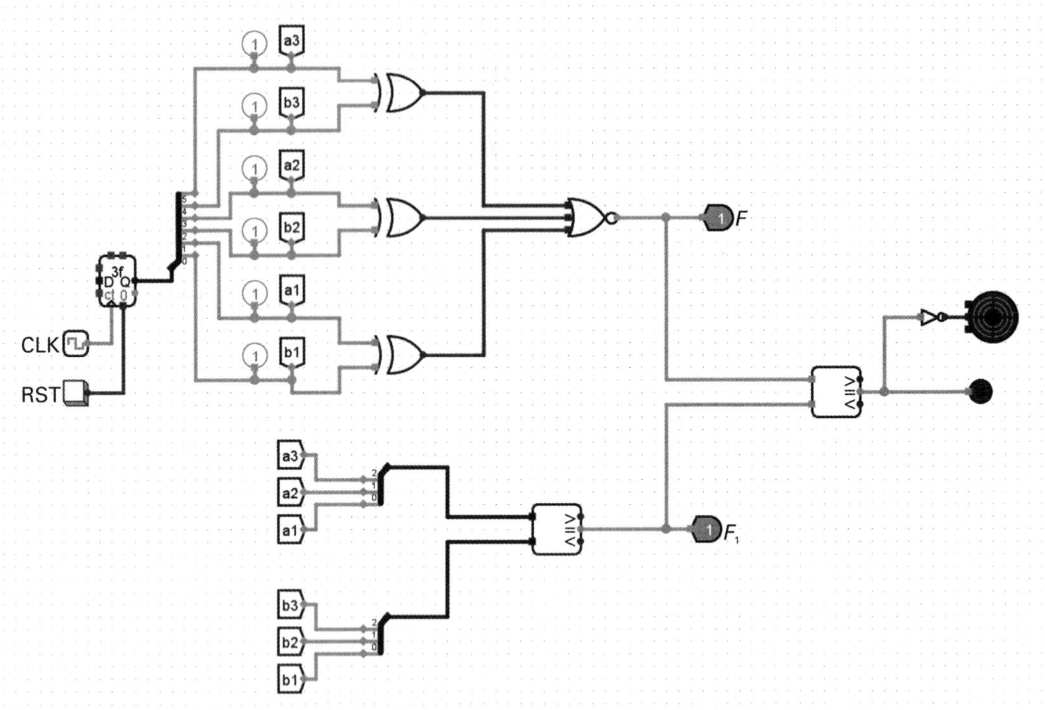

图 4.6 在 Logisim 上实现的“数值比较器电路”

2.7 在 Logisim 上实现“3 变量多数表决电路”

“3 变量多数表决电路”的输入为 A、B、C，输出为 F；当 A、B、C 中有 2 个或 3 个 1 时，输出 $F=1$；其他情况时，输出 $F=0$。图 4.7 为在 Logisim 上实现的“3 变量多数表决电路”，图 4.7 的存储器中存放的是输出(F)与输入(A、B、C)之间的真值表(表 4.4)。

表 4.4 “3 变量多数表决电路”的真值表

输入			输出
A	B	C	F
0	0	0	0
0	0	1	0
0	1	0	0
0	1	1	1
1	0	0	0
1	0	1	1
1	1	0	1
1	1	1	1

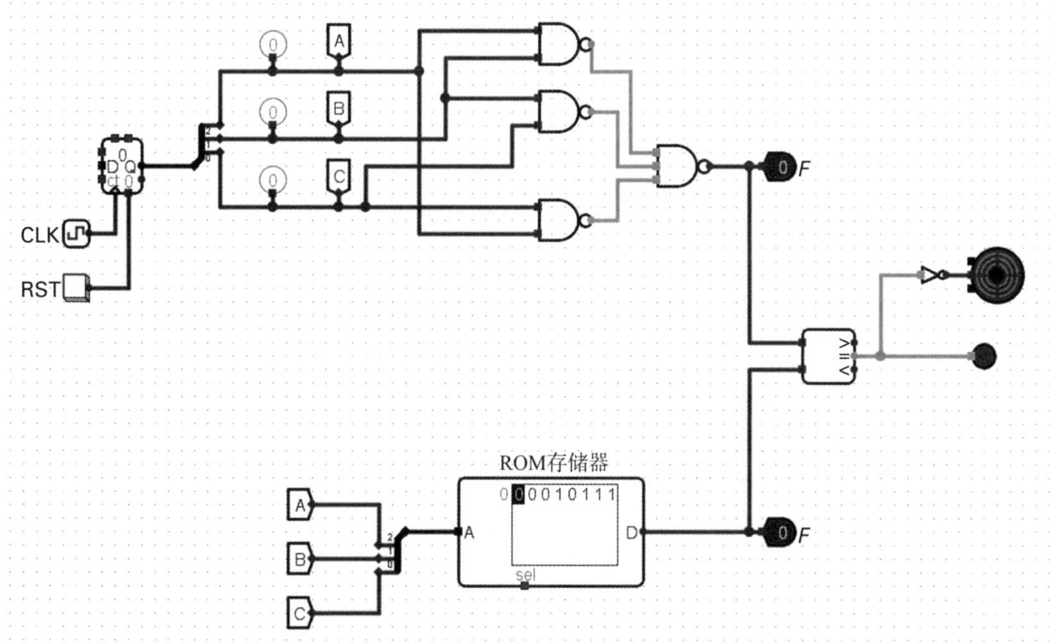

图 4.7　在 Logisim 上实现的“3 变量多数表决电路”

2.8　在 Logisim 上实现“判断血型是否相容电路”

血型相容规则如表 4.5 所示，有两种血型编码方法，分别见表 4.6 和表 4.7。图 4.8 为在 Logisim 上实现的采用血型编码Ⅰ的“判断血型是否相容电路”，图 4.9 为在 Logisim 上实现的采用血型编码Ⅱ的“判断血型是否相容电路”，图中 ROM 里存放的是血型编码表。可见，采用血型编码Ⅱ的电路比采用血型编码Ⅰ的电路简单。

表 4.5　血型相容规则表

献血	受血			
	A	B	AB	O
A	√		√	
B		√	√	
AB			√	
O	√	√	√	√

表 4.6　血型编码Ⅰ

血型	献		受	
	W	X	Y	Z
A	0	0	0	0
B	0	1	0	1
AB	1	0	1	0
O	1	1	1	1

表 4.7　血型编码Ⅱ

血型	献		受	
	W	X	Y	Z
O	0	0	0	0
A	0	1	0	1
B	1	0	1	0
AB	1	1	1	1

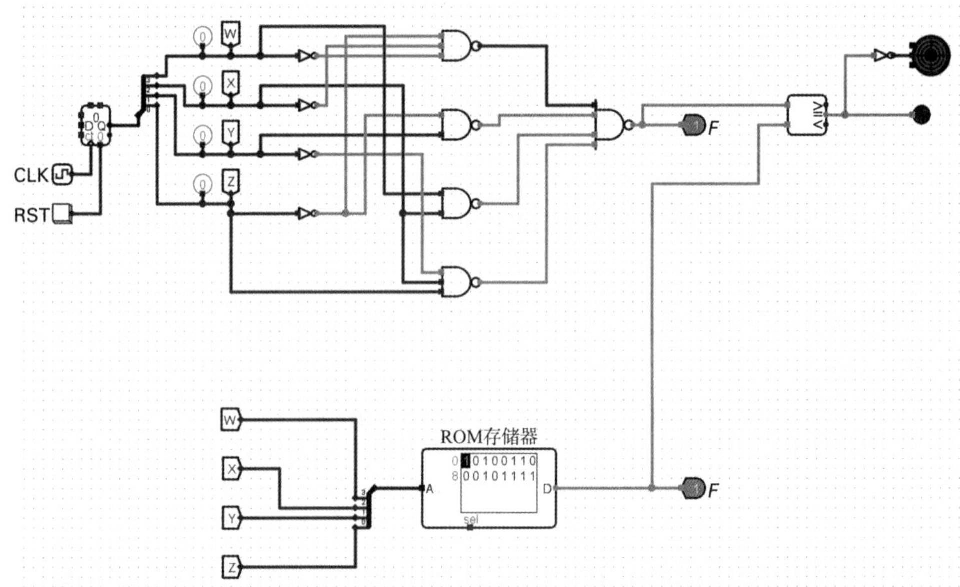

图 4.8　在 Logisim 上实现的“判断血型是否相容电路”(采用血型编码Ⅰ)

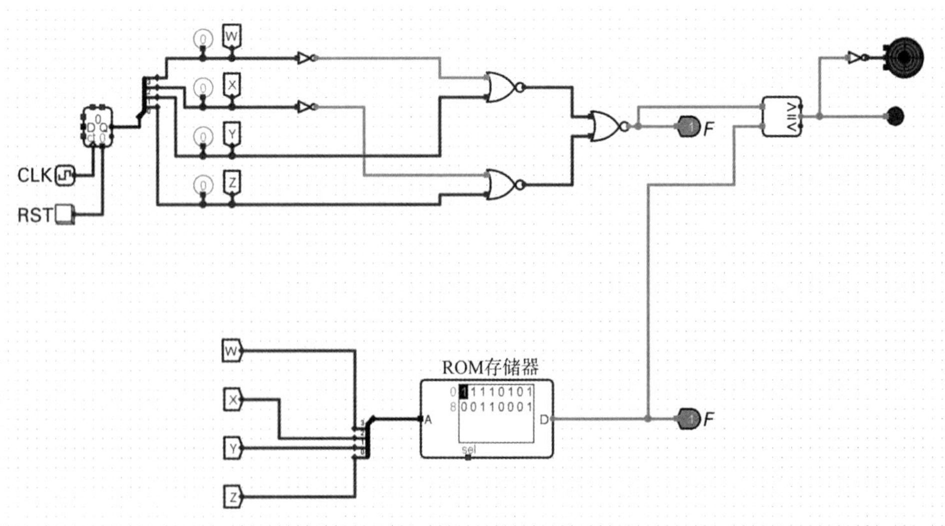

图 4.9　在 Logisim 上实现的“判断血型是否相容电路”(采用血型编码Ⅱ)

2.9　在 Logisim 上实现“余 3 码表示 1 位十进制数是否为合数电路”

十进制数 0～9 中，4、6、8、9 为合数，对应的余 3 码为 0111(4)、1001(6)、1011(8)、1100(9)。“余 3 码表示 1 位十进制数是否为合数电路”的输入为 A、B、C、D，输出为 F，真值表见表 4.8(其中，d 表示任意)。图 4.10 为在 Logisim 上实现的“余 3 码表示 1 位十进制数是否为合数电路”，ROM1 中存放的是真值表(表 4.8)，ROM2 中存放的是屏蔽字(对 6 种非法的余 3 码进行屏蔽)。

表 4.8　“余 3 码表示 1 位十进制数是否为合数电路”的真值表

输入				输出	输入				输出
A	B	C	D	F	A	B	C	D	F
0	0	0	0	d	1	0	0	0	0
0	0	0	1	d	1	0	0	1	1
0	0	1	0	d	1	0	1	0	0
0	0	1	1	0	1	0	1	1	1
0	1	0	0	0	1	1	0	0	1
0	1	0	1	0	1	1	0	1	d
0	1	1	0	0	1	1	1	0	d
0	1	1	1	1	1	1	1	1	d

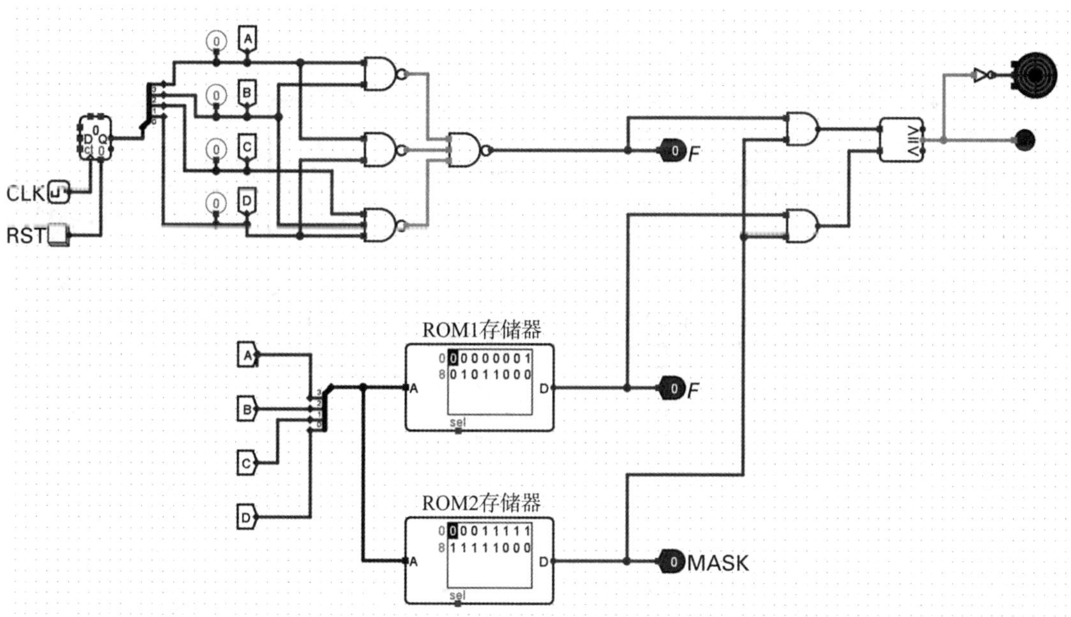

图 4.10　在 Logisim 上实现的“余 3 码表示 1 位十进制数是否为合数电路”

2.10 在 Logisim 上验证使用共用项可以简化多输出函数组合逻辑电路

在采用组合逻辑电路实现逻辑函数 $F_1(A,B,C)=\sum m(1,3,7)$ 和 $F_2(A,B,C)=\sum m(2,6,7)$ 时,如果能找出两个输出函数的共用项,则会使电路的结构简化。图 4.11 为在 Logisim 上采用“与非门”和反相器实现的逻辑函数 F_1 和 F_2 的电路。图中上半部分为不使用共用项的电路,中间部分为使用共用项的电路,ROM 存储器中存放的是 F_1 和 F_2 的真值表(表 4.9)。可见使用共用项可以简化多输出函数组合逻辑电路。

表 4.9 函数 F_1 和 F_2 的真值表

输入			输出		
A	B	C	F_1	F_2	F_1 F_2 对应的十进制
0	0	0	0	0	0
0	0	1	1	0	2
0	1	0	0	1	1
0	1	1	1	0	2
1	0	0	0	0	0
1	0	1	0	0	0
1	1	0	0	1	1
1	1	1	1	1	3

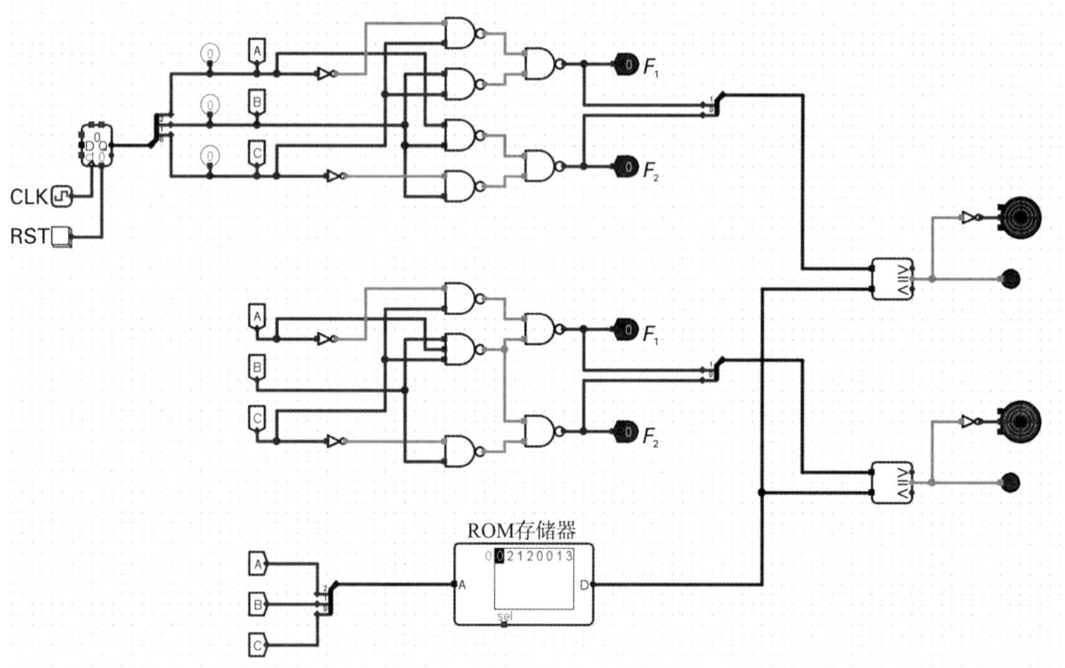

图 4.11 在 Logisim 上验证使用共用项可以简化多输出函数组合逻辑电路

2.11　在 Logisim 上验证无反变量提供可以简化组合逻辑电路(1)

逻辑函数 $F=\overline{A}\cdot B+B\cdot\overline{C}+A\cdot\overline{B}\cdot C+A\cdot C\cdot\overline{D}$，如果采用常规的组合逻辑电路实现方法，需要采用非门来实现反变量($\overline{A}$、$\overline{B}$、$\overline{C}$、$\overline{D}$)。可以采用适当的方式，将逻辑函数 F 变换为 $F_1=\overline{\overline{B\cdot\overline{A\cdot C}}\cdot\overline{A\cdot C\cdot\overline{B\cdot D}}}=F$，此时则不需要提供反变量(不需要非门)，从而简化电路的结构。图 4.12 为在 Logisim 上实现的逻辑函数 F 和 F_1 的电路。

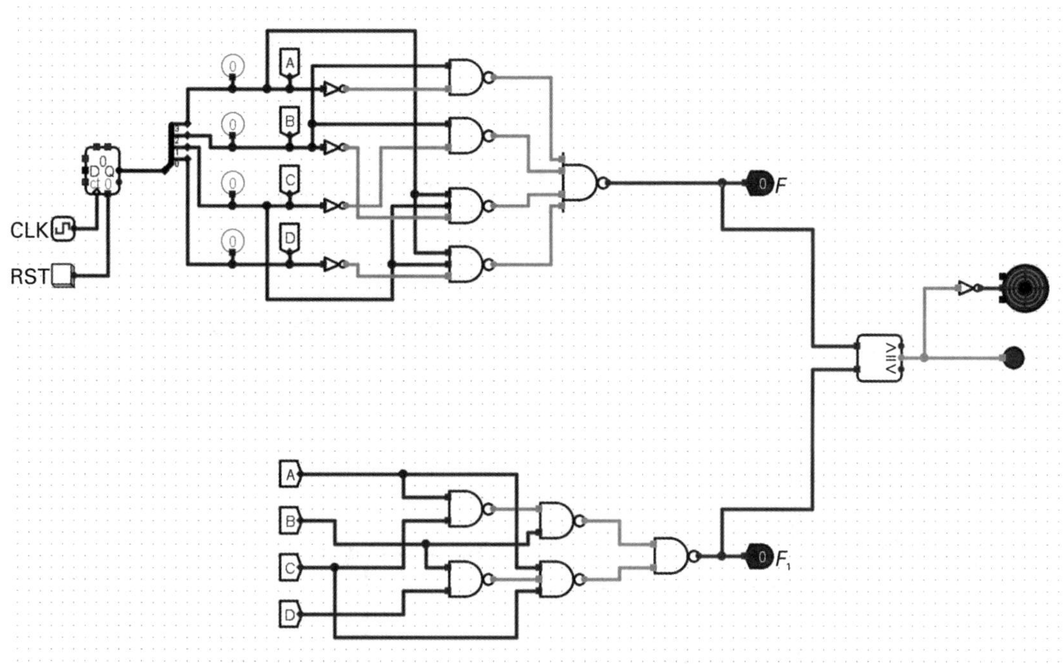

图 4.12　在 Logisim 上验证无反变量提供可以简化组合逻辑电路(1)

2.12　在 Logisim 上验证无反变量提供可以简化组合逻辑电路(2)

逻辑函数 $F=\overline{A}\cdot B+B\cdot\overline{C}+A\cdot\overline{B}\cdot C$，如果采用常规的组合逻辑电路实现方法，需要采用非门来实现反变量($\overline{A}$、$\overline{B}$、$\overline{C}$)。可以采用适当的方式，将逻辑函数 F 变换为$F_1=(A\cdot C)\oplus B=F$，此时则不需要提供反变量(不需要非门)，从而简化电路的结构。图 4.13 为在 Logisim 上实现的逻辑函数 F 和 F_1 的电路。

2.13　在 Logisim 上验证增加冗余项可以消除组合逻辑电路险象(1)

增加冗余项可以消除组合逻辑电路的险象。逻辑函数 $F=A\cdot B+\overline{A}\cdot C$ 对应的组合逻辑电路存在“0”型险象。增加冗余项($B\cdot C$)后的逻辑函数为 $F_1=A\cdot B+\overline{A}\cdot C+B\cdot C=F$，逻辑函数 F_1 对应的组合逻辑电路不存在险象。图 4.14 为在 Logisim 上实现的逻辑函数 F 和 F_1 的电路。

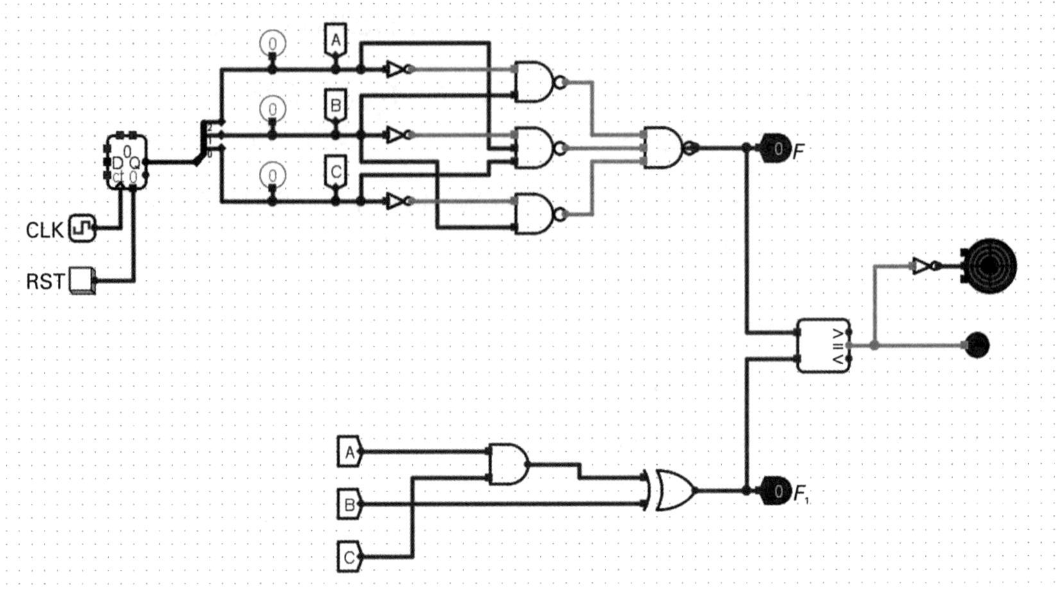

图 4.13　在 Logisim 上验证无反变量提供可以简化组合逻辑电路(2)

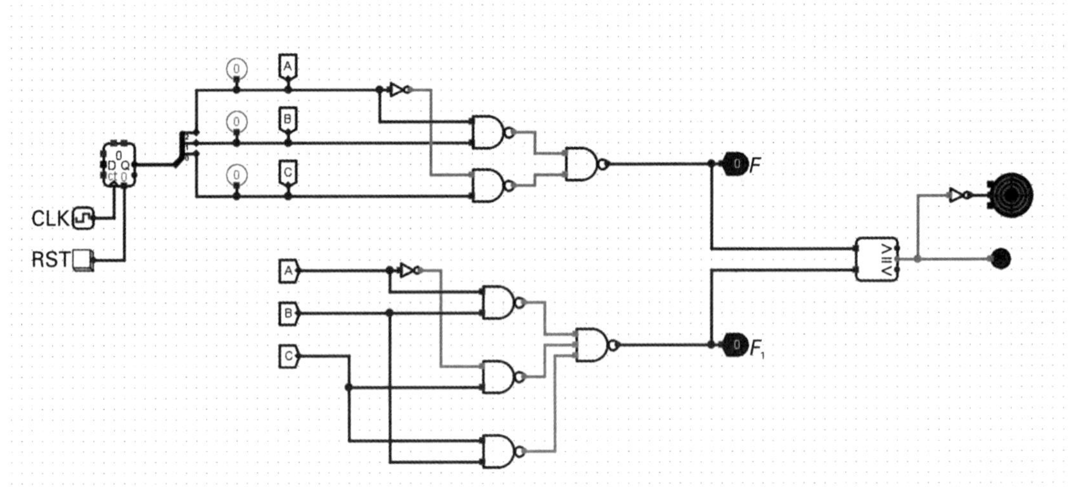

图 4.14　在 Logisim 上验证增加冗余项可以消除组合逻辑电路险象(1)

2.14　在 Logisim 上验证增加冗余项可以消除组合逻辑电路险象(2)

增加冗余项可以消除组合逻辑电路的险象。逻辑函数 $F=\overline{A}\cdot C+B\cdot\overline{C}\cdot D+A\cdot\overline{B}\cdot\overline{C}$对应的组合逻辑电路存在险象。增加冗余项($\overline{A}\cdot B\cdot D+A\cdot\overline{C}\cdot D$)后的逻辑函数为 $F_1=\overline{A}\cdot C+B\cdot\overline{C}\cdot D+A\cdot\overline{B}\cdot\overline{C}+\overline{A}\cdot B\cdot D+A\cdot\overline{C}\cdot D=F$,逻辑函数 F_1 对应的组合逻辑电路不存在险象。图 4.15 为在 Logisim 上实现的逻辑函数 F 和 F_1 的电路。

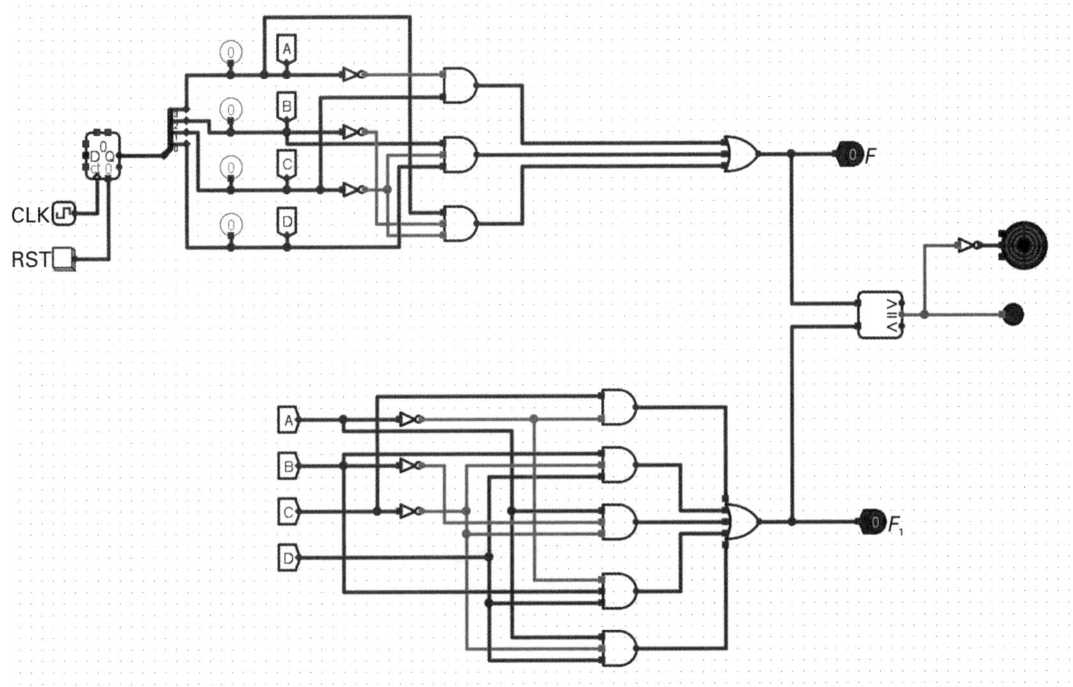

图 4.15　在 Logisim 上验证增加冗余项可以消除组合逻辑电路险象(2)

3　实验仪器

(1)电脑 1 台(台式计算机或笔记本电脑)。

(2)JDK 软件、Logisim 仿真软件。

4　实验内容

(1)点击“logisim-hust-20200118. exe”运行 Logisim 软件,在 Logisim 中打开“组合逻辑电路.circ”设计文件。

(2)打开图 4.1 所示的电路,先点击“RST”按钮(复位),然后点击“CLK”按钮(时钟),观看输入从全部为 0 变到全部为 1 的过程中,LED 灯是不是一直不亮,蜂鸣器是不是一直不响。如是,则表示在 Logisim 上验证正确;否则表示验证不正确。

(3)图 4.2 至图 4.15 所示电路的验证方法与图 4.1 所示的电路相同。

5　能力拓展

请阅读组合逻辑电路的相关资料,进一步掌握在 Logisim 上实现各种组合逻辑电路的方法。

实验五　同步时序逻辑电路

1　实验目的及学习要求

1.1　实验目的

(1)掌握在 Logisim 上实现各种同步时序逻辑电路的方法。

(2)掌握在 Logisim 上仿真得到同步时序逻辑电路输出波形的方式。

(3)培养科学精神、工匠精神、系统观及规矩意识。

1.2　学习要求

(1)通过课前预习,了解同步时序逻辑电路的原理。

(2)通过课间练习,掌握如何在 Logisim 上实现同步时序逻辑电路,如何在 Logisim 上仿真得到同步时序逻辑电路的输出波形。

(3)通过课后复习,掌握如何在 Logisim 上实现各种复杂的同步时序逻辑电路。

2　实验原理

时序逻辑电路在任何时刻产生的稳定输出值,不仅与该时刻电路的输入值有关,而且与过去的输入值有关。时序逻辑电路一般由组合电路和记忆元件构成。时序逻辑电路按其工作方式分为同步时序逻辑电路和异步时序逻辑电路两种。

同步时序逻辑电路中的记忆元件由带有时钟控制端的触发器组成,各触发器的时钟端均与统一的时钟脉冲信号相连接,各触发器状态的改变受到同一时钟信号的控制。常见的同步时序逻辑电路包括计数器、串行加法器、移位寄存器、序列检测器、奇偶检测器等。

在 Logisim 上采用逻辑门(组合电路)和触发器(记忆元件)可以实现常用的同步时序逻辑电路,并验证其功能(状态表);还可以在 Logisim 上仿真得到同步时序逻辑电路的状态和输出波形(时间图)。

2.1　在 Logisim 上实现“2 位二进制减 1 计数器”电路

表 5.1 为“2 位二进制减 1 计数器”的状态表。图 5.1 为在 Logisim 上实现的“2 位二进制减 1 计数器”电路(采用 T 触发器作为记忆元件)。其中,x 为输入,y_2、y_1 为状态,Z 为输出,CP 为时钟信号。

表 5.1　“2 位二进制减 1 计数器”的状态表

现态 (y_2y_1)	次态/输出(y_2y_1/Z)	
	$x=0$	$x=1$
00	00/0	11/1
01	01/0	00/0
11	11/0	10/0
10	10/0	01/0

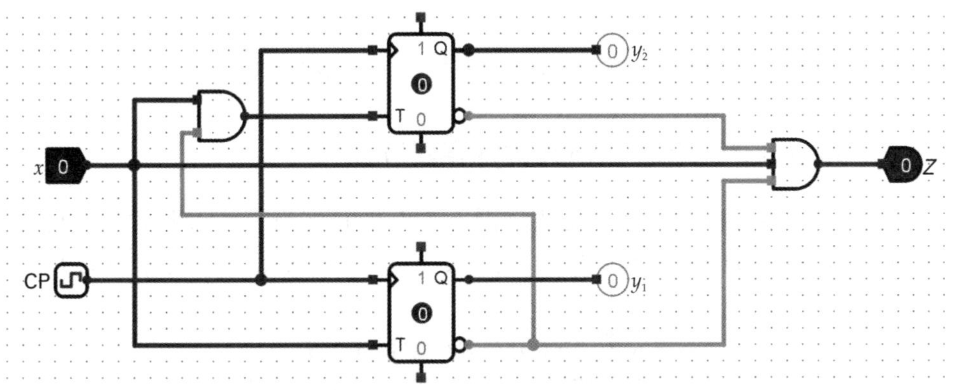

图 5.1　在 Logisim 上实现的“2 位二进制减 1 计数器”电路

2.2　在 Logisim 上实现“2 位二进制数可逆计数器”电路

表 5.2 为“2 位二进制数可逆计数器”的状态表。图 5.2 为在 Logisim 上实现的“2 位二进制数可逆计数器”电路(采用 JK 触发器作为记忆元件)。其中,x 为输入,y_2、y_1 为状态,CP 为时钟信号。

表 5.2　“2 位二进制数可逆计数器”的状态表

现态 (y_2y_1)	次态(y_2y_1)	
	$x=0$	$x=1$
00	01	11
01	10	00
10	11	01
11	00	10

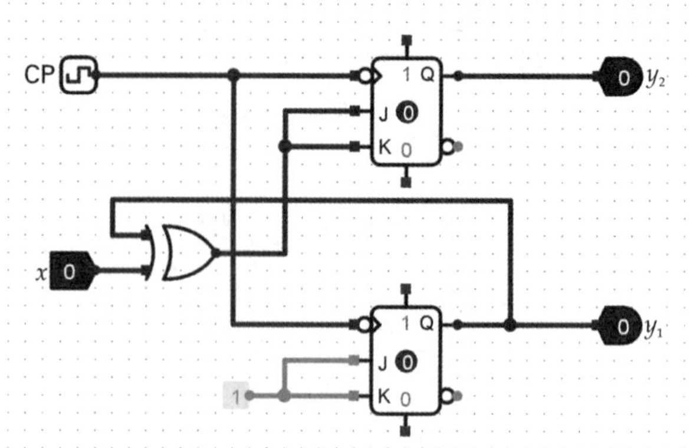

图 5.2　在 Logisim 上实现的“2 位二进制数可逆计数器”电路

2.3　在 Logisim 上实现“双向移位寄存器”电路

表 5.3 为“双向移位寄存器”的状态表。图 5.3 为在 Logisim 上实现的“双向移位寄存器”电路(采用 D 触发器作为记忆元件)。其中,x_2、x_1 为输入,y_2、y_1 为状态,CP 为时钟信号。

表 5.3　“双向移位寄存器”的状态表

现态 (y_2y_1)	次态(y_2y_1)			
	$x_2x_1=00$	$x_2x_1=01$	$x_2x_1=11$	$x_2x_1=10$
00	00	10	01	00
01	00	10	11	10
11	01	11	11	10
10	01	11	01	00

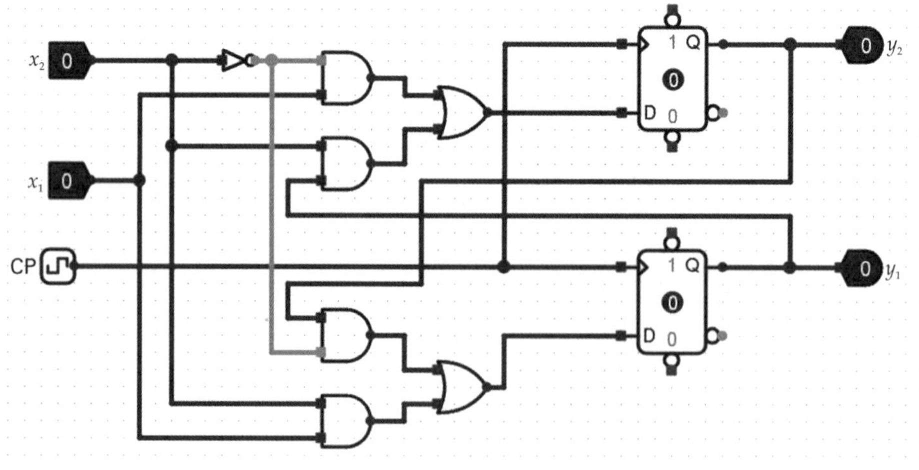

图 5.3　在 Logisim 上实现的“双向移位寄存器”电路

2.4　在 Logisim 上实现“3 位串行输入移位寄存器”电路

表 5.4 为“3 位串行输入移位寄存器”的状态表。图 5.4(a)为在 Logisim 上实现的“3 位串行输入移位寄存器”电路(采用 T 触发器作为记忆元件),图 5.4(b)为 Logisim 自带的移位寄存器。其中,x 为输入,y_3、y_2、y_1 为状态,Z 为输出,CP 为时钟信号。

表 5.4　“3 位串行输入移位寄存器”的状态表

现态($y_3y_2y_1$)	次态($y_3y_2y_1$)		输出 Z
	$x=0$	$x=1$	
000	000	001	0
001	010	011	1
010	100	101	1
011	110	111	0
100	000	001	1
101	010	011	0
110	100	101	0
111	110	111	1

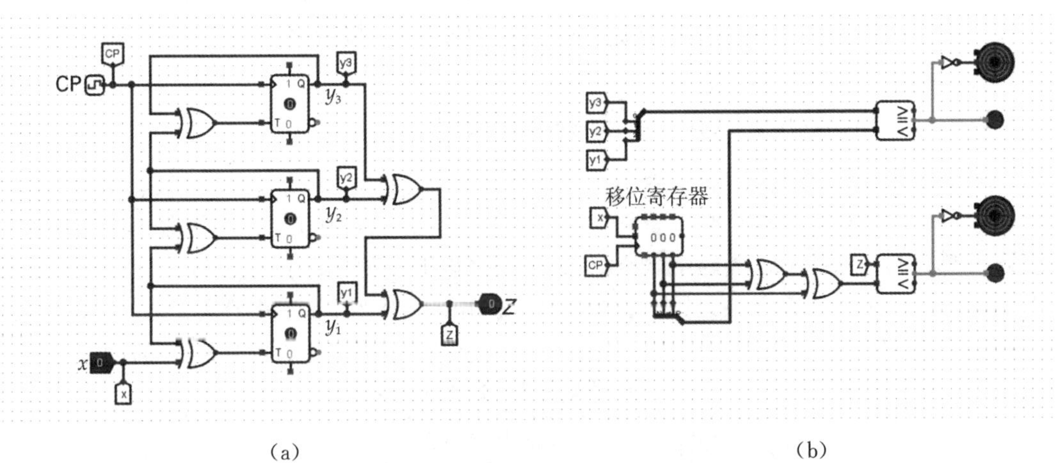

(a)　(b)

图 5.4　在 Logisim 上实现的“3 位串行输入移位寄存器”电路

2.5　在 Logisim 上实现“串行加法器”电路

表 5.5 为“串行加法器”的状态表。图 5.5 为在 Logisim 上实现的“串行加法器”电路(采用 D 触发器作为记忆元件)。其中,x_1、x_2 为输入,y 为状态,Z 为输出,CP 为时钟信号。图 5.5 中还给出了输入信号 x_1、x_2 的函数发生器的参数,以及输出(Z)、状态(y)与输入(x_1、x_2)之间的波形(时间图)。

表 5.5 “串行加法器”的状态表

现态 (y)	次态/输出(y/Z)			
	$x_1x_2=00$	$x_1x_2=01$	$x_1x_2=11$	$x_1x_2=10$
0	0/0	0/1	1/0	0/1
1	0/1	1/0	1/1	1/0

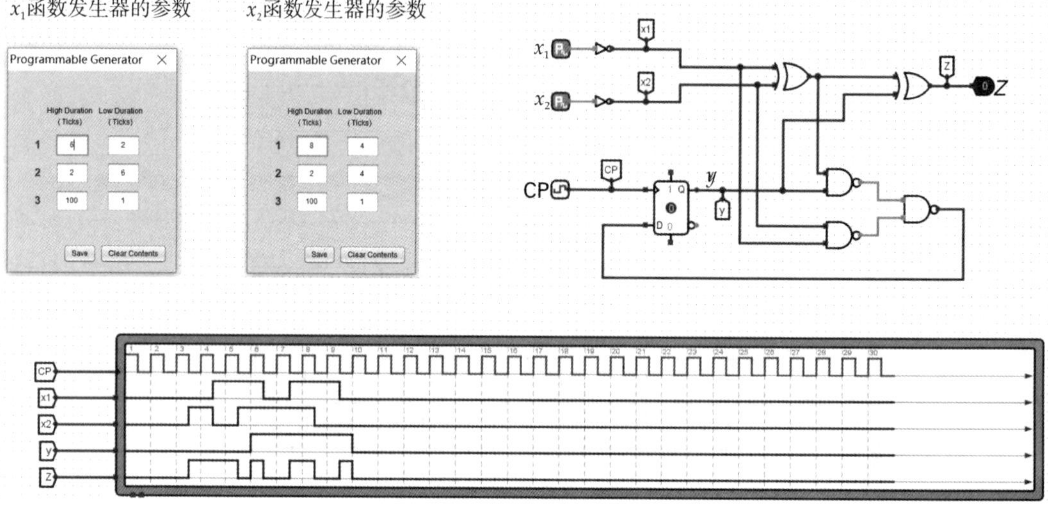

图 5.5 在 Logisim 上实现的“串行加法器”电路

2.6 在 Logisim 上实现“奇偶检测器”电路

表 5.6 为“奇偶检测器”的状态表。图 5.6 为在 Logisim 上实现的“奇偶检测器”电路(采用 D 触发器作为记忆元件)。其中,x 为输入,y_3、y_2、y_1 为状态,Z 为输出,CP 为时钟信号。当输入 x 的每 3 位代码中含有偶数个 1 时(以下 4 种情况:110、101、011、000),输出 $Z=1$;否则(以下 4 种情况:111、100、010、001)输出 $Z=0$。图 5.6 中还给出了输入信号 x 的函数发生器的参数,以及输出(Z)、状态(y_3、y_2、y_1)与输入(x)之间的波形(时间图)。

表 5.6 “奇偶检测器”的状态表

现态 ($y_3y_2y_1$)	次态/输出($y_3y_2y_1/Z$)	
	$x=0$	$x=1$
000	010/0	110/0
010	100/0	101/0
110	101/0	100/0
100	000/1	000/0
101	000/0	000/1
001	010/0	110/1
011	100/0	101/1
111	101/0	100/1

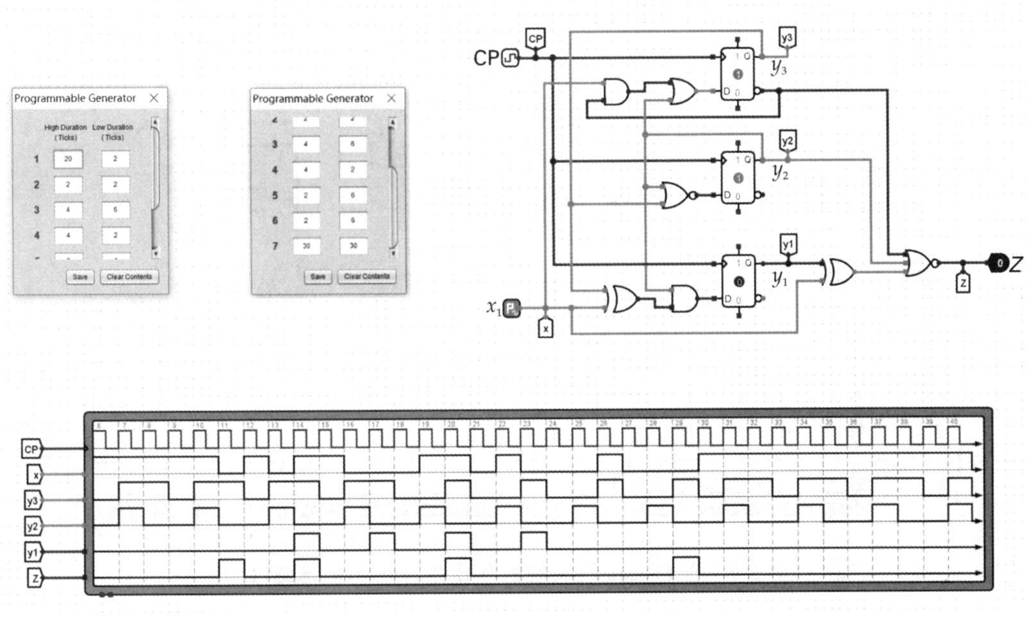

图 5.6　在 Logisim 上实现的“奇偶检测器”电路

2.7　在 Logisim 上实现“101 序列检测器”电路(1)

表 5.7 为一个“101 序列检测器”的状态表。图 5.7 为在 Logisim 上实现的一个“101 序列检测器”电路(采用 D 触发器作为记忆元件)。其中，x 为输入，y_2、y_1 为状态，Z 为输出，CP 为时钟信号。图 5.7 中还给出了输入信号 x 的函数发生器的参数，以及输出(Z)、状态(y_2、y_1)与输入(x)之间的波形(时间图)。

表 5.7　“101 序列检测器”的状态表(1)

现态	次态/输出(y_2y_1/Z)	
(y_2y_1)	$x=0$	$x=1$
00	00/0	01/0
01	10/0	01/0
11	00/0	01/0
10	00/0	01/1

2.8　在 Logisim 上实现“101 序列检测器”电路(2)

表 5.8 为另一个“101 序列检测器”的状态表。图 5.8 为在 Logisim 上实现的另一个“101 序列检测器”电路(采用 JK 触发器作为记忆元件)。其中，x 为输入，y_2、y_1 为状态，Z 为输出，CP 为时钟信号。图 5.8 中还给出了输入信号 x 的函数发生器的参数，以及输出(Z)、状态(y_2、y_1)与输入(x)之间的波形(时间图)。

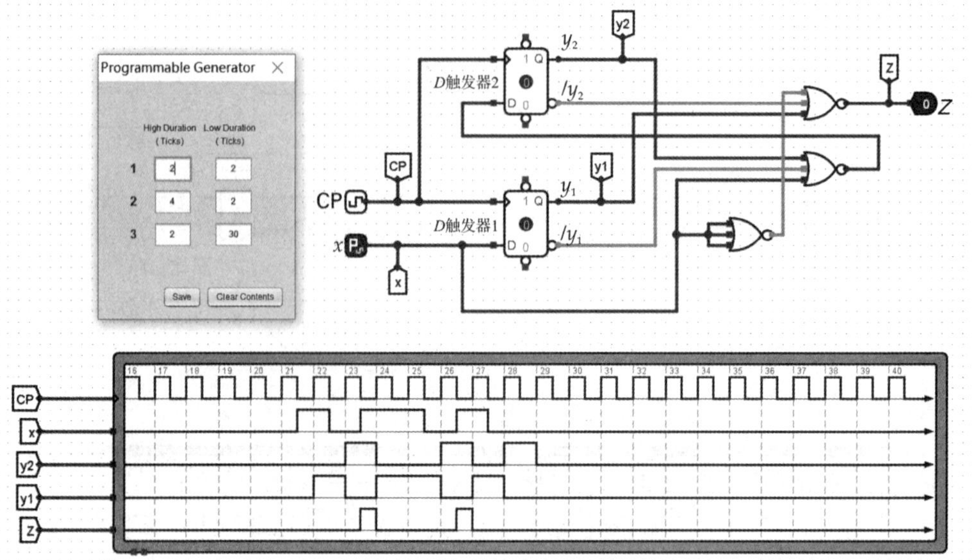

图 5.7　在 Logisim 上实现的"101 序列检测器"电路(1)

表 5.8　"101 序列检测器"的状态表(2)

现态 (y_2y_1)	次态 (y_2y_1)		输出 (Z)
	$x=0$	$x=1$	
00	00	01	0
01	10	01	0
10	00	11	0
11	10	01	1

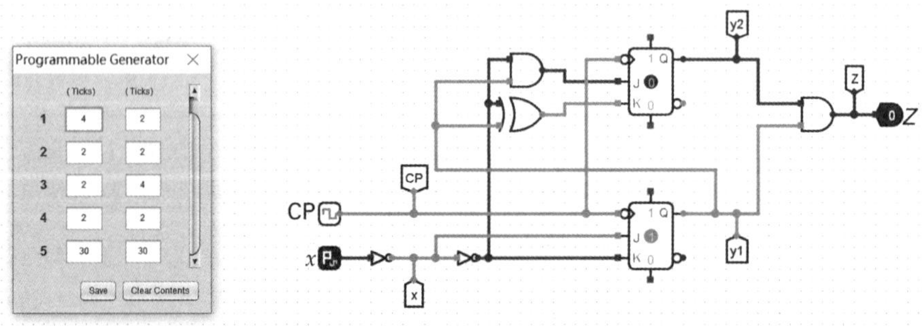

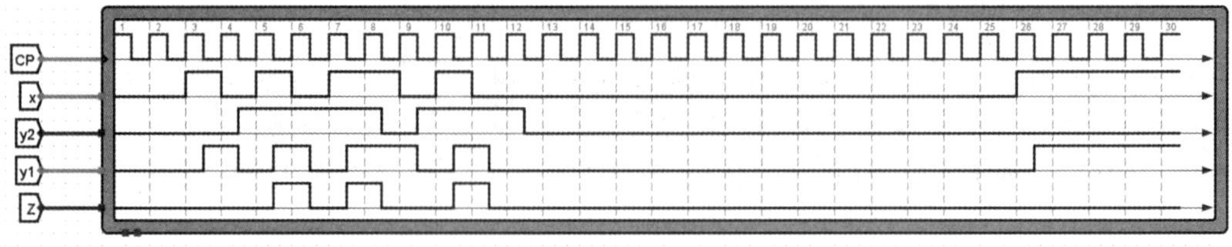

图 5.8　在 Logisim 上实现的"101 序列检测器"电路(2)

3　实验仪器

(1)电脑一台(台式计算机或笔记本电脑)。

(2)JDK 软件、Logisim 仿真软件。

4　实验内容

(1)点击"logisim-hust-20200118. exe"运行 Logisim 软件,在 Logisim 中打开"同步时序逻辑电路.circ"设计文件。

(2)打开图 5.1 所示的电路,按 Ctrl+R,置 $x=0$,按时钟按钮 CP 多次,观察状态(y_2、y_1)和输出 Z 是不是都不会变化(表 5.1 的第 2 列)。再按 Ctrl+R,置 $x=1$,按时钟按钮 CP 多次,观察状态(y_2、y_1)和输出 Z 是不是按照 00/1、11/0、10/0、01/0、00/1 的次序变化(表 5.1 的第 3 列)。即图 5.1 的电路实现了"2 位二进制减 1 计数器"的功能。

(3)图 5.2、图 5.3 所示的电路,验证方法与图 5.1 所示的电路类似。

(4)图 5.4 所示的电路,验证方法也与图 5.1 所示的电路类似,并且在验证过程中,LED 灯不亮、蜂鸣器不响(如果 LED 灯亮、蜂鸣器响,则表示电路不正确)。

(5)打开图 5.5 所示的电路,先按照图 5.5 中的参数设置输入 x_1 和 x_2 的函数发生器,设置时钟频率为 4 Hz;按 Ctrl+R,再按 Ctrl+K,波形开始移动;等出现图 5.5 所示的输入(x_1、x_2)波形后,再按 Ctrl+K,波形停止移动;观察 x_1、x_2、y、Z 的波形是否与图 5.5 的波形一致;如是,则表示图 5.5 所示的电路实现了"串行加法器"的功能。

(6)图 5.6、图 5.7、图 5.8 所示的电路,验证方法与图 5.5 所示的电路类似。

5　能力拓展

请阅读同步时序逻辑电路的相关资料,进一步掌握在 Logisim 上实现各种同步时序逻辑电路、仿真得到同步时序逻辑电路输出波形的方法。

实验六　异步时序逻辑电路

1　实验目的及学习要求

1.1　实验目的

(1)掌握在 Logisim 上实现脉冲异步时序逻辑电路的方法。

(2)掌握在 Logisim 上实现电平异步时序逻辑电路的方法。

(3)掌握在 Logisim 上仿真得到异步时序逻辑电路输出波形的方式。

(4)培养科学精神、工匠精神、系统观及规矩意识。

1.2　学习要求

(1)通过课前预习,了解脉冲异步时序逻辑电路和电平异步时序逻辑电路的原理。

(2)通过课间练习,掌握如何在 Logisim 上实现脉冲异步时序逻辑电路和电平异步时序逻辑电路,如何在 Logisim 上仿真得到异步时序逻辑电路的输出波形。

(3)通过课后复习,了解在 Logisim 上实现电平异步时序逻辑电路时,为什么要增加延迟电路。

2　实验原理

异步时序逻辑电路中的记忆元件由触发器或延时元件组成,电路中无统一的时钟信号同步,电路输入信号的变化将直接导致电路状态的变化。

异步时序逻辑电路根据输入信号的不同分为脉冲异步时序逻辑电路和电平异步时序逻辑电路两种。脉冲异步时序逻辑电路的输入信号是脉冲信号,其记忆元件由触发器构成;电平异步时序逻辑电路的输入信号是电平信号,其记忆元件由延迟元件构成。

在 Logisim 上可以实现脉冲异步时序逻辑电路和电平异步时序逻辑电路,并验证其功能;还可以在 Logisim 上仿真得到异步时序逻辑电路的输出波形。

2.1　在 Logisim 上实现“异步模 4 加 1 计数器”电路

“异步模 4 加 1 计数器”的状态表如表 6.1 所示。在 Logisim 上实现的“异步模 4 加 1 计数器”电路(采用 JK 触发器作为记忆元件)如图 6.1 所示,该电路为脉冲异步时序逻辑电路。其中,x 为输入,y_2、y_1 为状态,Z 为输出。图 6.1 还给出了输出(Z)、状态(y_2、y_1)与输入(x)之间的波形(时间图)。

表 6.1　"异步模 4 加 1 计数器"的状态表

现态 (y_2y_1)	次态/输出(y_2y_1/Z)
	$x=1$
00	01/0
01	10/0
10	11/0
11	00/1

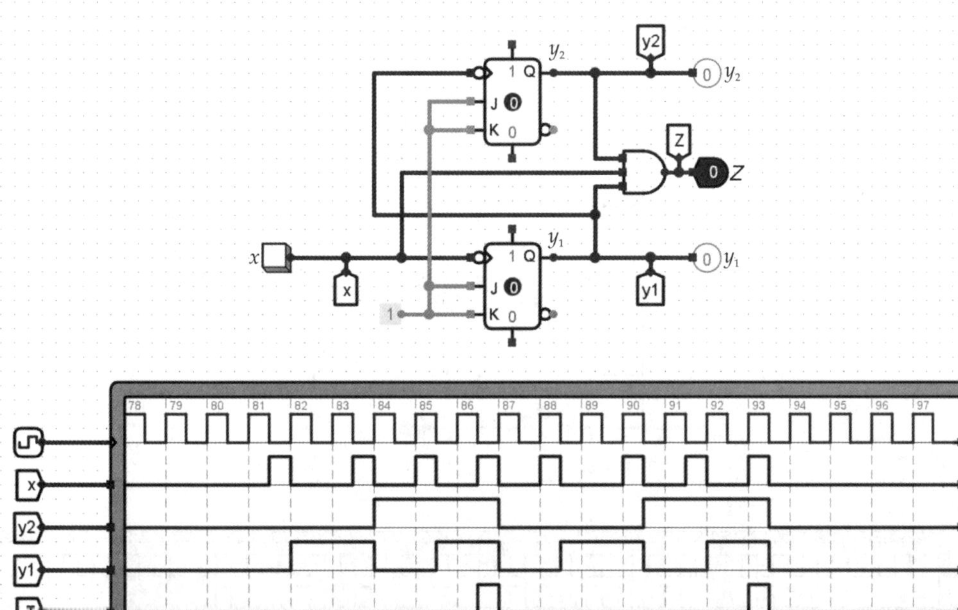

图 6.1　在 Logisim 上实现的"异步模 4 加 1 计数器"电路

2.2　在 Logisim 上实现"异步模 8 加 1 计数器"电路

"异步模 8 加 1 计数器"的状态表如表 6.2 所示。在 Logisim 上实现的"异步模 8 加 1 计数器"电路(采用 T 触发器作为记忆元件)如图 6.2 所示,该电路为脉冲异步时序逻辑电路。其中,x 为输入,y_3、y_2、y_1 为状态,Z 为输出。图 6.2 还给出了输出(Z)、状态(y_3、y_2、y_1)与输入(x)之间的波形(时间图)。

表 6.2 “异步模 8 加 1 计数器”的状态表

现态 ($y_3y_2y_1$)	次态/输出($y_3y_2y_1/Z$) $x=1$
000	001/0
001	010/0
010	011/0
011	100/0
100	101/0
101	110/0
110	111/0
111	000/1

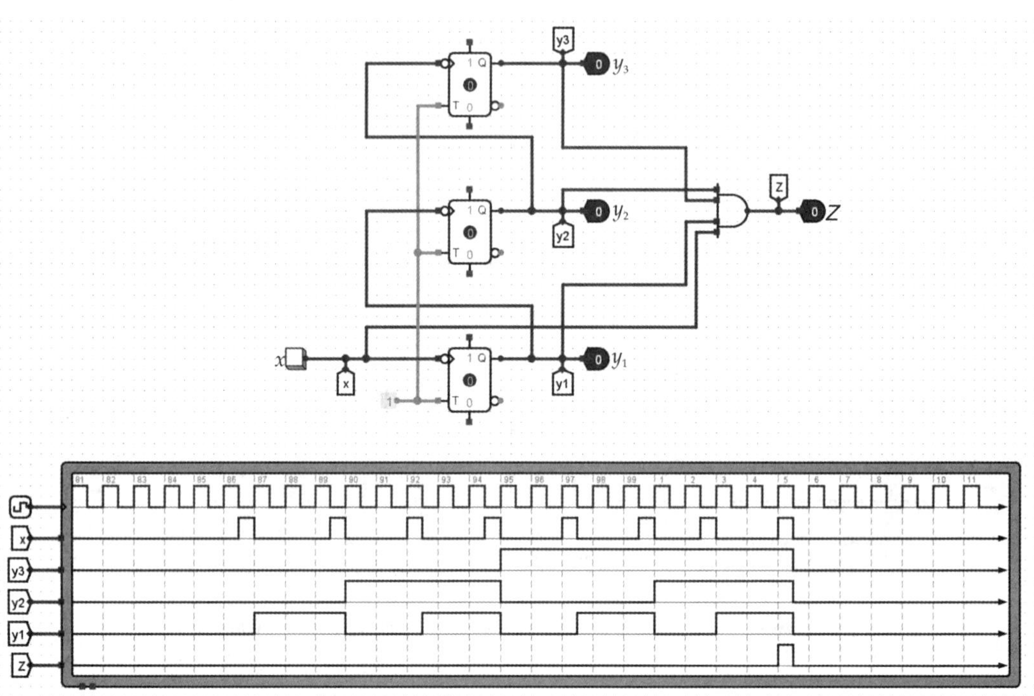

图 6.2 在 Logisim 上实现的“异步模 8 加 1 计数器”电路

2.3 在 Logisim 上实现“x_1-x_2-x_2 序列检测器”电路

“x_1-x_2-x_2 序列检测器”的状态表如表 6.3 所示。在 Logisim 上实现的“x_1-x_2-x_2 序列检测器”电路(采用 D 触发器作为记忆元件)如图 6.3 所示,该电路为脉冲异步时序逻辑电路。其中,x_1、x_2 为输入,y_2、y_1 为状态,Z 为输出。图 6.3 还给出了输出(Z)、状态(y_2、y_1)与输入(x_1、x_2)之间的波形(时间图)。

表 6.3　“x_1-x_2-x_2 序列检测器”的状态表

现态	次态（y_2y_1）		输出
（y_2y_1）	$x_1=1$	$x_2=1$	（Z）
00	10	00	0
01	10	11	0
10	10	01	0
11	10	00	1

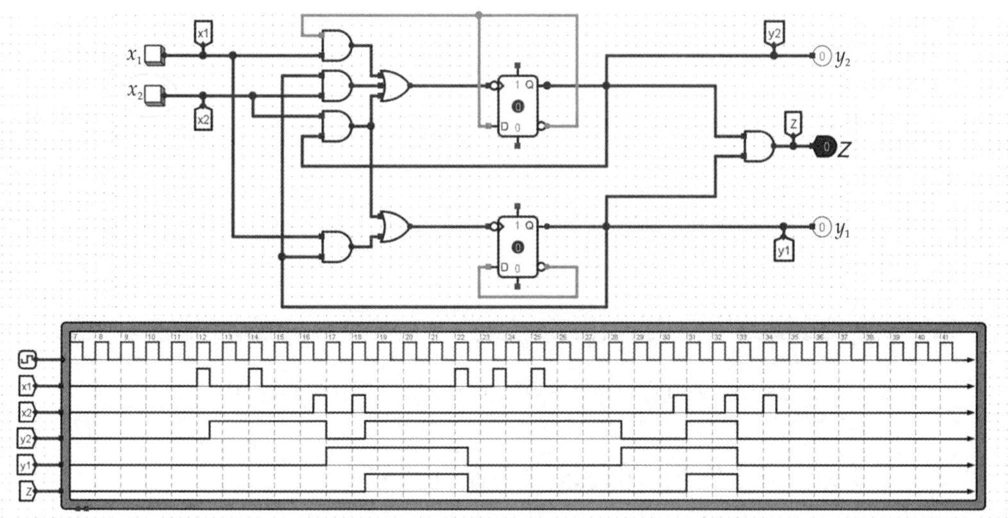

图 6.3　在 Logisim 上实现的“x_1-x_2-x_2 序列检测器”电路

2.4　在 Logisim 上实现“00-10-11 序列检测器”电路

“00-10-11 序列检测器”的流程表如表 6.4 所示。在 Logisim 上实现的“00-10-11 序列检测器”电路如图 6.4 所示，该电路为电平异步时序逻辑电路，因此在 Logisim 中采用延时电路作为记忆元件。其中，x_2、x_1 为输入，y_2、y_1 为二次状态，Y_2、Y_1 为激励状态，Z 为输出。图 6.4 还给出了输出（Z）、二次状态（y_2、y_1）与输入（x_2、x_1）之间的波形（时间图）。

表 6.4　“00-10-11 序列检测器”的流程表

二次状态	激励次态（Y_2Y_1）				输出
（y_2y_1）	$x_2x_1=00$	$x_2x_1=01$	$x_2x_1=11$	$x_2x_1=10$	（Z）
00	(00)	01	01	10	0
01	00	(01)	(01)	(01)	0
11	00	01	(11)	01	1
10	00	01	11	(10)	0

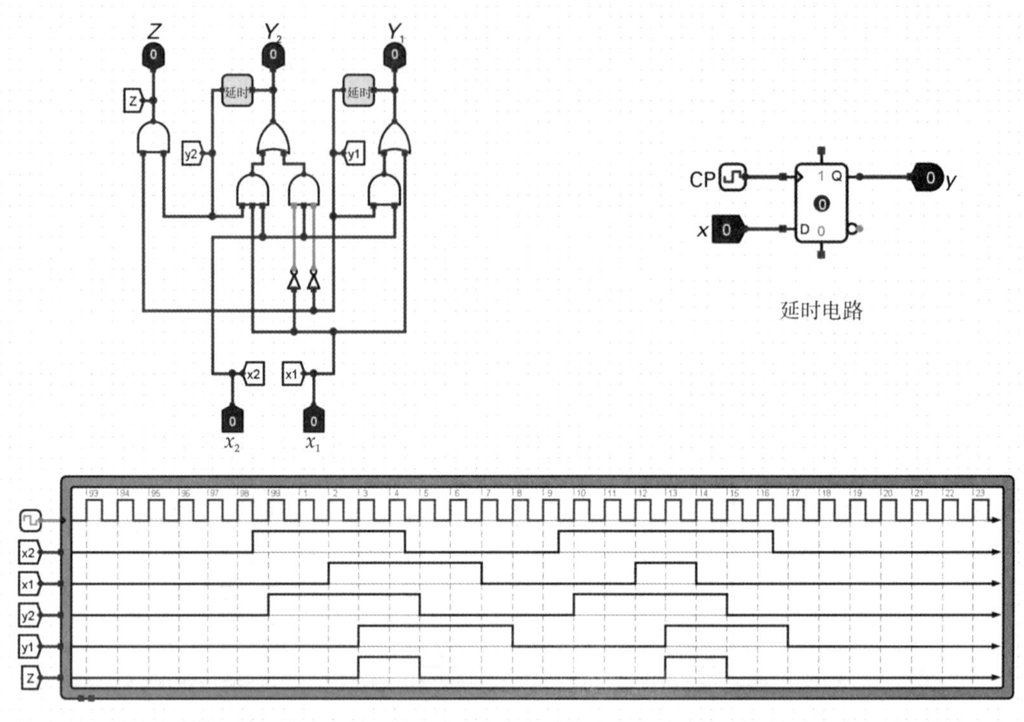

图 6.4　在 Logisim 上实现的“00-10-11 序列检测器”电路

2.5　在 Logisim 上实现“单脉冲发生器”电路

“单脉冲发生器”的流程表如表 6.5 所示。在 Logisim 上实现的“单脉冲发生器”电路如图 6.5 所示，该电路为电平异步时序逻辑电路，因此在 Logisim 中采用延时电路作为记忆元件。其中，x_2、x_1 为输入（x_2 接时钟脉冲源，x_1 接手动控制按钮），y_2、y_1 为二次状态，Y_2、Y_1 为激励状态，Z 为输出。图 6.5 还给出了输出（Z）、二次状态（y_2、y_1）与输入（x_2、x_1）之间的波形（时间图）。

表 6.5　“单脉冲发生器”的流程表

二次状态 (y_2y_1)	激励次态/输出(y_2y_1/Z)			
	$x_2x_1=00$	$x_2x_1=01$	$x_2x_1=11$	$x_2x_1=10$
00	(00/0)	01/0	01/0	(00/0)
01	11/0	(01/0)	(01/0)	(01/0)
11	(11/0)	d/d	d/d	10/d
10	00/d	d/d	d/d	(10/1)

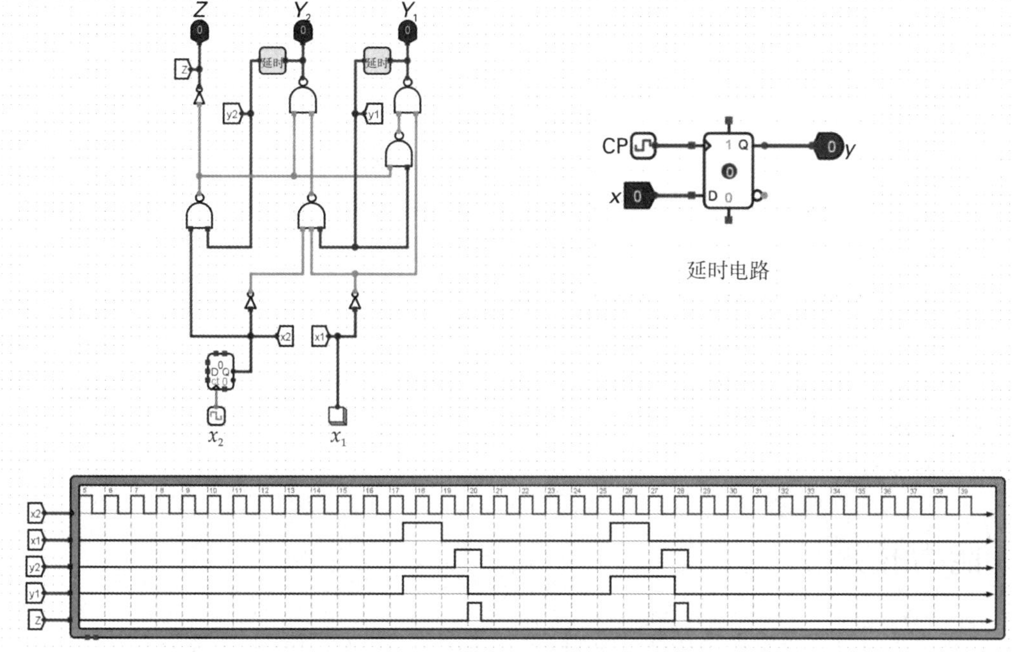

图 6.5　在 Logisim 上实现的“单脉冲发生器”电路

3　实验仪器

(1)电脑 1 台(台式计算机或笔记本电脑)。

(2)JDK 软件、Logisim 仿真软件。

4　实验内容

(1)点击“logisim-hust-20200118.exe”运行 Logisim 软件,在 Logisim 中打开“异步时序逻辑电路.circ”设计文件。

(2)打开图 6.1 所示的电路,设置时钟频率=4 Hz,先按 Ctrl+R,再按 Ctrl+K,波形开始移动。接下来按 x 按钮 8 次,再按 Ctrl+K,波形停止移动。观看 x、y_2、y_1、Z 的波形是不是如图 6.1 所示,即每按 4 次 x 按钮,输出 Z 产生 1 个脉冲,表明该电路实现了“异步模 4 加 1 计数器”的功能。

(3)打开图 6.2 所示的电路,设置时钟频率=4 Hz,先按 Ctrl+R,再按 Ctrl+K,波形开始移动。接下来按 x 按钮 8 次,再按 Ctrl+K,波形停止移动。观看 x、y_3、y_2、y_1、Z 的波形是不是如图 6.2 所示,即每按 8 次 x 按钮,输出 Z 产生 1 个脉冲,表明该电路实现了“异步模 8 加 1 计数器”的功能。

(4)打开图 6.3 所示的电路,设置时钟频率=4 Hz,先按 Ctrl+R,再按 Ctrl+K,波形开始移动。接下来按照“x_1、x_1、x_2、x_2、x_1、x_1、x_1、x_2、x_2、x_2”的次序按 x_1 和 x_2 按钮,然后按

Ctrl+K,波形停止移动。观察 x_2、x_1、y_2、y_1、Z 的波形是不是如图 6.3 所示,即每出现 1 次“x_1-x_2-x_2”序列输入脉冲,输出 Z 产生 1 个脉冲,表明该电路实现了“x_1-x_2-x_2 序列检测器”的功能。

(5)打开图 6.4 所示的电路,设置时钟频率=4 Hz,按 Ctrl+R,再按 Ctrl+K,波形开始移动。接下来按照“x_2、x_1、x_2、x_1、x_2、x_1、x_1、x_2”的次序按 x_2 和 x_1 按钮,然后按 Ctrl+K,波形停止移动。观察 x_2、x_1、y_2、y_1、Z 的波形是不是如图 6.4 所示,即输入 x_2、x_1 每出现 1 次“00-10-11”序列,输出 Z 产生 1 个脉冲,表明该电路实现了“00-10-11 序列检测器”的功能。

(6)打开图 6.5 所示的电路,设置时钟频率=4 Hz,按 Ctrl+R,再按 Ctrl+K,波形开始移动。接下来按 x_1 按钮多次,然后按 Ctrl+K,波形停止移动。观察 x_2、x_1、y_2、y_1、Z 的波形是不是如图 6.5 所示,即每按 1 次 x_1 按钮,输出 Z 产生 1 个脉冲,表明该电路实现了“单脉冲发生器”的功能。

5 能力拓展

请阅读异步时序逻辑电路的相关资料,进一步掌握在 Logisim 上实现各种脉冲和电平异步时序逻辑电路、仿真得到异步时序逻辑电路输出波形的方法。

实验七　中规模组合逻辑电路

1　实验目的及学习要求

1.1　实验目的

(1)掌握在 Logisim 上实现中规模组合逻辑电路芯片的方法。

(2)掌握在 Logisim 上验证中规模组合逻辑电路芯片功能的方法。

(3)掌握在 Logisim 上验证中规模组合逻辑电路芯片应用的方法。

(4)培养科学精神、工匠精神、系统观及规矩意识。

1.2　学习要求

(1)通过课前预习,了解中规模组合逻辑电路芯片的输入与输出信号、管脚图、真值表,了解中规模组合逻辑电路芯片的应用。

(2)通过课间练习,掌握如何在 Logisim 上实现中规模组合逻辑电路芯片,验证中规模组合逻辑电路芯片的功能,验证中规模组合逻辑电路芯片的应用。

(3)通过课后复习,掌握如何在 Logisim 上实现更多的中规模组合逻辑电路芯片。

2　实验原理

中规模组合逻辑电路包括串行进位加法器、并行进位加法器、译码器、编码器、多路选择器、多路分配器等。在 Logisim 上可以实现这些中规模组合逻辑电路芯片,并验证其功能。在 Logisim 上还可以实现中规模组合逻辑电路芯片的应用电路,并验证其功能。

2.1　在 Logisim 上实现“4 位二进制串行加法器”电路

由 4 个全加器(FA)构成的“4 位二进制串行加法器”如图 7.1 所示,图 7.2 为在 Logisim 上实现的“4 位二进制串行加法器”电路。其中,$A_4 \sim A_1$、$B_4 \sim B_1$为参与运算的两个 4 位二进制数,$F_4 \sim F_1$为运算结果,C_0为低位进位,C_4为高位进位;$\{C_4, F\} = \{A + B + C_0\}$。

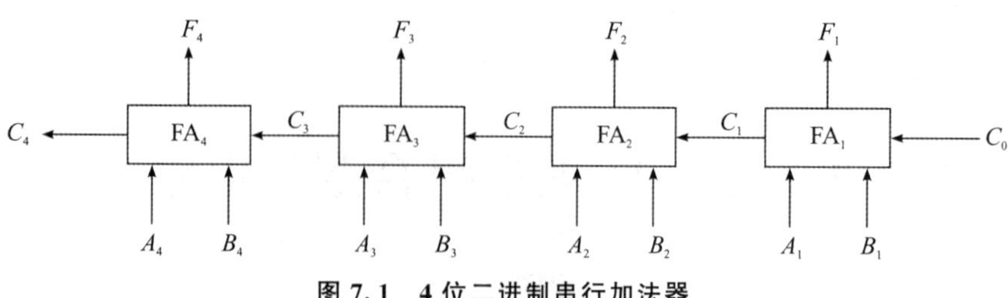

图 7.1　4 位二进制串行加法器

图 7.2　在 Logisim 上实现的“4 位二进制串行加法器”电路

2.2　在 Logisim 上实现“4 位二进制并行加法器(74283 芯片)”电路

74283 芯片为“4 位二进制并行加法器(超前进位)”，其引脚排列如图 7.3 所示。其中，$A_4 \sim A_1$、$B_4 \sim B_1$为参与运算的两个 4 位二进制数，$F_4 \sim F_1$为运算结果，C_0为低位进位，C_4为高位进位；$\{C_4, F\} = \{A + B + C_0\}$。Logisim 的 TTL 芯片组件中已经实现了 74283 芯片，具体见图 7.4。

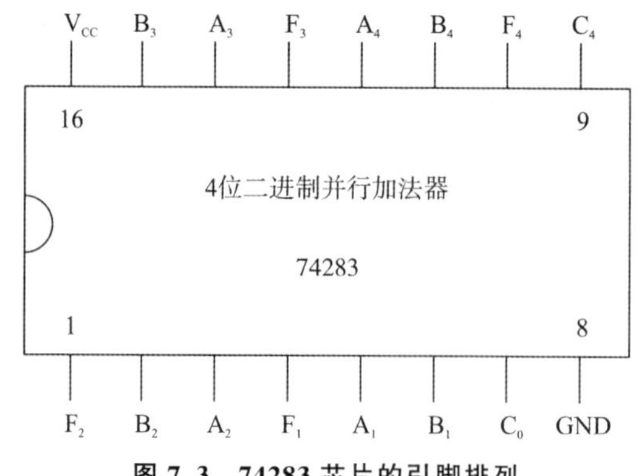

图 7.3　74283 芯片的引脚排列

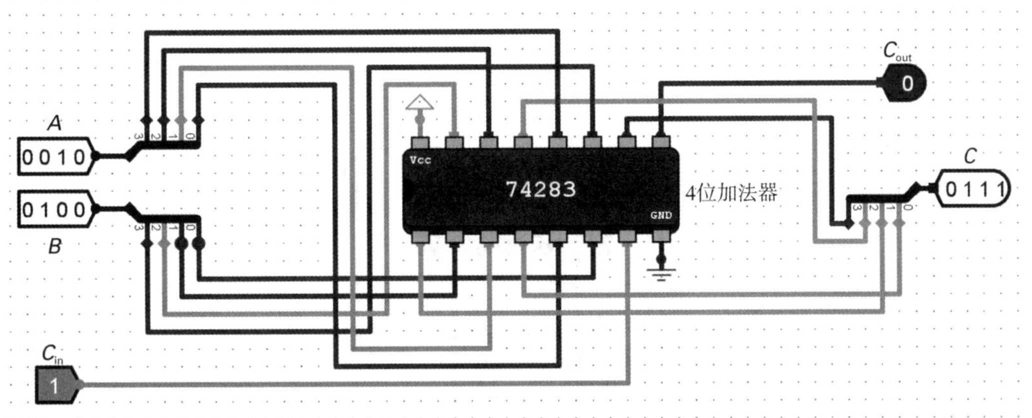

图 7.4　Logisim 自带的 74283 芯片

图 7.5 为利用 74283 芯片实现的“8421 码转余 3 码”电路(余 3 码＝8421 码＋3),图中 ROM 存储器中存放的是 8421 码转余 3 码的代码转换表。

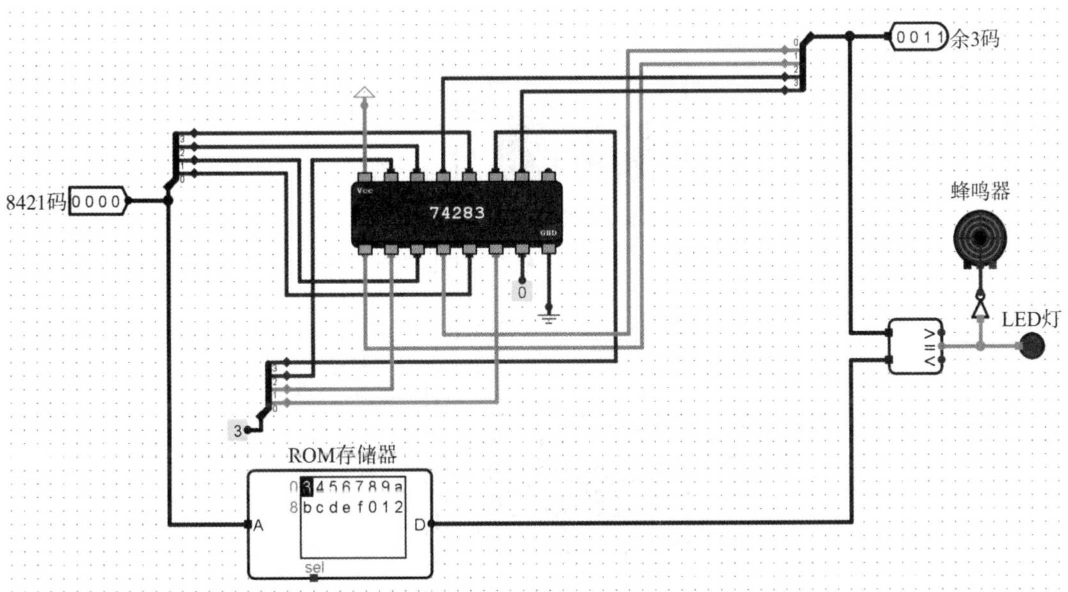

图 7.5　在 Logisim 上实现的“8421 码转余 3 码”电路(利用 74283 芯片)

图 7.6 为利用 74283 芯片实现的“4 位二进制并行加/减法器”电路(M＝0 时,完成加法运算;M＝1 时,完成减法运算)。

图 7.7 为利用 74283 芯片实现的“余 3 码表示的 1 位十进制加法器”电路,$\{C_{out}, F\}=\{A+B+C_{in}\}$。十进制数 0～9 的余 3 码分别是 0011、0100、0101、0110、0111、1000、1001、1010、1011、1100。例如,$A=0110=3$、$B=1000=5$、$C_{in}=1$,则 $F=1100=9$、$C_{out}=0$;$A=1000=5$、$B=1001=6$、$C_{in}=1$,则 $F=0101=2$、$C_{out}=1$。

图 7.8 为利用 74283 芯片实现的“4 位二进制乘法器”电路($F=A\times B$),图中最下部分为 Logisim 自带的乘法器。

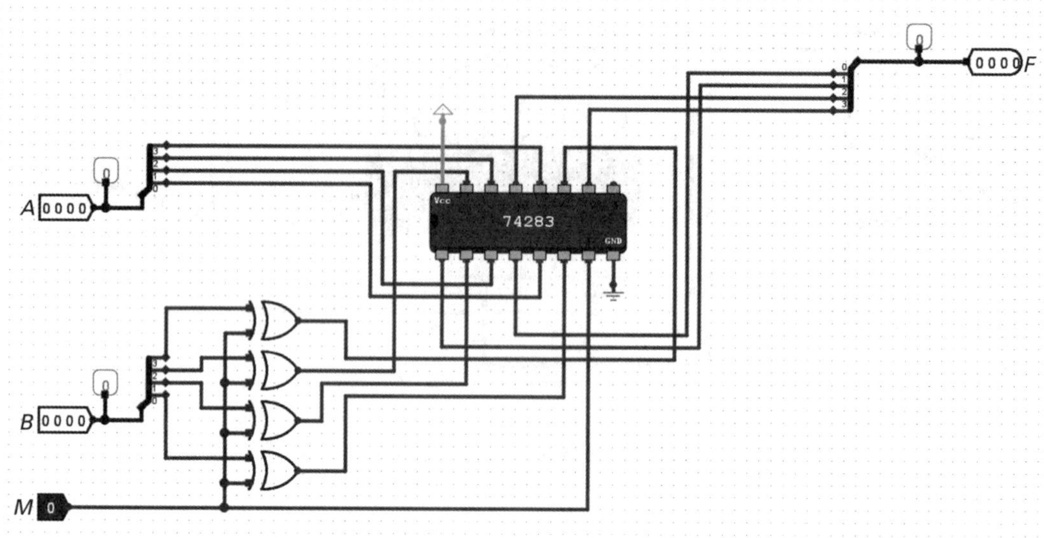

图 7.6　在 Logisim 上实现的“4 位二进制并行加/减法器”电路(利用 74283 芯片)

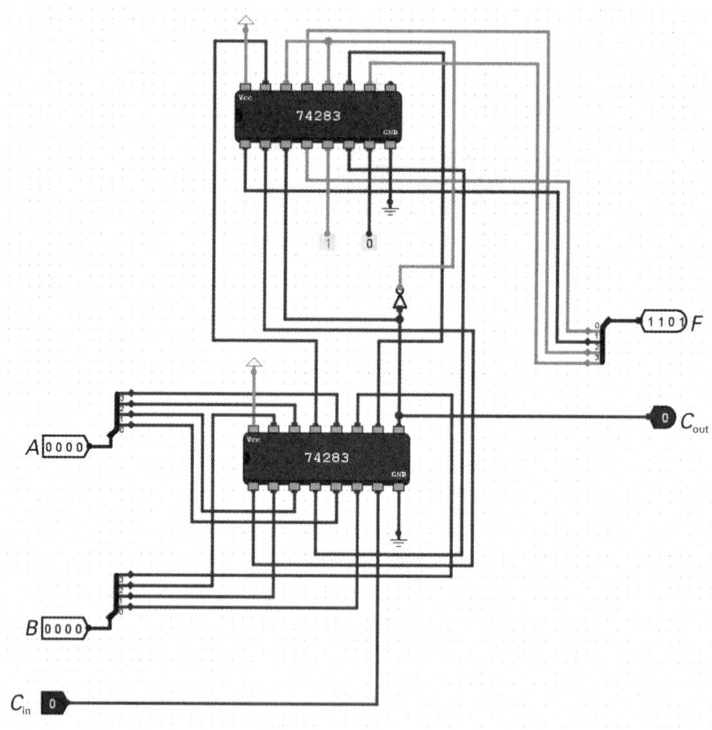

图 7.7　在 Logisim 上实现的“余 3 码表示的 1 位十进制加法器”电路(利用 74283 芯片)

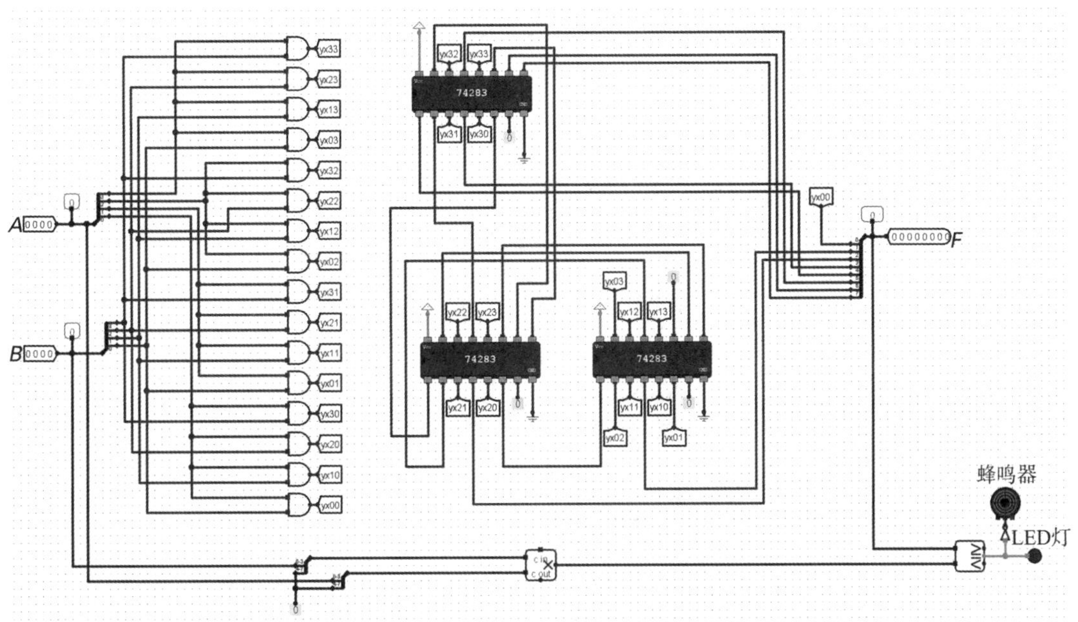

图 7.8　在 Logisim 上实现的“4 位二进制乘法器”电路(利用 74283 芯片)

2.3　在 Logisim 上实现“3-8 译码器(74138 芯片)”电路

74138 芯片为“3-8 译码器”,其引脚排列如图 7.9 所示,真值表如表 7.1 所示(d 表示任意)。其中,S_1、$\overline{S_2}$、$\overline{S_3}$ 为控制端,A_2 ～ A_0 为输入端,$\overline{Y_0}$ ～ $\overline{Y_7}$ 为输出端。图 7.10 为在 Logisim 上实现的 74138 芯片。

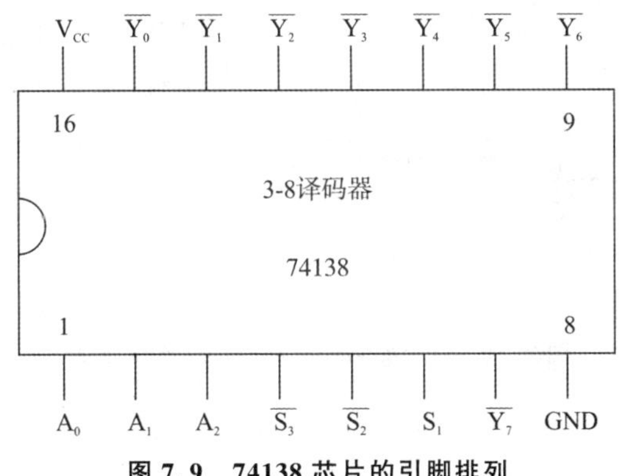

图 7.9　74138 芯片的引脚排列

表 7.1　74138 芯片的真值表

输入					输出							
S_1	$\overline{S_2}+\overline{S_3}$	A_2	A_1	A_0	$\overline{Y_0}$	$\overline{Y_1}$	$\overline{Y_2}$	$\overline{Y_3}$	$\overline{Y_4}$	$\overline{Y_5}$	$\overline{Y_6}$	$\overline{Y_7}$
1	0	0	0	0	0	1	1	1	1	1	1	1
1	0	0	0	1	1	0	1	1	1	1	1	1

续表

输入					输出							
S_1	$\overline{S_2}+\overline{S_3}$	A_2	A_1	A_0	$\overline{Y_0}$	$\overline{Y_1}$	$\overline{Y_2}$	$\overline{Y_3}$	$\overline{Y_4}$	$\overline{Y_5}$	$\overline{Y_6}$	$\overline{Y_7}$
1	0	0	1	0	1	1	0	1	1	1	1	1
1	0	0	1	1	1	1	1	0	1	1	1	1
1	0	1	0	0	1	1	1	1	0	1	1	1
1	0	1	0	1	1	1	1	1	1	0	1	1
1	0	1	1	0	1	1	1	1	1	1	0	1
1	0	1	1	1	1	1	1	1	1	1	1	0
0	d	d	d	d	1	1	1	1	1	1	1	1
d	1	d	d	d	1	1	1	1	1	1	1	1

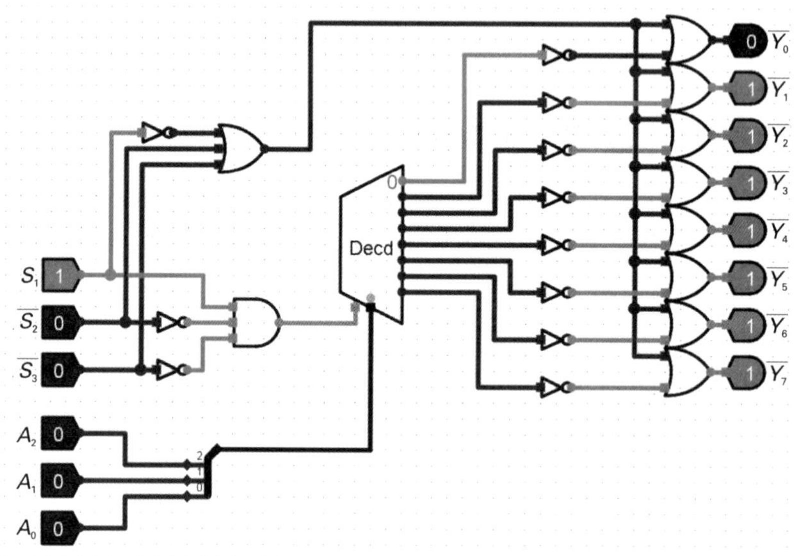

图 7.10 在 Logisim 上实现的 74138 芯片

表 7.2 为“1 位全减器”的真值表，$\{G_i, D_i\}=\{A_i-B_i-G_{i-1}\}$。图 7.11 为利用 74138 芯片实现的“1 位全减器”电路。

表 7.2 “1 位全减器”的真值表

输入			输出	
A_i	B_i	G_{i-1}	D_i	G_i
0	0	0	0	0
0	0	1	1	1
0	1	0	1	1

续表

输入			输出	
A_i	B_i	G_{i-1}	D_i	G_i
0	1	1	0	1
1	0	0	1	0
1	0	1	0	0
1	1	0	0	0
1	1	1	1	1

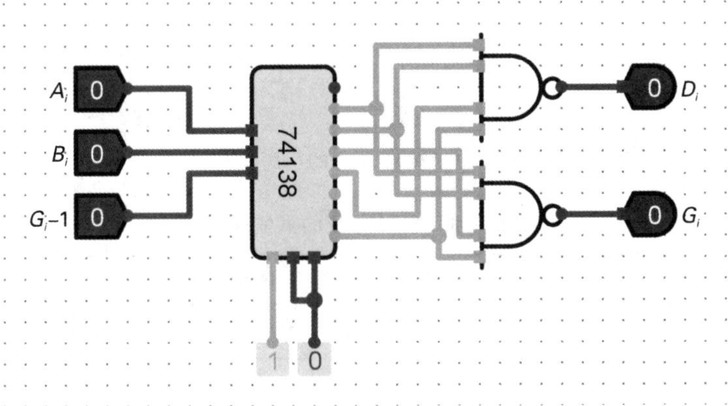

图 7.11　在 Logisim 上实现的"1 位全减器"电路(利用 74138 芯片)

图 7.12 为利用 74138 芯片实现的逻辑函数 $F(A,B,C,D)=\sum m(2,4,6,8,10,12,14)$ 的电路。

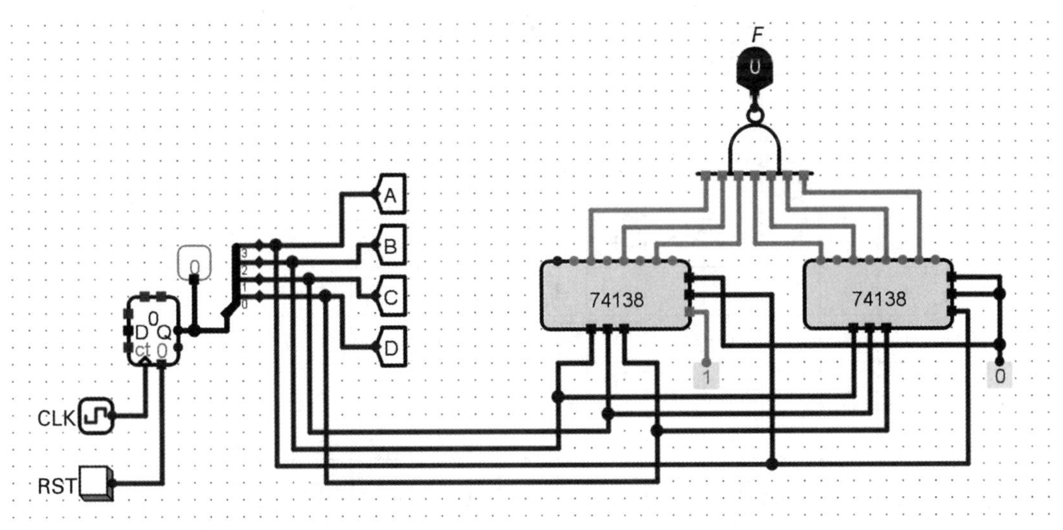

图 7.12　在 Logisim 上实现的逻辑函数 $F=\sum m(2,4,6,8,10,12,14)$ 的电路(利用 74138 芯片)

2.4 在 Logisim 上实现“二-十进制译码器(7442 芯片)”电路

7442 芯片为“二-十进制译码器”,其引脚排列如图 7.13 所示,真值表如表 7.3 所示。其中,$A_3 \sim A_0$ 为输入端,$\overline{Y_0} \sim \overline{Y_9}$ 为输出端。图 7.14 为在 Logisim 上实现的 7442 芯片,图 7.15 为在 Logisim 上验证 7442 芯片功能的电路。

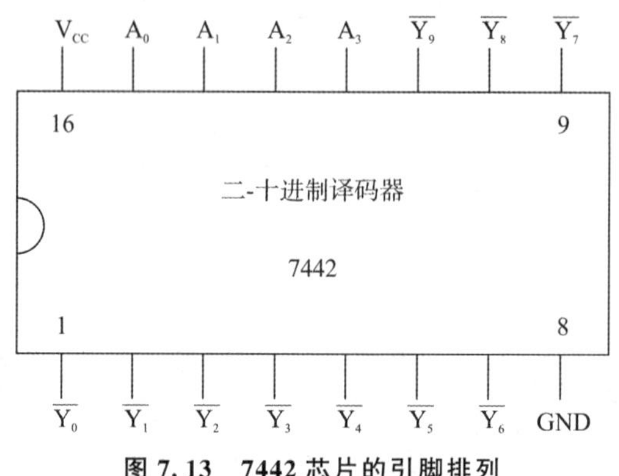

图 7.13　7442 芯片的引脚排列

表 7.3　7442 芯片的真值表

输入				输出									
A_3	A_2	A_1	A_0	$\overline{Y_0}$	$\overline{Y_1}$	$\overline{Y_2}$	$\overline{Y_3}$	$\overline{Y_4}$	$\overline{Y_5}$	$\overline{Y_6}$	$\overline{Y_7}$	$\overline{Y_8}$	$\overline{Y_9}$
0	0	0	0	0	1	1	1	1	1	1	1	1	1
0	0	0	1	1	0	1	1	1	1	1	1	1	1
0	0	1	0	1	1	0	1	1	1	1	1	1	1
0	0	1	1	1	1	1	0	1	1	1	1	1	1
0	1	0	0	1	1	1	1	0	1	1	1	1	1
0	1	0	1	1	1	1	1	1	0	1	1	1	1
0	1	1	0	1	1	1	1	1	1	0	1	1	1
0	1	1	1	1	1	1	1	1	1	1	0	1	1
1	0	0	0	0	1	1	1	1	1	1	1	0	1
1	0	0	1	1	1	1	1	1	1	1	1	1	0
1	0	1	0	1	1	1	1	1	1	1	1	1	1
1	0	1	1	1	1	1	1	1	1	1	1	1	1
1	1	0	0	1	1	1	1	1	1	1	1	1	1
1	1	0	1	1	1	1	1	1	1	1	1	1	1
1	1	1	0	1	1	1	1	1	1	1	1	1	1
1	1	1	1	1	1	1	1	1	1	1	1	1	1

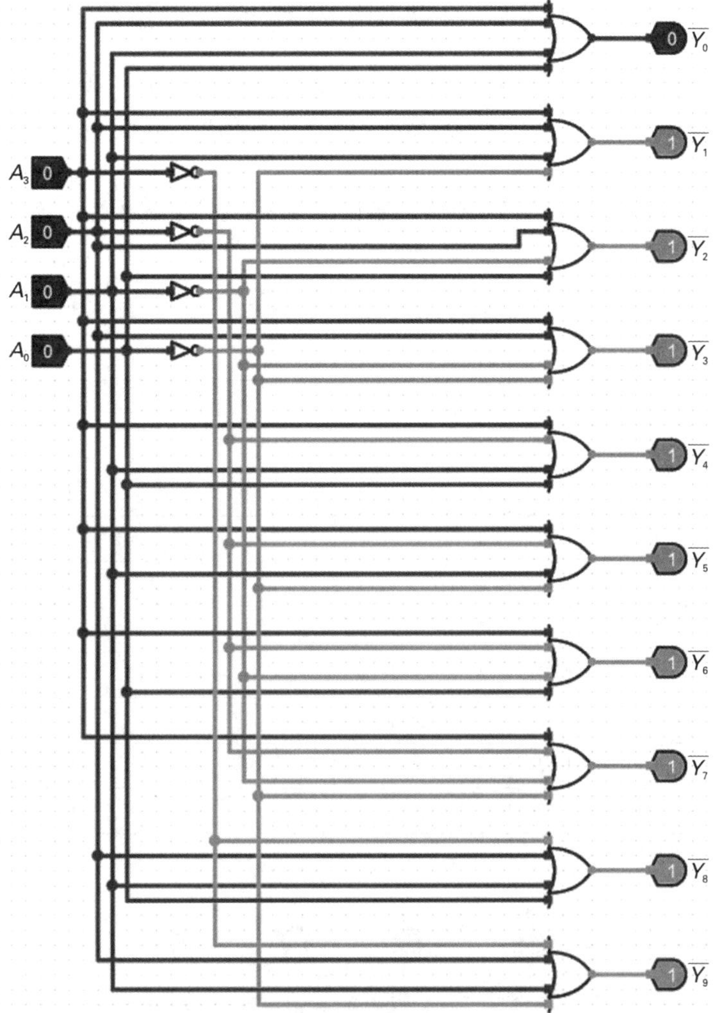

图 7.14　在 Logisim 上实现的 7442 芯片

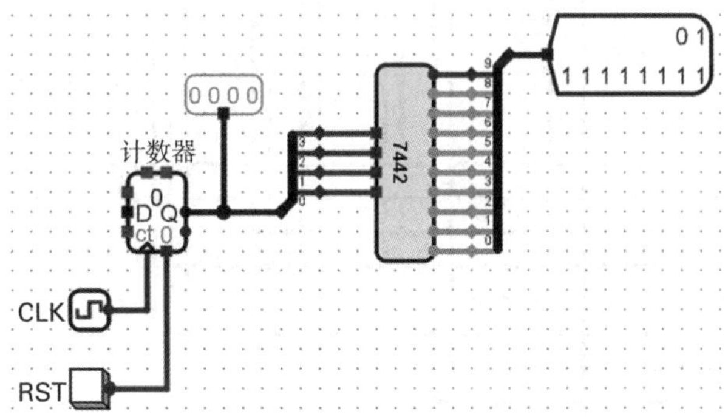

图 7.15　在 Logisim 上验证 7442 芯片的功能

2.5 在 Logisim 上实现“二-十进制编码器(8421 码编码器)”电路

“二-十进制编码器(8421 码编码器)”的真值表如表 7.4 所示。其中，$I_9 \sim I_0$ 为输入端，A、B、C、D、S 为输出端。图 7.16 为在 Logisim 上实现的“二-十进制编码器(8421 码编码器)”电路。

表 7.4 “二-十进制编码器(8421 码编码器)”的真值表

输入										输出				
I_9	I_8	I_7	I_6	I_5	I_4	I_3	I_2	I_1	I_0	A	B	C	D	S
1	1	1	1	1	1	1	1	1	1	0	0	0	0	0
1	1	1	1	1	1	1	1	1	0	0	0	0	0	1
1	1	1	1	1	1	1	1	0	1	0	0	0	1	1
1	1	1	1	1	1	1	0	1	1	0	0	1	0	1
1	1	1	1	1	1	0	1	1	1	0	0	1	1	1
1	1	1	1	1	0	1	1	1	1	0	1	0	0	1
1	1	1	1	0	1	1	1	1	1	0	1	0	1	1
1	1	1	0	1	1	1	1	1	1	0	1	1	0	1
1	1	0	1	1	1	1	1	1	1	0	1	1	1	1
1	0	1	1	1	1	1	1	1	1	1	0	0	0	1
0	1	1	1	1	1	1	1	1	1	1	0	0	1	1

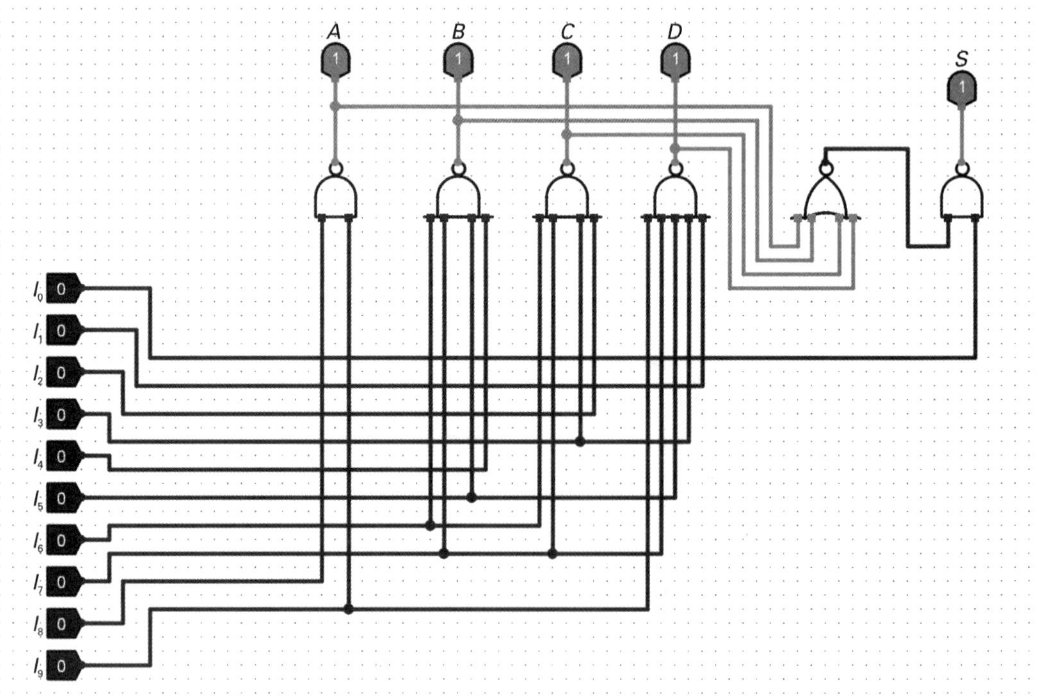

图 7.16 在 Logisim 上实现的“二-十进制编码器(8421 码编码器)”电路

2.6 在 Logisim 上实现“8-3 优先编码器(74148 芯片)”电路

74148 芯片为“8-3 优先编码器”，其引脚排列如图 7.17 所示，真值表如表 7.5 所示(d 表示任意)。其中，$\overline{I_S}$、$\overline{I_0}$ ~ $\overline{I_7}$ 为输入端，$\overline{Q_C}$、$\overline{Q_B}$、$\overline{Q_A}$、$\overline{Q_{EX}}$、$\overline{O_S}$ 为输出端。图 7.18 为在 Logisim 上实现的 74148 芯片。

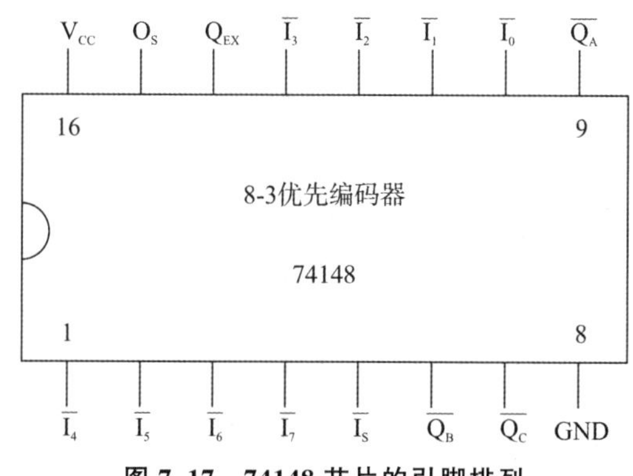

图 7.17　74148 芯片的引脚排列

表 7.5　74148 芯片的真值表

输入									输出				
$\overline{I_s}$	$\overline{I_0}$	$\overline{I_1}$	$\overline{I_2}$	$\overline{I_3}$	$\overline{I_4}$	$\overline{I_5}$	$\overline{I_6}$	$\overline{I_7}$	$\overline{Q_C}$	$\overline{Q_B}$	$\overline{Q_A}$	$\overline{Q_{EX}}$	$\overline{O_S}$
1	d	d	d	d	d	d	d	d	1	1	1	1	1
0	1	1	1	1	1	1	1	1	1	1	1	1	0
0	d	d	d	d	d	d	d	0	0	0	0	0	1
0	d	d	d	d	d	d	0	1	0	0	1	0	1
0	d	d	d	d	d	0	1	1	0	1	0	0	1
0	d	d	d	d	0	1	1	1	0	1	1	0	1
0	d	d	d	0	1	1	1	1	1	0	0	0	1
0	d	d	0	1	1	1	1	1	1	0	1	0	1
0	d	0	1	1	1	1	1	1	1	1	0	0	1
0	0	1	1	1	1	1	1	1	1	1	1	0	1

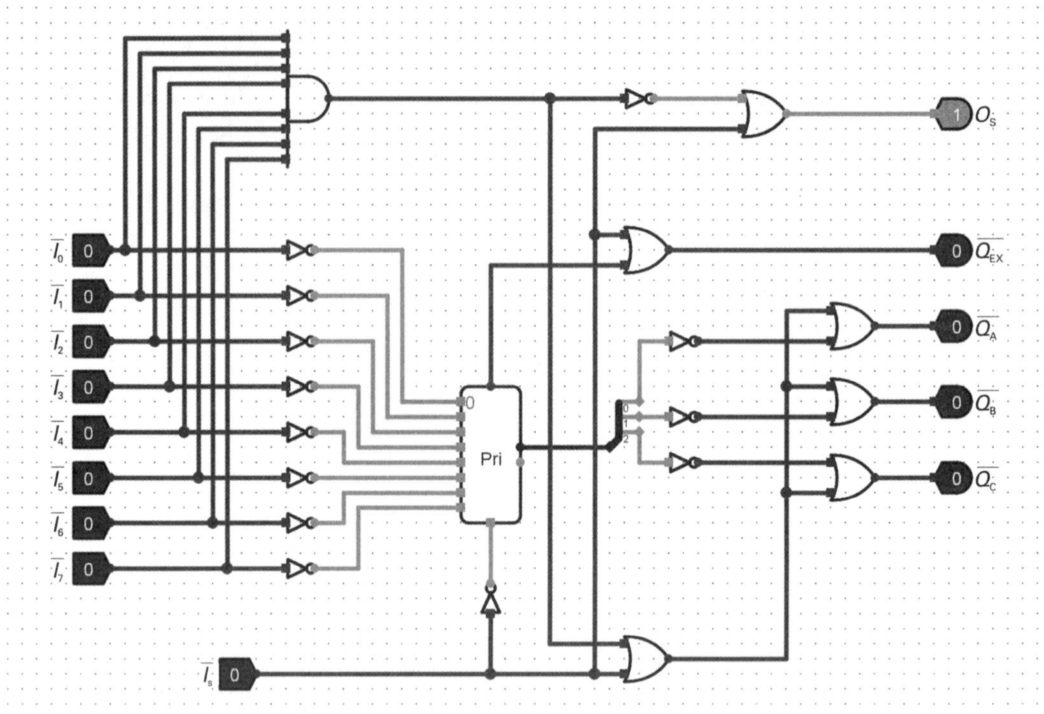

图 7.18　在 Logisim 上实现的 74148 芯片

表 7.6 为“16 级中断优先编码器”的真值表，图 7.19 为在 Logisim 上利用 74148 芯片实现的“16 级中断优先编码器”电路。其中，$\overline{I_{zs}}$、$\overline{I_{z15}}$～$\overline{I_{z0}}$为输入，O_{zs}、$\overline{Q_{zd}}$～$\overline{Q_{za}}$、$\overline{Q_{zex}}$为输出。

表 7.6　“16 级中断优先编码器”的真值表

$\overline{I_{zs}}$	$\overline{I_{z15}}$	$\overline{I_{z14}}$	$\overline{I_{z13}}$	$\overline{I_{z12}}$	$\overline{I_{z11}}$	$\overline{I_{z10}}$	$\overline{I_{z9}}$	$\overline{I_{z8}}$	$\overline{I_{z7}}$	$\overline{I_{z6}}$	$\overline{I_{z5}}$	$\overline{I_{z4}}$	$\overline{I_{z3}}$	$\overline{I_{z2}}$	$\overline{I_{z1}}$	$\overline{I_{z0}}$	O_{zs}	$\overline{Q_{zd}}$	$\overline{Q_{zc}}$	$\overline{Q_{zb}}$	$\overline{Q_{za}}$	$\overline{Q_{zex}}$
1	d	d	d	d	d	d	d	d	d	d	d	d	d	d	d	d	1	1	1	1	1	1
0	1	1	1	1	1	1	1	1	1	1	1	1	1	1	1	1	0	1	1	1	1	1
0	d	d	d	d	d	d	d	d	d	d	d	d	d	d	d	0	1	0	0	0	0	0
0	d	d	d	d	d	d	d	d	d	d	d	d	d	d	0	1	1	0	0	0	1	0
0	d	d	d	d	d	d	d	d	d	d	d	d	d	0	1	1	1	0	0	1	0	0
0	d	d	d	d	d	d	d	d	d	d	d	d	0	1	1	1	1	0	0	1	1	0
0	d	d	d	d	d	d	d	d	d	d	d	0	1	1	1	1	1	0	1	0	0	0
0	d	d	d	d	d	d	d	d	d	d	0	1	1	1	1	1	1	0	1	0	1	0
0	d	d	d	d	d	d	d	d	d	0	1	1	1	1	1	1	1	0	1	1	0	0
0	d	d	d	d	d	d	d	d	0	1	1	1	1	1	1	1	1	0	1	1	1	0
0	d	d	d	d	d	d	d	0	1	1	1	1	1	1	1	1	1	1	0	0	0	0
0	d	d	d	d	d	d	0	1	1	1	1	1	1	1	1	1	1	1	0	0	1	0
0	d	d	d	d	d	0	1	1	1	1	1	1	1	1	1	1	1	1	0	1	0	0

续表

$\overline{I_{zs}}$	$\overline{I_{z15}}$	$\overline{I_{z14}}$	$\overline{I_{z13}}$	$\overline{I_{z12}}$	$\overline{I_{z11}}$	$\overline{I_{z10}}$	$\overline{I_{z9}}$	$\overline{I_{z8}}$	$\overline{I_{z7}}$	$\overline{I_{z6}}$	$\overline{I_{z5}}$	$\overline{I_{z4}}$	$\overline{I_{z3}}$	$\overline{I_{z2}}$	$\overline{I_{z1}}$	$\overline{I_{z0}}$	O_{zs}	$\overline{Q_{zd}}$	$\overline{Q_{zc}}$	$\overline{Q_{zb}}$	$\overline{Q_{za}}$	$\overline{Q_{zex}}$
0	d	d	d	d	0	1	1	1	1	1	1	1	1	1	1	1	1	1	0	1	1	0
0	d	d	d	0	1	1	1	1	1	1	1	1	1	1	1	1	1	1	1	0	0	0
0	d	d	0	0	1	1	1	1	1	1	1	1	1	1	1	1	1	1	1	0	1	0
0	d	0	1	1	1	1	1	1	1	1	1	1	1	1	1	1	1	1	1	1	0	0
0	0	1	1	1	1	1	1	1	1	1	1	1	1	1	1	1	1	1	1	1	1	0

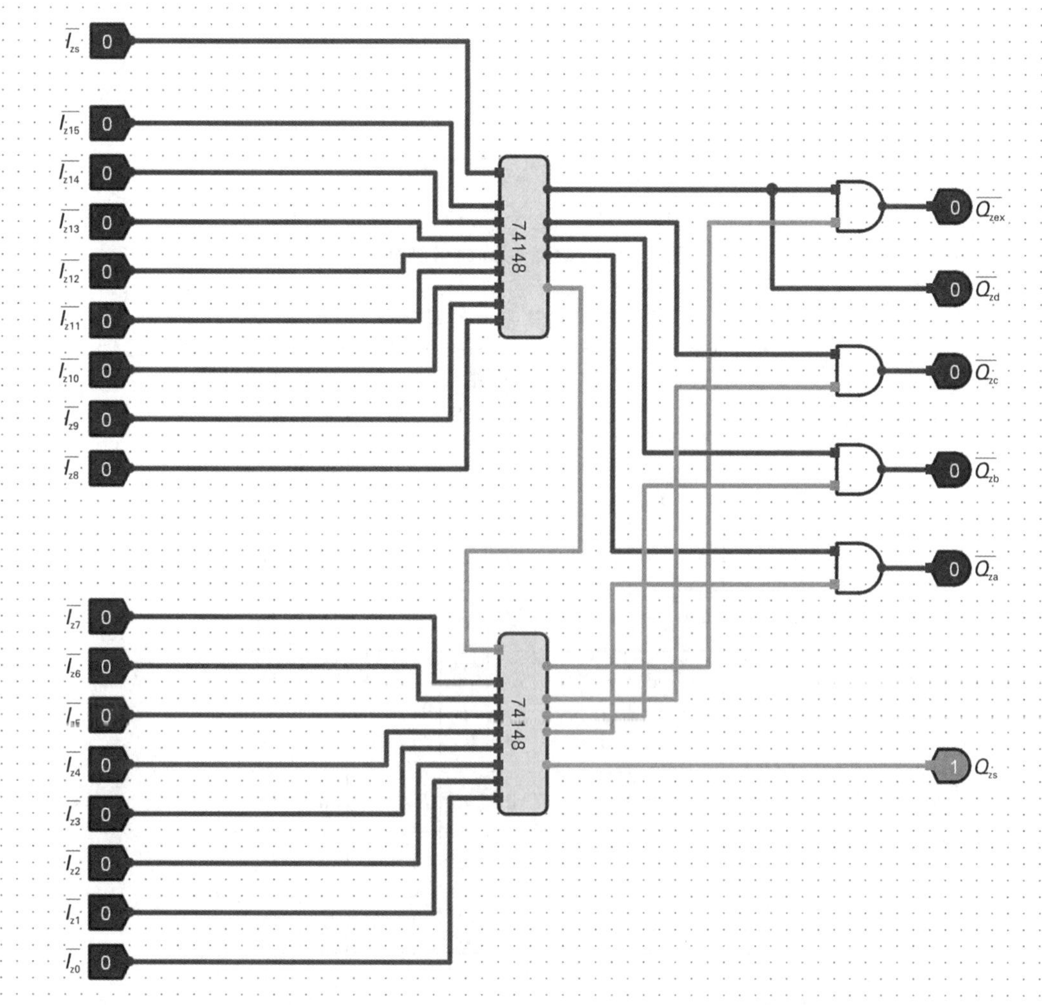

图 7.19　在 Logisim 上实现的“16 级中断优先编码器”电路(利用 74148 芯片)

2.7 在 Logisim 上实现"8 路选择器(74152 芯片)"和"双 4 路选择器(74153 芯片)"

74152 芯片为"8 路选择器",其引脚排列如图 7.20 所示,真值表如表 7.7 所示(d 表示任意)。其中,$A_2 \sim A_0$ 为选择输入端,$D_0 \sim D_7$ 为数据输入端,Y 为输出端。图 7.21 为在 Logisim 上实现的 74152 芯片。

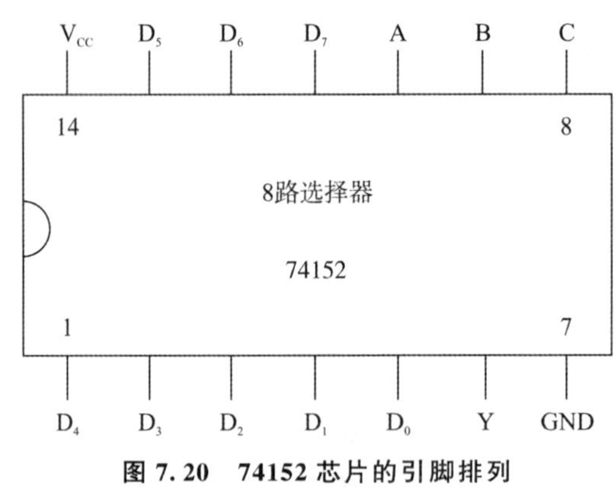

图 7.20 74152 芯片的引脚排列

表 7.7 74152 芯片的真值表

选择输入			数据输入								输出
A_2	A_1	A_0	D_0	D_1	D_2	D_3	D_4	D_5	D_6	D_7	Y
0	0	0	D_0	d	d	d	d	d	d	d	D_0
0	0	1	d	D_1	d	d	d	d	d	d	D_1
0	1	0	d	d	D_2	d	d	d	d	d	D_2
0	1	1	d	d	d	D_3	d	d	d	d	D_3
1	0	0	d	d	d	d	D_4	d	d	d	D_4
1	0	1	d	d	d	d	d	D_5	d	d	D_5
1	1	0	d	d	d	d	d	d	D_6	d	D_6
1	1	1	d	d	d	d	d	d	d	D_7	D_7

74153 芯片为"双 4 路选择器",其引脚排列如图 7.22 所示,真值表如表 7.8 所示(d 表示任意)。其中,G 为使能输入端,$A_1 \sim A_0$ 为选择输入端,$D_0 \sim D_3$ 为数据输入端,Y 为输出端。图 7.23 为在 Logisim 上实现的 74153 芯片。

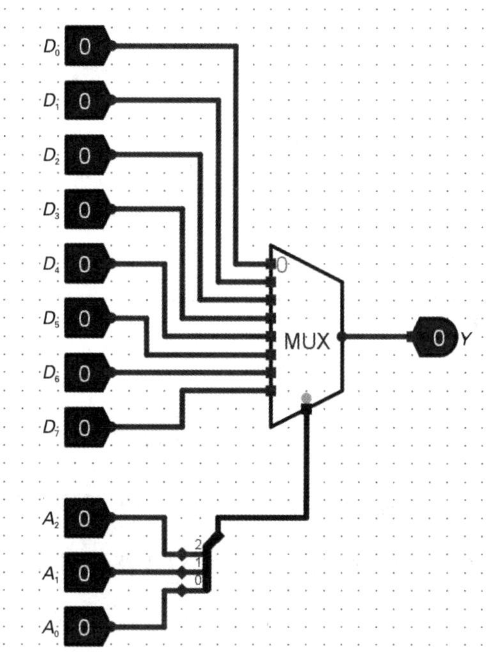

图 7.21　在 Logisim 上实现的 74152 芯片

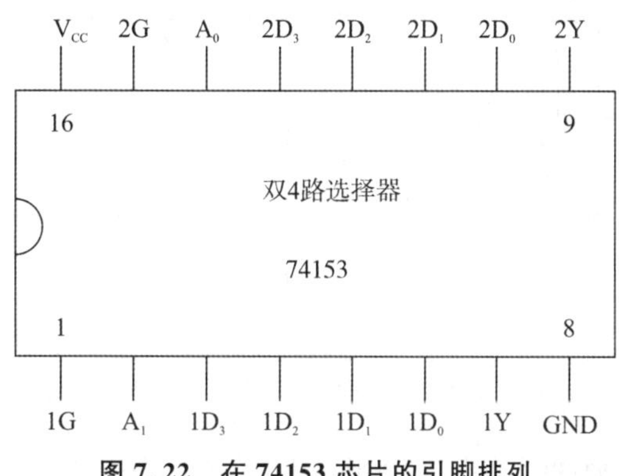

图 7.22　在 74153 芯片的引脚排列

表 7.8　74153 芯片的真值表

使能输入	选择输入		数据输入				输出
G	A_1	A_0	D_0	D_1	D_2	D_3	Y
1	d	d	d	d	d	d	0
0	0	0	D_0	d	d	d	D_0
0	0	1	d	D_1	d	d	D_1
0	1	0	d	d	D_2	d	D_2
0	1	1	d	d	d	D_3	D_3

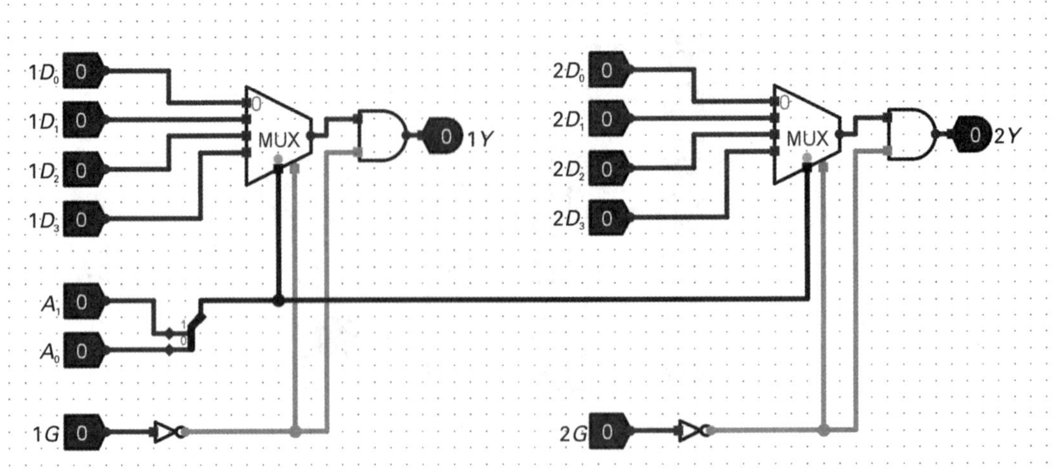

图 7.23　在 Logisim 上实现的 74153 芯片

利用 74152 芯片(8 路选择器)或 74153 芯片(双 4 路选择器)可以实现逻辑公式:$F(A,B,C)=\sum m(2,3,5,6)$,具体见图 7.24 和图 7.25。

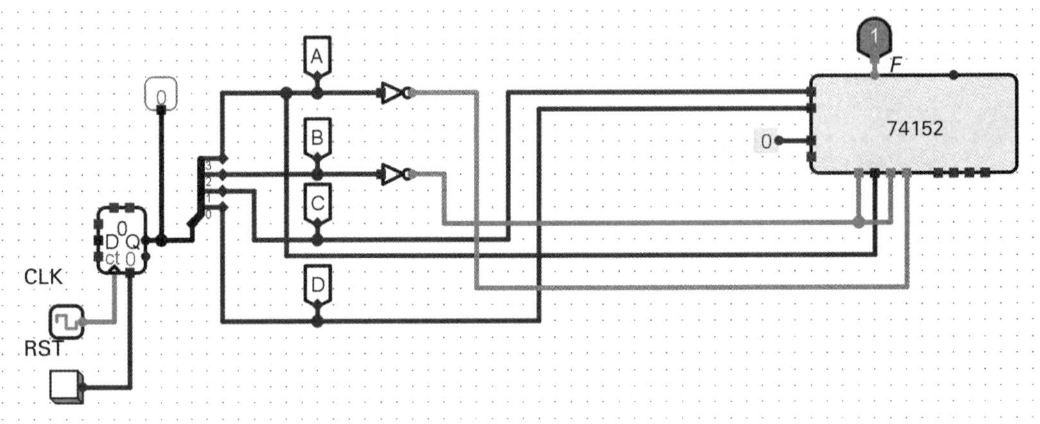

图 7.24　在 Logisim 上实现的逻辑函数 $F=\sum m(2,3,5,6)$(利用 74152 芯片)

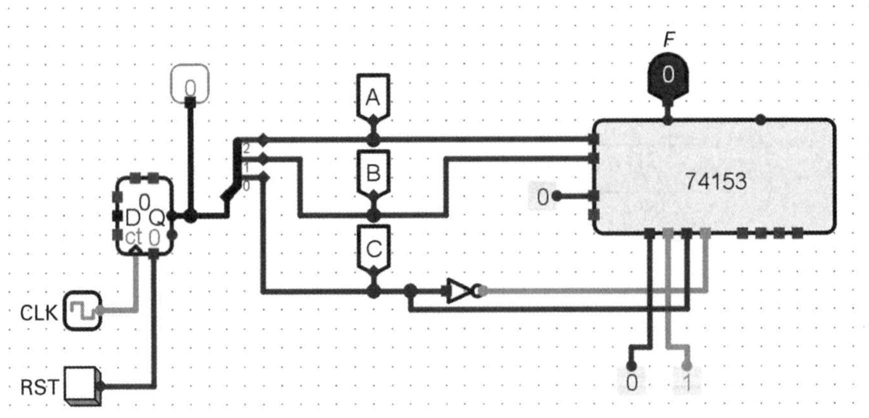

图 7.25　在 Logisim 上实现的逻辑函数 $F=\sum m(2,3,5,6)$(利用 74153 芯片)

利用 74153 芯片(双 4 路选择器)可以实现逻辑公式:$F(A,B,C)=\sum m(0,2,3,7,8,9,10,13)$,有两种方案,具体见图 7.26。

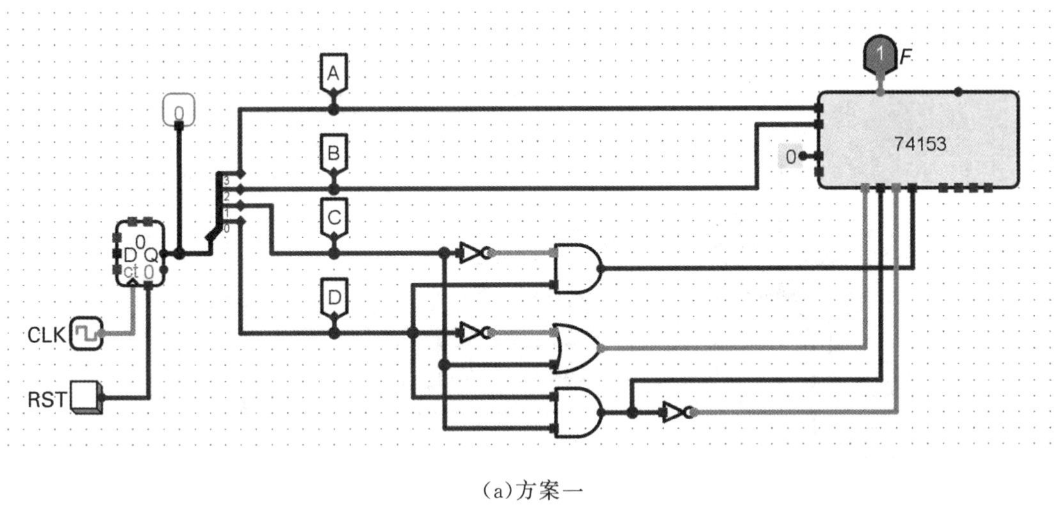

(a)方案一

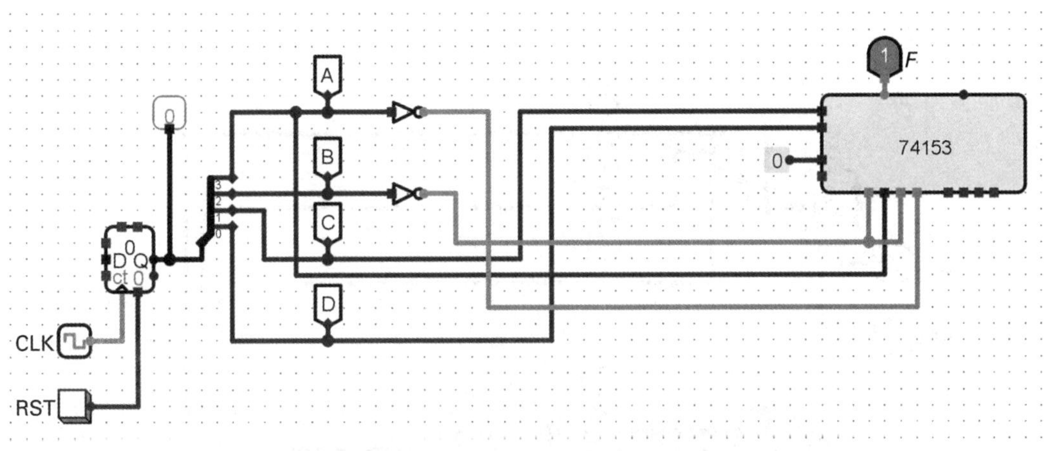

(b)方案二

图 7.26　在 Logisim 上实现的逻辑函数 $F=\sum m(0,2,3,7,8,9,10,13)$(利用 74153 芯片)

利用 74153 芯片(双 4 路选择器)可以实现逻辑公式:$F_1(A,B,C,D)=\sum m(0,1,5,7,10,13,15)$,$F_2(A,B,C,D)=\sum m(8,10,12,13,15)$,具体见图 7.27(有两个输出)。

利用 74152 芯片(8 路选择器)和 74138 芯片(3-8 译码器)可以实现“3 位二进制数等值比较器”(当 $XYZ=ABC$ 时,$F=0$;否则 $F=1$),具体见图 7.28。

2.8　在 Logisim 上实现“4 路分配器”和“8 路分配器”

“4 路分配器”的真值表如表 7.9 所示。其中,$A_1 \sim A_0$为选择输入端,D 为数据输入端,$f_0 \sim f_3$为输出端。图 7.29 为在 Logisim 上实现的“4 路分配器”电路。

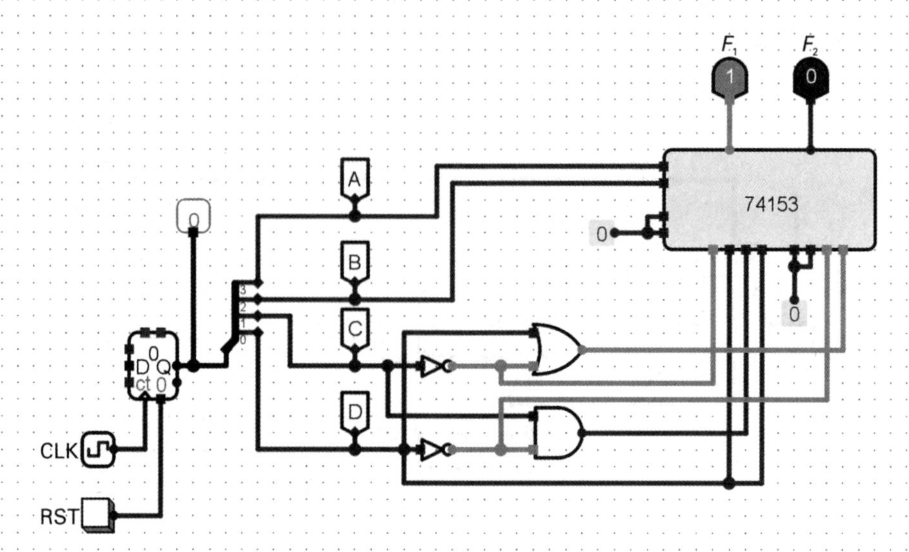

图 7.27　在 Logisim 上实现的逻辑函数 F_1 和 F_2(利用 74153 芯片)

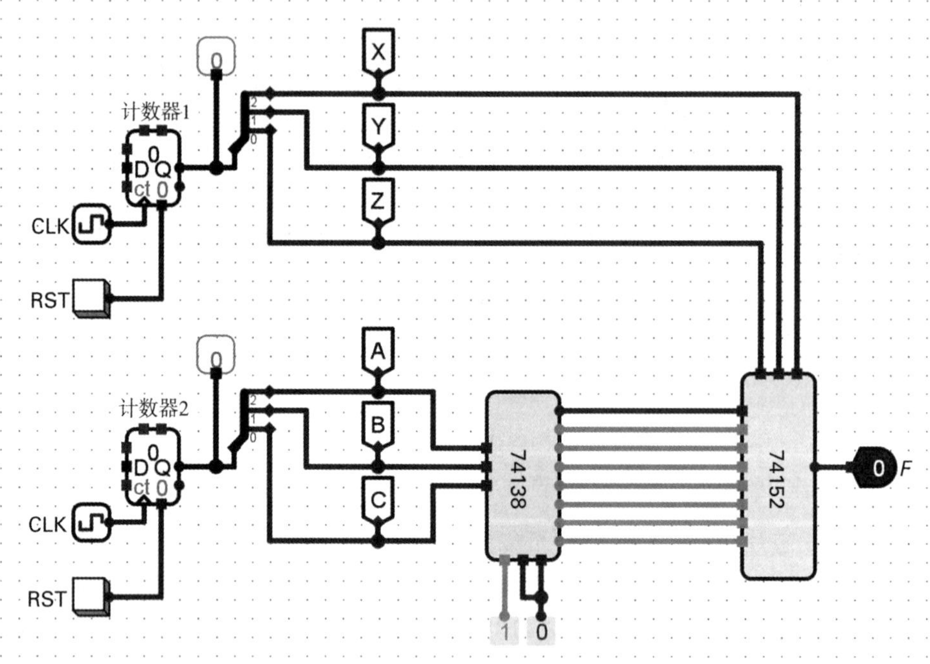

图 7.28　Logisim 上实现"3 位二进制数等值比较器"(利用 74152 和 74138 芯片)

表 7.9　"4 路分配器"的真值表

选择输入		输出			
A_1	A_0	f_0	f_1	f_2	f_3
0	0	D	0	0	0
0	1	0	D	0	0
1	0	0	0	D	0
1	1	0	0	0	D

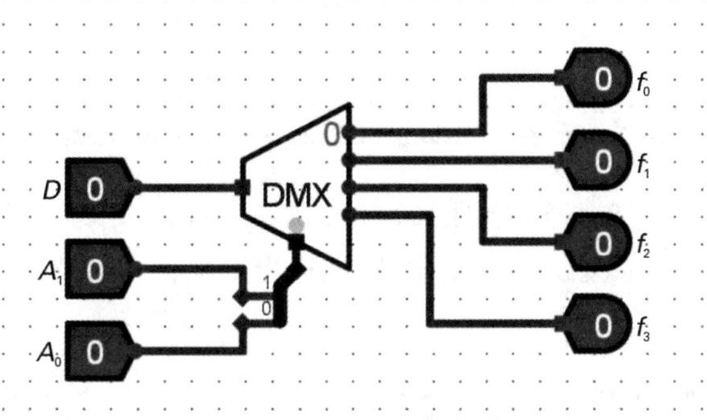

图 7.29　在 Logisim 上实现的"4 路分配器"电路

"8 路分配器"的真值表如表 7.10 所示。其中，$A_2 \sim A_0$ 为选择输入端，D 为数据输入端，$f_0 \sim f_7$ 为输出端。图 7.30 为在 Logisim 上实现的"8 路分配器"电路。

表 7.10　"8 路分配器"的真值表

选择输入			输出							
A_2	A_1	A_0	f_0	f_1	f_2	f_3	f_4	f_5	f_6	f_7
0	0	0	D	0	0	0	0	0	0	0
0	0	1	0	D	0	0	0	0	0	0
0	1	0	0	0	D	0	0	0	0	0
0	1	1	0	0	0	D	0	0	0	0
1	0	0	0	0	0	0	D	0	0	0
1	0	1	0	0	0	0	0	D	0	0
1	1	0	0	0	0	0	0	0	D	0
1	1	1	0	0	0	0	0	0	0	D

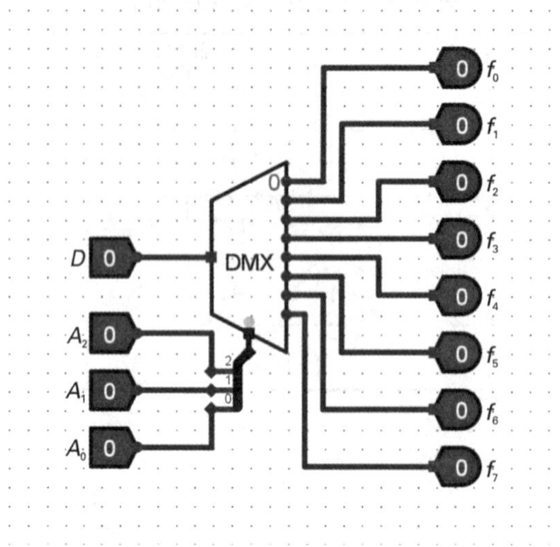

图 7.30　在 Logisim 上实现的“8 路分配器”电路

利用“8 路分配器”和“8 路选择器”(74152 芯片)可以实现 8 路数据传输(例如,当 $CBA=100=4$ 时,输出 f_4 随输入 D_4 变化,其他输出不随输入变化),具体见图 7.31。

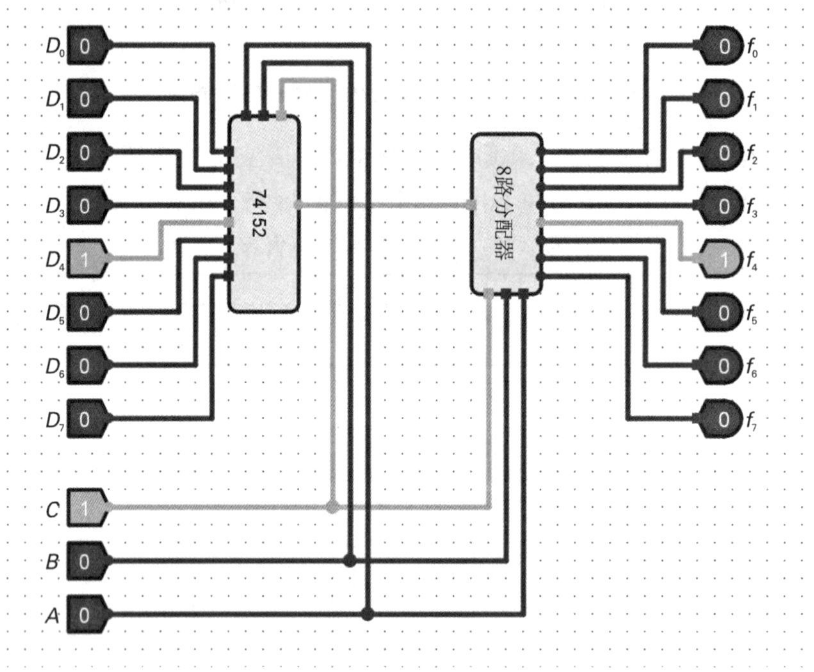

图 7.31　在 Logisim 上实现 8 路数据传输(利用“8 路分配器”和 74152 芯片)

3　实验仪器

(1)电脑 1 台(台式计算机或笔记本电脑)。

(2)JDK 软件、Logisim 仿真软件。

4 实验内容

(1)点击"logisim-hust-20200118. exe"运行 Logisim 软件,在 Logisim 中打开"中规模组合逻辑电路.circ"设计文件。

(2)打开图 7.2 所示的电路,设置不同的输入(A、B、C_0),观看输出(F、C_4)是否满足加法器的关系。图 7.4 所示电路的验证方法与图 7.2 相同。

(3)打开图 7.5 所示的电路,设置不同的输入(8421 码),观看输出(余 3 码)是否正确、LED 灯是否不亮、蜂鸣器是否不响。

(4)打开图 7.6 所示的电路,先置 $M=0$(加法运算),设置不同的输入(A、B),观看输出 F 是否满足加法关系。再置 $M=1$(减法运算),设置不同的输入(A、B),观看输出 F 是否满足减法关系。

(5)打开图 7.7 所示的电路,设置不同的输入(A、B、C_{in}),观看输出(F、C_{out})是否满足"余 3 码表示的 1 位十进制加法器"的关系。

(6)打开图 7.8 所示的电路,设置不同的输入(A、B),观看输出(F)是否满足"4 位二进制乘法器"的关系、LED 灯是否不亮、蜂鸣器是否不响。

(7)打开图 7.10 所示的电路,按照表 7.1 设置不同的输入(d 表示任意),观看输出是否与表 7.1 相同。图 7.11、图 7.16、图 7.18、图 7.19、图 7.21、图 7.23、图 7.29、图 7.30 所示电路的验证方法与图 7.10 相同。

(8)打开图 7.12 所示的电路,先点击"RST"按钮,然后点击"CLK"按钮,观看输入为 2、4、6、8、10、12、14 时,输出 F 是否为 1;其他情况时,输出 F 是否为 0。图 7.24、图 7.25、图 7.26、图 7.27 所示电路的验证方法与图 7.12 相同。

(9)打开图 7.15 所示的电路,先点击"RST"按钮,然后点击"CLK"按钮,观看输入和输出的关系是否与表 7.3 相同。

(10)打开图 7.28 所示的电路,先点击两个"RST"按钮(复位),然后点击两个"CLK"按钮(时钟),观看 $XYZ=ABC$ 时,F 是否为 0;其他情况,F 是否为 1。

(11)打开图 7.31 所示的电路,设置不同的 CBA 值,观看在某个 CBA 值下(例如 100),输出(f_4)是否随输入(D_4)变化。其他输出不随输入变化。

5 能力拓展

请阅读中规模组合逻辑电路芯片的相关资料,进一步掌握在 Logisim 上实现各种中规模组合逻辑电路芯片及其应用电路的方法。

实验八　中规模时序逻辑电路

1　实验目的及学习要求

1.1　实验目的

(1)掌握在 Logisim 上实现中规模时序逻辑电路芯片的方法。

(2)掌握在 Logisim 上验证中规模时序逻辑电路芯片功能的方法。

(3)掌握在 Logisim 上验证中规模时序逻辑电路芯片应用的方法。

(4)培养科学精神、工匠精神、系统观及规矩意识。

1.2　学习要求

(1)通过课前预习,了解中规模时序逻辑电路芯片的输入与输出信号、管脚图、功能表。

(2)通过课间练习,掌握如何在 Logisim 上实现中规模时序逻辑电路芯片,验证中规模时序逻辑电路芯片的功能,验证中规模时序逻辑电路芯片的应用。

(3)通过课后复习,掌握如何在 Logisim 上实现更多的中规模时序逻辑电路芯片。

2　实验原理

中规模时序逻辑电路芯片包括同步计数器、异步计数器和寄存器等。在 Logisim 上可以实现这些中规模时序逻辑电路芯片,并验证其功能。在 Logisim 上还可以实现中规模时序逻辑电路芯片的应用电路,并验证其功能。

2.1　在 Logisim 上实现“双时钟 4 位二进制同步可逆计数器(74193 芯片)”电路

74193 芯片为“双时钟 4 位二进制同步可逆计数器”,其引脚排列如图 8.1 所示,功能表如表 8.1 所示。图 8.2 为在 Logisim 上实现的 74193 芯片。

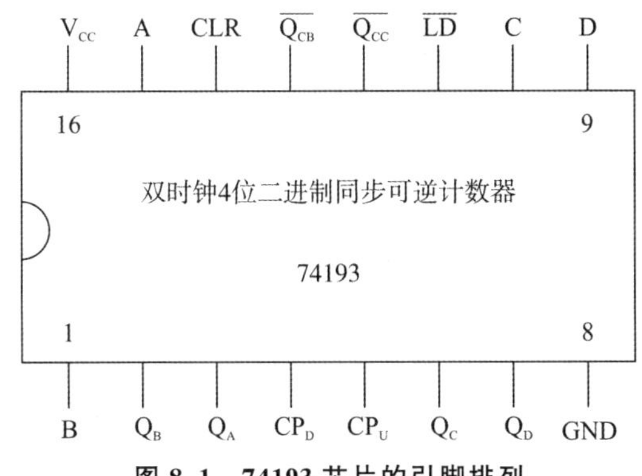

图 8.1　74193 芯片的引脚排列

表 8.1　74193 芯片的功能表

输入								输出			
CLR	$\overline{LD}$	D	C	B	A	CP_U	CP_D	Q_D	Q_C	Q_B	Q_A
1	d	d	d	d	d	d	d	0	0	0	0
0	0	x_3	x_2	x_1	x_0	d	d	x_3	x_2	x_1	x_0
0	1	d	d	d	d	↑	1	累加计数			
0	1	d	d	d	d	1	↑	累减计数			

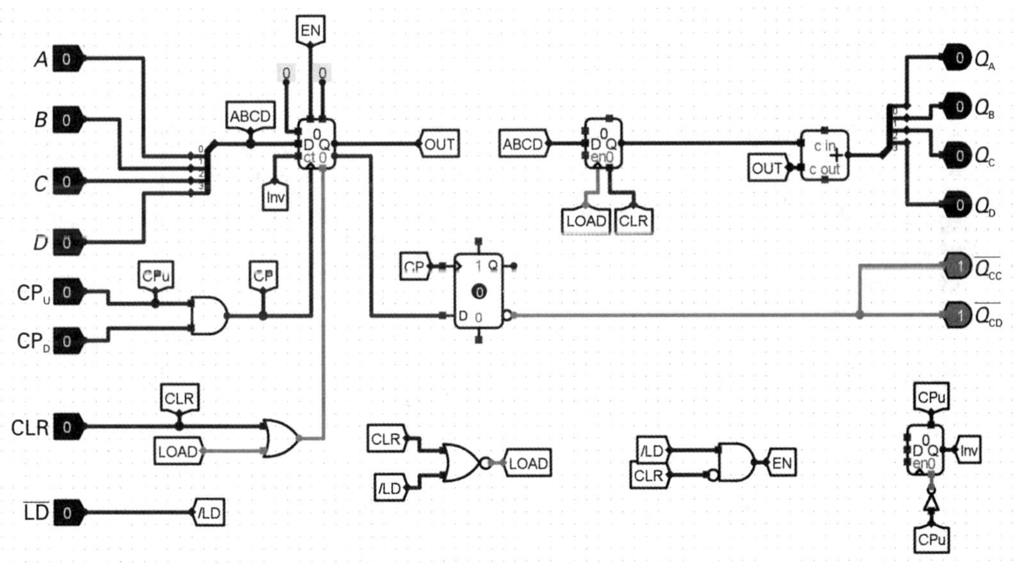

图 8.2　在 Logisim 上实现的 74193 芯片

74193 芯片有清零、置数、累加计数、累减计数 4 个功能，其在 Logisim 上的功能验证电路如图 8.3 所示。

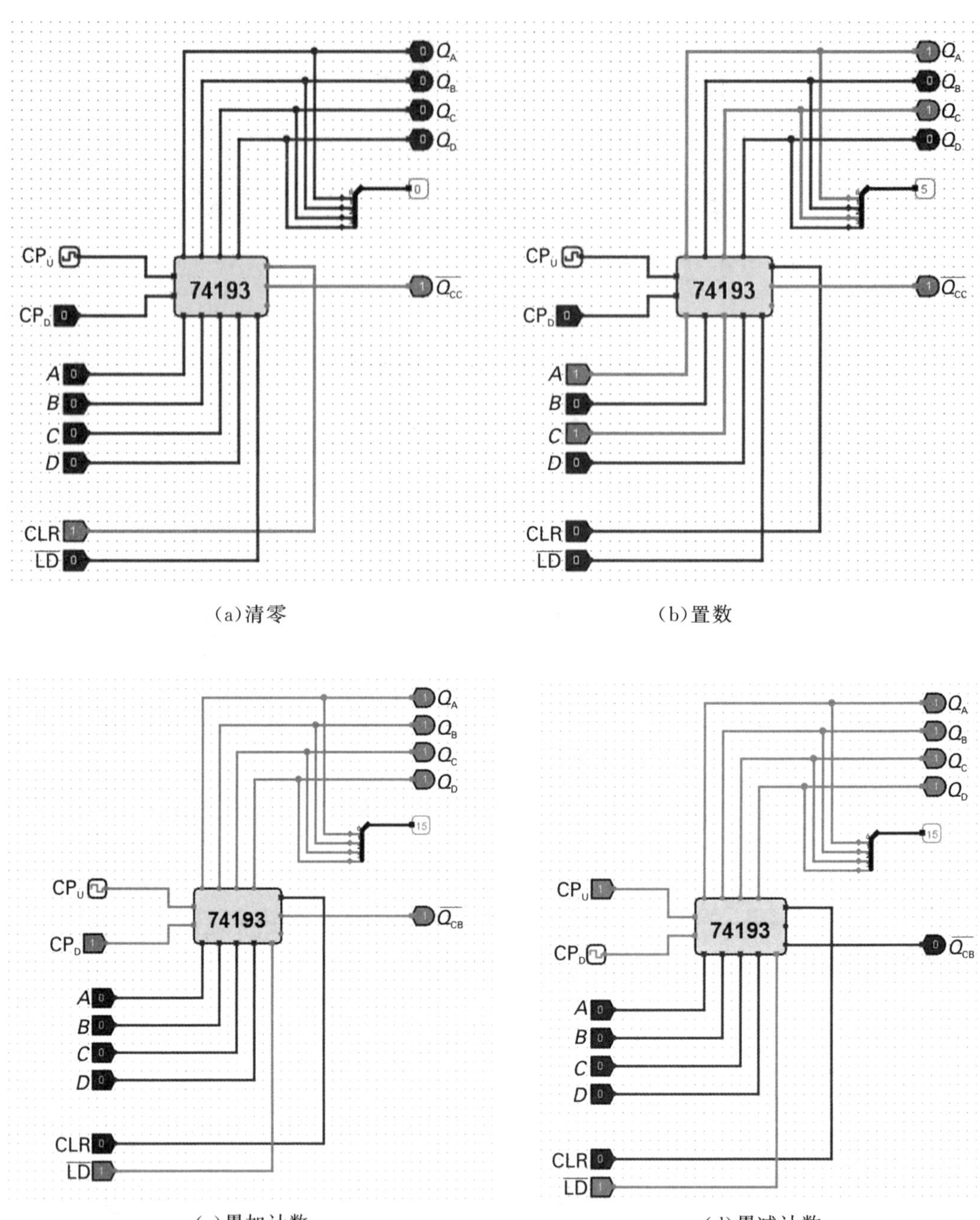

(a)清零　(b)置数

(c)累加计数　(d)累减计数

图 8.3　在 Logisim 上验证 74193 芯片的功能

利用 74193 芯片可以构成“模 10 加法计数器”“模 12 减法计数器”“模 256 减法计数器”“模 147 加法计数器”电路，其在 Logisim 上的实现分别见图 8.4 至图 8.7。

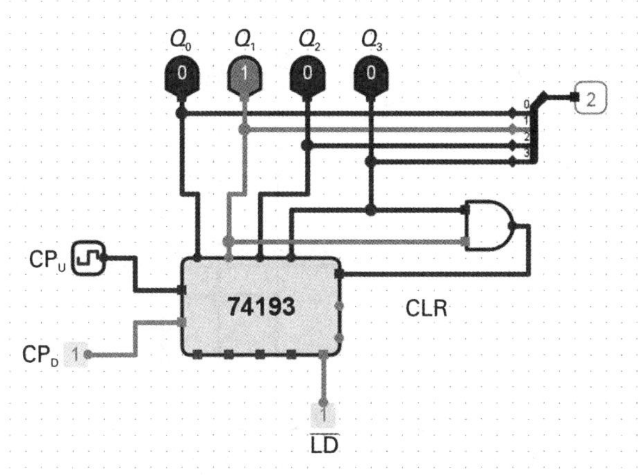

图 8.4 在 Logisim 上实现的“模 10 加法计数器”电路(利用 74193 芯片)

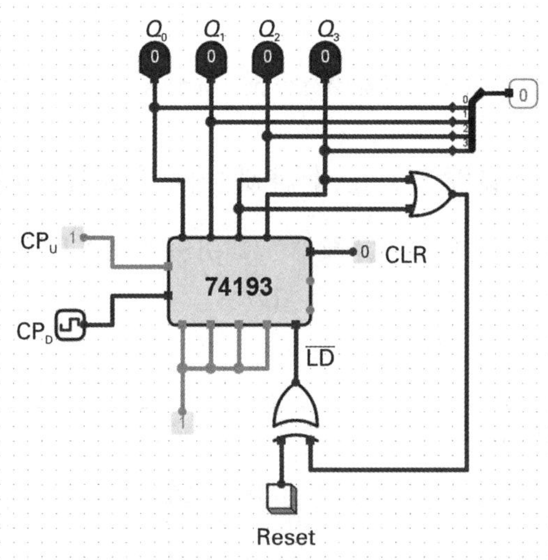

图 8.5 在 Logisim 上实现的“模 12 减法计数器”电路(利用 74193 芯片)

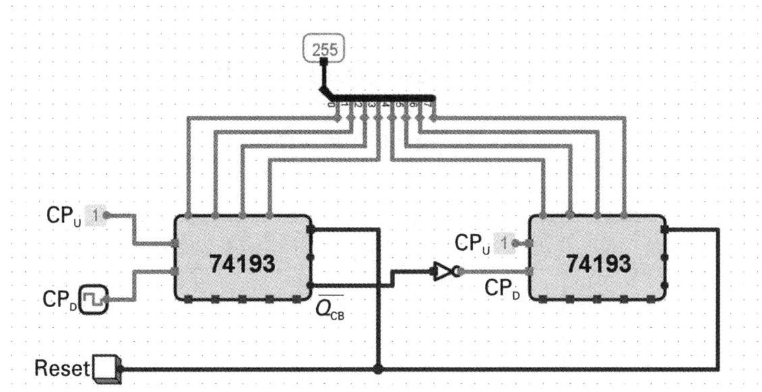

图 8.6 在 Logisim 上实现的“模 256 减法计数器”电路(利用 74193 芯片)

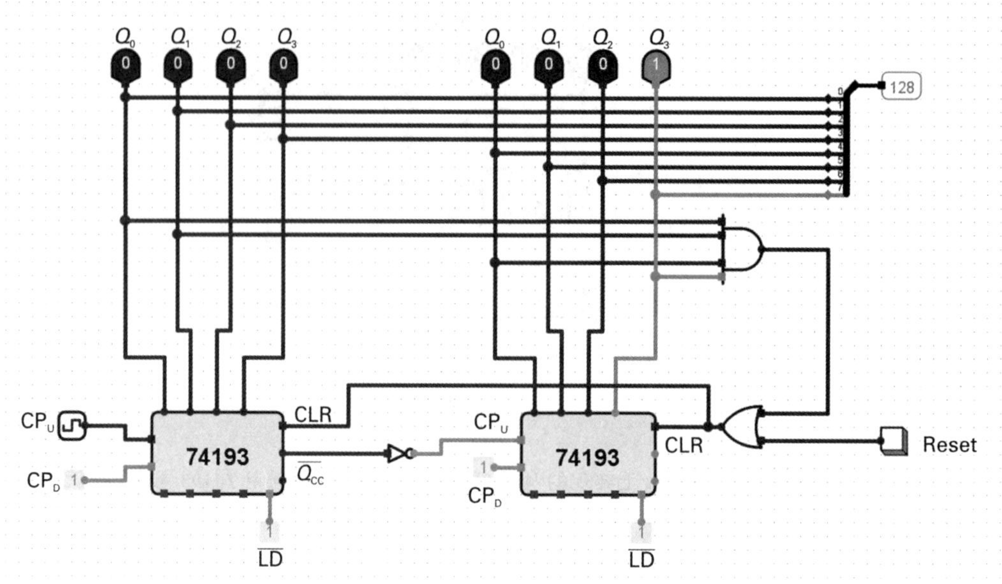

图 8.7　在 Logisim 上实现的“模 147 加法计数器”电路(利用 74193 芯片)

2.2　在 Logisim 上实现“二-五-十进制加法计数器(74290 芯片)”电路

74290 芯片为“二-五-十进制加法计数器”，其引脚排列如图 8.8 所示，功能表如表 8.2 所示。图 8.9 为在 Logisim 上实现的 74290 芯片。

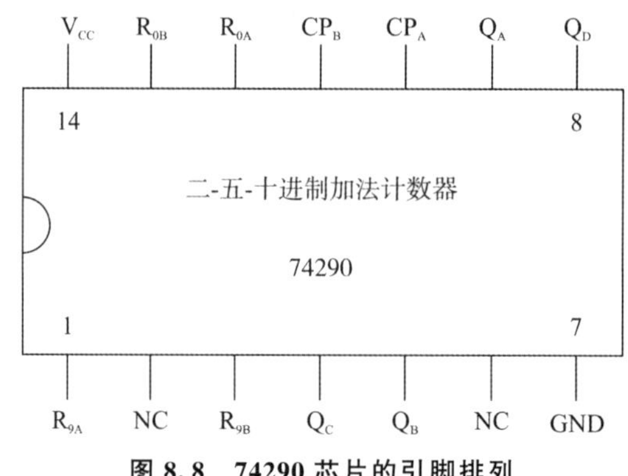

图 8.8　74290 芯片的引脚排列

表 8.2　74290 芯片的功能表

输入					输出			
R_{0A}	R_{0B}	R_{9A}	R_{9B}	CP	Q_D	Q_C	Q_B	Q_A
1	1	0	d	d	0	0	0	0
1	1	d	0	d	0	0	0	0
d	d	1	1	d	1	0	0	1
d	0	d	0	↓	模 2 计数			

续表

输入					输出			
R_{0A}	R_{0B}	R_{9A}	R_{9B}	CP	Q_D	Q_C	Q_B	Q_A
0	d	0	d	↓	模 5 计数			
0	d	d	0	↓	模 10 计数(8421 码)			
d	0	0	d	↓	模 10 计数(5421 码)			

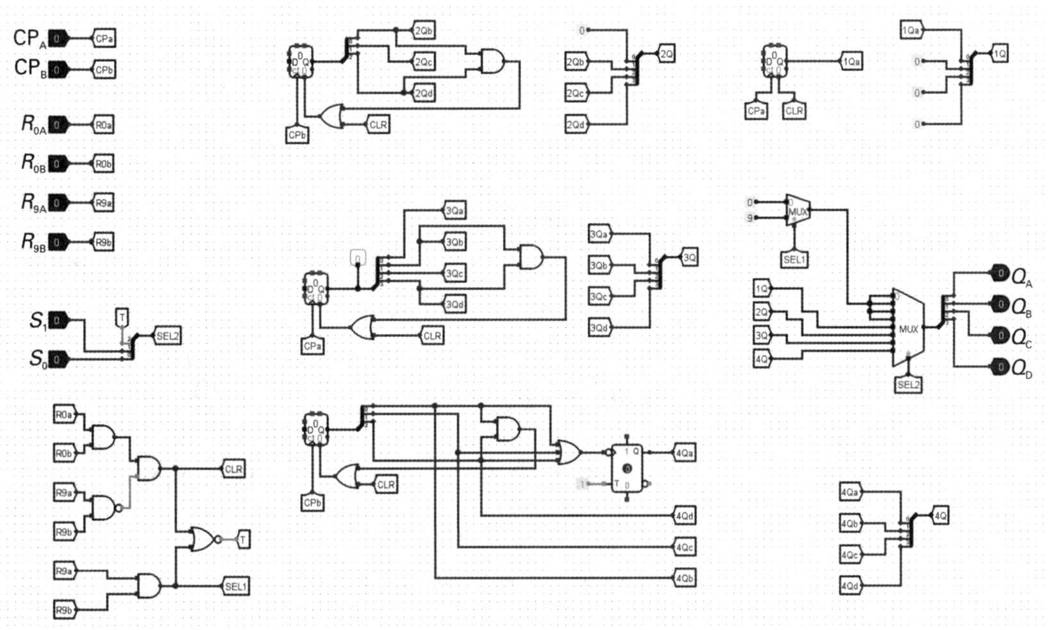

图 8.9　在 Logisim 上实现的 74290 芯片

74290 芯片有清零、置 9、模 2 计数、模 5 计数、模 10 计数(8421 码)、模 10 计数(5421 码)6 个功能，其在 Logisim 上的功能验证电路如图 8.10 所示。

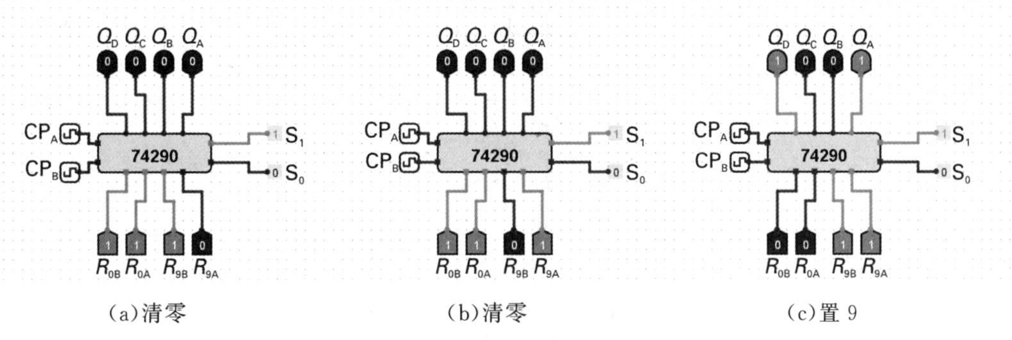

(a)清零　　(b)清零　　(c)置 9

图 8.10　在 Logisim 上验证 74290 芯片的功能(1)

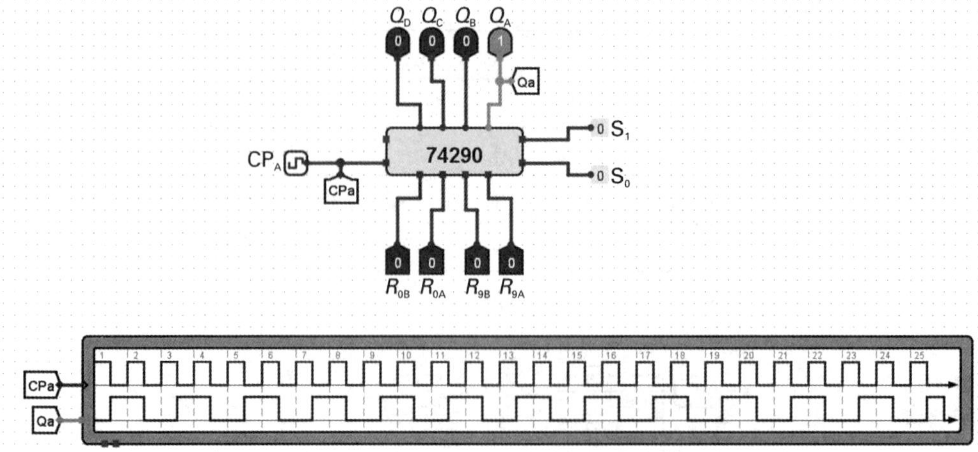

(d)模 2 计数

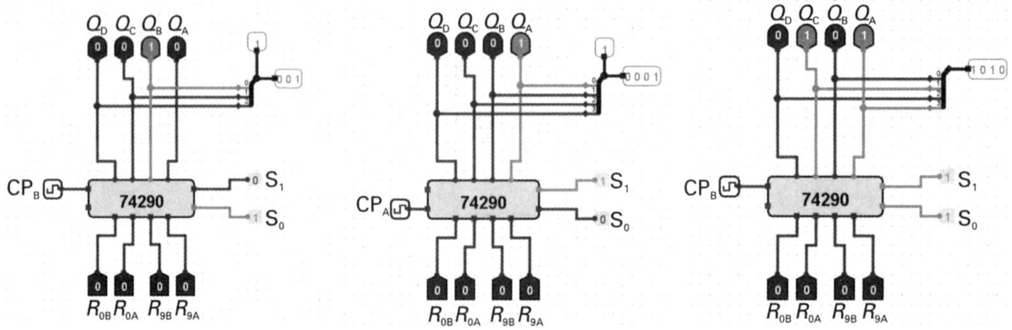

(e)模 5 计数　　(f)模 10 计数(8421 码)　　(g)模 10 计数(5421 码)

图 8.10　在 Logisim 上验证 74290 芯片的功能(2)

利用 74290 芯片可以构成“模 8 加法计数器”电路,其在 Logisim 上的实现见图 8.11。

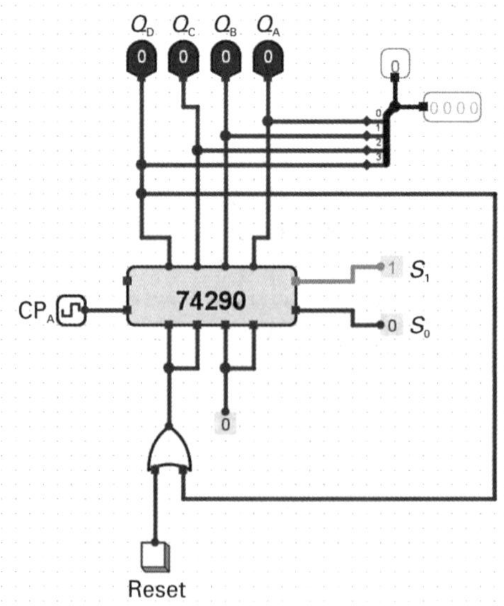

图 8.11　在 Logisim 上实现的“模 8 加法计数器”电路(利用 74290 芯片)

2.3　在 Logisim 上实现“4 位双向移位寄存器(74194 芯片)”电路

74194 芯片为“4 位双向移位寄存器”，其引脚排列如图 8.12 所示，功能表如表 8.3 所示。图 8.13 为在 Logisim 上实现的 74194 芯片。

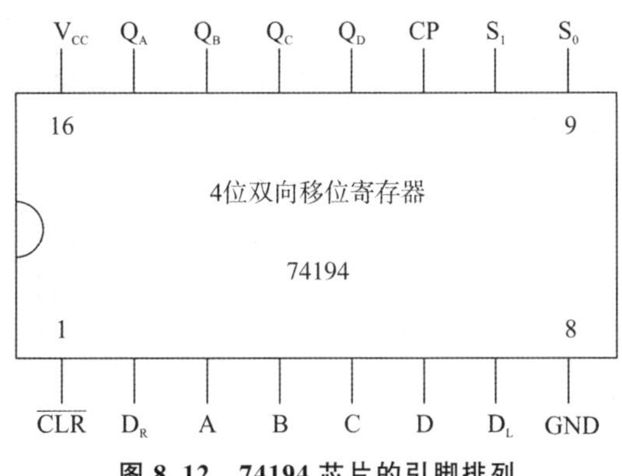

图 8.12　74194 芯片的引脚排列

表 8.3　74194 芯片的功能表

输入										输出			
$\overline{CLR}$	CP	S_1	S_0	D_R	D_L	D	C	B	A	Q_D	Q_C	Q_B	Q_A
0	d	d	d	d	d	d	d	d	d	0	0	0	0
1	0	d	d	d	d	d	d	d	d	Q_D	Q_C	Q_B	Q_A
1	↑	1	1	d	d	x_3	x_2	x_1	x_0	x_3	x_2	x_1	x_0
1	↑	0	1	1	d	d	d	d	d	1	Q_D	Q_C	Q_B
1	↑	0	1	0	d	d	d	d	d	0	Q_D	Q_C	Q_B
1	↑	1	0	d	1	d	d	d	d	Q_C	Q_B	Q_A	1
1	↑	1	0	d	0	d	d	d	d	Q_C	Q_B	Q_A	0
1	d	0	0	d	d	d	d	d	d	Q_D	Q_C	Q_B	Q_A

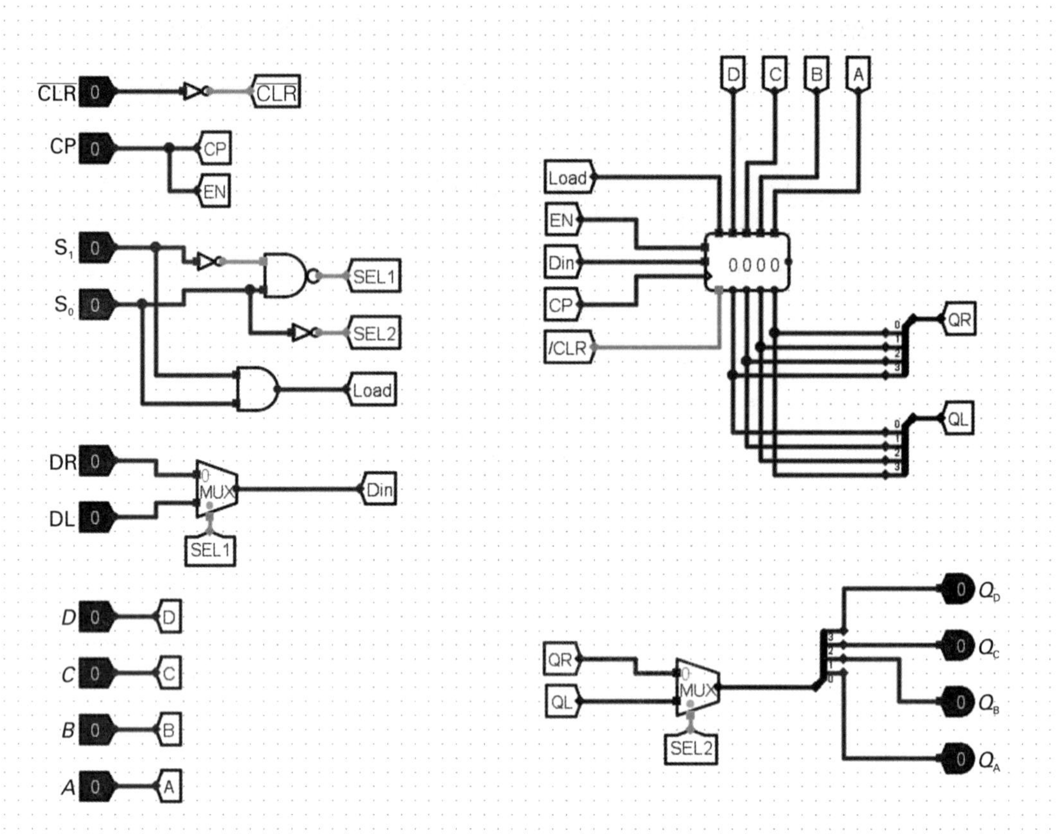

图 8.13　在 Logisim 上实现的 74194 芯片

74194 芯片有清零、保持、并行输入、右移、左移 5 个功能，其在 Logisim 上的功能验证电路如图 8.14 所示。

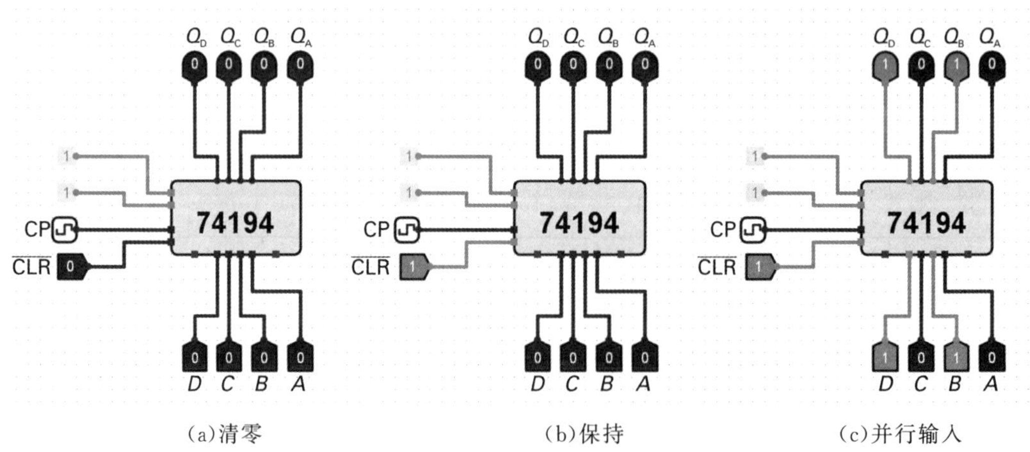

(a)清零　　(b)保持　　(c)并行输入

图 8.14　在 Logisim 上验证 74194 芯片的功能(1)

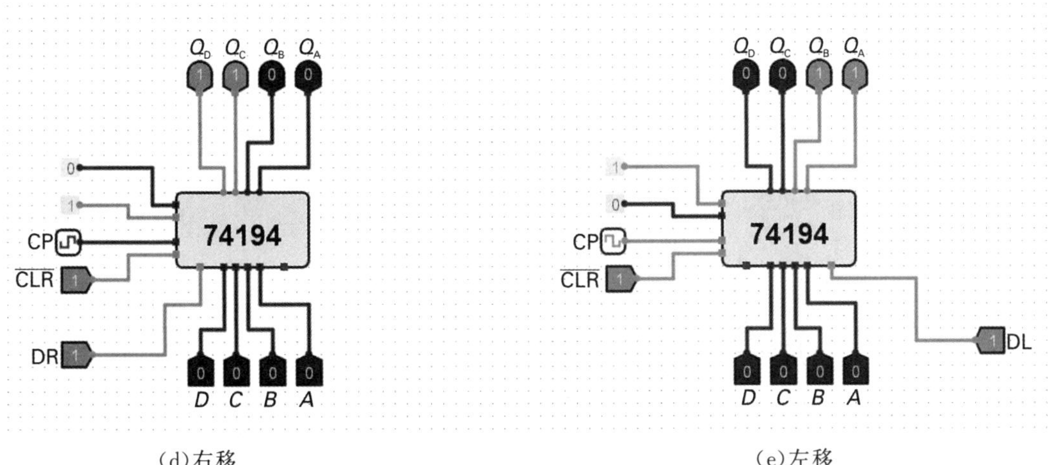

(d)右移　　(e)左移

图 8.14　在 Logisim 上验证 74194 芯片的功能(2)

“模 8 计数器”的状态转移表如表 8.4 所示。利用 74194 芯片可以构成“模 8 计数器”电路，其在 Logisim 上的实现见图 8.15。

表 8.4　“模 8 计数器”的状态转移表

现态				次态			
Q_D	Q_C	Q_B	Q_A	Q_D	Q_C	Q_B	Q_A
0	0	0	0	0	0	0	1
0	0	0	1	0	0	1	1
0	0	1	1	0	1	1	1
0	1	1	1	1	1	1	1
1	1	1	1	1	1	1	0
1	1	1	0	1	1	0	0
1	1	0	0	1	0	0	0
1	0	0	0	0	0	0	0

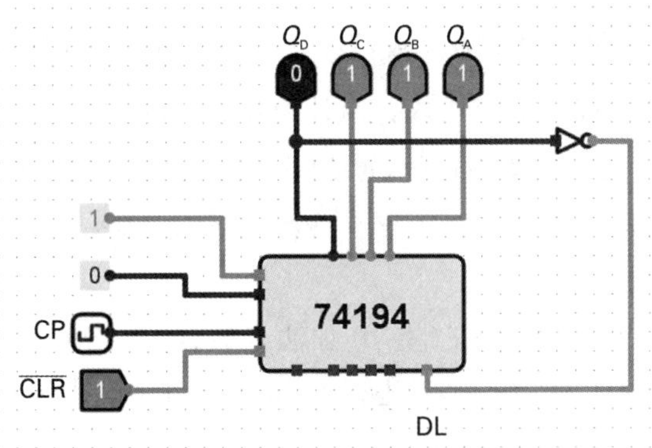

图 8.15　在 Logisim 上实现的“模 8 计数器”电路(利用 74194 芯片)

利用 74194 芯片可以构成“00101110 序列发生器”电路，其在 Logisim 上的实现见图 8.16，图中还给出了输出 Z(Q_C)的波形。

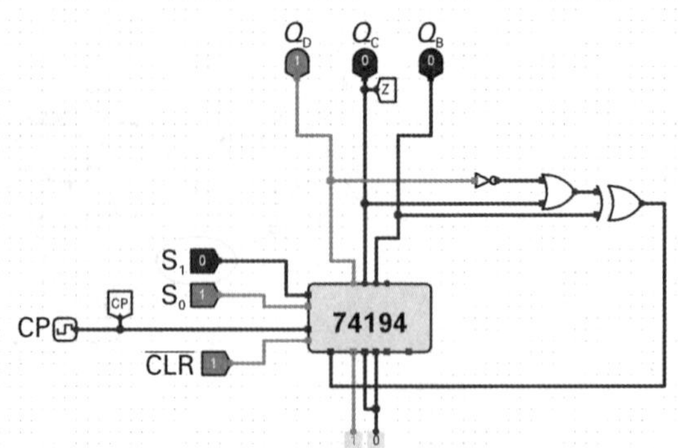

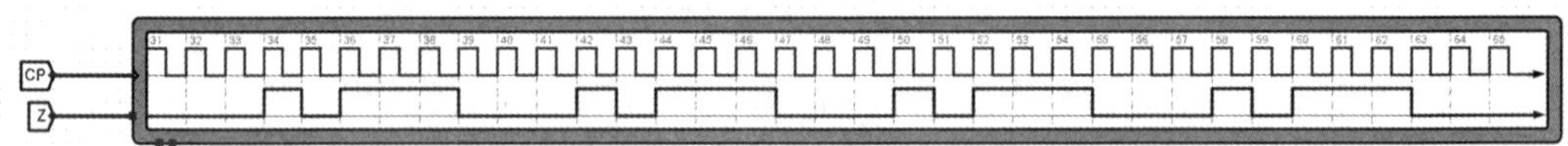

图 8.16　在 Logisim 上实现的“00101110 序列发生器”电路(利用 74194 芯片)

3　实验仪器

(1)电脑 1 台(台式计算机或笔记本电脑)。

(2)JDK 软件、Logisim 仿真软件。

4　实验内容

(1)点击“logisim-hust-20200118.exe”运行 Logisim 软件，在 Logisim 中打开“中规模时序逻辑电路.circ”设计文件。

(2)打开图 8.3 所示的电路，验证 74193 芯片的功能：①清零：置 CLR=1，观看 Q_D、Q_C、Q_B、Q_A 是否为 0。②置数：置 D、B、C、A 为某个非 0 值，CLR=0、$\overline{LD}$=0，观看 Q_D、Q_C、Q_B、Q_A 是否与 D、B、C、A 相同。③累加计数：置 CLR=0、$\overline{LD}$=1、CP_D=1，按 CP_u 时钟按钮，观看 Q_D、Q_C、Q_B、Q_A 是否进行累加计数。当计数值由 1111 变为 0000 时，$\overline{Q_{CC}}$是否输出负脉冲，即先变为 0，再变为 1。④累减计数：置 CLR=0、$\overline{LD}$=1、CP_U=1，按 CP_D 时钟按钮，观看 Q_D、Q_C、Q_B、Q_A 是否进行累减计数。当计数值由 0000 变为 1111 时，$\overline{Q_{CB}}$是否输出负脉冲，即先变为 0，再变为 1。

(3)打开图 8.4 所示的电路，验证“模 10 加法计数器”电路的功能：先按 Ctrl+R，再按 CP_u 时钟按钮，观看 Q_3、Q_2、Q_1、Q_0 是否进行模 10 加法计数。即输出 Q_3～Q_0 按照 0000→0001→0010→0011→0100→0101→0110→0111→1000→1001→0000 的次序变化。

(4)打开图 8.5 所示的电路，验证“模 12 减法计数器”电路的功能：先按 Ctrl+R，再按

Reset 按钮，使 Q_3、Q_2、Q_1、Q_0 全部为 1；接下来按 CP_D 时钟按钮，观看 Q_3、Q_2、Q_1、Q_0 是否进行模 12 减法计数。即输出 $Q_3 \sim Q_0$ 按照 1111→1110→1101→1100→1011→1010→1001→1000→0111→0110→0101→0100→1111 的次序变化。

(5)打开图 8.6 所示的电路，验证"模 256 减法计数器"电路的功能：先按 Ctrl＋R，再按 Reset 按钮，使输出变为 0；接下来按 CP_U 时钟按钮，观看输出是否进行模 256 减法计数。即输出按照 0→255→254……2→1→0→255 的次序变化。可以通过按 Ctrl＋K，进行自动计数；并通过调节时钟频率，改变计数速度。

(6)打开图 8.7 所示的电路，验证"模 147 加法计数器"电路的功能：先按 Ctrl＋R，再按 Reset 按钮，使输出变为 0；接下来按 CP_U 时钟按钮，观看输出是否进行模 147 加法计数？即输出按照 00000000(0)→00000001(1)→……→10010010(146)→00000000(0)的次序变化。可以通过按 Ctrl＋K，进行自动计数，并通过调节时钟频率，改变计数速度。

(7)打开图 8.10 所示的电路，验证 74290 芯片的功能：①清零：置 $R_{0A}=1$、$R_{0B}=1$、$R_{9A}=0$，观看 Q_D、Q_C、Q_B、Q_A 是否为 0；置 $R_{0A}=1$、$R_{0B}=1$、$R_{9B}=0$，观看 Q_D、Q_C、Q_B、Q_A 是否为 0。②置 9：置 $R_{9A}=1$、$R_{9B}=1$，观看 Q_D、Q_C、Q_B、Q_A 是否为 1001(9)。③模 2 计数：按 CP_A 时钟按钮，观看 Q_A 的波形是否为 CP_a 波形的二分频。④模 5 计数：按 CP_B 时钟按钮，观看 Q_D、Q_C、Q_B 是否按照 000(0)→001(1)→010(2)→011(3)→100(4)→000(0)的次序变化。⑤模 10 计数(8421 码)：按 CP_A 时钟按钮，观看 Q_D、Q_C、Q_B、Q_A 是否按照 0000(0)→0001(1)→0010(2)→0011(3)→0100(4)→0101(5)→ 0110(6)→0111(7)→1000(8)→1001(9)→0000(0)的次序变化。⑥模 10 计数(5421 码)：按 CP_B 时钟按钮，观看 Q_A、Q_D、Q_C、Q_B 是否按照 0000(0)→0001(1)→0010(2)→0011(3)→0100(4)→1000(5)→1001(6)→1010(7)→1011(8)→1100(9)→0000(0)的次序变化。

(8)打开图 8.11 所示的电路，验证"模 8 加法计数器"电路的功能：先按 Ctrl＋R，再按 Reset 按钮，使 Q_D、Q_C、Q_B、Q_A 全部为 0；接下来按 CP_A 时钟按钮，观看 Q_D、Q_C、Q_B、Q_A 是否进行模 8 加法计数，即输出按照 0000(0)→0001(1)→……→0111(7)→0000(0)的次序变化。

(9)打开图 8.14 所示的电路，验证 74194 芯片的功能：①清零：按 Ctrl＋R，置 $\overline{CLR}=0$，观看 Q_D、Q_C、Q_B、Q_A 是否为 0。②保持：按 Ctrl＋R，置 $\overline{CLR}=1$，观看 Q_D、Q_C、Q_B、Q_A 是否保持 0。③并行输入：按 Ctrl＋R，置 D、C、B、A 为任意数，$\overline{CLR}=1$，点击 CP 按钮，观看 Q_D、Q_C、Q_B、Q_A 是否与 D、C、B、A 一样。④右移：按 Ctrl＋R，置 $\overline{CLR}=1$、DR＝1，点击 CP 按钮多次，观看 Q_D、Q_C、Q_B、Q_A 是否右移串行输入的 1。再置 DR＝0，点击 CP 按钮多次，观看 Q_D、Q_C、Q_B、Q_A 是否右移串行输入的 0。⑤左移：按 Ctrl＋R，置 $\overline{CLR}=1$、DL＝1，点击 CP 按钮多次，观看 Q_D、Q_C、Q_B、Q_A 是否左移串行输入的 1。再置 DL＝0，点击 CP 按钮多次，观看 Q_D、Q_C、Q_B、Q_A 是否左移串行输入的 0。

(10)打开图 8.15 所示的电路，验证"模 8 计数器"电路的功能：按 Ctrl＋R，置 $\overline{CLR}=1$，点击 CP 按钮，观看 Q_D、Q_C、Q_B、Q_A 是否按照表 8.4 的状态转移表变化。

(11)打开图 8.16 所示的电路，验证"00101110 序列发生器"电路的功能：按 Ctrl＋R，置 $\overline{CLR}=1$、$S_1=1$、$S_0=1$，点击 CP 按钮，观看 Q_D、Q_C、Q_B 是否变为 100。置 $S_1=0$、$S_0=1$，点

击 CP 按钮，观看 $Z(Q_C)$ 是不是输出 00101110 序列（图 8.16 所示的波形）。

5 能力拓展

请阅读中规模时序逻辑电路芯片的相关资料，进一步掌握在 Logisim 上实现各种中规模时序逻辑电路芯片及其应用电路的方法。

第二部分

基于中小规模集成电路芯片的数字逻辑电路实验

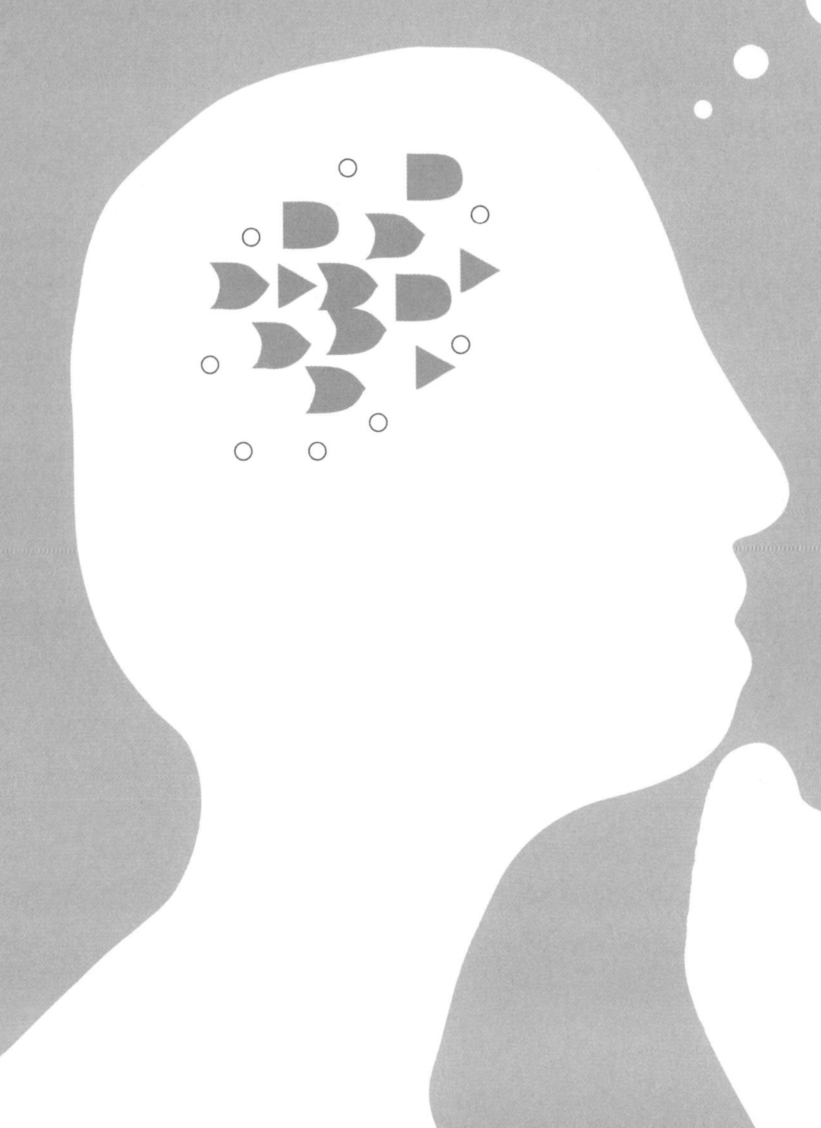

实验九　门电路参数特性测量

1　实验目的及学习要求

1.1　实验目的

(1)掌握门电路基本参数的测试方法。

(2)掌握测试仪器的使用方法。

(3)掌握基于中小规模芯片的数字电路的故障检查方法。

1.2　学习要求

(1)预习并了解 TTL、CMOS 与非门的电路原理、逻辑功能及外形结构、引脚。

(2)预习并了解 TTL、CMOS 与非门的各个参数的物理意义及测试原理。

(3)预先了解示波器测量电压传输特性曲线和传输延迟时间的方法。

(4)预习并准备好数据记录表格。

2　实验原理

TTL(transistor-transistor logic,三极管-三极管逻辑)门电路,是一种功能全面的逻辑电路。其详细参数可以在相关的参数手册中查阅。本实验将介绍 TTL 与非门的常用参数测试方法。

7400 是一种 TTL 型中速二输入端四与非门。图 9.1 显示了它的内部电路原理图及管脚排列。

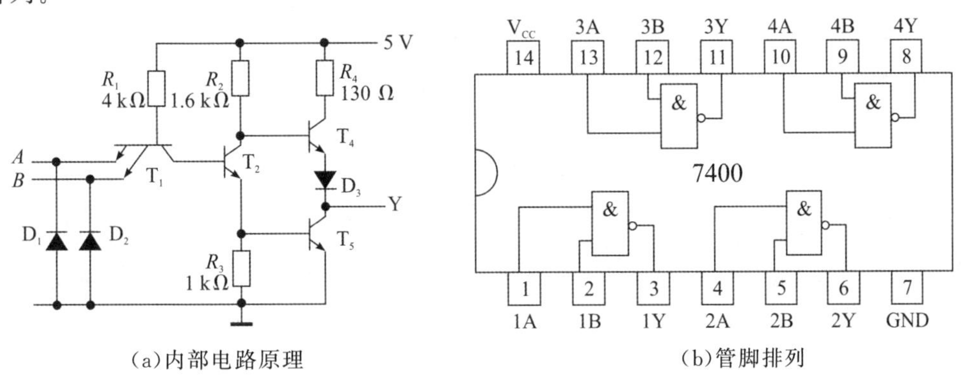

(a)内部电路原理　　(b)管脚排列

图 9.1　TTL 内部原理图与管脚排列

2.1 TTL门电路参数特性介绍

2.1.1 TTL与非门参数

(1)输入短路电流I_{IS}:与非门某输入端接地(其他输入端悬空),也就是输入电压为0 V时,该输入端流入地的电流。

(2)输入高电平电流I_{IH}:与非门某输入端接高电平,也就是输入电压为Vcc(5 V),其他输入端悬空或接Vcc时,流入该输入端的电流。

TTL与非门输入特性如图9.2所示。

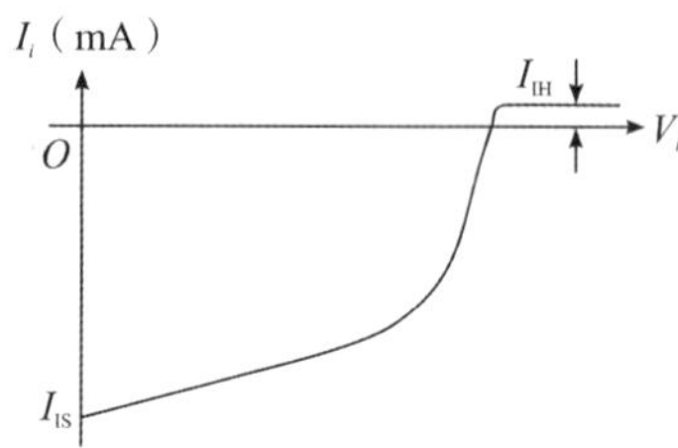

图9.2 TTL与非门输入特性

(3)开门电平V_{ON}:使输出端维持低电平V_{OL}所需的最小输入高电平,一般来说,V_O=0.4 V时的V_i可以定义为开门电平V_{ON}。

(4)关门电平V_{OFF}:使输出端保持高电平V_{OH}所允许的最大输入低电平,一般来说,V_O=0.9 V_{OH}时的V_i可以定义为关门电平V_{OFF}。

阈值电平V_T:$V_T=(V_{OFF}+V_{ON})/2$。

(5)开门电阻R_{ON}:某输入端对地接入电阻(其他悬空),使输出端维持低电平(通常以V_O=0.4 V)所需的最小电阻值。

(6)关门电阻R_{OFF}:某输入端对地接入电阻(其他悬空),使输出端保持高电平V_{ON}(通常以V_O=0.9 V_{OH})所允许的最大电阻值。

TTL与非门输入端的电阻负载特性曲线如图9.3所示。

(7)输出低电平负载电流I_{OL}:输出保持低电平Vo=0.4 V时允许的最大灌电流(如图9.4)。

(8)输出高电平负载电流I_{OH}:输出保持高电平Vo=0.9 V_{OH}时允许的最大拉电流(如图9.5)。

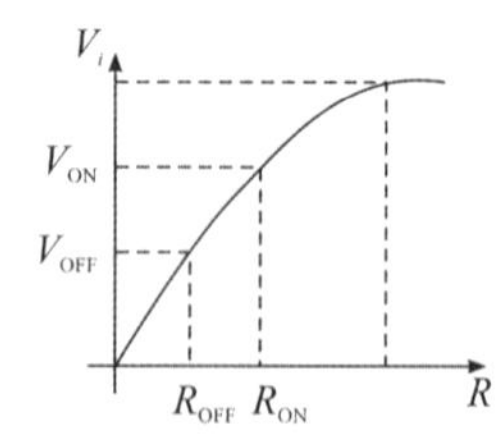

图9.3 TTL与非门输入电阻特性

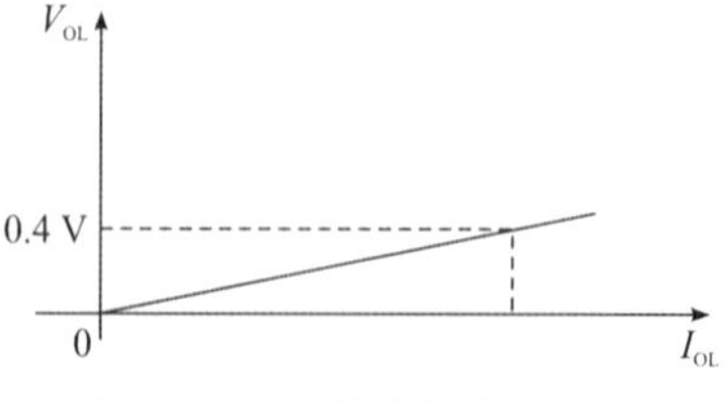

图9.4 TTL输出低电平特性

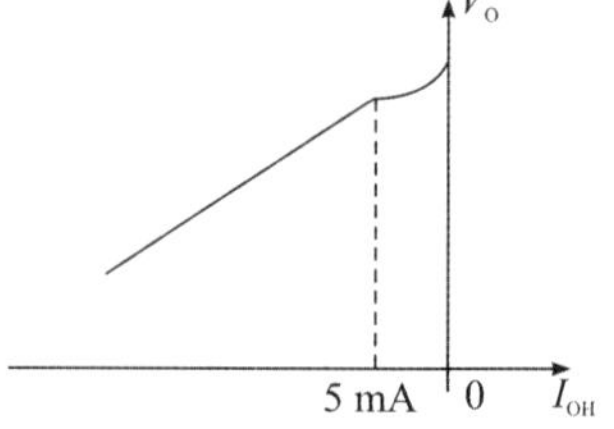

图9.5 TTL输出高电平特性

(9)平均传输延迟时间t_{pd}：

开通延迟时间t_{ON}：输入信号从低电平跃升至 1.5 V 相对于输出信号从高电平降至 1.5 V的时间间隔。

关闭延迟时间t_{OFF}：输入信号从高电平降至 1.5 V 相对于输出信号从低电平上升至 1.5 V 的时间间隔。

平均传输延迟时间：开通延迟时间与关闭延迟时间的算术平均值，$t_{pd}=(t_{ON}+t_{OFF})/2$。

TTL 与非门传输延迟时间示意如图 9.6 所示。

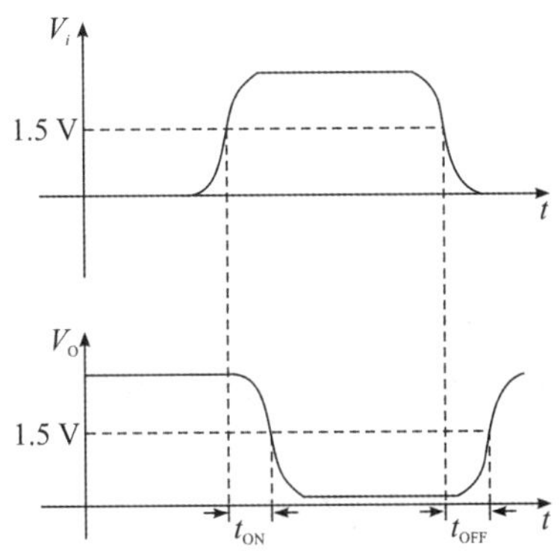

图 9.6　TTL 与非门传输延迟时间示意

2.1.2　与非门电压传输特性

与非门的输出电压 V_O 随输入电压 V_i 变化的曲线如图 9.7 所示。

2.1.3　TTL 与非门的逻辑特性

与非门的逻辑特性：输入有低，输出为高；输入全高，输出为低。

与非门的逻辑特性，既可以用真值表(见表 9.1)表示，也可以用工作波形(如图 9.8)表示。

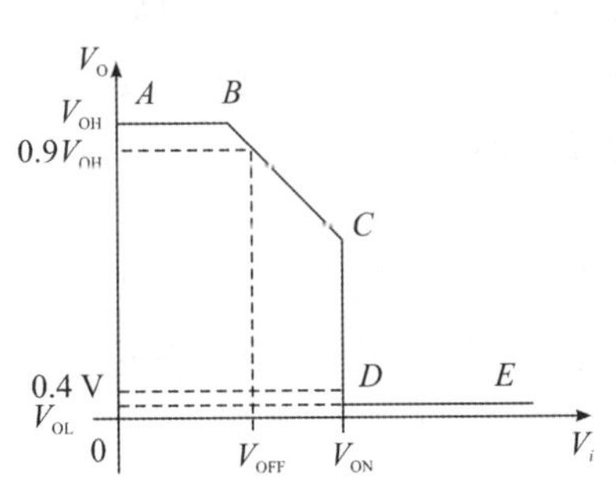

图 9.7　TTL 与非门电压传输特性

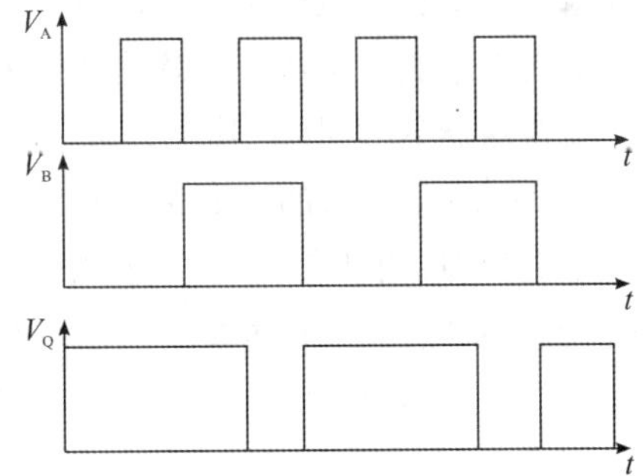

图 9.8　TTL 工作波形

表 9.1　与非门真值表

A	B	Y
0	×	1
×	0	1
1	1	0

CMOS 门电路是另一种常用的标准数字集成电路，4000 系列芯片具有较宽的电源电压范围，能够在+3 V～+18 V 范围正常工作。其输入和输出结构均采用单极型三极管设计，因此所有 CMOS 电路的特性都与 CMOS 门电路一致。

CD4011 是一种 CMOS 二输入端四与非门。图 9.9 显示了它的内部电路原理图和管脚排列。

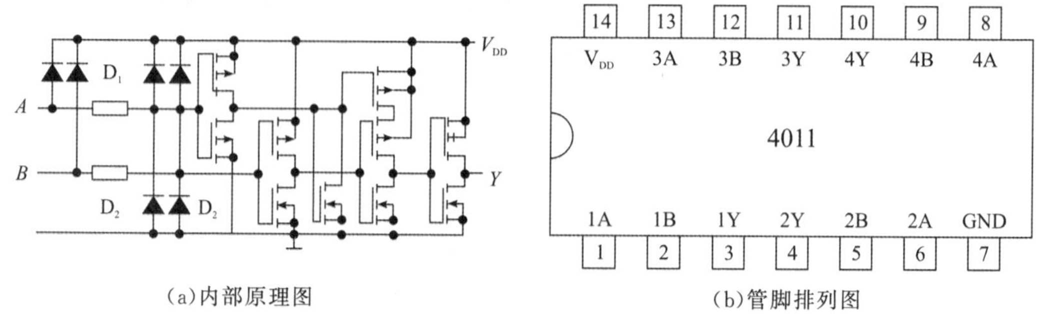

(a)内部原理图　　(b)管脚排列图

图 9.9　CMOS 内部原理图与管脚排列图

2.2　CMOS 门电路参数特性介绍

2.2.1　CMOS 门电路的主要参数

(1)CMOS 门电路的逻辑电平值与 TTL 门电路不同，通常情况下，高电平(V_{OH})为 V_{DD}，而低电平(V_{OL})为 0 V。

(2)CMOS 门电路的输入端具有保护电路和输入缓冲。由于输入缓冲为 CMOS 反相器，它是电压控制器件，因此当输入信号在 0～V_{DD}范围内时，输入电流(I_i)为 0 A。此外，未使用的输入端不应悬空。

(3)输出低电平负载电流I_{OL}：输出维持在低电平V_O=0.05 V 时允许的最大灌电流。

(4)输出高电平负载电流I_{OH}：输出维持在高电平V_O=0.9 V_{OH}时允许的最大拉电流。

(5)平均传输延迟时间t_{pd}：其定义与 TTL 门电路相同。

2.2.2　CMOS 门电路的电压传输特性

CMOS 与非门的电压传输特性通过图 9.10 所示的曲线描述了输出电压V_O随输入电压V_i的变化情况。从V_i对V_O的曲线中可以直观地看到V_{OH}、V_{OL}和V_T之间的关系。

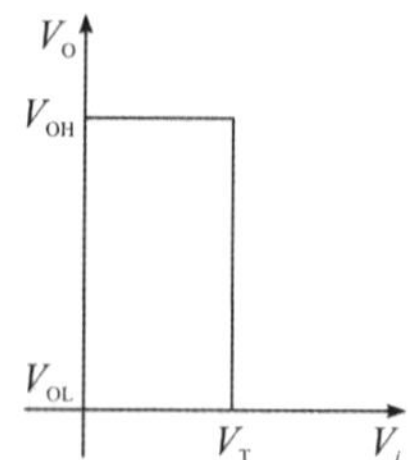

图 9.10　CMOS 电压传输特性

2.2.3　TTL 电路与 CMOS 电路的接口设计

TTL 和 CMOS 电路都拥有种类齐全的标准集成电路，但它们各自的优点不同。

CMOS 电路具有低静态功耗和宽电源电压范围，TTL 电路则具有较强的输出带载能力和较快的工作速度。因此，在数字系统设计中，通常将 CMOS 用于核心逻辑部分，而在输出部分使用 TTL 电路。显然，这种设计中不可避免地会出现 TTL 与 CMOS 电路之间的接口问题。接口电路的示意如图 9.11 所示。

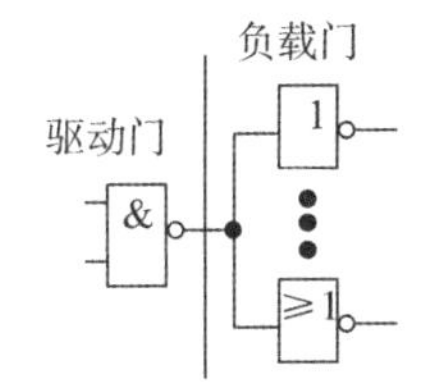

图 9.11　接口电路示意

(1)接口条件：

驱动门　　　负载门

$$V_{OH}(\min) \geqslant V_{IH}(\min)$$

$$V_{OL}(\max) \leqslant V_{IL}(\max)$$

$$I_{OH}(\max) \geqslant n\, I_{IH}(\max)$$

$$I_{OL}(\max) \leqslant m\, I_{IL}(\max)$$

(2)接口电路设计应根据实际要求，选择上拉电阻、三极管驱动等方法。

2.3　逻辑门功能参数

常用的基本逻辑门电路包括“与门”“或门”“非门”“与非门”“或非门”“异或门”“与或非门”等集成电路。然而，在实际逻辑设计中，为了方便统一电路设计并利用现有的芯片，常常需要将设计后的逻辑表达式转换为同一种类型。常见的表达式之间的转换方法如下。

(1)与或式转换为与非式。

方法：先对与或式进行两次求反，再进行一次反演，将乘积项视为因子。

(2)与或式化为与或非式。

方法：

①将函数转换为其反函数，并简化得到反函数的最简与或式；

②对反函数的最简与或式再次进行取反，即可得到原函数的与或非式。这种方法在电路设计中广泛应用，能够直接从真值表中获取反函数表达式。

(3)与或式化为或非式。

方法：

①使用上述方法获得函数的与或非式；

②对与或非式中的每个乘积项进行两次取反，并选择其中一次进行反演操作。

3　实验仪器

(1)示波器。

(2)函数信号发生器。

(3)数字万用表。

(4)多功能电路实验箱。

4 实验内容

4.1 第1关 TTL输入短路电流、输入高电平电流测量

(1)测量输入短路电流。

测量方法如图9.12所示:依次将与非门的每个输入端接地,通过电流表测量,电流表的读数为输入短路电流I_{IS},并记录于表9.2中。

(2)测量输入高电平电流。

测量方法如图9.13所示:依次将与非门的每个输入端接5 V电源,其余输入端悬空,通过电流表测量,电流表的读数为输入高电平电流I_{IH},并记录于表9.2中。

图9.12 输入短路电流电路测量方法　　图9.13 输入高电平电流电路测量方法

4.2 第2关 TTL电平参数测量

4.2.1 测量TTL输出高电平V_{OH}、输入关门电平V_{OFF}、关门电阻R_{OFF}

测量原理如图9.14所示。

测量方法:将任意一个输入端通过电位器$R_W=10\ \text{k}\Omega$连接到地,其他输入端悬空,输出端连接到指定的模拟负载电阻R_L(要求扇出系数为10,输出高电平$V_{OH}=3.6\ \text{V}$),那么下拉电阻的值为:

$$R_L=\frac{V_{OH}}{2N\cdot I_{IH}}=\frac{3.6\ \text{V}}{2\times10\times50\ \mu\text{A}}=3.6\ (\text{k}\Omega)$$

当$R_W=0$时,测量输出端电压V_{OH};逐渐增加电位器的阻值,直到输出电压下降到V_{OH}的90%,此时的输入电压作为关门电平V_{OFF},电位器的阻值即为关门电阻R_{OFF}。测量V_{OFF}、R_{OFF}并记录于表9-2中。

4.2.2 测量TTL输出低电平V_{OL}、输入开门电平V_{ON}、开门电阻R_{ON}

测量原理如图9.15所示。

测量方法:将任意一个输入端通过一个电位器$R_W=10\ \text{k}\Omega$连接到地,其余输入端悬空,输出端连接到指定的模拟负载R_L(要求扇出系数为10,输出低电平$V_{OL}=0.4\ \text{V}$),那么上拉电阻的值为:

$$R_L=\frac{V_{CC}-V_{OL}}{N\cdot I_{IL}}=\frac{V_{CC}-0.4\ \text{V}}{10\times1\ \text{mA}}=460\ (\Omega)(\text{取标称值}\ 470\ \Omega)$$

当$R_L=10\ \text{k}\Omega$时,测出输出端电压V_{OL};若电位器阻值从10 kΩ逐渐减小,当输出电压上升为0.4 V时,测出的输入电压即为开门电平V_{ON},此时的电位器阻值即为开门电阻R_{ON},将测量数据记录于表9.2中。

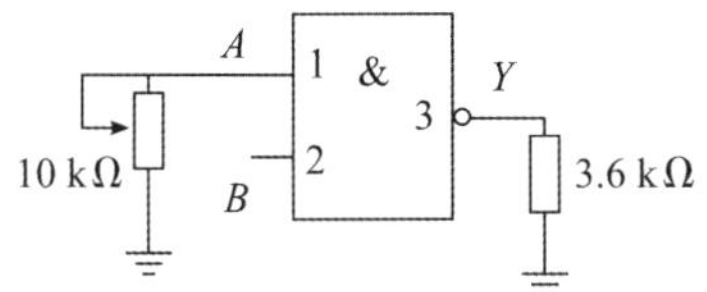

图 9.14　输出高电平、关门电平、关门电阻测量

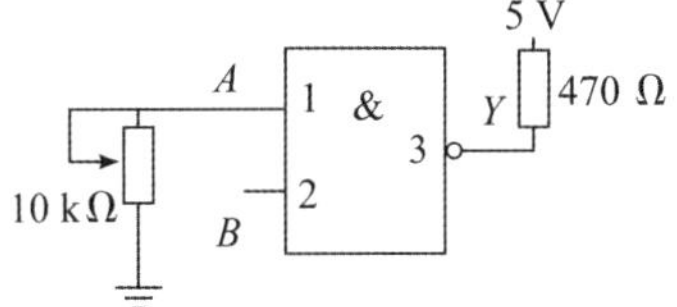

图 9.15　输出低电平、开门电平、开门电阻测量

表 9.2　TTL 参数

参数	I_{IS}	I_{IH}	V_{OH}	V_{OFF}	R_{OFF}	V_{OL}	V_{ON}	R_{ON}	t_{pd}
测量值									

4.2.3　测量 TTL 的 V_{OH}、V_{OL}

测量原理如图 9.16 所示。通过在 A 和 B 端口施加不同的逻辑电平，并使用电压表测量相应的输出端 Y（记录于表 9.3 中），然后将结果整理成真值表。

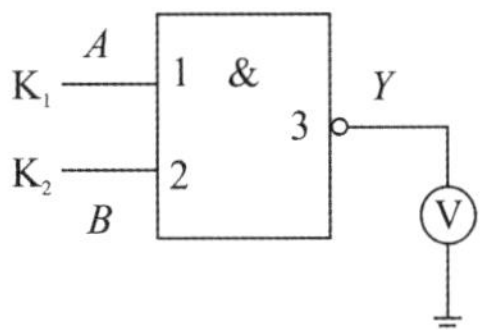

图 9.16　SN74LS00 功能测试

表 9.3　TTL 功能参数

参数	V_{OH}	V_{OL}
测量值		

4.2.4　测量 CMOS 的 V_{OH}、V_{OL}

测量原理如图 9.17 所示。通过在 A 和 B 端口分别施加不同的逻辑电平，并使用电压表测量输出端 Y（记录于表 9.4 中），记录并整理成真值表（注意：CMOS 门电路要求所有输入端都不能悬空）。

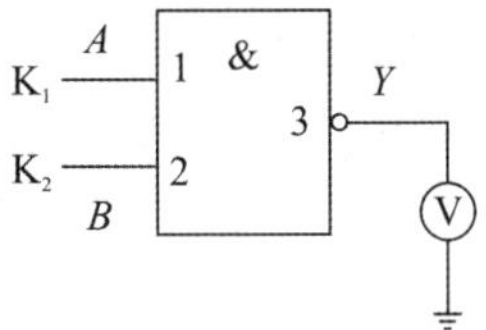

图 9.17　CD4011 功能测试

表 9.4　CMOS 功能参数

参数	V_{OH}	V_{OL}
测量值		

4.3 第3关 电压传输特性曲线测量

4.3.1 使用示波器测量 TTL 电压传输特性曲线

测量原理如图 9.18 所示。输入正弦波信号V_i(f=200 Hz,V_{ip-p}=5 V、V_{IL}=0 V),示波器设置为 $X-Y$ 扫描模式。同时,X(CH1)、Y 通道(CH2)设置为直流耦合模式(DC 耦合),用示波器进行观测,并使用光标法绘制与非门的电压传输特性曲线。测量数据记录于表 9.5 中并比较示波器光标功能测得的 V_{OH}、V_{OL}、V_{OFF}、V_{ON} 数据与之前使用电压表测量得到的数据。

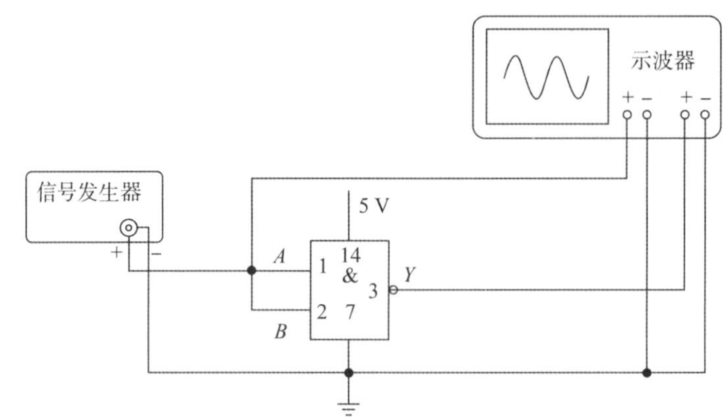

图 9.18 电压传输曲线示波器测量

表 9.5 TTL 电压传输特性曲线参数

参数	V_{OH}	V_{OL}	V_{OFF}	V_{ON}
测量值				

4.3.2 使用示波器测量 CMOS 电压传输特性曲线

测量原理如图 9.18 所示。输入正弦波信号V_i(f=200 Hz,V_{ip-p}=5 V、V_{IL}=0 V),将示波器设置为 $X-Y$ 扫描模式,X 通道(CH1)和 Y 通道(CH2)设置为直流耦合模式(DC 耦合),观察并定量绘制与非门的电压传输特性曲线,使用示波器的光标功能测量V_{OH}、V_{OL}并将数据记录于表 9.6 中,接着将这些测量值与之前使用电压表得到的数据进行比较。

表 9.6 CMOS 电压传输特性曲线参数

参数	V_{OH}	V_{OL}	V_T
测量值			

4.4 第4关 平均传输延迟时间测量

4.4.1 TTL 平均传输延迟时间t_{pd}的测量

测量电路如图 9.19 所示。通过 3 个与非门首尾相连,形成环形振荡器。使用示波器观测输出的振荡波形,并测量振荡周期 T,然后计算出平均传输延迟时间 $t_{pd}=T/6$。

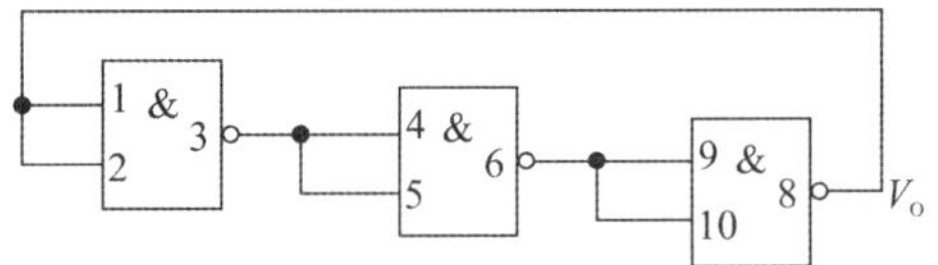

图 9.19　TTL 传输延迟时间测量

4.4.2　CMOS 平均传输延迟时间t_{pd}的测量

测量电路如图 9.20 所示。通过 3 个与非门首尾相连,形成环形振荡器。使用示波器观测输出的振荡波形,并测量振荡周期 T,然后计算出平均传输延迟时间 $t_{pd}=T/6$。

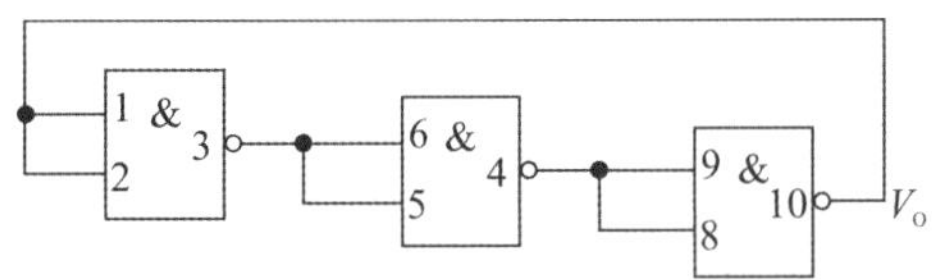

图 9.20　CMOS 传输延迟时间测量

4.5　第 5 关　集成逻辑门功能测量

将被测门电路插入多孔插座板,须将缺口标记朝向左侧。接着,根据规定将电源线、地线、输入线和输出线连接到相应的管脚。检查连接无误后,接通电源进行测试。输入端的低电平“0”和高电平“1”由逻辑开关提供,输出端则通过逻辑指示灯或万用表显示。逻辑指示灯亮起表示高电平“1”,不亮表示低电平“0”。

按照图 9.21 选择相应的门电路,并在输入端接入不同的电平,记录对应的输出电平,形成真值表,填入表 9.7。根据真值表判断被测门的逻辑功能,并写出其逻辑功能的表达式。

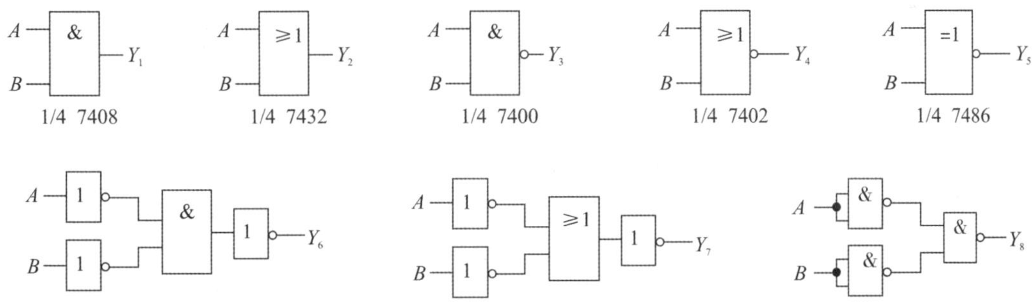

图 9.21　各种逻辑门电路功能测试

表 9.7　各种逻辑门电路功能真值表

A	B	Y_1	Y_2	Y_3	Y_4	Y_5	Y_6	Y_7	Y_8
0	0								
0	1								
1	0								
1	1								

5 能力拓展

(1)如何使示波器稳定地显示波形?

(2)如何进行 TTL 门电路和 CMOS 门电路的接口设计?

实验十　组合逻辑电路

1　实验目的及学习要求

1.1　实验目的

(1)掌握使用集成逻辑门设计组合逻辑电路的方法。

(2)掌握中规模集成电路设计组合逻辑电路的方法。

(3)掌握组合逻辑电路的实现和故障排除方法。

1.2　学习要求

(1)复习常用组合逻辑电路功能。

(2)了解组合逻辑电路的特点,掌握组合逻辑电路的分析、设计方法。

2　实验原理

组合逻辑电路的分析指的是通过对电路的分析,解释电路的逻辑功能。

通常采用的分析方法是从输入到输出逐步进行,基于逻辑符号的功能依次写出逻辑函数表达式,最终得出表示输出与输入之间关系的逻辑函数。然后,使用公式化简法或卡诺图简化法对得到的函数进行简化或变换,使逻辑关系更加简单明了。为了使电路的逻辑功能更直观,有时还可以将逻辑函数转换为真值表的形式。

根据给定的实际逻辑问题,求出实现该逻辑功能的最简单逻辑电路称为组合逻辑电路的设计。组合逻辑电路的设计通常分为 SSI 设计和 MSI 设计。

2.1　组合逻辑电路的 SSI 设计

2.1.1　SSI 设计通常采用的步骤

(1)逻辑抽象:分析事件的因果关系,确定输入和输出变量。通常将引发事件的原因设定为输入变量,而将事件的结果作为输出变量。

(2)定义逻辑状态的含义:使用二值逻辑中的 0 和 1 分别表示输入变量和输出变量的两种不同状态。

(3)根据因果关系制作逻辑真值表。

(4)写出逻辑表达式,利用化简方法进行化简,并根据选定器件进行适当转换。

(5)根据简化和转换后的逻辑表达式，绘制逻辑电路的连接图。

(6)进行实验仿真，验证结果。

2.1.2　四人表决电路的设计实例

按照少数服从多数原则，设计四人表决电路，用双输入端与非门实现。

(1)逻辑抽象：四人分别用 A_1、A_2、A_3、A_4 表示，作为逻辑变量；表决结果用 Y 表示，作为逻辑函数。

(2)定义逻辑状态的含义：当赞成时用逻辑“1”表示，反对用逻辑“0”表示。根据少数服从多数原则，赞成人数等于或超过 3 人时，结果成立，用逻辑“1”表示；赞成人数少于 3 人时，结果不成立，用逻辑“0”表示。

(3)根据给定的因果关系列出逻辑真值表，见表 10.1。

表 10.1　四人表决器真值表

A_4	0	0	0	0	0	0	0	0	1	1	1	1	1	1	1	1
A_3	0	0	0	0	1	1	1	1	0	0	0	0	1	1	1	1
A_2	0	0	1	1	0	0	1	1	0	0	1	1	0	0	1	1
A_1	0	1	0	1	0	1	0	1	0	1	0	1	0	1	0	1
Y	0	0	0	0	0	0	0	1	0	0	0	1	0	1	1	1

(4)画出卡诺图(图 10.1)。

(5)写出逻辑表达式，利用化简方法进行化简，并根据选定器件进行适当转换。

$$Y=A_4\cdot A_3\cdot A_1+A_4\cdot A_3\cdot A_2+A_4\cdot A_2\cdot A_1+A_3\cdot A_2\cdot A_1$$

$$Y=A_4\cdot(A_3\cdot A_1+A_3\cdot A_2)+A_1\cdot(A_4\cdot A_2+A_3\cdot A_2)$$

$$Y=\overline{\overline{A_4\cdot(A_3\cdot A_1+A_3\cdot A_2)}\cdot\overline{A_1\cdot(A_4\cdot A_2+A_3\cdot A_2)}}$$

$$Y=\overline{\overline{A_4\cdot\overline{\overline{A_3\cdot A_1}\cdot\overline{A_3\cdot A_2}}}\cdot\overline{A_1\cdot\overline{\overline{A_4\cdot A_2}\cdot\overline{A_3\cdot A_2}}}}$$

(6)根据简化和转换后的逻辑表达式，绘制逻辑电路的连接图，如图 10.2 所示。

(7)进行实验仿真，验证结果。

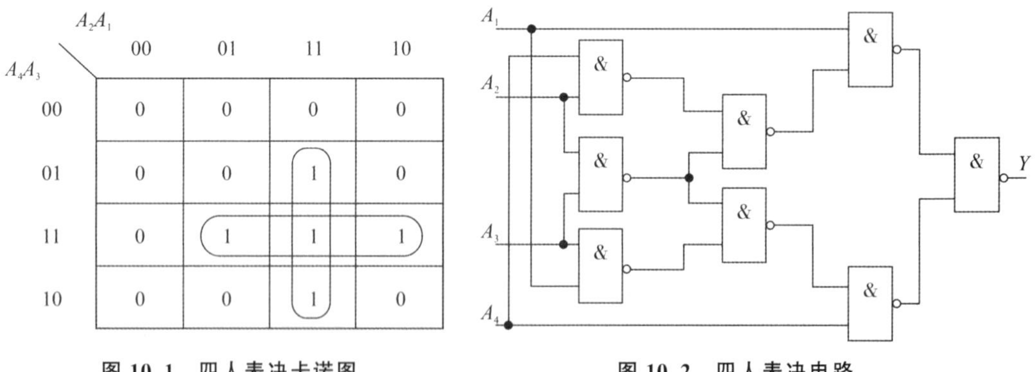

图 10.1　四人表决卡诺图　　　　图 10.2　四人表决电路

2.2　组合逻辑电路的 MSI 设计

2.2.1　组合逻辑电路的 MSI 分析设计

(1)根据 MSI 器件的功能，写出电路的逻辑表达式，并由此表达式列出真值表，以说明电路的功能。

(2)根据给出的实际逻辑问题，找出实现该逻辑功能的最简化逻辑电路，这一过程称为组合逻辑电路的设计。

2.2.2　MSI 设计通常采用的步骤

(1)逻辑抽象：分析事件的因果关系，确定输入和输出变量。

(2)定义逻辑状态的含义：用二值逻辑的 0 和 1 表示输入变量和输出变量的两种不同状态。

(3)根据给定的因果关系列出逻辑真值表。

(4)编写逻辑表达式。

(5)根据表达式查找合适的 MSI 器件。

(6)通过比较表达式或真值表，利用适当的设计实现所需功能。

(7)绘制逻辑电路的连接图。

(8)进行实验仿真，验证设计的正确性。

2.2.3　全减器的设计实例

(1)逻辑抽象：全减器执行带借位信号的一位二进制数减法，因此有三个变量，分别设为 A(被减数)、B(减数)、B_1(低位借位)，以及两个函数：T(差)、B_O(借位)。

(2)定义逻辑状态的含义：按入“1”出“1”有效。

(3)真值表(如表 10.2 所示)。

表 10.2　全减器真值表

A	0	0	0	0	1	1	1	1
B	0	0	1	1	0	0	1	1
B_1	0	1	0	1	0	1	0	1
T	0	1	1	0	1	0	0	1
B_o	0	1	1	1	0	0	0	1

(4)写出逻辑表达式。

$$T=\overline{A}\cdot\overline{B}\cdot B_1+\overline{A}\cdot B\cdot\overline{B_1}+A\cdot\overline{B}\cdot\overline{B_1}+A\cdot B\cdot B_1=m_1+m_2+m_4+m_7$$

$$=\overline{\overline{m_1}\cdot\overline{m_2}\cdot\overline{m_4}\cdot\overline{m_7}}$$

$$B_O=\overline{A}\cdot\overline{B}\cdot B_1+\overline{A}\cdot B\cdot\overline{B_1}+\overline{A}\cdot B\cdot\overline{B_1}+A\cdot B\cdot B_1=m_1+m_2+m_3+m_7$$

$$=\overline{\overline{m_1}\cdot\overline{m_2}\cdot\overline{m_3}\cdot\overline{m_7}}$$

(5)根据表达式查找合适的 MSI 器件。采用译码器 74LS138 和四输入端双与非门来实现。74LS138 的输出表达式为$\overline{Y_i}=\overline{m_i}$。

(6)通过比较表达式或真值表，利用适当的设计实现所需功能。比较 74LS138 和全减器表达式，只要令 $A=A_2$、$B=A_1$、$B_1=A_0$。其中 A、B、B_1 分别为全减器的三个变量，A_2，A_1，A_0 为 74LS138 的三个输入信号，则 T(差)和 B_O(借位)的表达式为

$$T=\overline{\overline{m_1}\cdot\overline{m_2}\cdot\overline{m_4}\cdot\overline{m_7}}=\overline{\overline{Y_1}\cdot\overline{Y_2}\cdot\overline{Y_4}\cdot\overline{Y_7}}$$

$$B_O=\overline{\overline{m_1}\cdot\overline{m_2}\cdot\overline{m_3}\cdot\overline{m_7}}=\overline{\overline{Y_1}\cdot\overline{Y_2}\cdot\overline{Y_3}\cdot\overline{Y_7}}$$

因此，可以通过使用两个四输入端与非门来实现相减运算：一个用于对$\overline{Y_1}$、$\overline{Y_2}$、$\overline{Y_4}$、$\overline{Y_7}$进行与非运算以得到差，另一个用于对$\overline{Y_1}$、$\overline{Y_2}$、$\overline{Y_3}$、$\overline{Y_7}$进行与非运算以得到借位。

(7)画出逻辑电路的连接图(如图 10.3 所示)。

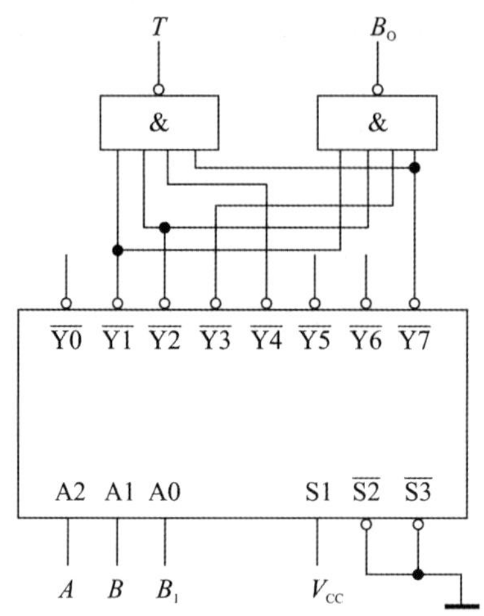

图 10.3　74LS138 实现全减器

3　实验仪器

(1)数字万用表。

(2)多功能电路实验箱。

4　实验内容

4.1　第 1 关

联锁器电路的分析：联锁器即密码锁，由三个开关(S_1、S_2、S_3)和两个输出(F_1、F_2)组成。开关可以拨动至“1”或“0”状态。当输出 F_1=“1”时表示不报警，否则报警；当输出 F_2=“1”时表示解锁，否则安锁。

要求设计的电路如下：

(1)当联锁器处于起始状态，$S_1=S_2=S_3$=“1” 时，F_1=“1”，F_2=“0”，即安锁且不报警。

(2)试利用所学知识设计密码锁电路，使其仅当开关按照顺序 1 → 2 → 3 拨动时，才能解锁且不报警，否则不能解锁并报警。

(3)使用最少的双输入端与非门设计电路，确保上述功能实现。使用 Logsim 或 Multisim 模拟搭建电路，按照真值表输入数据，记录输出，分析解锁顺序。

这样的设计可以通过逻辑门电路实现，确保只有在符合指定拨动顺序的情况下，密码锁才能正确解锁并保持安全状态。

4.2　第2关

用SSI设计组合电路，实现5421BCD码转换为8421BCD码（双输入与非门实现）。

十进制、5421BCD和8421BCD码制转换真值表见表10.3

表10.3　十进制、5421BCD和8421BCD码制转换真值表

十进制	5421BCD码				8421BCD码			
	D_3	D_2	D_1	D_0	B_3	B_2	B_1	B_0
0	0	0	0	0	0	0	0	0
1	0	0	0	1	0	0	0	1
2	0	0	1	0	0	0	1	0
3	0	0	1	1	0	0	1	1
4	0	1	0	0	0	1	0	0
5	0	1	0	1	0	1	0	1
6	0	1	1	0	0	1	1	0
7	0	1	1	1	0	1	1	1
8	1	0	1	1	1	0	0	0
9	1	1	0	0	1	0	0	1

(1)用卡诺图化简为最简与非表达式。

(2)使用Logsim(Multism)仿真、实现，记录仿真结果。

(3)使用芯片实际搭接，记录结果。

4.3　第3关

使用74LS138和与非门设计并实现联锁器：

(1)列出逻辑真值表，写出逻辑表达式，画出逻辑电路的连接图。

(2)使用Logsim(Multism)仿真、记录仿真结果。

(3)使用芯片实际搭接，记录结果。

5　能力拓展

(1)设计函数 $X=8A+4B+2C+D$，当 $4<X<15$ 时，$Y=1$，否则为0。如何设计并实现（用与非门实现）？

(2)如何用74LS138和与非门实现全加器？

实验十一　时序逻辑电路

1　实验目的及学习要求

1.1　实验目的

(1)掌握触发器的逻辑功能。

(2)掌握 Moore 型同步时序逻辑电路的分析与设计。

(3)掌握集成计数器的逻辑功能及运用方法。

1.2　学习要求

(1)复习基本 RS 触发器、维阻 D 触发器、主从 JK 触发器的有关内容。

(2)学习时序逻辑电路的工作原理和分析、设计方法。

(3)熟悉常用时序逻辑电路。

(4)熟悉时序逻辑电路的检测方法。

2　实验原理

2.1　触发器工作特性

2.1.1　基本 *RS* 触发器

与非型直接 RS 触发器是最简单的触发器之一,由两个与非门交叉连接而成,电路如图 11.1 所示。其特性方程和特性表如式(11.1)和表 11.1 所示。

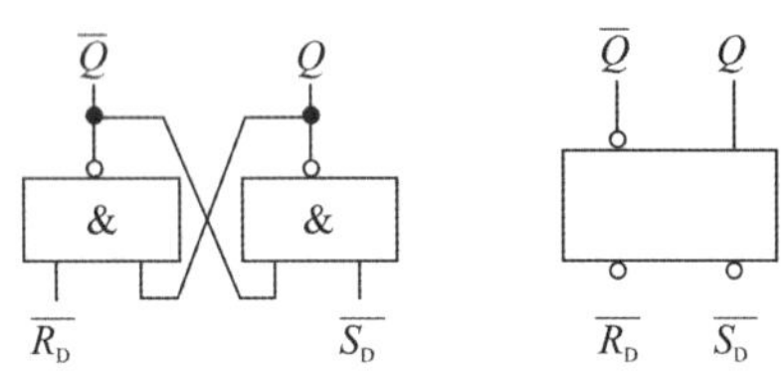

图 11.1　RS 触发器电路

表 11.1　*RS* 触发器特性表

$\overline{R_D}$	$\overline{S_D}$	Q^{n+1}
1	1	Q^n
1	0	1
0	1	0
0	0	未定义

特性方程：

$$\begin{cases} Q^{n+1}=\overline{S_D}+\overline{R_D}\cdot Q^n \\ \overline{\overline{R_D}}\cdot\overline{\overline{S_D}}=1(\text{约束条件}) \end{cases} \quad (11.1)$$

2.1.2　维阻 D 触发器

维阻 D 触发器的逻辑符号如图 11.2 所示，其逻辑功能表如表 11.2 所示。

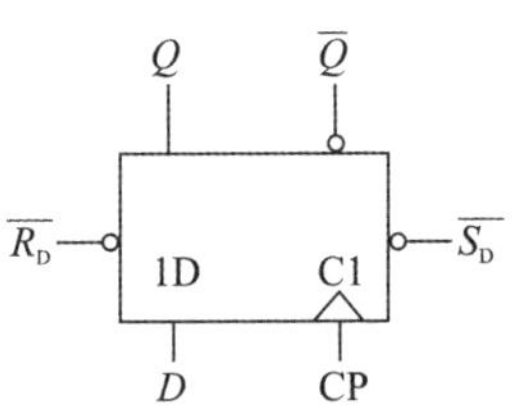

图 11.2　D 触发器电路

表 11.2　D 触发器功能表

$\overline{R_D}$	$\overline{S_D}$	D	CP	Q^{n+1}
0	1	×	×	0
1	0	×	×	1
1	1	0	↑	0
1	1	1	↑	1

(1)低电平异步预置：D 和 CP 状态任意，$\overline{R_D}=0,\overline{S_D}=1,Q=0$；$\overline{R_D}=1,\overline{S_D}=0,Q=1$。

(2)上升沿边沿触发特性：当时钟信号 CP 上升沿到来时，输出 Q 根据输入 D 的状态进行变化，即$Q^{n+1}=D^n$。

2.1.3　主从 JK 触发器

主从 JK 触发器的逻辑符号如图 11.3 所示，其逻辑功能表如表 11.3 所示。

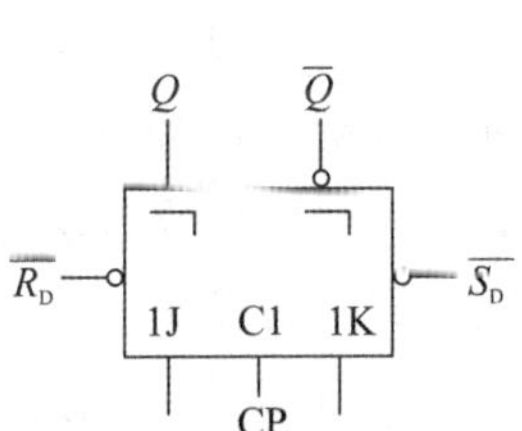

图 11.3　JK 触发器电路

表 11.3　JK 触发器功能表

$\overline{R_D}$	$\overline{S_D}$	J	K	CP	Q^{n+1}
0	1	×	×	×	0
1	0	×	×	×	1
1	1	0	0	↓	Q^n
1	1	0	1	↓	0
1	1	1	0	↓	1
1	1	1	1	↓	$\overline{Q^n}$

(1)低电平异步预置：J、K 和 CP 状态任意，$\overline{R_D}=0,\overline{S_D}=1,Q=0$；$\overline{R_D}=1,\overline{S_D}=0,Q=1$。

(2)下降沿边沿触发特性：当 CP 下降沿到来时，输出 Q 按 CP=1 期间的 JK 状态而变化(CP=1 期间，JK 变化时，主触发器有一次翻转问题)，即$Q^{n+1}=J\,\overline{Q^n}+\overline{K}Q^n$。

2.2　Moore 型时序逻辑电路

2.2.1　Moore 型时序逻辑电路的分析方法

分析时序逻辑电路时，首先根据电路图（逻辑图）选择合适的芯片，并在逻辑图上标明芯片的管脚号。其次，搭建电路，根据电路要求输入时钟信号（可以是单脉冲信号或连续脉冲信号）。再次，通过测量或仿真，得出电路的状态转换图或时序图（工作波形）。最后，从这些波形中分析出电路的功能和工作原理。

2.2.2　Moore 型同步时序逻辑电路的设计方法

（1）分析题意，求出状态转换图。

（2）状态化简：确定等价状态，电路中的等价状态可合并为一个状态。

（3）重新确定电路状态数 N，求出触发器数 n，触发器数按 $2^{n-1}<N<2^n$（N 为状态数、n 为触发器数）求得。

（4）触发器选型（D、JK）。

（5）状态编码，列出状态转换表，求状态方程、驱动方程。

（6）画时序电路图。

（7）时序状态检验，当 $N<2n$ 时，应进行空转检验，以免电路进入无效状态而不能自启动。

（8）功能仿真、时序仿真。

2.3　集成二～五～十进制计数器功能

2.3.1　集成二～五～十进制计数器 7490 简介

集成二～五～十进制计数器内部电路如图 11.4 所示，其由 4 个 JK 触发器及控制门电路组成。其中，FF0 为 T′触发器，在CP_0作用下，Q_0完成一位二进制计数；FF3～FF1 组成异步五进制计数器，在CP_1作用下，$Q_3Q_2Q_1$按 421 码完成五进制计数。此外，计数器还包括附加的功能端S_{91}、S_{92}用于置 9，以及R_{01}、R_{02}用于置 0；当$S_{91}S_{92}=1$ 时，计数器$Q_3Q_2Q_1Q_0$完成置 9 功能；当$S_{91}S_{92}=0$、$R_{01}R_{02}=1$ 时，计数器$Q_3Q_2Q_1Q_0$完成置 0 功能。

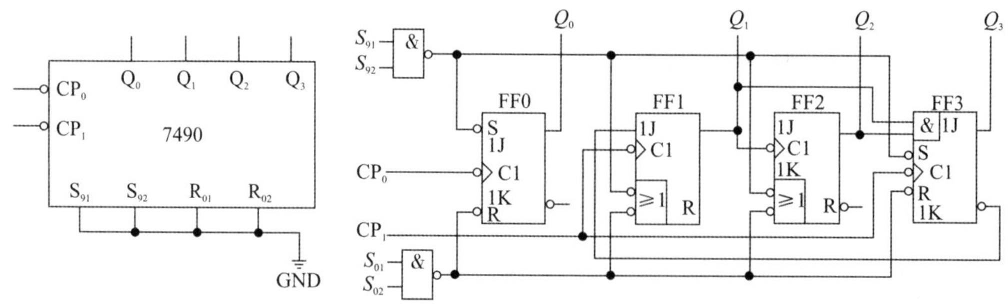

图 11.4　集成二～五～十进制计数器内部电路

2.3.2　集成二～五～十进制计数器 7490 功能表

表 11.4　7490 功能表

$S_{91}S_{92}$	$R_{01}R_{02}$	CP_0	CP_1	Q_3^{n+1}	Q_2^{n+1}	Q_1^{n+1}	Q_0^{n+1}
0	1	×	×	0	0	0	0
1	×	×	×	1	0	0	1
0	0	↓	0	Q_3^n	Q_2^n	Q_1^n	0～1(一位二进制加法)
0	0	0	↓	000～100(421 码五进制加法)			Q_0^n

2.3.3　集成二～五～十进制计数器 7490 管脚图

7490 管脚图见图 11.5。

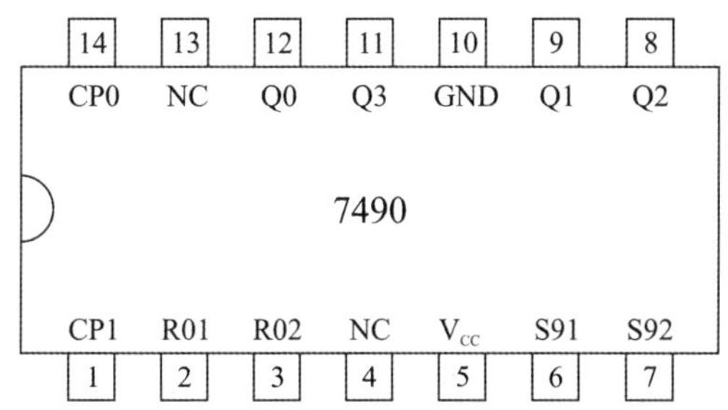

图 11.5　7490 管脚图

2.3.4　集成二～五～十进制计数器的运用

(1)构成 8421BCD 十进制加法异步计数器。

因为集成二～五～十进制计数器内的二～五进制计数器均为下降沿触发，所以在构成十进制计数器时，只需将 421 码五进制加法计数器的时钟CP_1接二进制计数器的输出Q_0，则当Q_0从 1 返回 0 时，CP_1得到下降沿，使$Q_3Q_2Q_1$进行加 1 计数，故CP_0在时钟信号作用下，$Q_3Q_2Q_1Q_0$完成 8421BCD 十进制加法异步计数器功能。集成二～五～十进制计数器构成 8421BCD 十进制加法异步计数器连接如图 11.6 所示。

(2)构成 5421BCD 十进制加法异步计数器。

集成二～五～十进制计数器构成 5421BCD 十进制加法异步计数器连接如图 11.7 所示。当CP_1在时钟信号作用下，$Q_3Q_2Q_1$按 421 码完成五进制计数；当Q_3从 1 返回 0 时，CP_0

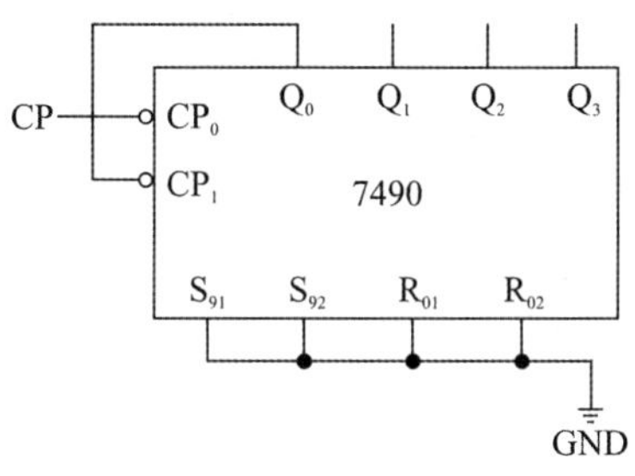

图 11.6　构成 8421BCD 计数器

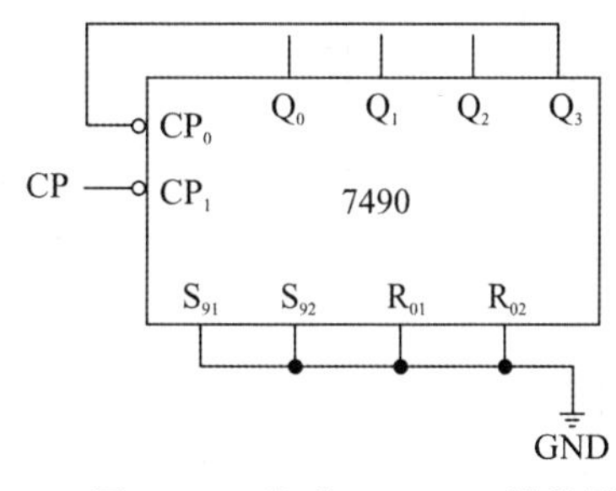

图 11.7　构成 5421BCD 计数器

得到下降沿，Q_0按一位二进制计数，故CP_1在时钟信号作用下，$Q_0Q_3Q_2Q_1$完成5421BCD十进制加法异步计数器功能。

(3)构成模10以内任意进制计数器。

①反馈置0法：利用集成二～五～十进制计数器的附加异步“入1”复位端R_{01}、R_{02}，将计数器的输出适当地反馈到R_{01}、R_{02}，当计数器的反馈端输出为1时，计数器将被复位。这种方法基于模10计数器(如8421BCD十进制加法异步计数器、5421BCD十进制加法异步计数器)上，改变计数器的计数时序，从而实现模10内的任意进制计数功能。

②反馈置9法：集成二进制计数器通常具有额外的异步置位9端S_{91}、S_{92}，利用这些端口可以将二进制计数器扩展为模10计数器(如8421BCD十进制加法异步计数器、5421BCD十进制加法异步计数器)。将计数器的输出反馈回S_{91}、S_{92}端口，当计数器的反馈端输出为1时，计数器被置为9，从而改变计数器的计数序列，实现模10内的任意进制计数功能。

3　实验仪器

(1)示波器。

(2)函数信号发生器。

(3)数字万用表。

(4)多功能电路实验箱。

4　实验内容

4.1　第1关　触发器功能验证

(1)基本 *RS* 触发器。

按图11.1搭接电路(用SN74LS00实现，7400管脚图如图11.8所示)，$\overline{R_D}$、$\overline{S_D}$分别接逻辑电平开关K_1、K_2，用逻辑电平指示灯L_1显示1Q，用L_2显示$\overline{1Q}$，按照表11.1验证基本*RS*触发器功能(本实验后文K_i和L_i均表示逻辑电平开关和逻辑电平指示灯)。

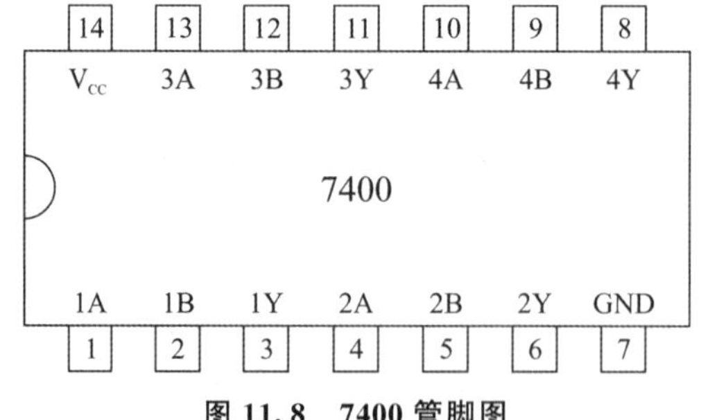

图11.8　7400管脚图

(2)维阻 *D* 触发器。

SN74LS74是TTL型集成双*D*维阻触发器，它的管脚图如图11.9所示。

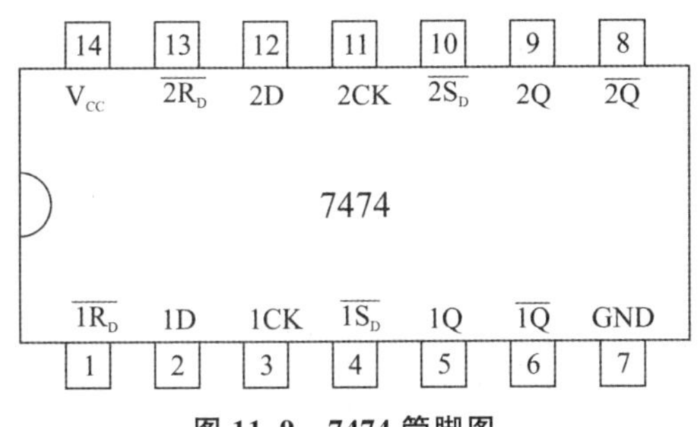

图 11.9　7474 管脚图

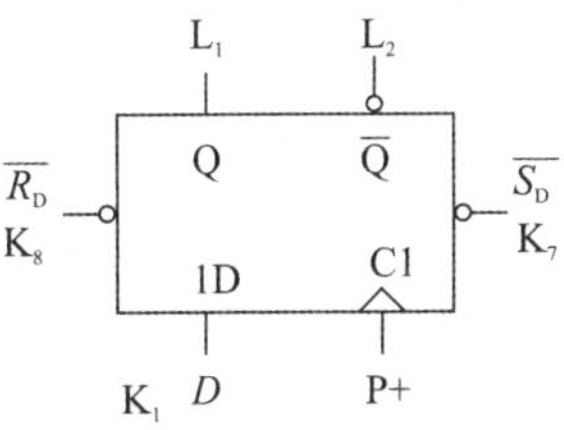

图 11.10　D 触发器测试图

①根据图 11.9 管脚，按图 11.10 连接电路：先接电源 V_{CC}=5 V 和地线，用 L_1 显示 1Q，用 L_2 显示$\overline{1Q}$，用 K_1 作1D，用 K_8 作$\overline{1R_D}$，用 K_7 作$\overline{1S_D}$，用单脉冲 P+作 1CP。

②验证$\overline{R_D}$和$\overline{S_D}$的低电平异步预置功能：

当$\overline{R_D}$=0，$\overline{S_D}$=1 时，L_1 灯灭，L_2 灯亮；

当$\overline{R_D}$=1，$\overline{S_D}$=0 时，L_1 灯亮，L_2 灯灭。（*D* 和 CP 任意）

③验证上升沿触发特性和逻辑功能表：当$\overline{R_D}=\overline{S_D}$=1 时，按动单脉冲按钮 P+，验证 *D* 触发器逻辑功能如表 11.2。

(3)主从 *JK* 触发器。

SN7476 是 TTL 型集成双 *JK* 主从触发器，它的管脚图如图 11.11 所示。

①根据图 11.11 管脚，按图 11.12 连接电路：先接电源 V_{CC}=5 V 和地线，用 L_1 显示 1Q，用 L_2 显示$\overline{1Q}$，用 K_1 作 1J，用 K_2 作 1K，用 K_8 作$\overline{1R_D}$，用 K_7 作$\overline{1S_D}$，用 P+作 1CP。

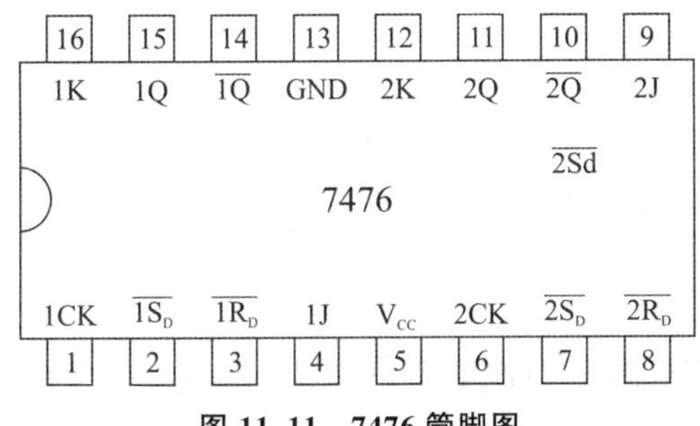

图 11.11　7476 管脚图

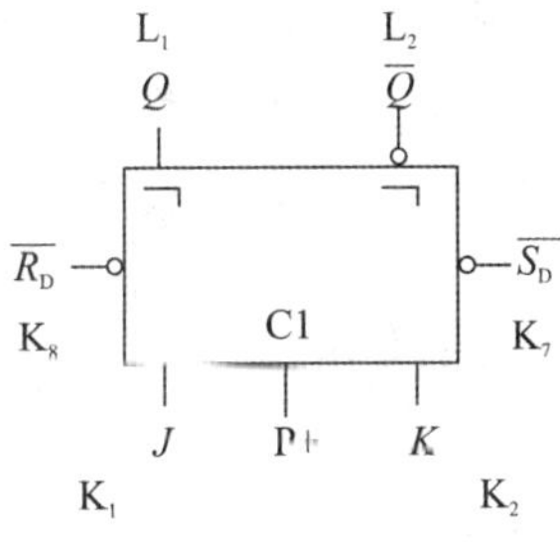

图 11.12　主从 JK 触发器测试图

②验证$\overline{R_D}$和$\overline{S_D}$的低电平异步预置功能：

当$\overline{R_D}$=0，$\overline{S_D}$=1 时，L_1 灯灭，L_2 灯亮；

当$\overline{R_D}$=1，$\overline{S_D}$=0 时，L_1 灯亮，L_2 灯灭。（*J*、*K* 和 CP 任意）

③验证下降沿触发特性和逻辑功能表：当$\overline{R_D}$=1，$\overline{S_D}$=1 时，令 *JK* 分别为 00、01、10、11，按动单脉冲按钮 P+，验证 *JK* 触发器的逻辑功能如表 11.3。

④验证 CP=1 期间（即将 CP 从 P+改接为 P−），当 JK 变化时主触发器的“一次翻转”问题。即Q^{n+1}的状态由 CP=1 期间使主触发器发生翻转的那个 *JK* 输入决定。如果 CP=1 期间主触发器未发生翻转，那么Q^{n+1}的状态由 CP=1 下降沿到来前的 *JK* 输入决定。

4.2 第2关 同步模5(421码)加法计数器功能实现

(1)按图11.13搭接电路,CP接单脉冲信号,$Q_1Q_2Q_3$分别接逻辑指示灯,$\overline{R_D}$、$\overline{S_{D1}}$、$\overline{S_{D2}}$、$\overline{S_{D3}}$分别接逻辑开关,验证记下状态转换图。

(2)使用10 kHz时钟波形,观察输出波形。

(3)在421的基础上,设计模10(8421BCD)加法计数器并仿真实现。

(4)在421的基础上,设计模10(5421BCD)加法计数器并仿真实现。

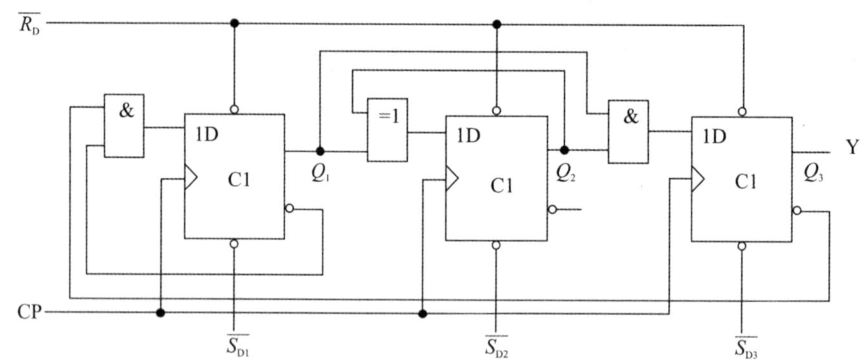

图11.13 同步模5(421码)加法计数器电路

4.3 第3关 二～五～十进制集成计数器功能运用

(1)功能验证。

(2)构成8421BCD十进制计数器。

(3)反馈置0法设计模6进制计数器。

(4)反馈置9法设计模7计数器。

5 能力拓展

(1)如何用两片7490芯片实现二十四进制8421BCD码计数器?

(2)如何用两片7490芯片实现六十进制8421BCD码计数器?

实验十二　时基 555 及其运用

1　实验目的及学习要求

1.1　实验目的

(1)掌握时基 555 芯片的功能。

(2)掌握时基 555 芯片的运用。

1.2　学习要求

(1)学习 555 定时器的电路结构、功能。

(2)掌握 555 定时器组成的施密特触发电路、单稳态电路和多谐振荡电路。

(3)学习三要素法计算电路的充放电时间。

2　实验原理

2.1　时基 555 芯片的电路结构与功能

(1)时基 555 定时器的电路结构如图 12.1 所示。

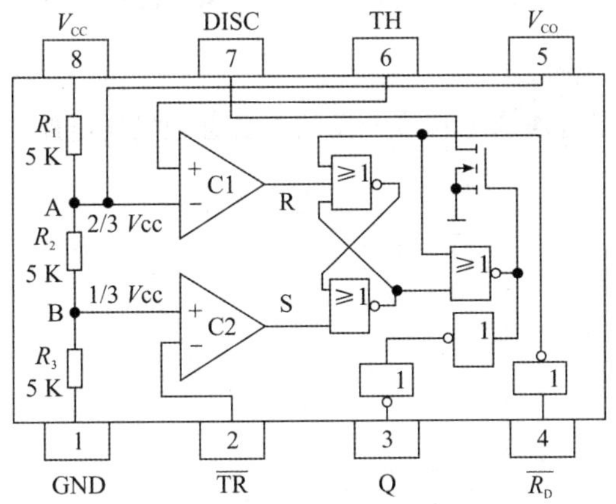

图 12.1　时基 555 定时器的电路结构

(2)时基 555 定时器的功能表如表 12.1 所示。

表 12.1　时基 555 功能表

$\overline{R}_D$	V_{TH}	V_{TR}	Q^{n+1}	T_D	DISC
0	×	×	0	导通	接地
1	>2/3Vcc	>1/3Vcc	0	导通	接地
1	<2/3Vcc	>1/3Vcc	Q^n	保持	保持
1	<2/3Vcc	<1/3Vcc	1	截止	高阻
1	>2/3Vcc	<1/3Vcc	1	截止	高阻

2.2　时基 555 芯片的应用

2.2.1　施密特触发器

将时基 555 直接用作施密特触发器时，只需将上下触发端连接在一起作为输入端。其上限触发电平$V_{T+}=2/3\ V_{CC}$，下限触发电平$V_{T-}=1/3V_{CC}$，其回差电压 $\Delta V_T=V_{T+}-V_{T-}=1/3V_{CC}$，如图 12.2 所示。如果在时基 555 的压控端连接一个电位器 R_w，便可同时调节V_{T+}、V_{T-}和ΔV_T。

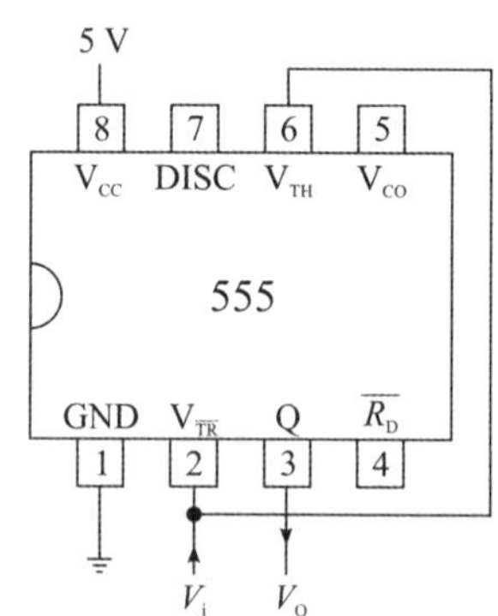

图 12.2　时基 555 构成施密特触发器

2.2.2　单稳态触发器

为了使用时基 555 定时器构建直接触发的单稳态触发器电路(如图 12.3 所示)，电路要

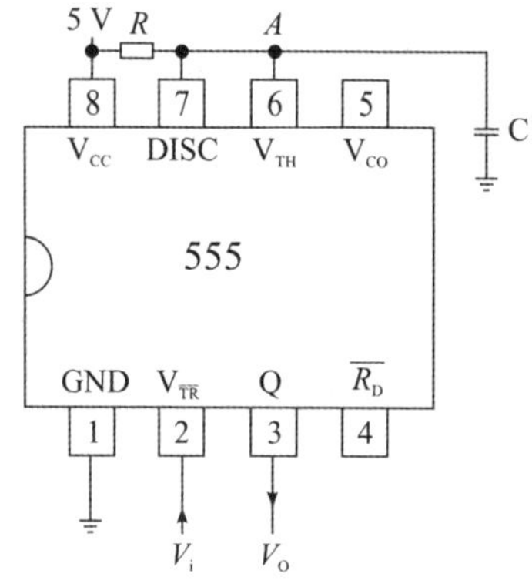

图 12.3　时基 555 构成单稳态触发器

求电阻值范围为 1 kΩ≤R≤20 kΩ，且单稳态脉宽约为 1.1RC。由图可知，为了确保 RS 触发器不进入竞态（即 $R=S=1$），触发信号 V_i 的负脉冲宽度必须小于单稳态脉宽 t_u。否则，电路将无法正常工作。

2.2.3　多谐振荡器

用时基 555 组成非对称多谐振荡器电路，如图 12.4 所示。其振荡脉宽：

$$t_u^+=0.69(R_1+R_2)C \qquad t_u^-=0.69R_2C$$

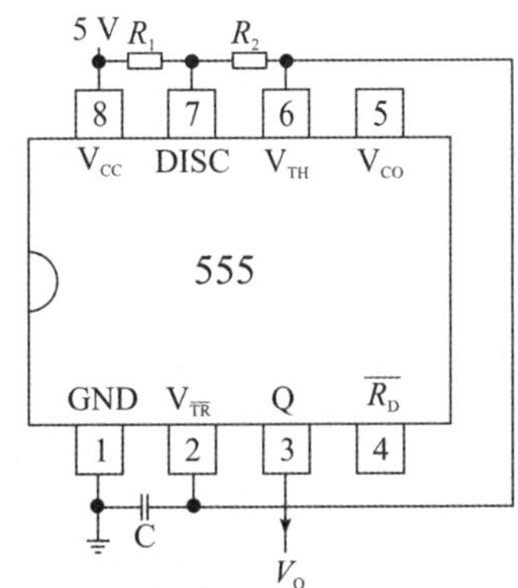

图 12.4　时基 555 构成非对称多谐振荡器

2.2.4　压控振荡器

在图 12.4 所示的电路中，如果从压控（V_{co}）端输入一个方波电压 V_{co}，则该电路就会变成一个压控（间歇）振荡器。要求方波的周期 $T_{CO}\geq(t_u^+ + t_u^-)$，方波的高电平 V_{CO_H} 满足 $V_{CC}/3<V_{CO_H}<V_{CC}$；方波的低电平 $V_{CO_L}\leq 0$。在 V_{CO_H} 期间电路会产生振荡，在 V_{CO_L} 期间电路会停止振荡。如果将上述方波从 $\overline{R_D}$ 端输入，也能实现相同的压控（间歇）振荡器功能。

2.2.5　调频调宽运用

在图 12.4 中，如果在压控端接入一个周期性交变电压（例如正弦波或三角波），就可以形成一个调频（宽频）振荡器。

3　实验仪器

（1）示波器。

（2）函数信号发生器。

（3）数字万用表。

（4）多功能电路实验箱。

4 实验内容

4.1 第1关

4.1.1 施密特触发器

按照图 12.2 搭建电路，在 V_i 端输入一个峰峰值 $V_{p\text{-}p}=5$ V($V_{iH}=5$ V、$V_{iL}=0$ V)的正弦波或锯齿波。使用示波器的 X－Y 模式，同时输入 V_i 和 V_o，观察并绘制在不接电阻时的电压传输特性图。然后连接一个 10 k 下拉电位器，调节电位器，观察并记录在不接下拉电位器时 V_{T+}、V_{T-} 和 ΔV_T 的变化情况。

4.1.2 单稳态触发器

根据图 12.3 所示的电路连接($V_{CC}=5$ V、$R=R_w=10$ k 电位器、$C=0.01$ μF)，计算单稳态多谐振荡器的脉宽 t_u(当 $R_w=10$ kΩ 时)。正确选择触发信号的频率(使负脉宽小于 t_u，周期大于 t_u)。触发信号使用 TTL 电平作为输入 V_i，用示波器观察并记录当 $R_w=10$ kΩ 时的 V_i、V_o 和 V_{TH} 的工作波形。然后改变 R_w，观察单稳态脉宽的变化情况。

4.1.3 多谐振荡器

①按图 12.4 搭接电路($V_{cc}=5$ V、$R_1=R_w=10$ kΩ 电位器、$R_2=5.1$ kΩ、$C=0.01$ μF)，用示波器观察并记录 V_o、V_{TH} 的波形($R_w=10$ kΩ)，然后调整 R_w，观察振荡周期的变化。

②参照图 12.4 所示的电路，增加一个二极管，设计对称多谐振荡电路并进行验证。

4.2 第2关

4.2.1 压控振荡器

在图 12.4 所示的电路中，将 R_w 替换为 5.1 kΩ 的固定电阻，计算振荡周期 T。使用 $V_{p-p}=5$ V的方波信号($V_{iH}=5$ V、$V_{iL}=0$ V、$T_i>10\ T_{振}$)。从 $\overline{R_D}$ 端输入，并用示波器观察和记录 V_i 和 V_o 的波形。(电路不要拆除，以备后续使用)。

4.2.2 调频调宽振荡器

在实验内容 4.2.1 的基础上，将方波改为三角波或正弦波，从 V_{co} 端输入，用示波器观测并记录 V_i、V_o 的波形。

4.3 第3关

试使用 2 个二极管，构成频率可调占空比 50%的波形发生器，请画出电路连接图并进行仿真测试。

5 能力拓展

查阅时基 555 电路图，利用 OUT 端内部的接地端，可以在不使用二极管的情况下实现 50％占空比的方波。试搭建图 12.5 所示电路进行仿真，并测试输出波形的占空比的可调范围。

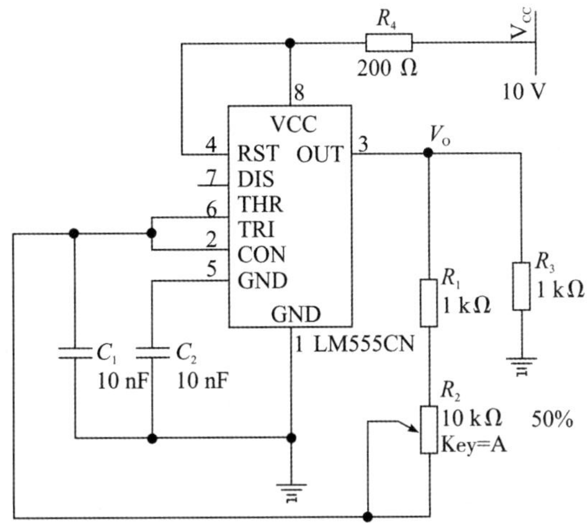

图 12.5　50％占空比的波形发生器

第三部分

基于 FPGA 的数字逻辑电路实验

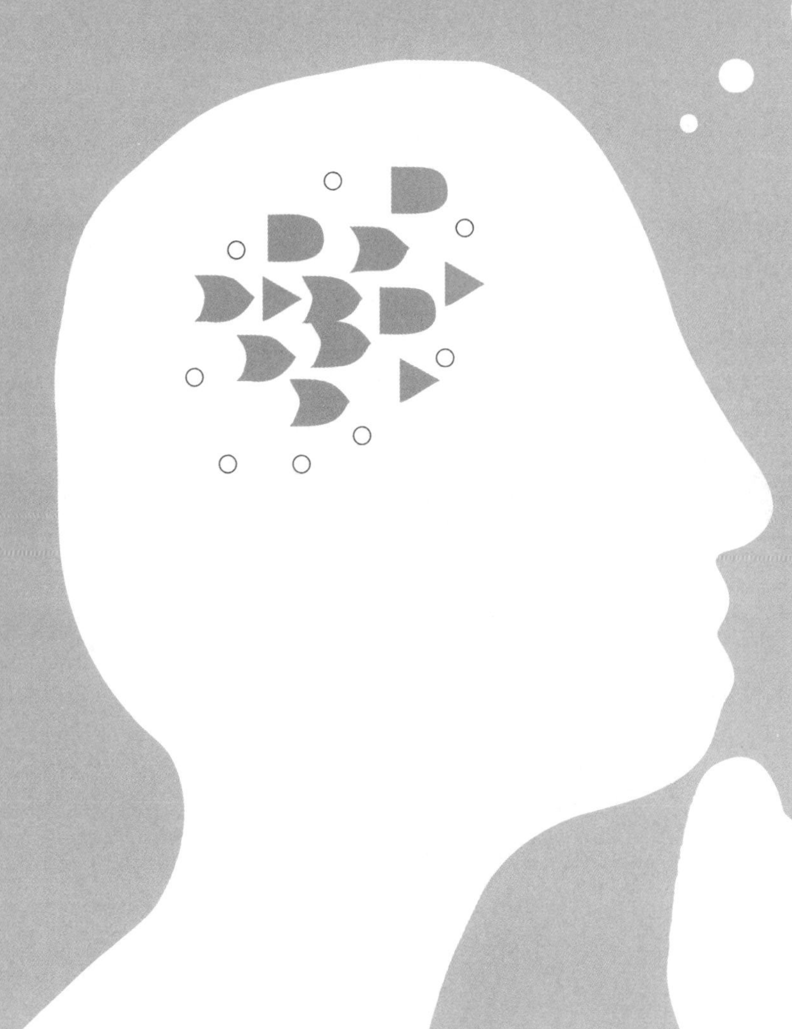

实验十三　Verilog HDL 语言初步及基础实践

1　实验目的及学习要求

1.1　实验目的

(1)了解 Verilog HDL 语言的基本要素。

(2)了解 Verilog HDL 语言的使用方法。

(3)了解我国芯片产业现状，培养家国情怀。

1.2　学习要求

(1)课前预习，了解 Verilog HDL 语言的数值、运算符及表达式、语句和模块。

(2)课后复习，初步掌握 Verilog HDL 语言的数值、运算符及表达式、语句和模块，能够正确完成相关的判断题、选择题和填空题。

(3)能够初步建立 Verilog HDL 模块并实现简单功能。

(4)了解实验平台的使用方法，在学习周期内完成相关挑战任务。

(5)查阅相关资料，了解芯片行业的发展态势，理解科学报国的意义。

2　实验原理

2.1　Verilog HDL 硬件描述语言发展

Verilog HDL 语言是一种用于数字系统设计的语言，支持行为描述、结构描述和门级描述，实现行为级、RTL(寄存器传输级)和门级设计等多种设计方式。该语言于 1983 年创立。1995 年，IEEE 发布了 *IEEE Standard Hardware Description Language Based on the Verilog(R) Hardware Description Language*(*IEEE* 1364—1995)。2001 年，IEEE 发布了 *IEEE Standard for Verilog Hardware Description Language*(*IEEE* 1364—2001)国际标准。

为了满足日益复杂的硬件设计和验证，工程师们把 C/C＋＋高级编程语言和 Verilog HDL 实现的编程接口连接，实现设计和验证环境的连接，并逐渐演化为 SystemVerilog。2005 年，IEEE 发布了 *IEEE Standard for SystemVerilog-Unified Hardware Design, Specification, and Verification Language*(*IEEE Std* 1800—2005)。SystemVerilog 是一

种硬件描述和验证语言(HDVL),它基于 Verilog HDL 硬件描述语言,并对其进行了扩展。其扩充内容包含了 C 语言数据类型、结构、压缩和非压缩数组、接口、断言等。SystemVerilog 在更高的抽象层次上提高了设计建模的能力。IEEE Std 1800-2012 将 Verilog HDL 和 SystemVerilog 进行了合并。

2.2 Verilog 语言基本要素

2.2.1 数值

Verilog HDL 中的数值可以分为整型常量(integer constants)和实数型常量(real constants)。

(1)整型常量。

整型常量有二进制(b 或 B)、八进制(o 或 O)、十进制(d 或 D)及十六进制(h 或 H)等格式。

有两种方式表达整型常量。第一种是单独的十进制数字,可以选择添加"+"或者"-"在数字的前面。第二种是定义一个基础常量,该常量最多由 3 个标记组成:一个可选大小的常量、一个撇号字符(',ASCII 0x27)后跟一个基本格式字符以及表示数字值的数字。

①不定长整型数。

```
659           //十进制数
'h 837FF      //十六进制数
'O 7460       //八进制数
4af           //非法
```

②有尺寸整型。

```
4'b1001       //4 位二进制数
4'D 3         //4 位十进制数
12'hx         //12 位未知数
16'hz         //16 位高阻
```

③带符号常数。

```
3'd-6         //非法
-8'd6         //6 的补码,等价于-(8'd6)
-4'sd15       //等价于-(-4'd1)
```

④自动左填充。

```
reg [11:0] a,b,c,d;
initial begin
  a='h x;       //xxx
  b='h 3x;      //03x
  c='h z3;      //zz3
  d='h 0z3;     //0z3
end
reg [84:0] e,f,g;
```

```
e='h5;      //{82{1'b0},3'b01}
f='hx;      //{85{1'hx}}
g='h 0z3;   //{85{1'hz}}
```

⑤使用下划线的数字。

```
27_195_1000
16'b0011_0101_001_111
```

(2)实数型常量。

实数型常量可以采用十进制或者科学记数法表示。其表示方法有 1.2、0.1、2394.26331、1.2E12、1.30e−2、23E10、29E−2 等。

下面这种表示方法是错误的:.12、9.、4.E3、.2e−7。

当实数型常量被赋给整型常量的时候,会被转化为最接近的整型常量。

2.2.2 字符串

字符串是由双引号包围的字符序列,当用作操作数、表达式或者赋值数时,字符串可以看成无符号的整型常量。字符串由每个字符的 8 位 ASCII 值组成,其总位宽是字符数量乘以 8。下面是字符变量声明实例:

```
reg [8 * 12:1] stringvar;
initial begin
stringvar="Hello world!";
end
```

下面是字符串操作的实例:

```
module string_test;
reg [8 * 14:1] stringvar;
initial begin
stringvar="Hello world";
$display("%s is stored as %h",stringvar,stringvar);
stringvar={stringvar,"!!!"};
$display("%s is stored as %h",stringvar,stringvar);
end
endmodule
```

输出结果如下所示:

```
Hello world is stored as 00000048656c6c6f20776f726c64
Hello world!!! is stored as 48656c6c6f20776f726c64212121
```

2.2.3 数据类型

(1)数值种类。

Verilog HDL 有 4 种类型的基础值,分别是:

①0:逻辑"0"或"非";

②1:逻辑"1"或"真";

③x(X):未知状态,x 对大小写不敏感;

④z(Z):高阻状态,z对大小写不敏感。

x表示信号数值的不确定;实际电路里信号可能为1,也可能为0。z表示信号处于高阻状态,常见于信号(input,reg)没有驱动时的逻辑结果。在 Verilog HDL 中,0、1、z可综合,x则只能用在仿真中。

(2)线网型(Nets)和变量。

数据类型主要分为变量数据类型和线网数据类型,在分配和数值保存方面各有不同,分别代表不同的硬件结构。

①线网型。

线网数据类型表示单元结构(比如门结构)之间的物理连接,其由模块或门驱动。线网数据类型不能存储数据,驱动端信号的改变会立刻传递到输出的连线上。没有连接驱动的线网,其值是高阻态(Z),但是 trireg 型数据可以保存之前的驱动状态。

线网数据类型有12种,分别是 wire、tri、tri0、supply0、wand、triand、tri1、supply1、wor、trior、trireg、uwire。

wire 类型连线通常表示逻辑门和模块之间的电气连接线,wire 型数据常用来表示用 assign 关键字指定的组合逻辑信号。在 Verilog HDL 程序模块中,输入、输出信号的类型缺省将默认为 wire 型。wire 型不能出现在过程块(initial 块或者 always 块)中,当采用层次化设计数字系统的时候,常用 wire 型声明模块之间的连线信号。

```
wire 数据名1,数据名2,…,数据名i;
wire [n-1:0]数据名1,数据名2,…,数据名i;
wire [n:1]数据名1,数据名2,…,数据名i;
```

例如:

```
wire a,b;                  //声明两个wire型变量a、b
wire [7:0] led;            //声明了一个8位名为led的向量
wire [16:1] databus;       //声明了一个16位的数据总线向量
```

②变量。

变量是数据存储元素的抽象,其存储每次赋值的值直到其被重新赋值。过程中的赋值声明触发了被存储元素的改变。reg、integer 和 time 的初始化数值是未知数值 x。real 和 realtime 型变量的初始数值是0.0。变量不能被重复声明。reg 型和 integer 型变量是可综合的。

```
integer a;               //整型变量
time last_chng;          //时间变量
real float;              //实数变量
realtime rtime;          //实数型时间变量
```

A. 寄存器型(reg)。

寄存器是数据存储单元的抽象,reg 型变量在两次赋值之间具有状态保持功能。reg 型数据常用来表示在 always 块内指定的信号,一般代表触发器。在 always 块内被赋值的每一个信号都必须定义为 reg 型。reg 型数据的格式如下:

```
reg 数据名 1,数据名 2,…,数据名 i;
reg [n-1:0]数据名 1,数据名 2,…,数据名 i;
reg [n:1]数据名 1,数据名 2,…,数据名 i;
```

例如:

```
reg x[11:0] scalar reg          //标量寄存器;
reg [31:0] x [127:0];           //32 位宽的寄存器;
reg [1:n] rega;                 //n-bit 寄存器
reg mema [1:n];                 //n 个(1-bit)寄存器
```

B. integer 型变量。

integer 型变量多用于表示循环变量,表示循环次数,其定义方式与 reg 型变量相同。

例如:

```
integer i,j;              //i、j 为 integer 型变量;
integer [31:0] num;
```

integer 型变量不支持位向量访问,针对 integer 型变量的位访问都是非法的。比如 num[3]、num[7:4]。

logic、reg、integer 和 time 包含 0、1、x 和 z 四种数值,是四态数据类型,其他的例如 bit 和 int 等只包含 0 和 1 两种数值,是两态数据类型。

③参数(parameter)型。

在 Verilog HDL 中,用 parameter 定义一个标识符,来代表一个常量,称为符号量。采用标识符代表一个常量可提高程序的可读性和可维护性。参数型常量常用于定义延迟时间和变量宽度。在模块或实例化引用时,可以通过参数传递改变被引用模块或实例中已定义的参数。其格式如下:

```
parameter 参数名 1=表达式,参数名 2=表达式,…
```

例如:

```
parameter d=15 ,f=23;                   //定义两个常数参数
parameter  r=5.7;                       //定义一个 r 位实型参数
parameter  delay=(r+f)/ 2;              //用常数表达式赋值
parameter [31:0] dec_const=1'b1;        //对常量进行位宽转换
parameter newconst=3'h4;                //隐式声明其位宽为[2:0]
parameter newconst=4;                   //隐式声明其位宽至少为[31:0]
```

参数传递的方法如下,进一步理解可以参考 IEEE 1364-2005。

例如:

```
module module_name #(parameter_declaration_1,…parameter_declaration_n)
(port_declaration_1,…port_declaration_n);
```

在模块内部可以用局部参数 localparam,其作用域仅在声明它的模块内部有效。

2.3 矢量(vectors)

没有声明位宽的线网型和 reg 型是位宽为 1 的标量,位宽大于 1 的 net 型和 reg 型数据被称为矢量。矢量的宽度由[msb:lsb]确定,msb 和 lsb 都是整数型常量表达式,其可以是整数、负数和 0 等任意整型数值。向量默认是无符号数,除非被声明为有符号数或与有符号数相连。例如:

```
wand w;                              //wand 类型的标量线网
tri [15:0] busa;                     //3 态 16 位总线
reg a;                               //标量寄存器
reg [3:0] v;                         //4 位的矢量寄存器
reg signed [3:0] signed_reg          //−8~7 的 4 位矢量
reg [−1:4] b;
```

可以选择矢量的任意一位或者相邻若干位进行赋值。例如:

```
tri[15:0] busa;
reg A;reg[3:0] B,C;
A=busa[6];
B=busa[3:0];
C=B;
```

2.4 运算符

Verilog HDL 语言的运算符范围很广,主要有:

算术运算符(+,−,*,/,%,**);

关系运算符(>,<,>=,<=,);

相等运算符(==,!=,===,!==);

逻辑运算符(!,&&,||);

条件运算符(?:);

位运算符(~,|,^,&,^~);

移位运算符(<<,>>,<<<,>>>);

拼接运算符({})。

运用上述运算符时,需要注意如下事项:

(1)算术运算符"/"表示除法运算符,如 5/3=1;"%"表示模运算符,5%3 的值为 2,要求"%"两侧均为整型数据;"**"表示乘方。

(2)"=="表示逻辑相等,该相等运算符逐位比较两个操作数相应位的值是否相等,如果任一操作数中的某一位为 x 或 z,则结果为 x;"==="表示全等,全等运算符逐位进行比较,它将 x 或 z 看为一种逻辑状态参与比较,两个操作数同时为 x 或 z 时,才认为相等。表 13.1 列出了"=="与"==="的真值表。

表 13.1　相等(==)运算符和全等(===)运算符的真值表

==	0	1	x	z	===	0	1	x	z
0	1	0	x	x	0	1	0	0	0
1	0	1	x	x	1	0	1	0	0
x	x	x	x	x	x	0	0	1	0
z	x	x	x	x	z	0	0	0	1

(3)位运算符中除了“～”是单目运算符,其他均为双目运算符,要求运算符两侧各有一个操作数。位运算符中的双目运算对两个操作数的相应位进行位运算操作。位运算是对操作数的相应位进行与或非运算,操作数是几位数,则运算结果也是几位数。表 13.2 为“按位与”“按位或”“按位异或”运算符真值表。

表 13.2　部分位运算符真值表

&	0	1	x	|	0	1	x	^	0	1	x
0	0	0	0	0	0	1	x	0	0	1	x
1	0	1	x	1	1	1	1	1	1	0	x
x	0	x	x	x	x	1	x	x	x	x	x

(4)在 Verilog HDL 语言中有一个特殊的运算符:位拼接运算符“{}”。用这个运算符可以把两个或多个信号的某些位拼接起来进行运算操作。其使用方法为:

{信号 1 的某几位,信号 2 的某几位,…,信号 n 的某几位}

即把某些信号的某些位详细地列出来,中间用逗号分开,最后用大括号括起来表示一个整体信号,如{a,b[3:0],w,3'b101}。

(5)缩减运算符是单目运算符,也有与或非运算。缩减运算是对单个操作数进行与或非递推运算,最后的运算结果是一位二进制数。

缩减运算的具体运算过程是这样的:第一步,先将操作数的第一位与第二位进行与或非运算;第二步,将运算结果与第三位进行与或非运算;依次类推,直至最后一位。

(6)在 Verilog HDL 语言中运算符所带的操作数是不同的,根据其所带操作数的个数,运算符可分为 3 种:

①单目运算符(unary operator):可以带 1 个操作数,操作数放在运算符的右边。

②双目运算符(binary operator):可以带 2 个操作数,操作数放在运算符的两边。

③三目运算符(ternary operator):可以带 3 个操作,这 3 个操作数用三目运算符分隔开。

具体例子如下:

```
clock=～clock;   // ～是一个单目取反运算符,clock 是操作数。
c=a | b;         // 是一个双目按位或运算符,a 和 b 是操作数。
q=s ? t : u;     // ?: 是一个三目条件运算符,s,t,u 是操作数。
```

(7)各类运算符的优先级见表 13.3。

表 13.3 Verilog HDL 运算符优先级

序号	运算符	优先级
1	+ - ! ~ & ~& | ~| ^ ~^ ^~(unary)	最高
2	* *	
3	* / %	
4	+ - (binary)	↓
5	<< >> <<< >>>	↓
6	< <= > >=	↓
7	== != === != =	↓
8	&(binary)	↓
9	^ ^~ ~^(binary)	↓
10	| ~|(binary)	↓
11	&&	↓
12	||	
13	?:(conditional operator)	
14	{} {{}}	最低

2.5 语句

Verilog HDL 语言的语句包含声明语句、赋值语句、块语句、条件语句、循环语句、过程语句与任务函数控制相关语句。其中声明语句参见各类定义和声明。

2.5.1 赋值语句

Verilog HDL 中信号有持续赋值和过程赋值两种赋值方式。

(1)持续赋值。

持续赋值语句采用 assign 对线网型进行赋值。例如：

```
assign out=a&b;
```

上面的例子把 a 与 b 的与运算结果传递给 out，右边值的任何变化(此处为 a，b 的变化导致的 a&b 的变化)都会触发这个赋值动作。

(2)过程赋值。

过程赋值有阻塞赋值和非阻塞赋值两种。

赋值运算符“=”表示阻塞赋值，顺序执行，常用于组合电路。对于阻塞赋值，在计算等式右侧(RHS，right-hand side)表达式值及其完成其赋值前不会被其他 Verilog 语句打断，也就是在当前赋值没有完成(更新等式左边的值 LHS，left-hand side)之前，其阻塞了其他 Verilog 语句的执行。

赋值运算符“<=”表示非阻塞赋值，并行执行，常用于时序电路。其在某仿真时间点开始时计算非阻塞语句的 RHS，在仿真时间点结束时才更新 LHS；在这之间可以执行其他

Verilog HDL 语句，它不阻塞其他 Verilog HDL 语句的执行。

2.5.2　块语句

（1）顺序块。

关键字 begin 和 end 用于将多条语句组成顺序块，顺序块中的语句是一条一条按顺序执行的，只有前面的语句执行完成之后才能执行后面的语句。如果语句包括延迟或者事件控制，那么延迟总是相对于前面那条语句执行完成的仿真时间。具体例子如下：

```
reg x,y;
reg [1:0] z,w;
initial
begin
   x=1'b0;            //仿真时刻 0 完成
   #5 y=1'b1;         //仿真时刻 5 完成
   #10 z={x,y};       //仿真时刻 15 完成
   #20 w={y,x};       //仿真时刻 35 完成
end
```

（2）并行块。

关键词 fork 和 join 声明构成了并行块。其块内语句并行执行，语句执行顺序是由各自语句内延迟或事件控制决定的，语句中的延迟或事件控制是相对于块语句开始执行的时刻而言的。各条语句在前还是在后不影响其执行。具体例子如下：

```
reg x,y;
reg [1:0] z,w;
initial
   fork
      x=1'b0;            //仿真时刻 0 完成
      #5 y=1'b1;         //仿真时刻 5 完成
      #10 z={x,y};       //仿真时刻 10 完成
      #20 w={y,x};       //仿真时刻 20 完成
   join
```

顺序块和并行块还可以嵌套使用。

（3）命名块。

Verilog HDL 中可以块语句结构命名，并在命名块中声明变量。命名块是设计层次的一部分，命名块中声明的变量可以通过层次名引用进行访问。关键字 disable 可以终止命名块的执行，可以用来从循环中退出、处理错误等。具体例子如下：

```
module test;
   initial begin: runoob_d                //命名模块名字为 runoob_d
      integer   i_d ;
      i_d=0 ;
      while(i_d<=100)begin: runoob_d2
```

```
        # 10 ;
        if(i_d>=50)begin                //累加 5 次停止累加
          disable runoob_d3.clk_gen ;     //stop 外部 block: clk_gen
          disable runoob_d2 ;           //stop 当前 block: runoob_d2
        end
      i_d=i_d+10 ;
    end
  end
  reg clk ;
  initial begin: runoob_d3
    while(1)begin: clk_gen              //时钟产生模块
      clk=1 ;       #10 ;
      clk=0 ;       #10 ;
    end
  end
endmodule
```

2.5.3 块语句

Verilog HDL 中有两种结构化过程语句，分别是 initial 和 always 语句，是行为建模的两种基本语句，所有的行为语句只能出现在这两种结构化过程语句里。每个 initial 语句和 always 语句代表一个独立的执行过程(或过程块)。一个模块可以包含多条 always 语句和多条 initial 语句，每条语句都在 0 时刻开始并行执行。这两种语句不能嵌套使用。这些块并发执行，而不是顺序执行。

一段代码中可以有多个 initial 语句块和 always 语句块。initial 语句只执行一次。always 语句不断地重复活动着，可多次执行直到仿真过程结束，其后所跟的过程块是否执行，则看它的触发条件是否满足。如满足，则执行一次；如不断满足，则不断地循环执行。always 语句由于其不断活动的特性，只有和一定的时序控制结合在一起才有用。如果一个 always 语句没有时序控制，则这个 always 语句会使仿真器产生死锁。always 的时间控制可以是边沿触发，也可以是事件触发的，可以是单信号，也可以是多信号，中间用关键字 or 连接。

(1)initial 语句。

格式如下：

```
initial
begin
  语句 1;
  语句 2;
  ……
  语句 n;
end
```

initial 语句不需要触发，通常用于仿真过程中对激励信号的描述以及用于给寄存器变量赋初值，该语句通常不能被综合。

用 initial 语句生成激励波形的例子如下：

```
initial
begin
   inputs='b000000;
   #10 inputs='b011001;
   #10 inputs='b011011;
   #10 inputs='b011000;
   #10 inputs='b001000;
end
```

(2)always 语句。

格式如下：

```
always @(<敏感信号列表/时序控制>)
begin
   xxxxxx      //过程赋值
   xxxxxx      //条件语句:if(if-else)casex、casez
   xxxxx       //循环语句:while、repeat、for
end
```

例如：

```
module DFF(input wire clk,input wire clr,input wire D,output reg Q);
  always @(posedge clk or posedge clr)
    if(clr==1)
        Q<=0;
    else
        Q<=D;
endmodule
```

或者：

```
always <时序控制> <语句>   //常在仿真的时候使用;
```

例如：

```
initial
 clk=0 ;
 always #(period/2)clk=~clk;
```

敏感信号列表是指会引起块内语句执行的各个信号。敏感信号分为电平敏感型和边沿敏感型。组合逻辑通常使用电平敏感型，时序逻辑常使用边沿敏感型，两类敏感信号不应同时使用。时序电路中的边沿信号通常由 posedge 和 negedge 来描述。下面是各类敏感信号的例子和使用示例。

```
always @(*)                    //当块内任意信号的值发生变化时
always @(a)                    //当 a 信号电平发生变化时
always @(posedge clk)          //当时钟正边沿到来时
always @(negedge clr)          //当清零信号的负边沿到来时
```

2.5.4 条件语句

(1)条件语句(if-else)。

if 语句是用来判断所给定的条件是否满足,根据判定的结果决定执行给出的各种操作中的一种。下面给出了条件语句的几种分类。

①单 if 语句。

```
if(表达式)语句;
```

②if-else 语句。

```
if(表达式)
  语句 1
else
  语句 2
```

③2 if-else if-else 语句。

```
if(表达式 1)语句 1;
else if(表达式 2)    语句 2;
else if(表达式 3)    语句 3;
else if(表达式 m)    语句 m;
else 语句 n;
```

④嵌套 if 语句。

```
if(expression1)
  if(expression2)   语句 1;   //(内嵌 if)
  else              语句 2;
else
  if(expression3)   语句 3;   //(内嵌 if)
  else              语句 4;
```

上述 if 语句中 if 后面都有"表达式",一般为逻辑表达式和关系表达式。只有表达式的值为 1 时,执行指定语句。else 子句不能作为语句单独使用,它必须是 if 语句的一部分,与 if 配对使用。在 if 和 else 后面可以包含一个内嵌的操作语句,也可以有多个操作语句,此时用 begin 和 end 这两个关键词将几个语句包含起来成为一个复合块语句。需要注意 if 和 else 的配对关系,else 总是和它上面最近的 if 配对。为了避免 if 和 else 的数目不一样,可以用 begin_end 块语句来确定配对关系。

(2)case 语句。

case 语句是一种多路条件分支的形式,可以解决 if 语句中有多个条件选项时使用不方便的问题。其表达形式如下:

①case(表达式)　　＜case 分支项＞　endcase

②casez(表达式)　＜case 分支项＞　endcase

③casex(表达式)　＜case 分支项＞　endcase

④case 分支项的一般格式如下：

```
condition1     :     true_statement1 ;
condition2     :     true_statement2 ;
……
default        :     default_statement ;
```

case 括号内的表达式称为控制表达式，case 分支项中的表达式称为分支表达式。当控制表达式的值等于分支表达式的值时，就执行分支表达式后面的语句。从语法的角度来说，default 项可有可无，有且只有一个 default 项。从可综合的角度来说，default 项必须要有。每个 case 分项的分项表达式的值必须互不相同。执行完 case 分项后的语句，则跳出该 case 语句结构，终止 case 语句的执行。在用 case 语句表达式进行比较时，只有当信号的相应位的值能明确进行比较时，比较才能成功。case 语句的所有表达式值的位宽必须相同。case 是全等比较，casez 不比较 z 所在位，casex 不比较 x 和 z 所在位。表 13.4 对 case 系列的不同比较结果进行了总结。

表 13.4　case 系列语句的比较规则

case	0	1	x	z	casez	0	1	x	z	casex	0	1	x	z
0	1	0	0	0	0	1	0	0	1	0	1	0	1	1
1	0	1	0	0	1	0	1	0	1	1	0	1	1	1
x	0	0	1	0	x	0	0	1	1	x	1	1	1	1
z	0	0	0	1	z	1	1	1	1	z	1	1	1	1

2.5.5　循环语句

(1)forever 语句。

forever 语句；

forever begin 多条语句 end

常用来产生周期性的波形，用来作为仿真测试信号。与 always 语句的不同之处在于不能独立写在程序中，必须写在 initial 块中。

(2)repeat 语句。

repeat(表达式)语句；

repeat(表达式)begin 多条语句 end

其表达式通常为常量表达式。

(3)while 语句。

while(表达式)语句；

while(表达式)begin 多条语句 end

例如：对 rega8 位二进制数中值为 1 的位进行计数。

begin：count1s

```
reg[7:0] tempreg;
count=0;
tempreg=rega;
while(tempreg)
  begin
    if(tempreg[0])count=count+1;
      tempreg=tempreg>>1;
  end
end
```

(4)for 语句。

for(表达式 1;表达式 2;表达式 3)语句;

其简单运用为 for(循环变量赋初值;循环结束条件;循环变量增值)执行语句。

例如:for 语句初始化 memory。

```
begin:init_mem
  reg[7:0] tempi;
  for(tempi=0;tempi<memsize;tempi=tempi+1)
    memory[tempi]=0;
end
```

2.6 模块

模块由两部分组成,一部分描述端口,另一部分描述逻辑功能,即定义输入是如何影响输出的。模块的结构如下:

```
module 模块名(端口);
  端口列表及定义;
  数据类型说明;
  逻辑功能定义;//assign、always、funcion、task...
endmodule
```

Verilog HDL 程序以 module 声明语句开始,模块名用于命名该模块,一般与其要实现的功能对应。每个 Verilog HDL 程序包括 4 个部分:端口定义、I/O 说明、内部信号声明和功能定义。模块结构如图 13.1 所示。

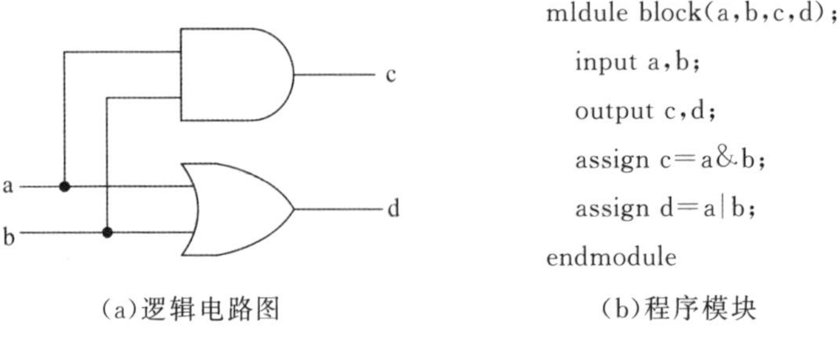

(a)逻辑电路图

```
mldule block(a,b,c,d);
  input a,b;
  output c,d;
  assign c=a&b;
  assign d=a|b;
endmodule
```

(b)程序模块

图 13.1 模块结构

2.6.1 模块端口定义

模块的端口声明了模块的输入和输出端口，其格式为：

module 模块名(端口名 1,端口名 2,端口名 3,…)；

2.6.2 I/O 说明

I/O 说明指的是模块输入/输出说明。

input[信号位宽－1:0] 端口名； //输入端口说明格式

output[信号位宽－1:0] 端口名； //输出端口说明格式

I/O 说明也可以写在端口声明语句里，其格式为：

module 模块名(input 端口名 1,input 端口名 2,…,output 端口名 1,output 端口名 2,…)

端口默认声明为 wire 型，如果希望输出端口能够保存数据，需要显式地将端口声明为 reg 型。

2.6.3 内部信号说明

内部信号说明指的是模块内部用到的、与端口有关的 wire 和 reg 类型变量的声明，例如：

reg [3:0] out；//定义 out 的数据类型为寄存器型

2.6.4 功能定义

模块中的逻辑功能部分对模块的逻辑功能进行了说明，通常采用 assign、always、function、task 等相关语句来实现。

(1)使用 assign 声明语句。

使用这种方法时，只需在 assign 后添加一个方程式。例如：

```
assign a=b & c;      //描述一个双输入与门
```

(2)使用实例元件。

Verilog HDL 提供了基本的逻辑门模块，如与门(and)、或门(or)等，使用实例元件的方法与在电路原理图输入方式下调入库元件是一样的，直接输入元件的名字和相连的引脚即可。使用实例元件的格式为：

门类型关键字 <实例名>(<端口列表>)；

例如："and u1(c,a,b);"表示模块中使用了一个和与门一样的名为 u1 的与门，其输入端为 a、b，输出端为 c。

(3)使用 always 块语句。

例如：

```
always @(posedge clk)
begin
  q=a & b;
  …
end
```

这段代码的逻辑功能是：当时钟信号的上升沿到来时，对输入信号 a 和 b 进行逻辑操作，并将结果送给输出信号 q。

采用 assign 语句描述组合逻辑是比较常用的办法，always 块语句既可以用于描述组合逻辑，也可以用于描述时序逻辑。"always@(<敏感信号列表>)"语句内表示敏感信号或表达式,当敏感信号或表达式发生变化时,执行 always 语句块内的语句。

2.6.5 模块的要点总结

(1)在 Verilog HDL 模块中,所有过程块(如 always 块)、连续赋值语句及实例引用都是并行的。如果把 assign 语句、实例元件及 always 语句块这三个部分都写入同一个 Verilog HDL 文件中,它们的顺序不影响功能实现,这三部分是并发执行。

(2)always 块中的语句为顺序语句,它们顺序执行。多个 always 块之间并发执行。

(3)只有连续赋值语句 assign 和实例引用语句可以独立于过程块而存在于模块的功能定义部分。

(4)Verilog HDL 语句定义变量时要区分大小写,q 和 Q 被认为是两个变量。其注释方法和 C 语言一样,用"//…"或者"/ * … * /"对行或段进行注释。

2.6.6 模块的例化

一个模块可以由几个模块构成,一个模块也可以调用其他模块,形成层次结构,对低层次模块的调用称为模块的例化。

Verilog HDL 中对模块的调用和软件编程中对模块的调用有一定区别。Verilog HDL 是硬件描述语言,由它所描述的模块是一具体的硬件电路,所有模块被调用一次,其电路就被复制一次,相当于在上一级模块内生成了一个实例,所以模块的调用也称为"模块实例化"。模块例化的语句格式如下:

例化模块名　例化名　(端口列表)

图 13.2 所示为一个用模块例化语句描述的反相器级联逻辑电路图。

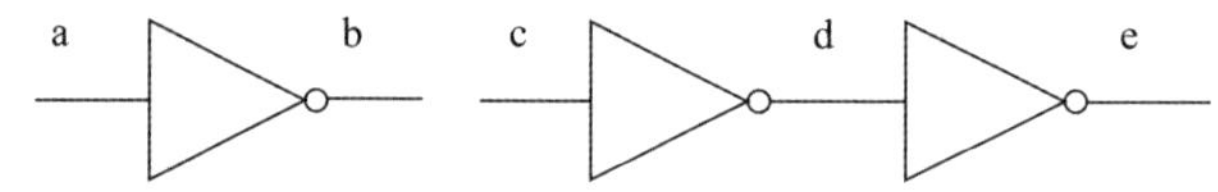

图 13.2　模块例化示意图

其 Verilog HDL 语言如下:

```
module inv1(input a,output b);
  assign b=～a;
endmodule
module test1(input c,output e);
  wire d;
  inv1 G1(c,d);
  inv1 G2(.a(d),.b(e));
endmodule
```

其中,端口列表中的信号的顺序可以采用位置匹配法。例如"inv1 G1(c,d);"实例化时采用位置关联;G1 的 c 对应模块 inv1 的输入端口 a,G1 的 d 对应 inv1 的输出端口 b。也可以采用信号名匹配的方式,如"inv1 G2(.a(d),.b(e));",当端口列表中的信号名比较多的时候,一般采用信号名匹配方式,在采用信号名匹配的时候,可以不按照顺序排列。比较好的办法是采用按信号名匹配并按照位置顺序排列。

3　实验仪器

(1)登录终端 1 台(台式计算机或笔记本电脑等)。

(2)在线实验平台。

(3)口袋开发板 1 块。

(4*)带开发工具的计算机 1 台。

4　实验内容

4.1　第 1 关

4.1.1　挑战 1　实现简单连线

wire 类型连线通常表示逻辑门和模块之间的电气连接线。Verilog HDL 的导线中,信号只能在一个方向上流动,从源到接收器。在语句"assign right_side=left_side;"中,右侧信号的值由左侧信号驱动,右侧信号跟随左侧信号的变化而变化。对应于 Verilog HDL 的端口,其输入端口由模块外部驱动,输出端口则驱动模块外部,从模块内容看去,输入端口连接的是驱动器或者源,输出端口连接的是接收器。参考如下关于模块的简单示意图(图 13.3),补充下面的代码语句,实现简单连线。

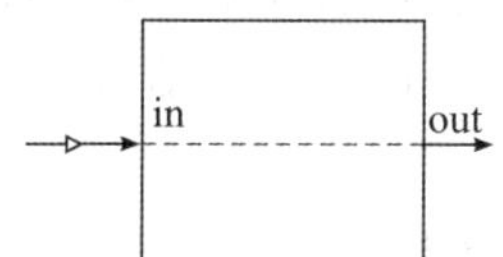

图 13.3　连线的简单示意图

```
module wire(input in,output out);
    ***  // 填入代码
endmodule
```

4.1.2　挑战 2　实现非门

创建一个非门模块,输入信号经过取反后到达输出端。请参考图 13.4,补全代码。

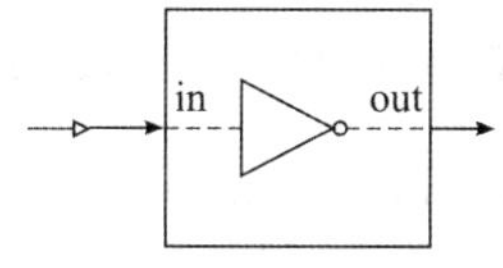

图 13.4　非门示意图

```
module not_gate(input in,output out);
    ***  // 填入代码
endmodule
```

4.1.3 挑战3 实现与门

创建一个与门模块，两路输入信号取与后到达输出端。请参考图13.5，补全代码。

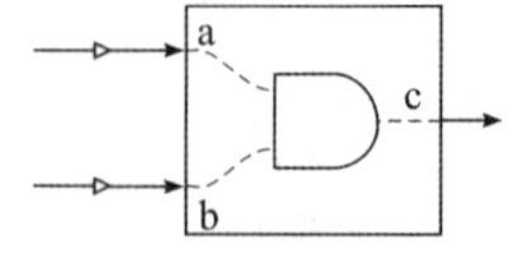

图13.5 与门示意图

```
module and_gate(input a,input b,output c);
   *** // 填入代码
endmodule
```

4.1.4 挑战4 二输入组合门

创建一个二输入组合门，实现与门、或门、非门、异或门和同或门的输出。参考图13.5的二输入与门的电路图，补全代码。

```
module multi_gate(input a,input b,output [3:0] out);
   *** // 填入代码
endmodule
```

4.2 第2关

4.2.1 挑战1 与非门模块的实现

请阅读实验原理中关于模块部分的内容，并参考上面各实验的实现方式，从零开始，实现一个与非门模块，要求输入信号为a和b，输出信号为c。

4.2.2 挑战2 模块的例化

根据实验原理关于端口例化部分的内容，理解模块按名称例化的用法。

图13.6左边为一个与门模块，右边是一个名称为Test的两入一出模块，该模块内部对and_gate进行了例化，请补全下面的代码，分别按名称和位置的方法，完成模块例化。

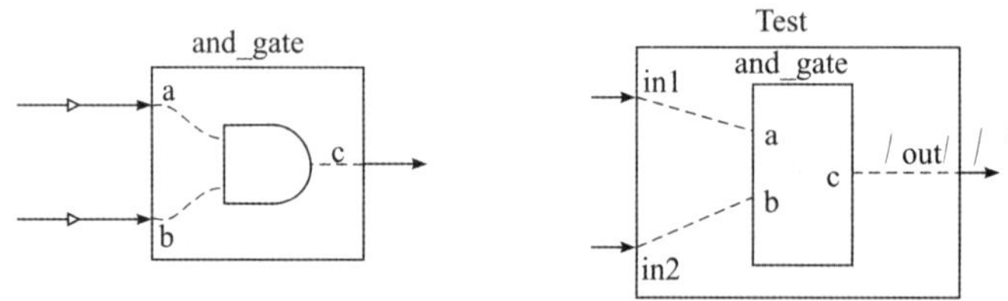

图13.6 模块例化示意图

```
module and_gate(input a,input b,output c);
     assign c=a&b;
endmodule
module modle_Top(input in1,input in2,output out);
   ***           //方法1按名称匹配例化
   ***           //方法2按位置匹配例化
endmodule
```

4.3　第 3 关　实现移位寄存器

图 13.7 是一个具有 2 输入 1 输出的 3 位移位寄存器模块，该移位寄存器由 3 个 D 触发器级联实现。其中，D 触发器模块是：

module dff(input clk,input d,output q);

请根据下图补全代码，实现该移位寄存器。

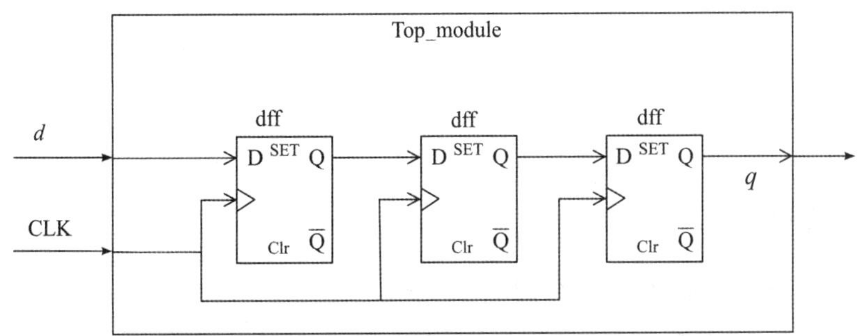

图 13.7　移位寄存器示意图

```
module top_module(input clk,input d,output q);
  ***  // 填入代码
endmodule
```

5　能力拓展

请阅读 IEEE Standard for Verilog Hardware Description Language (IEEE 1364—2005)，进一步理解 Verilog HDL 语言的基础知识。

实验十四　基于流水灯的 FPGA 设计流程

1　实验目的及学习要求

1.1　实验目的

(1)基本掌握测试代码的编写及使用。

(2)了解 FPGA 开发板基本结构。

(3)基本掌握基于 Vivado 开发软件的 FPGA 设计流程。

(4)初步理解流水灯的 Verilog HDL 代码并具备按要求调整的能力。

(5)通过挑战关卡的实现,培养科学精神、工匠精神。

1.2　学习要求

(1)预习并了解 Testbench 的实现方式;了解激励信号的方法,变为实现方法,初步掌握时钟信号、复位信号和周期信号的实现方式;了解仿真代码的编写和仿真界面的使用。

(2)预习并了解流水灯实现流程,阅读并理解流水灯的实现方式。

(3)复习并基本掌握激励信号、复位信号和周期信号的实现方式,基本掌握仿真实现流程。

(4)复习并掌握流水灯实现代码,能够按要求修改流水灯的变换频率、变换方向。

2　实验原理

2.1　编写测试程序

功能验证的目的是验证设计是否实现了规格书所规定的功能,它通过对被测对象施加激励,将实际响应与期望响应作比较的方式来验证被测对象是否符合规格说明书的要求。功能验证的方法包括黑盒法、白盒法和灰盒法。覆盖率表示一个设计的验证进行到什么程度,它也是决定功能验证是否完成的重要量化标准之一,它主要包括两个方面:代码覆盖率和功能覆盖率。

2.1.1　Testbench 介绍

在完成一个功能模块的 Verilog 编程后,还需要验证所编写的模块是否正确,是否满足需求。我们需要编写测试模块来进行验证。

Testbench 也被称为测试平台，如图 14.1 所示，向被测模块输入已经知道的序列信号，然后观测被测模块的输出信号。输入信号的产生可以通过 Verilog HDL 编程实现，也可以调用外部数据文件。输出信号的观测可以通过波形显示，或以保存成文本的形式进行对比。Testbench 文件可以对 Verilog HDL 设计的电路进行仿真验证，测试设计电路的逻辑关系是否正确，验证电路的功能和部分性能是否与预期相符合。Testbench 的编写是整个电路设计过程中不可或缺的环节。

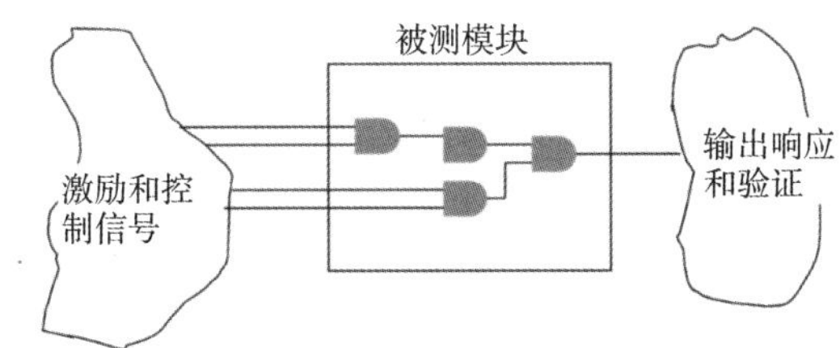

图 14.1　仿真示意图

2.1.2　Testbench 编写过程

编写 Testbench 进行测试的过程如下：

(1)产生模拟激励波形。

(2)将产生的激励加入被测试模块并观察其输出响应。

(3)将输出响应与期望进行比较，从而判断设计的正确性。

Testbench 的基本结构如下：

```
'timescale 1ns / 1ps //定义时间单位与时间精度
module Test;          //通常 Test 模块没有输入与输出端口
   ***                //以下进行信号或变量的定义、声明
   ***                //使用 initial、always 语句来产生激励波形
   ***                //例化设计模块
   ***                //监控和比较输出响应
endmodule
```

2.1.3　激励的生成

产生激励并添加到设计的方法主要为：①从一个 initial 块中施加激励；②从一个循环或 always 块中施加激励；③从一个向量或整数数组中添加激励；④记录一个仿真过程，然后在另一个仿真中回放以施加激励。

(1)时钟的生成。

①使用 forever 方式产生占空比为 50%的时钟。

```
initial
begin
   clk=0;
   #delay;
   forever
   #(period / 2)clk=~clk;
end
```

以上模块中，需要给 clk 赋初值，否则其缺省值为 Z，反相后还是 Z，时钟将一直处于高阻状态。

②使用 always 方式。

```
initial clk=0;
always #(period / 2)clk=~clk;
```

③使用 repeat 产生确定数目的时钟脉冲。

```
initial
begin
  clk=0;
  repeat(6)
  #(period / 2)clk=~clk;
end
```

④产生初始值为 0 的受控时钟。

```
module gen_clk_b(clk_b)
  output clk_b;
  reg start;
  initial
  begin
    start=1;
    #5 start=0;
  end
endmodule
```

(2)复位信号的生成。

系统采用的复位方式可以分为异步复位和同步复位，其典型的产生方式可以如下代码所示。

①异步复位。

```
initial
begin
  rst=1;
  #100;
  rst=0;
  #100;
  rst=1;
end
```

②同步复位。

```
initial
begin
```

```
    rst=1;
    @(negedge clk); //等待时钟的下降沿
    rst=0;
    #30;
    @(negedge clk);//等待时钟的下降沿
    rst=1;
  end
```

(3)其他信号。

①在确定的时间间隔加载激励。

```
  initial //此次如果将 initial 改为 always ,则是一个重复值序列
  begin
    reset=0;
    #100 reset=1;
    #80 reset=0;
    #30 reset=1;
  end
```

②周期性信号的产生。

```
  initial
  rst=0;
  parameter period=20;
    always #(period / 2)rst=~rst;
```

③过程、事件及函数的调用。

```
  always @(posedge clk)
  begin
    if(cyc==100)
      begin
        addr=reg1;
        d=8'h55;
        cpuwrite(addr ,d);
      end
  end
```

④从文件中读取数据。

```
  initial a=0;
  initial
  $readmemb("test_poss.dat",posmem);
  always @(posedge clock)
  begin
    if(a<1000)
```

```
        begin
          pos=posmem(a);
          a=a+1;
        end
      end
```

⑤以输出为基础产生激励。

```
always @(posedge clk)
begin
  if(q % 2==0)
    a=1'b0;
  else
    a=1'b1;
end
```

2.1.4 观察响应

观察被测模块响应的方法：在 initial 块中，用系统任务 $time 和 $monitor。

$time 返回当前的仿真时刻，$monitor 只要在其变量列表中有某一个或某几个变量值发生变化，便在仿真单位时间结束时显示其变量列表中所有变量的值。例如：

```
initial
begin
  $monitor($time,"out=%b a=%b b=%b sel=%b",out,a,b,sel);
end
```

2.1.5 纪录输出

把被测模块的输出变化记录到数据库文件中（文件格式为 VCD，大多数的波形显示工具都能读取该格式），可用以下 7 个系统任务：

```
$dumpfile("file.dump"); //打开记录数据变化的数据文件
$dumpvars(); //选择需要记录的变量
$dumpflush; //把记录在数据文件中的资料转送到硬盘保存
$dumpoff; //停止记录数据变化
$dumpon; //重新开始记录数据变化
$dumplimit(); //规定数据文件的大小(字节)
$dumpall; //记录所有指定信号的变化值到数据文件中
```

2.1.6 Vivado 仿真

Vivado 仿真流程主要包含编写（添加）工程文件、编写（添加）仿真文件及仿真和观察三个步骤，图 14.2 是仿真界面图，图 14.3 是行为仿真波形图。

Vivado 工具可以方便地实现仿真及波形观察，但是存在内存占用过大的问题。Vscode、iverilog、GTKwave 3 种工具联合使用，则可以简单快捷地实现 Verilog HDL 代码的仿真，进一步的实现方法可以查阅相关资料。

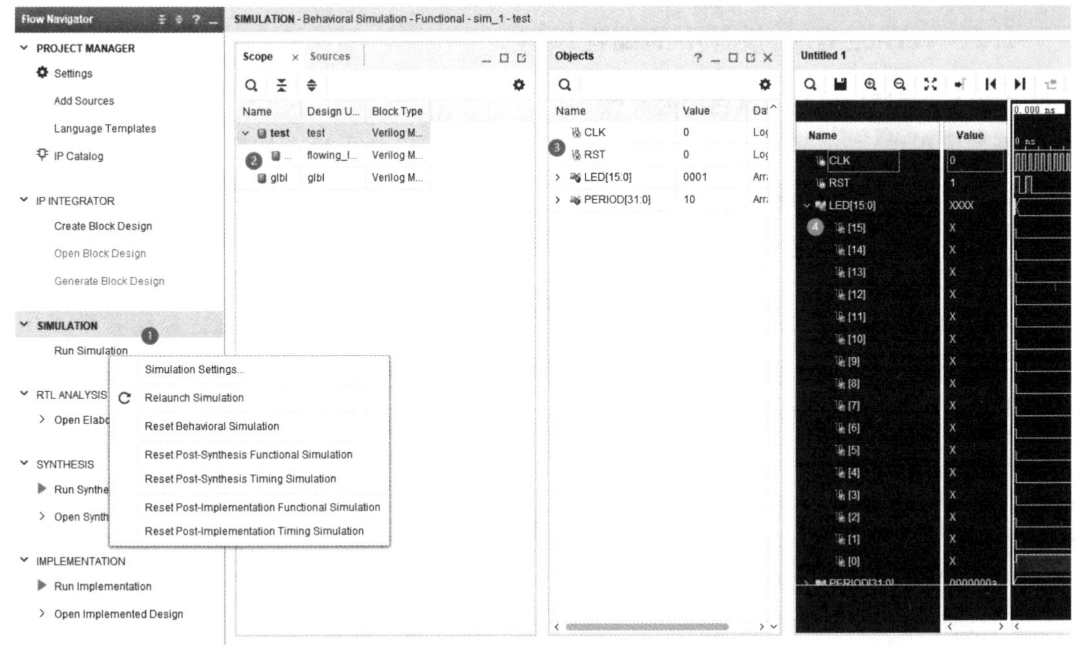

(a)开始行为仿真；　　(b)显示信号；　　(c)添加信号到波形窗口；　　(d)波形显示

图 14.2　Vivado 仿真界面

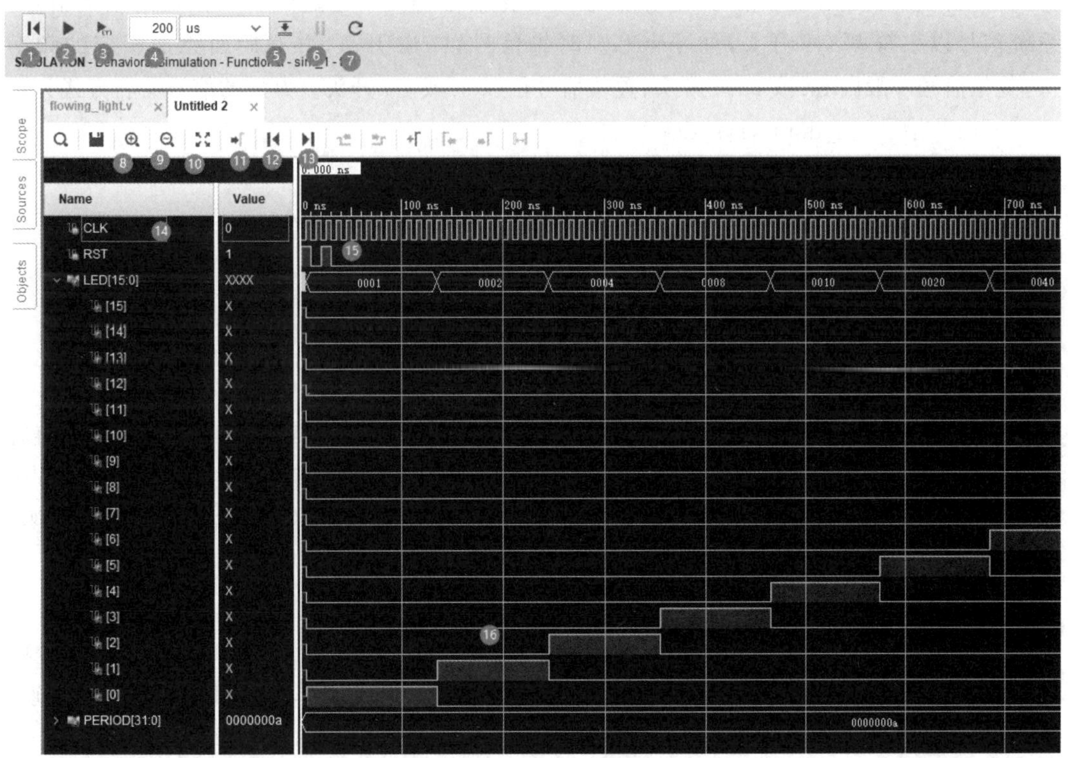

①：重新开始；②：开始仿真；③：仿真 xx 时长；④：仿真时长设置；⑤：步进；⑥：停止；⑦：重新导入仿真；⑧：放大显示；⑨：缩小显示；⑩：满屏显示；⑪：跳到光标；⑫：跳到时间零点；⑬：跳到上次时间；⑭：显示信号列表；⑮：RST；⑯：LED[15:0]为了方便观察，对部分源代码进行了调整。

图 14.3　行为仿真波形图

2.2 Verilog HDL 设计中的编程风格

2.2.1 强调代码编写风格的必要性

开发流程中，必须强调规范，对于中、大型的系统设计，如果没有按照规范进行设计，将导致灾难性的后果。逻辑设计也应遵守规范，遵循一定的规则对信号进行命名和注释，有助于开发者理解和记忆。

遵循代码编写规范书写的代码，容易阅读、理解、维护、修改、跟踪调试及文档整理等。编写风格随意的代码，会给开发者本人的调试、修改工作带来困难，也会给合作者带来困扰，影响开发进度。

2.2.2 编写规范的宗旨

(1)缩小篇幅。

(2)提高整洁度。

(3)便于跟踪、分析及调试。

(4)增强可读性，帮助阅读者理解。

(5)便于整理文档及交流合作。

2.2.3 变量及信号命名规则

(1)系统级信号。

系统级信号是指复位信号、置位信号及时钟信号等需要输送到各个模块的全局信号。系统信号以字符串 sys 开头，如 sysClk。时钟信号以 clk 开头，并在后面添加相应的频率值；复位信号一般以 rst 或 reset 开头；置位信号位以 st 或 set 开头。典型的信号命名方式为：

```
wire [7:0] sys_dout ,sys_din;
wire clk_32p768MHz;
wire reset;
wire st_counter;
```

(2)低电平有效的信号。

信号后一律加下划线和字母 n，如 SysRst_n；Dram_WrEn_n。

(3)经过锁存器锁存后的信号。

信号后面加下画线和字母 r，与锁存前的信号进行区别。如 Data_out 信号，经过锁存后应命名为 Data_out_r。低电平有效的信号经过锁存器锁存后，其命名应在_n 后加 r。如 Data_out_n 信号，经锁存后应该命名为 Data_out_nr。多级锁存的信号，可以加 r 以标明。如 Data_out 信号，经过两级锁存器锁存后，应命名为 Data_out_rr。

(4)模块的命名。

在系统设计阶段，应该为每个模块进行命名。命名的方法是将模块英文名称的各个单词首字母组合起来，形成 3～5 个字符的缩写。若模块只有一个单词，可以取该单词的前 3 个字母。各模块的命名以 3 个字母为宜。例如：Central Processing Unit 模块，命名为 CPU；Random Access Memory 模块，命名为 RAM；Decoder 模块，命名为 DEC。

(5)模块之间的接口信号的命名。

所有变量的命名包含两个部分，第一部分表明数据方向，其中数据发出方在前面，数据接收方在后面;第二部分为数据名称。两部分之间用下划线隔开。第一部分全部大写,第二部分所有具有明确意义的英文名全部拼写或缩写的第一个字母大写,其余部分小写。例如:

CPUMMU_WrReq

下划线左边是第一部分,代表数据方向是从 CPU 模块发向存储器管理单元模块(MMU)。下划线右边 Wr 为 Write 的缩写,Req 是 Request 的缩写。两个缩写的第一个字母都要大写,便于理解。整个变量连起来的意思就是 CPU 发给 MMU 的"写"请求信号。

模块上下层次间信号的命名也遵循本规定。若是某个信号从一个模块传递到多个模块,其命名应视信号的主要路径而定。

(6)模块的内部信号。

模块内部的信号由几个单词连接而成,缩写要求能基本表明单词的含义。单词常用的缩写方法:Clock→Clk,Write→Wr,Read→Rd;此外,还可以取该单词的前几个字母:Frequency→Freq,Variable→Var;每个单词的第一个字母都要大写:FlashAddrLacthEn;如果遇两个大写字母为邻,中间添加一个下划线:LCD_On。

2.2.4　编码格式规范

(1)分节书写。

各节之间加 1～2 行空格。每个 always 块和 initial 块都是一节,每节基本上完成一个特定的功能,即用于描述某几个信号的产生。在每节之前都相应加几行注释对该节代码进行描述,至少需要列出本节所描述的信号的含义。

(2)对齐。

首行不使用空格来对齐,而要采用 Tab 键,Tab 键的宽度设置为 4 个字符宽度,行尾不要有多余的空格。

(3)注释。

使用//进行注释的,以分号(;)结束;使用/*　*/进行注释的,/*和*/各占一行,并且顶格。例如://SDRAM Data bus 16 Bits。

(4)空格使用。

不同变量以及变量与符号、变量与括号之间都应当保留一个空格。Verilog HDL 关键字与其他任何字符串之间都应当保留一个空格。例如:always @(…)。

使用大括号和小括号的时候,前括号的后边和后括号的前边应当留有一个空格。逻辑运算符、算术运算符、比较运算符等运算符的两侧各留一个空格,与变量分隔开来。但单操作数运算符除外,可以直接位于操作数前面,不需要使用空格。

使用//进行注释的,在//后应当有一个空格,注释行的末尾不要有多余的空格。

例如:

```
wire_I2C_SCLK=SCLK |((Sd_Cnt>=4)&(Sd_Cnt <=30))? ~ CLK:0
assign SramAddrBus={ AddrBus[31:24],AddrBus[7:0] };
```

(5)同层次书写。

同一个层次的所有语句左端对齐;initial、always 等语句块的 begin 关键词跟在本行的末尾,相应的 end 关键词与 initial、always 对齐。这样做的好处是可以避免因为 begin 独占一行而造成行数太多。begin 也可以单独起一行，但是代码前后风格要固定。

(6)不同层次书写。

不同层次之间的语句使用 Tab 键进行缩进，每加深一层缩进一个 Tab。

(7)代码块。

在 always 或者 endmodule、endtask 及 endcase 等标记一个代码块开始或者结束的关键词后面再加上一行注释，说明这个代码块的名称及功能，同时保持前后的风格统一。

2.3 开发流程简介

Vivado 设计分为 Project Mode 和 Non-project Mode 两种模式，我们常用的是 Project Mode。在本书中，我们采用 Xilinx 数模混合口袋实验室，以一个简单的实验为例，一步一步地完成 Vivado 的整个设计流程。

在本次实验中，我们将会学习 Xilinx Vivado 2017 进行创建工程、仿真、综合、实现和下载等开发环节。本实验通过编写一个流水灯实验来展示使用 Xilinx Vivado 进行基本的 FPGA 设计，其实现步骤如下：

(1)通过编写 HDL 文件的方式创建 Vivado 设计。

(2)建立仿真。

(3)通过 I/O Planing 添加管脚约束或者通过编写约束文件添加管脚约束。

(4)添加时序约束。

(5)生成 Bitstream 文件。

(6)将生成的 Bitstream 文件下载到 FPGA 开发板里。

2.4 FPGA 开发板简介

2.4.1 开发板简介及其正面图

图 14.4 开发板全貌

本次实验使用的 Xilinx Artix 7 FPGA 开发板，其采用的 FPGA 芯片型号为 Xilinx Artix-7 XC7A35T，具有电平开关、LED、键盘、数码管等基本外设。开发板左侧的 I/O 插槽可以直接插入特定型号的 LCD 屏幕与摄像头，极大地方便了图像处理相关应用的实现。开发板背面插槽可以进行扩展实验。实验开发板实物全貌如图 14.4 所示。

2.4.2 开发板采用的芯片介绍

该 FPGA 板采用的芯片型号为 XC7A35T，表 14.1 为 XC7A35T 芯片资源参数。从 Xilinx 官网的数据手册中可以找到 Artix-7 系列 FPGA 芯片的资源对比，可以看出 35T 在所有 Artix-7 系列的 FPGA 中资源量属于中等，完成基础的 FPGA 实验和进阶的 SoC 设计实验（包括图像处理相关）是足够的。

表 14.1 XC7A35T 芯片参数

	Part Number	XC7A12T	XC7A15T	XC7A25T	XC7A35T
Logic Resources	Logic Cells	12800	16640	23360	33280
	Slices	2000	2600	3650	5200
	CLB Flip-Flops	16000	20800	29200	41600
	Maximum Distributed RAM (kb)	171	200	313	400
Memory Resources	Block RAM/FIFO w/ECC(36 kb each)	20	25	45	50
	Total Block RAM(kb)	720	900	1620	1800
Clock Resources	CMTs(1 MMCM+1 PLL)	3	5	3	5
	Maximum Single-Ended I/O	150	250	150	250
I/O Resources	Maximum Differential I/O Pairs	72	120	72	120
	DSP Slices	40	45	80	90
Embedded Hard IP Resources	PCle* Gen2	1	1	1	1
	Analog Mixed Signal(AMS)/XADC	1	1	1	1
	Configuration AES/HMAC Blocks	1	1	1	1
	GTP Transceivers (6.6 Gb/s Max Rate)	2	4	4	4
Speed Grades	Commercial	−1,−2	−1,−2	−1,−2	−1,−2
	Extended	−2L,−3	−2L,−3	−2L,−3	−2L,−3
	Industrial	−1,−2,−1L	−1,−2,−1L	−1,−2,−1L	−1,−2,−1L

Artix-7 系列 FPGA 芯片采用图 14.5 所示的基本可配置逻辑块（configurable logic block，CLB），其中包括 6 输入查找表、可选的双向 5 输入查找表、分布式存储、移位寄存器、高速进位算术逻辑功能以及大量多路复用器。CLB 是用于实现时序电路和组合电路的主

要逻辑资源。每个 CLB 都连接到一个交换矩阵(switch matrix),以访问通用路由矩阵。每个 CLB 内部包含两个 Slice。Artix-7 系列 FPGA 中的 LUT 可以配置为具有一个输出的 6 输入 LUT,也可以配置为具有独立输出但共享地址或逻辑输入的两个 5 输入 LUT。每个 5 输入 LUT 的输出都可以选择在触发器中寄存。每个 Slice 由 4 个这样的 6 输入 LUT、8 个

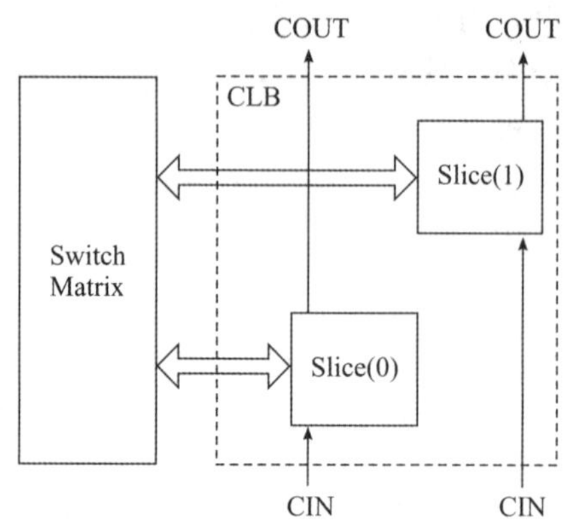

图 14.5　芯片内部示意图

触发器、多路复用器和算术运算单元构成。每片 4 个触发器可以选择配置为锁存器。但在这种情况下,该片中其余的 4 个触发器必须保持未使用状态。

2.4.3　开发板下载器

FPGA 板上的正上方有一个接口,该接口(FPGA JTAG)为 FPGA 下载接口,通过该接口下载比特流到 FPGA 中进行配置。功耗较小时,通过该接口给板卡供电。该接口同时也具备 USB 转串口的功能,方便用户进行串口实验。实验开发板的下载串口管脚配置见表 14.2。

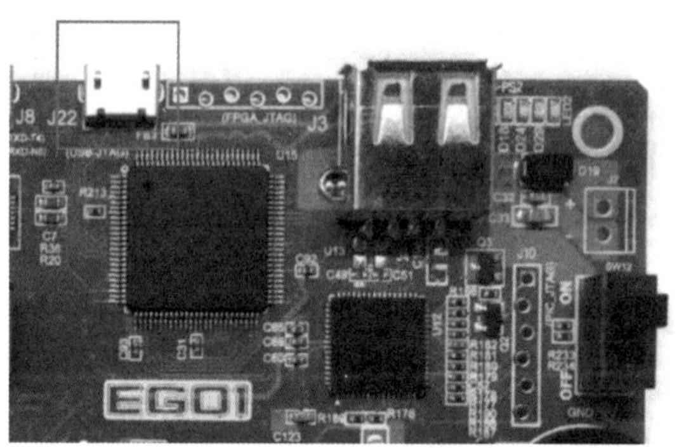

图 14.6　开发板下载接口

表 14.2　开发板下载管脚配置表

引脚名称	FPGA 引脚
UART_RX	T4
UART_TX	N5

2.4.4　开发板时钟

开发板搭载一个 100 MHz 的时钟芯片,输出的时钟信号直接与 FPGA 全局时钟输入

引脚(P17)相连。若设计中还需要其他频率的时钟,可以采用 FPGA 内部的 MMCM 生成。实验开发板的时钟引脚配置见表 14.3。

表 14.3　开发板时钟管脚配置表

引脚名称	FPGA 引脚	时钟频率
SYS_CLK	P17	100 MHz

2.4.5　LED

如图 14.7 所示,FPGA 板提供了 16 个直接由 FPGA 控制的 LED 灯 D0～D15,每一个 LED 灯都由 FPGA 芯片的一个引脚直接驱动。由图 14.8 可知,当 FPGA 的引脚输出高电平时,LED 灯点亮;反之,则熄灭。实验开发板 LED 管脚配置见表 14.4。

图 14.7　开发板 LED 实物图

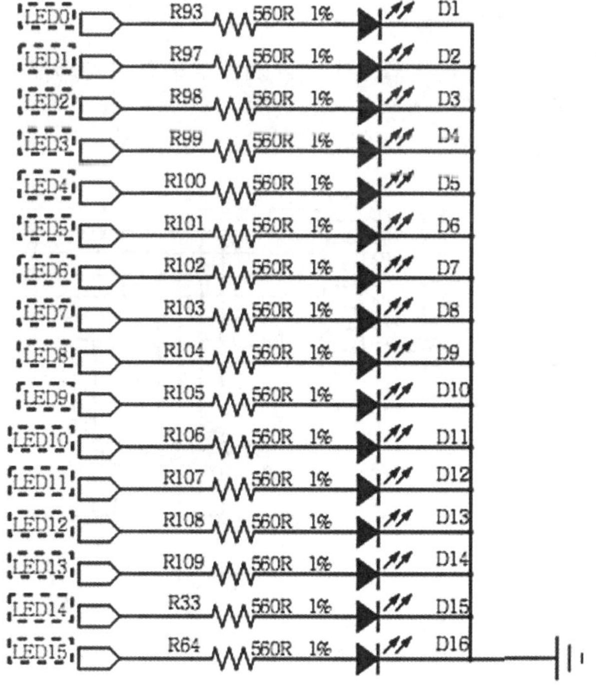

图 14.8　开发板 LED 电路图

表 14.4 开发板 LED 管脚配置表

引脚名称	FPGA 引脚
LED0	F6
LED1	G4
LED2	G3
LED3	J4
LED4	H4
LED5	J3
LED6	J2
LED7	K2
LED8	K1
LED9	H6
LED10	H5
LED11	J5
LED12	K6
LED13	L1
LED14	M1
LED15	K3

2.4.6 电平开关

在 LED 灯下边有 8 位 DIP 开关和 8 个拨码开关(图 14.9),可以作为输入信号,当电平开关处在 DOWN 位置(靠近开发板边缘)时,向 FPGA 相应引脚输出低电平,当电平开关在 UP 位置时,向 FPGA 相应引脚输出高电平。开发板电平开关管脚配置如表 14.5 所示。

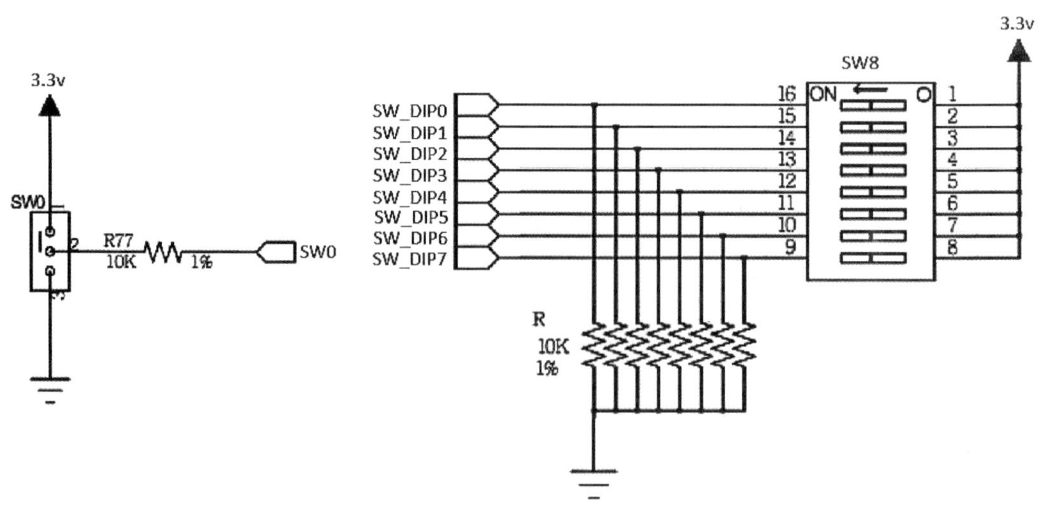

图 14.9 开发板电平开关电路

表 14.5 开发板电平开关管脚配置表

外设名称	引脚名称	FPGA 引脚
拨码开关	SW0	P5
	SW1	P4
	SW2	P3
	SW3	P2
	SW4	R2
	SW5	M4
	SW6	N4
	SW7	R1
8 位 DIP 开关	SW_DIP0	U3
	SW_DIP1	U2
	SW_DIP2	V2
	SW_DIP3	V5
	SW_DIP4	V4
	SW_DIP5	R3
	SW_DIP6	T3
	SW_DIP7	T5

2.4.7 按键

FPGA 板带有 2 个专用按键与 5 个通用按键。

2 个专用按键分别用于逻辑复位 RST(S6)和擦除 FPGA 配置 PROG(S5),当设计中不需要外部触发复位时,RST 按键可以用作其他逻辑触发功能。

5 个通用按键默认为低电平,按键按下时输出高电平,该通用按键可以用于一些外界的控制交互。需要注意的是,按下按键时信号存在抖动,要设计按键消抖模块以免按键抖动带来未知的错误。具体如图 14.10 所示。开发板按键管脚配置见表 14.6。

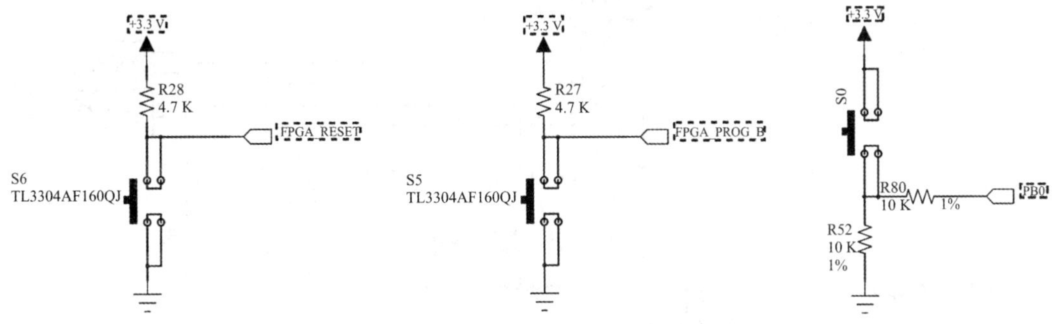

图 14.10 开发板按键电路图

表 14.6　开发板按键管脚

外设名称	引脚名称	FPGA 引脚
复位键	FPGA_RESET	P15
按键	S0	R11
	S1	R17
	S2	R15
	S3	V1
	S4	U4

2.4.8　不带译码管的数码管

如图 14.11 所示，FPGA 板上配有两组七段不带译码功能的数码管 DIG1（当正放 FPGA 开发板时，从左至右为 1～8），每组 4 个。数码管为共阴极数码管，即公共极输入低电平。共阴极由三极管驱动，FPGA 需要提供正向信号且段选端连接高电平，数码管上的对应位置才可以被点亮。因此，FPGA 输出有效的片选信号和段选信号都是高电平。开发板数码管管脚配置见表 14.7。

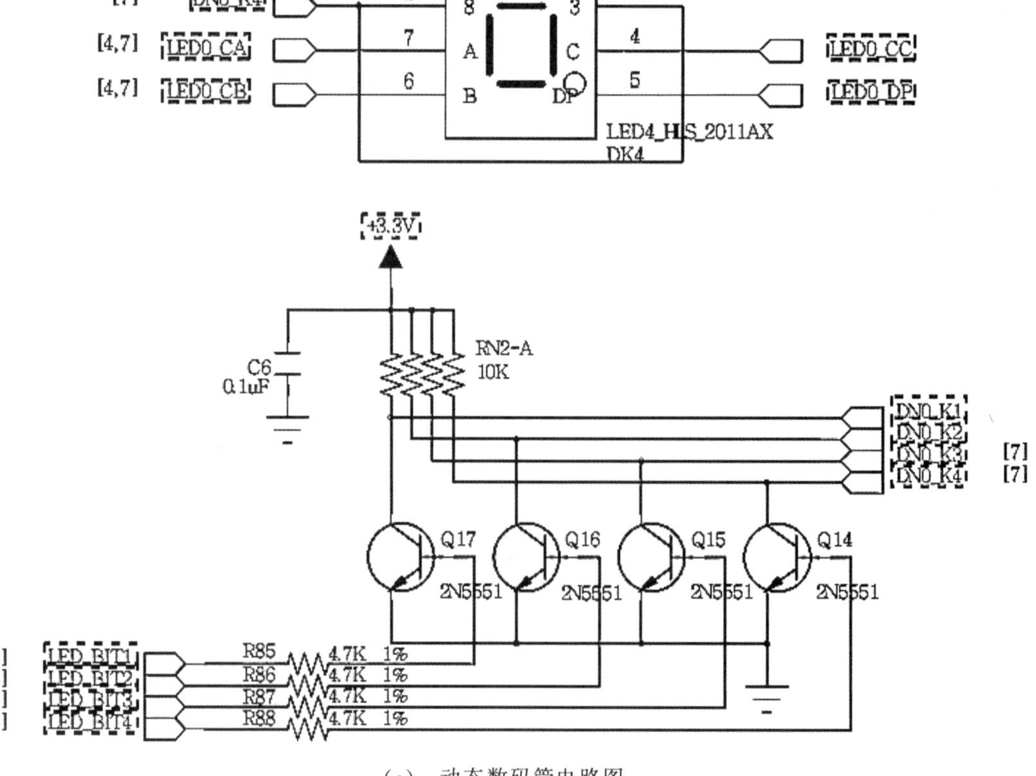

（a）　动态数码管电路图

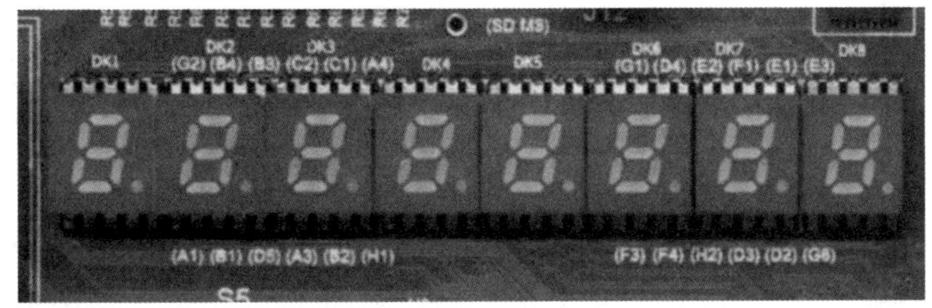

(b)　动态数码管实物图

图 14.11　动态数码管的电路图及实物图

表 14.7　数码管管脚配置

外设名称	引脚名称	FPGA 引脚
数码管(不带译码)	A0	B4
	B0	A4
	C0	A3
	D0	B1
	E0	A1
	F0	B3
	G0	B2
	DP0	D5
	A1	D4
	B1	E3
	C1	D3
	D1	F4
	E1	F3
	F1	E2
	G1	D2
	DP1	H2
	DN0_K1	G2
	DN0_K2	C2
	DN0_K3	C1
	DN0_K4	H1
	DN1_K1	G1
	DN1_K2	F1
	DN1_K3	E1
	DN1_K4	G6

2.4.9 I/O口

FPGA 板左侧有 1 组 I/O 接口，可以用于扩展功能。开发板共提供 32 个双向 I/O，每个 I/O 支持过流过压保护，其电路图如图 14.12 所示。

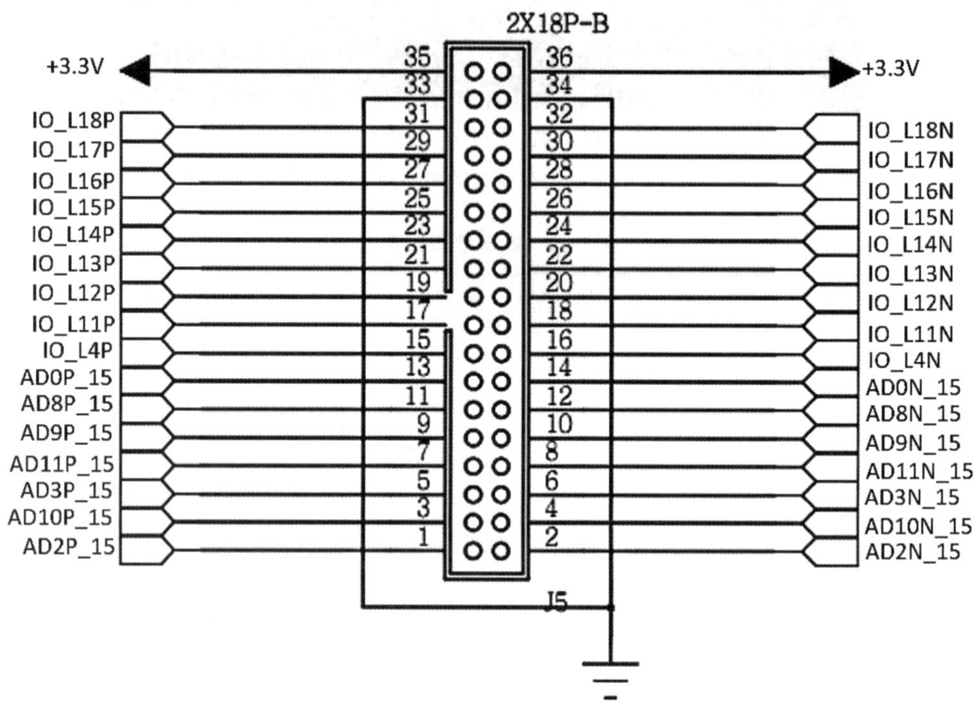

图 14.12 I/O 口电路图

3 实验仪器

(1)登录终端 1 台(台式计算机或笔记本电脑等)。

(2)在线实验平台。

(3)口袋开发板 1 块。

4 实验内容

4.1 第 1 关 流水灯工程创建

注意：新建工程需要在“/data/workspace/lab14/”目录下创建工程文件，并将工程文件名命名为“project_1”。

4.1.1 挑战 1 新建工程

(1)打开 Vivado 2017.4 开发工具，点击界面中“Create New Project”图标，弹出新建工程向导，点击“Next”，得到空白 Vivado 工程界面，开始新建空白工程。

(2)在"project name"栏目输入工程名称,选择工程存储路径,并勾选"Create project subdirectory"选项,为工程在指定存储路径下建立独立的文件夹。设置完成后,点击"Next"。

注意:工程名称和存储路径中不能出现中文和空格,建议工程名称以字母、数字、下划线来组成。

(3)选择"RTL Project"一项,并勾选"Do not specify sources at this time",勾选该选项是为了跳过在新建工程的过程中添加设计源文件。保持其他选项不变后,点击"Next"。

(4)根据使用的 FPGA 开发平台,选择对应的 FPGA 目标器件。这里采用了 Xilinx 数模混合口袋实验室 EGO1 开发板,请大家根据实际所用开发板选择对应的设置。EGO1 FPGA 开发板采用 Artix-7 XC7A35TCSG324-C 器件,即 Family 和 Subfamily 均为 Artix-7,封装形式(Package)为 CSG324,速度等级(Speed grade)为-1,温度等级(Temp grade)为 All Remaining,选择 xc7a35tcsg324-1,如图 14.13 所示。

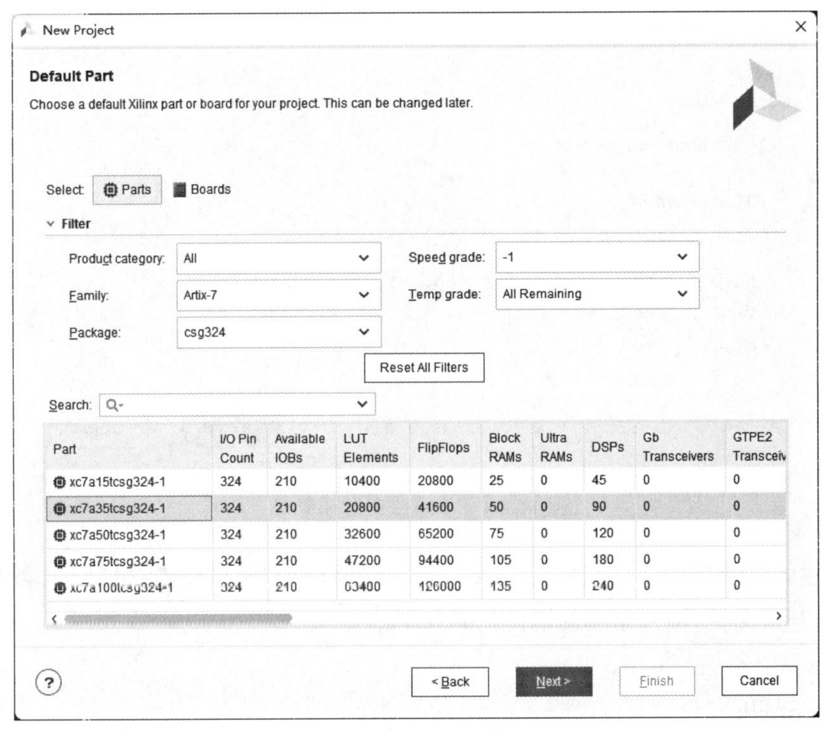

图 14.13　开发板类型选择窗口

(5)确认相关信息与设计所用的 FPGA 器件信息是否一致,一致请点击"Finish",不一致则返回上一步修改。

4.1.2　挑战 2　设计文件输入

(1)点击"Flow Navigator"下的"Project Manager→Add Sources"或界面中间 Sources 中的对话框,打开设计文件导入添加对话框。

(2)在项目管理栏中选择第二项"Add or Create Design Sources",用来添加或新建 Verilog 或 VHDL 源文件,点击"Next"。

(3)如果有现有的 Verilog/VHDL 文件,可以通过"Add Files"一项添加。在这里,因为要新建文件,我们选择“Create File”一项。

(4)在“Create Source File”中输入 File Name,点击“OK”。

注意:名称中不可出现中文和空格。

(5)点击“Finish”。

(6)如图 14.14 所示,在弹出的 Define Module 中的 I/O Port Definitions 中填入设计模块所需的 clk、rst_n 和端口,并设置端口方向;如果端口为总线型,勾选“Bus”选项,并通过 MSB 和 LSB 确定总线宽度。完成后点“OK”。

注意:led 实际宽度与代码中一致,也可在代码中修改。

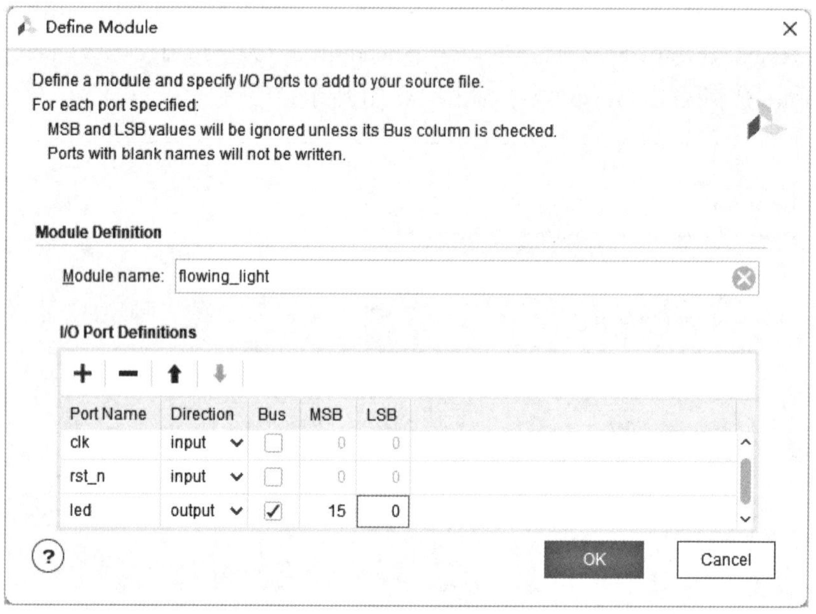

图 14.14　总线位宽选择窗口

(7)新建的设计文件(此处为 flowing_light.v)保存于“Sources”中的“Design Sources”中。双击打开该文件,输入相应的设计代码如下。

```
module flowing_light(
  input clk,
  input rst_n,
  output[15:0] led   //有 16 个 LED 灯
  );
  reg[27 : 0] cnt_reg;
  reg[15 : 0] light_reg;
  always @ (posedge clk)
  begin
    if(! rst_n)
      cnt_reg<=0;
```

```
 else if(cnt_reg＝＝28'D100000000)
   cnt_reg ＜＝0；
 else
   cnt_reg ＜＝cnt_reg＋1；
end
always @ (posedge clk)
begin
   if(! rst_n)
      light_reg＝＝16'h8000；
   else if(cnt_reg＝＝28'D100000000)
   begin
      if(light_reg ＜＝16'h0001)
         light_reg＝＝16'h8000；
      else
         light_reg ＜＝light_reg＞＞ 1；   //右移
   end
end
assign led＝light_reg；
endmodule
```

4.2　第 2 关　流水灯仿真代码的实现

4.2.1　挑战 1　修改寄存器长度

流水灯的实现代码中，cnt_reg 寄存器一直跟着时钟计数，直到它等于 100 M 才移动一次灯，这样长的时钟计数在仿真过程中很难查看到实验现象。为了在仿真中能够快速看到流水灯现象，在仿真前需对 cnt_reg 计数上限值进行修改，这里改为 10，将模块代码中两处 else if(cnt_reg＝＝28'D100000000)改为 else if(cnt_reg＝＝10)，以让流水灯现象快速呈现。

4.2.2　挑战 2　仿真实现

参考并完善如下代码，对第一次实验的流水灯进行仿真，记录完整的仿真代码和仿真波形。

```
module flowing_light_tb(      )；
   reg CLK；
   reg RST_N；
   wire[15:0] LED；

flowing_light u0(
      .clk(CLK),
```

```
        .rst_n(RST_N),
        .led(LED));

parameter PERIOD=10;

always #(PERIOD/2)CLK=~CLK;   //此处实现占空比位 50%的周期时钟信号

initial
   begin
      CLK=1'b0;
      RST_N=1'b0;
      #10 RST_N=1'b1;
      #10 RST_N=1'b0;
      #10 RST_N=1'b1;
   end
endmodule
```

点击 Vivado 左侧的 simulation 仿真菜单，进行行为仿真，对比输出波形与图 14.15 所示仿真结果，确认仿真无误。

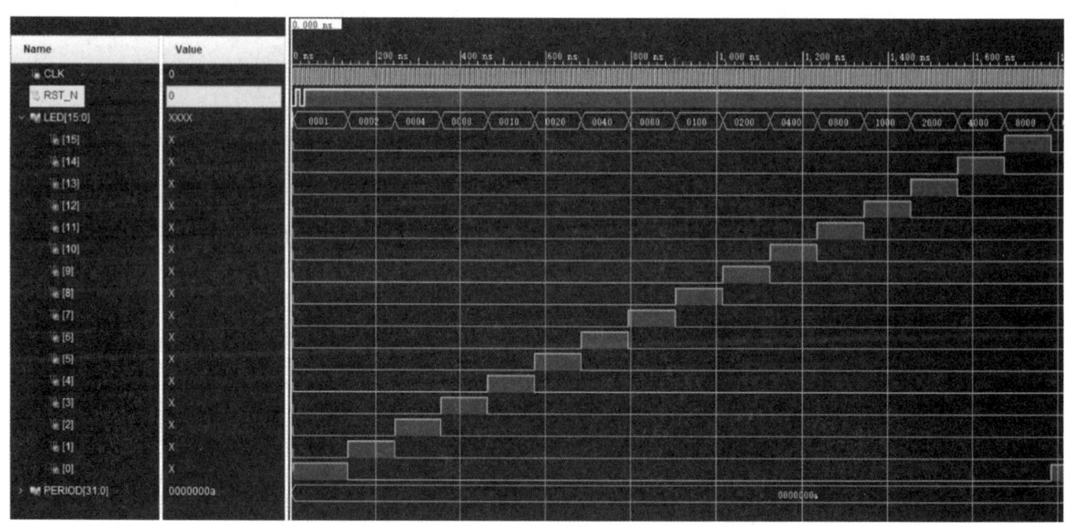

图 14.15　仿真结果图

4.2.3　挑战 3　评测

点击图 14.16 左上角的“代码文件”，在弹出的文件列表中点 flowing_light.v，会弹出图 14.17 所示代码补全界面。

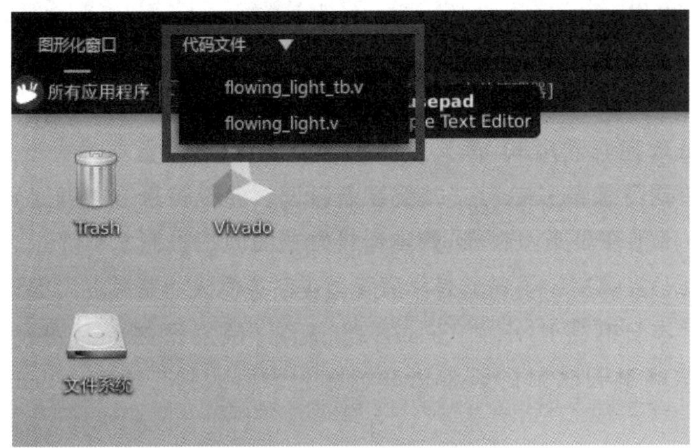

图 14.16　评测文件示意图

图形化窗口　代码文件 ▶　已修改

```
`timescale 1ns / 1ps
module flowing_light(
    input clk,
    input rst_n,
    output [15:0] led  //EGO1有16个LED灯
);
    reg [27 : 0] cnt_reg;
    reg [15 : 0] light_reg;

    always @ (posedge clk)
    begin
        if (!rst_n)
            cnt_reg <= 0;
    /*************begin*************/

    /**************end**************/
            cnt_reg <= 0;
        else
            cnt_reg <= cnt_reg + 1;
    end

    always @ (posedge clk)
    begin
        if (!rst_n)
            light_reg <= 16'h0001;
    /*************begin*************/

    /**************end**************/
        begin
            if (light_reg == 16'h8000)
                light_reg <= 16'h0001;
            else
                light_reg <= light_reg << 1;  //左移
        end
```

图 14.17　流水灯的代码补全界面

点击图 14.17 左上角的“代码文件”，在弹出的文件列表中点 flowing_light_tb.v，会弹出图 14.18 所示代码补全界面。

图形化窗口　代码文件 ▶　已修改

```
`include "/data/workspace/myshixun/step2/flowing_light.v"
module flowing_light_tb(     );
    reg CLK;
    reg RST;
    wire [15:0] LED;

/**************begin**************/
//此处对流水灯代码进行例化

/***************end***************/
    parameter PERIOD = 10;

/***************begin*****************/
//此处实现占空比位50%的周期时钟信号

/***************end******************/

    initial           //初始化CLK, RST_N
    begin
        CLK = 1'b0;
        RST = 1'b1;
        #10 RST = 1'b0;
        #10 RST = 1'b1;
        #10 RST = 1'b0;
    end



/***************以下为评测必要代码，请勿删除******************/
    initial
    begin
        #0 $display("time\tRST\tLED");
    end

    initial
    begin
        $dumpfile("test.vcd");
        $dumpvars;
        $monitor("%g\t%b\t%b",$time,RST,LED);
        #2000 $finish;
    end
endmodule
```

图 14.18　流水灯代码补全界面

对比挑战 2 中的仿真文件，在两行注释行之间补全代码。

4.3　第 3 关　添加约束文件

有两种方法可以添加约束文件，一是利用 Vivado 中的 I/O Planning 功能，二是直接新建 XDC 的约束文件，手动输入约束命令。本次实验使用 I/O Planning 的方法。

(1)点击“Flow Navigator”→“Synthesis”→“Run Synthesis”，先对工程进行综合。

(2)综合完成之后，点击选择“Open Synthesized Design”，打开综合结果。

(3)此时应看到图 14.19 所示界面，如果没出现该界面，打开左上方标签栏的“Window”，选择“I/O Ports”一项。

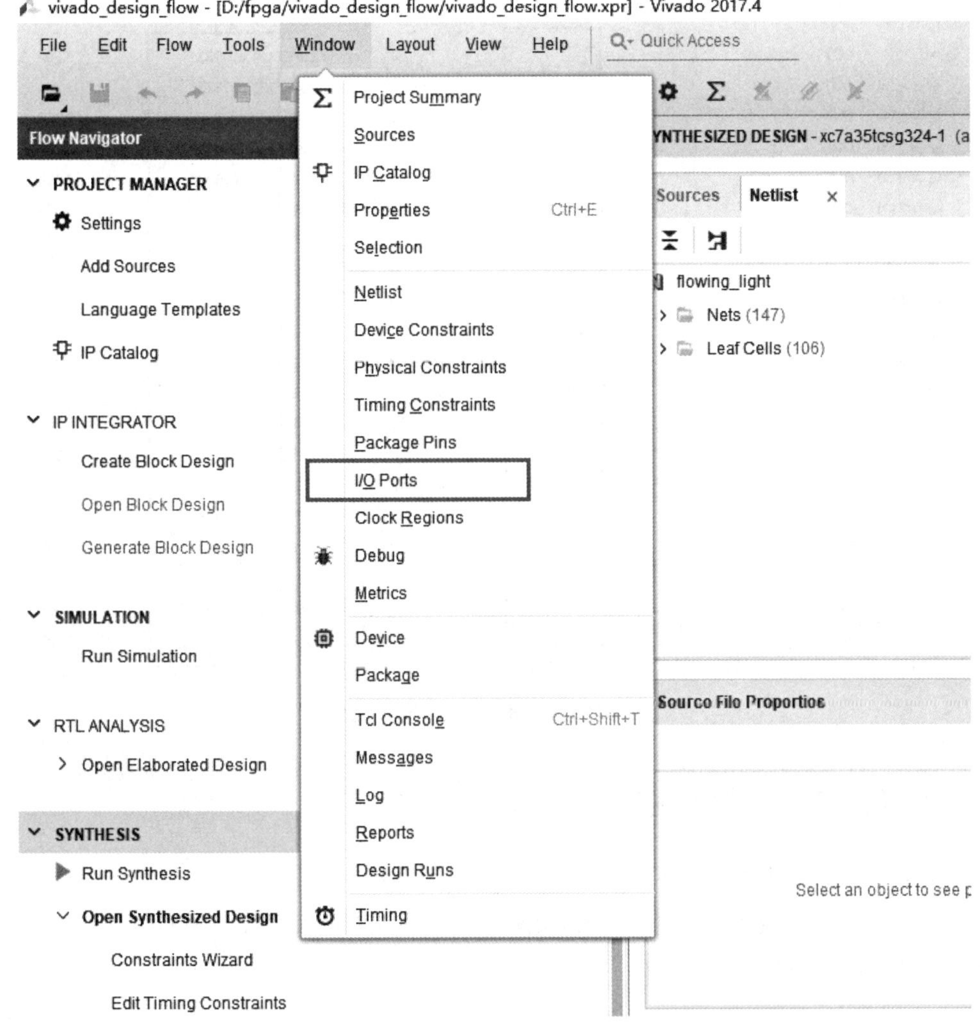

图 14.19　I/O Ports 端口打开方式示意图

(4)在右下方的选项卡中切换到“I/O Ports”一栏，并在对应的信号后输入对应的 FPGA 管脚标号(或将信号拖拽到右上方 Package 图中对应的管脚上)，并指定 I/O Std 为“LVCMOS33”，如图 14.20 所示。具体的 FPGA 约束管脚和 I/O 电平标准，可参考对应板卡的用户手册或原理图。

(5)完成之后,点击左上方工具栏中的保存按钮,工程提示新建 XDC 文件或选择工程中已有的 XDC 文件。在这里,我们要新建一个文件夹,输入"File name",点击"OK"完成约束过程。

(6)此时,在"Sources"下的"Constraints"中会找到新建的 XDC 文件。

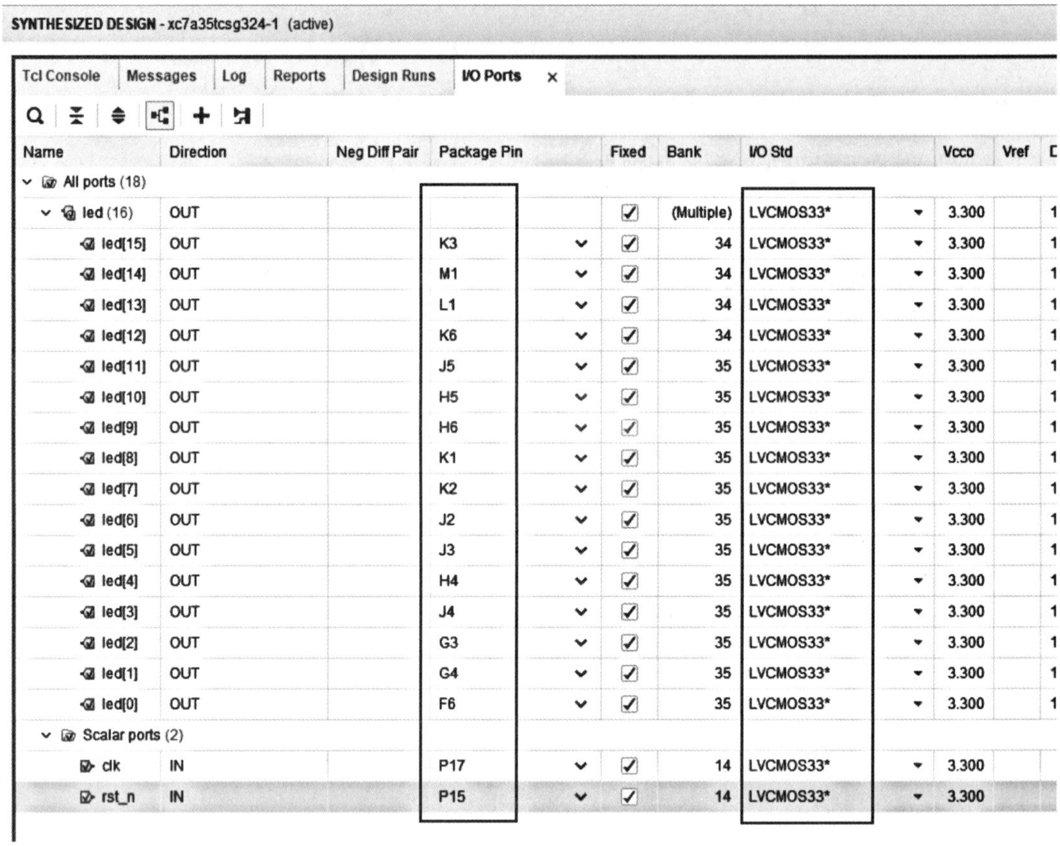

SYNTHESIZED DESIGN - xc7a35tcsg324-1 (active)

Tcl Console | Messages | Log | Reports | Design Runs | I/O Ports ×

Name	Direction	Neg Diff Pair	Package Pin	Fixed	Bank	I/O Std	Vcco	Vref	D
All ports (18)									
led (16)	OUT			✓	(Multiple)	LVCMOS33*	3.300		1
led[15]	OUT		K3	✓	34	LVCMOS33*	3.300		1
led[14]	OUT		M1	✓	34	LVCMOS33*	3.300		1
led[13]	OUT		L1	✓	34	LVCMOS33*	3.300		1
led[12]	OUT		K6	✓	34	LVCMOS33*	3.300		1
led[11]	OUT		J5	✓	35	LVCMOS33*	3.300		1
led[10]	OUT		H5	✓	35	LVCMOS33*	3.300		1
led[9]	OUT		H6	✓	35	LVCMOS33*	3.300		1
led[8]	OUT		K1	✓	35	LVCMOS33*	3.300		1
led[7]	OUT		K2	✓	35	LVCMOS33*	3.300		1
led[6]	OUT		J2	✓	35	LVCMOS33*	3.300		1
led[5]	OUT		J3	✓	35	LVCMOS33*	3.300		1
led[4]	OUT		H4	✓	35	LVCMOS33*	3.300		1
led[3]	OUT		J4	✓	35	LVCMOS33*	3.300		1
led[2]	OUT		G3	✓	35	LVCMOS33*	3.300		1
led[1]	OUT		G4	✓	35	LVCMOS33*	3.300		1
led[0]	OUT		F6	✓	35	LVCMOS33*	3.300		1
Scalar ports (2)									
clk	IN		P17	✓	14	LVCMOS33*	3.300		
rst_n	IN		P15	✓	14	LVCMOS33*	3.300		

图 14.20 流水灯约束分配界面

4.4 第 4 关 工程实现

4.4.1 挑战 1 综合

如图 14.21 所示,在左侧"Flow Navigator"栏中点击"SYNTHESIS→Run Synthesis",在弹出的界面点击"OK"。

4.4.2 挑战 2 实现

如图 14.22 所示,在左侧"Flow Navigator"栏中点击"INPLEMENTATION→Run Implementation",在弹出的界面点击"OK"。

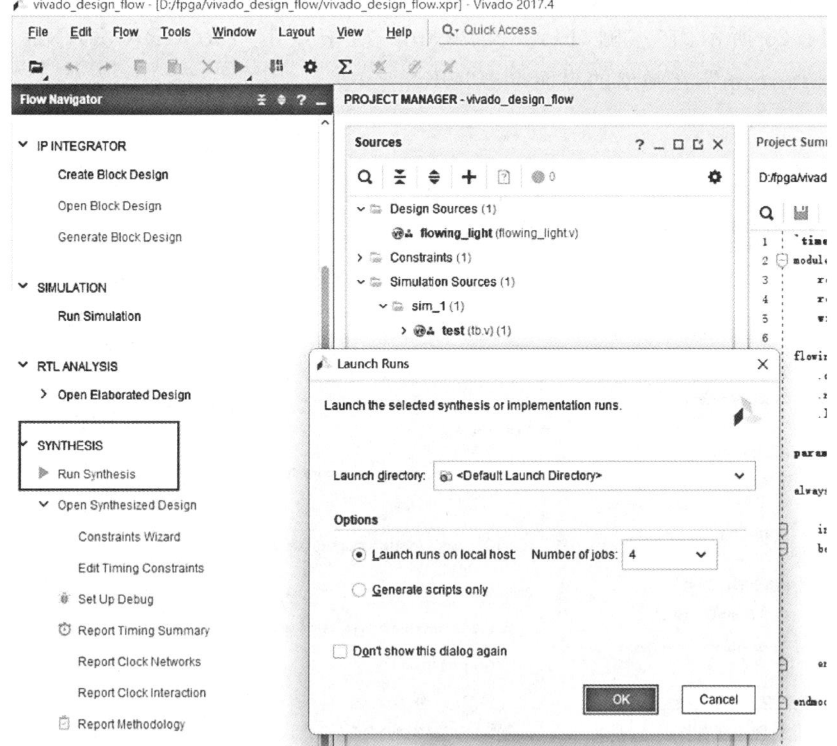

图 14.21　工程综合对话框

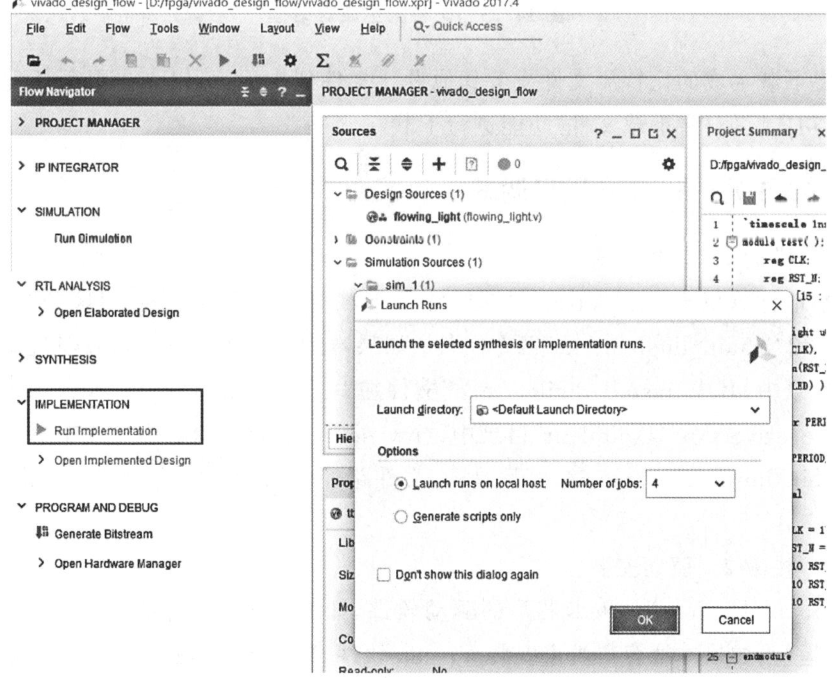

图 14.22　工程实现对话框

4.4.3 挑战3 生成比特流文件

如图14.23所示，在左侧“Flow Navigator”栏中点击“PROGRAM AND DEBUG→Generate Bitstream”，在弹出的界面点击“OK”。

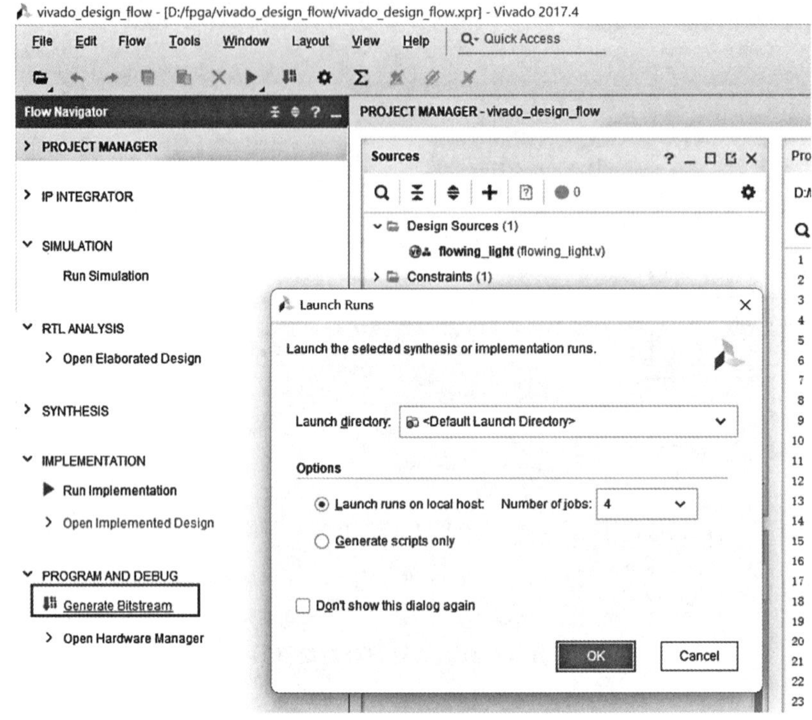

图14.23 比特流生成对话框

如果要下载生成的比特流文件或者其他设计文件到本地，可以点击桌面环境右上角的工具栏，在功能区使用“下载文件”功能进行下载。

4.5 第5关 Vivado远程调试

4.5.1 挑战1 软件准备

如果本地计算机未安装Vivado软件，需要下载服务器上Vivado对应版本号的“hw_server.exe”和“install_digilent.exe”两个文件。如果本地已经安装Vivado，则这两个文件包含在程序目录中，其中“install_digilent.exe”文件在“C:\Xilinx\Vivado\×××××\data\xicom\cable_drivers\nt64\digilent”目录中，“hw_server.exe”文件在“C:\Xilinx\Vivado\×××××\bin\unwrapped\win64.o”目录中，文件路径中的“×××××”代表软件版本号，这里是2017.4。

4.5.2 挑战2 驱动安装

“install_digilent.exe”是板卡芯片的驱动软件，如果本地客户端已经安装好Vivado软件，则无须运行，如果本地客户端未安装Vivado软件，则需要运行这个驱动安装包。驱动正确安装好后，用数据线连接板卡与计算机，在计算机的设备管理器的端口中会有新设备显示USB Serial Port，表示板卡与计算机连接正常，如图14.24所示。

> 打印队列
> 打印机
> 电池
∨ 端口 (COM 和 LPT)
　USB Serial Port (COM4)
　蓝牙链接上的标准串行 (COM5)
　蓝牙链接上的标准串行 (COM6)
> 固件

图 14.24　驱动安装确认图

4.5.3　挑战 3　启动 hw_server 端口服务

运行“hw_server.exe”，启动本地 3121 端口服务，并弹出如图 14.25 所示的命令行窗口，使用过程中需要保持这个文件为打开状态。

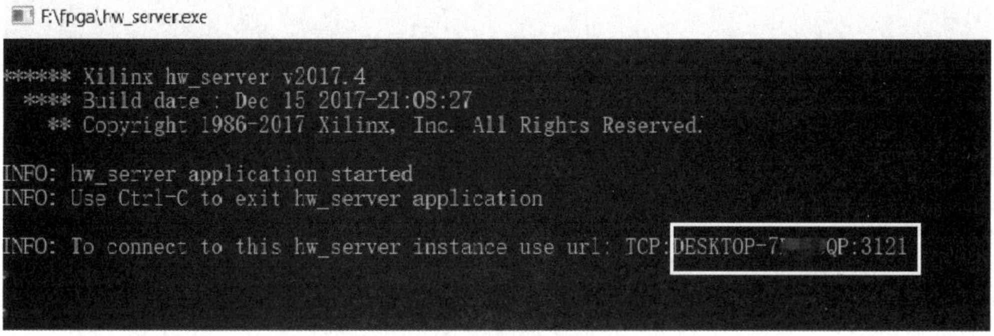

F:\fpga\hw_server.exe

```
****** Xilinx hw_server v2017.4
  **** Build date : Dec 15 2017-21:08:27
    ** Copyright 1986-2017 Xilinx, Inc. All Rights Reserved.

INFO: hw_server application started
INFO: Use Ctrl-C to exit hw_server application

INFO: To connect to this hw_server instance use url: TCP:DESKTOP-7[illegible]QP:3121
```

图 14.25　硬件连接服务器运行界面

4.5.4　挑战 4　查看本地计算机校园网 ip 地址

在 Windows 系统中，按“Win+R”打开运行框，输入“cmd”，点击“确定”调出命令行后，在命令行中输入“ipconfig”命令查看本地 ip 地址，如图 14.26 所示。

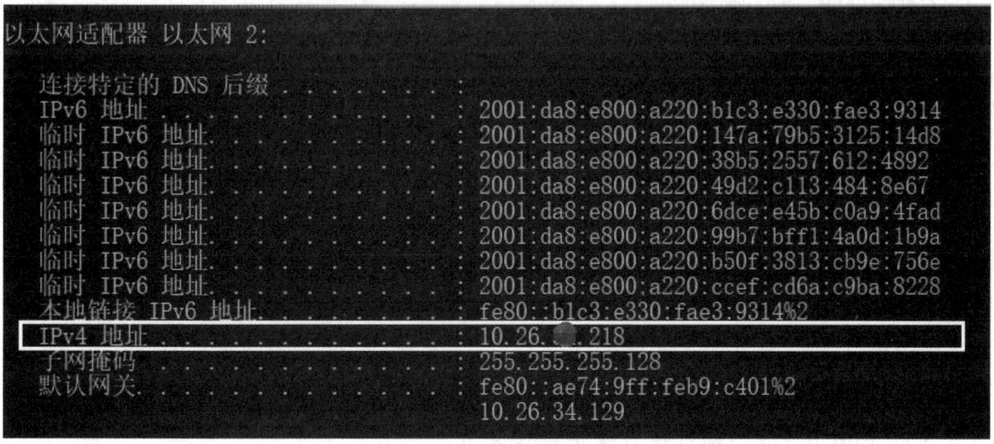

```
以太网适配器 以太网 2:

   连接特定的 DNS 后缀 . . . . . . . :
   IPv6 地址 . . . . . . . . . . . . : 2001:da8:e800:a220:b1c3:e330:fae3:9314
   临时 IPv6 地址. . . . . . . . . . : 2001:da8:e800:a220:147a:79b5:3125:14d8
   临时 IPv6 地址. . . . . . . . . . : 2001:da8:e800:a220:38b5:2557:612:4892
   临时 IPv6 地址. . . . . . . . . . : 2001:da8:e800:a220:49d2:c113:484:8e67
   临时 IPv6 地址. . . . . . . . . . : 2001:da8:e800:a220:6dce:e45b:c0a9:4fad
   临时 IPv6 地址. . . . . . . . . . : 2001:da8:e800:a220:99b7:bff1:4a0d:1b9a
   临时 IPv6 地址. . . . . . . . . . : 2001:da8:e800:a220:b50f:3813:cb9e:756e
   临时 IPv6 地址. . . . . . . . . . : 2001:da8:e800:a220:ccef:cd6a:c9ba:8228
   本地链接 IPv6 地址. . . . . . . . : fe80::b1c3:e330:fae3:9314%2
   IPv4 地址 . . . . . . . . . . . . : 10.26.[illegible].218
   子网掩码  . . . . . . . . . . . . : 255.255.255.128
   默认网关. . . . . . . . . . . . . : fe80::ae74:9ff:feb9:c401%2
                                       10.26.34.129
```

图 14.26　本地 IP 查看界面

非校园网用户需要连接 vpn 以获取校园网地址后运行 ipconfig 命令查看。

4.5.5 挑战 5 服务器设置

打开服务器的 Vivado，点击“Open Hardware Manager”，在“Open Target”页面中点击“Open New Target”，打开图 14.27 所示界面，之后点“下一步”。

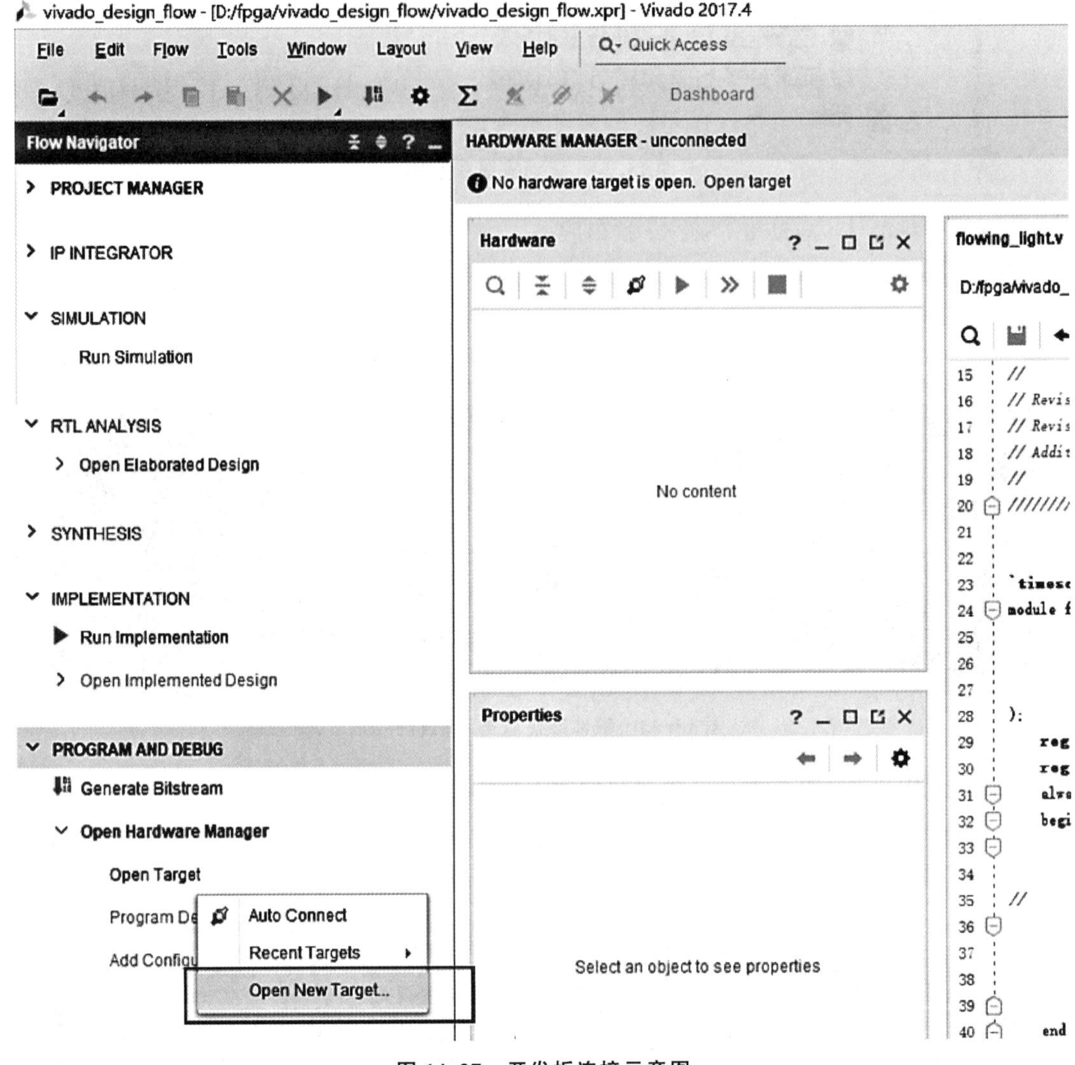

图 14.27 开发板连接示意图

在“Hardware Server Settings”界面中选择“远程设备(Remote Server)”，并在“Host name”中填写上一步查到的本地计算机校园网 ip，“Port”默认 3121 即可，如图 14.28 所示，之后点“下一步”。

之后就能在界面中看到本地连接的设备，如果不成功，可关闭防火墙重试。如图 14.29 所示，之后点“下一步”。

点击完“Finish”之后，即显示开发板连接完成。

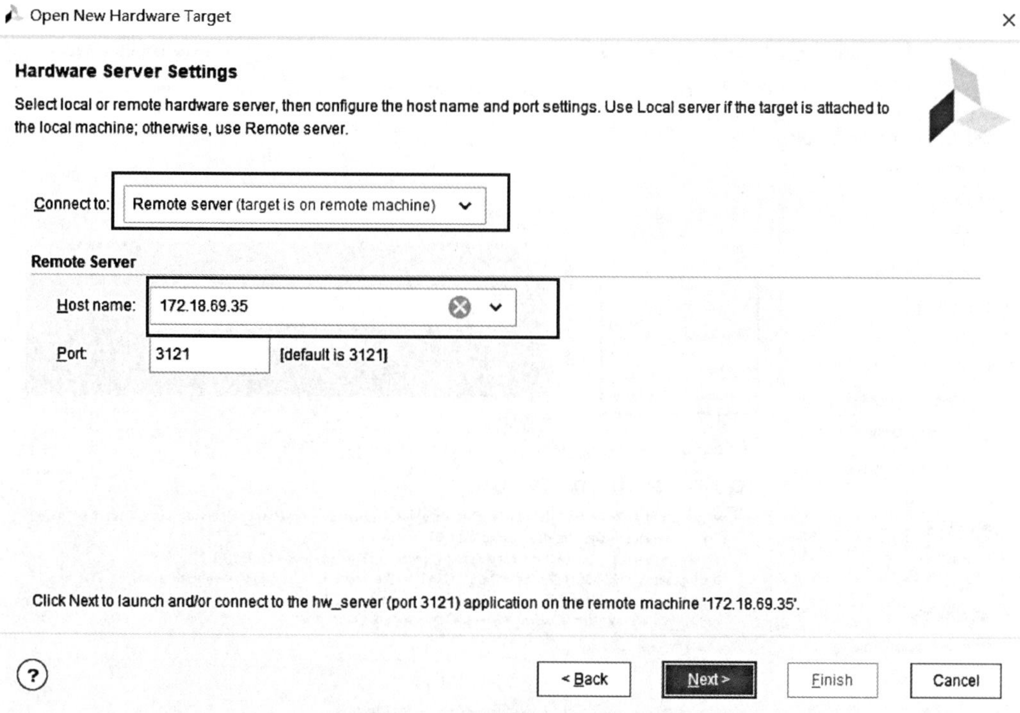

图 14.28　开发板连接设置对话框

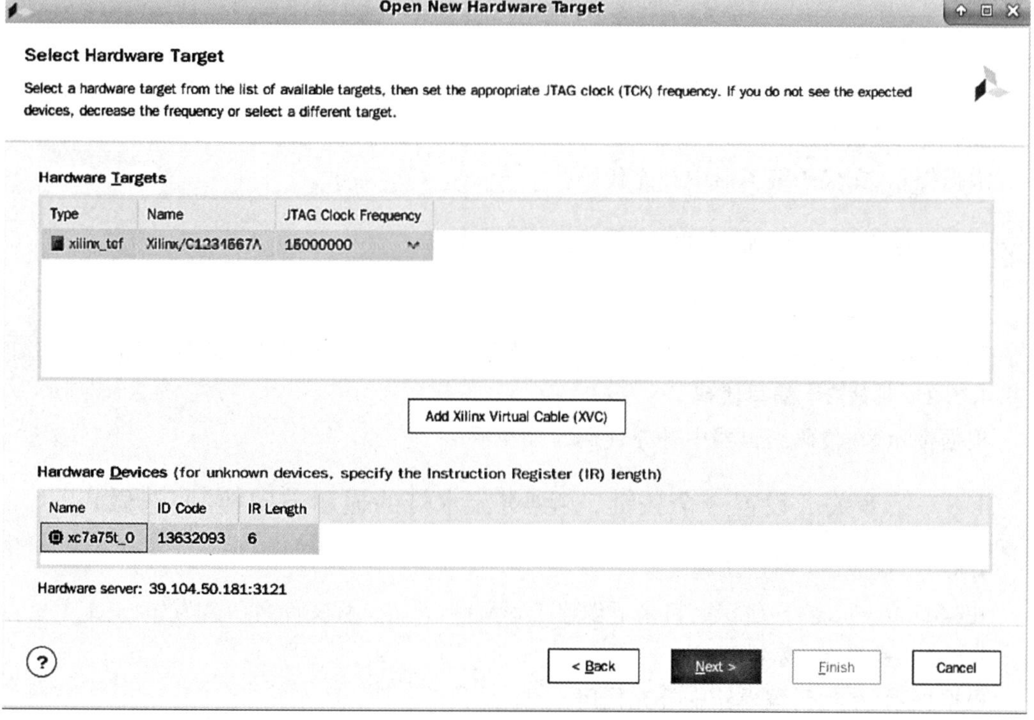

图 14.29　开发板连接成功界面

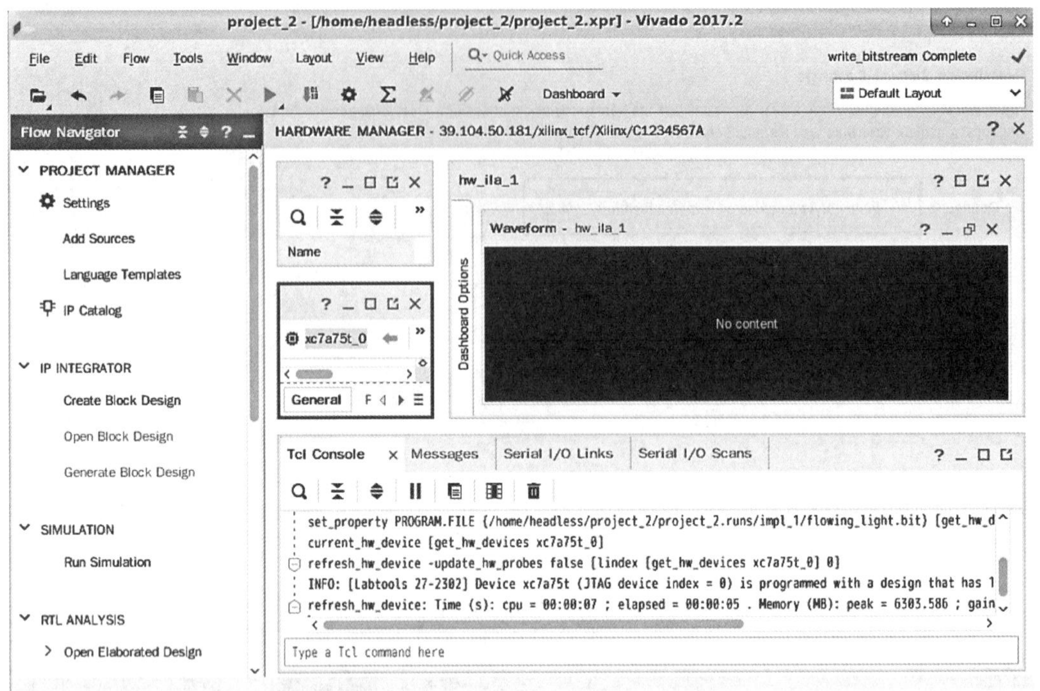

图 14.30　开发板连接完成示意图

4.6　第 6 关　改变流水灯的显示方向

4.6.1　新建工程

在“/data/workspace/lab14”目录下面创建工程文件，并将工程文件命名为“project_2”。

4.6.2　编程要求

根据提示，在代码编辑器中补充代码。

4.7　第 7 关　改变流水灯显示的间隔为 1 s

4.7.1　挑战 1　新建工程

在“/data/workspace/lab14”目录下面创建工程文件，并将工程文件名命名为“project_3”。

4.7.2　挑战 2　编写代码

根据提示，在代码编辑器中补充代码。

4.8　第 8 关　设置一个按键，实现对流水灯的显示方向控制(选做)

4.8.1　挑战 1　新建工程

在“/data/workspace/lab14”目录下创建工程文件，并将工程文件名命名为“project_4”。

4.8.2　挑战 2　编程要求

根据提示，在代码编辑器中补充代码。

5　能力拓展

(1)试查阅相关资料,给流水灯设置 3 个按钮。按钮 1 控制流水灯方向的切换,按钮 2 实现流水灯变换速度的增大,按钮 3 实现流水灯变换速度的减小。

(2)联合使用 Vscode、iverilog、GTKWave 等工具,参考 4.2 的仿真代码,实现对 4.1 中源码的仿真。

实验十五　Vivado IP 核设计流程及硬件调试

1　实验目的及学习要求

1.1　实验目的

(1)进一步掌握 Verilog HDL 语言及其运用。

(2)进一步掌握 Vivado 开发流程。

(3)掌握基于 IP 核的开发流程并实现。

(4)掌握 FPGA 开发过程中的调试方法,培养科学精神、工匠精神。

1.2　学习要求

(1)课前预习,初步了解 IP 核的设计实现方法和基于 IP 核的流水灯实现方法。

(2)课后复习,掌握基于 IP 核的 FPGA 设计流程步骤。

(3)课前预习,了解硬件调试的意义和方法。

(4)课后复习,掌握基于 ILA 的硬件调试方法。

2　实验原理

FPGA 所实现的功能非常复杂,若在工程实施过程中独立开发所有的功能模块,则开发任务繁重、工作量大,而且不能保证所开发的功能模块的正确性,且需要经过长时间测试,影响产品的上市时间。在产品设计和开发过程中,采用成熟且已经验证正确的 FPGA 设计成果,集成到 FPGA 设计中,可以加快开发过程。

IP 核(intelligent property core)是具有知识产权的集成电路芯核,是经过反复验证的、具有特定功能的宏模块,与芯片制造工艺无关,可以移植到不同的半导体工艺中。IP 核设计的主要特点是可以重复使用已有的设计模块,缩短设计时间,减少设计风险。在保证 IP 核功能且性能经过验证并合乎指标的前提下,FPGA 生产厂商和第三方公司都可提供 IP 核。IP 核可作为独立设计的成果被交换、转让和销售。FPGA 生产厂商可将 IP 核集成到开发工具中免费提供给开发者使用,或以 License 方式有偿提供。第三方公司也可以设计 IP 核,直接有偿转让给 FPGA 生产厂商或销售给开发者。随着 FPGA 资源规模的不断增加,可实现的系统越来越复杂,采用集成 IP 核完成 FPGA 设计已经成为发展趋势。

IP 核模块有行为、结构和物理三个不同程度的设计,根据描述功能行为的不同,可分为

3 类，即软核、完成结构描述的固核和基于物理描述并经过工艺验证的硬核。

(1)软核(soft IP core)。软核通常以 HDL 文本形式提交给用户，它经过 RTL 级设计优化和功能验证，但代码中不涉及任何具体的物理信息。软核在 FPGA 中指的是对电路的硬件语言描述，包括逻辑描述、网表和帮助文档等。软核都经过功能仿真，用户可以综合正确的门电路级设计网表，在此基础上经过布局布线即可使用。软核的优点：与物理器件无关，可移植性强，使用范围广。软核的缺点：在新的物理器件下，使用的正确性不能完全保证，在后续使用过程中存在错误的可能性，有一定的设计风险。目前，软核是 IP 核应用最广泛的形式。

(2)固核(firm IP core)。固核在 EDA 设计领域指的是带有平面规划信息的网表，介于软核和硬核之间。在 FPGA 设计中可认为固核是带布局规划的软核，通常以 RTL 代码和对应的具体工艺网表的混合形式提供。固核不但完成了软核所有的设计，而且完成了门级电路综合和时序仿真等设计环节。相对于软核，固核设计的灵活性和使用范围稍差，但在可靠性上有较大提高。

(3)硬核(hard IP core)。硬核是基于半导体工艺的物理设计，已有固定的拓扑布局和具体工艺，并已经过工艺验证，具有可保证的性能。硬核提供给用户的形式是电路物理结构掩模版图和全套工艺文件，是可以拿来就用的全套技术。设计人员不能对其进行修改。硬核在使用过程中与具体的 FPGA 绑定，且有些只在部分 FPGA 中提供，因此硬核相对于软核的使用范围较窄。因为硬核集成在 FPGA 中，类似于使用 ASIC，所以硬核的性能较高，可以满足高性能的计算和通信要求。

3 实验仪器

(1)登录终端 1 台(台式计算机或笔记本电脑等)。

(2)在线实验平台。

(3)口袋开发板 1 块。

(*4)带开发工具的计算机 1 台。

4 实验内容

4.1 第 1 关 IP 核流水灯设计

4.1.1 挑战 1 用户自定义 IP 核流水灯封装

注意：新建工程需要在“/data/workspace/lab15”目录下面创建工程文件，并将工程文件名命名为“project_1”。

4.1.1.1 建立工程

(1)打开 Vivado，选择“Create New Project”，创建一个新的工程。在新建工程向导中点击“Next”，输入工程名并指定工程所在的目录，确认勾选“Create project subdirectory”。注意：工程名及工程所在的路径中只能包括数字、字母及下划线，不允许出现空格、汉字以及特殊字符等。

(2)点击“Next”,指定创建的工程类型,选择“RTL Project”。

(3)连续点击“Next”,直到进入器件选择界面,通过下拉按钮选择器件的系列、封装形式、速度等级和温度等级,在符合条件的器件中选中板卡对应的芯片。EGO1 型号的 FPGA 开发板采用 Artix-7 XC7A35TCSG324-C 器件,选择“xc7a35tcsg324-1”。点击“Next”,直到进入 Summary 界面查看所创建工程的相关信息后,点击“Finish”,打开创建的工程。

4.1.1.2 输入设计

(1)在左侧“Flow Navigator”栏中的“Project Manager”下点击“Add Sources”,在弹出的窗口中选择“Add or create design sources”,点击“Next”,选择“Create File”,输入文件名“clk_div”。点击“OK”,然后点击“Finish”。

(2)在“I/O Ports”界面点击“OK”,在弹出的对话框中选择“Yes”,在弹出的“Sources”窗口中的“Design Sources”下双击之前创建的源文件“clk_div.v”,在右侧的文档编辑窗口,用 Verilog 语言完成时钟分频模块“clk_div.v”的设计并保存。

(3)在“Flow Navigator”栏中的“Synthesis”下点击“Run Synthesis”。右上角的进度条“Running synth_design”指示正在对工程进行综合。综合完成后在弹出的对话框中点击“Cancel”。在“Project Summary”中查看综合后的信息,在“Synthesis”一栏中显示综合完成“Complete”,并且没有错误或警告“No errors or warnings”。如果“Project Summary”标签页被关掉,可在工具栏中点击“Σ”符号打开。

4.1.1.3 IP 封装

(1)在左侧“Flow Navigator”栏中的“Project Manager”下点击“Settings”,在弹出窗口的左侧一列选择“IP”。

在“Packager”标签页,将“Default Values”下的“Library”设为“user”,“Category”设为“/UserIP”,“IP location”设为“../ip_repo”。勾选“After Packaging”下的“Create archive of IP”“Add IP to the IP Catalog of the current project”以及“Close IP Packager window”。取消勾选“Edit IP in IP Packager”下的“Delete project after packaging”。

设置完成后点击“Apply”,再点击“OK”。点击菜单栏中的“Tools”→“Create and Package IP”。点击“Next”,选择“Packaging Options”下的“Package your current project”,点击“Next”。记住此处“IP Location”指向的位置,也可通过点击右侧带省略号的按钮来给 IP 指定新的位置。点击“Next”,点击“Finish”,完成封装新 IP 核设置(如图 15.1 所示)。

(2)在“Package IP”标签页下,点击“Identification”可查看并修改 IP 的相关信息。如果没有“Package IP”标签页,可以点击左边“Project manager”下的“Edit Packaged IP”,点击“Compatibility”,然后点击右侧的加号,选择第一项“Add Family Explicitly…”。在弹出的“Add Family”窗口选中除了“artix7(Artix-7)”之外的所有器件系列,点击“OK”。点击“Customization GUI”,在右侧可以预览 IP 的信号接口,同时可以在“Component Name”处修改 IP 的名称。点击“Review and Package”可查看 IP 的最终信息,此处要留意 IP 的根目录“Root directory”,确认无误后点击“Package IP”。IP 封装完成后,在弹出的对话框中点击“OK”。在菜单栏点击“File”→“Close Project”,在弹出的确认窗口中点击“OK”,关闭当前工程。

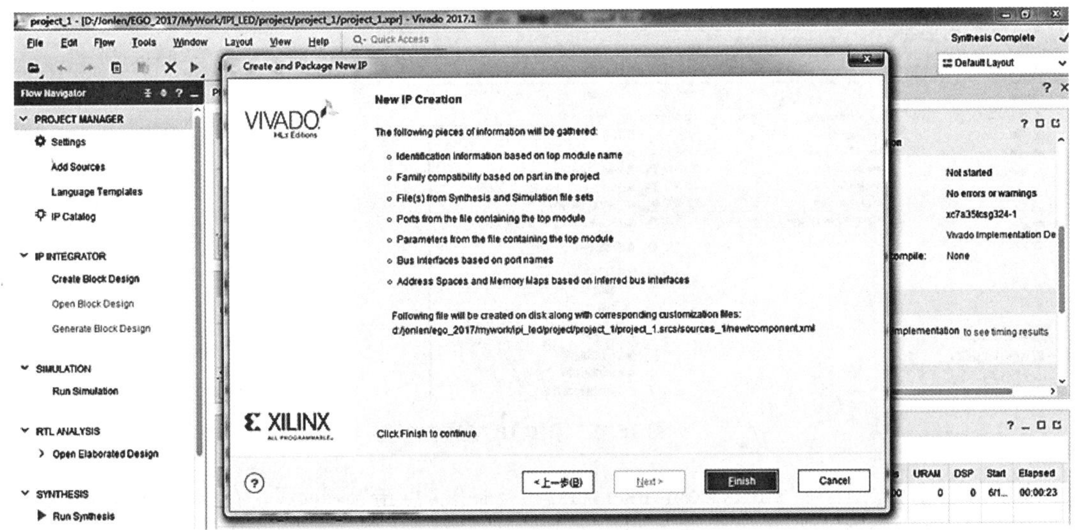

图 15.1　封装新 IP 核

(3)打开资源管理器，进入 IP 封装时指定的目录，可以看到用户封装自定义 IP 后生成的相关文件，如图 15.2 所示。

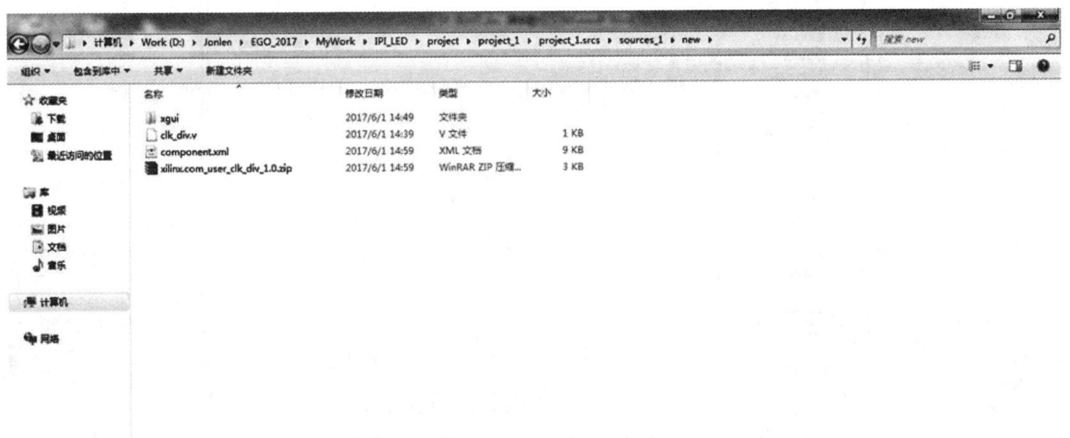

图 15.2　IP 核封装结果

4.2　第 2 关　IP 核流水灯设计

注意：新建工程需要在“/data/workspace/lab15”目录下面创建工程文件，并将工程文件名命名为“project_2”。

4.2.1　挑战 1　添加用户自定义 IP

(1)新建工程“project_2”。将刚刚打开的 IP 封装目录(通常在 xxxxx.srcs\sources_1\new)中的压缩包“xilinx.com_user_clk_div_1.0.zip”拷贝到当前工程目录，并右键选择“解压到 xilinx.com_user_clk_div_1.0”，如图 15.3 所示。

(2)在左侧“Flow Navigator”栏中的“Project Manager”下点击“Settings”，在弹出窗口的左侧一列点击选中“IP”。进入“Repository”标签页，点击加号。进入当前工程目录，选中

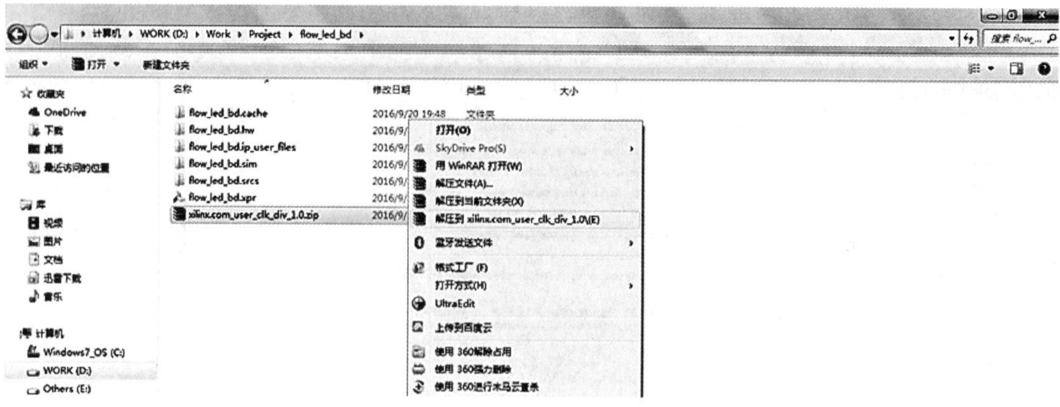

图 15.3　添加 IP 核文件

刚刚解压出来的文件夹“xilinx.com_user_clk_div_1.0”,点击“Select”。在弹出的窗口中(如图 15.4 所示)点击“OK”确认。点击“Apply”,再点击“OK”。

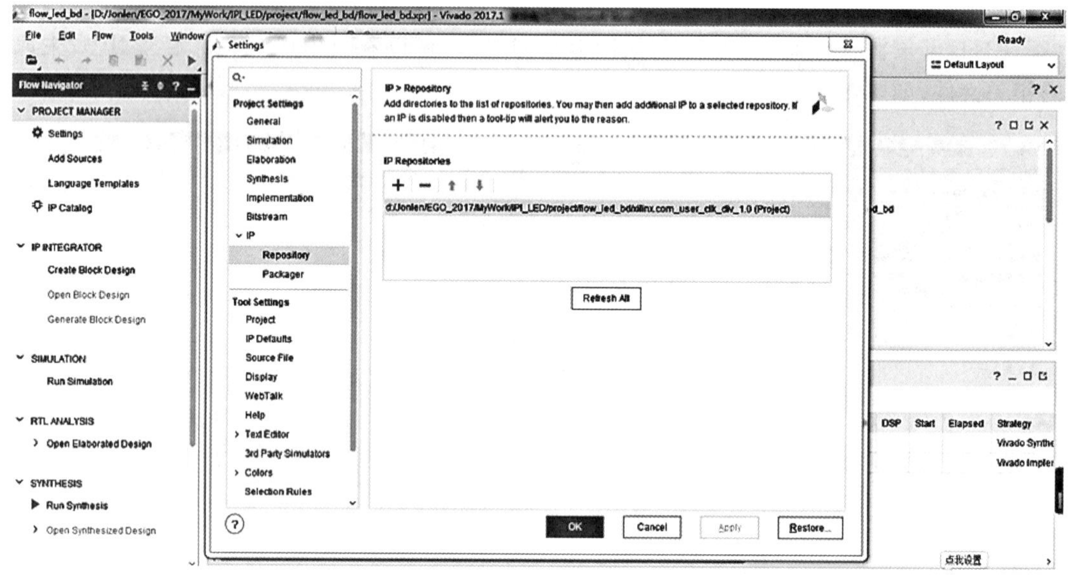

图 15.4　IP 核选择窗口

(3)在左侧“Flow Navigator”栏中的“Project Manage”下点击“IP Catalog”,在右侧“IP Catalog”标签页中,点击“User Repository”左侧的加号,再点击“User IP”左侧的加号,可以看到用户自定义 IP“clk_div_v1_0”已经被加添加到 IP 库中。

4.2.2　挑战 2　模块化设计

(1)在左侧“Flow Navigator”栏中的“IP Integrator”下点击“Create Block Design”,在弹出的窗口中“Design name”一栏输入设计名称“flow_led_bd”。点击“OK”,进入“Block Design”界面。

(2)在“Diagram”图形界面工具栏中点击“Add IP(或者为+)”,在弹出窗口的搜索栏中输入“clk_div”,在列表中选择用户自定义的 IP:clk_div_v1_0,双击“clk_div_v1_0”,将其添加到图形化界面。

(3)选中刚刚添加的时钟分频模块,在图形化界面左侧的"Block Properties"窗口中修改模块名为"clk_div"。在图形化界面工具栏中点击"Add IP(+)",在搜索栏中输入"counter",双击"Binary Counter"将其添加到图形化界面。将新添加的计数器模块重命名为"counter",并通过鼠标左键选中该模块将其移动到界面上合适的位置。双击"counter"模块,在弹出的窗口中对 IP 进行设置。在"Basic"标签页,开发板拥有 16 个 LED 灯,可以将"Output Width"设置为"16",点击"OK"。

(4)将鼠标指针悬停在"clk_div"模块的"clk_sys"接口上,待其变成铅笔形状后,按下鼠标左键并拖拽到"counter"模块的"CLK"接口处,放开鼠标左键后可看到不同模块的两个接口信号被连接起来,如图 15.5 所示。

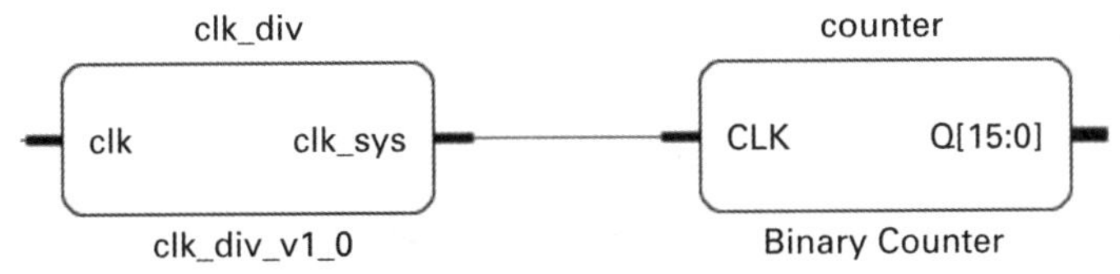

图 15.5　模块连接

(5)将鼠标指针悬停在"counter"模块的"Q[15:0]"接口上,待其变成铅笔形状时单击左键,接口处变成棕色表明被选中,单击右键选择"Make External"。通过单击左键选择输出端口"Q[15:0]",在左侧的"External Port Properties"窗口中将端口名重命名为"led",敲键盘上的"Enter"键确认修改,重命名后的端口如图 15.6 所示。

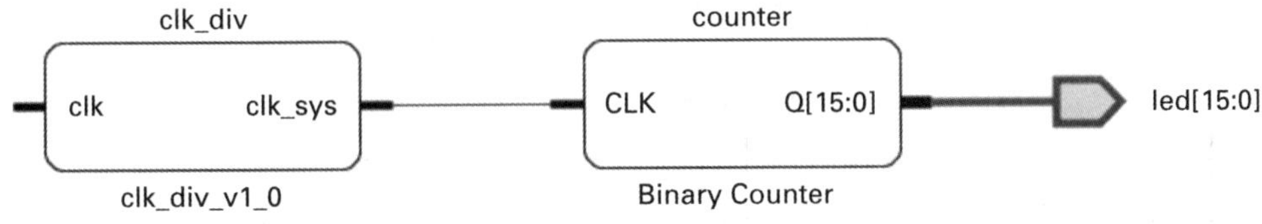

图 15.6　端口名重命名

(6)同样,在"clk_div"模块的"clk"接口上单击右键选择"Make External"。单击图形化界面左侧工具栏中的"Regenerate Layout",对图形化界面中的模块及连线等重新进行布局。完成后单击 Vivado 工具左上角的保存按钮。

(7)在"Sources"窗口的"Hierarchy"标签页中,在"Design Sources"下的"flow_led_bd.bd"上右击,选择"Generate Output Products"。在"Synthesis Options"中选择"Out of context perIP",然后点击"Generate"。可以点击"Background"将该过程转入后台运行。完成后点击"OK"。

(8)在"Sources"窗口中的"flow_led_bd.bd"上右击,选择"Create HDL Wrapper",(如图 15.7 所示)。

在弹出的窗口中选择第二项"Let Vivado manage wrapper and auto-update",点击"OK"。在"Flow Navigator"栏中的"Synthesis"下点击"Run Synthesis",然后点击"save",再点击"OK",右上角的进度条"Running synth_design"指示正在对工程进行综合。

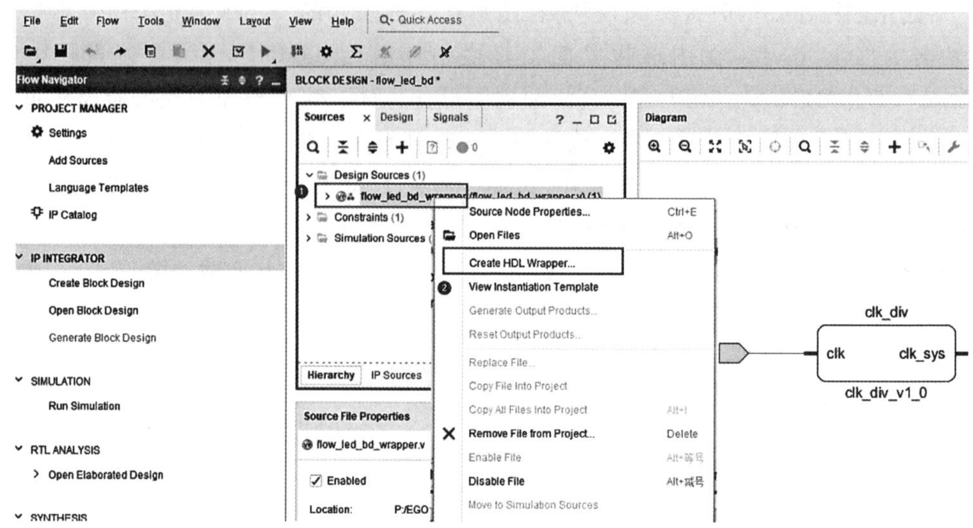

图 15.7 “HDL Wrapper”创建界面

综合完成之后在弹出的对话框中选择“Open Synthesized Design”，并点击“OK”，打开综合后的工程。在“Windows/“I/O Ports”窗口中对输入输出信号添加管脚约束。（如图 15.8 所示）

首先，在“Site”一栏输入各个信号在 FPGA 芯片上引脚的位置，各信号的具体位置可查看板卡的原理图。

SYNTHESIZED DESIGN - synth_1 | xc7a35tcsg324-1 (active)

Tcl Console | Messages | Log | Reports | Design Runs | I/O Ports

Name	Direction	Neg Diff Pair	Package Pin	Fixed	Bank	I/O Std	Vcco	Vref	Drive Strength
All ports (17)									
clk_55910 (1)	IN			✓	14	LVCMOS33*	3.300		
Scalar ports (1)									
clk	IN		P17	✓	14	LVCMOS33*	3.300		
q_intf_4549 (16)	OUT			✓	(Multiple)	LVCMOS33*	3.300		12
led (16)	OUT			✓	(Multiple)	LVCMOS33*	3.300		12
led[15]	OUT		F6	✓	35	LVCMOS33*	3.300		12
led[14]	OUT		G4	✓	35	LVCMOS33*	3.300		12
led[13]	OUT		G3	✓	35	LVCMOS33*	3.300		12
led[12]	OUT		J4	✓	35	LVCMOS33*	3.300		12
led[11]	OUT		H4	✓	35	LVCMOS33*	3.300		12
led[10]	OUT		J3	✓	35	LVCMOS33*	3.300		12
led[9]	OUT		J2	✓	35	LVCMOS33*	3.300		12
led[8]	OUT		K2	✓	35	LVCMOS33*	3.300		12
led[7]	OUT		K1	✓	35	LVCMOS33*	3.300		12
led[6]	OUT		H6	✓	35	LVCMOS33*	3.300		12
led[5]	OUT		H5	✓	35	LVCMOS33*	3.300		12
led[4]	OUT		J5	✓	35	LVCMOS33*	3.300		12
led[3]	OUT		K6	✓	34	LVCMOS33*	3.300		12
led[2]	OUT		L1	✓	34	LVCMOS33*	3.300		12
led[1]	OUT		M1	✓	34	LVCMOS33*	3.300		12
led[0]	OUT		K3	✓	34	LVCMOS33*	3.300		12
Scalar ports (0)									
Scalar ports (0)									

图 15.8 开发板管脚设置界面

其次，在“I/O Std”一栏通过下拉按钮选择“LVCOMS33”，将所有信号的电平标准设置为 3.3 V。

管脚分配完成后点击左上角的保存按钮，在弹出的窗口中点击“OK”。然后在弹出的对话框中“FileName”一栏输入约束文件的名称“flow_led”，点击“OK”。在右上角浅蓝色区域点击叉号，点击“OK”确认关闭“Synthesized Design”。在“Flow Navigator”一栏中的“Program and Debug”下点击“Generate Bitstream”，此时会提示工程综合过程已经过期，点击“Yes”，再点击“OK”，工具会自动执行综合及实现过程。

(9)生成比特流文件完成后，选择“Open Hardware Manager”并点击“OK”。用 Micro USB 线连接本地电脑与板卡上的 JTAG 端口，并打开电源开关。

在“Hardware Manager”界面点击“Open target”，选择“Remote Connect”。远程连接成功后，在目标芯片上右击，选择“Program Device”。在弹出的对话框中“Bitstream File”一栏已经自动加载本工程生成的比特流文件，点击“Program”对 FPGA 芯片进行编程。下载完成后，在板子上观察实验结果。

4.3　第 3 关　FPGA 开发板的硬件调试

4.3.1　创建工程

创建一个新的工程“hw_debug”。

4.3.2　添加源文件和约束文件

(1)创建源文件“flow_led_top.v”、“clk_div.v”和“flow_led.v”，并用 Verilog HDL 语言输入流水灯设计。

(2)添加约束文件“flow_led.xdc”。

4.3.3　综合

(1)在“Flow Navigator”栏中的“Synthesis”下点击“Run Synthesis”。右上角的进度条“Running synth_design”指示正在对工程进行综合。

(2)综合完成之后在弹出的对话框中点击“Cancel”取消。在“Flow Navigator”一栏中，在“Synthesis”→“Open Synthesised Design”→“Schematic”点击“Schematic”，在弹出的界面点击“open design”。Schematic 查看综合的原理图如图 15.9 所示。

4.3.4　Mark Debug

(1)在“Schematic”标签页中，点击左侧工具栏中的放大镜图标，将电路图放大到合适大小，找到“clk_div”模块和“flow_led”模块之间的连线“clk_pulse”，选中后右击，选择“Mark Debug”。

(2)同样，找到与“flow_led”模块的输出端口相连的信号线“led_OBUF”，选中后右击，选择“Mark Debug”。设置 Debug 位置后如图 15.10 所示。

4.3.5　Set up Debug

(1)在“Debug”窗口中(可通过在菜单栏中点击“Layout”→“Debug”打开)，单击选中“Unassigned Debug Nets”，然后右击选择“Set Up Debug”。在“Set Up Debug”向导中连续点击“Next”，最后点击“Finish”。

(2)在菜单栏中点击“File→ Constraints→Save”，在弹出的对话框中点击“OK”。然后在“Source”窗口中打开“flow_led.xdc”，在文档的底部可以看到“Mark Debug”及“Set Up

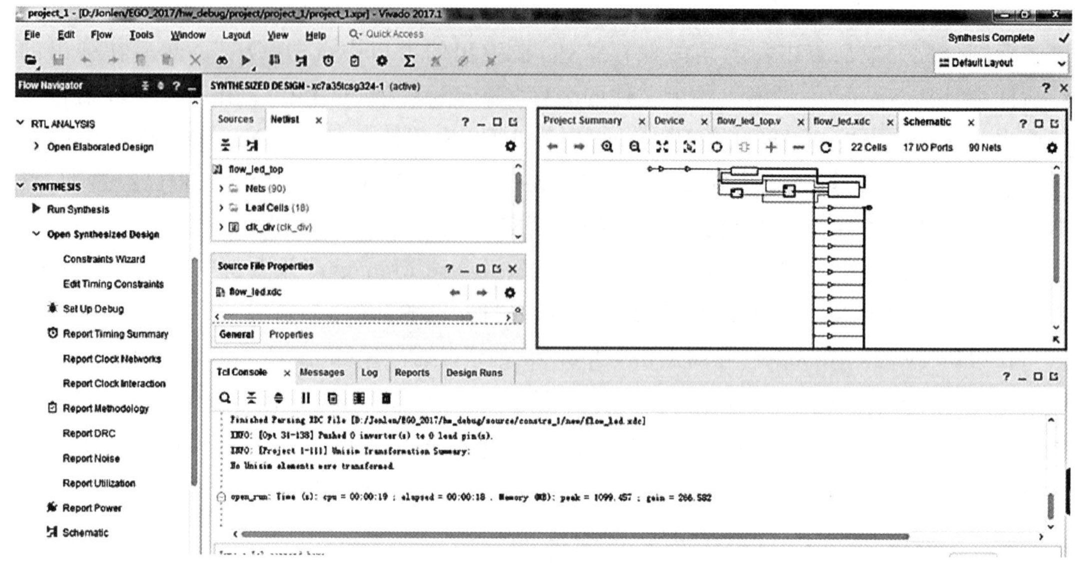

图 15.9　Schematic 查看综合的原理图

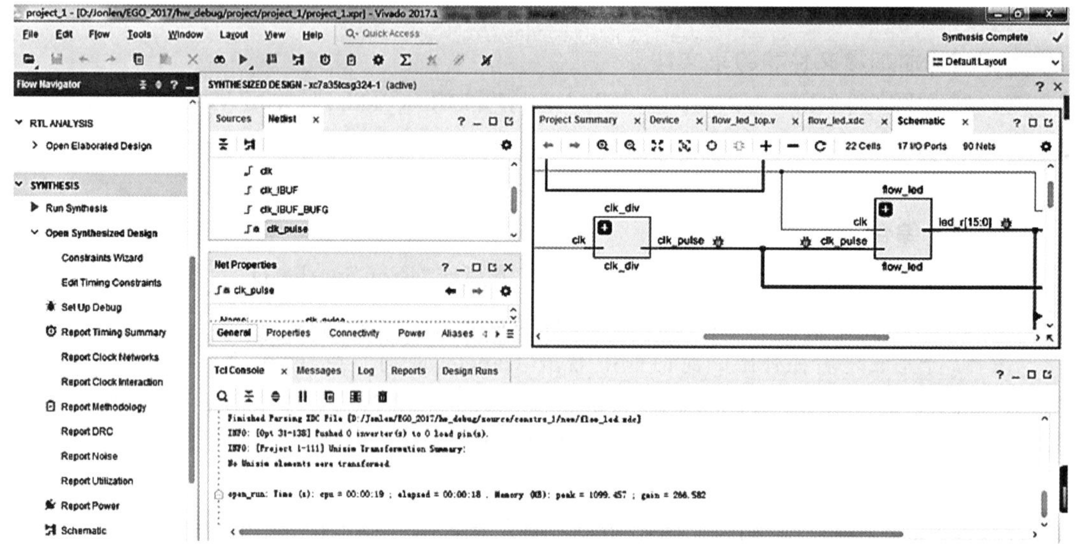

图 15.10　设置 Debug 位置

Debug”的相关信息被添加上去了(如图 15.11 所示)。

4.3.6　生成 bit 文件

在“Flow Navigator”一栏中的“Program and Debug”下点击“Generate Bitstream”,此时会提示工程没有实现,点击“Yes”,然后点击“OK”,系统会自动执行实现过程。

4.3.7　下载

(1)用 Micro USB 线连接电脑与板卡上的 JTAG 端口,打开电源开关。

(2)生成比特流文件完成后,打开“Hardware Manager”。在“Hardware Manager”界面点击“Open target”,选择“Auto Connect”。

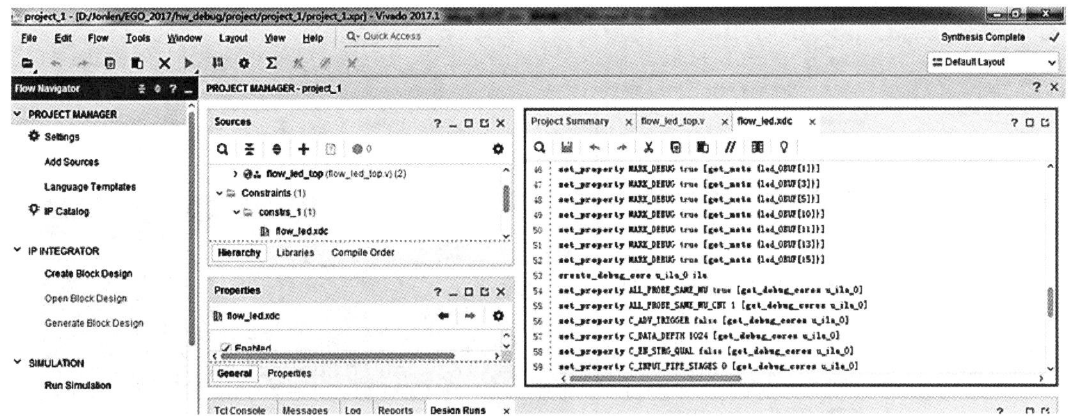

图 15.11　Debug 信息确认界面

连接成功后，在目标芯片上右击，选择“Program Device”。在弹出的对话框中可以看到“Bitstream File”一栏已经自动加载本工程生成的比特流文件，点击“Program”对 FPGA 芯片进行编程。

(3)下载完成后在板卡上可观察到两个 LED 灯为一组从右向左循环点亮。“Hardware Manager”界面如图 15.12 所示。

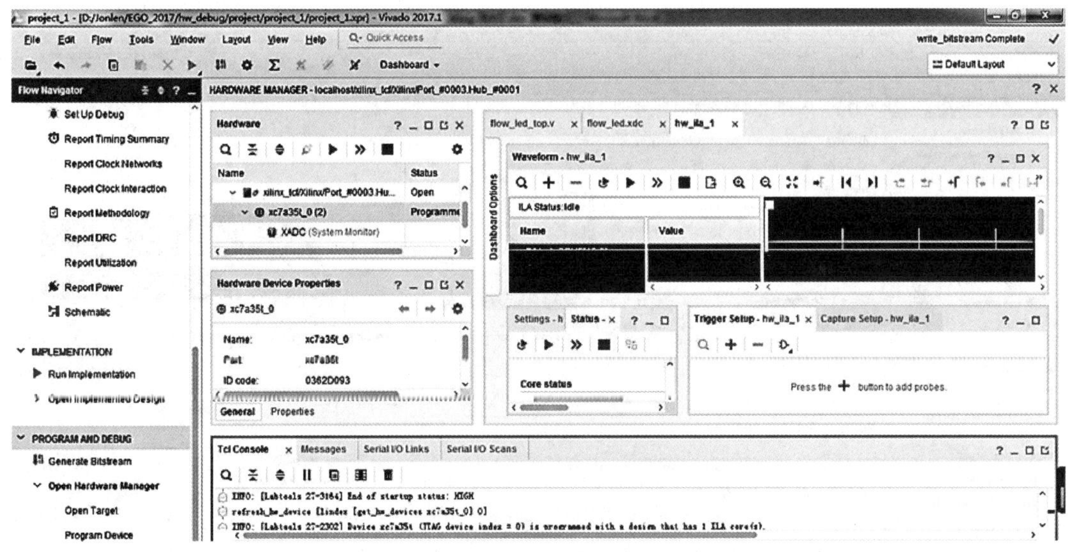

图 15.12　“Hardware Manager”界面

4.3.8　Hardware Debug

(1)选中目标芯片，点击上方的“Run Trigger Immediate”，在波形窗口中可看到触发信号，如图 15.13 所示。

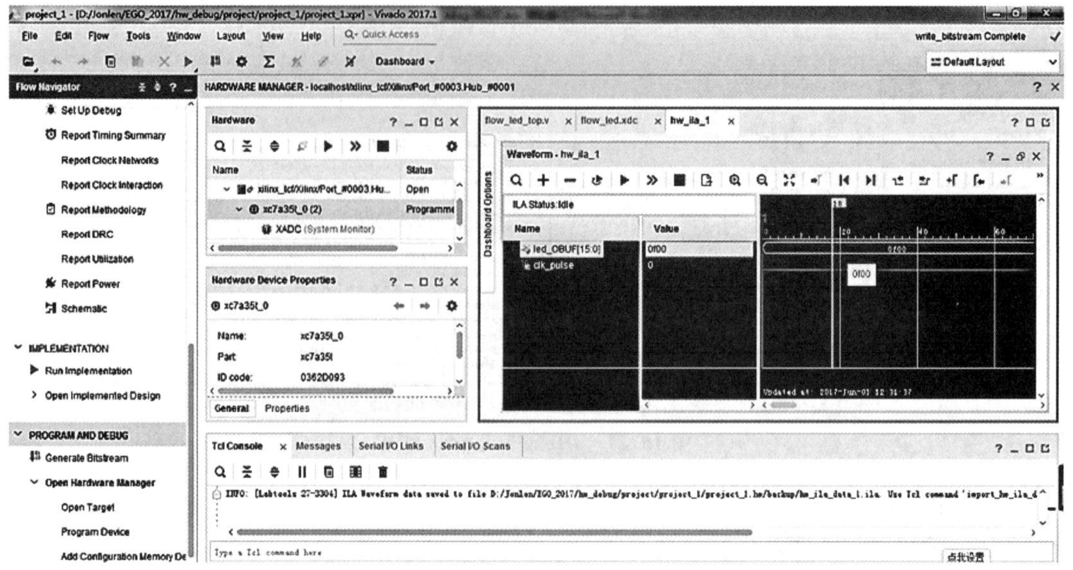

图 15.13 触发信号

(2)在“Trigger Setup”窗口中点击“+”号,在弹出的窗口中会显示可用的触发信号,如图 15.14 所示,选中“clk_pulse”,双击添加到窗口中。

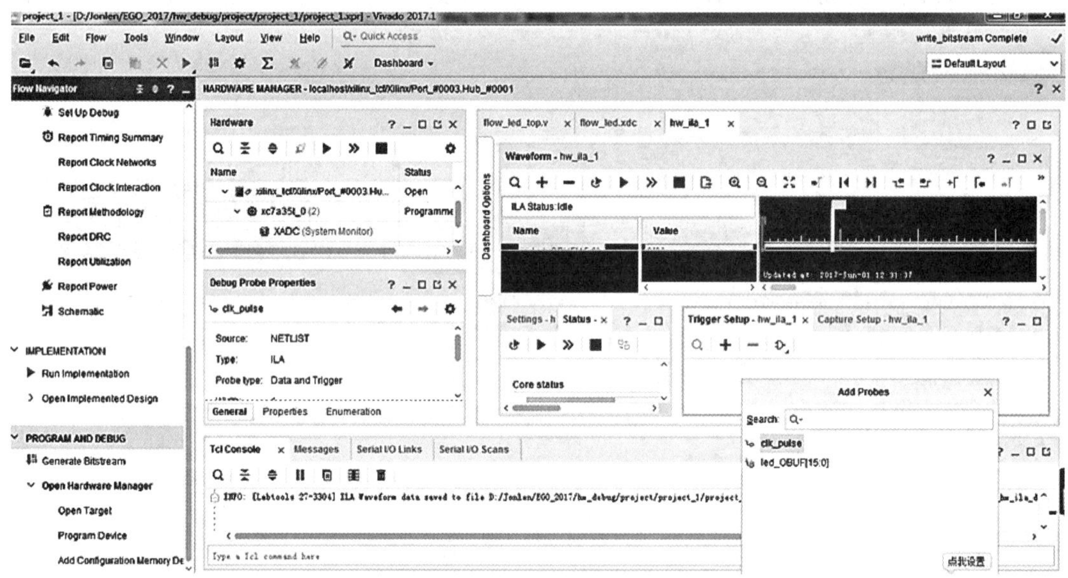

图 15.14 “clk_plus”添加界面

(3)在“Trigger Setup”窗口中将“led_OBUF”的“Compare Value”设为“[H] 00F0”,将“clk_pulse”的“Compare Value”设为 “1”。完成设置后如图 15.15 所示。

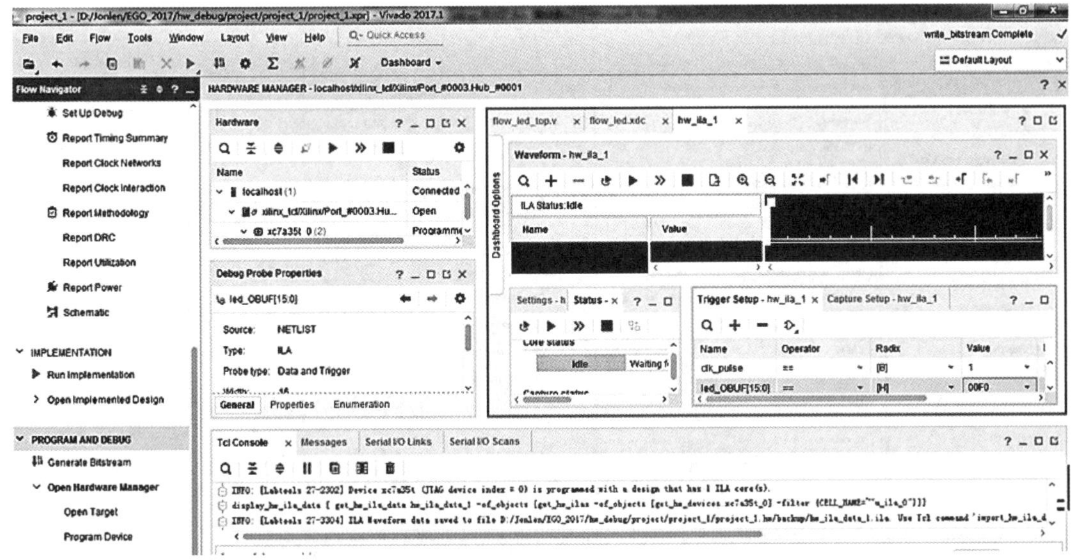

图 15.15　调试设置界面

(4)在“Waveform”窗口点击“+”号，在“Add Probes”列表中双击“clk_pulse”将其添加到波形窗口中，如图 15.16 所示。

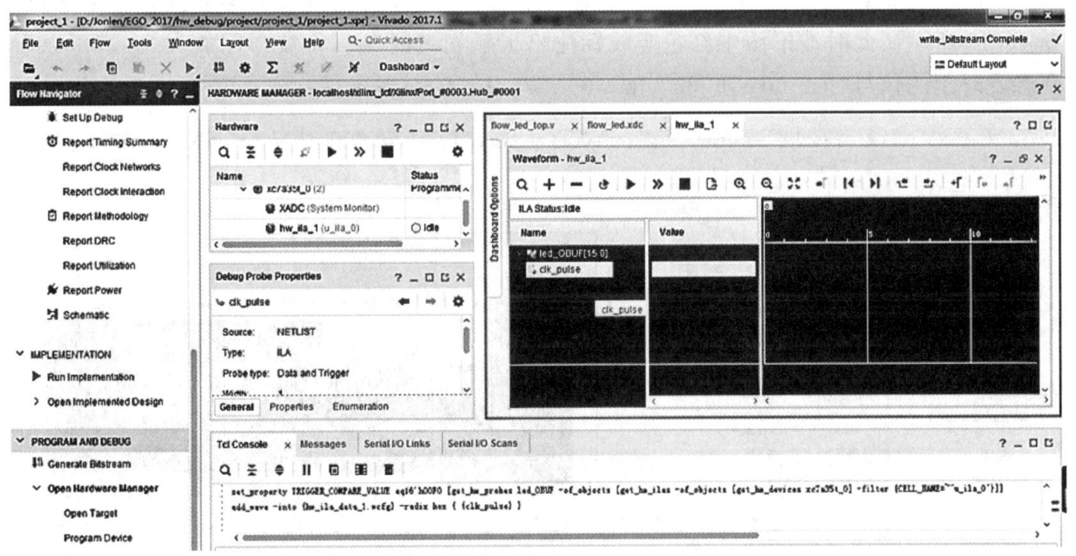

图 15.16　添加观察“clk_plus”波形

(5)在“hw_ila_1”的“Settings”窗口中，将“Capture Mode Settings→Trigger position in window”一栏设为 512，如图 15.17 所示。

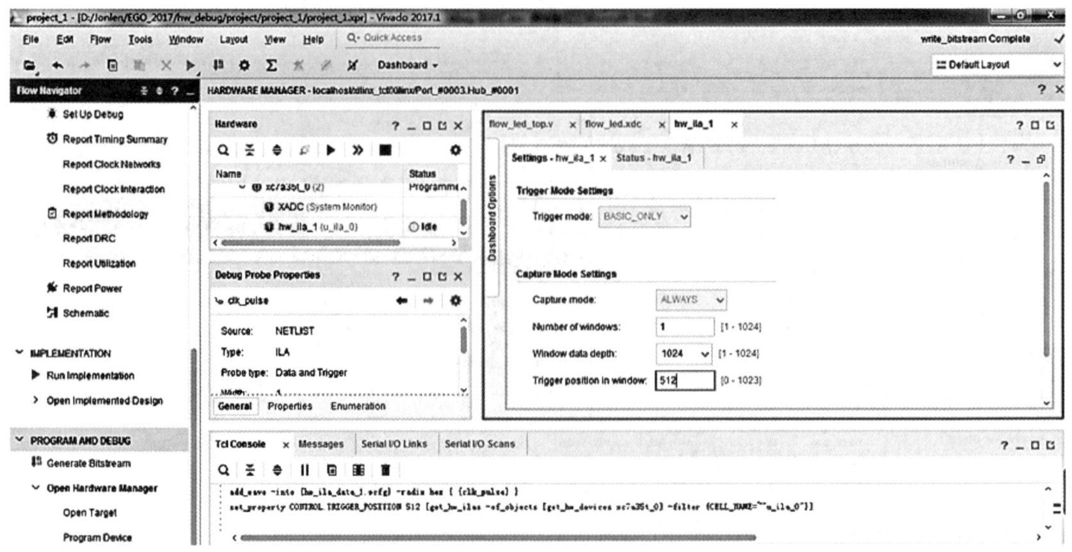

图 15.17　设置“Trigger position in window”

(6)在“Hardware”窗口选中“hw_ila_1”，然后点击上方的“Run Trigger”按钮。在“Status”窗口可观察到状态由“Idle”跳转到“Waiting for Trigger”。

当状态跳转到“Full”后回到“Idle”状态，触发前后一段时间内的波形会被记录下来，如图 15.18 所示。此时波形图中红色竖线标注出了触发的时刻。将波形图放大之后，可以看到触发时刻的信号“led_OBUF”和“clk_pulse”与设置的触发条件一致。

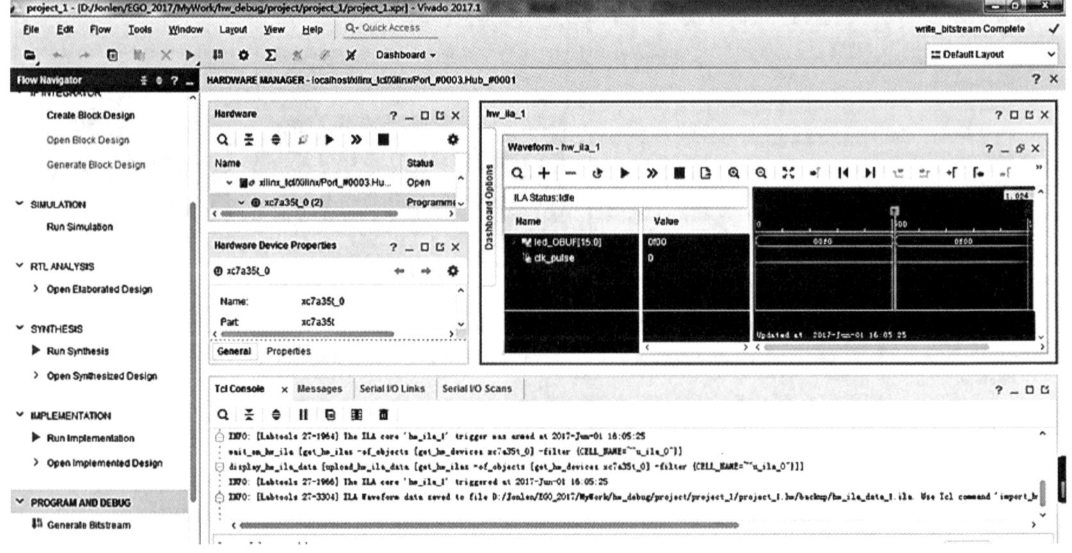

图 15.18　触发状态观察

5　能力拓展

74LS90 是一个二-五十十进制计数器，引脚图如图 15.19 所示，功能表如表 15.1 所示。

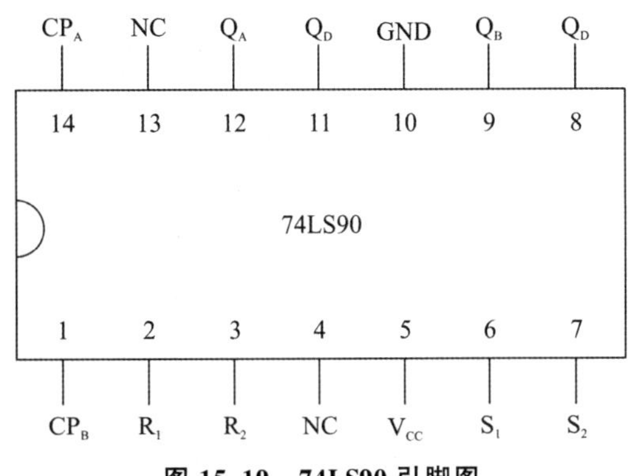

图 15.19　74LS90 引脚图

表 15.1　74LS90 功能表

输入						输出				功能
R_1	R_2	S_1	S_2	CP_A	CP_B	Q_D	Q_C	Q_B	Q_A	
×	×	1	1	×	×	1	0	0	1	置 9
1	1	×	0	×	×	0	0	0	0	置 0
1	1	0	×	×	×	0	0	0	0	置 0
0	0	0	0	↓	×				二进制	计数
0	0	0	0	×	↓	五进制				
0	0	0	0	↓	Q_A	十进制(BCD8421 码)				
0	0	0	0	Q_D	↓	十进制(BCD5421 码)				

74LS90 有两个时钟输入端 CP_A 和 CP_B，其中 CP_A 和输出端 Q_A 为第一级触发器的输入、输出端，该级是一个二进制的计数器。CP_B 和 Q_B、Q_C、Q_D 为后三级触发器的时钟输入端和输出端，构成一个五进制的计数器。若将 Q_A 与 CP_B 相连，时钟脉冲从 CP_A 输入，就构成了 BCD8421 码十进制计数器，也可以将 Q_D 与 CP_A 相连，时钟脉冲从 CP_A 输入，构成 BCD5421 码十进制计数器。74LS90 是下降沿触发。它有两个清零端 R_1、R_2 和两个置 9 端 S_1、S_2，只有当 R_1、R_2 同时为高电平且 S_1、S_2 不同时为高电平时，74LS90 的输出才为 0000。在 S_1、S_2 同时为高电平时，无论 R_1、R_2 为何值，输出均为 1001，即为“9”。

根据该芯片的功能，完成简易数字钟的设计，实现计分和秒的计时功能。要实现秒计数，需要设计一个六十进制秒计数器；要实现分计数，需要设计一个六十进制分计数器。

根据 74LS90 的引脚图和功能表设计的简易数字钟电路原理图如图 15.20 所示。

每一片 74LS90 都将 Q_A 与 CP_B 相连，构成 BCD8421 码十进制计数器。其中第(1)片 74LS90 组成十进制秒计数器，实现个位秒计数从 0～9，当该计数器从“1001”跳变到“0000”

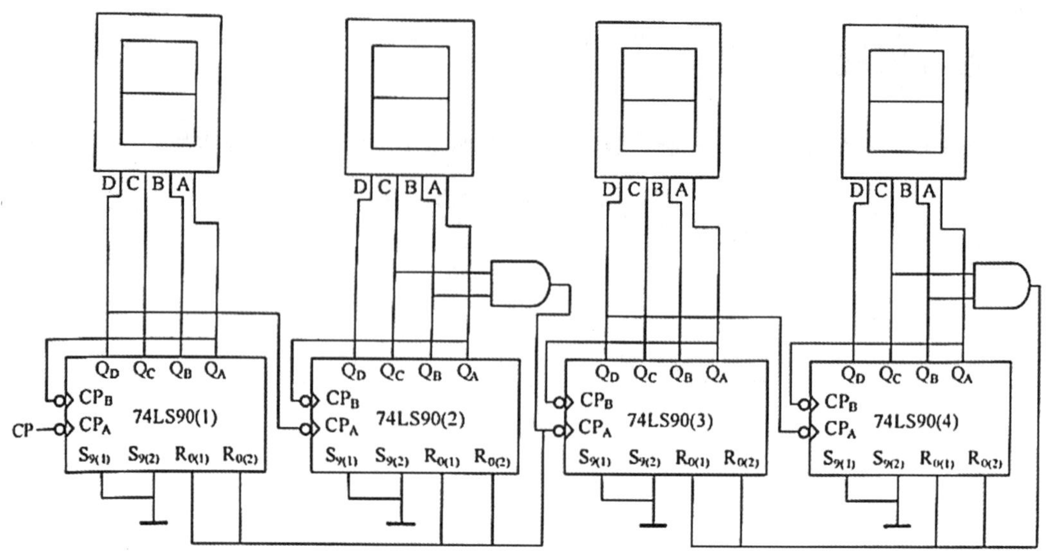

图 15.20　简易数字钟电路原理图

时，会在 Q_D 端产生一个下降沿时钟脉冲信号。该时钟脉冲信号作为第(2)片 74LS90 的时钟输入端，当十位秒计数器的输出为“0110”时，从输出端 Q_B 和 Q_C 引出反馈信号，经过两输入与门后，产生一个高电平信号，作为秒计数器的清零信号，同时将个位和十位秒计数器清零。与此同时，该信号也作为个位分计数器的时钟输入信号。分计数器的工作原理与秒计数器类似，不再赘述。完整的连接图参考图 15.21。

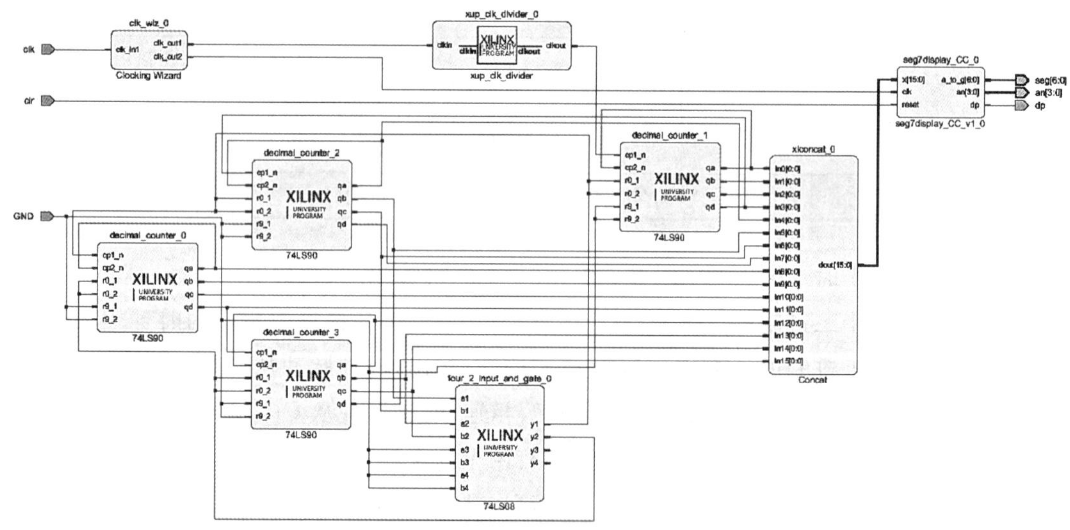

图 15.21　简易数字钟连接示意图

请根据以上资料，采用 IP 核实现的方法，生成 74LS90 芯片的 IP 核后，利用生成的 IP 核完成简易数字钟电路的设计和实现。请合理设置按键功能并观察实现情况。

实验十六　组合逻辑电路设计实例 1

1　实验目的及学习要求

1.1　实验目的

(1)熟悉 Verilog HDL 语言中组合逻辑常用语法。

(2)掌握 Vivado 开发流程及 IP 核开发流程。

(3)熟悉测试代码编写及使用。

(4)熟悉组合逻辑设计实例的实现方法。

(5)培养科学精神、工匠精神,养成系统观及规矩意识。

1.2　学习要求

(1)课前预习,进一步掌握 Verilog HDL 语言的数值、运算符、表达式、语句和模块。

(2)初步掌握建立 Verilog HDL 模块的方法并简单实现。

(3)掌握门电路、数据选择器、数值比较器等组合逻辑电路的结构。

(4)初步掌握门级结构描述、数据流赋值和行为描述三种组合逻辑 Verilog HDL。

2　实验原理

2.1　组合逻辑电路

组合逻辑电路是在任一时刻的输出状态只取决于该时刻的输入状态的电路,和电路之前的状态无关。该电路(图 16.1)由门电路组成,其中没有记忆单元,没有反馈电路。

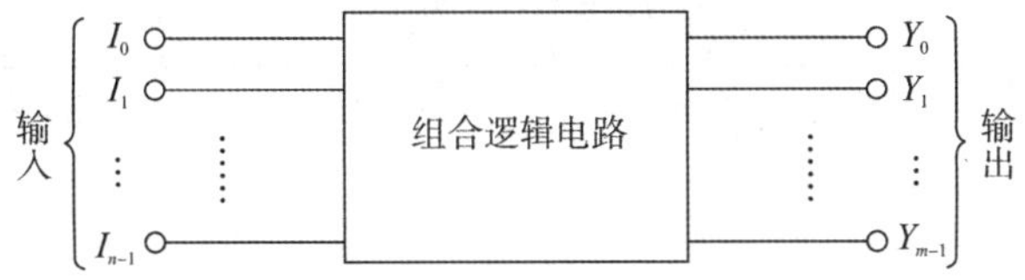

图 16.1　组合逻辑电路示意图

常见的组合逻辑电路有编码器、译码器、数据分配器、数据选择器、数值比较器等。

2.1.1　常见的逻辑门电路

常见的基本逻辑门有与门(AND)、或门(OR)、非门(NOT)与非门(NAND)、或非门

(NOR)和异或门(XOR)，表 16.1 给出了这些逻辑门的运算符号、图形符号以及运算真值表。

表 16.1　常见的基本逻辑门与运算符号、图形符号与逻辑表达式和真值表

<table>
<tr><th>逻辑门与运算符号</th><th>图形符号与逻辑表达式</th><th>真值表</th></tr>
<tr><td>与(AND)门
$Y=A\cdot B$</td><td> 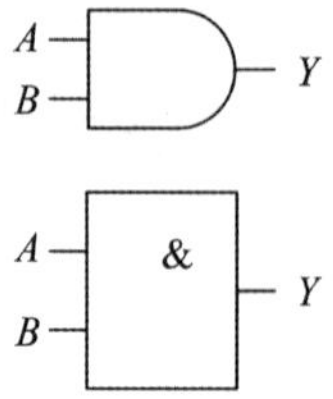$Y=A\&B$</td><td>与逻辑真值表<table><tr><th>A</th><th>B</th><th>Y</th></tr><tr><td>0</td><td>0</td><td>0</td></tr><tr><td>0</td><td>1</td><td>0</td></tr><tr><td>1</td><td>0</td><td>0</td></tr><tr><td>1</td><td>1</td><td>1</td></tr></table></td></tr>
<tr><td>或(OR)门
$Y=A+B$</td><td> 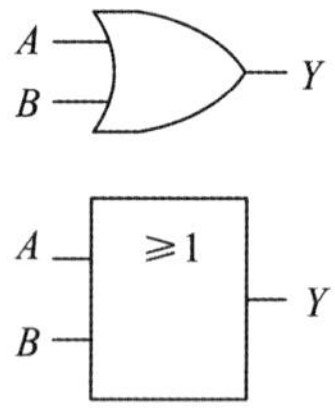$Y=A\mid B$</td><td>或逻辑真值表<table><tr><th>A</th><th>B</th><th>Y</th></tr><tr><td>0</td><td>0</td><td>0</td></tr><tr><td>0</td><td>1</td><td>1</td></tr><tr><td>1</td><td>0</td><td>1</td></tr><tr><td>1</td><td>1</td><td>1</td></tr></table></td></tr>
<tr><td>非(NOT)门
$Y=\overline{A}$</td><td> 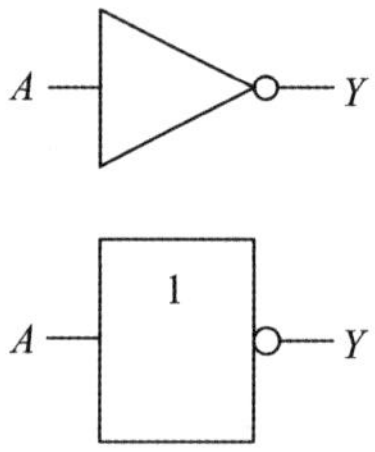$Y=\sim A$</td><td>非逻辑真值表<table><tr><th>A</th><th>Y</th></tr><tr><td>0</td><td>1</td></tr><tr><td>1</td><td>0</td></tr></table></td></tr>
<tr><td>与非(NAND)门
$Y=\overline{A\cdot B}$</td><td> 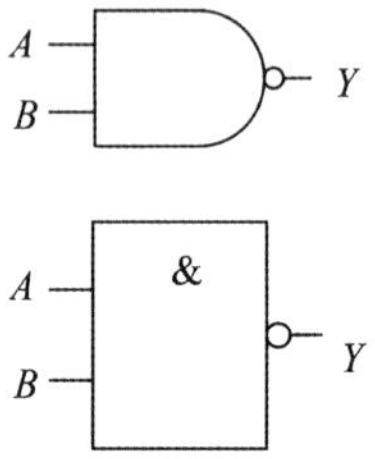$Y=\sim(A\&B)$</td><td>与非逻辑真值表<table><tr><th>A</th><th>B</th><th>Y</th></tr><tr><td>0</td><td>0</td><td>1</td></tr><tr><td>0</td><td>1</td><td>1</td></tr><tr><td>1</td><td>0</td><td>1</td></tr><tr><td>1</td><td>1</td><td>0</td></tr></table></td></tr>
<tr><td>或非(NOR)
$Y=\overline{A+B}$</td><td> 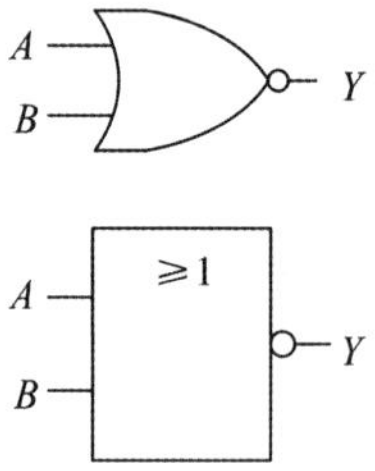$Y=\sim(A\mid B)$</td><td>或非逻辑真值表<table><tr><th>A</th><th>B</th><th>Y</th></tr><tr><td>0</td><td>0</td><td>1</td></tr><tr><td>0</td><td>1</td><td>0</td></tr><tr><td>1</td><td>0</td><td>0</td></tr><tr><td>1</td><td>1</td><td>0</td></tr></table></td></tr>
</table>

续表

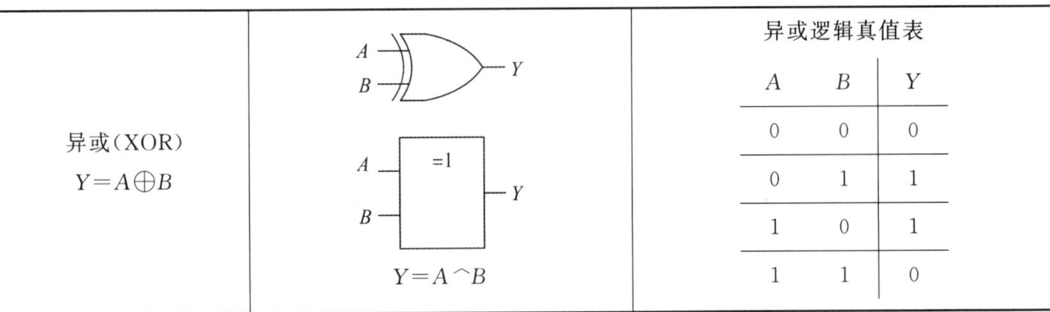

异或(XOR) $Y=A\oplus B$	$Y=A$^B	异或逻辑真值表 A B Y 0 0 0 0 1 1 1 0 1 1 1 0

* 本表给出了 IEEE(电气与电子协会)和 IECL(国际电工协会)两套图形符号，每一个门符号中，上面的是 IEEE 符号，下面的是 IECL 符号。

2.1.2　数据选择器

数据选择器是一种多路输入、单路输出的组合逻辑电路，其逻辑功能是从多路输入中选择其中一路送到输出端。对多路输入数据的选择由控制信号进行控制。作为一种多路开关，数据选择器通常用于将并行输入数据转为串行输出数据。图 16.2 是多路输入 1 路输出的数据选择器示意图，数据选择器通常是 $2n$ 路输入由 n 路控制信号控制，常见的数据选择器有 2 选 1、4 选 1、8 选 1 和 16 选 1 等规格。

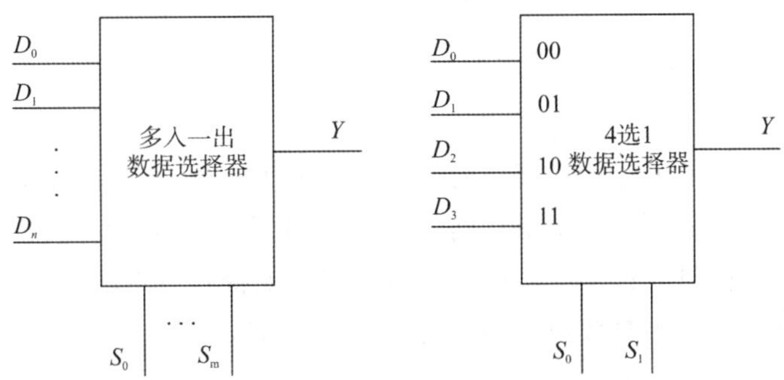

图 16.2　数据选择器

表 16.2　4 选 1 数据选择器真值表

输入数据				控制信号		输出
D_3	D_2	D_1	D_0	S_0	S_1	Y
0	0	0	1	0	0	1
0	0	1	0	0	1	1
0	1	0	0	1	0	1
1	0	0	0	1	1	1

通过对上面表 16.2 数据选择器真值表的化简，我们可以得到输出函数 Y 的逻辑表达式：

$$Y=\overline{S_1 S_0}D_0+\overline{S_1}S_0D_1+S_1\overline{S_0}D_2+S_1S_0D_3=D_0m_0+D_1m_1+D_2m_2+D_3m_3$$

其中，m_0、m_1、m_2、m_3 为控制变量 S_1、S_0 的最小项。对于 $2n$ 选 1 的数据选择器，其对应的逻辑表达式为：

$$Y=\sum_{i=0}^{2n-1}D_i m_i$$

2.1.3 数值比较器

数值比较器示意框图中(图 16.3)，A、B 是两组位数相同的输入，输出变量 G 表示 A 大于 B、变量 E 表示 $A=B$、变量 S 表示 A 小于 B。

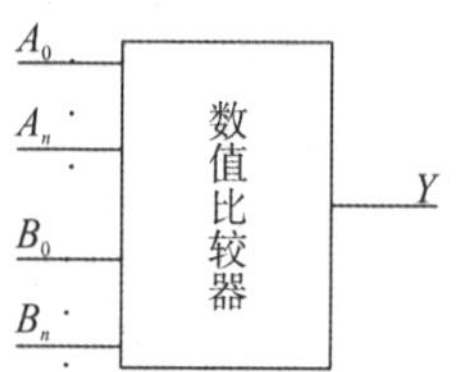

图 16.3 数值比较器示意图

表 16.3 两位数值比较器真值表

输入		输出		
A	B	G	E	S
0	0	0	1	0
0	1	0	0	1
1	0	1	0	0
1	1	0	1	0

对两位数值比较器的真值表(表 16.3)进行化简，可得到

$G=A\overline{B}$

$E=\overline{A}\,\overline{B}+AB=\overline{A\oplus B}$

$S=\overline{A}B$ 或 $S=\overline{G+E}$

多位无符号二进制数的比较从高位向低位逐位依次进行，当被比较的两个高位数字不等时，即可得到比较结果，如比较结果相同，则对低位数据进行比较。对采用补码形式进行编码的有符号二进制数进行比较时，首先比较符号位，如符号位不同，则符号位为 0 的正数大；对于同符号数的比较，则是数值位对应的数字大的数较大。

2.2 组合逻辑相关语言简介

2.2.1 组合电路中的 always 块使用原则

(1)只在一个 always 块中对同一个变量赋值。

(2)在组合电路中采用阻塞赋值。

(3)在敏感列表中使用@ * 自动包含所有输入信号。

(4)确保包含 if-else 和 case 语句的所有分支。

(5)在 always 块开始时给输出赋默认值。

2.2.2 组合电路中常见的错误

(1)变量在多个 always 块中赋值。

对于如下部分代码段：

```
reg y;
reg a,b,clr;
...
```

```
always @ *
    if(clear)y=1'b0;


always @ *
  y=a&b;
```

以上代码中，寄存器变量 y 在两个 always 块中赋值，在实际的电路中，没有一个输出信号可以同时作为两个模块的输出而存在，不可综合。

(2)不完整的敏感信号列表。

在组合逻辑电路中，输出是输入的函数，任何输入信号的改变都会触发电路动作从而引起输出信号的改变(或者不变)，这就要求所有输入信号都必须包含在敏感信号列表里面。以 2 输入与门代码为例，未能完全包含敏感信号列表的语句综合后的电路发生了变化。我们应该用@ * 这个符号把组合逻辑电路的所有输入信号包含进敏感信号列表。下面是示例说明。

```
always @(a,b)   //此时敏感信号都在列表中；
always @(a)     //此时 b 不在敏感信号列表中；
```

(3)不完整分支和不完整赋值。

在 always 块中，变量如果没有被赋值，则会导致在组合逻辑电路中意外综合出存储器。为避免该种情况的发生，应该给所有输出信号进行赋值。我们可以通过加 else 分支并明确给所有输出变量赋值，也可以在 always 块的起始处给每个变量赋默认值。

always 语句中的 case 语句存在类似的可能，为避免出现所有分项表达式都与值不匹配的情况，建议在 case 语句末尾用关键字 default 包含所有未指定的值或者在 always 块开始时候给输出变量赋初值。具体实现方法可以参考下面两段代码。

```
always @ *
  if(a>b)
    begin
      gt=1'b1;
      eq=1'b0;
    end
    else if(a==b)
    begin
      gt=1'b0;
      eq=1'b1;
    end
    else
    begin
      gt=1'b0;
      eq=1'b0;
    end
```

```
always @ *
  begin
    gt=1'b0;
    eq=1'b0;
    if(a>b)
      gt=1'b1;
    else if(a==b)
      eq=1'b1;
```

2.3 Verilog 设计的层次与风格

2.3.1 Verilog HDL 设计的抽象级别

Verilog HDL 既是一种行为描述语言也是一种结构描述语言，其能够在多个层级对数字系统进行描述。Verilog HDL 模型可以是实际电路不同级别的抽象，这些抽象级别可分为 5 级。

(1)系统级(system level)。

(2)算法级(algorithm level)。

(3)寄存器传输级(register transfer level,RTL)。

(4)门级(gate level)。

(5)开关级(switch level)——基于晶体管的设计层次。

其中，前 3 种抽象级别属于高级别的描述方法。门级使用逻辑门来实现电路。开关级的模型主要是描述器件中晶体管、存储节点以及它们之间的连接关系。

2.3.2 Verilog HDL 设计的描述风格

Verilog HDL 包含以下 3 种方式实现对逻辑电路的描述。

(1)结构(structural)描述。

结构化描述方式是使用实例化低层次模块的方法，即调用其他已经定义过的低层次模块对整个电路的功能进行描述，或者直接调用 Verilog 内部预先定义的基本门级元件描述电路的结构，或者调用开关级元件(晶体管级结构描述)。在多层次结构电路的设计中，不同模块间的调用也属于结构描述。

(2)数据流(data flow)描述。

数据流描述方式是使用连续赋值语句(assign)对电路的逻辑功能进行描述，该方式特别便于对组合逻辑电路进行建模。

(3)行为(behavioural)描述。

行为级描述方式是使用过程块语句结构(always)和比较抽象的高级程序语句对电路的逻辑功能进行描述

2.3.3 门级结构描述

在门级结构描述中只表示元件和元件间的连接关系，类似于电路网表的功能。对于库中不存在的元件，则必须先进行元件的创建，然后将其放在工作库中后方可调用。

(1)Verilog HDL 中的门元件。

表 16.4 Verilog HDL 内置基本元件及其类型

类型		元件
基本门(basic gate)	多输入门	and、nand、or、nor、xor、xnor
	多输出门	buf、not
三态门(tristate driver)	允许定义驱动强度	bufif0、bufif1、notif0、notif1

续表

类型		元件
MOS 开关 (MOS switch)	无驱动强度	nmos、pmos、cmos、mmos、rpmos、remos
双向开关 (bi-direction switch)	无驱动强度	tran、tranif0、tranif1
	无驱动强度	rtran、rtranif0、rtranif1
拉门	允许定义驱动强度	pullup、pulldown

表 16.4 列出了 Verilog HDL 内置基本元件及其类型，下面对部分元件进行解释说明。

①多输入门。

and、nand、or、nor、xor 和 xnor 是具有多个输入的逻辑门，它们的共同特点是只允许有一个输出，但可以有多个输入。and 的一般调用格式为：

```
and A1(out,in1,in2,in3);
```

其中，调用名 A1 可以省略。nand、or、nor、xor 和 xnor 的调用格式与 and 的调用格式类似。

②多输出门。

buf、not 是具有多个输出的逻辑门，它们的共同特点是允许有多个输出，但只有一个输入。一般的调用格式为：

```
buf B1(out1,out2,…,in);
not N1(out1,out2,…,in);
```

其中，调用名 B1、N1 可以省略。

③三态门。

bufif1、bufif0、notif1 和 notif0 是三态门元件模型。这些门有一个输出、一个数据输入和一个输入控制。如果输入控制信号无效，则三态门的输出为高阻态 z。一般的调用格式为：

```
bufif1 B1(out,in,ctrl);
bufif0 B0(out,in,ctrl);
notif1 N1(out,in,ctrl);
notif0 N0(out,in,ctrl);
```

其中，调用名 B1、B0、N1 和 N0 可以省略。

对于 bufif0 和 notif0，当控制等于 0 时，数据通过；当控制等于 1 时，输出为 z(HiZ)。

④双向开关。

tranif0 和 tranif1 是 Verilog HDL(硬件描述语言)中的关键字，用于描述条件转移和条件赋值。它们的语法结构如下：

```
tranif0(output,input1,input2,…);
tranif1(output,input1,input2,…);
```

其中，output 表示输出信号，input1、input2 等表示输入信号。tranif0 和 tranif1 的作用是根据输入信号的值来决定输出信号的值。当输入信号为 0 时，tranif0 将输出信号置为 0；

当输入信号为 1 时，tranif1 将输出信号置为 1。这种语法结构可以方便地实现条件转移和条件赋值的功能。

⑤推拉门。

上拉源、下拉源以关键词 pullup、pulldown 开始，上拉源应在其终端列表中连接的网络上放置逻辑值 1，下拉源应在其终端列表中连接的网络上放置一个逻辑值 0。

(2)门元件的调用。

调用门元件的格式如下：

门元件名 ＜例化的门名字＞(＜端口列表＞)

其中，普通门的端口列表按下面的顺序列出：

(输出，输入 1，输入 2，…)；

三态门的端口列表按下面的顺序列出：

(输出，输入，使能端)；

例如：

```
and a(out,in1,in2);
bufif0 g1(out,a,ctrl);
bufif1 g2(out,b,enable);
```

(3)门级结构描述实例。

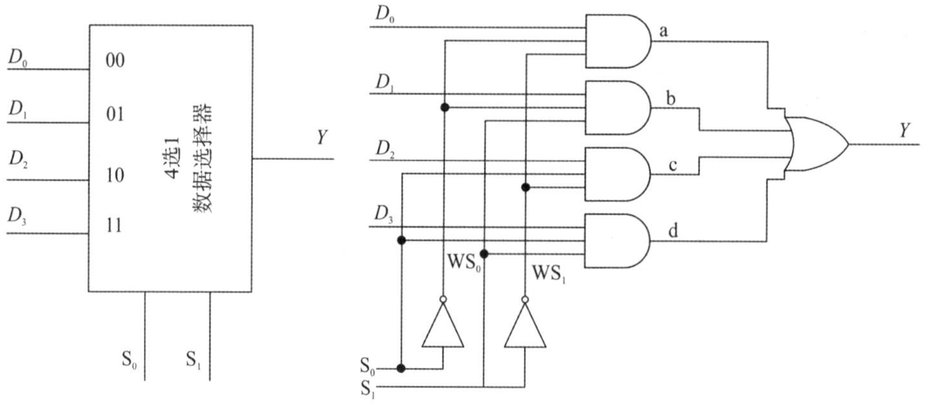

(a)4 选 1 数据选择器框图　　(b)4 选 1 数据选择器逻辑电路图

图 16.4　4 选 1 数据选择器框图和逻辑电路图

按照图 16.4(b)4 选 1 数据选择器逻辑电路图，用门结构描述实现如下：

```
module mux4_1_a  (D0,D1,D2,D3,S0,S1,Y);
  input D0,D1,D2,D3;
  input S0,S1;
  output Y;
  wire WS0,WS1;
  wire a,b,c,d;
```

```
  not(WS0,s0),(WS1,s1);
  and(a,D0,WS0,WS1),(b,D1,WS0,s1),(c,D2,s0,WS1),(d,D3,s0,s1);
  or(Y,w,a,b,c,d);
endmodule
```

2.3.4　数据流描述

对于包含较少元件的数字逻辑电路，使用门级结构建模简单、直接。当电路规模增大、复杂度提升后，其包含的逻辑门个数会急剧增加，此时使用门级结构描述的方式建模烦琐且极其容易出错，我们有必要从更高的抽象层次入手，重点考虑功能实现，提升设计效率。Verilog HDL 支持数据流建模。数据流建模是指根据数据在寄存器之间的流动和处理过程对电路进行描述。实验十三的 2.5.1 节对持续赋值语句进行了初步的介绍。这里再对持续赋值语句作进一步的说明。

(1)持续赋值语句。

持续赋值语句是 Verilog HDL 数据流建模的基本语句，用于对线网进行赋值。它从更高的抽象角度来对门级电路进行描述。持续赋值语句以关键词 assign 开始。下面是其具体的语法：

```
continuous_assign ::=assign [ drive_strength ] [ delay3 ] list_of_net_assignments ;
list_of_net_assignments ::=net_assignment { ,net_assignment }
net_assignment ::=net_lvalue=expression
```

持续赋值语句的左值必须是一个标量、向量线网或者是标量(向量)线网的拼接，不能是向量或者向量寄存器。持续赋值语句总是处于激活状态，只要有任意一个操作数发生变化，表达式会被立即重新计算并赋值(或延迟一定时间后)给等号左边的线网。操作数可以是标量、向量线网或者寄存器，也可以是函数调用。赋值延迟用于控制对线网赋新值的时间，类似于实际电路中的门和电路延迟。

由上面的 assign 声明的语法可知，持续赋值需要先声明然后赋值。Verilog HDL 提供了在线网声明的同时进行赋值的隐式赋值方法，该方法只能赋值一次。Verilog HDL 会认为用在持续赋值语句左侧的未被声明的信号为线网类型。下面是一些例子：

```
//i1、i2 及 out 已经事先被声明为线网类型
assign out=i1&i2 ;
//向量线网的持续赋值
assign addr[15:0]=addr1_bits[15:0] ^ addr2_bits[15:0];
// 赋值给拼接操作产生的线网
assign{c_out,sum[3:0]}=a[3:0]+b[3:0]+c_in;
//隐式赋值:在声明变量的同时给其赋值
wire out=in1 & in2;
//以下两句为连续语句
wire i1,i2;
//out 并未声明为线网,但是 Verilog HDL 会推断 out 为线网型
```

assign out=i1 & i2;

(2)延迟。

持续赋值语句中的延迟用于控制任一操作数发生变化到语句左值被赋予新值之间的时间间隔,指定赋值延迟的方法有 3 种,分别是普通赋值延迟、隐式赋值延迟和线网声明延迟。

①普通赋值延迟。

在持续赋值语句中说明延迟值,延迟值位于关键字 assign 后面。语句如下:

assign # 10 out=in1 & in2;

上面的语句中,in1、in2 中任意一个值发生变化,计算表达式 in1&in2 的新值并将新值赋给 out 之前,会有 10 个单位时间的延迟。在延迟时长之内(此处为 10)信号发生变化且在延迟时长节点(过 10 时)前变回原值的,不会对输出赋值产生影响;也就是说信号的脉冲宽度小于指定赋值延迟的,不会对输出有影响,如图 16.5 所示。

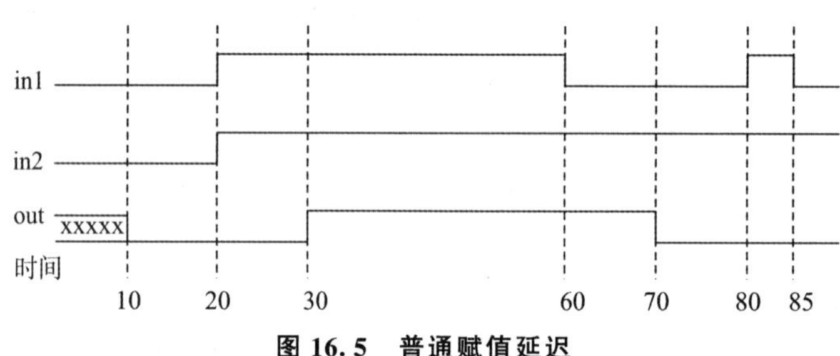

图 16.5　普通赋值延迟

②隐式赋值延迟。

隐式持续赋值等效于声明一个线网并且对其进行连线赋值。例如:

wire #10 out=in1 & in2 ;　//声明的同时进行赋值;

该语句等价于:

wire out;

assign #10 out=in1 & in2;

③线网声明延迟。

Verilog HDL 允许在声明线网的时候指定一个延迟,这样对该线网的任何赋值都会被推迟指定时间,线网声明也可以用于门级建模中。例如:

wire #10 out;

assign out=in1 & in2;

以上语句等价于:

wire out;

assign #10 out=in1 & in2;

(3)数据流描述实例。

①使用逻辑等式。

此处使用逻辑等式的方法对图 16.4 中 4 选 1 数据选择器进行建模如下:

```
module mux4_1_b(D0,D1,D2,D3,S0,S1,Y);
  input D0,D1,D2,D3;
  input S0,S1;
  output Y;
  assign out=(~s1 & ~s0 & D0)|
             (~s1 & s0 & D1)|
             (s1 & ~s0 & D2)|
             (s1 & s0 & D3);
endmodule
```

②使用条件操作符。

使用条件操作符实现 4 选 1 数据选择器功能，该方法更为简单。

```
module mux4_1_c(D0,D1,D2,D3,S0,S1,Y);
    input D0,D1,D2,D3;
    input S0,S1;
    output Y;
    assign out=S1 ? (S0 ? D3:D2):(S0? D1:D0);
    //上述的 out 信号由两层条件操作符共同构成，
    //将 D3～D0 四路信号分成两组，由 S1 控制选择 D3 和 D2 组还是 D1 和 D0 组，
    //再由 S0 控制已选择的组内两路信号的选取。
endmodule
```

2.3.5　行为描述

随着设计复杂度的不断提高，在设计早期进行良好的整体规划变得非常重要，设计者需要对各种整体结构核算法之间的权衡匹配进行评估，以获得较好的效果。这种评估建立在硬件所完成的算法之上，Verilog HDL 支持设计者从算法的角度，也就是从电路的外部行为的角度对其进行描述。行为级建模是从一个很高的抽象角度来表示电路，类似于 C 语言编程，给设计者提供了很大的灵活性。

我们在实验十三的 2.5 节语句部分对赋值语句（持续赋值和过程赋值）、块语句[顺序块、并行块、命名块和过程语句（initial 语句和 always 语句）]、条件语句和循环语句进行了较为详细的说明。这些内容都是行为建模的基础，本次实验不再赘述，这里对行为描述涉及的时序控制进行说明。

(1)时序控制。

时序控制起着非常重要的作用，它使得设计者可以指定过程赋值发生的时刻，进而控制仿真时间的向前推进。Verilog HDL 为使用者提供了 3 种时序控制方式，分别是基于延迟的时序控制、基于事件的时序控制和基于电平的敏感时序控制。

①基于延迟的时序控制。

基于延迟的时序控制出现在表达式中，它指定了语句开始执行到执行完成之间的时间间隔。延迟可以是数字、标识符或表达式，需要在延迟值前加上关键字 #。对于过程赋值，

Verilog HDL 提供了 3 种延迟控制：常规延迟控制、赋值内嵌延迟控制和零延迟控制。

常规延迟控制位于赋值语句的左边，用于指定一个非零延迟值。下面是一些具体的例子：

```
parameter latency=20;
parameter delta=2;
reg x,y,z,p,q;


initial
begin
  x=0;  //没有延迟控制
  #10 y=1;  //先延迟，再计算，最后赋值，第 10 个单位时间执行赋值运算 y=1
  # latency  z=0;  //使用标识符的延迟控制，延迟 20 个单位时间；
  #(latency+delta)p=1;  //使用表达式控制的延迟；
  # y x=x+1;  //使用标识符的延迟控制，延迟值为 y
  #(4:5:6)q=0;  //最小、典型和最大延迟值
end
```

赋值内嵌延迟控制将延迟控制嵌入赋值语句中，放置在赋值符的右边。下面是一些具体的例子：

```
reg x,y,z;  //定义寄存器变量
initial
begin
  x=0; z=0;
y=# 5  x+z;  //在仿真的 0 时刻取得 x 值和 z 值，计算 x+z，
//然后等待 5 个单位时间，再把计算结果赋值给 y
end
```

上面这段代码也可以采用临时变量和正规的时延控制相结合达到同样的效果，具体如下：

```
initial
begin
  x=0;
  z=0;
//在当前时刻计算 x+z 值，并把计算结果保存在零延时变量中。
temp_xz=x+z;
  # 5 y=temp_xz;
end
```

我们需要注意常规延迟控制与赋值内嵌延迟的区别，对于常规延迟控制，它推迟的是整个赋值语句的执行。对于赋值内嵌延迟，仿真器首先立即计算右侧表达式的值，推迟指

定的时间之后，再将这个值赋予左侧变量。内嵌延迟的效果相当于将表达式的值保存在临时变量中，然后使用常规延迟控制将这个值赋给左侧变量。即使在延迟控制时长内，计算变量发生了变化，也不影响已经保存的赋给左值的值。

在同一时刻，位于不同 initial 和 always 语句块中的过程语句可能被同时计算，但是执行赋值的顺序是不确定的，与使用的仿真器的类型有关。在这种情况下，零延迟控制可以保证带零延迟控制的语句将在执行时刻相同的多条语句中最后执行，从而避免发生竞争。但是如果存在多条带零延迟控制的语句，则它们之间的执行顺序又是不确定的。下面是一些具体的例子：

```
initial
begin
  x=0;
  y=0;
end
initial
begin
  #0 x=1;  //零延迟控制
  #0 y=1;
end
```

上面的语句中，4 条赋值语句都将在仿真 0 时刻执行，但由于后面两条语句具有零延迟，因此它们将被安排在最后执行；在仿真 0 时刻结束时，x 和 y 值都为 1，但它们的执行顺序是不确定的。为了避免这种不确定性，我们在实践中尽量不要使用零延迟控制。

②基于事件的时序控制。

在 Verilog HDL 中，事件是指一个寄存器或者线网变量的值发生了变化。事件可以用来触发声明语句或块语句执行。Verilog HDL 提供了 4 种类型的事件控制，分别是常规事件控制、命名事件控制、or(或)事件控制和电平敏感时序控制。实验十三的 2.5.3 节 always 语句块对敏感信号列表略有说明，此处进行完整的说明。

事件控制使用符号@来说明，语句继续执行的条件是信号的值发生了变化，发生正向跳变和负向跳变，关键字 posedge 用于指明正向跳变、negedge 用于指明负向跳变。例如：

```
//当 clock 信号发生变化，执行 q=d
@(clock)q=d;
//当 clock 信号发生正跳变(由 0→1、x 或者 z，由 x→1，由 z→1)时，执行 q=d
@(posedge clock)q=d;
//当 clock 信号发生负跳变(由 1→0、x 或者 z，由 1→x，由 1→z)时，执行 q=d
@(negedge clock)q=d;
```

在 Verilog HDL 提供的命名事件控制机制中，用户可以在程序中显式声明事件(event)类型的变量，触发该变量并且识别该事件是否已经发生。命名事件由关键值 event 声明，事件的触发使用符号 -> 表示，根据过程块敏感信号列表来判断事件的是否发生。

3 实验仪器

(1)登录终端 1 台(台式计算机或笔记本电脑等)。

(2)在线实验平台。

(3*)带开发工具的计算机 1 台。

4 实验内容

4.1 第 1 关 门电路实现

4.1.1 挑战 1 逻辑门电路的实现

在 Verilog HDL 语言中,与门用"&"符号表示与运算符,其对应表达式为 y=a & b。或门用"|"符号表示或运算符,其对应表达式为 y=a | b。非门用"~"符号表示非运算符,其对应表达式为 y=~a 等。

请参考以上描述,补充完成 2 输入逻辑门 Verilog HDL 程序。

```
module  gates2(
  input  a,
  input  b,
  output  [5:0] y
  );
  assign y[0]=a&b;          //与
  assign y[1]= *** ;        //或
  assign y[2]= *** ;        //与非
  assign y[3]= *** ;        //或非
  assign y[4]= *** ;        //异或
  assign y[5]= *** ;        //同或
endmodule
```

4.1.2 挑战 2 仿真测试程序

请根据图 16.6 波形图中输入信号的变化情况,完善下面的仿真文件。

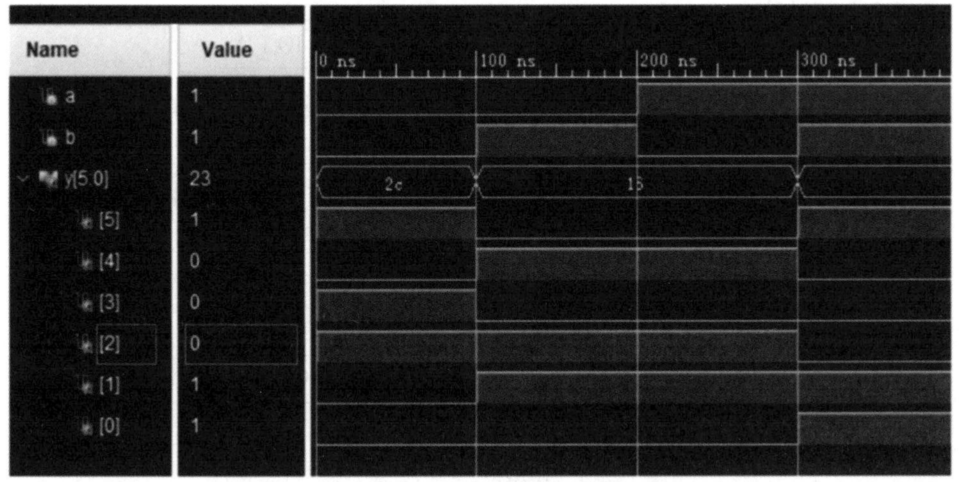

图 16.6　基本逻辑门仿真波形图

```
`timescale 1ns / 1ps
module gates2_test(   );
   reg a,b;
   wire [5:0] y;

   gates2   test_gate2(a,b,y);   //调用 gates2 模块

   initial
   begin
     a=0; b=0;#100;        //顺序执行,每次赋值等待 100 个时间单位
     *** b=1;#100;
     *** b=0;#100;
     a=1; b=1;#100;
   end
endmodule
```

4.1.3　挑战 3　实现、引脚约束文件

本例中输入信号 a、b 使用开关 SW1、SW0 控制,输出信号 y[5]～y[0]使用 LED 灯输出。

不同开发板对应的硬件引脚是不一样的,这里以 EGO1 开发板为例,列出对应的约束文件。

表 16.5　拨码开关、LED 灯引脚配置图

名称	原理图标号	FPGA IO PIN
SW0	SW_0	R1
SW1	SW_1	N4

续表

名称	原理图标号	FPGA IO PIN
SW2	SW_2	M4
SW3	SW_3	R2
SW4	SW_4	P2
SW5	SW_5	P3
SW6	SW_6	P4
SW7	SW_7	P5
D0	LED0	K2
D1	LED1	J2
D2	LED2	J3
D3	LED3	H4
D4	LED4	J4
D5	LED5	G3
D6	LED6	G4
D7	LED7	F6

参照表 16.5 和下面的部分约束条件，补充完善约束文件。

EGO1 开发板约束文件部分内容如下(缺略部分务必补全)：

```
#开关 SW1~SW0
set_property—dict {PACKAGE_PIN N4 IOSTANDARD LVCMOS33} [get_ports {a}]
set_property—dict {PACKAGE_PIN R1 IOSTANDARD LVCMOS33} [get_ports {b}]
#LED灯 LED5~ LED 0
set_property—dict {PACKAGE_PIN K2 IOSTANDARD LVCMOS33} [get_ports {y[0]}]
set_property—dict {PACKAGE_PIN J2 IOSTANDARD LVCMOS33} [get_ports {y[1]}]
```

4.2 第 2 关 二选一多路选择的实现及仿真

可以使用门级结构描述、数据流描述和行为描述 3 种方式实现二选一多路选择器。

4.2.1 挑战 1 二选一多路选择器 门级结构描述实现

门级结构描述的二选一多路选择器电路如图 16.7 所示。

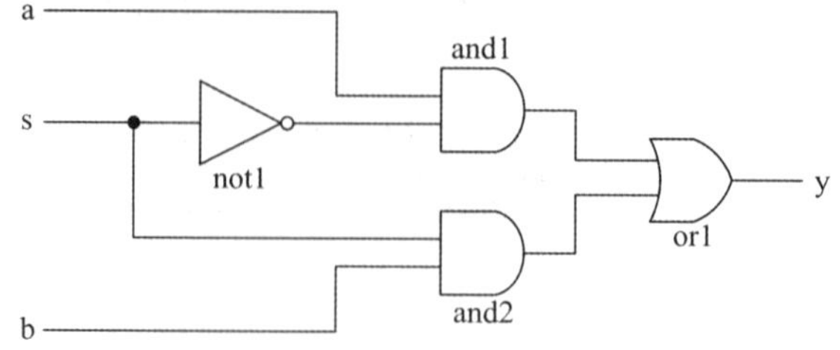

图 16.7 门级结构描述的二选一多路选择器电路

请参考图 16.7，补充完成二选一多路选择器的门级结构描述 Verilog HDL 程序。

```
module mux21_a(input s,input a,input b,output y);
    // 定义中间变量
  wire not_s,and1_out,and2_out;
    // 使用 not 门计算选择信号 s 的反相
  not not1(not_s,s);
    // 使用 and 门计算选择信号的 s 反相和输入 a 的与
  and and1(and1_out,not_s,a);
    // 使用 and 门计算选择信号 s 和输入 b 的与
  ***;
    // 使用 or 门将两个 and 门的输出连接起来
  ***;
endmodule
```

4.2.2　挑战 2　二选一多路选择器　数据流描述实现

```
module mux21_b(input s,input a,input b,output y);
    assign y=(***)? *** : ***;        //使用三元运算符描述
endmodule
```

4.2.3　挑战 3　二选一多路选择器　行为描述方法实现

```
module mux21_c(input s,input a,input b,output y);
  reg y;
  always @(*)
  begin
    //使用 if else 实现行为描述
    if(s)
      y= ***;
    else
      ***;
  end
endmodule
```

4.2.4　挑战 4　编写仿真代码

参考图 16.8 所示仿真波形，补全下面的代码，使得输入 a，b，s 按图 16.8 变化。按要求对 mux21_a 进行实例化，并设置激励后仿真，观察并确认，使得对应的输出按图 16.8 中 y 变化。

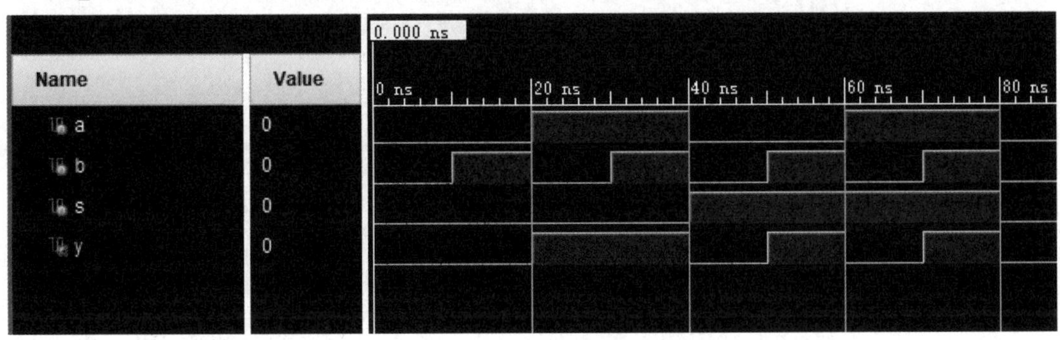

图 16.8　二选一多路选择器仿真波形图

```
module mux21_a_tb( );
  reg a,b,s;
  wire y;


  *** //        例化 mux21_a 模块


  *** //        a,b,s 激励随时间变化


endmodule
```

4.3 第3关 多路选择器

4.3.1 挑战1 多路选择器的 case 实现

数据选择器是一种多路输入单路输出的组合逻辑电路。

4 选 1 多路选择器真值表如表 16.6 所示，开关 s_1 和 s_0 是两根控制线，用于选择 4 个输入中的一个进行输出(如图 16.9 所示)。

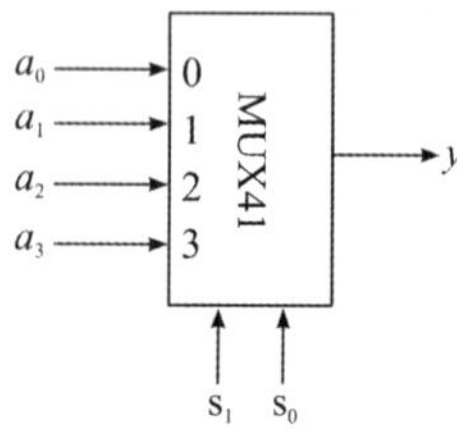

图 16.9 4 选 1 多路选择器示意框图

表 16.6 4 选 1 多路选择器真值表

s_1	s_0	y
0	0	a_0
0	1	a_1
1	0	a_2
1	1	a_3

使用 case 语句实现 4 选 1 多路选择器：

```
module mux41(
  input wire [3:0] a,
  input wire [1:0] s,
  output reg y
  );


  always @( * )
    case(s)
      0 : y=a[0];
      1 : y=a[1];
      2 : y=a[2];
      3 : y=a[3];
      default: y=a[0];
  endcase
```

```
endmodule
```

与 if 语句相比，case 语句更为直观。

4.3.2　挑战 2　仿真实现

参考图 16.10 波形图中的激励和仿真代码，补充完整代码并仿真。

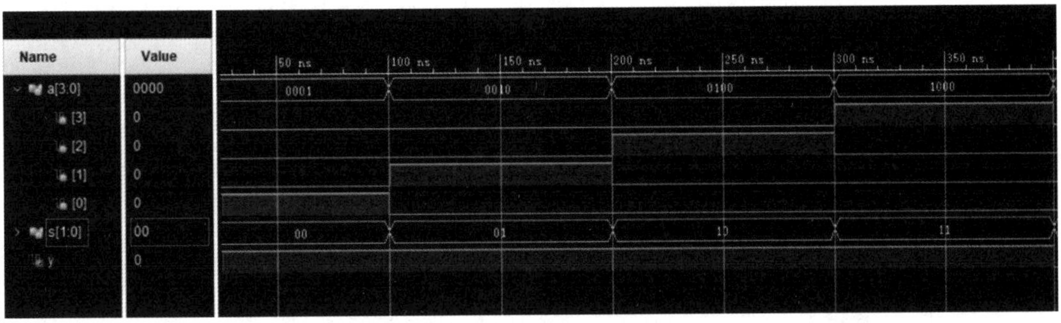

图 16.10　4 选 1 多路选择器仿真波形图

```
module mux41_tb(   );
  reg [3:0] A;
  reg [1:0] S;
  wire Y;
    ***          //实例化 mux41 模块
  initial
  begin
    ***          //S 和 A 激励随时间变化
    ***
  end
endmodule
```

4.4　第 4 关　数值比较器

4.4.1　挑战 1　N 位二进制比较器的实现

数值比较器用于比较两个数 x，y 的数值大小，比较结果有 x>y，x=y，x<y 共 3 种情况，但仅有 1 种情况为真。下面是一个 1 位数值比较器程序：

```
module comp_1(
  input in0,in1,
  output reg gt,eq,lt
  );

  always @(*)
  begin
    gt=0;     eq=0;     lt=0;
    if(in0>in1)         gt=1;
```

```
        if(in0==in1)           eq=1;
        if(in0<in1)            lt=1;
    end
endmodule
```

请参考如上代码，利用 parameter 参数传递实现 N 位二进制比较器，完善如下程序：

```
module comp_N
    #(parameter ***)            //补全参数 N
    (input [N-1:0] in0,in1,
    output reg gt,eq,lt
    );


    always @(*)
    begin
        ***
    end
endmodule
```

4.4.2 挑战 2 实现引脚约束文件

根据开发板的开关和 LED 的输出，设置 SW7～SW4 拨动开关作为第一路 4 位输入 in0[3:0]，设置 SW3～SW0 拨动开关作为第二路 4 位输入 in1[3:0]，灯 D2～D0 作为输出 gt、eq、lt，补全约束条件。

参照第一关的约束条件，补充完善约束文件。

5 能力拓展

试使用 74LS85 IP 核构成 8 位比较器。具体要求如下：

(1)根据下面的真值表构建 IP 核。

74LS85 是带级联引脚的 4 位数值比较器，其引脚图如图 16.11 所示，真值表如表 16.7 所示：

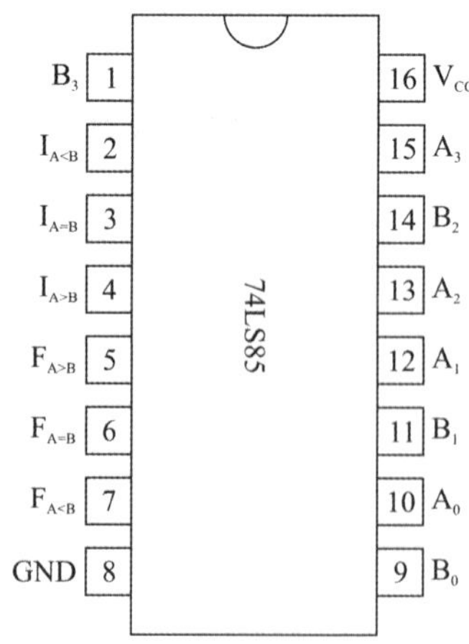

图 16.11 8 位比较器 74LS85 引脚图

表 16.7　8 位比较器 74LS85 真值表

数据输入				级联输入			输出		
A_3B_3	A_2B_2	A_1B_1	A_0B_0	$I_{A>B}$	$I_{A<B}$	$I_{A=B}$	$F_{A>B}$	$F_{A<B}$	$F_{A=B}$
$A_3>B_3$	×	×	×	×	×	×	1	0	0
$A_3<B_3$	×	×	×	×	×	×	0	1	0
$A_3=B_3$	$A_2>B_2$	×	×	×	×	×	1	0	0
$A_3=B_3$	$A_2<B_2$	×	×	×	×	×	0	1	0
$A_3=B_3$	$A_2=B_2$	$A_1>B_1$	×	×	×	×	1	0	0
$A_3=B_3$	$A_2=B_2$	$A_1<B_1$	×	×	×	×	0	1	0
$A_3=B_3$	$A_2=B_2$	$A_1=B_1$	$A_0>B_0$	×	×	×	1	0	0
$A_3=B_3$	$A_2=B_2$	$A_1=B_1$	$A_0<B_0$	×	×	×	0	1	0
$A_3=B_3$	$A_2=B_2$	$A_1=B_1$	$A_0=B_0$	1	0	0	1	0	0
$A_3=B_3$	$A_2=B_2$	$A_1=B_1$	$A_0=B_0$	0	1	0	0	1	0
$A_3=B_3$	$A_2=B_2$	$A_1=B_1$	$A_0=B_0$	0	0	1	0	0	1

请根据 74LS85 的真值表(表 16.7)构建 IP 核。

(2)调用该 IP 核生成比较器,并进行仿真。

(3)自拟输入输出,实现下载并检测实验现象。

实验十七　组合逻辑电路设计实例 2

1　实验目的及学习要求

1.1　实验目的

(1)掌握 Verilog HDL 语言中组合逻辑常用语法。

(2)掌握编码器和译码器的原理及 Verilog HDL 实现方法。

(3)熟悉数码管显示控制的原理和实现方法。

(4)熟悉基于层次结构的组合逻辑电路 Verilog HDL 实现方法。

(5)培养科学精神、工匠精神,养成系统观及规矩意识。

1.2　学习要求

(1)课前预习,了解编码器、译码器和数码管显示控制的原理。

(2)课后复习,熟练掌握编码器、译码器和数码管显示控制的 Verilog HDL 实现方法。

(3)课后复习,掌握基于层次结构模块的工程建立方法并实现简单功能。

2　实验原理

2.1　编码器

2.1.1　编码原理

编码是指用文字、符号和数字表示特定对象的过程。在使用二进制数的数字系统中,编码的结果是一些二进制代码。编码器是实现编码过程的电路。图 17.1 所示编码器结构框图对编码器结构进行了呈现。

图 17.1(a)中 $D_{n-1} \sim D_0$ 为 n 个需要编码的输入信号,$Y_{m-1} \sim Y_0$ 对应 m 位输出,输入输出间满足如下关系:

$$2^{m-1} < n \leqslant 2^m$$

设计编码器的关键在于编码规则,编码规则不同,设计结果也不同。

2.1.2　二进制编码器

(1)二进制普通编码器。

用 m 位二进制代码对 $n=2^m$ 个信号进行编码的电路称为二进制编码器,分为普通编码

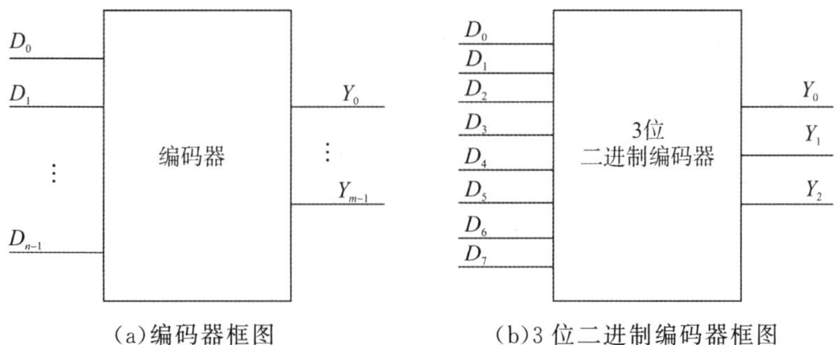

(a)编码器框图　　(b)3 位二进制编码器框图

图 17.1　编码器结构框图

器和优先编码器。二进制普通编码器输入信号为一组互斥的信号,任何时刻都只能有一组信号出现。

表 17.1　3 位二进制编码器真值表

输入	输出		
	Y_2	Y_1	Y_0
D_0	0	0	0
D_1	0	0	1
D_2	0	1	0
D_3	0	1	1
D_4	1	0	0
D_5	1	0	1
D_6	1	1	0
D_7	1	1	1

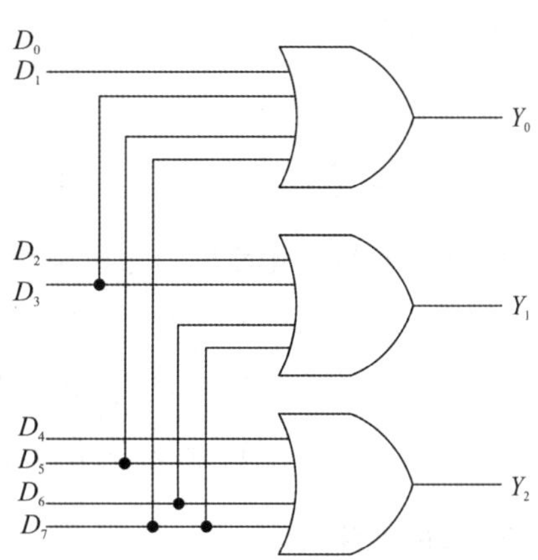

图 17.2　或门构成的 8-3 编码器

3 位二进制编码器的输入信号位有 $2^3=8$ 个,输出信号为 3 位二进制数,其为 8 个输入 3 个输出的组合逻辑电路,也叫 8-3 编码器。3 位二进制数的常用编码规律为 000,001,010,…,111 共 8 个编码,可用 $D_0,D_1,D_2,\cdots,D_7$ 来表示。根据 8-3 编码器的输入输出规律,可以列出如表 17.1 所示 3 位二进制编码器真值表,化简该真值表可知

$$Y_2=D_7+D_6+D_5+D_4$$

$$Y_1=D_7+D_6+D_3+D_2$$

$$Y_0=D_7+D_5+D_3+D_1$$

根据以上输出端的逻辑表达可知,8-3 编码器可以由或门电路实现,其对应的实现电路见图 17.2 或门构成的 8-3 编码器。图中 D_0 输入信号的编码是隐含的,当 $D_1 \sim D_7$ 均未输入有效信号时,编码器的输出就是 D_0 编码。

(2)优先编码器。

普通编码器要求输入信号互斥,同一时间段只允许输入一个信号,优先编码器无此约束,其允许同时输入多个信号,由电路优先级别最高的信号进行编码,优先级别低的信号不起作用。优先编码器信号还需要设定优先级的顺序。优先编码器的框架与编码规则与普

通编码器相同，3 位二进制优先编码器真值表(表 17.2)是根据优先编码器的编码和优先规则所制作的简化真值表。表中×表示此输入信号为 0 或 1 均可，当级别较高的输入信号为 1 时，编码器会屏蔽级别较低的高电平输入信号。

表 17.2　3 位二进制优先编码器真值表

输入								输出		
D_0	D_1	D_2	D_3	D_4	D_5	D_6	D_7	Y_2	Y_1	Y_0
1	0	0	0	0	0	0	0	0	0	0
×	1	0	0	0	0	0	0	0	0	1
×	×	1	0	0	0	0	0	0	1	0
×	×	×	1	0	0	0	0	0	1	1
×	×	×	×	1	0	0	0	1	0	0
×	×	×	×	×	1	0	0	1	0	1
×	×	×	×	×	×	1	0	1	1	0
×	×	×	×	×	×	×	1	1	1	1

由表 17.2 可得到化简后的输出函数表达式如下，大家可以据此画出逻辑图。

$$Y_2=D_4+D_5+D_6+D_7$$

$$Y_1=\overline{D}_5\overline{D}_4D_2+\overline{D}_5\overline{D}_4D_3+D_6+D_7$$

$$Y_0=\overline{D}_6\overline{D}_4\overline{D}_2D_1+\overline{D}_6\overline{D}_4D_3+\overline{D}_6D_5+D_7$$

2.2　译码器

译码是编码的逆过程，其将输入的代码在输出位置翻译为输出信号。译码器分为变量译码器和显示译码器。

2.2.1　变量译码器

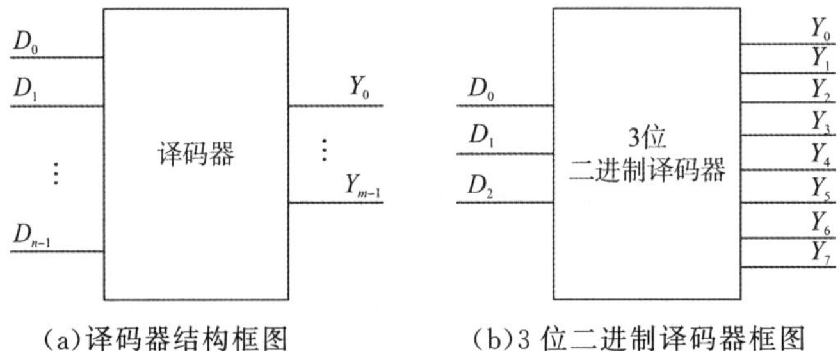

(a)译码器结构框图　　(b)3 位二进制译码器框图

图 17.3　译码器框图

译码器的结构框图如图 17.3(a)所示。输入信号和输出信号的数量关系是：

$$2^{n-1}<m\leqslant 2^n$$

图 17.3(b)是一个 3 位二进制译码器(3 线-8 线译码器)框图，把输入的 3 位二进制数转换为 8 个输出。

表 17.3 是 3 线-8 线译码器的真值表。根据真值表可以知道，对应不同的输入编码(000～111)，$Y_0 \sim Y_7$ 依次输出高电平。

表 17.3　3 线-8 线译码器的真值表

输入			输出							
D_2	D_1	D_0	Y_0	Y_1	Y_2	Y_3	Y_4	Y_5	Y_6	Y_7
0	0	0	1	0	0	0	0	0	0	0
0	0	1	0	1	0	0	0	0	0	0
0	1	0	0	0	1	0	0	0	0	0
0	1	1	0	0	0	1	0	0	0	0
1	0	0	0	0	0	0	1	0	0	0
1	0	1	0	0	0	0	0	1	0	0
1	1	0	0	0	0	0	0	0	1	0
1	1	1	0	0	0	0	0	0	0	1

由真值表可以化简得到输出函数的表达式为：

$$Y_0=\overline{D}_2\overline{D}_1\overline{D}_0 \quad Y_1=\overline{D}_2\overline{D}_1 D_0 \quad Y_2=\overline{D}_2 D_1\overline{D}_0 \quad Y_3=\overline{D}_2 D_1 D_0$$

$$Y_4=D_2\overline{D}_1\overline{D}_0 \quad Y_5=D_2\overline{D}_1 D_0 \quad Y_6=D_2 D_1\overline{D}_0 \quad Y_7=D_2 D_1 D_0$$

由以上表达式可以得到由与门和非门构成的 3 位二进制译码器(图 17.4)。

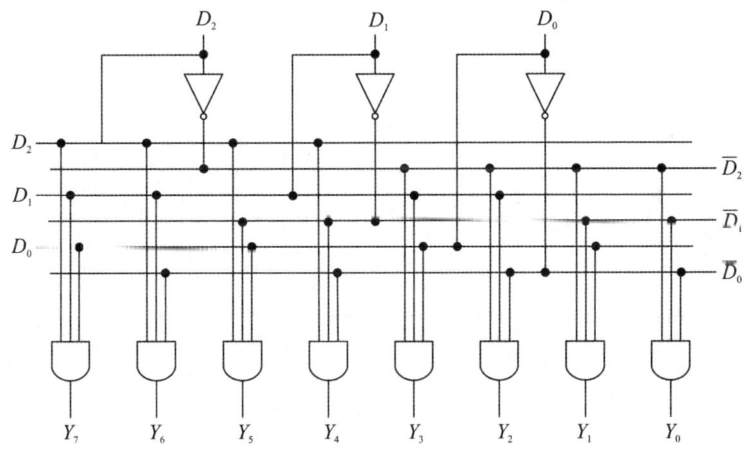

图 17.4　3 位二进制译码器

2.2.2　显示译码器

显示译码器主要用来将二进制数转换成 7 段码驱动数码管。数码管通常是由 7 个 LED 发光二极管构成的显示器件，有共阴极和共阳极两种。图 17.5(a)展示了数码管的外观，图 17.5(b)和图 17.5(c)分别是共阴极和共阳极数码管的连接示意图。下面我们以共阴极为例来说明。

数码管需要相应的驱动电路来驱动才能正确地显示。驱动电路的输入信号就是需要

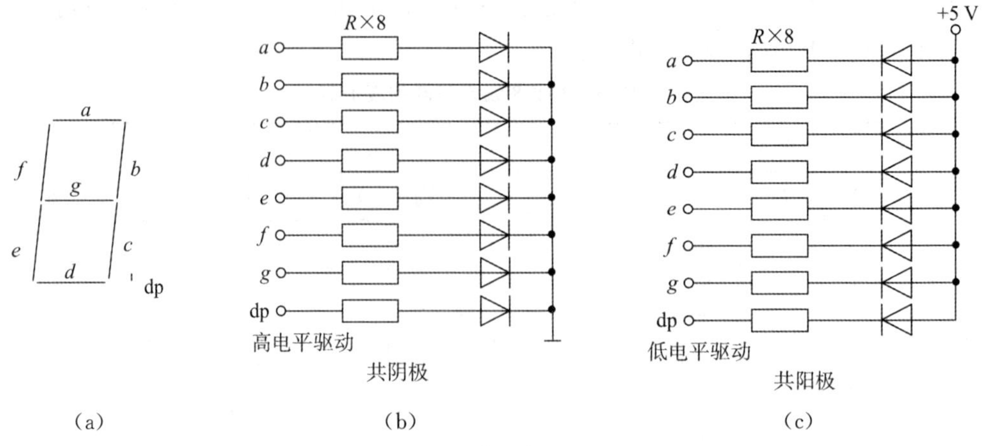

图 17.5 数码管示意图

显示的字符或者数字,输出是各段发光管的对应显示顺序。数码显示译码器的输入信号可以是十进制或者十六进制对应的 0～9 或者 0～F,各输入对应的编码从 0000 至 1111 共有 16 个 4 位二进制表达的数字。显示译码驱动器将这些输入的 4 位二进制数转换为各段数码管的亮暗。数码管有 7 个发光管(不含点)需要驱动,故输出信号有 7 个,定义为 a、b、c、d、e、f、g。其真值表如表 17.4 所示。

表 17.4 共阴极数码管真值表

a	b	c	d	e	f	g	数据
1	1	1	1	1	1	0	0
0	1	1	0	0	0	0	1
1	1	0	1	1	0	1	2
1	1	1	1	0	0	1	3
0	1	1	0	0	1	1	4
1	0	1	1	0	1	1	5
1	0	1	1	1	1	1	6
1	1	1	0	0	0	0	7
1	1	1	1	1	1	1	8
1	1	1	1	0	1	1	9
1	1	1	0	1	1	1	A
0	0	1	1	1	1	1	B
1	0	0	1	1	1	0	C
0	1	1	1	1	0	1	D
1	0	0	1	1	1	1	E
1	0	0	0	1	1	1	F

2.2.3　开发板上的数码管

本实验所用的开发板上有 8 个数码管，分为两组各 4 个。8 个数码管均为共阴极数码管，其共阴极由三极管驱动。FPGA 需要提供正向信号，同时段选端连接高电平，数码管上的对应位置才可以被点亮。FPGA 输出有效的片选信号和段选信号都是高电平。

开发板上其中 1 个共阴极数码管电路图如 17.6 所示。

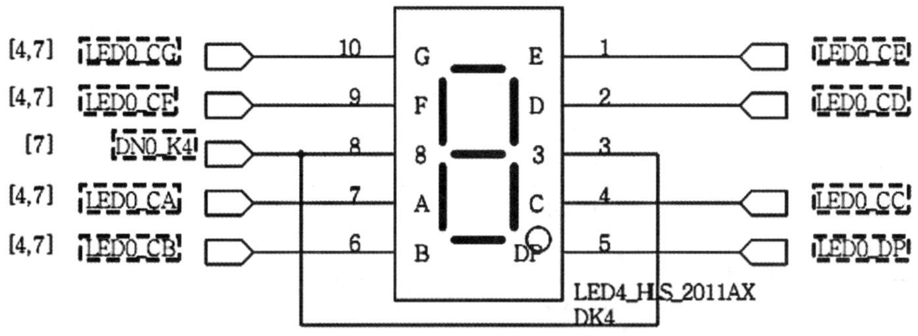

图 17.6　共阴极数码管电路图

其中的 1 组 4 个数码管的片选信号电路图如 17.7 所示。

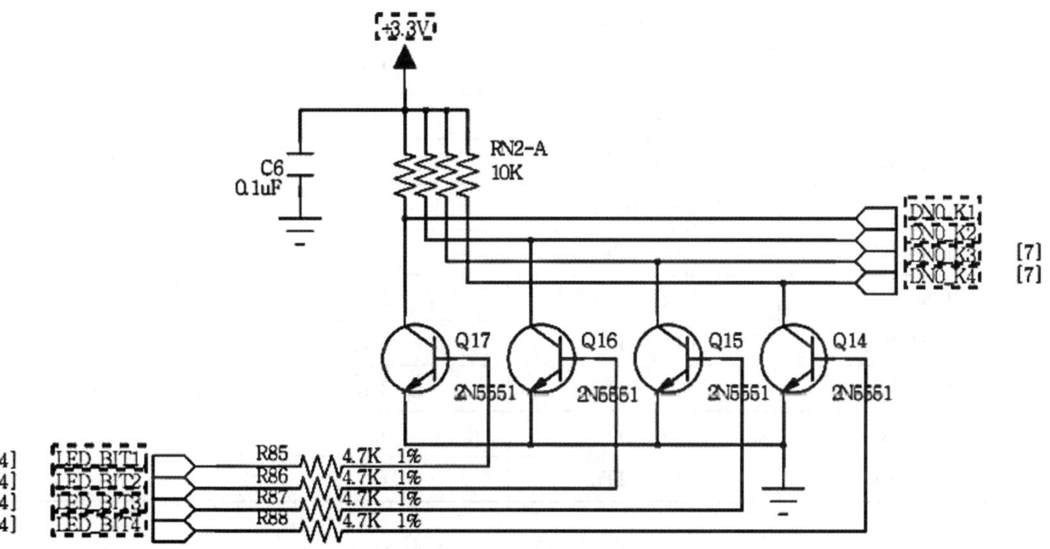

图 17.7　数码管的片选信号电路图

EGO1 开发板上数码管对应的管脚分配如表 17.5 所示。

表 17.5 数码管管脚配置表

名称	原理图标号	管脚接口编号	说明
A0	LED0_CA	B4	对应的片选信号为 DN0
B0	LED0_CB	A4	
C0	LED0_CC	A3	
D0	LED0_CD	B1	
E0	LED0_CE	A1	
F0	LED0_CF	B3	
G0	LED0_CG	B2	
DP0	LED0_DP	D5	
A1	LED1_CA	D4	对应的片选信号为 DN1
B1	LED1_CB	E3	
C1	LED1_CC	D3	
D1	LED1_CD	F4	
E1	LED1_CE	F3	
F1	LED1_CF	E2	
G1	LED1_CG	D2	
DP1	LED1_DP	H2	
DN0_K1	LED_BIT1	G2	对应的数码管信号为 A0～DP0
DN0_K2	LED_BIT2	C2	
DN0_K3	LED_BIT3	C1	
DN0_K4	LED_BIT4	H1	
DN1_K1	LED_BIT5	G1	对应的数码管信号为 A01～DP1
DN1_K2	LED_BIT6	F1	
DN1_K3	LED_BIT7	E1	
DN1_K4	LED_BIT8	G6	

进一步地，单个数码管的段选、片选信号对应的管脚如表 17.6 所示。

表 17.6 数码管段选、片选信号管脚配置示意表

a_to_g[6:0]（DN0 组数码管的段选信号）							
A0	B0	C0	D0	E0	F0	G0	DP0
B4	A4	A3	B1	A1	B3	B2	D5
an[3:0]（DN0 组数码管的片选信号）							
an[3]		an[2]		an[1]		an[0]	
G2		C2		C1		H1	

3　实验仪器

(1)登录终端 1 台(台式计算机或笔记本电脑等)。

(2)在线实验平台。

(3*)带开发工具的计算机 1 台。

4　实验内容

4.1　第 1 关　3 线-8 线译码器

4.1.1　挑战 1　运用逻辑代数相关知识补全代码

鼠标停在左上角的“代码文件”,在弹出的文件列表中点“decode38. v”;运用逻辑代数相关知识,写出图 17.3 中 Y[0]～Y[7]的输出函数,补全下面的代码。

```
module decode38(
  input wire [2:0] a,
  output wire [7:0] Y
  );
  assign Y[0]=~a[2] & ~a[1] & ~a[0];
  assign Y[1]= *** ;
  assign Y[2]= *** ;
  assign Y[3]= *** ;
  assign Y[4]= *** ;
  assign Y[5]= *** ;
  assign Y[6]= *** ;
  assign Y[7]= *** ;
endmodule
```

4.1.2　挑战 2　运用算法补全代码

请在“/data/workspace/lab17”目录下建立“project_1”项目。正确选择 EGO1 开发板的型号。建立源文件“decode38_a.v”,补全下面的代码。

```
module decode38_a(
  input wire [2:0] a,
  outputreg [7:0] Y
  );
 integer i;
 always @( * )
   for(i=0;i<=7;i=i+1)
    if(a==i)
```

```
        ***=1;
    else
        ***=0;
endmodule
```

4.1.3 挑战 3 编写激励仿真

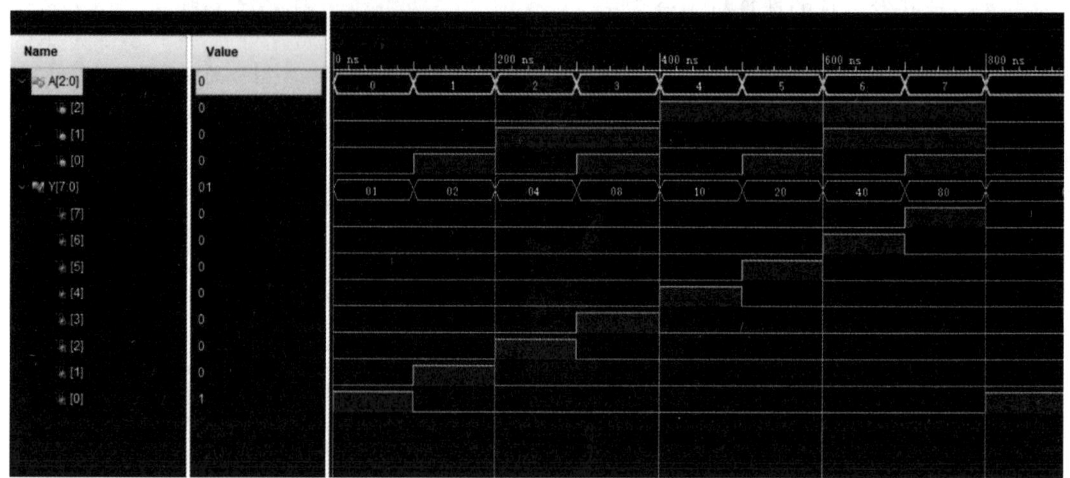

图 17.8 3 线-8 线译码器仿真波形图

根据图 17.8 所示仿真波形，补全下面的激励文件，使得输入 A 如上图 A[2:0]变化。按要求进行仿真，观察并确认，对应的输出如上图 Y[7:0]变化。

```
module decode38_a_tb( );
  reg [2:0] A;
  wire [7:0] Y;

  // 调用 decode38_a 模块

  initial
  begin
    A=0;
    repeat(8)
    ***;      //重复 8 次执行该行代码
  end
endmodule
```

4.1.4 挑战 4 合理设置约束条件

对该项目进行综合，观察并理解综合后生成的 Schematic 电路图。根据开发板的开关和 LED 的电路(见图 17.9)和管脚配置(见表 17.7)，合理设置输入、输出的约束条件。

根据开发板的开关和 LED 的输出，设置 SW2～SW0 拨码开关作为选择器 a[2:0]，灯 D7～D0 作为输出 y，补全约束条件。

实验所用开发板约束如下：

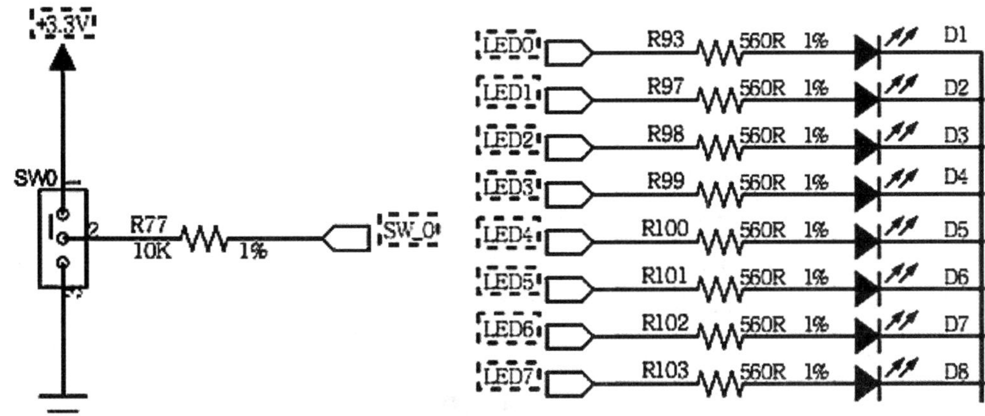

图 17.9 EGO1 拨码开关、LED 灯电路图

表 17.7 EGO1 拨码开关、LED 灯管脚配置表

名称	原理图标号	FPGA IO PIN	名称	原理图标号	FPGA IO PIN
SW0	SW_0	R1	D0	LED0	K2
SW1	SW_1	N4	D1	LED1	J2
SW2	SW_2	M4	D2	LED2	J3
SW3	SW_3	R2	D3	LED3	H4
SW4	SW_4	P2	D4	LED4	J4
SW5	SW_5	P3	D5	LED5	G3
SW6	SW_6	P4	D6	LED6	G4
SW7	SW_7	P5	D7	LED7	F6

4.1.5 挑战 5 下载实现

实现并生成比特流下载到本地开发板，参考图 17.3 设置输入，观察输出的变化情况。

4.1.6 挑战 6 评测

鼠标停在左上角的“代码文件”，在弹出的文件列表中点“decode38_a.v”；对比挑战 2 中的代码文件，补全代码。

鼠标停在左上角的“代码文件”，在弹出的文件列表中点“decode38_a_tb.v”；对比挑战 3 中的代码文件，补全代码。

4.2 第 2 关 编码器

4.2.1 挑战 1 建立项目补足代码

请在“/data/workspace/lab17”目录下建立“project_2”项目。

```
module encode_8_3(
  input [7:0] in,
```

```
    output reg [2:0] encode
    );
    always@( * )
    begin
      case(in)
        8'b00000001:encode=3'b000;
        ***;  //此处请根据真值表补充完善;
        'b10000000:encode=3'b111;
        default    :encode=3'b000;
      endcase
    end
  endmodule
```

4.2.2 挑战 2 进行仿真

请根据图 17.10 所示仿真波形,参考下面代码,在"project_2"项目中添加仿真代码,实现下面的仿真波形输出,并检查确认。

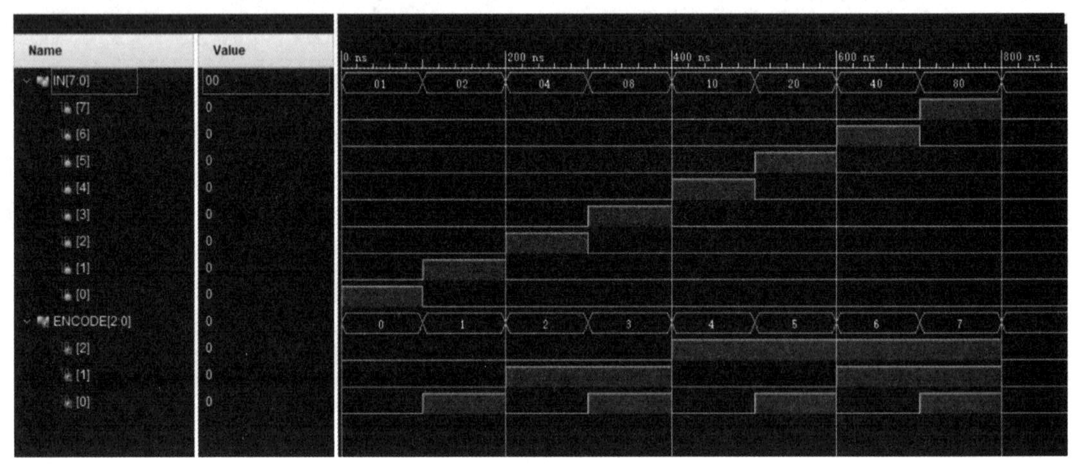

图 17.10 8-3 编码器仿真波形图

```
  module encode_8_3_tb();
    reg [7:0] IN;
    wire [2:0] ENCODE;
    // 调用 encode_8_3 模块

    // 激励信号随时间变化
    initial
    begin
      IN=1;
      repeat(8)
```

```
    ***;//重复8次执行该行代码
  end
endmodule
```

4.2.3　挑战3　合理设置约束条件

对该项目进行综合，观察并理解综合后生成的Schematic电路图。根据开发板的开关和LED的输出，合理设置输入、输出的约束条件。

根据开发板的开关和LED的输出，设置SW7～SW0拨动开关作为选择器in[7:0]，灯D2～D0作为输出encode，补全约束条件。

4.2.4　挑战4　下载实现

实现并生成比特流下载到本地开发板，参考图17.2设置输入，观察输出的变化情况。

4.2.5　挑战5　评测

鼠标停在左上角的“代码文件”，在弹出的文件列表中点“encode_8_3.v”；对比挑战1中的代码文件，补全代码。

鼠标停在左上角的“代码文件”，在弹出的文件列表中点“encode_8_3_tb.v”；对比挑战2中的代码文件，补全代码。

4.3　第3关　用7段数码管显示十六进制数0～F

4.3.1　挑战1　单数码管静态显示代码补全

使用EGO1开发板上的数码管DK8，显示十六进制数0～F；其中EGO1数码管的片选信号an为高电平选中，本例中DK8数码管对应使用G6片选端。

请在“/data/workspace/lab17”目录下建立“project_3”项目。

使用case语句实现的7段数码管的显示代码如下，其中的片选信号an请根据注释中的说明对应设置为“1”或者“0”。

```
module hex7seg(
  input [3:0] x,
  output an,
  output reg [6:0] a_to_g);
  assign an= *** ; //EGO1片选信号为高电平选中

  always@( * )
  case(x)
      0:a_to_g=7'b1111110;
      1:a_to_g=7'b0110000;
       ***
      7:a_to_g=7'b1110000;
      8:a_to_g=7'b1111111;
      9:a_to_g=7'b1111011;
       ***
```

```
        'hF:a_to_g=7'b1000111;
        ***
    endcase
endmodule
```

4.3.2 挑战 2 合理设置约束条件

对该项目进行综合，根据开发板的开关和 LED 的输出，建立约束。

根据开发板的开关和 LED 的输出，设置 SW3～SW0 拨动开关作为 4 位输入 x[3:0]，设置 DIG4 数码管作为显示，补全约束条件。

4.3.3 挑战 3 下载到开发板实现并评测

完成综合、实现并下载。顺次拨动拨码开关从 0000～1111 变化，参考表 17.4 观察数码管对应的输出，确认一致。如果不一致，请检查。

注意：本部分需要小心 a_to_g 各段的管脚分配不要出错，具体请查看 EGO1 的 FPGA 管脚分配图。

4.4 第 4 关 用 7 段数码管显示十进制数 1234

4.4.1 实现原理

EGO1 开发板上的数码管有 8 个，被分为两个 4 位数码管模块，每个数码管公用段选信号 a_to_g[6:0]，每个数码管都有一个片选信号 an，在同一时间内，只能有一个数码管被选中，利用视觉残留效应，我们可以看到各个数码管显示的数字。

为了保证能够较好地看到数码管的显示，每个数码管被点亮的频率应该高于 30 次/s。

4.4.2 顶层模块例化

在一个模块中引用另一个模块，对其端口进行相关连接，叫作模块例化。模块例化语句形式如下：

```
module_name instance_name(port_associations);
```

模块例化建立了描述的层次。信号端口可以通过位置或名称关联，端口连接也必须遵循相关规则。

(1)命名端口连接：将需要例化的模块端口与外部信号按照其名字进行连接，端口顺序随意，可以与引用 module 的声明端口顺序不一致，保证端口名字与外部信号匹配即可。

(2)顺序端口连接：将需要例化的模块端口按照模块声明时端口的顺序与外部信号进行匹配连接，位置要严格保持一致。

4.4.3 顶层模块例化的例子

已知全加器代码如下：

```
module full_adder(a,b,cin,s,cout)
    input a,b,cin;
    output s,cout;
    assign s=a ^ b ^ cin;
    assign cout=(a & b)|(b & cin)|(cin & a);
endmodule
```

使用上面这个全加器实现两位加法器：

```
//上层输入模块，定义输入输出信号
module serial_addr_2bits(
  input [1:0] a,
  input [1:0] b,
  input cin;
  output [1:0] s,
  output cout);

wire carry;
//上层模块传给例化子模块对应接口的信号
  full_adder bit0(
    .a(a[0]),
    .b(b[0]),
    .c(cin),
    .s(s[0]),
    .cout(carry));
  full_adder bit1(
    .a(a[1]),
    .b(b[1]),
    .c(carry),
    .s(s[1]),
    .cout(cout));
endmodule
```

4.4.4　挑战 1　4 位数码管显示代码补全

请在“/data/workspace/lab17”目录下建立“project_4”项目。

首先创建“x7seg.v”文件，根据实验原理部分的内容，补充完善下面的代码，实现 4 个数码管的数字显示。

```
module x7seg(
  input [15:0] x,
  input clk,
  input clr,
  output reg [6:0] a_to_g,
  output reg [3:0] an            //一组 4 个数码管的片选信号
  );
  wire [1:0] s;      //选择数码管点亮的位置
  reg [3:0] digit;
  reg [19:0] clkdiv;
```

```
//18 分频,每 5.2 ms 变化一次,依次点亮 4 个数码管
assign s=clkdiv[ *** : *** ];
//assign s=clkdiv[4:3];        //仿真测试,快速依次点亮 4 个数码管
always @( * )
  case(s)                      //x 为 16 位信号,依次存放 4 位要显示的数
    0:digit=x[3:0];
    1:digit=x[ *** :4];
    2:digit=x[ *** : *** ];
    3:digit=x[ *** :12];
    default: digit=x[3:0];
  endcase

always @( * )                  //段译码
  case(digit)
      ***  //此处填入 7 段数码管的显示控制代码
      default:a_to_g=7'b1111110;
  endcase

always @( * )                  //依次点亮 4 个数码管
begin
  //首先设置 4 位数码管为未选中状态
  an=4'b *** ;                 // EGO1 片选信号,高电平有效
  //当清零端没有按下(选中)的时候,依次选中各个数码管
  if(clr==0)
    an[s]= *** ;               //EGO1 片选信号,高电平有效
end

always @(posedge clk or posedge clr)    //使用计数器分频
begin
if(clr==1)
   *** ;                       //clkdiv 清零;
else
   *** ;                       //clkdiv+1;
 end
endmodule
```

4.4.5 挑战 2 顶层模块代码补全

参考下面的代码,建立文件“x7seg_top.v”,参考顶层模块示例,按顺序端口连接的方法,补足省略的代码,实现在数码管上显示十进制数字 1234。

```
module x7seg_top(
  input clk,
  input clr_n,
  output [6:0] a_to_g,
  output[3:0] an);

  wire [15:0] x;
  assign x=32'h1234;

  x7seg X1(
    …      //请在此处补足代码;
  );
endmodule
```

4.4.6　挑战 3　仿真模块代码补全

图 17.11 是对数码管显示电路的仿真波形图。从图中我们可以看到:

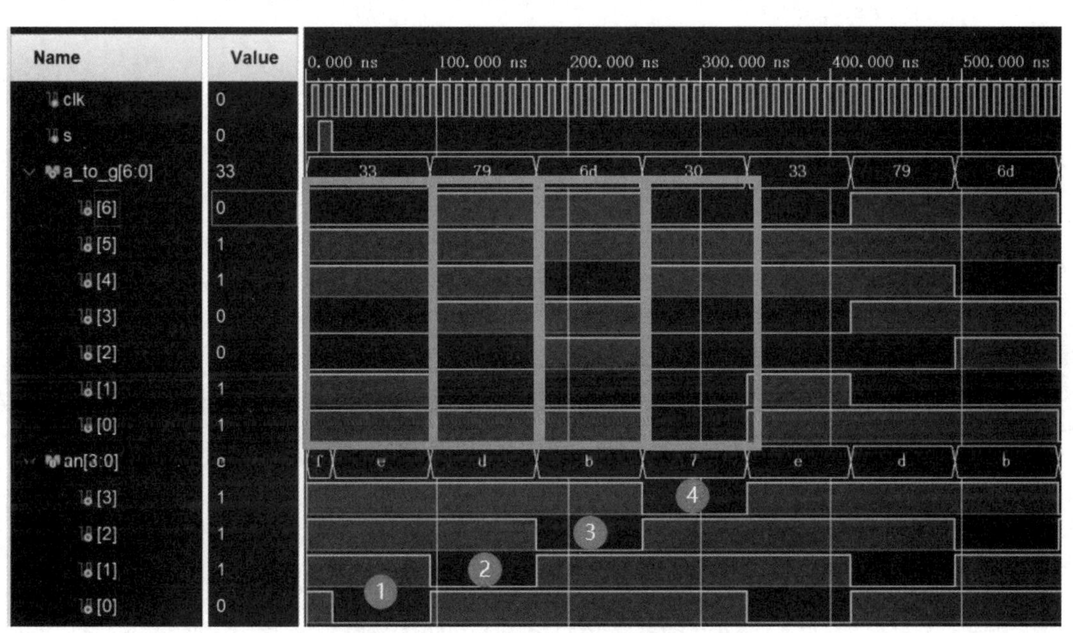

图 17.11　数码管显示电路的仿真波形图

当 an[0]=0 时,a_to_g[6:0]=7'b0110011;

当 an[1]=0 时,a_to_g[6:0]=7'b1111001;

当 an[2]=0 时,a_to_g[6:0]=7'b1101101;

当 an[3]=0 时,a_to_g[6:0]=7'b0110000;

以上仿真代码可以参考并完善如下代码来进行实现,请大家在"project_5"项目中添加并完善如下代码,实现上面的仿真波形输出。

```
module x7seg_top_test();
  reg clk;
  reg s;
  wire [6:0] a_to_g;
  wire [3:0] an;
  x7seg_top test_bx7seg_top(
  …       //此处填入接口调用语句
  );      //调用 x7seg_top 模块

  parameter period=10;


  initial
    begin
      clk=0;
      s=0;
      #10 s=1;
      #10 s=0;
    end
    //补充下面这条语句,生成占空比 50%的时钟波形
  always xxxxx ;

endmodule
```

生成仿真后,检查并确认无误后截图保存并继续下面的挑战。

4.4.7 挑战 4 下载到开发板并评测

继续"project_4"项目,完成综合、实现、比特流生成和下载,观察开发板是否正确显示数字 1234。

4.5 第 5 关 4 位二进制-BCD 码转换器

四位二进制数如果以十进制来表示,是 0～15;进一步地,我们可以把二进制对应的十进制表示数的各个权位(十、个)分别用对应位数的二进制来表示。例如:

二进制数 4b'1111=2d'15=0001 0101

这种把二进制数转换为十进制并将该十进制数各个权位用二进制表示的办法,叫作二进制-BCD 码转换。

表 17.8 列出了 4 位二进制-BCD 码转换器的真值变化情况,4 位二进制数需要 5 位的二进制来表示转换后的 BCD 数。

表 17.8　4 位二进制-BCD 码转换器的真值表

二进制数					二进制编码十进制数(BCD 码)					
HEX	b_3	b_2	b_1	b_0	p_4	p_3	p_2	p_1	p_0	BCD 码
0	0	0	0	0	0	0	0	0	0	0
1	0	0	0	1	0	0	0	0	1	1
2	0	0	1	0	0	0	0	1	0	2
3	0	0	1	1	0	0	0	1	1	3
4	0	1	0	0	0	0	1	0	0	4
5	0	1	0	1	0	0	1	0	1	5
6	0	1	1	0	0	0	1	1	0	6
7	0	1	1	1	0	0	1	1	1	7
8	1	0	0	0	0	1	0	0	0	8
9	1	0	0	1	0	1	0	0	1	9
A	1	0	1	0	1	0	0	0	0	10
B	1	0	1	1	1	0	0	0	1	11
C	1	1	0	0	1	0	0	1	0	12
D	1	1	0	1	1	0	0	1	1	13
E	1	1	1	0	1	0	1	0	0	14
F	1	1	1	1	1	0	1	0	1	15

4.5.1　挑战 1　卡诺图化简

观察表 17.6，我们注意到 b_0、p_0 的变化规律一致，可知 $p_0=b_0$。

进一步地，观察表 17.8，对 p_1 做如下化简(图 17.12)：

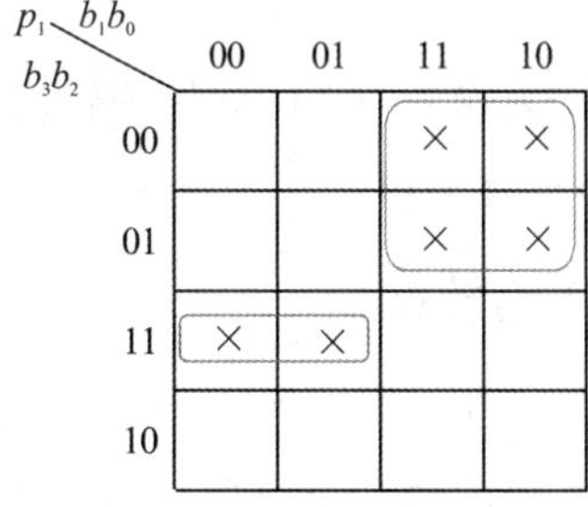

$$p_1=b_3b_2\overline{b_1}+\overline{b_3}b_1$$

图 17.12　卡诺图化简过程

参考 p_0、p_1 的化简过程，完成对 p_2、p_3、p_4 表达式的卡诺图化简。

4.5.2　挑战 2　创建工程，添加源文件

在“/data/workspace/lab17”目录下创建“project_5”项目，参考如下代码并完善源

文件：

```
module binbcd4(
  input wire[3:0] b,
  output wire[4:0]p
  );

  assign p[4]= *** ;
  assign p[3]= *** ;
  assign p[2]= *** ;
  assign p[1]=b[3]&b[2]&~b[1]|~b[3]&b[1];
  assign p[0]=b[0];

endmodule
```

4.5.3 挑战3 完成仿真

请编写仿真文件，产生如图17.13所示的B[3:0]激励信号，得到输出信号如P[4:0]所示。

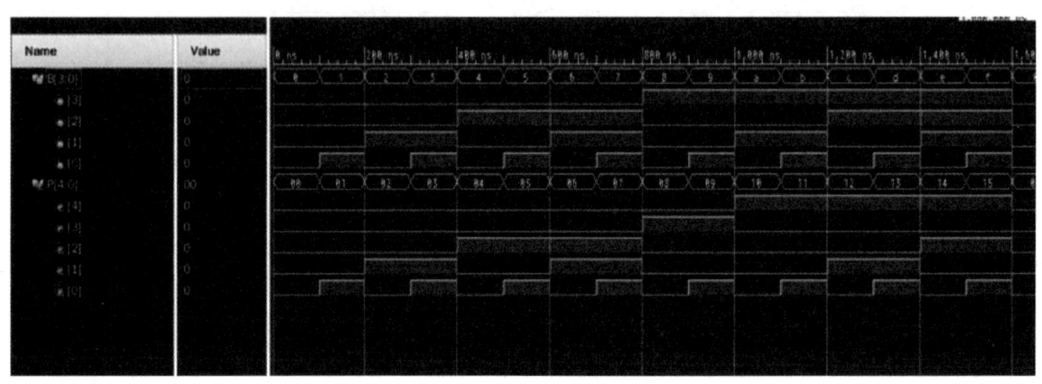

图17.13 4位二进制-BCD码转换波形图

4.5.4 挑战4 综合、实现及下载

根据开发板的约束手册，合理选择拨码开关作为输入，LED灯作为输出。完成综合、实现后，采用远程下载的办法观察、验证。拍下实现视频上传。

4.6 第6关 任意位数的二进制-BCD码转换器

要把两位十六进制数00-FF转换成相应的BCD码000～255，可以采用移位加3算法将十六进制数用十进制数进行显示。表17.9最右边的两列是将要被转换为BCD码的两位十六进制数FF，紧跟着二进制数列的3列分别为BCD码的百位、十位和个位。

移位加3算法包括以下4个步骤：

①把二进制数左移一位；

②如果一共移了8(n)位，表示已得到BCD码的百位、十位和个位，可转换完成；

③如果在 BCD 码的十位、个位两列中,任何一个二进制数是 5(101)或比 5 大,就将该列的数值加 3(11);

④返回步骤①。

下面我们以两位十六进制数 FF 到 BCD 码 255 的转换过程来进一步熟悉移 3 法(如表 17.9 所示)。

表 17.9　8 位二进制数转换成 BCD 码步骤

操作	百位	十位	个位	二进制数	
十六进制数				F	F
开始				1111	1111
左移 1			1	1111	111
左移 2			11	1111	11
左移 3			111	1111	1
加 3			1010	1111	1
左移 4		1	0101	1111	
加 3		1	1000	1111	
左移 5		11	0001	111	
左移 6		110	0011	11	
加 3		1001	0011	11	
左移 7	1	0010	0111	1	
加 3	1	0010	1010	1	
左移 8	10	0101	0101		
BCD 数	2	5	5		

4.6.1　挑战 1　建立工程,实现源代码

在"/data/workspace/lab17"目录下创建"project_6"项目,根据移 3 法的步骤,参考如下代码,完善源文件 binbcd8. v:

```
module binbcd8(
  input wire[7:0]b,
  output reg[9:0]p
  );
  reg[17:0] z;      //中间变量 z 的位数根据待转换的数字确定
  integer i;
  always@( * )
  begin
```

```
    for(i=0;i<=17;i=i+1)   //赋初值 0
      z[i]=0;
    z[10:3]=b;  //shift 3 places(3 次后才判断是否需要+3
    repeat(xxx)  //此处填入重复的次数
    begin
      if(z[11:8]>4)//个位>4 则+3
        z[11:8]=xxxx;
      if(z[15:12]>4)//十位>4 则+3
        z[15:12]= *** ;
      z[17:1]= *** ;
    end
    p= *** ;
  end
endmodule
```

4.6.2 挑战 2 添加显示代码

在“project_6”中添加“x7seg.v”显示代码文件，该文件放置在“/data/workspace/lab17”中。

4.6.3 挑战 3 添加顶层文件

如图 17.14 所示，通过拨码开关 sw[7:0]输入的 8 位二进制数经 binbcd8 模块变成 BCD 码后，再将该 bcd 码由 7 段数码管进行显示。请结合图 17.16 及 7 段数码管的显示要求，参考例化方法，完善下面的“binbcd8_top.v”文件。

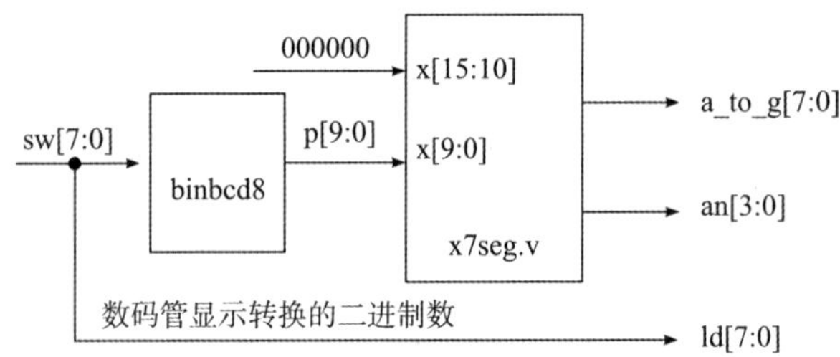

图 17.14 binbcd8 顶层模块框图

```
module  binbcd8_top(
  input wire clk,
  input wire btn,
  input wire[7:0] sw,
  input wire[7:0]ld,
  output wire[6:0]a_to_g,
  output wire[3:0]an,
  output wire dp);

  wire [15:0] x;
```

```
    wire [9:0] p;
 //串联 0 和 binbcd 的输出;
     assign x={6b'000000,p};
 //在 LED 上显示开关输入值;
     assign ld=sw;

 //在 7 段数码管上显示
 //开关对应的十进制
    binbcd8 B1(
        .***,
        .***);

    x7seg X2(
        .clk(***),
        .***,
        .***,
        .dp(***)
    );
 endmodule
```

4.6.4　挑战 4　调试及下载验证

根据开发板的约束手册,合理选择拨码开关作为输入,LED 灯作为输出,合理设置其他约束。完成综合、实现后,采用远程下载的办法观察、验证。

5　能力拓展

使用 IP 核的方法完成 5421-8421 码制转换。

已知 74LS00 芯片是四 2 输入与非门,其芯片结构如图 17.15 所示,真值表如表 17.10 所示。

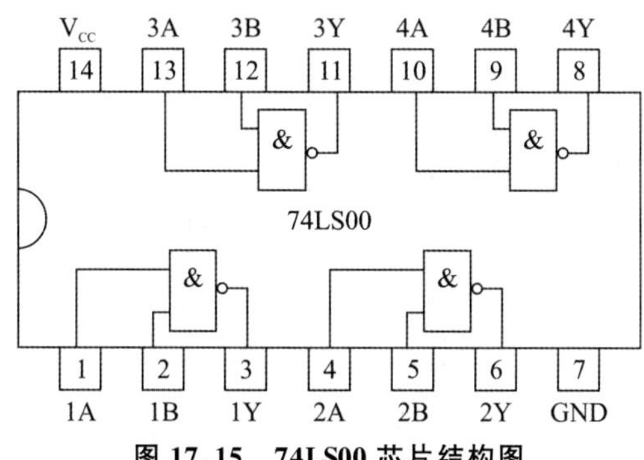

图 17.15　74LS00 芯片结构图

表 17.10　4 输入与非门真值表

输入		输出
0	0	1
0	1	1
1	0	1
1	1	0

实现代码如下：

```
module  four_2_input_nand
  #(parameter DELAY=10)
  (
  input wire a1,b1,a2,b2,a3,b3,a4,b4,
  output wire y1,y2,y3
  );
  nand #DELAY(y1,a1,b1);
  nand #DELAY(y2,a12,b12);
  nand #DELAY(y3,a3,b3);
  nand #DELAY(y4,a4,b4);
endmodule
```

5.1　挑战1　完成74LS00的IP核生成

请参考上面的74LS00的代码，在“/data/workspace/lab17”目录下建立“project_7_ip”项目。生成74LS00的IP核。

5.2　挑战2　5421-8421码制转换真值表及卡诺图化简

根据真值表(表17.11)，利用逻辑代数相关知识，得到如下关于输出 a 的化简卡诺图[图17.16(a)]及最简与非表达式[图17.18(b)]，并进一步得到 b、c、d 的最简与非表达式。

表17.11　5421-8421码制转换真值表

十进制	5421BCD码				8421二进制码			
	D	C	B	A	d	c	b	a
0	0	0	0	0	0	0	0	0
1	0	0	0	1	0	0	0	1
2	0	0	1	0	0	0	1	0
3	0	0	1	1	0	0	1	1
4	0	1	0	0	0	1	0	0
5	0	1	0	1	0	1	0	1
6	0	1	1	0	0	1	1	0
7	0	1	1	1	0	1	1	1
8	1	0	1	1	1	0	0	0
9	1	1	0	0	1	0	0	1

DC \ BA	00	01	11	10
00	0	1	1	0
01	0	1	1	0
11	1	×	×	×
10	×	×	0	×

$$a=\bar{D}A+D\bar{B}=\overline{\overline{\bar{D}A}\cdot\overline{D\bar{B}}}$$

$$b=\bar{D}B=\overline{\overline{\bar{D}B}}$$

$$c=\bar{D}C=\overline{\overline{\bar{D}C}}$$

$$d=D$$

图 17.16　输出 a 的化简卡诺图和最简与非表达式

5.3　挑战 3　5421-8421 码制转换电路

在“/data/workspace/lab17”目录下建立工程“project_8”，导入“project_7_ip”项目中生成的 74LS00 IP 核，按图 17.17 连接电路并实现，生成比特流及下载验证。

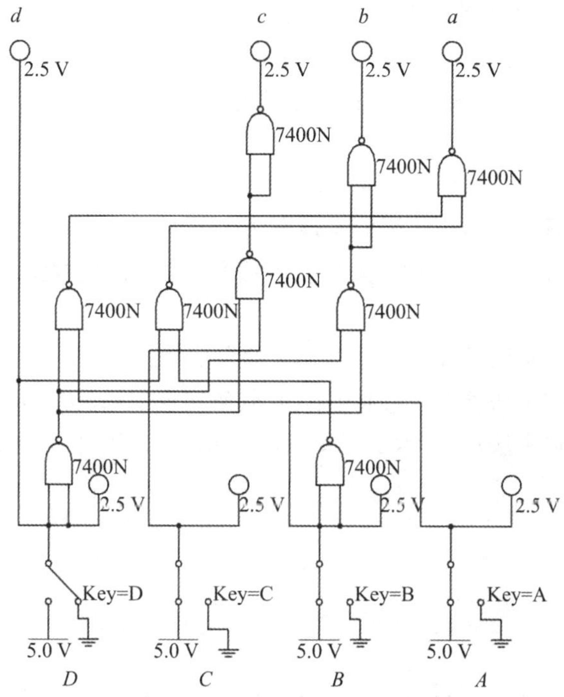

图 17.17　5421-8421 码制转换电路

实验十八　组合逻辑电路设计实例3

1　实验目的及学习要求

1.1　实验目的

(1)熟悉 Verilog HDL 代码的层次结构实现方法。

(2)熟悉加法器及有符号数的加法。

(3)熟悉乘法器及有符号数的乘法。

(4)锻炼综合应用所学知识解决工程问题的能力。

1.2　学习要求

(1)课前预习,查看层次结构代码的实现方法。

(2)课前预习,了解补码、半加器、全加器及多位二进制加法器和有符号加法器的实现方法。

(3)课前预习,了解乘法器和有符号数乘法的实现方法。

(4)课后复习,掌握加法器的 Verilog HDL 代码实现方法、仿真及下载。

(5)课后复习,掌握乘法器、算术逻辑单元的 Verilog HDL 实现方法。

2　实验原理

2.1　补码

用补码表示带符号的二进制数时,符号位用0表"+"、用1表示"-";数值位与符号位相关,正数补码的数值位与原码相同,负数补码的数值位为原码数值位各位按位取反再加1的结果。进一步地,可以将以上取反规则整理为:

$$\text{小数补码}\quad [x]_{补}=\begin{cases} x & 0\leqslant x<1 \\ 2+x & -1\leqslant x<0 \end{cases}$$

$$\text{整数补码}\quad [x]_{补}=\begin{cases} x & 0\leqslant x<2^n \\ 2^{n+1}+x & -2^n\leqslant x<0 \end{cases}$$

例如:

$x_1=+0.1011\qquad [x_1]_{补}=0.1011$

$x_2=-0.1011 \quad [x_2]_{补}=2+x_2=[10.0000]_{二进制}-[0.1011]_{二进制}=1.0101$

$x_3=+6 \quad [x_3]_{补}=00110$

$x_4=-6 \quad [x_4]_{补}=2^5+x_4=[10000]_{二进制}-[0110]_{二进制}=11010$

采用补码进行加减运算时，符号位和数值位一起参与运算，符号位相加产生的进位位需要舍弃。具体的运算规则如下：

$$[x_1+x_2]_{补}=[x_1]_{补}+[x_2]_{补}$$

$$[x_1-x_2]_{补}=[x_1]_{补}+[-x_2]_{补}$$

Verilog HDL 中无符号数为只表示数值大小的二进制数据格式；有符号数为带有符号位可表示正数和负数的二进制数据格式。Verilog HDL 中有符号数由 signed 定义，无符号数由 unsigned 定义，如果不写明 signed 或者 unsigned，默认为 unsigned。

2.2 加法器

加法器实现两个二进制数的加法操作，加法器的输入是两个位数相同的加数 A 和 B，输出信号是和 S 及进位信号 C_{out}。加法的运算是从低位到高位逐位相加，下面首先分析 1 位二进制加法计数器。

2.2.1 1 位二进制加法器

只考虑两个加数本身，不考虑低位进位信号的加法运算称为半加运算，对应的逻辑电路称为半加器。在考虑两个加数的同时也考虑低位进位的加法运算称为全加运算，对应的逻辑电路称为全加器。

(1)半加器。

半加器有两个输入信号，分别是两个加数 A 和 B；输出信号是 S 和进位信号 C_{out}。

由表 18.1 半加器真值表可以写出输出变量的逻辑表达式：

表 18.1 半加器真值表

输入		输出	
A	B	S	C_{out}
0	0	0	0
0	1	1	0
1	0	1	0
1	1	0	1

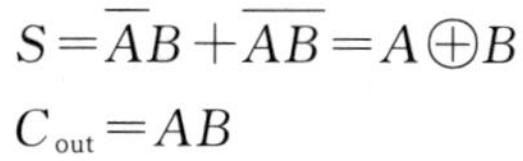

$$S=\overline{A}B+A\overline{B}=A\oplus B$$

$$C_{out}=AB$$

由该逻辑表达可以画出图 18.1(a)半加器逻辑电路图。

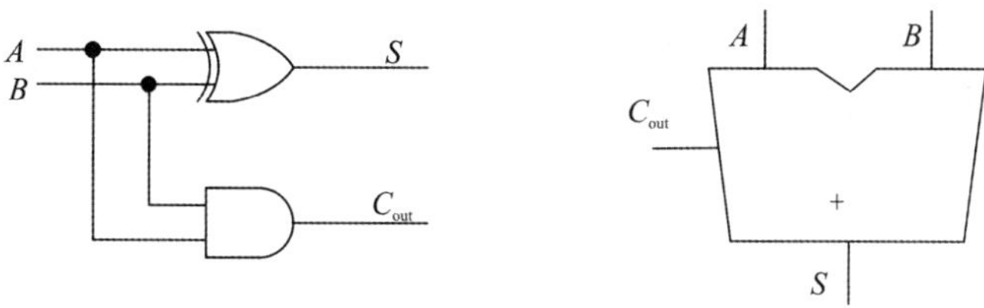

(a)半加器逻辑电路图 (b)半加器逻辑符号

图 18.1 半加器逻辑电路图及其逻辑符号

(2)全加器。

全加器的 3 个输入信号分别是两个加数 A、B 和来自低位的进位信号 C_{in}；输出信号是 S 和进位信号 C_{out}。表 18.2 列出了其对应的真值表。

表 18.2　全加器真值表

输入			输出	
A	B	C_{in}	S	C_{out}
0	0	0	0	0
0	0	1	1	0
0	1	0	1	0
0	1	1	0	1
1	0	0	1	0
1	0	1	0	1
1	1	0	0	1
1	1	1	1	1

由全加器的真值表可以写出输出变量的逻辑表达式：

$$S=\overline{AB}C_{in}+\overline{A}B\ \overline{C_{in}}+A\ \overline{BC_{in}}+ABC_{in}=A\oplus B\oplus C$$

$$C_{out}=AB+AC_{in}+BC_{in}$$

由该逻辑表达可以画出图 18.2(a)全加器逻辑电路图。

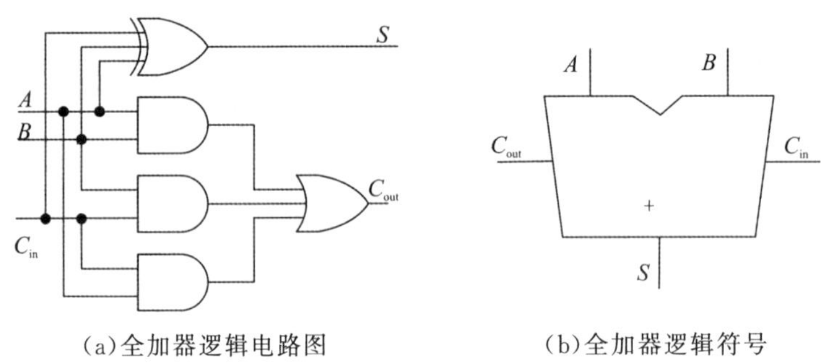

(a)全加器逻辑电路图　　(b)全加器逻辑符号

图 18.2　全加器逻辑结构图及其逻辑符号

2.2.2　多位二进制加法器

在 1 位二进制加法器的基础上，通过级联多个 1 位全加器，将低位的进位输出端 C_{out} 和高位的进位输入端相连即可实现多位二进制加法器。图 18.3 所示 4 位串行进位加法器电路实现了 1 个 4 位二进制加法器。

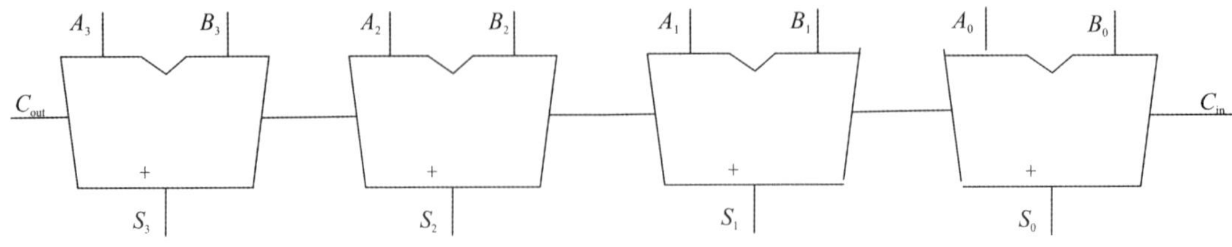

图 18.3　4 位串行进位加法器

该电路具有结构简单、连接方便、易于实现等特点，但是其高位相加必须等到低位相加完成并形成进位后方可进行，这会导致运算速度较慢，特别是当位数较多时缺点会更为突出。

通过为每位加法计算合理设计低位进位逻辑电路，可以直接获得来自低位的进位信号，实现各位同时进行加法计算，极大提高计算速度，这种加法器叫作超前进位加法器。对于两个 4 位二进制数 A、B，低位进位信号 C_{in}、各位相加的和 S 及进位输出 C_{out}。根据全加器的逻辑表达式，超前进位加法器的第 i 位的逻辑表达式为：

$$S_i = A_i \oplus B_i \oplus C_i$$

$$C_i = A_i B_i + A_i C_{i-1} + B_i C_{i-1} = A_i B_i + (A_i \oplus B_i) C_{i-1}$$

2.2.3　有符号二进制加法器

前述加法器处理的是无符号数加法，有符号数的加法与此不同。补码可以将减法转换为加法，利用补码可以进行统一加减法运算。现对如下两个有符号数进行加法运算：

加数：$A_{n-1} \cdots A_1 A_0$（A_{n-1} 为符号位）

$B_{n-1} \cdots B_1 B_0$（B_{n-1} 为符号位）

和：$S_{n-1} \cdots S_1 S_0$　（S_{n-1} 为符号位）

(1)两个加数符号相异。

当两个加数符号相异时，求和结果 S 的值总是正确的。

(2)两个加数符号相同。

两个加数符号相同(同为正、同为负)时，结果可能是正确的，也可能是不正确的。4 位二进制补码所能表示的数值范围为－8～＋7，同符号的两个 4 位二进制的和容易超过 4 位二进制补码所能表示的范围而出现溢出错误。

当两个加法器的最高位、次高位的进位数相同(00、11)时，计算结果无溢出，计算结果是正确的；当两个加法器的最高位、次高位的进位数相同(01、10)时，计算结果溢出，计算结果是错误的。

对于计算机结果溢出的加法计算，可以扩展加法结果的位数，将最高位进位 C_{out} 作为求和结果的最高位即可。对于不能扩展加法器结果的位数的加法，通常采用饱和法和移位法来进行处理。饱和法取计算结果的最大值(＋7)或者最小值(－8)。移位法以进位位作为结果的最高位，然后右移 1 位作为加法的结果。

2.3　乘法器

2.3.1　乘法器原理

无符号数的二进制乘法和十进制数乘法类似，都是按位相乘再相加。图 18.4 两种乘法的比较图呈现了与十进制数乘法类似的二进制乘法的实现过程。

```
        123            1011
×       234      ×      101
-----------      ----------
        492            1011
       369            0000
+     246       +    1011
-----------      ----------
      28782          110111
```

图 18.4　十进制、二进制乘法器比较图

进一步地，对于两个4位二进制数A、B相乘，其乘法过程和部分积实现的逻辑图如图18.5所示。

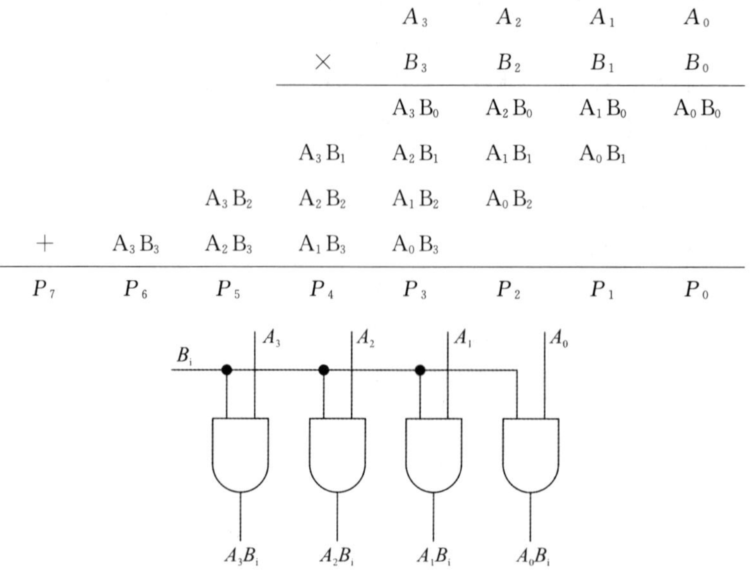

图 18.5　两个4位二进制数乘法过程和部分积逻辑电路示意图

根据以上的计算公式并参考部分积实现的逻辑电路图，可以得到完整的两个4位二进制数相乘的逻辑电路图，进一步的详细信息请查看相关资料。

2.3.2　有符号数的乘法

除2.1节中对有符号数的补码表示形式外，有符号数的补码还可以按如下的方法来表达：

$$x=x_{n-1}(\text{符号位,+或者-})*2^{n-1}+x_{n-2}*2^{n-2}+\cdots+x_0*2^0$$

对于两个有符号数x_1、x_2相乘，令$x_1=-7=[1001]_{\text{二进制}}$，$x_2=-4=[1100]_{\text{二进制}}$，则

$x_2=1100=(-1)*2^3+1*2^2+0*2^1+0*2^0$

$x_1*x_2=1001*(-1)*2^3+1001*2^2+1001*0*2^1+1001*0*2^0$

上面把乘法拆分为n个补码的加法运算，竖式的每一行就是一个加数，称为部分积。有符号数x_1、x_2相乘的结果因两个乘数的符号不同而异。下面是具体的例子。

(1)令$x_1=+6=[0110]_{\text{二进制}}$，$x_2=-2=[1110]_{\text{二进制}}$，下面对两数进行相乘：

```
      0 1 1 0
    ×1 1 1 0
-------------
0 0 0 0 0 0 0 0
0 0 0 0 1 1 0
0 0 0 1 1 0
0 0 1 1 0   (删除线)
+ 1 1 0 1 0
-------------
1 1 1 1 0 1 0 0
```

上面竖式最后一行的结果 00110，因为是 0110 与 1(符号位)相乘，需要对其结果进行取补(按位取反再加 1)后再与其他结果部分积相加。把上面最终得到的结果还原得到原码为 10001100＝－12。

令 $x_1=-6=[1010]_{二进制}$，$x_2=+2=[0010]_{二进制}$，下面对两数进行相乘：

$$
\begin{array}{r}
1\ 0\ 1\ 0 \\
\times\ 0\ 0\ 1\ 0 \\
\hline
0\ 0\ 0\ 0\ 0\ 0\ 0\ 0 \\
1\ 1\ 1\ 1\ 0\ 1\ 0\ \\
0\ 0\ 0\ 0\ 0\ 0\ \\
+\quad 0\ 0\ 0\ 0\ 0\ \\
\hline
1\ 1\ 1\ 1\ 0\ 1\ 0\ 0
\end{array}
$$

上面竖式最后一行的结果 00000，因为是 0110 与 0(符号位)相乘，不需要对其结果进行取补(按位取反再加 1)后再与其他结果部分积相加。把上面最终得到的结果还原得到原码为 10001100＝－12。

(2)令 $x_1=-6=[1010]_{二进制}$，$x_2=-2=[1110]_{二进制}$，下面对两数进行相乘：

$$
\begin{array}{r}
1\ 0\ 1\ 0 \\
\times\ 1\ 1\ 1\ 0 \\
\hline
0\ 0\ 0\ 0\ 0\ 0\ 0\ 0 \\
1\ 1\ 1\ 1\ 0\ 1\ 0\ \\
1\ 1\ 1\ 0\ 1\ 0\ \\
\text{\sout{1 1 0 1 0}}\ \\
+\quad 0\ 0\ 1\ 1\ 0\ \\
\hline
100\ 0\ 0\ 0\ 0\ 1\ 1\ 0\ 0
\end{array}
$$

上面竖式最后一行的结果 11010，因为是 1010 与 1(符号位)相乘，需要对其结果进行取补(按位取反再加 1)后再与其他结果部分积相加。把上面最终得到的结果舍弃溢出的两位后得到 00001100＝12。

3　实验仪器

(1)登录终端 1 台(台式计算机或笔记本电脑等)。

(2)在线实验平台。

(3*)带开发工具的计算机 1 台。

4 实验内容

4.1 第1关 加法器

4.1.1 挑战1 四位加法器的数据流描述实现

由表 18.3 和图 18.6,可写出半加器表达式。

表 18.3 半加器真值表

a	b	S_0	C_0
0	0	0	0
0	1	1	0
1	0	1	0
1	1	0	1

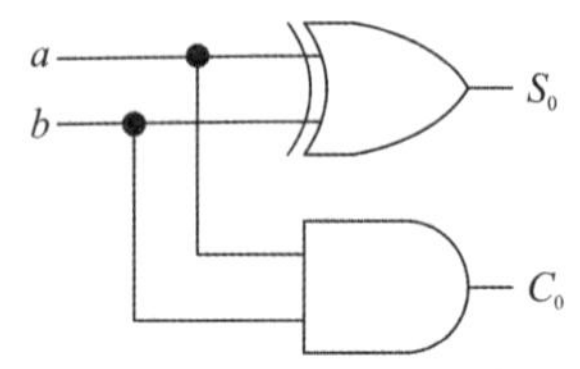

图 18.6 半加器电路图

$$S_0 = a\hat{\ }b$$

$$C_0 = a\&b$$

由表 18.4 和图 18.7,可写出全加器表达式

表 18.4 全加器真值表

C_i	a_i	b_i	S_i	C_i+1
0	0	0	0	0
0	0	1	1	0
0	1	0	1	0
0	1	1	0	1
1	0	0	1	0
1	0	1	0	1
1	1	0	0	1
1	1	1	1	1

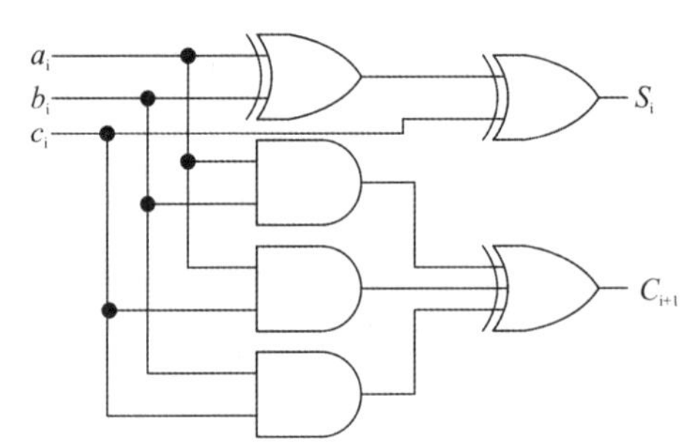

图 18.7 全加器电路图

$$S_i = C_i\hat{\ }(a_i\hat{\ }b_i)$$

$$C_{i+1} = (a_i \& b_i) | C_i \& (a_i\hat{\ }b_i)$$

请参考 4 位加法器电路图(如图 18.8 所示)以及全加器第 i 位的表达,建立工程“project_1”并使用逻辑表达式的方式描述 4 位无符号加法器的实现。请完成如下代码并补足 *** 部分。

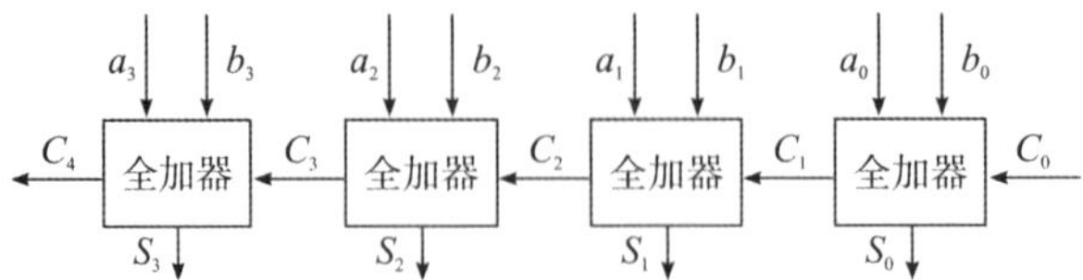

图 18.8 4 位加法器电路图

```
module adder4a(
  input wire[3:0] a,
  input wire[3:0] b,
  output wire[3:0] s,
  output wire  cf
  );
  wire [4:0] c;               //各加法器单元间连线

  assign c[0]=0;
  assign s= *** ;             // assign s=a^b^c[3:0];
  assign c[4:1]= *** ;        // assign c[4:1]=a&b | c[3:0]&(a^b);
  assign cf=c[4];

endmodule
```

4.1.2　挑战 2　四位加法器的行为描述实现

使用行为描述方法，建立工程“project_2”并完成如下 4 位加法器的描述。

```
module adder4b(
  input wire[3:0] a,
  input wire[3:0] b,
  output reg [3:0] s,
  output reg  cf
  );

  always@( * )
    {cf,s}= *** + *** ;

endmodule
```

4.1.3　挑战 3　四位加法器的仿真实现

编写仿真代码，令 a、b 输入信号如图 18.9 所示变化，按要求对工程“project_1”和“project_2”(上面的两个工程)进行仿真，观察输出信号。

4.1.4　挑战 4　四位加法器的综合实现

对工程“project_1”和“project_2”进行综合，观察并比较生成的电路图的异同。

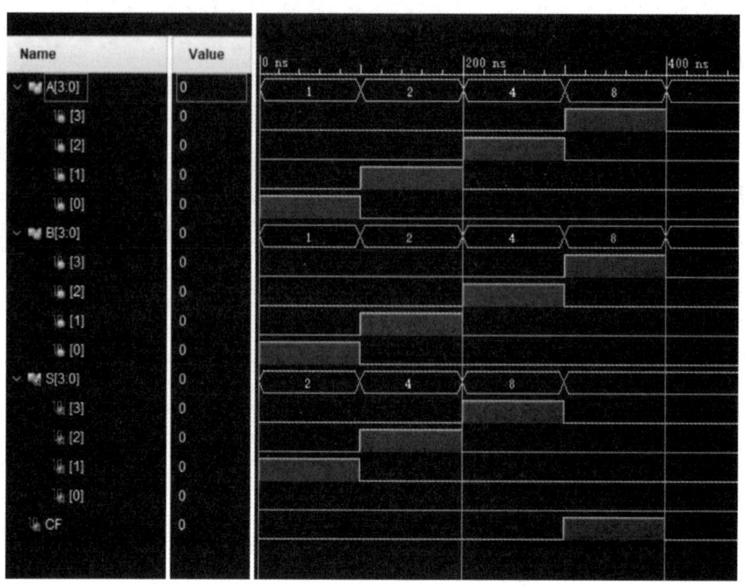

图 18.9　加法器模块仿真波形图

4.2　第 2 关　加法器的顶层实现

4.2.1　挑战 1　添加数码管显示文件

在“project_2”中添加“x7seg.v”显示代码文件，该文件放置在“/data/workspace/lab18”。

4.2.2　挑战 2　添加顶层文件

请参考图 18.10 所示的四位加法器的顶层模块框图，完善如下的顶层代码，完成对加法电路的计算结果的显示输出。

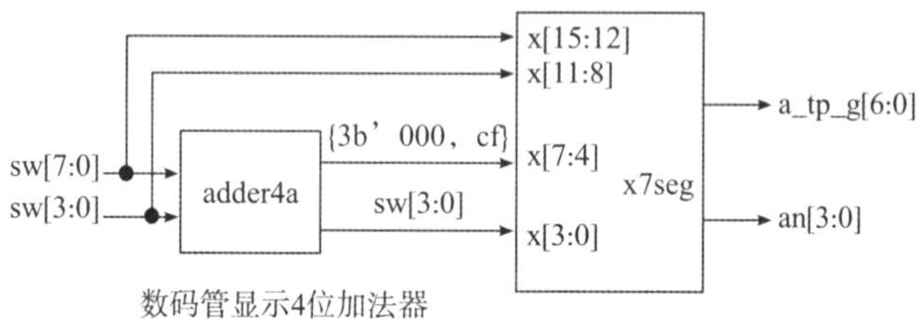

图 18.10　4 位加法器的顶层模块框图

```
module  adder4b_top(
  input wire clk,
  input wire btn,
  input wire [7:0] sw,
  output wire[6:0] a_to_g,
  output wire[3:0] an,
  output wire dp
  );
```

```
    wire [15:0] x;
    wire cf;
    wire [3:0] s;

    assign x[15:12]=sw[7:4];
    assign x[11:8]= ***;
    assign x[7:4]= ***;
    assign x[3:0]=s;

    adder4b b1(
      .a( *** ),
      .b( *** ),
       ***
      .cf(cf)
      );

    x7seg   x1(
       ***
    );

endmodule
```

4.2.3　挑战 3　调试及下载验证

根据开发板的约束手册，合理设置其他约束。完成综合、实现后，采用远程下载的办法观察、验证。

4.3　第 3 关　加/减法器实现

4.3.1　挑战 1　四位加/减法器的实现

图 18.11 所示 4 位加/减法器电路图，通过信号 control 控制加法器、减法器的功能切换，当 control=1 时，实现减法功能，当 control=0 时，实现加法功能。

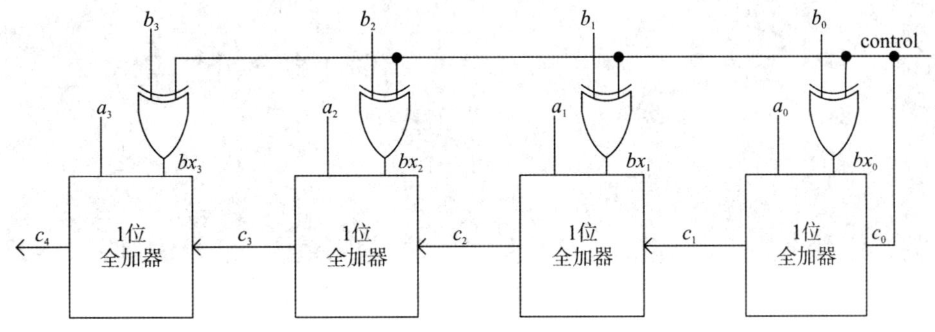

图 18.11　4 位加/减法器电路图

请根据上图，并参考使用逻辑表达式实现的4位无符号加法器，完善如下代码实现4位可控加/减法器：

```
module add_sub_4(
  input wire [3:0]a,
  input wire [3:0]b,
  input wire control,
  output wire [3:0]s,
  output wire cf
  );


  wire [4:0] c;
  wire [3:0] bx;


  assign bx=b^{4{control}};
  assign c[0]= *** ;
  assign s= *** ;
  assign c[4:1]= *** ;
  assign cf=c[4];


endmodule
```

4.3.2 挑战2 仿真

自拟测试程序，输入如图18.12所示的激励信号。

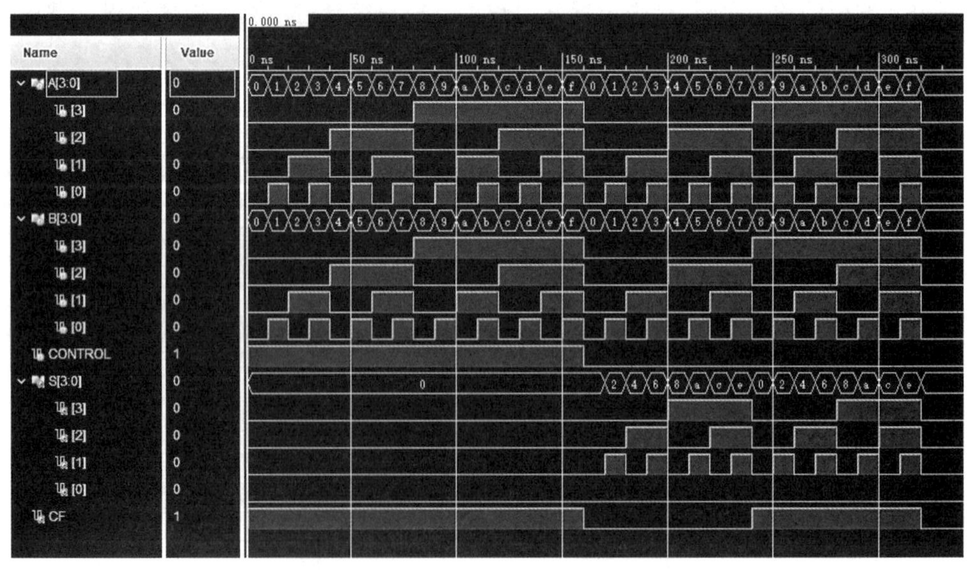

图18.12 4位加/减法器模块仿真波形图

其中，control(按 16 个时钟后从 1 到 0 跳变)共 32 个时钟；a、b 从 0～15 跳变，进行加/减操作。

4.4　第 4 关　二进制数和常数相乘

4.4.1　挑战 1　模块实现

我们知道，二进制数与 2 的 n 次幂相乘的结果等于将该二进制数左移 n 位。我们还知道，任何常数都可以分解为若干个 2 的 m(m=0、1、2…)次幂相加的和。据此，二进制数和常数相乘可以分解为该二进制数和构成常数的若干个 2 的 m 次幂相乘再相加。

请根据上面的描述，补充下面的代码得到 8 位二进制数和 100 相乘的结果。

```
module multi_bin_const(
  input wire [7:0] x,
  output wire [ *** :0] p      //此处 *** 根据实际需要确定的位宽填写
  );


  assign p={1'b0,x,6'b000000}+ *** + *** ; //请补充完成
endmodule
```

4.4.2　挑战 2　仿真

自拟测试程序，输入如图 18.13 所示的激励信号，观察输出结果并确认是否正确。

图中 16'h639c=25500。

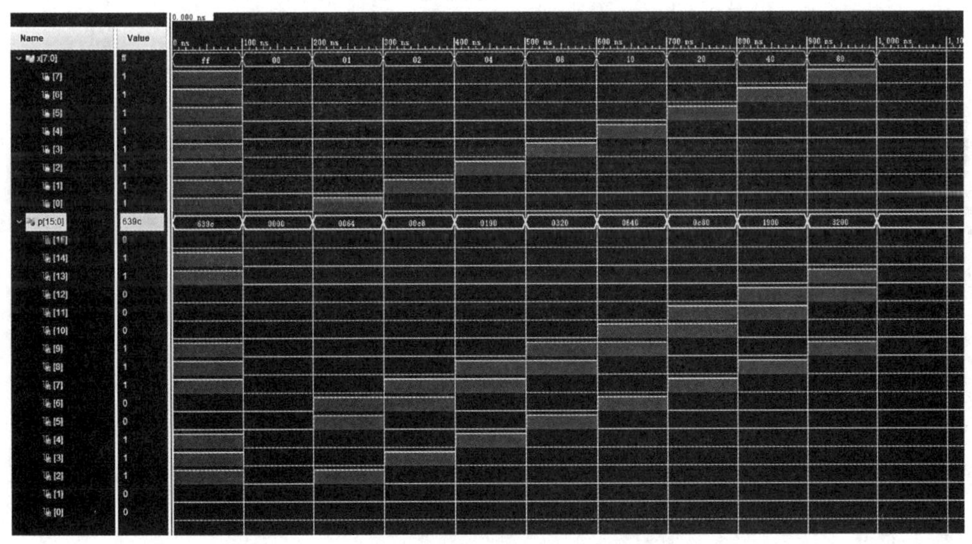

图 18.13　二进制数和 100 相乘模块仿真波形图

4.5 第5关 4位乘法器的实现

4.5.1 挑战1 四位乘法器的代码实现

图 18.14 是 4 位乘法器的实现框图，请根据该框图完善如下代码：

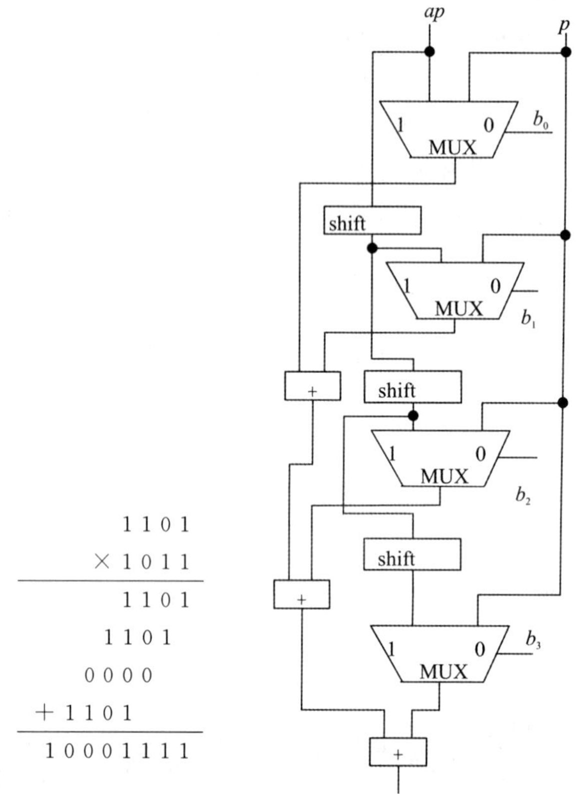

图 18.14 4 位乘法器逻辑框图

```
module multi4(
  input wire [3:0] a,
  input wire [3:0] b,
  output reg [7:0] p
  );

  reg [7:0] pv;
  reg [7:0] ap;
  integer  i;

  always @(*)
  begin
    pv=8'b00000000;
    ap={4'b0000,a};
```

```
        //参考上面的结构图补全循环次数；   i<=3
        for(i=0;i <= *** ;i=i+1)
        begin
          if(b[i]==1)
            pv= **;
          ap= *** ;
        end
        p=pv;
      end
    endmodule
```

4.5.2　挑战 2　仿真

自拟测试程序，输入如图 18.15 所示的激励信号，观察输出结果并确认是否正确。以二进制 4'b1101 乘以二进制 4'b1011 作为仿真输入，验证输出是否为二进制8'b10001111。

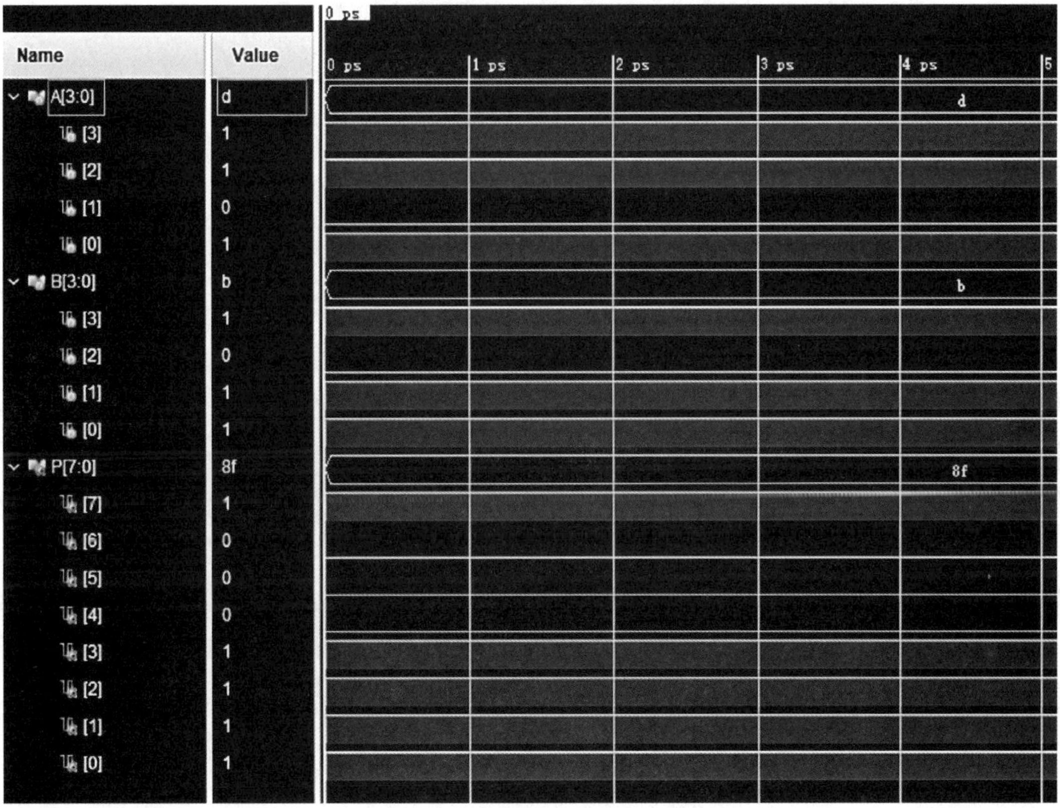

图 18.15　4 位乘法器模块仿真波形图

5　能力拓展

请按照算术逻辑单元中的运算和逻辑操作表(如表 18.5)，实现一个算术逻辑单元。

表 18.5　算术逻辑单元中的运算和逻辑操作表

ALUsel	函数	输出
000	传递 a	a
001	加法	$a+b$
010	减法 1	$a-b$
011	减法 2	$b-a$
100	取反	$\sim a$
101	与	$a\&b$
110	或	$a\|b$
111	异或	a^b

实验十九　时序逻辑电路设计实例 1

1　实验目的及学习要求

1.1　实验目的

(1)加深对时序逻辑电路的理解。

(2)掌握锁存器、触发器和寄存器的功能和 Verilog HDL 实现方法。

(3)掌握分频器的功能和 Verilog HDL 实现方法。

(4)培养科学精神、工匠精神,养成系统观及规矩意识。

1.2　学习要求

(1)课前预习,进一步学习时序逻辑电路基础知识。

(2)课前预习,了解锁存器、触发器和寄存器的功能。

(3)课后复习,掌握锁存器、触发器和寄存器的 Verilog HDL 实现方法。

(4)课后复习,掌握分频器的 Verilog HDL 实现方法。

2　实验原理

2.1　锁存器

SR 锁存器是静态存储单元中最基本、结构形式最简单的一种电路,其可以由两个与非门或者或非门交叉相连而构成(图 19.1)。*SR* 锁存器的输入信号直接控制输出状态(直接置位、复位),根据输入信号的不同,其具有保持、置数、清零等功能。表 19.1 说明了其在不同输入情况下的输出变化情况。

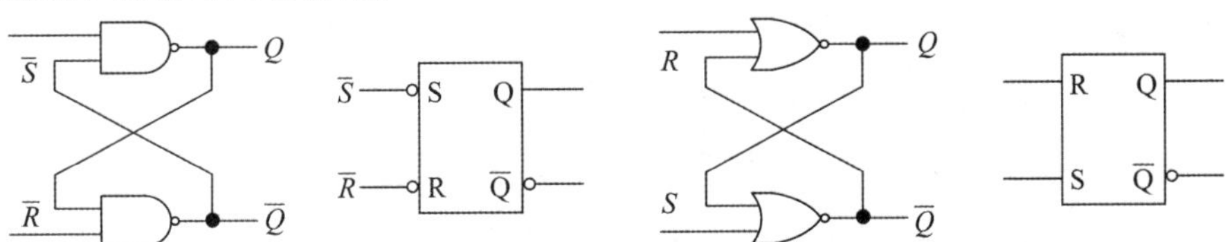

(a)与非门构成的 *SR* 锁存器及逻辑符号　　(b)或非门构成的 *SR* 锁存器及逻辑符号

图 19.1　*SR* 锁存器结构图

表 19.1　与非门构成的 SR 锁存器特性表

输入			输出	功能说明
$\overline{S}$	$\overline{R}$	Q^n	$\overline{Q^n}$	
1	1	0	0	保持
1	1	1	1	
0	1	0	1	置数
0	1	1	1	
1	0	0	0	清零
1	0	1	0	
0	0	0	x	未定义
0	0	1	x	

图 19.1(a)中锁存器逻辑符号输入端的小圆圈表示用低电平作为输入信号，称低电平有效。从表 19.1 中可以知道，当$\overline{S}$和$\overline{R}$为 0 时会出现 $Q^n=\overline{Q^n}=1$ 的状态且当$\overline{S}$和$\overline{R}$同时回到高电平后锁存器状态难以确定，故不能加入$\overline{S}=\overline{R}=0$ 的输入信号。

2.2　电平触发器

与锁存器相比，触发器增加了触发信号输入端，当触发信号到来后，触发器按照输入信号进行对应的状态变化。该触发信号通常被叫作时钟信号，用 CP(clock pluse，或者 CP、CLK、Clk 等)表示。多个触发器可以在同步信号的控制下于同一时刻动作，按输入改变状态。触发信号的工作方式可以分为电平触发、边沿触发和脉冲触发，不同的触发方式对应的触发器动作特点各不相同。

图 19.2 所示的电平触发 *SR* 触发器由 *SR* 锁存器和两个与非门组成的输入控制电路构成。表 19.2 对其在时钟(CLK)控制下的输出状态变换进行了说明。当 CLK＝0 时，G1、G2 的输出始终为 0，*S*、*R* 无法通过 G1、G2 向后传递，G3、G4 保持不变；当 CLK＝1 时，*S*、*R* 通过 G1、G2 向后传递，G3、G4 按照 *SR* 锁存器的动作特性进行翻转，该翻转可随 *S*、*R* 的多次变化而变化。图 19.3 所示的带异步置位、清零功能的电平触发 *SR* 触发器可以在 CLK 到来前对 *S*、*R* 进行预置。

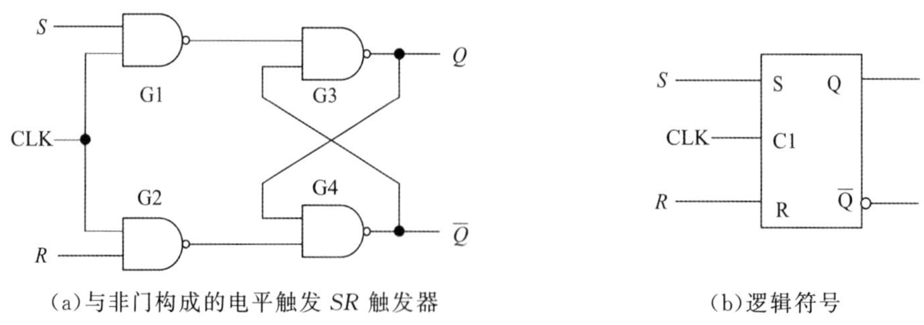

(a)与非门构成的电平触发 *SR* 触发器　　(b)逻辑符号

图 19.2　电平触发 *SR* 触发器的逻辑电路图及符号

表 19.2　电平触发 SR 触发器特性表

输入				输出	功能说明	控制情况
CLK	S	R	Q^n	Q^{n+1}		
0	x	x	0	0	保持	不受控
0	x	x	1	1		
1	1	1	0	0	保持	受控
1	1	1	1	1		
1	0	1	0	1	置数	
1	0	1	1	1		
1	1	0	0	0	清零	
1	1	0	1	0		
1	0	0	0	x	未定义	
1	0	0	1	x		

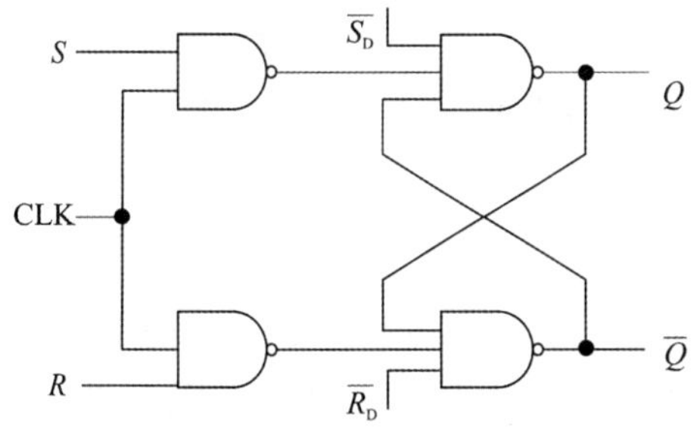

(a)与非门构成的电平触发 SR 触发器

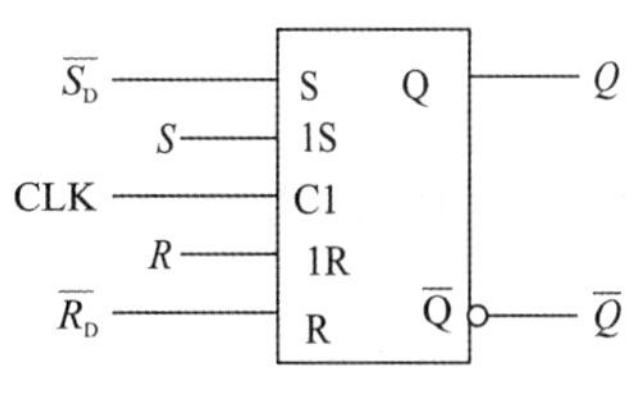

(b)逻辑符号

图 19.3　带异步置位复位的电平触发 SR 触发器的逻辑电路图及符号

图 19.4 所示为电平触发 D 触发器的电路结构图及逻辑符号。由电路结构图可知，当 CLK=0 时，$R=S=0$，此时触发器的状态不会发生改变，$Q^{n+1}=Q^n$；当 CLK=1 时，输出状态由输入信号 D 控制，$Q^{n+1}=D$。

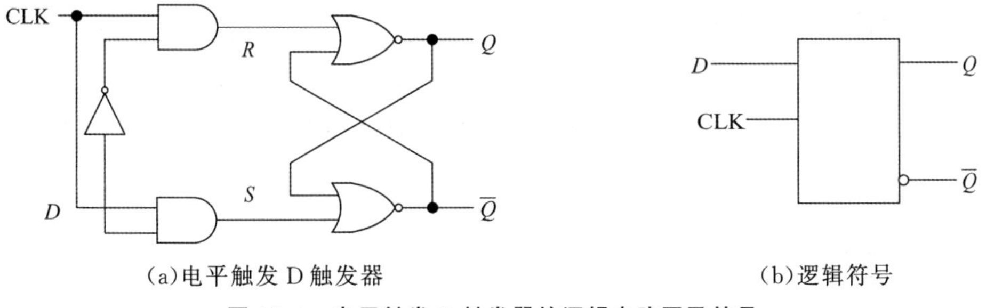

(a)电平触发 D 触发器　　(b)逻辑符号

图 19.4　电平触发 D 触发器的逻辑电路图及符号

2.3 边沿触发器

边沿触发器的输出仅取决于 CLK 信号上升沿或者下降沿到达时刻的输入状态，CLK 信号变化前后的输入变化不会对输出有影响，这样可以增强触发器的抗干扰能力。

图 19.5 中两个电平触发 D 触发器和两个反相器构成了边沿触发 D 触发器，当 CLK= 0 时，FF_1 的 $CLK_1=1$，此时 Q_1 不跟随输入发生变化；FF_2 的 $CLK_2=1$，输入跟随输出发生变化。当 CLK=1 时，FF_1 的 $CLK_1=0$，此时 FF_1 的 Q_1 保持在 CLK 的上升沿到来前的瞬间状态，此后保持不变。FF_2 的 $CLK_2=1$，输出可以跟随输入发生变化，因为 Q_1 不再随输入发生变化，Q_2 也保持为 CLK，其输出状态不变。进一步地，也可以给该触发器添加异步复位、置位功能。

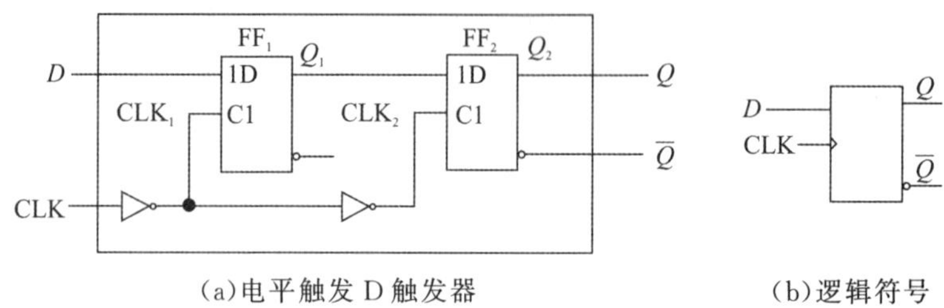

(a)电平触发 D 触发器　　(b)逻辑符号

图 19.5　边沿触发 D 触发器的逻辑电路图及符号

2.4 脉冲触发器

图 19.6 所示的脉冲触发 SR 触发器，当 CLK=0 时，FF_1 保持不变，当 CLK=1 时，FF_1 输出随 S、R 的变化发生变化(在 CLK=1 的周期内发生变化)，FF_2 保持不变。当 CLK 下降沿到来时，FF_2 按照此时 FF_1 的输出状态进行变化并在 CLK=0 期间保持一致。该触发器的输出状态需要完整地观察 CLK=1 期间 S、R 的变化后方可得出。

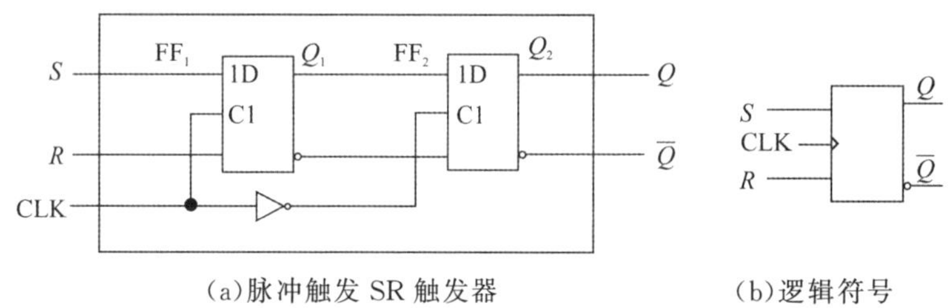

(a)脉冲触发 SR 触发器　　(b)逻辑符号

图 19.6　脉冲触发 SR 触发器的逻辑电路图及符号

3　实验仪器

(1)登录终端 1 台(台式计算机或笔记本电脑)。

(2)在线实验平台。

(3*)带开发工具的计算机 1 台。

4　实验内容

4.1　第 1 关　*D* 触发器的实现

4.1.1　挑战 1　*D* 触发器代码实现

D 触发器(DFF)是逻辑电路中最基本的存储元件。上升沿触发的 *D* 触发器是最简单的 *D* 触发器,它的框图如图 19.7 所示,真值表如表 19.3 所示。

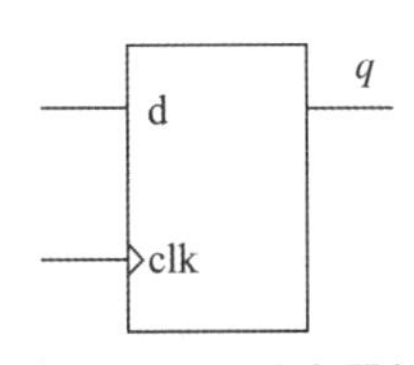

图 19.7　*D* 触发器框图

表 19.3　*D* 触发器真值表

CLK	*q*
0	*q*
1	*q*
↑	*d*

请根据真值表 19.3,运用逻辑代数相关知识,补全下面的 *D* 触发器实现代码。

```
module dff(
  input clk,
  input d,
  output reg q
  );


  always @(posedge clk)
    q <= *** ;


endmodule
```

4.1.2　挑战 2　编写激励仿真

参考图 19.8 所示仿真波形,补全仿真代码。

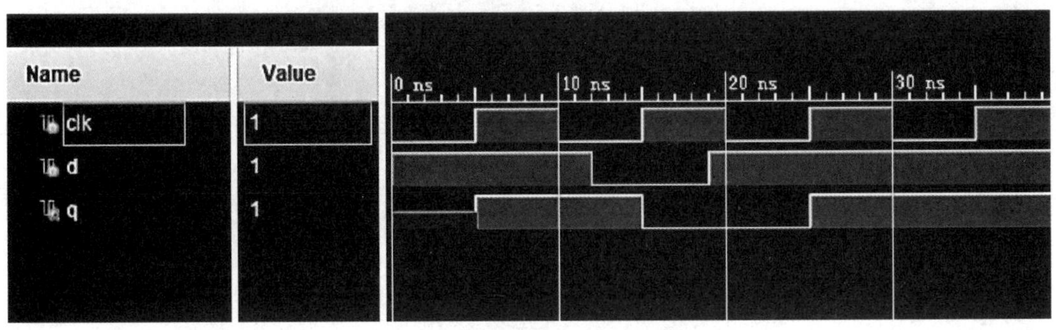

图 19.8　*D* 触发器模块仿真波形图

```
module dff_tb( );
  reg CLK;
  reg D;
  wire Q;
/ ****************** begin ********************* /
  //调用 dff 模块
   *******
  //补充下面这句语句,生成占空比 50%的时钟波形
  parameter PERIOD=10;
  always *** ;

  //激励信号 D 随时间变化
   initial
   begin
      CLK=0;
      D= *** ;
      # *** D= *** ;
      # ****** ;
   end
/ ****************** end ********************* /

endmodule
```

4.2 第 2 关　带异步置位和复位的正边沿触发的 *D* 触发器

图 19.9 所示是一个带异步置位和复位的正边沿触发的 *D* 触发器内部电路图。

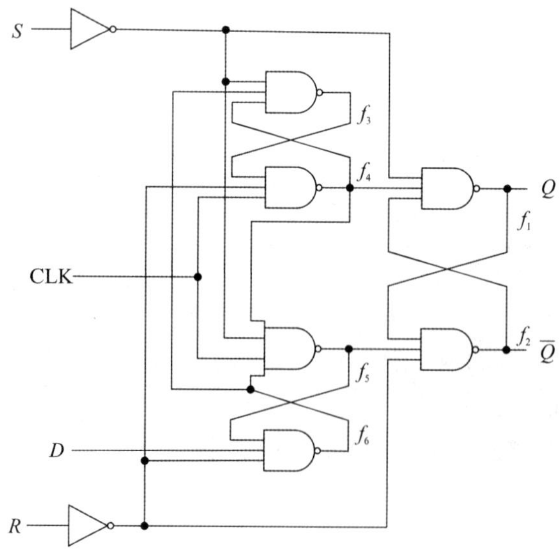

图 19.9　带异步置位和复位的正边沿触发的 *D* 触发器电路图

D 触发器框图如图 19.10 所示、真值表见表 19.4。

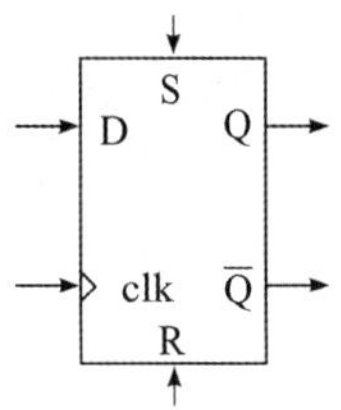

图 19.10　带异步置位和复位的正边沿触发的 *D* 触发器框图

表 19.4　带异步置位和复位的正边沿触发的 *D* 触发器真值表

CLK	*R*	*S*	*D*	Q^{n+1}
↑	0	0	D	0
↑	0	0	1	1
×	0	1	×	1
×	1	0	×	0
×	1	1	×	不允许
0	0	0	×	Q^n

4.2.1　挑战 1　带异步置位、复位的正边沿触发的 D 触发器

在“/data/workspace/lab19”目录下创建“project_2”项目，补全下面的实现代码：

```
module flipflops(
  input wire clk,
  input wire D,
  input wire S,
  input wire R,
  output Q,
  output notQ
  );

  wire f1,f2,f3,f4,f5,f6;

  assign f1=~(f4 & f2 & ~S);
  assign f2=~( *** );
  assign f3=~( *** );
  assign f4=~( *** );
  assign f5=~( *** );
  assign f6=~(f5 & D & ~R);

  assign Q= *** ;
  assign notQ= *** ;

endmodule
```

4.2.2　挑战 2　仿真实现

请按照图 19.11 所示仿真波形的需求，参考下面的代码，在“/data/workspace/lab19”目录下的“project_1”项目中添加仿真代码，实现仿真波形输出，并检查无误。

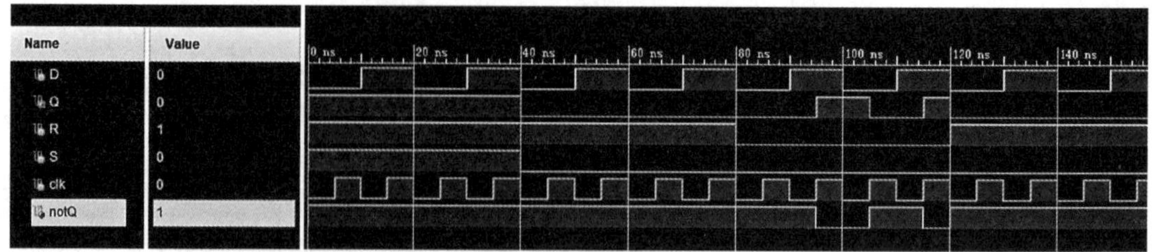

图 19.11 带异步置位和复位的正边沿触发的 D 触发器模块仿真波形图

```
module flipflops_tb( );
   reg D;
   reg R;
   reg S;
   reg clk;
   wire Q;
   wire notQ;

/ ****************** begin ********************* /
      //调用 flipflops 模块
      ******
      //补充下面语句,生成占空比 50%的时钟波形
      parameter period=10;
      always *** ;

      //激励信号 R、S、D 随时间变化
      initial
      begin
         R=1;
         S=1;
         D=0;
         clk=0;
         #( *** )S=0;
         #( *** )R=0;
         #( *** )R=1;
      end

      always #( *** )D=~D;

/ ******************* end ********************** /
endmodule
```

4.3　第 3 关　含异步复位和同步使能的 *D* 触发器

更加实用的 *D* 触发器包含一个额外的控制信号 en，能够控制触发器进行输入值采样，如图 19.12 所示。

注意：使能信号 en 只有在时钟上升沿来临时才会生效，所以它是同步信号。如果 en 没有置 1，触发器将保持先前的值。

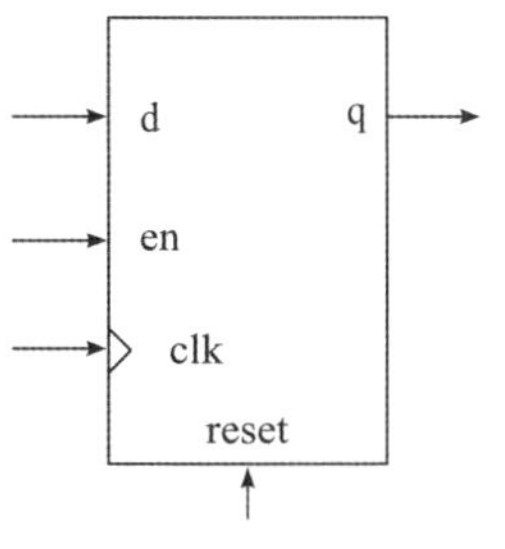

图 19.12　含异步复位和同步使能的 *D* 触发器框图

表 19.5　含异步复位和同步使能的 D 触发器真值表

reset	CLK	en	*q*
1	—	—	0
0	0	—	*q*
0	1	—	*q*
0	↑	0	*q*
0	↑	1	*d*

4.3.1　挑战 1　含异步复位和同步使能的 D 触发器代码实现

在"/data/workspace/lab19"目录下创建"project_2"项目，补全下面的实现代码：

```
module dff_reset_en_1seg(
  input  clk,
  input  reset,
  input  en,
  input  d,
  output  reg  q
  );

  always @(posedge clk,negedge reset)
    if(!reset)
      q <= ***;
    else if(***)
      q <=d;

endmodule
```

4.3.2　挑战 2　仿真实现

请按照图 19.13 所示仿真波形的需求，参考下面的代码，在"project_2"项目中添加仿真代码，实现仿真波形输出，并检查无误。

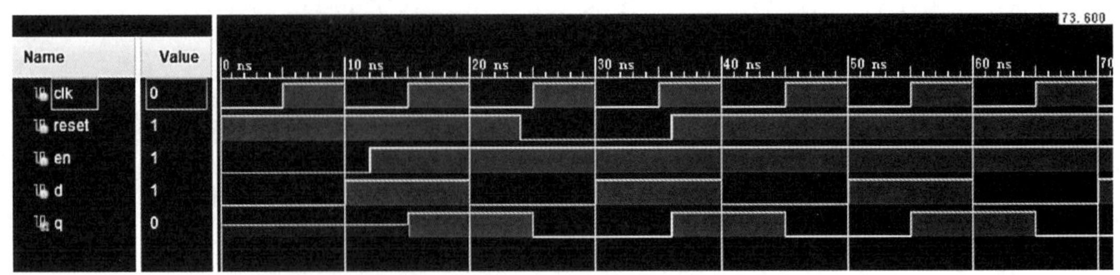

图 19.13　含异步复位和同步使能的 D 触发器模块仿真波形图

```
module dff_reset_en_1seg_tb();
  reg clk;
  reg reset;
  reg en;
  reg d;
  wire q;

/****************** begin ********************/
    //调用 dff_reset_en_1seg 模块
    *******
    //补充下面语句,生成占空比 50%的时钟波形
  parameter PERIOD=10;
  always *** ;

    //激励信号 reset、d、en 随时间变化
  initial
  begin
    clk=1'b0;
        ********* ;
  end

  always #(***)D=~D;

/******************* end *********************/

endmodule
```

4.3.3　挑战 3　约束条件实现

对该项目进行综合,观察综合后生成的 Schematic 电路图,理解该电路图。根据开发板的开关和 LED 的输出,合理设置输入、输出,设置约束条件。

4.3.4　挑战 4　评测

实现并生成比特流下载到本地开发板，观察输出，按真值表进行验证。

4.4　第 4 关　实现 1 位寄存器

4.4.1　挑战 1　1 位寄存器代码实现

图 19.14 所示为 1 位寄存器框图。

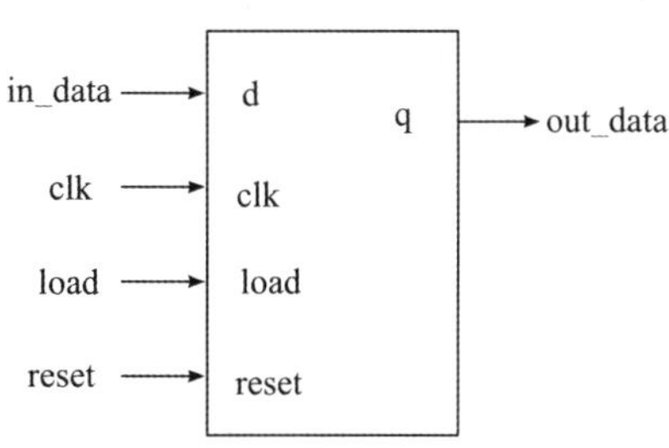

图 19.14　1 位寄存器框图

当 load 信号为 0 时，输入数据 in_data 在每个时钟 clk 的上升沿不会被加载到 out_data，寄存器的输出 out_data 保持不变；当 load 信号为 1 时，在时钟下一个 clk 的上升沿，out_data 就变为 in_data 的值。

在"/data/workspace/lab19"目录下创建"project_4"项目，补全下面的实现代码：

```
module reg_1(
  input clk,reset,
  input in_data,
  input load,
  output reg out_data
  );

  always @(posedge *** , *** reset)
    if(! reset)          //使用按键 S6，常态为高，按下为低
      out_data <= *** ;
    else if(load==1)   //使用拨码开关，高为使能
      out_data <= *** ;

endmodule
```

4.4.2　挑战 2　仿真实现

请按照图 19.15 所示仿真波形的需求，参考下面的代码，在"project_4"项目中添加仿真代码，实现仿真波形输出，并检查无误。

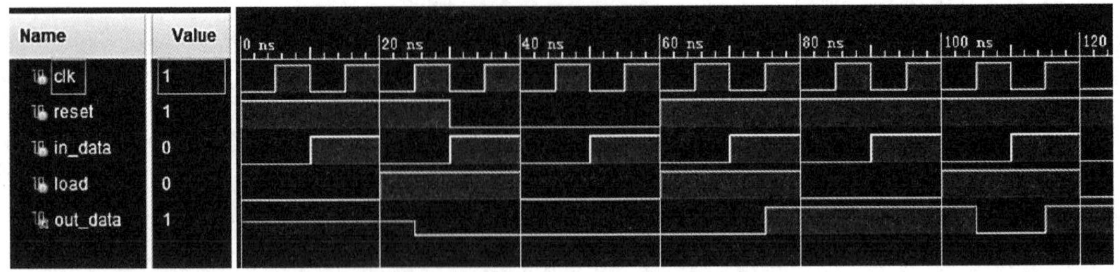

图 19.15 1 位寄存器模块仿真波形图

```
module reg_1_tb();
  reg clk;
  reg reset;
  reg in_data;
  reg load;
  wire out_data;

/*****************begin********************/
  //调用 reg_1 模块
   ***
  //补充下面语句,生成占空比 50%的时钟波形
  parameter period=10;
  always ***;

  //激励信号随时间变化
  initial
  begin
    clk=1'b0;
    in_data= ***;
    load= ***;
    reset= ***;
    # ***  reset=1'b0;
    # ***  reset=1'b1;
  end

  always #(***)in_data=~in_data;
  always #(***)load=~load;
/******************end*********************/

endmodule
```

4.4.3　挑战 3　约束条件设置

对该项目进行综合，观察综合后生成的 Schematic 电路图，理解该电路图。根据开发板的开关和 LED 的输出，合理设置输入、输出，设置约束条件。

4.4.4　挑战 4　评测

实现并生成比特流下载到本地开发板，观察输出，按真值表进行验证。

4.5　第 5 关　N(N=8)位寄存器的实现

把 N 个 1 位寄存器模块组合起来，就可以构成一个 N 位寄存器，其框图如图 19.16 所示。其和 1 位寄存器的不同之处在于，N 位寄存器把输入 in_data 和 out_data 定义为一个 N 位的数组。

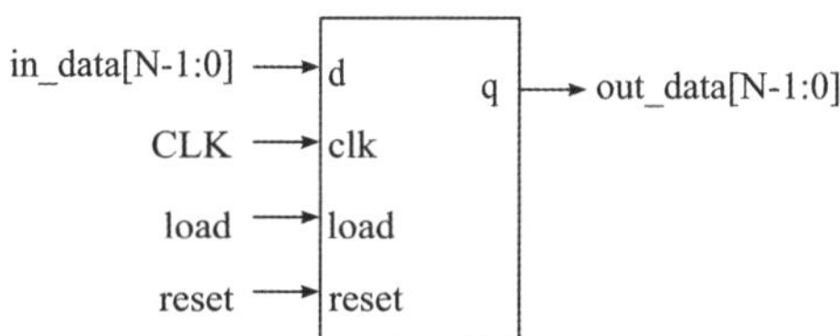

图 19.16　N 位寄存器框图

4.5.1　挑战 1　建立项目补足代码

在“/data/workspace/lab19”目录下创建“project_5”项目，补全下面的实现代码：

```
module reg_N #(parameter N=8)(
  input clk,reset,
  input load,
  input [N-1:0] in_data,
  output reg [N-1:0] out_data
  );


  always @(posedge ***, ***  ***)
    if(! reset)          //使用按键 S6，常态为高，按下为低
      out_data <= ***;
    else if(load==1)   //使用拨码开关，高为使能
      out_data <= ***;


endmodule
```

4.5.2　挑战 2　仿真实现

按照图 19.17 所示仿真波形的需求，参考下面的代码，在“project_5”项目中添加仿真代码，实现仿真波形输出，并检查无误。

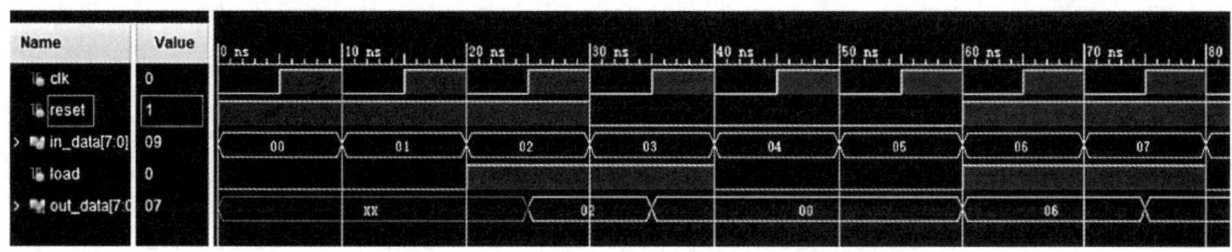

图 19.17　N(N=8)位寄存器模块仿真波形图

```
module reg_N_tb( );
  reg clk,reset;
  reg [7:0]in_data;
  reg load;
  wire [7:0]out_data;

/****************** begin *********************/
  //调用 reg_N 模块
  ******;
  //补充下面语句,生成占空比 50%的时钟波形
  parameter period=10;
  always *** ;

  //激励信号随时间变化
  initial
  begin
    *** ;
  end

  always #( *** )in_data= *** ;
  always #( *** )load=~load;
/******************* end *********************/

endmodule
```

4.5.3 挑战 3 约束条件设置

对该项目进行综合,观察综合后生成的 Schematic 电路图,理解该电路图。根据开发板的开关和 LED 的输出,合理设置输入、输出,设置约束条件。

4.5.4 挑战 4 评测

实现并生成比特流下载到本地开发板,观察输出。

4.6 第 6 关 2 分频计数器实现

如图 19.18 所示,把一个 D 触发器的输出$\overline{Q}_0$ 与它的输入 D 相连,得到的 Q_0 频率正好是 CLK 时钟频率的一半,这样的电路被称为 2 分频计数器。

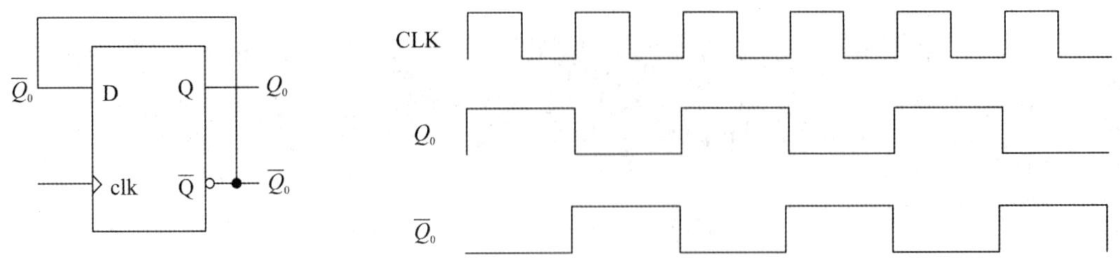

图 19.18 利用 D 触发器设计 2 分频计数器

4.6.1 挑战1 2分频计数器的代码实现

在"/data/workspace/lab19"目录下创建"project_6"项目,补全下面的实现代码:

```
module div2cnt(
  input wire clk_Hz,
  input wire clr_n,
  output reg Q0
  );

  wire D; //D触发器的输入端;
  assign D= *** ;

  always @(posedge clk_Hz or negedge clr_n)
    if(! clr_n)
      Q0 <=0;
    else
      Q0 <= *** ;

endmodule
```

4.6.2 挑战2 仿真实现

按照图19.19所示仿真波形的需求,参考下面的代码,在"project_6"项目中添加仿真代码,实现仿真波形输出,并检查无误。

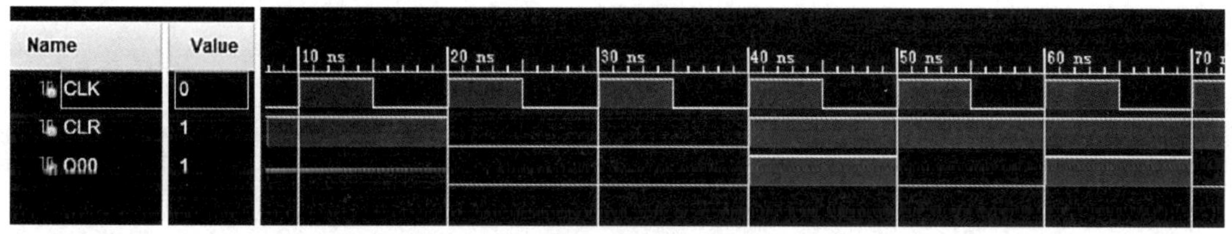

图19.19 2分频计数器模块仿真波形图

```
module div2cnt_tb( );
  reg CLK;
  reg CLR;
  wire Q00;

/ ****************** begin ********************** /
  //调用div2cnt模块
  *** ;
  //补充下面语句,生成占空比50%的时钟波形
  parameter PERIOD=10;
```

```
    always ***;

      //激励信号随时间变化
    initial
    begin
      CLR=1'b1;
      CLK=1'b1;
      #***;
      CLR=1'b0;
      #***;
      CLR=***;
    end
/********************end**********************/

endmodule
```

4.6.3 挑战 3 添加 clkdiv 模块

在“project_6”中添加“clkdiv.v”时钟分频模块的代码如下：

```
module clkdiv(
  input clk,
  input clr_n,
  output reg clk_Hz
  );

  reg [15:0] cnt_kHz=0;
  reg [15:0] cnt_Hz=0;
  reg clk_kHz;

  always @(posedge clk or negedge clr_n)
    if(!clr_n)
    begin
      cnt_kHz<=0;
      clk_kHz<=0;
    end
    else if(cnt_kHz==32'd49_999)   //实际综合时使用此行
      begin
        cnt_kHz<=0;
        clk_kHz<=~clk_kHz;
      end
```

```
            else
                cnt_kHz <=cnt_kHz+1;

    always @(posedge clk_kHz or negedge clr_n)
      if(! clr_n)
        begin
          cnt_Hz<=0;
          clk_Hz<=0;
        end
      else if(cnt_Hz==16'd499)   //实际综合时使用此行
        begin
          cnt_Hz<=0;
          clk_Hz=~clk_Hz;
        end
      else
        cnt_Hz <=cnt_Hz+1;

endmodule
```

4.6.4　挑战 4　添加顶层文件

请参考图 19.20,完善如下的顶层代码。

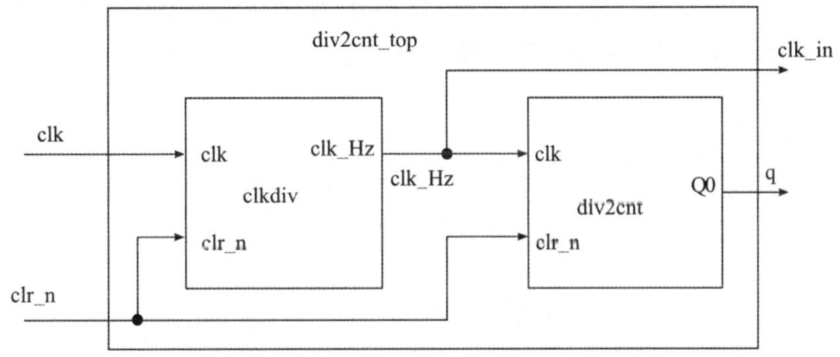

图 19.20　2 分频计数器顶层模块结构图

```
module div2cnt_top(
  input clk,
  input clr_n,
  output wire clk_in,
  output wire q
  );

  wire clk_Hz;
```

```
    assign clk_in=clk_Hz;

    clkdiv u1(
      ***
      );

    div2cnt u2(
      ***
      );

endmodule
```

4.6.5 挑战5 合理设置约束条件

对该项目进行综合，观察综合后生成的 Schematic 电路图，理解该电路图。根据开发板的开关和 LED 的输出，补全其他约束条件。

4.6.6 挑战6 评测

实现并生成比特流，下载到本地开发板，观察输出。

5 能力拓展

建立工程，对第 2 关、第 3 关代码进行综合实现，观察并对比带异步置位和复位的正边沿触发的 D 触发器与含异步复位和同步使能的 D 触发器的电路区别。

实验二十 时序逻辑电路设计实例 2

1 实验目的及学习要求

1.1 实验目的

(1)了解时序逻辑电路功能和电路结构的特点。

(2)掌握时序逻辑电路的分析方法和步骤。

(3)掌握移位寄存器、二进制计数器的 Verilog HDL 实现方法。

(4)提升综合运用所学知识解决问题的能力。

(5)增强实践能力,激发创新意识。

1.2 学习要求

(1)课前预习,了解移位寄存器、计数器等时序逻辑电路的结构和功能特点。

(2)课前预习,了解时序逻辑电路的分析方法和步骤。

(3)课后复习,掌握时序逻辑电路的分析方法、步骤及不同的 Verilog HDL 实现方法。

(4)课后复习,掌握移位寄存器、计数器的 Verilog HDL 实现方法。

2 实验原理

2.1 时序逻辑电路的结构

由图 20.1 时序逻辑电路结构图可知,时序逻辑电路由组合电路和存储电路两部分构成,其输出不仅取决于当前的输入,还与电路之前的输入有关。图中 $x_1,\cdots,x_n$ 是组合电路的外部输入信号;$Z_1,\cdots,Z_n$ 是时序逻辑电路的输出信号,也是组合逻辑电路的外部输出信号;$Y_1,\cdots,Y_n$ 为存储电路的输入信号,$y_1,\cdots,y_n$ 是存储电路的输出信号。这些信号之间的关系可以用以下方程组来表示:

$$\begin{cases} Z_i=f_i(x_i,q_i) & i=1\sim n \\ Y_i=g_i(x_i,q_i) & i=1\sim n \\ q_i=h_i(Y_i,q_i) & i=1\sim n \end{cases}$$

根据存储电路中触发器的动作特点的不同,时序电路可分为同步时序电路和异步时序电路。在同步时序电路中,所有触发器的状态变化在同一时钟信号操作下同时发生;在异

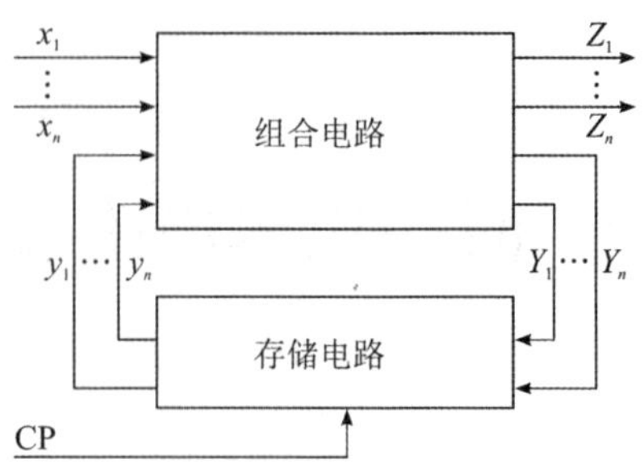

图 20.1 时序逻辑电路结构图

步时序逻辑电路中,触发器的状态变化不同时发生。

根据输出信号的特点将时序电路分为米利(Mealy)型和摩尔(Moore)型两种。米利型电路的输出信号不仅取决于存储电路的状态,还取决于输入变量。摩尔型电路输出信号仅取决于存储电路的状态。摩尔型电路是米利型电路的一个特例。

2.2 同步时序逻辑电路的分析方法

分析时序电路,就是要找出电路的状态和输出状态在输入变量和时钟信号作用下的变化规律。下面以图 20.2 为例,说明同步时序逻辑电路的分析步骤。

(1)从给定的逻辑图中写出每个触发器的驱动方案。

(2)将驱动方法代入对应触发器的特性方程,得出每个触发器的状态方程和整个时序电路的状态方程组。

(3)根据逻辑图写出电路的输出方程。

$$\begin{cases} J_1=\overline{Q_2 \cdot Q_3}, K_1=1 \\ J_2=Q_1, K_2=\overline{\overline{Q_1} \cdot \overline{Q_3}} \\ J_3=Q_1 \cdot Q_2, K_3=Q_2 \end{cases}$$

由 JK 触发器的特性方程 $Q*=JQ'+K'Q$,可得到电路的状态方程如下:

$$\begin{cases} Q_1^*=(Q_2 \cdot Q_3)'Q_1' \\ Q_2^*=Q_1 \cdot Q_2'+Q_1' \cdot Q_3' \cdot Q_2 \\ Q_3^*=Q_1 \cdot Q_2 \cdot Q_3'+Q_2' \cdot Q_3 \end{cases}$$

由逻辑图可知 $Y=Q_2 \cdot Q_3$。

2.3 时序逻辑电路的状态转移图和状态转移表

描述时序电路状态转换的全部过程有状态转换表、状态转换图、状态机流程图和时序图等多种方法。如将任何一组输入变量及电路初态的取值代入状态方程和输出方程,可以算出电路的次态和现态下的输出值,以得到的次态作为新的现态,并和此时的输入变量一起代入状态方程和输出方程,可以得到一组新的次态和输出。如此循环,可以将所有的状态变化以真值表的形式呈现。

图 20.2 所示时序逻辑电路没有输入逻辑变量,电路的状态转换由时钟信号控制进行;

电路的次态由电路的初态决定，设电路初态为 $Q_3Q_2Q_1=000$，由电路的状态方程和输出方程可以得到状态变换表，在补充缺乏的状态变换后，可以得到完整的真值表(表 20.1)。

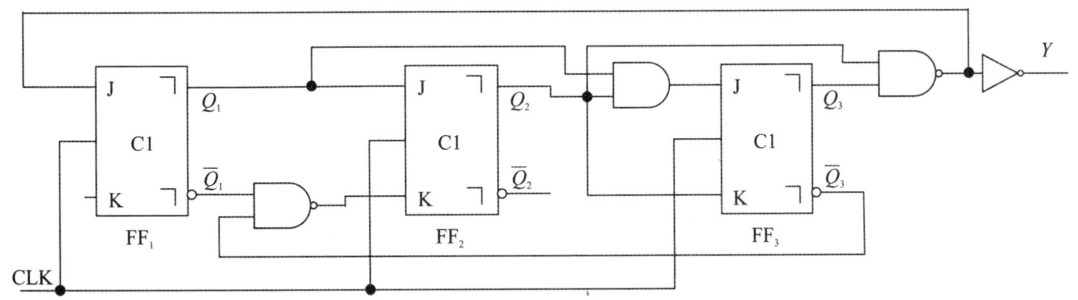

图 20.2　*JK* 触发器构成的时序逻辑电路图

表 20.1　时序逻辑电路状态转换真值表

Q_3	Q_2	Q_1	Q_3^*	Q_2^*	Q_1^*	Y
0	0	0	0	0	1	0
0	0	1	0	1	0	0
0	1	0	0	1	1	0
0	1	1	1	0	0	0
1	0	0	1	0	1	0
1	0	1	1	1	0	0
1	1	0	0	0	0	1
1	1	1	0	0	0	1

进一步地，可以将状态转换表的内容表示成状态转换图的形式，这样可以更为直观地显示时序逻辑电路的逻辑功能。在状态转换图中，以圆圈表示电路的各个状态，以箭头方向表示状态转换的方向，箭头旁标注了状态转换前的输入变量取值和输出值，对于没有输入变量的，可以不写。

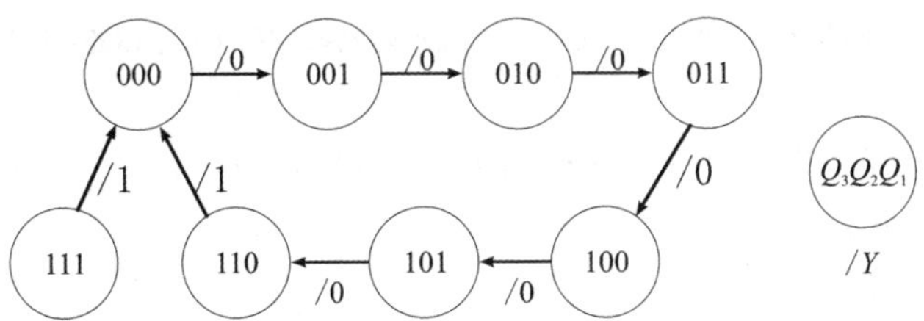

图 20.3　时序逻辑电路状态转移图

3　实验仪器

(1)登录终端 1 台(台式计算机或笔记本电脑等)。

(2)在线实验平台。

(3*)带开发工具的计算机1台。

4 实验内容

4.1 第1关 右移寄存器实现

移位寄存器不仅能寄存数据,而且能在时钟信号的作用下使其中的数据依次左移或右移。

图20.4为4位右移寄存器电路图,CLK为时钟信号,CLR为清零端,D_{in}为串行输入端,Q_{out}为串行输出端,Q_3~Q_0为并行输出端。

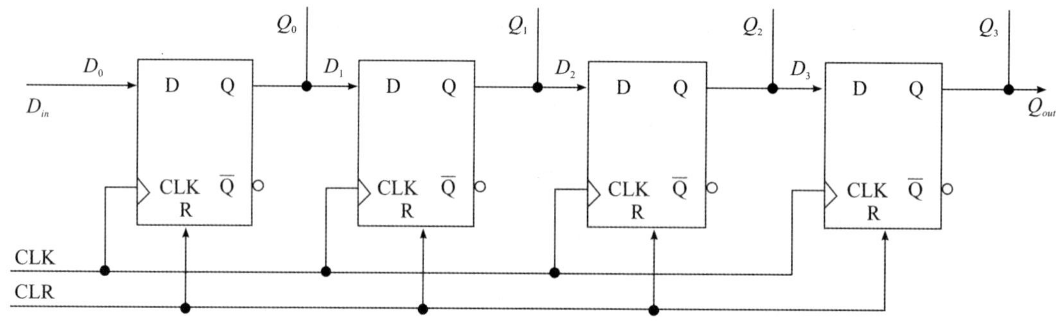

图20.4 4位右移寄存器电路图

图中4个边沿触发的D触发器,每个触发器的输出端Q接到右边一个触发器的输入端D。因从时钟信号CLK的上升沿加到触发器上,开始到输出端新状态稳定地建立起来有一段延迟时间,当时钟信号同时加到4个触发器上时,每个触发器接收的都是左边一个触发器中原来的数据(第一个触发器接收的为输入数据D_{in})。寄存器中的数据依次右移1位。

在always语句块中,使用非阻塞赋值("<=")把每一个寄存器的数据传给右边,实现移位。如果使用阻塞赋值,则只能实现寄存器功能。

4.1.1 挑战1 状态转移真值表与设计方程

参考右移寄存器的框图(图20.4),写出其状态转换真值表,并据此得到其设计方程。

4.1.2 挑战2 补全代码

鼠标停在左上角的"代码文件",在弹出的文件列表中点击"right_shift_reg.v";运用逻辑代数相关知识,补全代码。

```
module right_shift_reg(
  input wire clk,
  input wire clr,
  input wire Din,
  output reg[3:0] Q
  );
```

```
always @(posedge clk or negedge *** )
begin
  if(! clr)
    Q<=0;
  else
    begin
      Q[0]<= *** ;
       *** <=Q[2:0];
    end
  end
endmodule
```

4.1.3 挑战3 编写激励仿真

鼠标停在左上角的"代码文件",在弹出的文件列表中点击"right_shift_reg_tb.v",参考如图20.5所示的仿真波形,补全激励仿真代码。

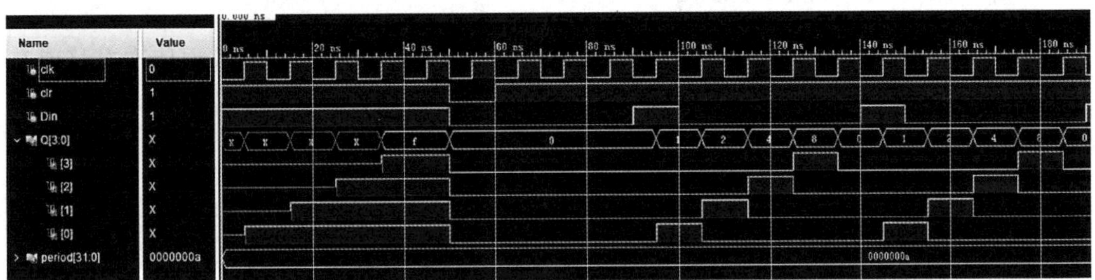

图20.5 4位右移寄存器模块仿真波形图

```
module right_shift_reg_tb( );
  reg clk;
  reg clr;
  reg Din;
  wire[3:0] Q;

/****************** begin *********************/
// 调用 right_shift_reg 模块
  ******
  parameter period=10;

  initial
    begin
      clk=1'b0;
      clr=1'b1;
      Din=1'b1;
```

```
    #50; clr= *** ;
    #10; clr= *** ;
  end
  // 补充下面语句,生成占空比 50%的时钟波形
  always *** ;


  always
  begin
  #(4 * period)Din= *** ;
  #(period)Din= *** ;
  end
/ ****************** end ********************** /
endmodule
```

4.2 第2关 左移寄存器实现

移位寄存器不仅能寄存数据,而且能在时钟信号的作用下使其中的数据依次左移或右移。图 20.5 为 4 位左移寄存器电路图,CLK 为时钟信号,CLR 为清零端,D_{in} 为串行输入端,Q_{out} 为串行输出端,Q_0~Q_3 为并行输出端。

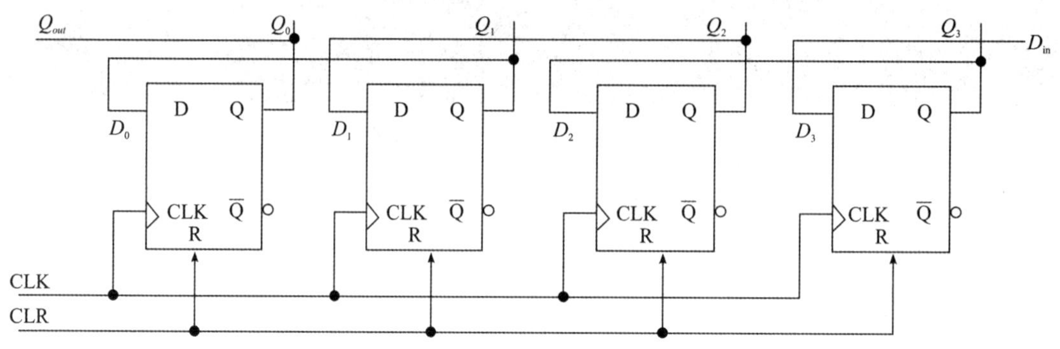

图 20.6 4 位左移寄存器电路图

4.2.1 挑战 1 状态转移真值表与设计方程

参考左移寄存器的框图(图 20.6),写出其状态转换真值表,并据此得到其设计方程。

4.2.2 挑战 2 建立项目补足代码

请在"/data/workspace/lab20"目录下建立"project_2"项目。

注意模块名称必须为 left_shift_reg。

```
module left_shift_reg(
  input wire clk,
  input wire clr,
  input wire Din,
  output reg [3:0] Q
```

```
    );
    always @(posedge clk or negedge *** )
    begin
      if(! clr)
        Q<=4'b0;
      else
        begin
          *** <=Din;
          Q[2:0]<= *** ;
        end
    end
endmodule
```

4.2.3 挑战3 仿真实现

按照图20.7仿真波形的需求,参考下面的代码,在"project_2"项目中添加仿真代码,实现图20.7中仿真波形的输出,并检查无误。

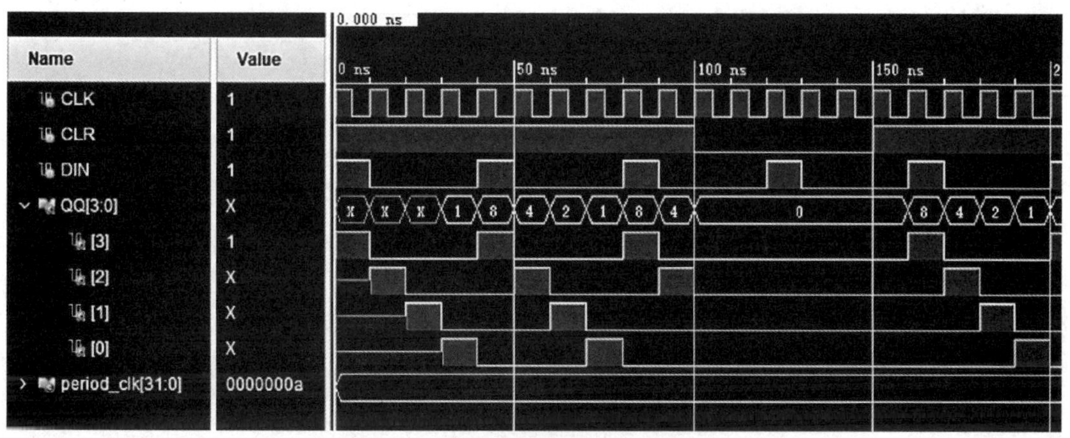

图20.7 4位左移寄存器模块仿真波形图

```
module left_shift_reg_tb( );
   reg CLK;
   reg CLR;
   reg DIN;
wire [3:0]QQ;

/******************** begin ************************/
// 调用left_shift_reg模块
*** ;
parameter period_clk=10;
```

```
  initial
  begin
    CLK=1'b1;
    CLR=1'b1;
    DIN=1'b1;
    #100;
    CLR=1'b0;
    #50;
    CLR=1'b1;
  end

// 补充下面语句,生成占空比50%的时钟波形
always *** ;

always
  begin
    #(period_clk)DIN= *** ;
    #(period_clk * 3)DIN= *** ;
  end
  /******************* end **********************/
endmodule
```

4.2.4 挑战4 添加clkdiv模块

点击"Add Sources"新建"clkdiv.v"文件,参考附件输入源代码。

4.2.5 挑战5 添加顶层文件

请参考图20.8,完善下面的顶层代码。

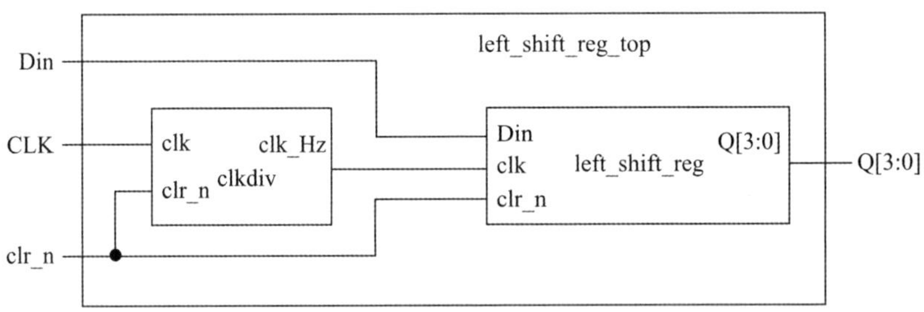

图20.8 左移寄存器顶层模块框图

```
module left_shift_reg_top(
  input wire clk,
  input wire clr_n,
  input wire Din,
  output wire [3:0] Q
```

```
    );
    wire clk_Hz;

    clkdiv u1(
        ***
    );

    left_shift_reg u2(
      .clk(clk_Hz)
        ***
      );

endmodule
```

4.2.6　挑战 6　综合并比较电路图异同

对该寄存器进行综合，将综合得到的电路与左移寄存器电路图进行比较，分析异同。

4.2.7　挑战 7　下载实现

对该项目进行综合，观察综合后生成的 Schematic 电路图，理解该电路图。根据开发板的开关和 LED 的输出，合理设置输入、输出，设置约束条件。

根据开发板的开关和 LED 的输出，补全其余约束条件。在输入一个“1”后将输入改为“0”，观察输入“1”在时钟脉冲作用下的移动方向。

4.2.8　挑战 8　评测

鼠标停在左上角的“代码文件”，在弹出的文件列表中点击“left_shift_reg.v”。对比挑战 1 中的代码文件，补全代码。

鼠标停在左上角的“代码文件”，在弹出的文件列表中点击“left_shift_reg_tb.v”。对比挑战 2 中的代码文件，补全代码。

实现并生成比特流下载到本地开发板，观察输出，确认其输出对应输入的变化。

4.3　第 3 关　具有同步预置功能的 6 位环形移位寄存器

移位寄存器不仅能寄存数据，而且能在时钟信号的作用下使其中的数据依次环形排列。具有同步预置功能的 6 位环形移位寄存器，使用 100 MHz 时钟信号进行直接分频得到 1 Hz 信号作为该寄存器的时钟。

注意：6 个 D 触发器从左到右依次为 D0、D1、D2、D3、D4、D5。DIN 只有一位，是在 load 开启时进入 D5 的，其他位还是要循环右移。

4.3.1　挑战 1　建立项目补足代码

请在“/data/workspace/lab20”目录下建立“project_3”项目。

**** 注意：模块名称必须为 shift_right_6。****

```
module shift_right_6(
```

```
    input wire clk,
    input wire clr_n,
    input wire load,
    input wire Din,
    output reg [5:0] Q
    );

    always @(posedge *** or negedge *** )
    begin
      if(! clr_n)
        Q<=6'b000001;
      else if(load)
        begin
          Q[5]<= *** ;      //补充 begin 与 end 之间的代码
          ***
        end
      else
        begin
          ***   //补充 begin 与 end 之间的代码
        end
    end
endmodule
```

4.3.2 挑战 2 仿真实现

按照图 20.9 仿真波形的需求，参考下面的代码，在“project_3”项目中添加仿真代码，实现图 20.9 中仿真波形的输出，并检查无误。

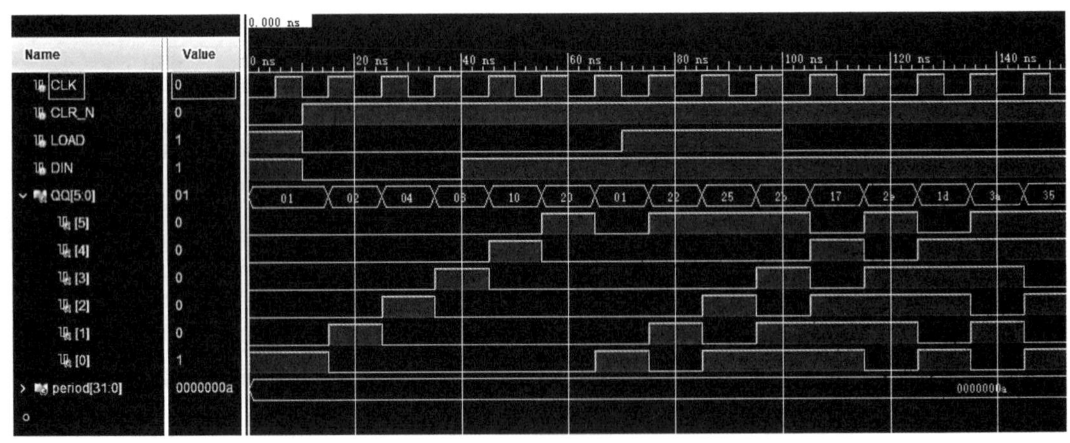

图 20.9 具有同步预置功能的 6 位环形移位寄存器模块仿真波形图

```
module shift_right_6_tb();
  reg CLK;
  reg CLR_N;
  reg LOAD;
  reg DIN;
  wire [5:0] QQ;
/****************** begin ********************/
  //调用 shift_right_6 模块
   ******
  //补充下面语句,生成占空比 50%的时钟波形
  parameter period=10;
  always *** ;
  //激励型号随时间变化
  initial
  begin
    CLK=1'b0;
     *********
  end
/******************* end *********************/
endmodule
```

4.3.3　挑战 3　添加 clkdiv 模块

点击"Add Sources"新建"clkdiv.v"文件,参考附件输入源代码。

4.3.4　挑战 4　添加顶层文件

请参考图 20.10,完善下面的顶层代码。

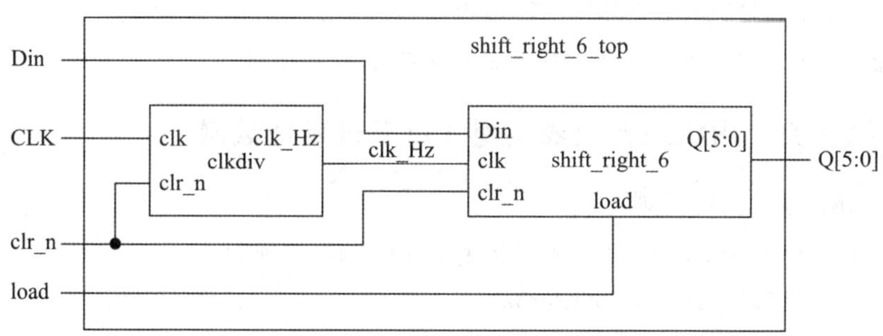

图 20.10　具有同步预置功能的 6 位环形移位寄存器顶层模块框图

```
module shift_right_6_top(
  input wire clk,
  input wire clr_n,
  input wire load,
  input wire Din,
```

```
    output wire [5:0] Q
    );

    wire clk_Hz;

    clkdiv u1(
      ***
      );

    shift_right_6 u2(
      .clk(clk_Hz)
      ***
      );

endmodule
```

4.3.5 挑战 5 合理设置约束条件

对该项目进行综合,观察综合后生成的 Schematic 电路图,理解该电路图。根据开发板的开关和 LED 的输出,合理设置输入、输出,设置约束条件。

4.3.6 挑战 6 评测

鼠标停在左上角的“代码文件”,在弹出的文件列表中点击“shift_right_6.v”,对比挑战 1 中的代码文件,补全代码。

鼠标停在左上角的“代码文件”,在弹出的文件列表中点击“shift_right_6_tb.v”,对比挑战 2 中的代码文件,补全代码。

实现并生成比特流下载到本地开发板,观察输出。要求如下:

(1)设置 load 信号,置入 1 位“1”后,观察实验现象;

(2)设置 load 信号,置入 3 位“1”后,观察实验现象并记录。

4.4 第 4 关 用状态转换表实现 3 位二进制计数器

4.4.1 挑战 1 代码实现

请在“/data/workspace/lab20”目录下建立“project_4”项目。

**** 注意:模块名称必须为 counter3a。 ****

```
module counter3a(
  input wire clr,
  input wire clk,
  output reg[2:0] Q
  );
  wire[2:0] D;
  assign D[2]= *** ;
```

```
  assign D[1]= *** ;
  assign D[0]=~Q[0];

  always@(posedge clk or negedge clr)
  if(! clr)
    Q <= *** ;
  else
    Q <= *** ;
endmodule
```

4.4.2　挑战 2　仿真实现

按照图 20.11 仿真波形的需求，参考下面的代码，在“project_4”项目中添加仿真代码，实现图 20.11 中仿真波形的输出，并检查无误。

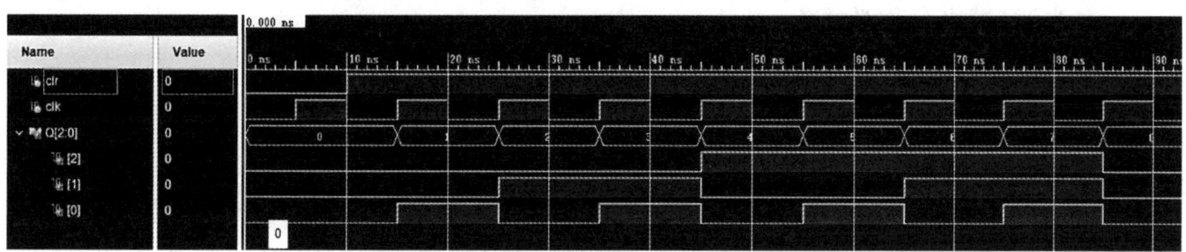

图 20.11　3 位二进制计数器模块仿真波形图

```
module counter3a_tb( );
  reg clr;
  reg clk;
  wire [2:0] Q;
/****************** begin *********************/
  //调用 counter3a 模块
   ******
  //补充下面语句，生成占空比 50%的时钟波形
  parameter period=10;
  always *** ;
  //激励型号随时间变化
  initial
  begin
    clr=1'b0;
    clk=1'b0;
    # *** ;
    clr= *** ;
  end
/******************* end **********************/
endmodule
```

4.4.3 挑战 3 观察综合后生成的 Schematic 电路图

对该项目进行综合，观察综合后生成的 Schematic 电路图，理解该电路图，并与下一关生成的电路图作比较。

4.4.4 挑战 4 评测

鼠标停在左上角的“代码文件”，在弹出的文件列表中点击“counter3a.v”，对比挑战 1 中的代码文件，补全代码。

鼠标停在左上角的“代码文件”，在弹出的文件列表中点击“counter3a_tb.v”，对比挑战 2 中的代码文件，补全代码。

4.5 第 5 关 用行为描述法实现 3 位二进制计数器

4.5.1 挑战 1 建立项目补足代码

请在“/data/workspace/lab20”目录下建立“project_5”项目。

**** 注意：模块名称必须为 counter3b。 ****

```
module counter3b(
  input wire clr,
  input wire clk,
  output reg [2:0]Q
  );
  always@( *** or *** )
    if(! clr)
      Q <=0;
    else
      Q <= *** ;


endmodule
```

4.5.2 挑战 2 仿真实现

本关实现的功能与第 4 关一样，参考上一关仿真代码，在“project_5”项目中添加仿真代码，实现图 20.12 所示的仿真波形输出，并检查无误。

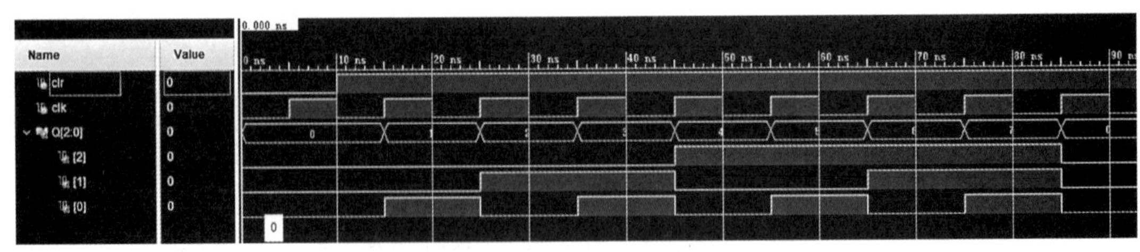

图 20.12 3 位二进制计数器模块仿真波形图

4.5.3 挑战 3 添加 clkdiv 模块

点击“Add Sources”新建“clkdiv.v”文件，参考附件输入源代码。

4.5.4　挑战 4　添加顶层文件

请参考图 20.13，完善下面的顶层代码。

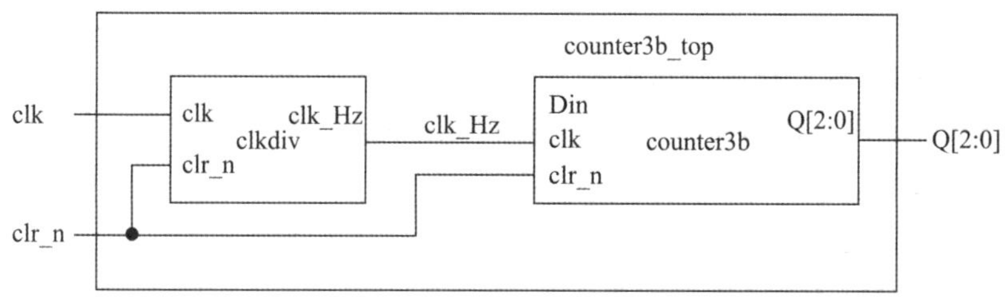

图 20.13　3 位二进制计数器顶层模块框图

```
module counter3b_top(
  input wire clr,
  input wire clk,
  output wire [2:0]Q
  );

  wire clk_Hz;

  clkdiv u1(
    ***
    );

  counter3b u2(
    .clk(clk_Hz)
    ***
    );

endmodule
```

4.5.5　挑战 5　生成并比较综合电路图

对该项目进行综合，观察综合后生成的 Schematic 电路图，理解该电路图，并与上一关生成的电路进行比较，理解电路实现和行为描述的异同。

4.5.6　挑战 6　约束条件设置

根据开发板的开关和 LED 的输出，合理设置输入、输出，设置约束条件。

4.5.7　挑战 7　评测

鼠标停在左上角的“代码文件”，在弹出的文件列表中点击“counter3b.v”，对比挑战 1 中的代码文件，补全代码。

鼠标停在左上角的“代码文件”，在弹出的文件列表中点击“counter3b_tb.v”，对比挑战 2 中的代码文件，补全代码。

实现并生成比特流下载到本地开发板,观察输出。

4.6 第6关 实现模十计数器

4.6.1 挑战1 建立项目补足代码

请在“/data/workspace/lab20”目录下建立“project_6”项目。

注意:模块名称必须为 counter_mod_10。

```
module counter_mod_10
#(parameter N=4,//计数器位数
    parameter M=10)//模 M(M=10)
    (
    input wire clk,reset,
    output reg[N-1:0] qd,
    output reg cout
    );


  reg [N-1:0] regN;


  always @(posedge clk)
  begin
  if(! reset)
     ***;
  else if(regN <(M-1))
     ***;
  else
    regN <=0;//regN 计数到 M 时清零


    assign qd= ***;


    assign cout=(***)? 1'b1:1'b0
  end
endmodule
```

4.6.2 挑战2 进行仿真

按照图 20.14 仿真波形的需求,参考下面的代码,在“project_6”项目中添加仿真代码,实现下面的仿真波形输出,并检查无误。

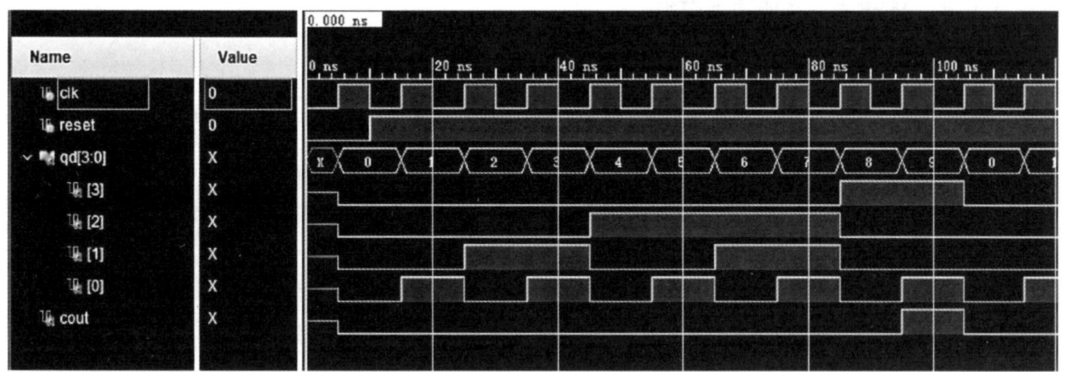

图 20.14　模十计数器模块仿真波形图

```
module counter_mod_10_tb( );
  parameter N=4; //计数器位数
  reg clk,reset;
  wire [N-1:0] qd;
  wire cout ;

/ ****************** begin ********************* /
  //调用 counter_mod_10 模块
   ***
  //补充下面语句,生成占空比 50%的时钟波形
  parameter period=10;
  always *** ;

  //激励型号随时间变化
  initial
  begin
    clk=1'b0;
     *** ;
     #10;
     *** ;
  end

/ ******************* end ********************** /
endmodule
```

4.6.3　挑战 3　添加 clkdiv 模块

点击“Add Sources”新建“clkdiv.v”文件,参考附件输入源代码。

4.6.4 挑战 4 添加顶层文件

请参考图 20.15,完善下面的顶层代码。

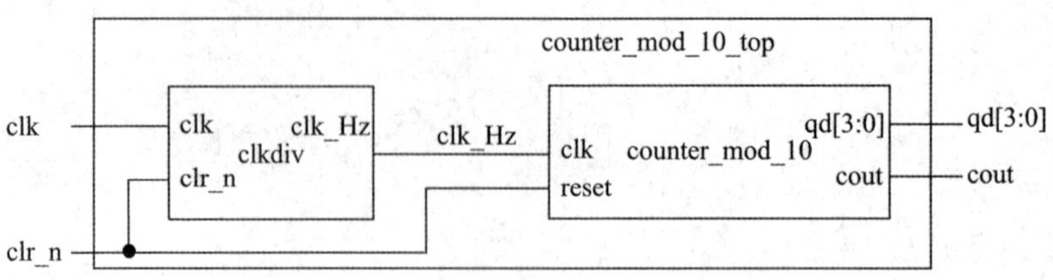

图 20.15 模十计数器顶层模块框图

```
module counter_mod_10_top(
  input wire clk,
  input wire reset,
  output wire[3:0] qd,
  output wire cout
  );

  wire clk_Hz;

  clkdiv u1(
    ***
    );

  counter_mod_10 u2(
    .clk(clk_Hz)
    ***
    );

endmodule
```

4.6.5 挑战 5 合理设置约束条件

对该项目进行综合,观察综合后生成的 Schematic 电路图,理解该电路图。根据开发板的时钟、开关和 LED 的输出,合理设置约束条件。

4.6.6 挑战 6 评测

鼠标停在左上角的“代码文件”,在弹出的文件列表中点击“counter_mod_10. v”,对比挑战 1 中的代码文件,补全代码。

鼠标停在左上角的“代码文件”,在弹出的文件列表中点击“counter_mod_10_tb.v”,对比挑战 2 中的代码文件,补全代码。

实现并生成比特流下载到本地开发板,观察输出。

5　能力拓展

(1)基于中规模集成电路设计并实现模十计算器的逻辑电路图。

(2)观察基于 Verilog HDL 模十计数器综合后的电路图。

(3)比较以上两种电路图的异同,进而比较两种模十计数器实现方式的异同。

实验二十一　时序逻辑电路设计实例 3

1　实验目的及学习要求

1.1　实验目的

(1)加深对基于时序逻辑电路的 Verilog HDL 实例的理解和掌握。

(2)掌握分频器及脉宽调制的原理和 Verilog HDL 实现方法。

(3)掌握基于层次结构的复杂工程的设计、实现方法。

(4)培养综合运用所学的知识和工具解决工程问题的能力。

1.2　学习要求

(1)课前预习,了解时钟分频器的分频原理和具体数值。

(2)课后复习,掌握锁存器、触发器和寄存器的 Verilog HDL 实现方法。

(3)课后复习,掌握分频器的 Verilog HDL 实现。

(4)课后复习,掌握乘法器、算术逻辑单元的 Verilog HDL 实现方法。

2　实验原理

2.1　二进制分频器

EGO1 实验板卡引脚 P17 的时钟频率为 100 MHz,用一个寄存器 q 来保存时钟的周期数,则 q 值的每一位 q(i)就代表 100 MHz 时钟的 2^(i+1)次分频,表 21.1 介绍了不同频率的时钟分频器。

表 21.1　100 MHz 时钟下不同频率的时钟分频器

$q(i)$	频率(Hz)	周期(ms)	$q(i)$	频率(Hz)	周期(ms)
I	100000000.00	0.00001	12	12207.03	0.08192
0	50000000.00	0.00002	13	6103.52	0.16384
1	25000000.00	0.00004	14	3051.76	0.32768
2	12500000.00	0.00008	15	1525.88	0.65536

续表

q(i)	频率(Hz)	周期(ms)	q(i)	频率(Hz)	周期(ms)
3	6250000.00	0.00016	16	762.94	1.31072
4	3125000.00	0.00032	17	381.47	2.62144
5	1562500.00	0.00064	18	190.73	5.24288
6	718250.00	0.00128	19	95.37	10.48576
7	390625.00	0.00256	20	47.68	20.97152
8	195312.50	0.00512	21	23.84	41.943.04
9	97656.25	0.01024	22	11.92	83.88608
10	48828.13	0.02048	23	5.96	167.77216
11	24414.06	0.04096	24	2.98	355.54432

2.2 脉冲宽度调制

PWM 实现的原理是通过锯齿波/三角波(载波)与所需要合成的波形(调制波)进行比较,然后确定 PWM 所需要输出的极性。在比较器运用中,当锯齿波从比较器的反相端输入时,如果其输入电压大于参考电压,则输出与锯齿波相反的极性;而当锯齿波从比较器的同相端输入时,如果其输入电压大于参考电压,则输出与锯齿波相同的极性。

在图 21.1 所示脉宽调制的示意图中,将信号进行平均等分,把输入信号曲线每等份用等幅矩形脉冲来代替,每一等份输入信号曲线与时间轴组成的面积等于同幅矩形脉冲与时间轴组成的面积。脉宽调制根据其调制信号可分为单脉冲调制、三角波调制等。其中,三角波调制又分为单极性调制和双极性调制。对于单极性三角波调制,当输入信号为正值时,幅值在 U_{max} 和 0 之间,当输入信号为负值时,幅值在 $-U_{max}$ 和 0 之间。图 21.1 所示为单极性三角波调制信号和双极性三角波调制信号。

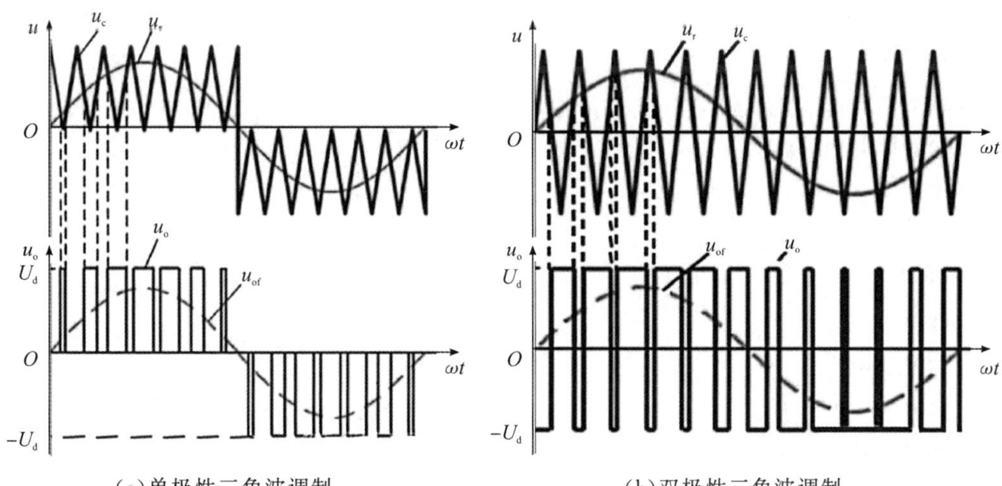

(a)单极性三角波调制 (b)双极性三角波调制

图 21.1 三角波调制 PWM 示意图

3 实验仪器

(1)登录终端1台(台式计算机或笔记本电脑等)。

(2)在线实验平台。

(3*)带开发工具的计算机1台。

4 实验内容

4.1 第1关 10 Hz与100 Hz分频器的实现

EGO1实验板卡引脚P17的时钟频率为100 MHz,用一个寄存器q来保存时钟的周期数,当计数器数满指定数字时,让输出信号翻转,构成分频信号。10 Hz与100 Hz分频器就是采用这种方法,取100 MHz的时钟信号,经过第一次分频,得到频率为1 kHz的clk_1k寄存器信号,对这个1 kHz的信号进行再次分频,最终得到10 Hz与100 Hz的两个分频信号。

4.1.1 挑战1 建立项目补足代码

请在“/data/workspace/lab21”目录下建立“project_1”项目。

** 注意:模块名称必须为clk_div_10_100。 **

```
module clk_div_10_100(
  input clk_100M,
  output clk_100,
  output clk_10
  );
  reg[15:0] cnt_khz;
  reg[7:0] cnt_100hz;
  reg[7:0] cnt_10hz;
  reg clk_1k;
  reg clk_100_reg;
  reg clk_10_reg;

  initial
  begin
    cnt_khz=0;
    cnt_100hz=0;
    cnt_10hz=0;
    clk_1k=0;
    clk_100_reg=0;
```

```
    clk_10_reg=0;
  end

//100000 分频,输出 clk_1k
    always@(posedge clk_100M)
    begin
//      if(cnt_khz== *** )  // 49999      C34F,100000 分频,综合实现时使用
        if(cnt_khz==1)   //4 分频,仿真时使用
          begin
            clk_1k <=~clk_1k;
            cnt_khz <=0;
          end
        else
          cnt_khz <=cnt_khz+1;
    end

//100 分频,输出 clk_10_reg
    always @(posedge clk_1k)
    begin
//      if(cnt_10hz==49)   //100 分频,综合实现时使用
        if(cnt_10hz==1)   //4 分频,仿真时使用
          begin
            clk_10_reg <= *** ;
            cnt_10hz <= *** ;
          end
        else
          cnt_10hz <= *** ;
    end

//10 分频,输出 clk_100_reg
    always @(posedge clk_1k)
    begin
      ***
    end

    assign clk_100= *** ;
    assign clk_10= *** ;

endmodule
```

4.1.2 挑战 2 编写激励仿真

按照图 21.2 仿真波形的需求,参考下面的代码,在“project_1”项目中添加仿真代码,实现下面的仿真波形输出,并检查无误。

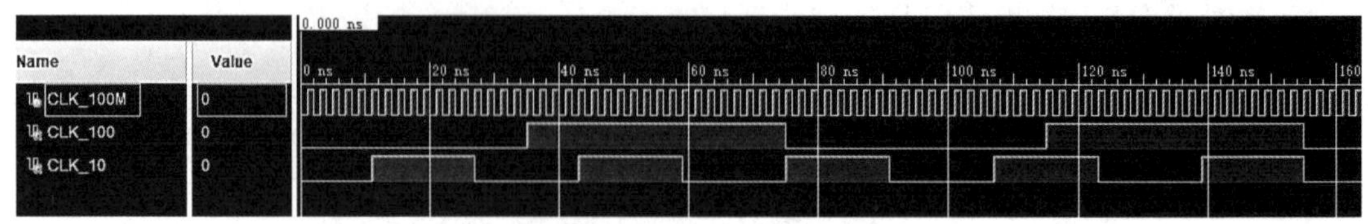

图 21.2 分频器仿真波形图

```
module clk_div_10_100_tb();
  reg CLK_100M;
  wire CLK_100;
  wire CLK_10;
  parameter period=2;

/****************** begin *********************/
// 调用 clk_div_10_100 模块
     ******
    initial
    begin
       ***
    end

// 补充下面语句,生成占空比 50%的时钟波形
    always ***

/******************* end **********************/
endmodule
```

4.1.3 挑战 3 下载实现

对该项目进行综合,观察综合后生成的 Schematic 电路图,理解该电路图。根据开发板的开关和 LED 的输出,合理设置输入、输出,设置约束条件。

使用两个 LED 分别作为 10 Hz 和 100 Hz 时钟输出,观察灯的亮暗频率。

4.1.4 挑战 4 20 Hz 输出

(1)将 100 Hz 改为 20 Hz 输出,重复挑战 3,并与 10 Hz 输出进行对比。

(2)使用两个 LED 分别作为 10 Hz 和 20 Hz 时钟输出,观察灯的亮暗频率。

4.1.5 挑战 5 评测

(1)鼠标停在左上角的“代码文件”,在弹出的文件列表中点击“clk_div_10_100.v”;对比挑战 1 中的代码文件,补全代码。

(2)鼠标停在左上角的“代码文件”,在弹出的文件列表中点击“clk_div_10_100_tb.v”;对比挑战 2 中的代码文件,补全代码。

(3)实现并生成比特流下载到本地开发板,观察输出,确认其输出对应输入的变化。

4.2　第 2 关　2 kHz 的 PWM 信号发生器

EGO1 实验板卡引脚 P17 的时钟频率为 100 MHz,用一个寄存器 q 来保存时钟的周期数。q 值的每一位 $q(i)$ 就代表 100 MHz 时钟的 2^(i+1)次分频。

产生一个频率为 2 kHz 的 PWM 信号,那么它的周期就为 0.5 ms。FPGA 实验板卡提供 100 MHz 的时钟频率,q[15]的周期为 0.65536 ms,刚刚超 0.5 ms。可用一个频率为 390.625 kHz 的时钟(q[7])驱动 8 位计数器去控制这个 PWM 信号。得到周期为 0.5 ms 的 PWM 信号,即

period=(0.5/0.65536)×256=195(十六进制数 C3)

duty 的值可以在 00H～C3H 范围内变化。

4.2.1　挑战 1　建立项目补足代码

请在“/data/workspace/lab21”目录下建立“project_2”项目。

** 注意:模块名称必须为 pwm_2k。 **

```
module pwm_2k(
  input wire clk,
  input wire clr,
  input wire [7:0] duty,
  output reg pwm,
  output wire buzzer
  );


  wire clk_390k;
  reg [7:0] count;
  reg [25:0] q;

    //计数器 q
always @(posedge clk or negedge clr)
  begin
    if(clr==0)
      q <= *** ;
    else
      q <= *** ;
  end

  // assign clk_390k=q[7];  //实际使用
```

```
    assign clk_390k=q[0] ;   //仿真使用

    //count 计数设置频率
    always @(posedge clk_390k or negedge clr)
      if(clr==0)
        count <=0;
    //    else if(count== *** )   //实际使用
        else if(count==10)       //仿真使用
          count <= *** ;
        else
          count <= *** ;

    //duty 设置占空比
    always @( * )
      if(count < *** )
        pwm <= *** ;
      else
        pwm <= *** ;

      assign buzzer=pwm;
  endmodule
```

4.2.2 挑战 2 仿真实现

请按照图 21.3 仿真波形的需求,参考下面的代码,在"project_2"项目中添加仿真代码,实现图 21.3 中仿真波形的输出,并检查无误。

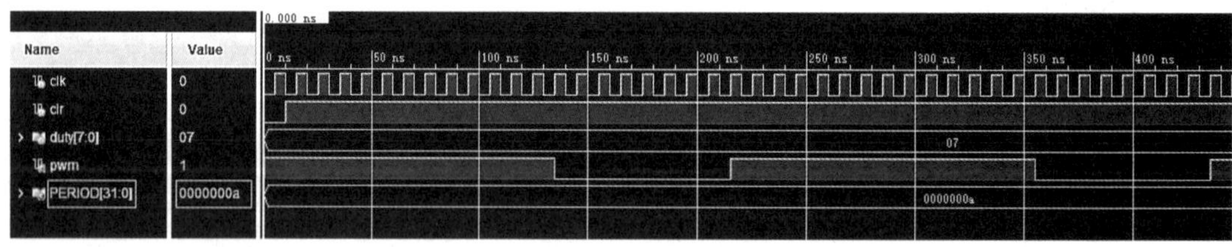

图 21.3 PWM 信号发生器仿真波形图

```
module pwm_2k_tb();
  reg clk;
  reg clr;
  reg [7:0] duty;
  wire pwm;

/ ****************** begin ********************* /
```

```
// 调用 pwm_2k 模块
    ******
    parameter PERIOD=10;

    initial begin
      clk=1'b0;
      clr=1'b0;
      duty= *** ;
      #10 clr= *** ;
    end
// 补充下面这句语句,生成占空比 50%的时钟波形
  always ***

/******************* end *********************/

endmodule
```

4.2.3　挑战 3　下载实现

对该项目进行综合,根据开发板的开关和 LED 的输出,合理设置输入、输出,设置约束条件。

根据开发板的电路图,同时使用 LED 和蜂鸣器作为输出,改变输入的 duty 值,观察 LED 灯亮度和蜂鸣器声音频率的变化,说明为什么。进一步地,从示波器观察该 PWM 信号,该如何实现?请认真阅读电路原理图,结合开发板上的 I/O 口设置,进行合理约束,在示波器上观察 PWM 波形输出。

4.2.4　挑战 4　评测

(1)鼠标停在左上角的"代码文件",在弹出的文件列表中点击"pwm_2k.v",对比挑战 1 中的代码文件,补全代码。

(2)鼠标停在左上角的"代码文件",在弹出的文件列表中点击"pwm_2k_tb.v",对比挑战 2 中的代码文件,补全代码。

(3)实现并生成比特流下载到本地开发板,观察输出,确认其输出对应输入的变化。

4.3　第 3 关　4 位十六进制数码管动态显示

EGO1 实验板卡上有 8 个数码管,分为两组各 4 个。8 个数码管均为共阴极数码管,其共阴极由三极管驱动。数码管电路图见图 17.6,片选信号电路图见图 17.7,其管脚配置见表 17.5 和表 17.6。

FPGA 需要提供正向信号,同时段选端连接高电平,数码管上的对应位置才可以被点亮。FPGA 输出有效的片选信号和段选信号都是高电平。

在最右端的数码管上显示"3"时(如图 21.4),并接的段码信号为"1111001",4 个公共端的控制信号为"0001(共阳)"或"1110(共阴)"。

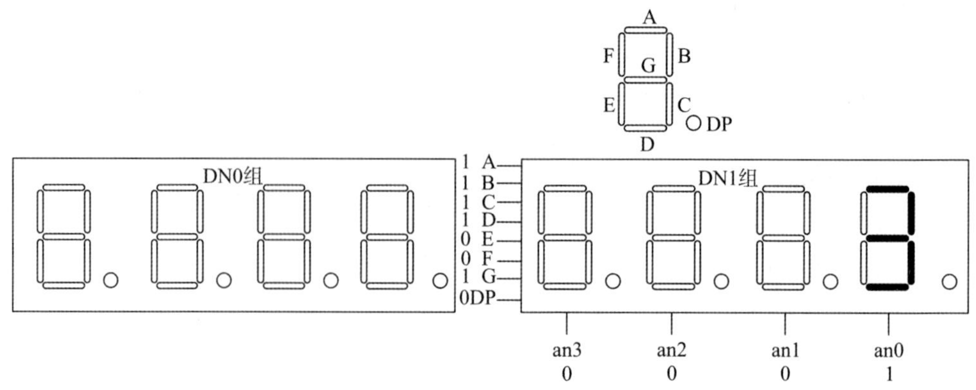

图 21.4　数码管上显示“3”

分时复用控制方式轮流点亮数码管，在同一时间只会点亮一个数码管，分时复用的扫描显示利用了人眼的视觉暂留特性，如公共端控制信号的刷新速度足够快，人眼就不会区分出 LED 的闪烁，认为 4 个数码管是同时点亮。数码管扫描显示电路时序如图 21.5 所示。

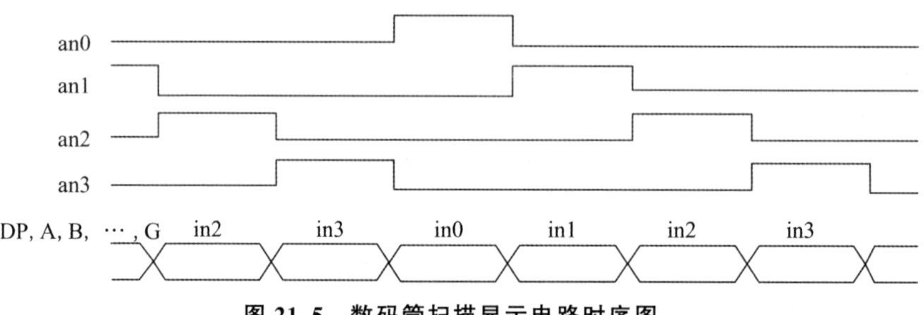

图 21.5　数码管扫描显示电路时序图

分时复用电路首先输出多路十六进制数据，其次将其译码，使用 4 选 1 数据选择器对数码管进行分时复用。

除 clock 和 reset 信号之外，输入信号还包括 4 个 4 位十六进制数据 hex3、hex2、hex1、hex0 和 dp_in 中的 4 位小数点。

4.3.1　挑战 1　建立项目补足代码

请在“/data/workspace/lab21”目录下建立“project_3”项目。

** 新建“scan_led_hex_disp_call.v”文件，补全下面的代码。注意：模块名称必须为“scan_led_hex_disp_call”。**

** 代码中包含的模块文件“scan_led_hex_disp.v”放置在“/data/workspace/lab21”目录下。**

```
module scan_led_hex_disp_call(
    input clk,
    input reset,
    input [7:0] sw,
    output [3:0] an,
    output [7:0] sseg
```

```
);
wire [3:0] a,b;
wire [7:0] sum;
assign a=sw[3:0];
assign b= *** ;
assign sum= *** ;      //计算 a 与 b 的和

  //实例化 4 位十六进制数动态显示模块
scan_led_hex_disp scan_led_disp_unit
  (.clk(clk),
  .reset(reset),
  .hex3( *** ),
  .hex2( *** ),
  .hex1(b),
  .hex0(a),
  .dp_in(4'b0000),
  .an(an),
  .sseg(sseg));

endmodule
```

4.3.2　挑战 2　仿真实现

按照图 21.6 仿真波形的需求，参考下面的代码，在"project_3"项目中添加仿真代码，实现图 21.6 中仿真波形的输出，并检查无误。

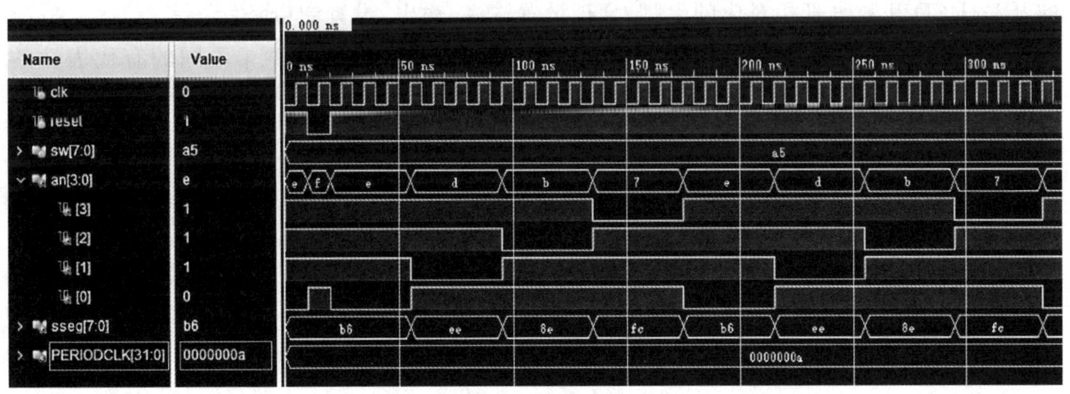

图 21.6　4 位十六进制数码管动态显示仿真波形图

```
module scan_led_hex_disp_call_tb();
  reg clk;
  reg reset;
  reg [7:0] sw;
```

```
  wire [3:0] an;
  wire [7:0] sseg;

/ ****************** begin ********************* /
// 调用 scan_led_hex_disp_call 模块
   ******
  parameter PERIODCLK=10;

  initial begin
    clk=1'b0;
    sw=8'b10100101;
    reset=1'b1;
    #10 reset=1'b0;
    #10 reset=1'b1;
  end

// 补充下面语句,生成占空比 50%的时钟波形
  always *** ;

/ ******************* end ********************** /
endmodule
```

4.3.3 挑战 3 合理设置约束条件

对该项目进行综合,观察综合后生成的 Schematic 电路图,理解该电路图。根据开发板的开关、LED 和数码管相对应的引脚,合理设置输入、输出,设置约束条件。

改变 SW 输入数值,观察输出是否正确,如有误请调整。选择两个不同的有代表性的输入,对正确结果拍照保存(含输入、输出)。

4.3.4 挑战 4 评测

鼠标停在左上角的"代码文件",在弹出的文件列表中点击"scan_led_hex_disp_call.v",对比挑战 1 中的代码文件,补全代码。

鼠标停在左上角的"代码文件",在弹出的文件列表中点击"scan_led_hex_disp_call_tb.v",对比挑战 2 中的代码文件,补全代码。

实现并生成比特流下载到本地开发板,观察输出。

4.4 第 4 关 10k 进制计数器的实现

实现从 0~9999(10k)计数,并在数码管上显示。电路的模块框图如图 21.7 所示。

4.4.1 挑战 1 建立项目补足代码

请在"/data/workspace/lab21"目录下建立"project_4"项目。

各模块代码如下,需补全。

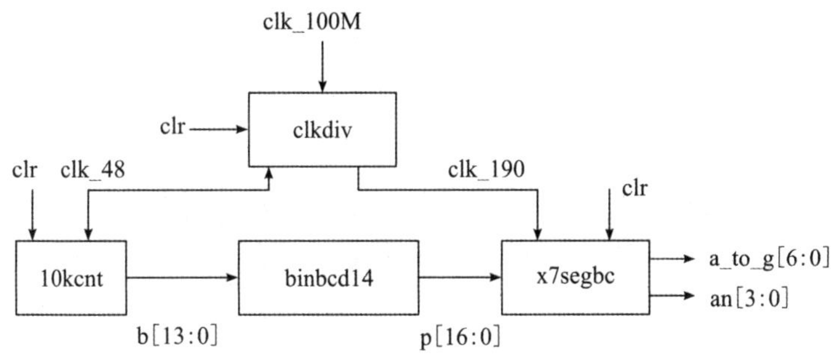

图 21.7　利用 7 段数码管显示 10 k 进制计数器框图

** 顶层模块名称必须为 mod10kcnt_top。 **

```
module mod10kcnt_top(
  input wire clk_100MHz,
  input wire [4:4]s,
  output wire[6:0] a_to_g,
  output wire [3:0] an
  );
  wire [16:0] p;
  wire clk_48Hz,clk_190Hz;
  wire [13:0] b;
  wire clr;

  assign clr=s;
//例化 4 个子模块

endmodule
```

各个子模块如下，请补全代码。

(1)时钟分频器。

** 注意:模块名称必须为 clkdiv。 **

```
module clkdiv(
   ***    ***    clk,//定义输入时钟 clk
   ***    ***    clr,//定义清零信号 clr
   ***               //定义输出时钟 clk_190
   ***               //定义输出时钟 clk_48
  );
  reg [xx:0] q;          //根据需求定义合适位数的寄存器
  always @(posedge clk or *** clr)
  begin
```

```
    if( *** == *** )  //清零
      q <=0;
    else
      q <= *** ;  //加计数;
  assign clk_190=q[ *** ];  //填入合适的寄存器位数
  assign clk_48=q[ *** ];  //填入合适的寄存器位数
endmodule
```

(2)10k 计数器。

** 注意:模块名称必须为 mod10kcnt。 **

```
module mod10kcnt(
   ***   ***   clk,//定义输入时钟 clk
   ***   ***   ***,//定义清零信号 clr
   ***   ***   *** //定义输出寄存器[xx:0] q
);

  always @(posedge clk or *** clr)
  begin
    if( *** )//   清零
      *** //将 q 清零
    else if( *** )      //达到 9999
      ***      //将 q 清零
    else
      *** //q 加计数
  end
endmodule
```

(3)14 位二进制-BCD 码转换器。

** 注意:模块名称必须为 binbcd14。 **

```
module binbcd14(
  input wire[13:0]b,
  output reg[ *** :0]p   //确定所需位数
  );
  reg[32:0] z;  //中间变量,z 的位数根据带转换的数组确定
  integer i;
always@( * )
  begin
    for(i=0;i<=32;i=i+1)  //赋初值 0
      z[i]=0;
    z[ *** :3]=b;  //首先一次性移动 3 位
```

```
    repeat( *** )  //n-3= *** ;n 表示待转二进制位数
      begin
        if(z[ *** : *** ]>4)//个位>4 则+3
          z[ *** : *** ]=z[ *** : *** ]+3;
        if(z[ *** : *** ]>4)//十位>4 则+3
          z[ *** : *** ]=z[ *** : *** ]+3;
        if(z[ *** : *** ]>4)//百位>4 则+3
          z[ *** : *** ]=z[ *** : *** ]+3;
        if(z[ *** : *** ]>4)//千位>4 则+3
          z[ *** : *** ]=z[ *** : *** ]+3;
        z[ *** : *** ]=z[ *** : *** ];  //左移 1 位
      end
      p=z[ *** : *** ];
    end
  endmodule
```

(4)带消隐的数码管显示。

** 模块 x7segbc 放置在"/data/workspace/lab21"目录下。 **

4.4.2　挑战 2　合理设置约束条件

根据开发板的开关、LED 和数码管的引脚,合理设置输入、输出,设置约束条件。

4.4.3　挑战 3　评测

实现并生成比特流下载到本地开发板,观察输出。

5　能力拓展

试结合时序逻辑相关部分的知识,使用时序逻辑实现的方法,完成一个电子时钟,要求:

(1)根据板载数码管数量的不同,能够正常显示时分秒或者时分;

(2)合理使用板载按键,使该电子时钟能够进行时间设定;

(3)合理使用板载按键,使该电子时钟能够实现秒表功能,并能显示秒、毫秒(以 10 毫秒为显示单位)。

实验二十二　有限状态机设计实例

1　实验目的及学习要求

1.1　实验目的

(1)掌握有限状态机的分类、描述方法。

(2)掌握有限状态机要素提取、状态转移图绘制及代码描述的方法。

(3)掌握 Mealy 型和 Moore 型序列检测器的 Verilog HDL 实现方法。

(4)培养科学精神、工匠精神、系统观及规矩意识。

1.2　学习要求

(1)课前预习,了解有限状态机的分类和描述方法。

(2)课前预习,了解有限状态机要素提取、状态转移图绘制及代码描述的方法。

(3)课后复习,掌握 Mealy 型和 Moore 型序列检测器的状态提取、状态转移、代码实现和仿真的 Verilog HDL 实现方法。

(4)培养利用所学知识解决复杂问题的能力,培养严谨细致、认真负责的学习态度。

2　实验原理

2.1　有限状态机简介

有限状态机(finite state machine,FSM)简称状态机,用来表示系统中的有限个状态及这些状态之间的转移和动作模型,这些转移和动作依赖于当前的状态和外部的输入。和普通的时序电路不同,有限状态机的下一步状态逻辑通常是重新建立的,为随机逻辑。状态、输入、输出是状态机的三要素。有限状态机具有高效的顺序控制模型、容易利用现成的 EDA 工具进行优化、性能稳定、高速应用优势明显及可靠性高等特点。

有限状态机的基本框图和常规时序电路一样,图 22.1 为经典状态机的示意图,它由状态寄存器和组合逻辑组成,其中:$x(t)$为当前输入,$z(t)$为当前输出;状态寄存器的输出$s(t)$为现态;组合逻辑输出 $s(t+1)$为次态。

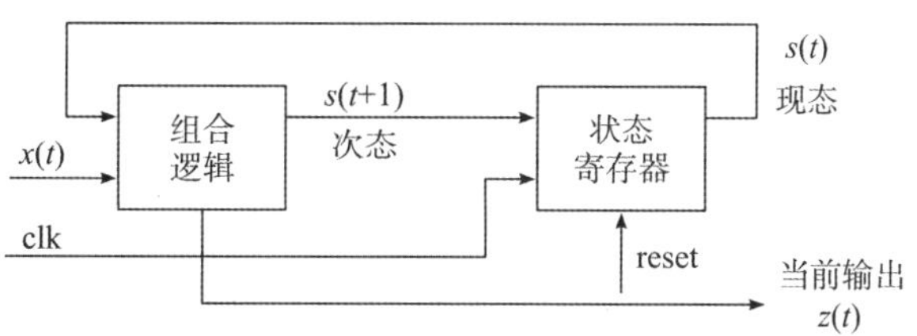

图 22.1　经典状态机框图

图 22.1 中的组合逻辑电路可以进一步转化成图 22.2 中的组合逻辑电路，分为两个部分，其中组合逻辑模块 C_1 的两个输入端，分别是当前输入 $x(t)$和现态输入 $s(t)$，其输出为次态 $s(t+1)$；组合逻辑模块 C_2 的输入也是当前输入 x(t)和现态输入 $s(t)$，输出为当前输出 $z(t)$。这种状态机的输出是由当前状态和输入决定的，称为 Mealy 型有限状态机。如果有限状态机的输出 $z(t)$只和当前状态 $s(t)$有关，那么这种状态机称为 Moore 型有限状态机，如图 22.3 所示。

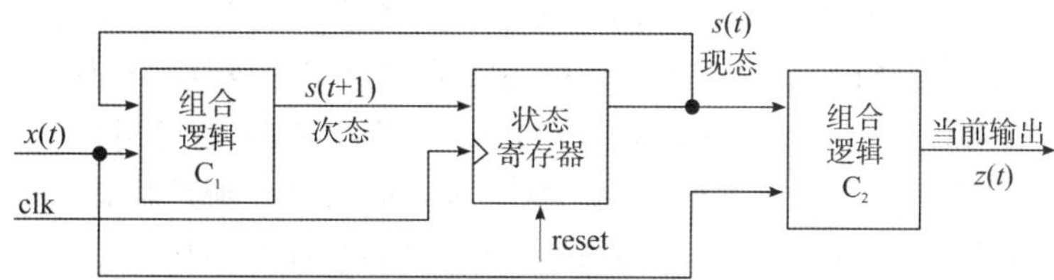

图 22.2　Mealy 型有限状态机

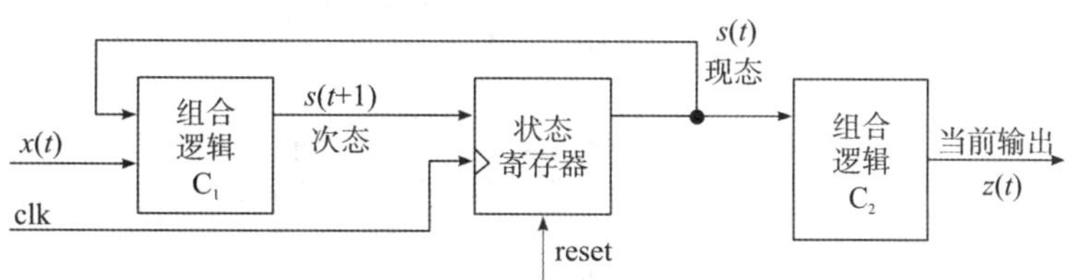

图 22.3　Moore 型有限状态机

状态机通常用简要的状态转移图或算法状态机(algorithmic state machine，ASM)图来描述，它们的图解表示中都包含了状态机的输入、输出、状态和转换。这两种描述方法包含了相同的信息，但是特点不一样。状态转移图表示方法更为紧凑，更适合描述较为简单的系统，ASM 图则更像是流程图，能更好地描述复杂系统中状态的转换和动作。

状态转移图由带有标示状态的节点和带有注释的有向弧线组成，在图 22.4(a)中可以看到一个带有转换弧线的节点。逻辑表达式由输入信号决定，我们将它放在每个转移弧线上，表示状态转移的特定条件。当条件表达式不成立时，则不画出相应的转移弧线。Moore 型输出值放置在节点内，它只由当前状态决定。Mealy 型输出值放置在转换弧线上，由当前状态和外部输入决定。为了简化状态图，只在图中列出有效输入值，其他的则认为取默认值。

图 22.4(b)展示了一个典型的状态转移图。这个有限状态机包含了三个状态：两个信号输入(a 和 b)，一个 Moore 输出(y_1)和一个 Mealy 输出(y_0)。当有限状态机在 S_0或 S_1状态时，y_1输出高电平；当状态机处于 S_0状态且 a、b 均为 11 时，y_0也是高电平。

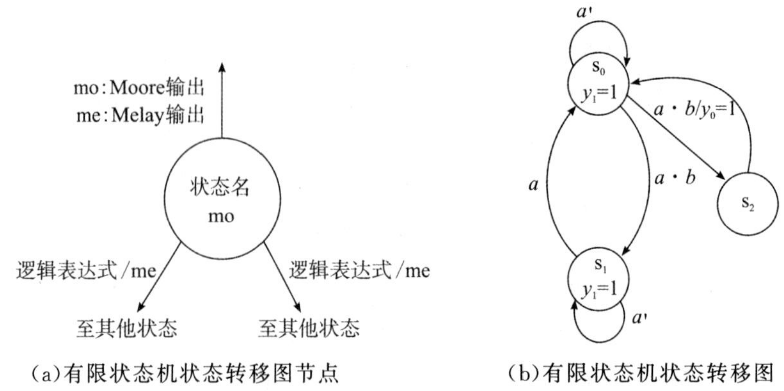

(a)有限状态机状态转移图节点　　(b)有限状态机状态转移图

图 22.4　有限状态机状态转移节点及状态转移图

如图 22.5 所示，ASM 图由 ASM 的一些状态框、判断框和条件输出框相互连接构成。状态框用一个矩形框来表示一个状态，状态的名称写在左上角，状态的二进制编码写在右上角，操作内容写在矩形框内。判断框用单入双出的菱形或者单入多出的多边形表示，在菱形或多边形内写检测条件，在分支出口处标明各分支对应的条件。条件框与判断框的转移分支相连，仅当判断框中判断变量满足相应的转移条件时，才进行对应的操作和信号输出。状态单元由一个状态框或条件框组成。状态单元的入口必须是状态框的入口，出口可以有几个，但必须指向状态框。状态转移图和 ASM 图可以相互转换。

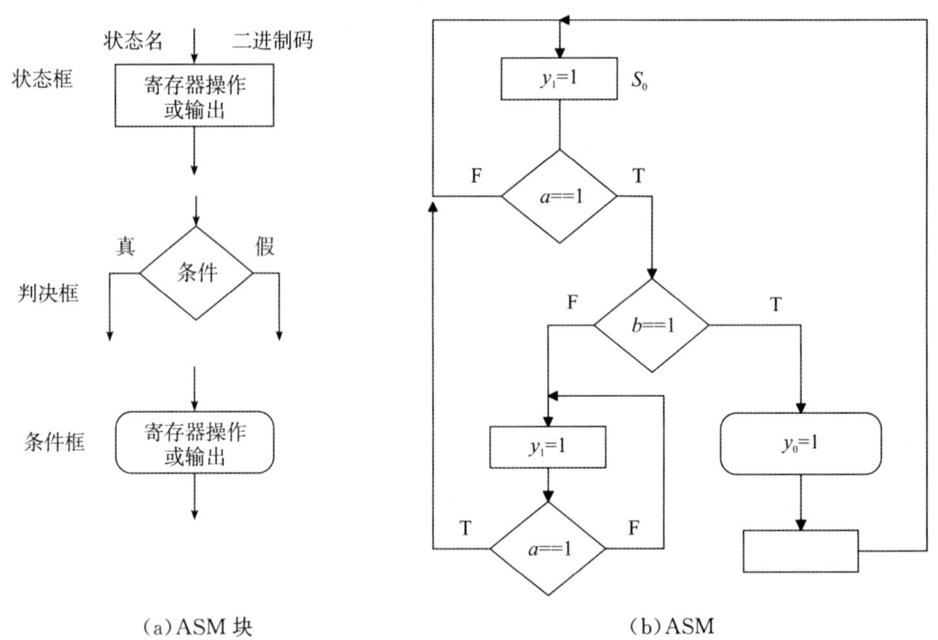

(a)ASM 块　　(b)ASM

图 22.5　ASM 块及 ASM

2.2　有限状态机的状态编码及代码简介

2.2.1　有限状态机的状态编码

状态转移图中的状态描述需要进行数字化处理，通常可以对状态进行二进制编码、格雷码编码或独热码编码。其中，二进制编码、格雷码编码都采用两位二进制来做编码；独热码的编码位为 4 位，采用独热码编码的电路规模要更大。综合工具会对状态机选择的编码方式进行综合约束，默认情况下是自动选择。对于 5 个状态以内的状态机，一般采用二进制编码；对于 15 个状态以上的状态机，一般采用格雷码编码；对于这两者之间的状态机，一般采用独热码编码。二进制编码节约寄存器；独热码速度快，但是状态多了耗资源；格雷码介于两者之间，比较适合状态多的状态机。

状态编码的一般步骤：

(1)三要素提取(状态、输入、输出)。

(2)状态转移图。

(3)状态编码。

(4)状态机的描述。

2.2.2　有限状态机的代码描述

用 Verilog HDL 语言描述有限状态机有多种风格，其对电路性能产生不同的影响。通常有 3 种描述方式，分别是单 always 块(一段式)、双 always 块(两段式)和三 always 块(三段式)。

单 always 块把组合逻辑和时序逻辑用同一个时序 always 块描述，其输出是寄存器输出，无毛刺，但这种描述方式会产生多余的触发器，代码难以修改和调试，应该尽量避免使用。这种描述方式适用于一些简单的状态机设计，可以清晰地在一段话里把状态转移、状态的输入和输出等描述清楚。

二段式就是用两个 always 块来描述状态机，其中一个 always 块采用同步时序描述状态转移；另一个模块采用组合逻辑判断状态转移的条件，描述状态转移的规律以及输出。两段式具有便于阅读、理解和维护的优点，同时也有利于综合器优化代码，然而二段式用组合逻辑描述当前状态的输出，容易产生毛刺，且不利于约束，也不利于综合布局布线器实现高性能设计。

三段式多用于同步 Mealy 型状态机，两个时序 always 块分别用来描述现态逻辑和对输出赋值。组合 always 块用于产生下一状态。这种方式的状态机也是寄存器输出，无输出毛刺且代码容易阅读。但是该方式存在容易消耗片上资源的缺点；随着芯片技术的发展，该缺点逐渐弱化。

2.2.3　编码示例

(1)一段式代码块结构。

```
always@(posedge clk)
begin
  case(FSM)
  st0:
    begin
      Out0;
      if(case0)
        FSM <=St1;
```

```
    end
  st1:
   begin
     Out1;
     if(case1)
       FSM <=St2;
  end
  …
 endcase
end
```

(2)二段式代码块结构。

```
always @(posedge clk)
begin
  current_state <=nx_state;
end

always @( * )
begin
  case(current_state)
    st0:
      begin
      Out0;
      if(case0)
        FSM=St1;
      end
    st1:
    begin
      Out1;
      if(case1)
      FSM=St2;
    end
    …
  endcase
end
```

(3)三段式代码块结构。

```
//第一个进程,同步时序 always 模块,格式化描述次态寄存器迁移到现态寄存器;
always @(posedge clk or negedge rst_n)      //posedge rst
begin
```

```
    if(!rst_n)//异步复位，rst
      current_state <=IDLE;
    else
      current_state <=next_state;
end

//第二个进程，组合逻辑 always 模块，描述状态转移条件判断电平触发
always @(current_state)
begin
  case(current_state)
    st1:if(…)//阻塞赋值
      Next_state=S2;
      …
  endcase;
end

//第三个进程，同步时序 always 块，格式化描述次态寄存器的输出
always @(posedge clk or negedge rst_n)
begin
  case(next_state)
    S1: out1 <=1'b1;
    S2: out2 <=1'b1;
    default:… //default 的作用是防止综合工具出现锁存器；
  endcase
end
```

状态机通过状态的跳转来运转，在设计状态机的时候，应该有容错设计。在 case 语句中，一定要有 default 语句。综合器一般默认不综合状态较多的容错处理 default 项，即使在程序的编写上保持了 case 的完整性，也有可能存在问题。

3　实验仪器

(1)登录终端 1 台(台式计算机或笔记本电脑等)。

(2)在线实验平台。

(3)带开发工具的计算机 1 台。

4 实验内容

4.1 第1关 Moore型"1011"序列检测器设计

4.1.1 挑战1

分析该序列检测器的各种状态,完善表22.1中的跳转部分和输出部分。

表22.1 Moore型"1011"序列检测器状态转移

输出序号	当期	当期+1	当期+2	当期+3	当期+4	状态名	下期(0/跳转)	下期(1/跳转)
1	0					s0		
2	0	1				s1		
3	0	1	1			s2		
4	0	1	1	0		s3		
5	0	1	1	0	1	s4		

4.1.2 挑战2

根据表22.1完善图22.6。

图22.6 Moore型"1011"序列检测器(待完成)

4.1.3 挑战3

请在"/data/workspace/lab22"目录下建立"project_1"项目,并根据状态转移图完成Verilog HDL代码。

```
module seq_dete_Moore(
  input wire clk,
  input wire clr,
  input wire din,
  output reg dout
  );
  reg[2:0] present_state,next_state;
  parameter S0=3'b000,S1=3'b001,S2=3'b010,S3=3'b011,S4=3'b100;  //states
  //状态寄存器
  always@(posedge clk or negedge clr)
  begin
    if(!clr)          //clr还是!clr需要和使用的硬件相匹配
      present_state <=S0;
    else
      present_state <=next_state;
```

```
    end

      //C1 模块
  always @( * )
  begin
    case(present_state)   // "1011"
      S0:if(din==1)
        next_state=S1;
      else
        next_state=S0;
      S1: ***
      S2: ***
      S3: ***
      S4:if(din==0)
        next_state=S0;
      else
        next_state=S1;
        default:next_state=S0;
    endcase
  end

  //C2 模块
  always@( * )
  begin
    if ***        //Moore 型输出与输入无关
      *** ;
    else
      dout=0;
  end
endmodule
```

4.1.4　挑战 4　编写激励仿真

按照图 22.7 仿真波形的需求，参考下面的代码，在“project_1”项目中添加仿真代码，实现图 22.7 中仿真波形的输出，并检查无误。

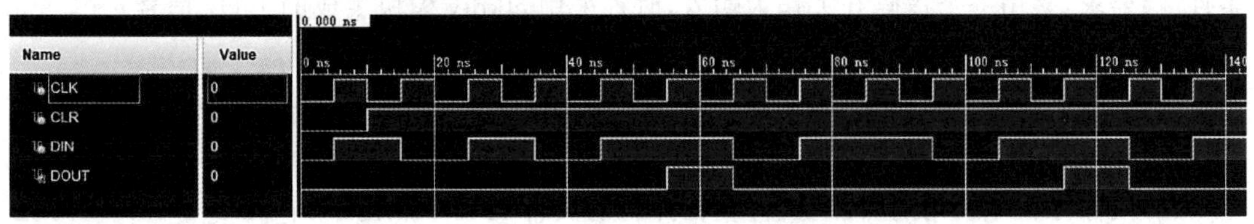

图 22.7　Moore 型“1011”序列检测器仿真波形图

```
moduleseq_dete_a_tb();
  reg CLK;
  reg CLR;
  reg DIN;
  wire DOUT;
  integer counter;
  parameter period=10;
  reg[10:0] SEQ=11'b10110110101;
/***************** begin ********************/
  *********************************          //调用序列检测模块
  initial
  begin
    counter=0;
     ***
  end
//补充下面语句,生成占空比50%的时钟波形
  always ***
//将SEQ序列从低到高顺序发送到激励
  always @(posedge CLK)
  begin
    if(counter==10)counter=0;
    else
      begin
        counter= ******** ;
        DIN= *** ;
      end
  end
/****************** end *********************/
endmodule
```

4.1.5 挑战5 下载实现

对该项目进行综合,根据开发板的开关和LED的输出,合理设置输入、输出,设置约束条件。(要求:采用一个拨码开关作为输入,时钟采用clkdiv模块生成的1 Hz信号)

4.1.6 挑战6 评测

(1)鼠标停在左上角的"代码文件",在弹出的文件列表中点击"seq_dete_a.v",对比挑战2中的代码文件,补全代码。

(2)鼠标停在左上角的"代码文件",在弹出的文件列表中点击"seq_dete_a_tb.v",对比挑战3中的代码文件,补全代码。

(3)实现并生成比特流下载到本地开发板,观察输出,确认其输出对应输入的变化。

4.2　第 2 关　并行输入的 Moore 型“1011”序列检测器

在上一关中，输入序列需要和时钟周期相匹配，否则将不能获得预期结果。这一关将使用 4 个拨码开关作为序列输入，简化输入方式。

4.2.1　挑战 1　建立项目补足代码

请在“/data/workspace/lab22”目录下建立“project_2”项目。

** 注意：模块名称必须为 seq_dete_b。 **

```
module seq_dete_b(
  input wire clk,
  input wire clr,
  input wire[4:0] *** ,
  output reg dout
  );
  reg[2:0] present_state,next_state;
  parameter S0=3'b000,S1=3'b001,S2=3'b010,S3=3'b011,S4=3'b100;
  //states
  //状态寄存器
  always@(posedge clk or negedge clr)
  begin
    if(!clr)            //clr=1 还是!clr,和设置的硬件相匹配
      present_state <=S0;
    else
      present_state <=next_state;
  end

    //C1 模块
  always@(*)
  begin
    case(present_state)   // "1011"
      S0:if(din[0]==1)
        next_state=S1;
      else
        next_state=S0;
        ***
        default:next_state=S0;
    endcase
  end
```

```
//C2 模块
always@(*)
begin
  if ***********        //Moore 型输出与输入无关
     ********;
  else
     dout=0;
end
endmodule
```

4.2.2 挑战 2 下载实现

对该项目进行综合，根据开发板的开关和 LED 的输出，合理设置输入、输出，设置约束条件。(要求：采用多个拨码开关作为序列输入，时钟采用 clkdiv 模块生成的 1 Hz 信号)

4.2.3 挑战 3 评测

(1)鼠标停在左上角的"代码文件"，在弹出的文件列表中点击"seq_dete_b.v"，对比挑战 1 中的代码文件，补全代码。

(2)实现并生成比特流下载到本地开发板，观察输出，确认其输出对应输入的变化。

4.3 第 3 关 Mealy 型"1101"序列检测器设计

4.3.1 挑战 1

完善状态转移图(图 22.8)。

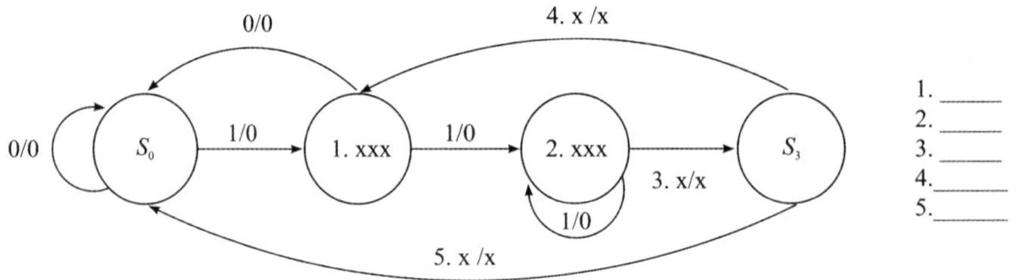

图 22.8 Mealy 型"1101"序列检测器状态转移图(待完成)

4.3.2 挑战 2

建立项目并补足代码。

请在"/data/workspace/lab22"目录下建立"project_3"项目。

** 注意：模块名称必须为 seq_dete_mealy。 **

```
module seq_dete_mealy(
  input wire clk,
  input wire clr,
  input wire din,
  output reg dout
  );
```

```
  reg[1:0] present_state,next_state;
  parameter *** ; //state

  always @(posedge clk or negedge clr)
  begin
    if(! clr)
      present_state<=S0;
    else
      present_state<=next_state;
  end

  always@( * )
  begin
    case(present_state)
     ***
    endcase
  end
  always@( ************ )   //状态寄存器输出描述
  begin
    if(! clr)
       dout=0;
    else
       if ***************    //Mealy 型输出与输入有关
          dout=1;
       else
          dout=0;
  end
endmodule
```

4.3.3　挑战 3　编写激励仿真

请按照图 22.9 仿真波形的需求，参考下面的代码，在"project_3"项目中添加仿真代码，实现下面的仿真波形输出，并检查无误。

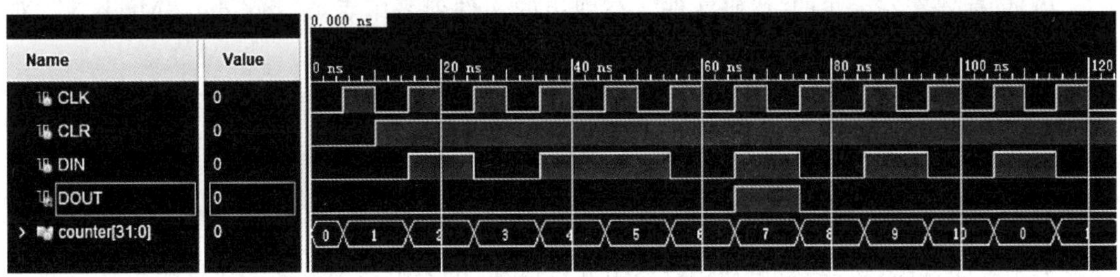

图 22.9　Mealy 型"1101"序列检测器仿真波形图

```
module seq_dete_mealy_tb();
  reg CLK;
  reg CLR;
  reg DIN;
  wire DOUT;

  integer counter;
  parameter period=10;
  reg[10:0] SEQ= *** ;
/****************** begin ********************* /
//调用 seq_dete_mealy 模块
   ******
  initial
  begin
    counter=0;
     ***
  end

//补充下面语句,生成占空比 50%的时钟波形
   always ***

//将 SEQ 序列从低到高顺序发送到激励
  always @(posedge CLK)
  begin
    if(counter==10)counter <=0;
    else counter <=counter+1;
      DIN <= *** ;
  end
/****************** end ********************* /
endmodule
```

4.3.4 挑战 4 评测

(1)鼠标停在左上角的"代码文件",在弹出的文件列表中点击"seq_dete_Mealy.v",对比挑战 2 中的代码文件,补全代码。

(2)鼠标停在左上角的"代码文件",在弹出的文件列表中点击"seq_dete_Mealy_tb.v",对比挑战 3 中的代码文件,补全代码。

4.4 第 4 关 高速 ADC 采样

对于高速 ADC 采样,可以使用可编程逻辑器件,以有限状态机的方式进行设计。要设

计控制 AD 采样模块的有限状态机，首先要了解其工作时序，接着根据工作时序，画出状态转移图，并用 Verilog HDL 实现。图 22.10 是 ADC0809 的转换时序图。

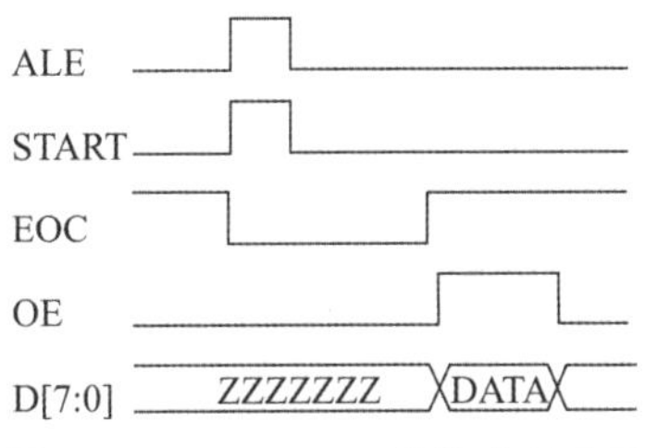

图 22.10 ADC0809 的转换时序图

ADC0809 是一个 8 通道输入的 ADC，ADDA、ADDB 及 ADDC 是八路输入 IN0～IN7 的选择信号；端口 ALE 为模拟信号输入选通端口地址锁存信号，上升沿有效；START 为转换启动信号，高电平有效。当 START 有效后，转换信号 EOC 立即变为低电平，表示正在进行 ADC 转换，转换时间为 100 μs；转换结束后，EOC 变为高电平；控制器根据 EOC 信号了解转换状态；控制器可以通过控制输出使能端 OE，利用 8 位并行数据总线 D[7:0]来读取转换。可以定义初始化状态 S_0、启动 ADC 状态 S_1、等待 ADC 转换结束状态 S_2、转换数据读取状态 S_3。以上状态转换在时钟上升沿变化；在 S_2 状态下，根据 EOC 的不同转向不同状态。ADC0809 的状态转移图如图 22.11 所示

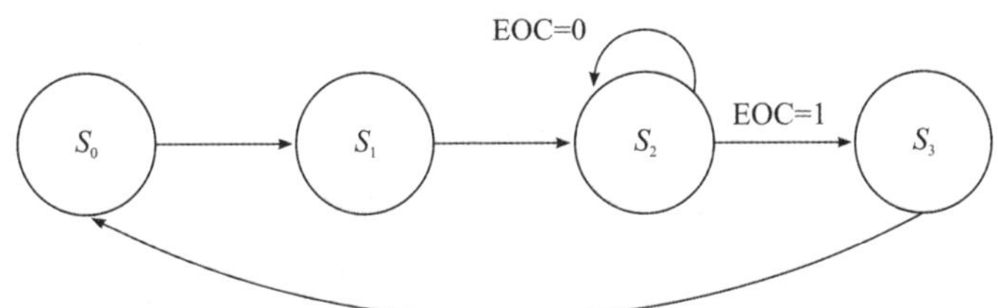

图 22.11 ADC0809 的状态转移图

4.4.1 挑战 1 建立项目补足代码

请在“/data/workspace/lab22”目录下建立“project_4”项目。

注意：模块名称必须为 adc0809。

```
module adc0809(
  input   clk,reset,//状态机工作时钟和系统复位控制
  input eoc,//ADC 转换启动信号和转换结束标志信号
  input [7:0] data,//来自 ADC 的数据总线
  output reg start,
  output [2:0] addr,//ADC 输入通道选择地址
  output reg ale,//模拟通道地址输入锁存信号
  output reg oe //ADC 数据输出使能
  );
  localparam[ 1: 0 ]  //定义各状态
  s0= ***,
```

```
s1= ***,
s2= ***,
s3= ***;
reg  [1:0]  state_reg ,state_next ; //状态声明
  //状态转移
always @(posedge clk,negedge reset)
  if(! reset)
    state_reg <=s0 ;
  else
    state_reg <=state_next ;

assign addr=3'b001; //输入通道设定为通道 0
//次态逻辑和输出逻辑
always  @ *
begin
  case(state_reg)
    s0 : *** ;
    s1 : ***
    s2 :
      if( *** )state_next=s3; //转换结束
      else state_next=s2;  //转换未结束,继续等待
    s3 :
       *** ;
  endcase
end

always  @ *
begin
  case(state_reg)
    s0 :
    begin ale=0; start=0;oe=0; end
    s1 :
    begin *** end
    s2 :
    begin *** ; end
    s3 :
    begin *** ; end
  endcase
```

```
    end

endmodule
```

4.4.2　挑战 2　编写激励仿真

请按照图 22.12 仿真波形的需求，参考下面的代码，在“project_4”项目中添加仿真代码，实现下面的仿真波形输出，并检查无误。

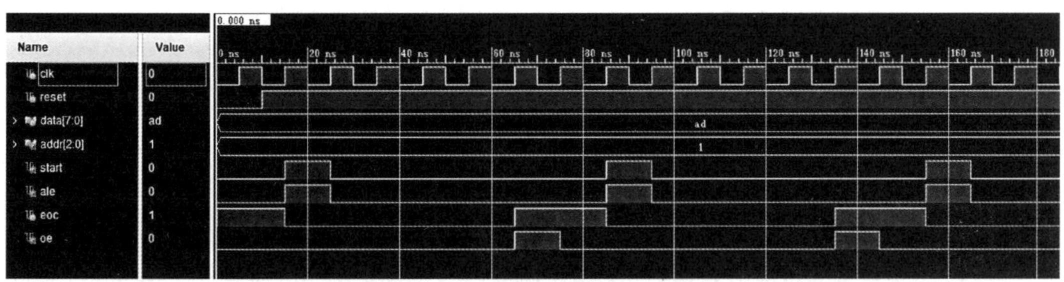

图 22.12　adc0809 模块仿真波形图

```
module adc0809_tb();
    reg clk,reset;    //状态机工作时钟和系统复位控制
    reg eoc;              //ADC 转换启动信号和转换结束标志信号
    reg [7:0] data;   //来自 ADC 的数据总线
    wire start;
    wire [2:0] addr;   //ADC 输入通道选择地址
    wire ale;            //模拟通道地址输入锁存信号
    wire oe;              //ADC 数据输出使能

/******************* begin ********************* /
//调用 adc0809 模块
      ******
    parameter period=10;

    initial begin
        data=8'b10101101;
        ***
    end

//当 adc0809 模块拉高 start 信号，仿真激励开始拉低 EOC 信号并延时一段时间重新拉高
EOC
    always @(posedge start)
    begin
```

```
    ***
    end

//补充下面语句,生成占空比50%的时钟波形
    always ***

/****************** end **********************/

endmodule
```

4.4.3　挑战3　评测

(1)鼠标停在左上角的“代码文件”,在弹出的文件列表中点击“adc0809.v”,对比挑战1中的代码文件,补全代码。

(2)鼠标停在左上角的“代码文件”,在弹出的文件列表中点击“adc0809_tb.v”,对比挑战2中的代码文件,补全代码。

5　能力拓展

实现12-24进制计数器,要求:

(1)使用100 MHz的板载时钟,计算1 kHz、1 Hz的分频系数。

(2)结合时序逻辑或者有限状态机的知识,提出合理的方案并进行设计;画出计算机的各模块构成图,并对各模块的功能进行详细的说明。

(3)实现并生成比特流下载到本地开发板,观察输出,确认其输出对应输入的变化。

实验二十三　交通灯实现及进阶

1　实验目的及学习要求

1.1　实验目的

(1)掌握有限状态机状态分析、提取和状态转移图的实现方法。

(2)掌握三段式有限状态机的 Verilog HDL 实现方法。

(3)初步掌握基于有限状态机对复杂问题进行分析、实现的方法。

(4)锻炼解决复杂问题的能力,培养探索创新、追求卓越的品质。

1.2　学习要求

(1)课前预习,复习有限状态机状态转移图的分析方法。

(2)课前预习,掌握有限状态机三段式代码的 Verilog HDL 实现方法。

(3)课后复习,理解交通灯的状态分析、提取及状态转移图的 Verilog HDL 实现方法。

(4)课后复习,掌握基于层次结构的交通灯工程代码的实现及调试方法。

(5)课后复习,初步具备解决复杂问题的能力,培养探索创新、追求卓越的品质。

2　实验原理

随着人们生活水平的提高,私家车的数量急剧上升,城市交通压力增加,十字路口交通灯在交通控制中起着至关重要的作用,各个十字路口的实际需求千差万别,本实验的目的是让大家能够从需求中提炼问题,掌握状态机相关知识并设置状态机模型,并使用 Verilog HDL 语言实现。

本实验结合已经学过的逻辑电路、时序电路、有限状态机设计等知识,完成交通灯的具体案例。以基于 FPGA 的开发板为平台,首先设计一个简单的十字路口交通灯控制系统(简称交通灯 1),其次设计较复杂的十字路口交通灯控制系统(简称交通灯 2),最后自主设计交通灯的新功能(如红外遥控、蓝牙 App 控制、车流量信号采集等)。

2.1　简单的十字路口交通灯控制系统(交通灯 1)

2.1.1　控制要求

(1)十字路分为横向路 Hroad 和纵向路 Vroad。

(2)Hroad 和 Vroad 交替通行,每条路的绿灯保持一段时间(例如 30 s)才通过黄灯(例如 3 s)变为红灯,同时另一条路的交通灯从红灯变为绿灯。

(3)使用板载的 LED 灯代表交通灯上的红、黄、绿灯,两块数码管分别显示两条路上的绿灯和红灯最后 15 s 倒计时和黄灯 3 s 倒计时。

2.1.2 设计方案

(1)有限状态机的设计。

根据描述的需求,列出状态机的输入和输出分别如表 23.1 和表 23.2 所示,因为输出不仅和现状态有关,也和输入有关,所以使用的是 Mealy 状态机。由控制要求描述可以知道,其输入状态包含绿灯保持 30 s 的控制信号,黄灯保持 3 s 的控制信号。其输出状态则包含横向路上的交通灯输出和纵向路上的交通灯输出,以及各自对应的延时计时。

表 23.1 交通灯 1 输入变量和描述

输入	描述
Time_30S	绿灯保持 30 s 的延迟控制反馈
Time_3S	黄灯保持 3 s 的延迟控制反馈

表 23.2 交通灯 1 输出变量和描述

输出	描述
H_ligh	横向路交通灯信号输出
V_light	纵向路交通灯信号输出
Start_timer_30	30 s 延迟开始计时
Start_timer_3	3 s 延迟开始计时

有限状态机有 6 种状态:H_green(横向路绿灯状态)、H_yellow(横向路黄灯状态)以及 H_red(横向路绿灯状态);V_green(纵向路绿灯状态)、V_yellow(纵向路黄灯状态)以及 V_red(纵向路红灯状态)。纵向路、横向路的红灯状态分别对应横向路、纵向路的绿灯、黄灯状态,两者互为表示,不计入实际状态。同时我们合并 30 s 计时和 3 s 计时,其实际的状态转移表如表 23.3 所示,状态转移图如图 23.1 所示。

表 23.3 交通灯 1 状态转移表

状态	现态	输入	次态	输出	
				H_light	V_light
0	H_green	counter_33 !=4	H_green	G	R
1		counter_33==4	H_yellow	G	R
2	H_yellow	counter_33 !=1	H_yellow	Y	R
3		counter_33==1	V_green	Y	R
4	V_green	counter_33 !=4	V_green	R	G
5		counter_33==4	V_yellow	R	G
6	V_yellow	counter_33 !=1	V_yellow	R	Y
7		counter_33==1	H_green	R	Y

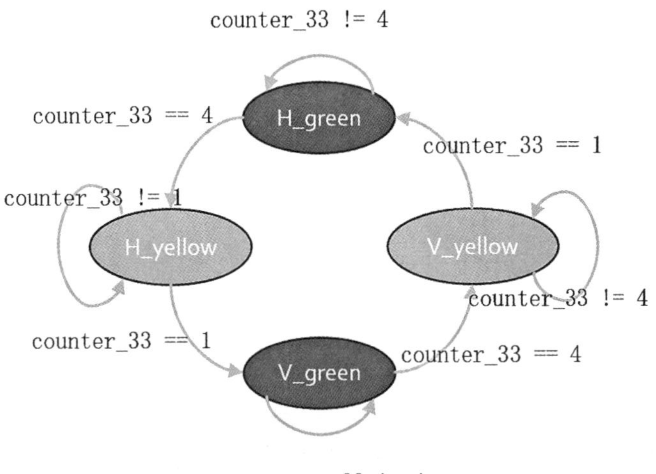

图 23.1　交通灯 1 状态转移图

(2)模块和功能划分。

交通灯 1 整体项目的模块框图如图 23.2 所示。

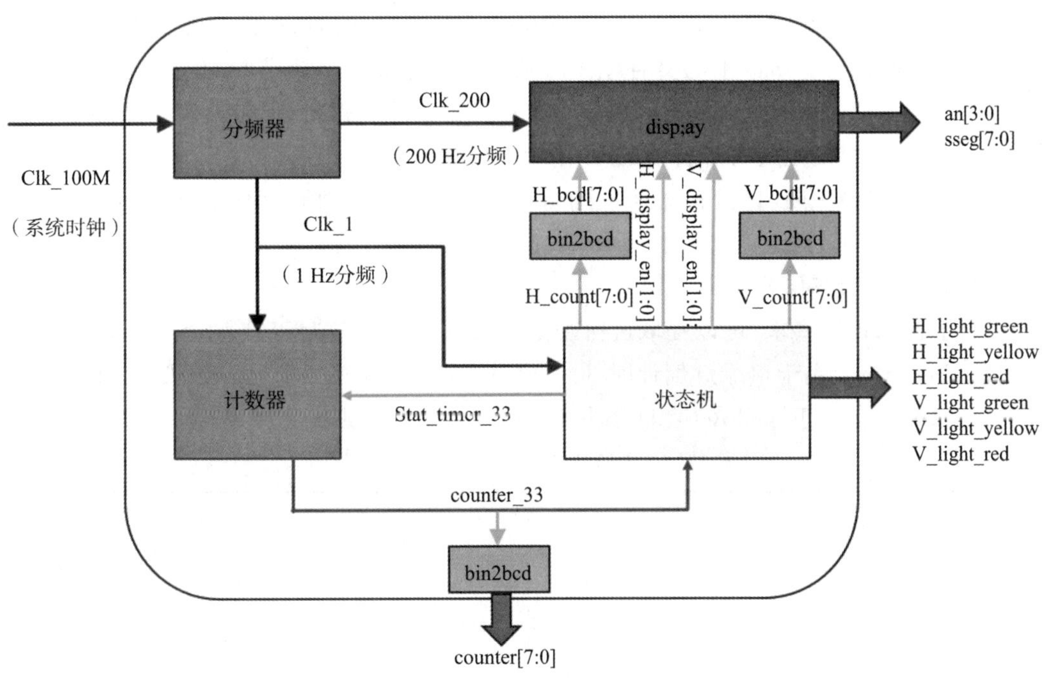

图 23.2　交通灯 1 模块框图

①分频器模块。

分频器模块使用 FPGA 实验板上提供的 100 MHz 时钟，分出一个 200 Hz 分频用于数码管动态显示和一个 1 Hz 分频用于计数器模块和有限状态机的状态转移时钟。

②计数器模块。

计数器模块接收状态机模块发出的 Start_timer_33，开始 33 秒计时。当 30 s 和 3 s 计时结束，计数器模块向状态机模块发送对应的计时结束信号。

③状态机模块。

有限状态机模块输出的 H_count[7:0]和 V_count[7:0]为交通灯倒计时显示数字，对应的 bin2bcd 模块将它们进行码制转换后，由 display 模块进行显示译码。有限状态机同时输出水平方向和垂直方向的显示控制信号。

有限状态机模块同时输出 H_light_green、H_light_yellow、H_light_red、V_light_green、V_light_yellow 和 V_light_red 6 个交通灯的亮灭状态。

④逻辑译码及显示模块。

逻辑译码及显示模块将有限状态机的对应输出进行译码并显示输出为 H_seg[7:0]、H_an[1:0]、V_seg[7:0]和 V_an[1:0]。

2.2 较复杂的十字路口交通灯控制系统(交通灯 2)

2.2.1 控制要求

(1)十字路分为主干道 Highway 和乡村公路 Farmroad。

(2)路口的检测器 C 没有检测到 Farmroad 上有等候的车子，Highway 上的交通灯(HL)保持为绿灯。

(3)C 检测到 Farmroad 上有车后，HL 再保持一段时间(例如 30 s)才通过黄灯(例如 3 s)变为红灯，同时 Farmroad 上的交通灯(FL)从红灯变为绿灯。

(4)Farmroad 上的绿灯只能在 C 检测有车的情况下才能保持，但是最多只能持续一段时间(例如 30 s)，然后通过黄灯转为红灯，同时 HL 变为绿灯。

(5)使用板载的 LED 灯代表交通灯上的红、黄、绿灯，两块数码管分别显示 HL 的绿灯最后 15 s 倒计时和黄灯 3 s 倒计时，以及 FL 的黄灯 3 s 倒计时。

2.2.2 状态转移图分析

分析上面的控制要求，可以提取进阶功能交通灯 2 的状态为 H_green(主干道绿灯状态)、H_green_wait(主干道绿灯倒计时 30 s 状态)、H_yellow(主干道黄灯状态)、F_green(乡村公路绿灯状态)、F_yellow(乡村公路黄灯状态)，其对应的状态转移表如表 23.4 所示。

表 23.4 进阶功能交通灯 2 状态转移表

现态	输入	次态	输出	
			H_light	V_light
H_green	C==0	H_green	G	R
	C==1	H_green_wait	G	R
H_green_wait	counter_33 !=4	H_green_wait	G	R
	counter_33==4	H_yellow	G	R
H_yellow	counter_33 !=1	H_yellow	Y	R
	counter_33==1	F_green	Y	R
F_green	C==1 &&counter_33 !=4	F_green	R	G
	C==0 ||counter_33==4	F_yellow	R	G

续表

现态	输入	次态	输出	
			H_light	V_light
F_yellow	counter_33 ！=1	F_yellow	R	Y
	counter_33==1	H_green	R	Y

根据表 23.4,我们可以画出对应的状态转移图 23.3。

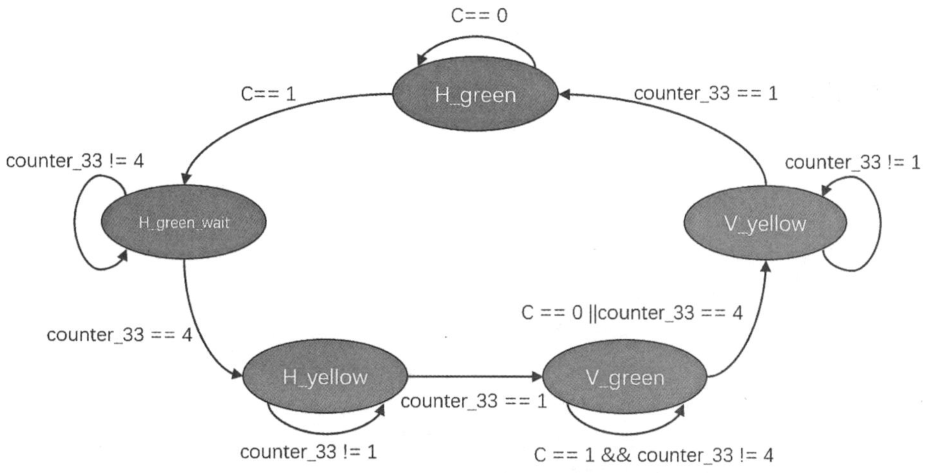

图 23.3　交通灯 2 状态转移图

3　实验仪器

(1)登录终端 1 台(台式计算机或笔记本电脑等)。

(2)在线实验平台。

(3*)带开发工具的计算机 1 台。

4　实验内容

4.1　第 1 关　交通灯基础功能实现

4.1.1　挑战 1　交通灯功能理解

设计一个简单的十字路口交通灯控制系统(下面用交通灯 1 表示),控制要求如下:

(1)十字路分为横向路(以下称 Hroad)和纵向路(以下称 Vroad)。

(2)Hroad 和 Vroad 交替通行,每条路的绿灯保持一段时间(30 s)才通过黄灯(3 s)变为红灯,同时另一条路的交通灯从红灯变为绿灯。

(3)使用板载的 LED 灯代表交通灯上的红、黄、绿灯,两块数码管分别显示两条路上的绿灯和红灯最后 15 s 倒计时和黄灯 3 s 倒计时。

4.1.2 挑战 2 列出状态机的输入和输出变量表及其描述

4.1.3 挑战 3 根据提取的状态完成状态转移表和状态转移图

4.1.4 挑战 4 用三段式代码描述状态机

鼠标停在左上角的“代码文件”，在弹出的文件列表中点击“traffic.v”，对照挑战 3 中的状态转移图和状态转移表，补全代码。

4.1.5 挑战 5 状态机仿真波形图

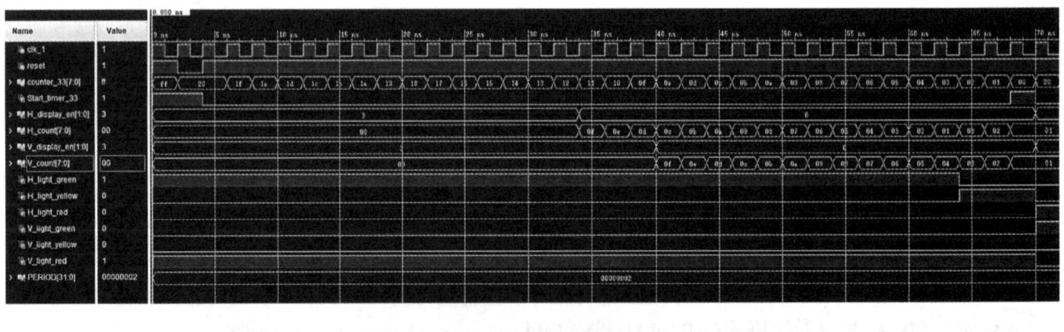

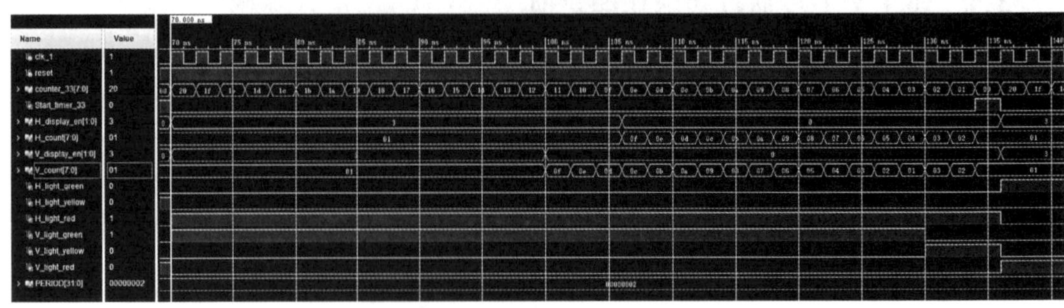

图 23.4 交通灯 1 仿真波形图

鼠标停在左上角的“代码文件”，在弹出的文件列表中点击“traffic_tb.v”，对比图 23.4 中的仿真波形输出，补全仿真代码。

```
module traffic_tb();
  reg clk_1;
  reg reset;
  reg [7:0] counter_33;
  wire Start_timer_33;
  wire[1:0] H_display_en;
  wire[7:0] H_count;
  wire[1:0] V_display_en;
  wire[7:0] V_count;
  wire H_light_green;
  wire H_light_yellow;
  wire H_light_red;
  wire V_light_green;
  wire V_light_yellow;
  wire V_light_red;

/*****************begin********************/
//调用 traffic 模块


parameter PERIOD=2;


  initial
  begin
    ***
  end

//补充下面语句，生成占空比 50%的 clk_1 时钟波形
always ***

//生成倒计时 33 秒的计数激励
  always@(posedge clk_1,negedge reset)
    if(! reset)
      counter_33 <= *** ;
    else if(Start_timer_33)
      *** ;
    else
```

```
        ***;

/*******************end**********************/

endmodule
```

4.1.6 挑战 6 功能模块的实现

其中，分频器、计数器和 bin2bcd 模块与之前学习的模块内容类似，请同学们自行编写，导入 display 的模块代码并完善该代码。

4.1.7 挑战 7 建立工程文件

请在“/data/workspace/lab23”目录下建立“project_1”项目。

注意：顶层模块名称必须为 traffic_top。

4.1.8 挑战 8 综合并实现下载到板卡后结果展示

对该项目进行综合，根据开发板的开关和 LED 的输出，合理设置输入、输出，设置约束条件。

实现并生成比特流下载到本地开发板，观察输出，确认其输出对应输入的变化。

4.2 第 2 关 交通灯进阶(交通灯 2)

4.2.1 挑战 1 交通灯进阶功能理解

十字路分为主干道 Highway 和乡村公路 Farmroad，交通灯进阶控制要求同“2.2.1 控制要求”。

4.2.2 挑战 2 建立项目补足代码

请在“/data/workspace/lab23”目录下建立“project_2”项目。

注意：模块名称必须为 traffic.v。

建立“traffic.v”源文件，实现状态转移文件。该文件时钟输入采用 1 Hz 时钟信号，该 1 Hz 时钟信号由板载 100 MHz 信号进行分频获得。

4.2.3 挑战 3 分频

添加“clkdiv.v”源文件，对板载 100 MHz 信号进行分频，获得 100 Hz 和 1 Hz 输出。

4.2.4 挑战 4 二进制-BCD 转换

根据本关二进制数的大小特点，或者参考之前的二进制转 BCD 码的代码，完成二进制数转 BCD 码的源文件。

4.2.5 挑战 5 倒计时实现

深刻理解本关的计数需求，添加源文件“counter.v”，完成对所需倒计时的计数。

4.2.6 挑战 6 显示实现

参考之前的显示代码，生成数码管显示代码。

4.2.7 挑战 7 框图实现

结合以上模块文件，根据本关要求，完成实现本关所需的结构框图，结构框图应标注清楚信号流向。

4.2.8　挑战 8　建立“traffic_top.v”(此文件名需正确)，进行顶层例化

** 注意：模块名称必须为 traffic_top.v。 **

顶层接口变量参考：

```
module traffic_top(
  input clk,
  input reset,
  input C,
  output H_light_green,
  output H_light_yellow,
  output H_light_red,
  output F_light_green,
  output F_light_yellow,
  output F_light_red,
  output [3:0] an,
  output [7:0] sseg,
  output [7:0] counter
  );
```

4.2.9　挑战 9　综合、实现、生成比特流并下载

调整并完善代码，实现并生成比特流下载到本地开发板，观察输出，确认其输出对应输入的变化。拍下视频并根据视频变化进行必要的解释说明。

5　能力拓展

对于一个简单功能的秒表，其功能如下：(1)秒表显示的时间分为 3 个十进制数字，从 00.0～99.9 s 循环计数；(2)包含一个同步清零信号 clr，使秒表返回 00.0；(3)包含一个启动信号 go，开始或者暂停计数。

试思考如何使用有限状态机的方法，实现该秒表功能。

(1)实现过程中使用一个 BCD 编码的计数器。

(2)对于秒表的不同权位(十位、个位和十分位)，梳理出其状态变量及对应的状态转换图(0→9 的 10 个状态)。

(3)根据计数器的特点，简化状态变量转换过程。

(4)不同权位之间状态变量的转换。

计数脉冲从 100 MHz 时钟源产生，每 0.1 s 生成一个时钟周期的脉冲，用于 3 位 BCD 计数器的计数时钟。

实验二十四　存储器

1　实验目的及学习要求

1.1　实验目的

(1)掌握只读存储器模块的原理与实现。

(2)了解分布式存储器模块的生成原理,能够使用简单的分布式存储器模块。

(3)增强实践能力,激发创新意识。

1.2　学习要求

(1)课前预习,了解分布式存储器和只读存储器的原理和 Verilog HDL 实现方法。

(2)课后复习,掌握分布式存储器和只读存储器的 Verilog HDL 实现方法。

(3)课后调研,了解我国芯片产业现状。

2　实验原理

ROM 是一个输出只与输入有关的组合模块。小容量的存储器可以利用本实验 2.1 的方法直接实现,对于更大容量的存储器,可以调用 IP Catalog 创建 Distributed Memory Generator(本实验 2.2)或创建 Block Memory Generator。另外,EGO1 实验板卡包含一个 2 Mbit 的 SRAM。

2.1　用 Verilog HDL 程序实现只读存储器

如图 24.1 所示是一个 8 字节的 ROM。其中,输入是一个 3 位的地址 addr[2:0],输出 M[7:0]是地址 addr[2:0]对应的 8 位内容。例如,输入 addr[2:0]=3b'110,输出 M[7:0]为地址 6 中的内容,即'h6C。

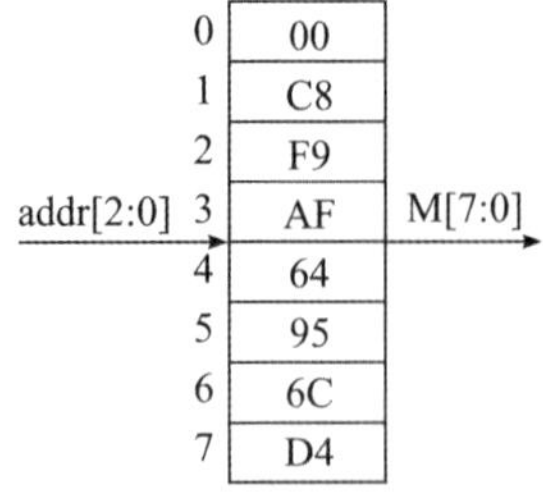

图 24.1　含有 8 个存储单元的 ROM

在用 Verilog HDL 程序实现这个 ROM 时，可以把这 8 字节当作一个 64 位的十六进制数，如图 24.2 所示。可以定义参数 N 为 ROM 中每个存储单元所能存放的位数，参数 N_WORDS 为 ROM 中存储单元的个数，在图 24.1 中，这两个参数的值都为 8。使用语句“reg [N－1:0] rom[0:N_WORDS－1];”定义一个包含 N_WORDS 个元素的数组，其中每个元素都有 N 位。语句“parameter data＝64'h00C8F9AF64956CD4;”定义了如图 24.2 所示的 64 位十六进制数，参数 1XLEFT 指明其中最高位是 63 位。

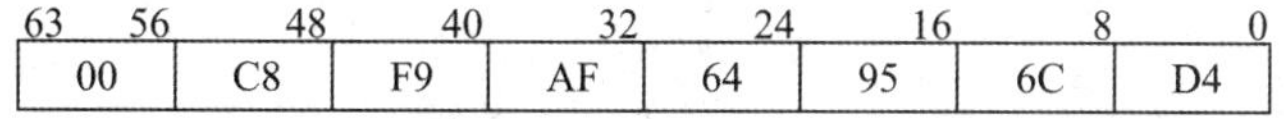

00	C8	F9	AF	64	95	6C	D4

图 24.2　把 ROM 中的内容定义为 64 位的十六进制数

8 字节 ROM 的 Verilog HDL 实现代码如下：

```
module rom8(
  input wire [2:0] addr,
  output wire [7:0] M
  );

  parameter N=8;// no. of bits in rom word
  parameter N_WORDS=8;// no. of words in rom

  reg [N-1:0] rom [0:N_WORDS-1];
  parameter data=64'h00C8F9AF64956CD4;   // left index of data
  parameter IXLEFT=N * N_WORDS-1;
  integer i;

  initial
  begin
    for(i=0; i<N_WORDS;i=i+1)
      rom[i]=data[(IXLEFT-N * i)-: N];
  end

  assign M=rom[addr];

endmodule
```

我们用下面的 Verilog HDL 代码，把数组 rom[i]的值初始化为参数 data 中的元素。

```
initial
begin
  for(i=0; i<N_WORDS;i=i+1)
    rom[i]=data[(IXLEFT-N * i)-: N];
end
```

其中，语句“rom[i]=data[(IXLEFT－N * i)－:N];”的功能是从 data 中第(IXLEF－N * i)位开始按递减顺序选择 N 位将其值赋给 rom[i]。若运算符是“＋:”，则其功能为从第(IXLEFT－N * i)位开始按递增顺序选择 N 位。当 i=1 时，rom[1]=data[(63－8)－:8]=data[55－:8]=data[55:48]，它选择了图 24.2 中的字节 C8 并把它存储在 rom[1]中。输出 M 等于 rom(addr)。程序的仿真结果如图 24.3 所示。

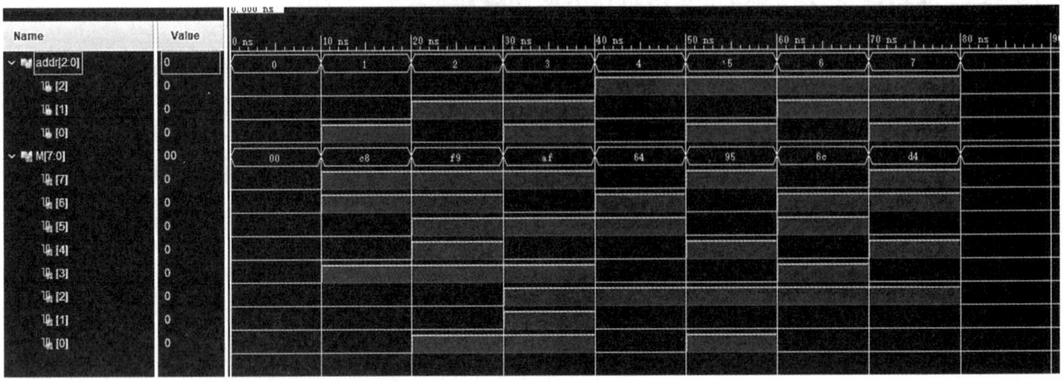

图 24.3　ROM8 的仿真波形图

2.2　分布式存储器

调用 IP Catalog 中的 Distributed Memory Generator 可以创建分布式 ROM。

在 Vivado 软件中选择菜单命令“Window”→“IP Catalog”，在“IP Catalog”窗口中选择“Distributed Memory Generator”，如图 24.4 所示。

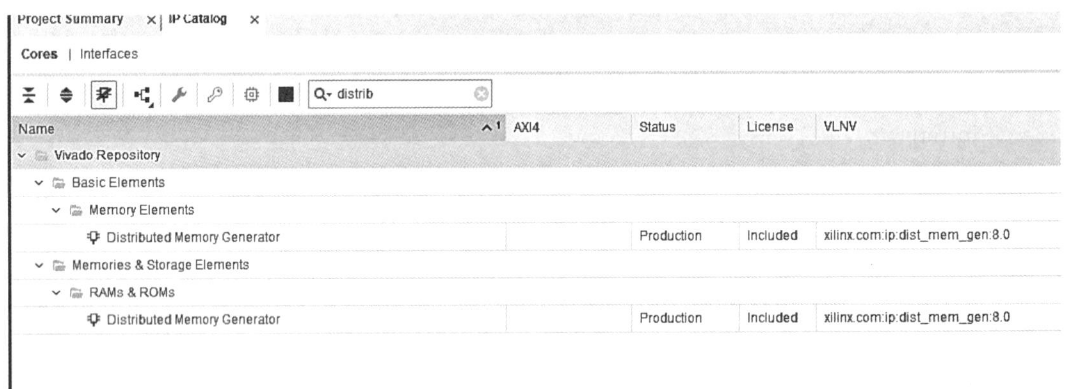

图 24.4　IP Catalog 窗口中的 Distributed Memory Generator

在“CustomizeIP”对话框中，存储器类型选择 ROM，深度和位宽分别设置为“16”和“8”。然后单击“RST & Initialization”选项卡添加“dist_rom16.coe”文件，如图 24.5 所示。ROM 中的内容是用一个.coe 文件定义的，其格式如下：

memory_initialization_radix=16;

memory_initialization_vector=00 C8 F9 AF 64 95 6C D4 39 E7 5A 96 84 37 28 5F;

编辑好该文件后，存为.coe 后缀的文件，然后在“Load COE File”栏中选中此文件即可。

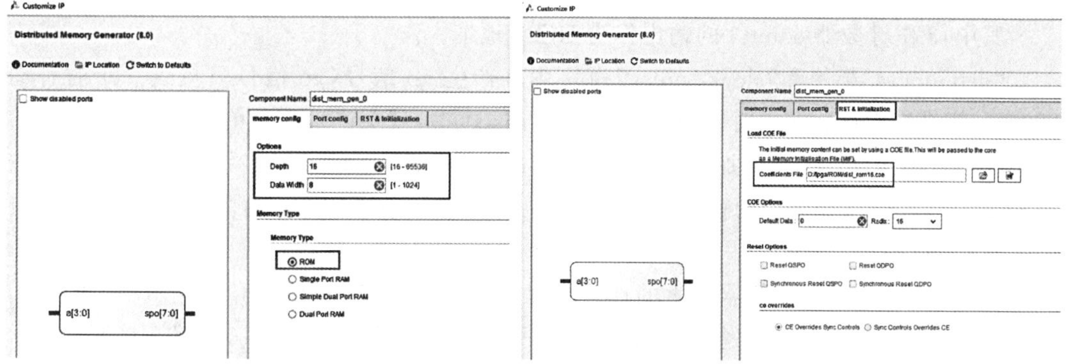

图 24.5　Distributed Memory Generator 选项卡设置

至此，就完成了模块“dist_rom16”的创建。

3　实验仪器

(1)登录终端 1 台(台式计算机或笔记本电脑等)。

(2)在线实验平台。

(3*)带开发工具的计算机 1 台。

4　实验内容

4.1　第 1 关　Verilog HDL 实现只读存储器实例

为了测试“rom8. v”模块，我们把它加载到顶层模块中。使用存储在 ROM 单元中的 8 位数据，作为“gcd3”模块的 4 位 x 和 y 的值，计算每个读取的 ROM 字节高 4 位和低 4 位的最大公约数。其顶层模块框图如图 24.6 所示。

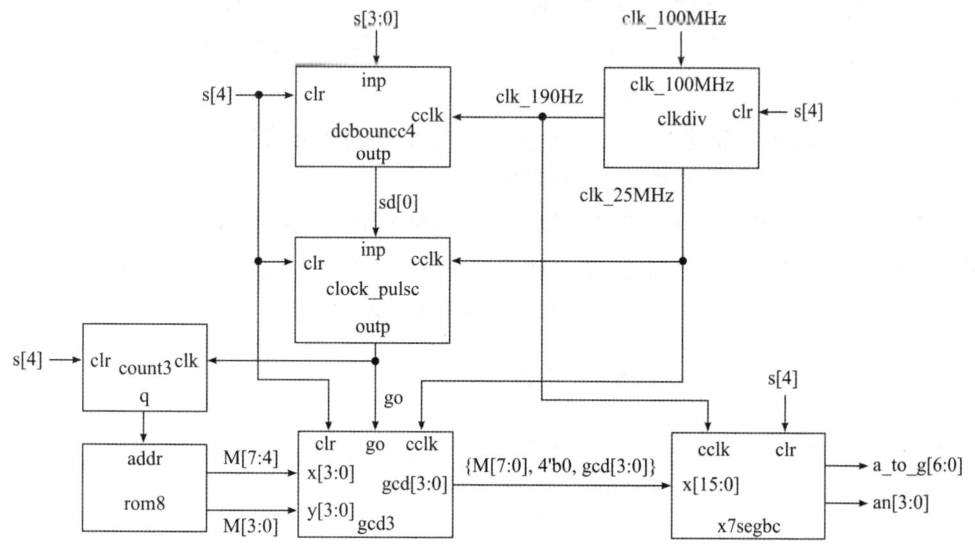

图 24.6　rom8_top 顶层模块框图

其中,3 位计数器 count3 的输出作为 ROM 地址。

"debounce4"模块和"clock_pulse"模块用来产生 go 信号(go 信号只持续一个时钟周期);go 信号作为计数器的时钟输入。每次按下 s[0]时,就会产生一个单时钟脉冲。这个信号不仅可以使 ROM 的地址加 1,还可以开始计算新地址下 ROM 输出数据的 GCD 值。按下 s[4],电路复位,计数器的输出将为 0,ROM 存储单元中地址为 0 的内容也被清零,所有的 LED 都将关断。

此时按下 s[0],由计数器产生的地址变为 1,那么输出 M 将为 C8,并显示在 LED 上。而计算出的最大公约数 4 也会显示在 7 段数码管上。如果继续按下 s[0],那么将循环显示 ROM 中所有 8 个值,并且每次都会在 7 段数码管上显示对应的 GCD 值。

"clkdiv"模块产生频率为 25 MHz(clk 25 MHz)和 190 Hz(clk_190Hz)的时钟;"x7segbc"模块实现用 7 段数码管来显示输入和输出结果。

4.1.1 挑战 1 建立工程和顶层文件

在"/data/workspace/lab24"目录下建立"project_1"vivado 工程,点击"Add Sources"新建"rom8_top.v"文件,按参考文件输入源代码。

4.1.2 挑战 2 建立 rom8. v 文件

点击"Add Sources"新建"rom8. v"文件,按参考文件输入源代码。

4.1.3 挑战 3 建立 counter3. v 文件

点击"Add Sources"新建"counter3.v"文件,按参考文件输入源代码。

4.1.4 挑战 4 建立"clkdiv.v"文件

点击"Add Sources"新建"clkdiv.v"文件,按参考文件输入源代码。

4.1.5 挑战 5 建立"clock_pulse.v"文件

点击"Add Sources"新建"clock_pulse.v"文件,按参考文件输入源代码。

4.1.6 挑战 6 建立"debounce4. v"文件

点击"Add Sources"新建"debounce4. v"文件,按参考文件输入源代码。

4.1.7 挑战 7 建立"x7segbc.v"文件

点击"Add Sources"新建"x7segbc.v"文件,按参考文件输入源代码。

4.1.8 挑战 8 建立"gcd3. v"文件

点击"Add Sources"新建"gcd3. v"文件,按参考文件输入源代码。

4.1.9 挑战 9 综合、实现、下载和观察

点击左侧"Flow Navigator"栏"PROGRAM AND DEBUG"中的"Generate Bitstrem",生成 bit 文件,EGO1 板卡连上电脑并拨动开关上电后,点击"Open Target"连接 EGO1 板卡,Program Device 把 bit 文件写入 EGO1 的芯片中,观察实验现象。

4.2 第 2 关 实现 16×8 的分布式 ROM

本例将调用 IP Catalog 创建一个 16×8 的分布式 ROM。

4.2.1 挑战 1 创建 Distributed Memory Generator IP 核

在"/data/workspace/lab24"目录下建立"project_2"vivado 工程,创建 Distributed Memory Generator IP 核,存储器类型选择 ROM,模块名设置为"dist_rom16",深度和位宽

分别设置为“16”和“8”。然后单击“RST & Initialization”选项卡添加“dist_rom16. coe”文件。

4.2.2 挑战 2 建立顶层文件

点击“Add Sources”新建顶层“dist_rom16_top.v”文件，按参考文件输入源代码。

4.2.3 挑战 3 建立其他文件

点击“Add Sources”，参考 4.1 第 1 关，新建文件“counter3. v”“clkdiv.v”“debounce4. v”“clock_pulse.v”“x7segbc.v”“gcd3. v”文件，按参考文件输入源代码。

4.2.4 挑战 4 综合、实现、下载和观察

点击左侧“Flow Navigator”栏“PROGRAM AND DEBUG”中的“Generate Bitstrem”，生成 bit 文件，EGO1 板卡连上电脑并拨动开关上电后，点击“Open Target”连接 EGO1 板卡，最后 Program Device 把 bit 文件写入 EGO1 的芯片中，并观察实验现象。

5 能力拓展

在网上查阅借助 MATLAB 生成 ROM 所需.coe 文件的使用文档，进一步掌握分布式 ROM 的使用方法。

实验二十五　常用接口模块实现

1　实验目的及学习要求

1.1　实验目的

(1)了解 UART、SPI、I2C 3 种串口协议及其 Verilog HDL 语言实现方式。

(2)了解字符点阵显示模块接口控制器及其 Verilog HDL 语言实现方式。

(3)了解点阵 OLED 控制器及其 Verilog HDL 语言实现方式。

(4)增强实践能力,激发创新意识,培养综合运用所学的知识、工具解决工程问题的能力。

1.2　学习要求

(1)课前预习,了解串口协议的分类与基本接口方式。

(2)课前预习,了解字符点阵显示模块接口控制器及其 Verilog HDL 实现方式。

(3)课前预习,了解点阵 OLED 控制器及其 Verilog HDL 实现方式。

(4)课后复习,掌握串口协议的分类与实现方式。

(5)课后复习,掌握字符点阵显示模块接口控制器及其 Verilog HDL 实现方式。

(6)课后复习,掌握点阵 OLED 控制器及其 Verilog HDL 实现方式。

2　实验原理

本节介绍常用逻辑设计模块(串行通信接口控制器、字符点阵显示模块接口控制器和 XADC 控制器),这些逻辑模块是组成复杂功能 FPGA 系统的常用组成模块。

2.1　串行通信接口控制器

目前,常用的通信协议有两类:异步协议和同步协议。同步串口通信要求传输数据的时候发送方和接收方要首先定义一个相同的时钟用于实现数据的接收与发送,异步串口通信则不需要。下面列举 UART、SPI 以及 I2C 3 种通信协议,并分析其原理和源码。

2.1.1　UART 串口通信协议介绍

UART(universal asynchronous receiver/transmitter)是一种通用串行数据总线,用于异步通信。UART 能实现双向通信,在嵌入式设计中,它常用于主机与辅助设备通信。

UART 包括 RS 232、RS 449、RS 423、RS 422 和 RS 485 等接口标准规范和总线标准规范，即 UART 是异步串行通信口的总称。而 RS 232、RS 449、RS 423、RS 422 和 RS 485 等是对应各种异步串行通信口的接口标准和总线标准，它规定了通信口的电气特性、传输速率、连接特性和接口的机械特性等内容，实际上是属于通信网络中的物理层(最底层)的概念，与通信协议没有直接关系。

UART 传输中，相关名词解释如下：

①波特率：衡量通信速率的参数，表示每秒钟传送的位的个数。

②起始位：先发出一个逻辑 0 的信号，表示传输数据的开始。

③数据位：衡量通信中实际数据位的参数。标准的数据位可以是 5、7、8 位，从最低位开始传输。

④奇偶校验位：UART 发送时，检查发送数据中“1”的个数，自动在奇偶校验位上添上 1 或者 0，用于发送数据的校验。

⑤停止位：它是一个数据的结束标志，可以为 1 位、1.5 位、2 位的高电平。

⑥空闲位：处于逻辑 1 状态，表示当前线路上无数据传输。

UART 传输时序如图 25.1 所示。

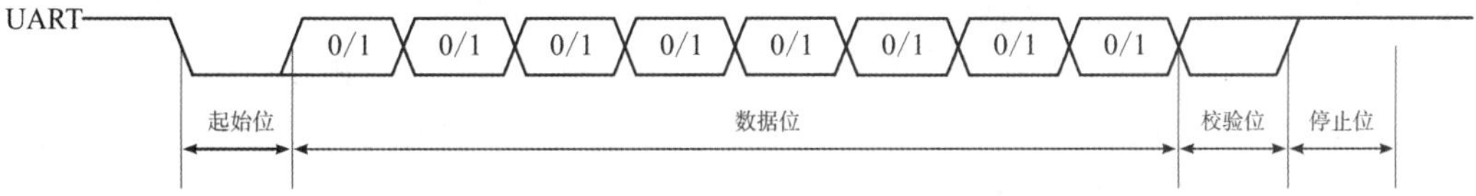

图 25.1 UART 传输时序

发送数据过程：空闲状态，线路处于高电平，当收到发送数据指令后，拉低电平一个数据位的时间(如图 25.1 起始位的时间)，接着数据从低位到高位依次发送，数据发送完毕，接着发送奇偶校验位和停止位(停止位为高电平)，一帧数据发送结束。

接收数据过程：空闲状态，线路处于高电平，当检测到线路的下降沿，说明线路有数据传输，按照约定的波特率从低位到高位接收数据，数据接收完毕，接着接收并比较奇偶校验位是否正确，如果正确，则通知接收端设备准备接收数据或存入缓存。

UART 是异步传输，没有同步传输时钟。为了保证数据传输的正确性，UART 采用 16 倍数据波特率的时钟进行采样。每个数据有 16 个时钟采样，取中间的采样值，以保证不会滑码或误码。一般 UART 一帧数据位数为 8，这样即使每个数据有一个时钟的误差，接收端也能正确地采样到数据。

2.1.2 SPI 同步串行总线协议介绍

SPI(serial peripheral interface)是一种同步串行通信协议，由一个主设备和一个或多个从设备组成，主设备启动与从设备的同步通信，从而完成数据的交换。SPI 是一种高速全双工同步通信总线，标准的 SPI 仅仅使用 4 个引脚，常用于主设备和外设(如 EEPROM、FLASH、实时时钟和数字信号处理器等器件)的通信。SPI 基于主从方式通信，标准的 SPI 的 4 根线分别是 SSEL(片选，也写作 SCS)、SCK(时钟)、MOSI(主机输出从机输入)和 MISO(主机输入从机输出)。这 4 个信号的具体说明如下：

①SSEL：从设备片选使能信号。如果从设备是低电平使能，那么拉低这个引脚，从设备

将会被选中，主机和这个被选中的从机进行通信。

②SCK：时钟信号，由主机产生。

③MOSI：主机给从机发送指令或者数据的通道。

④MISO：主机读取从机的状态或者数据的通道。

SPI 通信的主机在读写数据时序的过程中，有 4 种模式。要了解这 4 种模式，需要先学习两个名词。

（1）CPOL（clock polarity）：时钟的极性。整个通信过程分为空闲时刻和通信时刻，SCK 在数据发送前后的空闲状态是高电平，那么 CPOL 为 1，否则为 0。

（2）CPHA（clock phase）：时钟的相位。

主从机通信涉及一个问题，就是主机何时输出数据到 MOSI 信号线而从机在何时采样这个数据，或者从机何时输出数据到 MISO 信号线而主机何时采样这个数据。如果 CPHA 为 1，就表示数据输出在第一个时钟周期的第一个沿（CPOL 为 1，这个时钟沿为下降沿；反之为上升沿），数据采样是在第二个沿；如果 CPHA 为 0，就表示数据采样是在第一个时钟周期的第一个沿（CPOL 为 1，这个时钟沿为下降沿；反之为上升沿），数据输出是在第二个沿。对于 CPHA 为 0 的情况，读者也许会有疑问：当一帧数据开始传输第一位时，在第一个时钟沿就采样了，那么这个数据是何时输出的呢？有两种情况：一是 SSEL 使能的边沿；二是上一帧数据的最后一个时钟沿。SPI 的 4 种模式分别为模式 0（CPOL＝0，CPHA＝0）、模式 1（CPOL＝0，CPHA＝1）、模式 2（CPOL＝1，CPHA＝0）和模式 3（CPOL＝1，CPHA＝1）。4 种模式时序图如图 25.2～图 25.5 所示。

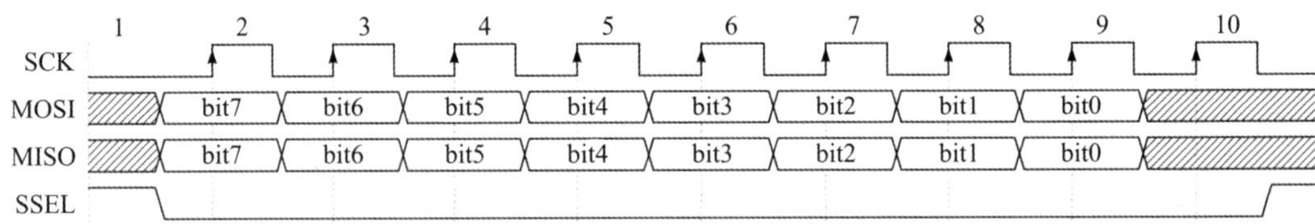

图 25.2　SPI 模式 0 时序

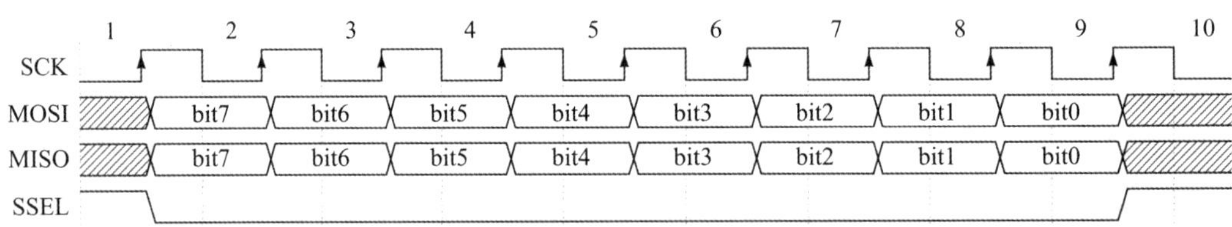

图 25.3　SPI 模式 1 时序

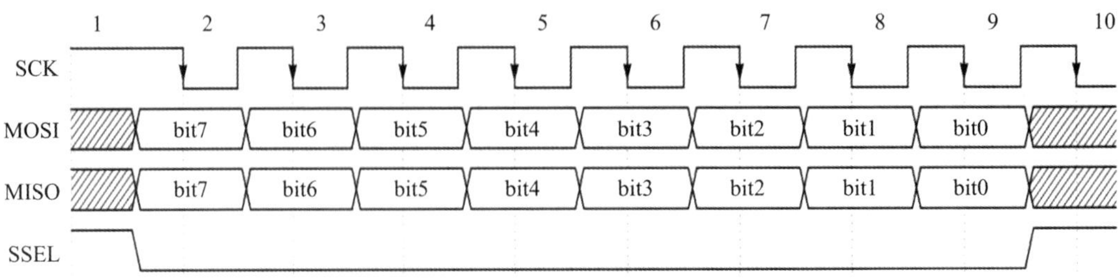

图 25.4　SPI 模式 2 时序

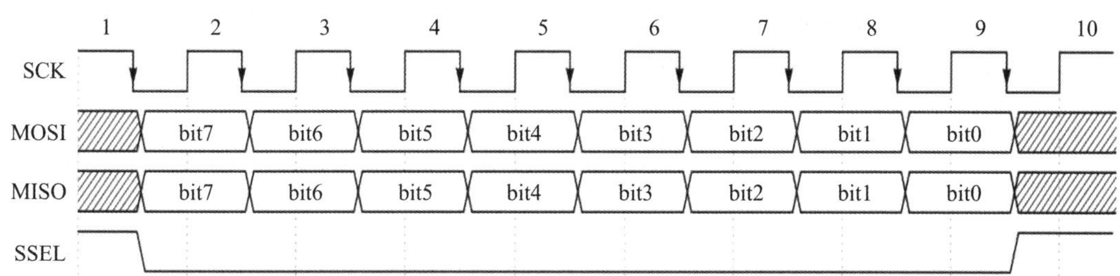

图 25.5 SPI 模式 3 时序

当使用 SPI 接口的从设备时,需要参考从设备的技术手册,从而确定 SPI 的工作模式。

2.1.3 I2C 两线式串行总线协议介绍

I2C(inter-integrated circuit)总线是一种由 PHILPS 公司开发的两线式串行总线,用于连接微控制器及其外设备。I2C 总线产生于 20 世纪 80 年代,如今成为微电子、通信和控制领域广泛采用的一种总线标准。其具有接口线少、控制简单、器件封装形式小、通信速率较高等优点。I2C 只要求两条线路:串行数据线 SDA 与串行时钟线 SCL。每个连接到总线的器件点有唯一的地址,主控制器发出的控制信息分为地址码和控制量两部分,地址码用来选择需要控制的 I2C 设备,控制量包含类别(比如亮度、模式等)及该类别下的控制值。I2C 总线在传送数据过程中一共有 3 种类型的信号,分别为开始信号、结束信号及应答信号。以下为 3 种信号的说明。

(1)开始信号:SCL 为高电平时,SDA 由高电平向低电平跳变,开始传送数据。

(2)结束信号:SCL 为高电平时,SDA 由低电平向高电平跳变,结束数据的传送。

(3)应答信号:接收数据的从设备在收到 8 位数据后,向发送数据的主机发出特定的低电平脉冲,表示已经收到数据。主机收到应答信号后,根据实际情况决定是否继续传送数据。如果未收到应答信号,则说明受控设备出现故障。

启动时序:在时钟线 SCL 保持为高电平期间,数据线 SDA 上的电平被拉低,定义为 I2C 总线的启动信号,标志着一次数据传输的开始。启动信号是一个电平跳变时序信号而非一个电平信号。

停止时序:在时钟线 SCL 保持为高电平期间,数据线 SDA 被释放,使得 SDA 返回高电平(即正跳变),称为 I2C 总线的停止信号,标志着一次数据传输的终止。停止信号也是一个电平跳变时序信号而非一个电平信号。

启动和停止的时序如图 25.6 所示。

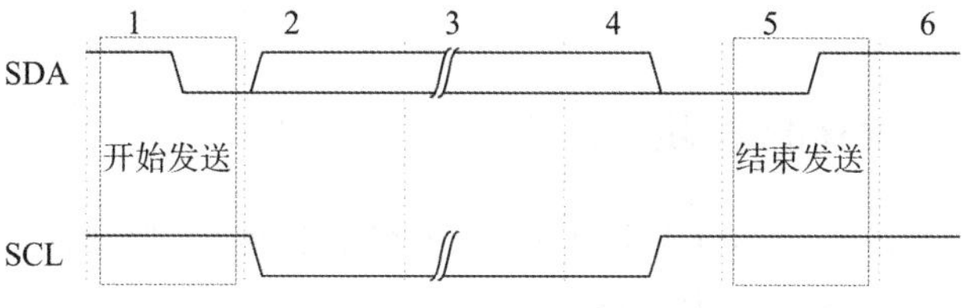

图 25.6 I2C 启动和停止时序

数据位传送时序:在 I2C 总线上传送的每一位数据都有一个时钟脉冲相对应。进行数据传送时,在 SCL 高电平期间,SDA 上的电平必须保持稳定,低电平数据为 0、高电平数据为 1。只有 SCL 为低电平期间,才允许 SDA 上的电平改变状态。数据位的传输是 SCL 的边沿触发。I2C 的数据位传送时序如图 25.7 所示。

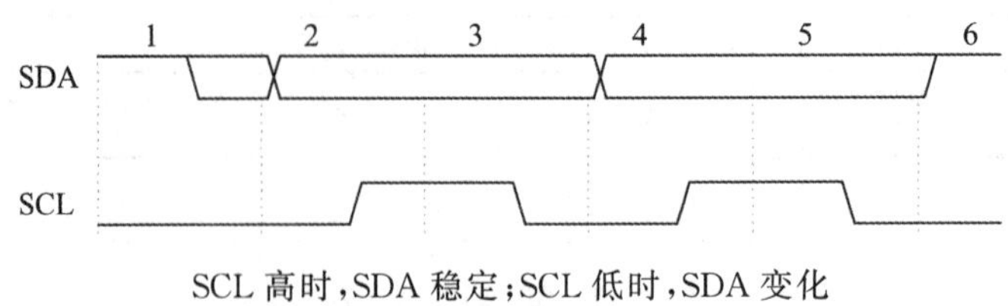

SCL 高时,SDA 稳定;SCL 低时,SDA 变化

图 25.7　I2C 数据位传送时序

应答时序:I2C 总线传送 8 位的数据时,发送端每次发送一个 8 位的数据,就在第 9 个 SCL 期间释放数据线,由接收端反馈一个应答信号。当这个应答信号为低电平时,规定为有效应答位(ACK),表示接收端已经成功接收了该数据;当应答信号为高电平时,规定为非应答位,表示接收端未成功接收该数据。对于有效应答位的要求是,接收器在第 9 个时钟脉冲之前的低电平期间将 SDA 线拉低,并且确保在该时钟的高电平期间为稳定的低电平,这表示该设备给出了一个 ACK。应答时序如图 25.8 所示。

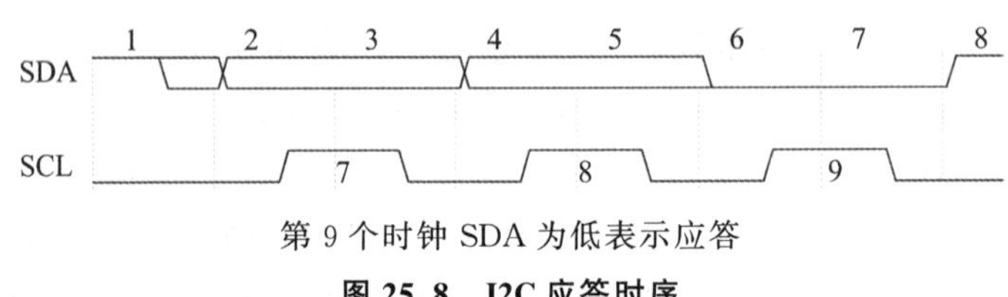

第 9 个时钟 SDA 为低表示应答

图 25.8　I2C 应答时序

I2C 总线必须由主器件(通常为微控制器)控制,主器件产生串行时钟(SCL)控制总线的传输方向,并产生起始和停止条件。

控制字节:在起始条件之后,必须是器件的控制字节,其中高 4 位为器件类型识别符(不同的芯片类型有不同的定义,以 EEPROM 为例,一般应为 1010),接着 3 位为片选,最后一位为读写位,当为 1 时进行读操作,为 0 时进行写操作。

写操作:分为字节写和页面写两种操作。对于单字节的写操作,步骤为发送起始位→发送控制字节+写 bit→发送待写入寄存器的地址→发送 1 字节的数据→发送停止位。对于页面写,芯片一次装载的字节不同,具体操作也有所不同。

读操作:有当前地址读、随机读和顺序读 3 种基本操作。为了结束读操作,主机必须在第 9 个 SCL 周期间发出停止条件或者在第 9 个 SCL 周期内保持 SDA 为高电平,然后发出停止条件。

2.2　字符型 LCD1602 模块

LCD(liquid crystal display,液晶显示器)具有低工作电压、低功耗、全色显示、性能优良等特点,使得便携式 LCD 显示成为趋势。

字符型 LCD 是专门用于显示数字 0~9、大小写英文字符及符号的液晶显示器,其显示模块由字符型液晶显示屏 LCD、控制驱动电路 IC、少量阻容元件、结构件等装配在 PCB 板上组合而成。字符型液晶显示模块目前在国际上已经规范化,无论显示屏规格如何变化,其电特性和接口形式都是统一的。只要设计出一种型号的接口电路，在指令设置上稍加改动即可使用于各种规格的字符型液晶显示模块。

本实验以字符型液晶模块 LCD1602 为例，通过 FPGA 编程，由 FPGA 提供时钟及其他必要的控制信号和数据信号，实现对 LCD1602 的显示控制。

1602 液晶也叫 1602 字符型液晶，它是一种专门用来显示字母、数字及符号等的点阵型液晶模块，由若干个 5×7、5×11 等点阵字符位组成，可显示 16×2 个字符，每个点阵字符位都可以显示一个字符。每位之间有一个点距的间隔，每行之间也有间隔，起到了字符间距和行间距的作用，正因为如此，其不能显示图形。LCD1602 分为带背光和不带背光两种，其控制器大部分为 HD44780，是否带背光在应用中并无差别。带背光的为 16 引脚，不带背光的为 14 引脚。这里以带背光 LCD1602 为例，尺寸图如图 25.9 所示。

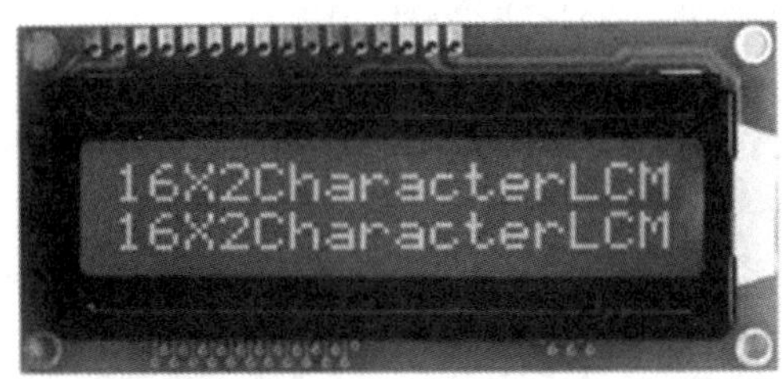

图 25.9 LCD1602 模块实物图

(1)LCD1602 主要技术参数。

①显示容量：16×2 个字符(两行，每行 16 个字符)。

②芯片工作电压：4.5～5.5 V。

③工作电流：2.0 mA(5.0 V)。

④模块最佳工作电压：5.0 V。

⑤字符尺寸：2.95×4.35(W×H) mm。

LCD1602 引脚功能如表 25.1 所示，其信号真值表如表 25.2 所示。

表 25.1 LCD1602 引脚功能

编号	符号	引脚功能	编号	符号	引脚功能
1	VSS	电源地	9	DB2	DataI/O
2	VDD	电源正极	10	DB3	DataI/O
3	VL	液晶显示偏压信号	11	DB4	DataI/O
4	RS	数据指令选择端	12	DB5	DataI/O
5	R/W	读/写选择端	13	DB6	DataI/O
6	E	使能信号	14	DB7	DataI/O
7	DB0	DataI/O	15	BLA	背光源正极
8	DB1	DataI/O	16	BLK	背光源负极

表 25.2 信号真值表

RS	R/W	E	功能
0	0	下降沿	写指令代码
0	1	高电平	读状态和 AC 值
1	0	下降沿	写数据
1	1	高电平	读数据

其中，控制线主要有 4 根。

①RS：数据指令选择端，当 RS=0 时，写指令；当 RS=1 时，写数据。

②R/W：读/写选择端，当 RW=0 时，写指令/数据；当 RW=1 时，读状态/数据。

③EN：使能端，下降沿使指令数据生效。

④DB[7：0]：8 个并行数据口。

(2)LCD1602 操作时序图。

①读操作时序如图 25.10 所示。

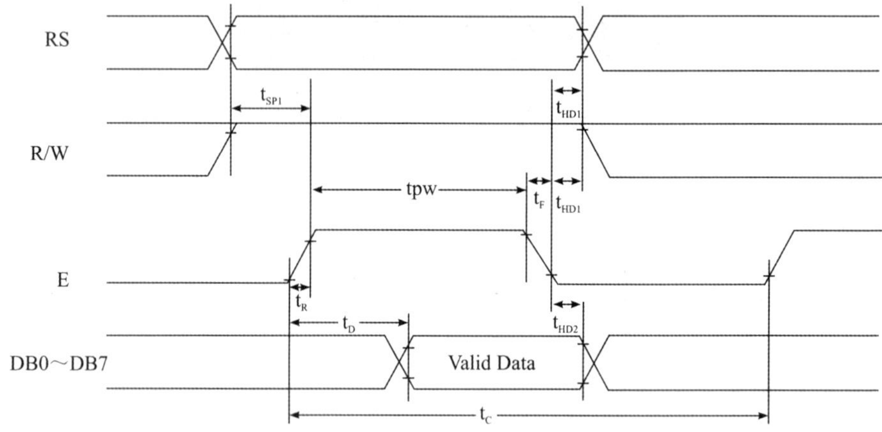

图 25.10 LCD1602 读操作时序图

②写操作时序如图 25.11 所示。

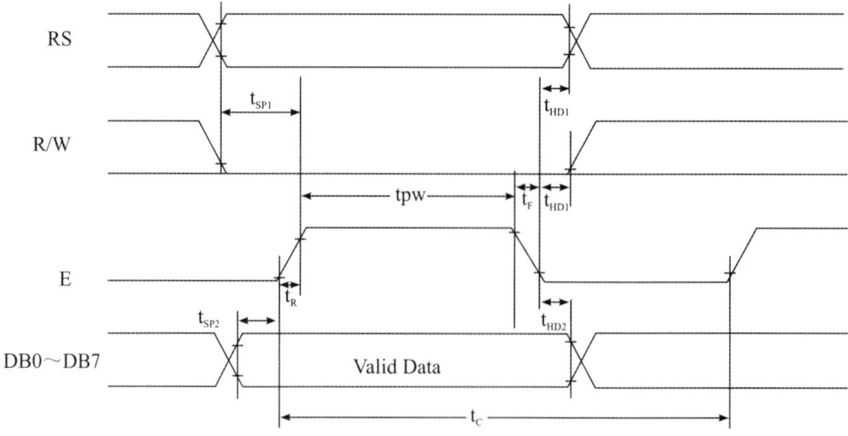

图 25.11 LCD1602 写操作时序图

(3)LCD1602 控制指令系统。

①清屏。

RS	RW	DB7	DB6	DB5	DB4	DB3	DB2	DB1	DB0
0	0	0	0	0	0	0	0	0	1

功能:清除 DDRAM 和 AC 值。

②归位。

RS	RW	DB7	DB6	DB5	DB4	DB3	DB2	DB1	DB0
0	0	0	0	0	0	0	0	1	*

功能：AC=0,光标、画面回到 HOME 位。

③输入方式设置。

RS	RW	DB7	DB6	DB5	DB4	DB3	DB2	DB1	DB0
0	0	0	0	0	0	0	1	I/D	S

功能:设置光标、画面移动方式。

其中,I/D=1 表示数据读/写操作后,AC 自动增 1;

I/D=0 表示数据读/写操作后,AC 自动减 1;

S=1 表示数据读/写操作,画面平移;

S=0 表示数据读/写操作,画面不动。

④显示开关控制。

RS	RW	DB7	DB6	DB5	DB4	DB3	DB2	DB1	DB0
0	0	0	0	0	0	1	D	C	B

功能:设置显示、光标及闪烁的开关状态。

其中,D 表示显示开关,D=1 为开,D=0 为关;

C 表示光标开关,C=1 为开,C=0 为关;

B 表示闪烁开关,B=1 为开,B=0 为关。

⑤光标画面位移。

RS	RW	DB7	DB6	DB5	DB4	DB3	DB2	DB1	DB0
0	0	0	0	0	1	S/C	R/L	*	*

功能:光标画面移动,不影响 DDRAM。

其中,S/C=1 时,画面平移一个字符位;

S/C=0 时,光标平移一个字符位;

R/L=1 时,右移;

R/L=0 时,左移。

⑥功能设置。

RS	RW	DB7	DB6	DB5	DB4	DB3	DB2	DB1	DB0
0	0	0	0	1	DL	N	F	*	*

功能:工作方式设置(初始化指令)。

其中,DL=1 表示 8 位数据接口;

DL=0 表示 4 位数据接口;

N=1 表示两行显示;

N=0 表示一行显示;

F=1 表示 5×10 点阵字符;

F=0 表示 5×7 点阵字符。

⑦CGRAM 地址设置。

RS	RW	DB7	DB6	DB5	DB4	DB3	DB2	DB1	DB0
0	0	0	1	A5	A4	A3	A2	A1	A0

功能:设置 CGRAM 地址。A5~A0=0~3FH。

⑧DDRAM 地址设置。

RS	RW	DB7	DB6	DB5	DB4	DB3	DB2	DB1	DB0
0	0	N	A6	A5	A4	A3	A2	A1	A0

功能:设置 DDRAM 地址。A5~A0=0~3FH。

其中,N=0 表示一行显示 A6~A0=0~4FH。N=1 表示两行显示,首行有效地址为 A6~A0=0~2FH;次行有效地址为 A6~A0=40~67H。

⑨读 BF 及 AC 值。

RS	RW	DB7	DB6	DB5	DB4	DB3	DB2	DB1	DB0
0	1	BF	AC6	AC5	AC4	AC3	AC2	AC1	AC0

功能:读 BF 值和地址计数器 AC 值。

其中,BF=1 表示忙;

BF=0 表示准备好,此时,AC 值为最近一次地址设置(CGRAM 或 DDRAM)。

⑩写数据。

RS	RW	DB7	DB6	DB5	DB4	DB3	DB2	DB1	DB0
1	0	数据							

功能:根据最近设置的地址性质,将数据写入 DDRAM 或 CGRAM 内。

⑪读数据。

RS	RW	DB7	DB6	DB5	DB4	DB3	DB2	DB1	DB0
1	1	数据							

功能:根据最近设置的地址性质,从DDRAM或CGRAM中读出数据。

指令方面只讲解一下功能设置指令0x38与0x31的区别,即上述指令f。0x38:设置8位格式,两行显示,5×10点阵字符;0x31:设置8位格式,两行显示,5×7点阵字符。为什么要介绍0x31呢?一般单片机驱动LCD1602都是0x38的。由于一般的LCD1602都是VDD=5 V驱动的,而有些FPGA开发板上都是标准的3.3 V电压供电,这样会引起供电不足的问题。但经实验得知,当VDD=3.3 V时,功能设置指令写入0x38,LCD1602显示很暗,看不到显示内容,进而改为0x31,只显示一行,LCD1602就能正常显示了。其他详细指令请查看相关数据手册。

FPGA驱动LCD1602,主要是通过同步状态机模拟单片机的指令来驱动LCD1602,由并行模拟单步执行,状态过程就是先初始化LCD1602,然后写地址,最后写入显示数据。

首先,用时钟管理满足LCD1602模块的驱动时序。如果用FPGA外接的100 MHz时钟直接驱动液晶模块是不行的,要对FPGA时钟进行分频,或者计数延时降低信号频率后使能驱动。本实验采用的是计数延时使能驱动,代码中通过计数器定时得出led_clk_en信号驱动。要注意的是,不同厂家生产的LCD1602的时序延时都不同,但大多数都是微秒级的,本实验采用的是间隔500 ns使能驱动,延时长一些比较可靠,在调试过程中可以自行尝试修正。

对液晶模块进行初始化设置,主要是通过以下4条指令配置:

①功能设置Mode_Set:8'h31;

②显示开关及光标设置Cursor_Set:8'h0c;

③显示地址设置Address_Set:8'h06;

④清屏设置Clear_set:8'h01。

初始化完成后,还需要写入地址。第一行初始地址为8'h80,第二行初始化地址为8'h80+8'h40=8'hc0。这里RS=0,并且写完地址后,EN下降沿使能。

写入地址后,就可以显示字符了。需要注意的是,LCD1602写入设置地址指令8*h06后,地址是随每写入一个数据后,默认自加1的。一定要把握实验数据是要显示哪个位置,而LCD1602写入地址后,默认地址会自动加1。这里RS=1,并且写完数据后,EN下降沿使能。

2.3 点阵OLED控制器设计

OLED(organic light-emitting diode),有机发光半导体显示技术,具有自发光、广视角、反应快等特点,这项技术正在高速发展。OLED驱动芯片为SSD1306 OLED驱动控制器,其引脚功能如表25.3所示。

表 25.3　SSD1306 引脚功能

名称	功能
V_{CC}	电源
D0	SCL,SPI 的时钟
D1	SDA,SPI 的数据
RES	复位
D/C	数据/指令标志

SSD1306 启动时序如图 25.12 所示。

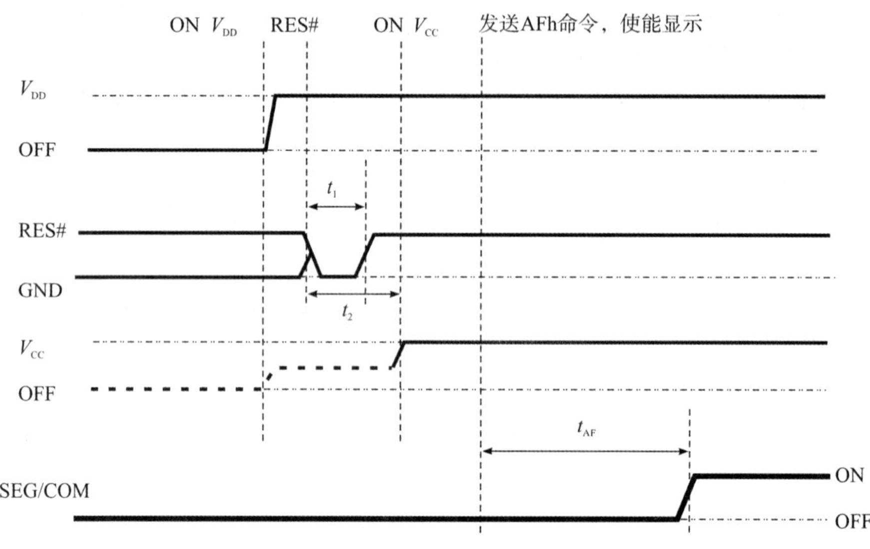

图 25.12　SSD1306 启动时序

芯片可以使用 SPI 模式或者 8080 并行模式传输数据,这里使用四线 SPI 模式。其中,D/C 引脚用来表示传输的是数据还是指令。D/C 为高电平时,表示传输的是数据;D/C 为低电平时,表示传输的是指令。

SSD1306 数据和指令传输时序如图 25.13 所示。

SSD1306 常见指令如表 25.4 所示。

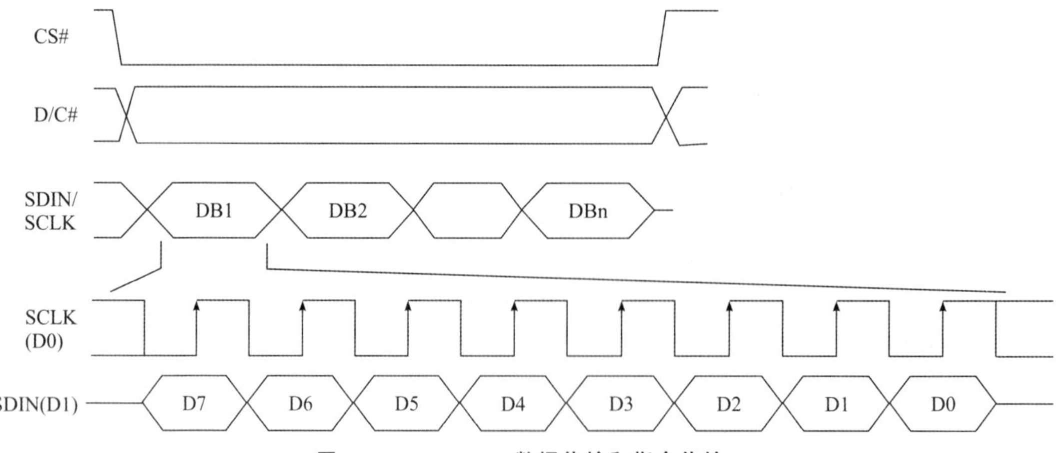

图 25.13　SSD1306 数据传输和指令传输

表 25.4　SSD1306 常用指令列表

功能	Hex	D7～D0	描述
显示开关	AE/AF	1010_111A	A 为 0 时,表示显示关; A 为 1 时,表示显示开
颜色反转	A6～A7	1010_010A	A 为 0 时,表示正常显示; A 为 1 时,表示反转
设置显示时钟	D5 A[7:0]	1101_0101 A7～A0	A[3:0]设置了分频的比率; 分频比率=A[3:0]+1; A[7:4]设置了振荡器的时间
设置电泵	8D A[7:0]	1000_1101 **01——0A00	A 为 0 时,关闭电泵; A 为 1 时,打开电泵
设置起始行地址	40～7F	01AA_AAAA	设置寄存器起始地址 0～63
设置存储器模式	20 A[2:0]	0010——0000 ****——**AA	AA 用于选择模式: 00 行模式 01 列模式 10 页模式 11 无效
设置页坐标	B0～B7	1011_0AAA	设置页起始地址 0～7
设置列坐标(高位)	10～1F	0001_AAAA	设置页模式的起始列地址高 4 位
设置列坐标(低位)	00～0F	0000_AAAA	设置页模式的起始列地址低 4 位

选择页模式进入写入数据,如图 25.14 所示。页模式下,128×64 被分为 128×8×8,即纵坐标一共只有 1～8,横坐标从 1 到 128,每次写入 8 位数据。

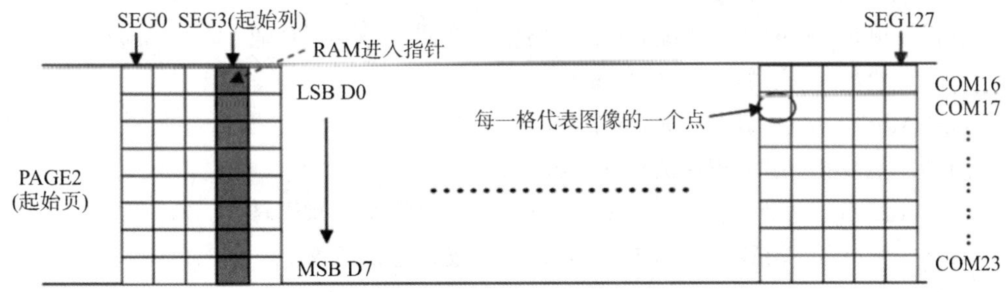

图 25.14　SSD1306 页模式数据存储

3　实验仪器

(1)登录终端 1 台(台式计算机或笔记本电脑等)。

(2)在线实验平台。

(3*)带开发工具的计算机 1 台。

4 实验内容

4.1 第1关 UART 协议实例

提供一个 UART 的回环实例。整个程序框图如图 25.15 所示，分为顶层 uart_top、发送模块 uart_tx、接收模块 uart_rx，以及时钟产生模块 clk_div。uart_rx 将收到的包解析出 8 位的数据，再传送给 uart_tx 发出，形成回环。参考时钟频率为 100 MHz。波特率设定为 9600 bps。在这个例子中，使用最简单的串口设置，没有校验位。模块提供了顶层接口，包括对外数据通路 rx、tx，以及外部的时钟输入。

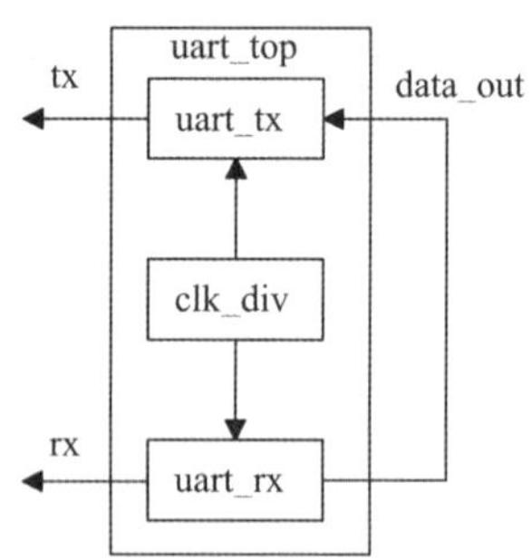

图 25.15 UART 传输时序

4.1.1 挑战 1 新建工程

请在"/data/workspace/lab25"目录下建立"project_1"项目。

4.1.2 挑战 2 添加顶层文件 uart_top.v

点击"Add Sources"新建"uart_top.v"文件，参考附件输入源代码。

4.1.3 挑战 3 添加模块文件 uart_rx.v

点击"Add Sources"新建"uart_rx.v"文件，参考附件输入源代码。

4.1.4 挑战 4 添加模块文件 uart_tx.v

点击"Add Sources"新建"uart_tx.v"文件，参考附件输入源代码。

4.1.5 挑战 5 添加模块文件 clk_div.v

点击"Add Sources"新建"clk_div.v"文件，参考附件输入源代码。

4.1.6 挑战 6 设置引脚约束，下载到开发板并观察现象

将程序下载到 EGO1 的 FPGA 芯片上，芯片型号为 xc7a35tcsg324-1。串口信号引脚分配见表 25.5。在电脑上打开设备管理器，查看 EGO1 板对应的端口号，如 USB Serial Port(Com6)。注意：每台电脑端口号不一样。再在电脑上打开串口调试助手，将串口号设置为刚才查看到的端口号，波特率设置为 9600 bps，在发送窗口输入字符，点击发送。可以看到接收与发送的字符相同，说明串口接收和发送成功。

表 25.5　串口信号引脚分配表

名称	原理图标号	FPGA 引脚
uart_rx	uart_rx	T4(FPGA 串行口发送端)
uart_tx	uart_tx	N5(FPGA 串行口接收端)

4.2　第 2 关　SPI 控制器模块实例

实现一个基于 Verilog 的 SPI 主机模块，该模块工作在 SPI 的模式 0。在这里，用 100 MHz 的时钟分频产生了一个 1 MHz 的 SCK 时钟，并将它作为程序的主时钟。

4.2.1　挑战 1　新建工程

请在"/data/workspace/lab25"目录下建立"project_2"项目。

4.2.2　挑战 2　添加模块文件 spi_master.v

点击"Add Sources"新建"spi_master.v"文件，参考附件输入源代码。

4.2.3　挑战 3　编写激励仿真

请按照图 25.16 仿真波形的需求，在"project_2"项目中添加仿真代码，实现图 25.16 仿真波形的输出，并检查无误。

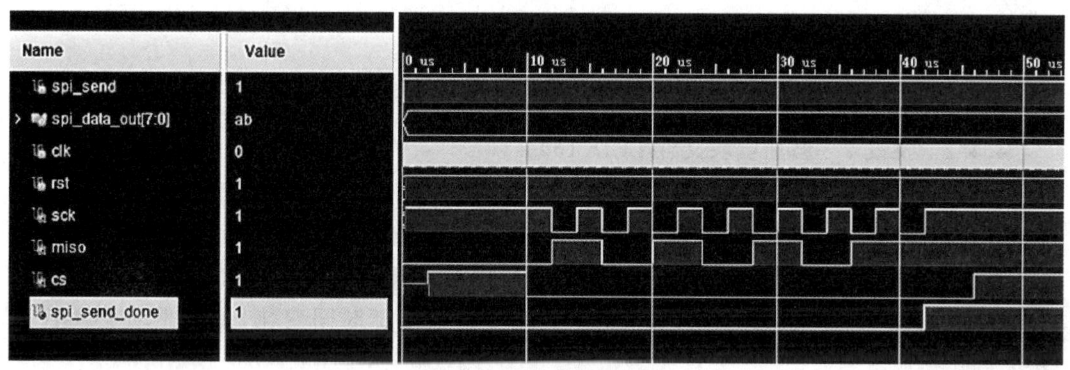

图 25.16　SPI 仿真波形图

4.2.4　挑战 4　评测

(1)鼠标停在左上角的"代码文件"，在弹出的文件列表中点击"spi_master.v"，对比挑战 2 中的代码文件，补全代码。

(2)鼠标停在左上角的"代码文件"，在弹出的文件列表中点击"spi_master_tb.v"，对比挑战 3 中的仿真波形，补全代码。

4.3　第 3 关　I2C 模块设计实例

本关实现一个 I2C 的发送程序的 testbench 仿真文件。该文件可用来仿真，如果需要加在程序内，则要注意仅在仿真文件有用的语句是不能被综合的。由于只是示例，所以程序中只发送一次 I2C。

4.3.1 挑战 1 I2C 发送程序仿真文件

鼠标停在左上角的“代码文件”，在弹出的文件列表中点击“I2C_tb.v”，参考附件输入源代码。

4.3.2 挑战 2 对照激励仿真

仿真波形如图 25.17 所示，可以看到 SDA 在 SCL 为高电平时被拉低，表示传输开始。在传输了 8 个数据后，SCL 拉高，表示传输结束。

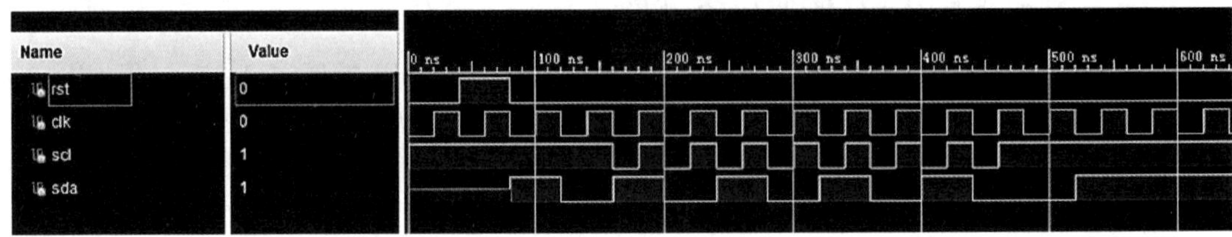

图 25.17 I2C 仿真波形

4.4 第 4 关 字符型液晶模块显示实例

以下实验例程运行在 EGO1 的 FPGA 芯片上，具体型号为 xc7a35tcsg324-1，该程序实现一个动态的计时显示。计时间隔为 1 s，从 00～99 计时[注意：V_{CC}接 3.3 V，V_{SS}接地，V_L（或者 V_O）接地]。

4.4.1 挑战 1 新建工程

请在“/data/workspace/lab25”目录下建立“project_4”项目。

4.4.2 挑战 2 添加模块文件 LCD_1602.v

点击“Add Sources”新建“LCD_1602.v”文件，参考附件输入源代码。

4.4.3 挑战 3 设置引脚约束，下载到开发板并观察现象

将程序下载到 EGO1 的 FPGA 芯片上，芯片型号为 xc7a35tcsg324-1。注意引脚约束。可以看到 LCD1602 屏幕上显示“cnt：* * ”字符，* * 数字随时间变化，说明驱动 LCD1602 成功。

4.5 第 5 关 SSD1306 OLED 显示实例

本例只给出了程序的主干部分，SPI 程序请参考第 2 关。

4.5.1 挑战 1 新建工程

请在“/data/workspace/lab25”目录下建立“project_5”项目。

4.5.2 挑战 2 添加模块文件 oled_init.v

点击“Add Sources”新建“oled_init.v”文件，参考附件输入源代码。

4.5.3 挑战 3 添加模块文件 oled_write_data.v

点击“Add Sources”新建“oled_write_data.v”文件，参考附件输入源代码。

4.5.4 挑战 4 添加模块文件 oled_clear.v

点击“Add Sources”新建“oled_clear.v”文件，参考附件输入源代码。

4.5.5 挑战 5 添加顶层文件 oled_top.v

点击“Add Sources”新建“oled_top.v”文件，参考附件输入源代码。

4.5.6　挑战 6　设置引脚约束,下载到开发板并观察现象

将程序下载到 EGO1 的 FPGA 芯片(芯片型号为 xc7a35tcsg324-1,注意引脚约束)上,可以看到液晶屏幕上显示字符,字符在屏幕上飘动,说明驱动液晶屏成功。

5　能力拓展

(1)LCD 显示学号。

将自己的学号显示在 LCD 上。在修改完程序后,将其下载至板卡上并运行。

(2)电脑 UART 串口控制 OLED 显示。

将板卡 UART 串口连接电脑,从电脑上发送字母到 OLED 上进行显示。要求:除了字母外还要有回车换行、退格指令及清屏指令。

实验二十六　XADC 模块运用

1　实验目的及学习要求

1.1　实验目的

(1)了解 XADC 模块的原理及 Verilog HDL 实现方式。
(2)培养科学精神、工匠精神、系统观及规矩意识。

1.2　学习要求

(1)课前预习,了解 XADC 模块的原理及 Verilog HDL 实现方式。
(2)课后复习,掌握 XADC 模块的原理及 Verilog HDL 实现方式。

2　实验原理

为了提高系统集成度,Xilinx 的 7SeriesFPGA 器件内部都集成了一个模数转换器(analog-to-digital converter),以下简称 XADC。下面围绕 XADC 原理、寄存器、时序等相关内容进行介绍。

2.1　XADC 介绍

2.1.1　XADC 总览

XADC 包括双 12 位、每秒 1 兆采样(mega samples per second, MSPS)ADC 和片上传感器。ADC 和传感器是定制的并经过全面测试。ADC 为各种应用提供通用、高精度模拟互通系统。图 26.1 所示为 XADC 的框图。

XADC 包括多个片上传感器,这些传感器支持对片上电源电压和芯片温度的测量。ADC 转换数据存储在名为状态寄存器的专用寄存器中,这些寄存器可通过 FPGA 互联(FPGA interconnect)使用动态重配置端口(dynamic reconfiguration port, DRP)的 16 位同步读写端口访问。在配置之前(预配置)或配置之后,也可以通过 JTAG TAP 访问 ADC 转换数据。对于 JTAG TAP,不需要实例化 XADC,因为它是使用现有 FPGA JTAG 基础架构的专用接口。如果在设计中未实例化 XADC,则该设备将以预定义模式(称为默认模式)运行,该模式监视芯片上的温度和电源电压。

可以通过使用 DRP 或 JTAG 接口写入控制寄存器来定义 XADC 操作。在设计中使用

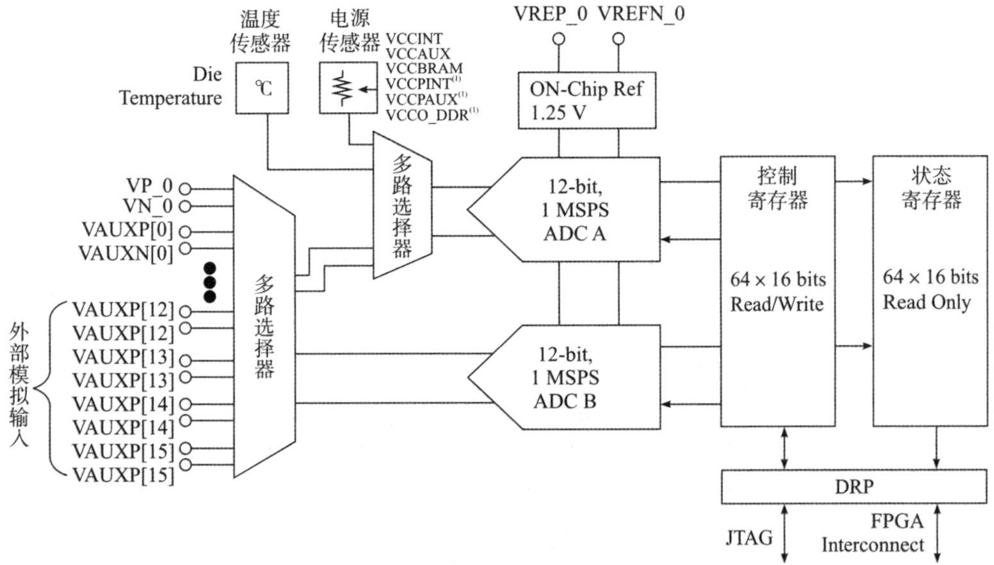

图 26.1　XADC 框图

块属性(block)实例化 XADC 时,也可以初始化这些寄存器的内容。

2.1.2　XADC 引脚要求

(1)专用封装引脚。

所有 XADC 专用引脚都位于 bank 0 中,因此在包文件名中带有_0 后缀。图 26.2 所示是 XADC 的基准引脚配置要求,有两种建议的配置。在左侧,XADC 由 VCCAUX(1.8 V)供电,并使用外部 1.25 V 基准电压源。外部基准在精度和热漂移方面提供最佳性能。铁氧体磁珠用于隔离模拟电路和系统接地的接地参考。用于 VCCAUX 电源的附加低通滤波器将同样改善 ADC 性能。共享或公共接地阻抗是将不必要的噪声引入模拟电路的最常见情况。

对于 ADC,也可以使用片内基准电压源。要使能片上基准源,必须将 VREFP 引脚接地,如图 26.2 右侧所示。如果只需要基本的片上热量和电源监控,则使用片上基准电压源可提供良好的性能。表 26.1 列出了与 XADC 封装引脚。

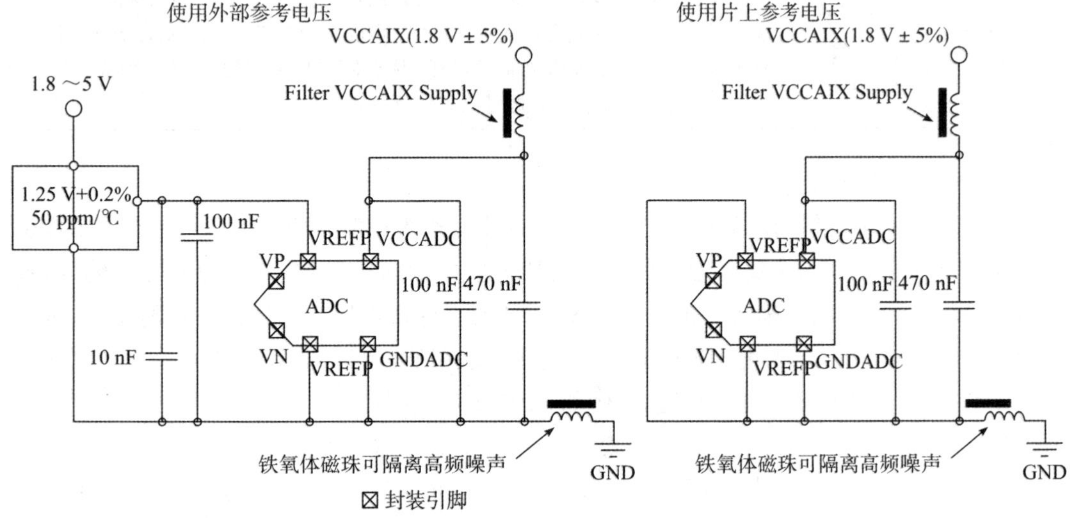

图 26.2　XADC 的基准引脚配置

表 26.1　XADC 封装引脚

引脚名称	类型	描述
VCCADC_0	电源	这是 XADC 中 ADC 和其他模拟电路的模拟电源引脚。它可以连接到 1.8 V VCCAUX 电源。但是,在混合信号系统中,电源应连接到单独的 1.8 V 模拟信号(如果有)。该引脚绝对不能连接到 GND。即使不使用 XADC,该引脚也应连接到 VCCAUX
GNDADC_0	电源	这是 XADC 中 ADC 和其他模拟电路的接地参考引脚。它可以通过一个隔离的铁氧体磁珠连接到系统接地,如图 26.2 所示。在混合信号系统中,该引脚应连接到模拟接地层(如果可用),在这种情况下,不需要铁氧体磁珠。即使不使用 XADC,该引脚也应始终连接到 GND
VREFP_0	参考电压输入	该引脚可以连接到外部 1.25 V 精确基准 IC(12 位精度为±0.2%或±9 LSB),以实现 ADC 的最佳性能。应将其与VREFN信号一起提供 1.25 V 差分电压作为模拟信号。通过将该引脚连接到 GNDADC(见图 26.2),可以激活片上基准源(12 位精度为±1%或±41 LSB)。如果未提供外部基准,则该引脚应始终连接到 GNDADC
VREFN_0	参考电压输入	该引脚应与外部 1.25 V 精确基准 IC(±0.2%)的 GND 引脚相连,以实现 ADC 的最佳性能。应将其与VREFP信号一起提供 1.25 V 差分电压作为模拟信号。即使未提供外部基准,该引脚也应始终连接到 GND
VP_0	专用模拟输入	这是专用差分模拟输入通道(VP/VN)的正输入端子。模拟输入通道非常灵活,并支持多种模拟输入信号类型。如果不使用此引脚,则应将其连接到 GND
VN_0	专用模拟输入	这是专用差分模拟输入通道(VP/VN)的负输入端子。模拟输入通道非常灵活,并支持多种模拟输入信号类型。如果不使用此引脚,则应将其连接到 GND
_AD0P_至_AD15P_	辅助模拟输入/数字 I/O	这些是多功能引脚,可以支持模拟输入或可用作常规数字 I/O(见图 26.1)。这些引脚最多支持差分辅助模拟输入通道(VAUXP/VAUXN)的 16 个正输入端子。模拟输入通道非常灵活,并支持多种模拟输入信号类型。当不用作模拟输入时,这些引脚可以用作常规数字 I/O
AD0N_至_AD15N_	辅助模拟输入/数字 I/O	这些是多功能引脚,可以支持模拟输入或可用作常规数字 I/O(见图 26.1)。这些引脚最多支持差分辅助模拟输入通道(VAUXP/VAUXN)的 16 个负输入端子。模拟输入通道非常灵活,并支持多种模拟输入信号类型。当不用作模拟输入时,这些引脚可以用作常规数字 I/O

(2)外部模拟输入。

除了单个专用模拟输入对(VP/VN)外,外部模拟输入还使用两用 I/O。在设计中实例化 XADC 时,这些 FPGA 数字 I/O 分别被设置为模拟输入,它们被称为辅助模拟输入,最多可提供 16 个辅助模拟输入。通过将 XADC 基元上的模拟输入连接到设计的顶层,可以启用辅助模拟输入。当启用为模拟输入时,这些封装引脚不可用作数字 I/O。也可以通过 JTAG TAP 启用辅助模拟输入预配置(例如,用于 PCB 诊断)。

所有模拟输入通道都是差分的,需要两个封装引脚。辅助模拟输入通常在 bank 15 和 bank 35 上平均分配。具有模拟功能的 I/O 在软件包文件的 I/O 名称上具有 ADxP 或

ADxN 后缀。例如，辅助模拟输入通道 8 具有关联的封装引脚名称，以 AD8P 和 AD8N 结尾。辅助模拟输入具有固定的封装引脚，不能移动。当 XADC 在设计中实例化时，可以在 I/O 组中启用任意数量的辅助模拟输入，并将剩余的输入用作数字 I/O。辅助模拟输入在设计的最高级别上连接，不需要任何指定的约束或引脚位置。

2.1.3　实例化 XADC

如前所述，在设计中无须实例化 XADC 即可访问片上监控功能。但是，如果在设计中未实例化 XADC，则访问此信息的唯一方法是通过 JTAG 测试访问端口（TAP）。为了允许从 FPGA 逻辑访问状态寄存器（测量结果），必须实例化 XADC。

(1)XADC 端口。

图 26.3 所示是 XADC 模块的端口，表 26.2 描述了这些端口的功能。

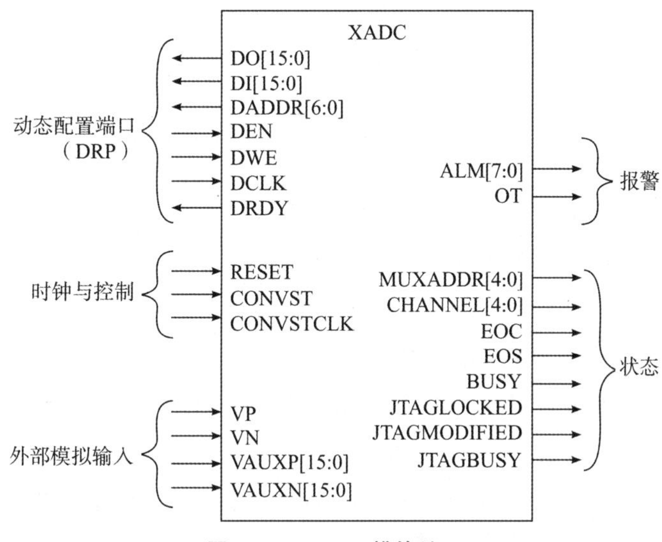

图 26.3　XADC 模块端口

表 26.2　XADC 端口功能描述

端口	I/O	描述
DI[15:0]	输入	DRP 的输入数据总线(1)
DO[15:0]	输出	DRP 的输出数据总线(1)
DADDR[6:0]	输入	DRP 的地址总线(1)
DEN(2)	输入	DRP 的启用信号(1)
DWE(2)	输入	DRP 的写使能(1)
DCLK	输入	DRP 的时钟输入(1)
DRDY(2)	输出	DRP 的数据就绪信号(1)
RESET(2)	输入	XADC 控制逻辑的异步复位信号。当 DCLK 停止时，RESET 将与 DCLK 或内部配置时钟同步解除置位
CONVST(3)	输入	转换开始输入。该输入控制 ADC 输入上的采样时刻，并且仅用于事件模式时序。此输入来自 FPGA 逻辑中的通用互连

续表

端口	I/O	描述
CONVSTCLK(3)	输入	转换启动时钟输入。该输入连接到时钟网络。与 CONVST 一样,该输入控制 ADC 输入上的采样时刻,并且仅在事件模式时序中使用。此输入来自 FPGA 逻辑中的本地时钟分配网络。因此,为了更好地控制采样时刻(延迟和抖动),可以将全局时钟输入用作 CONVST 源
VP,VN	输入	一对专用的模拟输入对。XADC 具有一对专用的模拟输入引脚,它们提供差分模拟输入。使用 XADC 功能进行设计但不使用 VP 和 VN 的专用外部通道进行设计时,应将 VP 和 VN 都连接到模拟地
VAUXP[15:0],VAUXN[15:0]	输入	16 个辅助模拟输入对。除了专用的差分模拟输入外,XADC 还可以通过将数字 I/O 配置为模拟输入来访问 16 个差分模拟输入,也可以通过 JTAG 端口启用这些输入的预配置
ALM[0](2)	输出	温度传感器警报输出
ALM[1](2)	输出	VCCINT 传感器警报输出
ALM[2](2)	输出	VCCAUX 传感器警报输出
ALM[3](2)	输出	VCCBRAM 传感器警报输出
ALM[4](4)	输出	VCCPINT 传感器警报输出
ALM[5](4)	输出	VCCPAUX 传感器警报输出
ALM[6](4)	输出	VCCO_DDR 传感器警报输出
ALM[7](2)	输出	总线 ALM [6:0]的逻辑或输出,可用于标记任何警报的发生
OT(2)	输出	过热报警输出
MUXADDR[4:0]	输出	这些输出在外部多路复用器模式下使用。它们提供了外部多路复用器的通道地址
CHANNEL[4:0]	输出	通道选择输出。在当前 ADC 转换结束时,选择放置输出的 MUX 通道
EOC(2)	输出	转换信号结束。当将测量值写入状态寄存器时,此信号在 ADC 转换结束时转换为高电平有效
EOS(2)	输出	序列结束。当将自动通道序列中最后一个通道的测量数据写入状态寄存器时,此信号将转换为高电平有效
BUSY(2)	输出	ADC 忙信号。在 ADC 转换期间,该信号变为高电平。在 ADC 或传感器校准期间,此信号还会在很长一段时间内转变为高电平
JTAGLOCKED(2)	输出	表示 JTAG 接口已经发出了 DRP 端口锁定请求。此信号还用于指示 DRP 已准备好进行访问(当处于低电平时)
JTAGMODIFIED(2)	输出	用于指示已发生对 DRP 的 JTAG 写入
JTAGBUSY(2)	输出	用于指示正在进行 JTAG DRP 事务

注意事项:

(1)DRP 是 XADC 和 FPGA 之间的接口,可以使用该接口从 FPGA 逻辑访问所有 XADC 寄存器。

(2)高电平有效信号。

(3)上升沿触发信号。

(4)仅在 Zynq-7000 SoC 器件上可用。

(2)XADC 属性。

控制寄存器是一组 32 个 16 位寄存器,可以通过 DRP 或 JTAG 端口读写这些寄存器。在 FPGA 的配置过程中,还可以初始化这些寄存器的内容。配置完成后,XADC 可以以自定义的模式开始运行。与 XADC 模块关联的 32 个属性允许自定义初始化这些寄存器。这 32 个属性(表 26.3)称为 INIT_xx,其中 xx 对应于 DRP 上寄存器的十六进制地址。例如,INIT_40 对应于 DRP 上地址 40h 处的第一个控制寄存器。

表 26.3 XADC 模块属性

属性	名字	控制寄存器地址	描述
INIT_40	配置寄存器 0	40h	XADC 配置寄存器
INIT_41	配置寄存器 1	41h	
INIT_42	配置寄存器 2	42h	
INIT_43 至 INIT_47	测试寄存器	43h 至 47h	XADC 测试寄存器仅供出厂使用,默认初始化为 0000h
INIT_48 至 INIT_4F	序列寄存器	48h 至 4Fh	用于对 XADC 通道序列发生器功能进行编程的序列寄存器
INIT_50 至 INIT_5F	报警限制寄存器	50h 至 5Fh	XADC 警报功能的警报阈值寄存器

XADC 模块还具有一个称为 SIM_MONITOR_FILE 的属性,该属性指向模拟激励文件,是支持仿真所必需的。此属性指向包含模拟信息(例如,温度和电压)的文本文件的路径和文件名。在仿真过程中,UNISIM 和 SIMPRIM 模型使用此文本文件。这是将模拟信号引入 XADC 仿真的唯一方法。

(3)XADC 实例化示例。

实例化 XADC 涉及将所需的 I/O(包括模拟输入)连接到设计,并初始化控制寄存器以在配置后定义 XADC 操作,也可以在设备配置后通过 DRP 写入控制寄存器。下面提供了使用 Verilog 进行 XADC 实例化的简短示例。

先初始化控制寄存器,然后将所需的 XADC I/O 连接到设计。该软件可以正确绑定模块上未连接的 I/O。此设计假定 DCLK 使用外部 100 MHz 时钟,并且 XADC 配置为监视温度、电源电压,在超出安全限制时激活警报。

```
XADC #(
                //初始化 XADC 控制寄存器
.INIT_40(16'h9000),// 校准系数平均禁用
                //为外部通道选择 16 个数据进行平均
.INIT_41(16'h2ef0),// 连续顺序模式,禁用未使用的 ALM
                //启用校准
.INIT_42(16'h0400),// 将 DCLK 分频器设置为 4,ADC=1 msps,DCLK=100 MHz
.INIT_48(16'h4701),// 顺序通道-启用温度传感器,VCCINT,VCCAUX,VCCBRAM 和
```

校准

```
.INIT_49(16'h000f),// 顺序通道-启用辅助模拟通道 0~3
.INIT_4A(16'h4700),// 为温度传感器,VCCINT,VCCAUX,VCCBRAM 启用平均功能
.INIT_4B(16'h0000),// 外部通道不启用平均
.INIT_4C(16'h0000),// 顺序通道单极性/双极性选择
.INIT_4D(16'h0000),// 顺序通道单极性/双极性选择
.INIT_4E(16'h0000),// 顺序通道采样建立时间选择
.INIT_4F(16'h0000),// 顺序通道采样建立时间选择
.INIT_50(16'hb5ed),// 温度上限警报触发 85 ℃
.INIT_51(16'h5999),// VCCINT 警报上限 1.05 V
.INIT_52(16'hA147),// VCCAUX 警报上限 1.89 V
.INIT_53(16'h0000),// OT 警报上限 125 ℃(使用自动关机)
.INIT_54(16'ha93a),// 温度下限警报重置 60 ℃
.INIT_55(16'h5111),// VCCINT 警报下限 0.95 V
.INIT_56(16'h91Eb),// VCCAUX 警报下限 1.71 V
.INIT_57(16'hae4e),// OT 下限警报复位 70 ℃
.INIT_58(16'h5999),// VCCBRAM 警报上限 1.05 V
.INIT_5C(16'h5111),// VCCBRAM 警报下限 0.95 V
.SIM_MONITOR_FILE("sensor_input.txt")
                //模拟激励文件,用于模拟的模拟输入值
)
XADC_INST(//连接实例 I/O,有关端口说明,请参见 UG480
.CONVST(GND_BIT),// 未使用
.CONVSTCLK(GND_BIT),//未使用
.DADDR(DADDR_IN[6:0]),
.DCLK(DCLK_IN),
.DEN(DEN_IN),
.DI(DI_IN[15:0]),
.DWE(DWE_IN),
.RESET(RESET_IN),
.VAUXN(aux_channel_n[15:0]),
.VAUXP(aux_channel_p[15:0]),
.ALM(alm_int),
.BUSY(BUSY_OUT),
.CHANNEL(CHANNEL_OUT[4:0]),
.DO(DO_OUT[15:0]),
.DRDY(DRDY_OUT),
.EOC(EOC_OUT),
```

```
.EOS(EOS_OUT),
.JTAGBUSY(),  // 未使用
.JTAGLOCKED(),  // 未使用
.JTAGMODIFIED(),  // 未使用
.OT(OT_OUT),
.MUXADDR(),  // 未使用
.VP(VP_IN),
.VN(VN_IN)
);
```

2.2 ADC 和传感器

2.2.1 ADC 模拟到数字转换器

ADC 的标称模拟输入范围为 0～1 V。在单极性模式(默认)下，当输入为 1 V 时，ADC 的模拟输入产生 FFFh(12 位)的满量程代码如图 26.4 左图所示。因此，单极性模式下 200 mV 的模拟输入信号产生并输出如下数据：

((0.2/1.0)×FFFh)＝819 or 333h

在双极性模式下，ADC 使用两个补码编码，并在输入＋0.5 V 时产生 7FFh 的满量程编码，在输入－0.5 V 时产生 800h 的满量程编码，如图 26.4 右图所示。

注意：ADC 始终产生 16 位转换结果。12 位数据对应于 16 位状态寄存器中的 12 个 MSB(最高有效)。未引用的 LSB 可通过平均或滤波来最小化量化影响或提高分辨率。

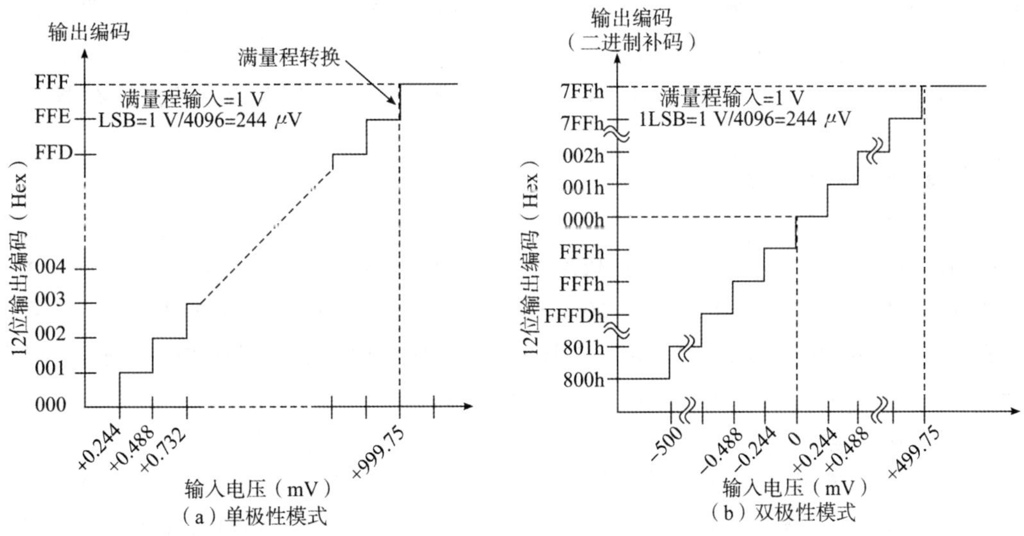

图 26.4 ADC 转换编码图

2.2.2 温度传感器

温度传感器由下面的公式给出传递函数：

$$\text{Temp}(℃)=\frac{\text{ADC 编码}\times 503.975}{4096}-273.15$$

温度转换编码如图 26.5 所示。

例如，ADC 编码 2423(977h)＝25 ℃。

温度传感器结果可在状态寄存器 00h 中找到。

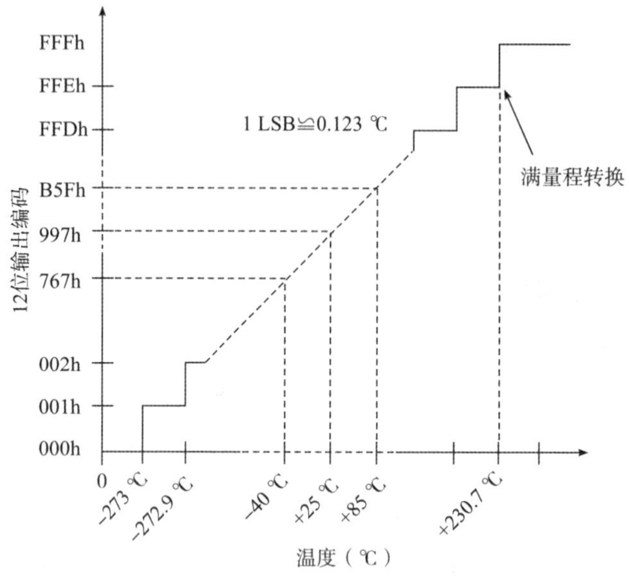

图 26.5　温度转换编码图

2.2.3　电源传感器

XADC 电源传感器具有传递函数，该函数可在 3 V 输入电压下生成 FFFh 的满量程 ADC 输出代码如图 26.6 所示。该电压超出了允许的电源范围，但是 FPGA 电源测量结果映射到了该测量范围。因此，VCCINT＝1 V 产生 1/3×4096≈1365＝555h 的输出代码。XADC 监视 VCCINT，VCCAUX 和 VCCBRAM。测量结果分别存储在状态寄存器 01h、02h 和06h 中。

2.2.4　XADC 寄存器

XADC 寄存器接口如图 26.7 所示。寄存器接口中的所有寄存器均可通过动态重配置端口(DRP)访问。可以通过 FPGA 逻辑端口或 JTAG TAP 访问 DRP。DRP 允许访问多达 128 个 16 位寄存器(DADDR [6:0]＝00h 至 7Fh)。前 64 个访问单元(DADDR [6:0]＝00h 至 3Fh)是只读的，并且包含 ADC 测量数据。这些寄存器称为状态寄存器。控制寄存器位于地址 40h 至 7Fh 处，并且可以通过 DRP 读取或写入。

(1)状态寄存器。

前 64 个地址单元(DADDR [6:0]＝00h 至 3Fh)包含只读状态寄存器。状态寄存器包含片上传感器和外部模拟通道的模数转换结果。所有传感器和外部模拟输入通道均具有唯一的通道地址，如表 26.4 所示。每个通道的测量结果都存储在状态寄存器中，状态寄存器在 DRP 上具有相同的地址。例如，ADC 多路复用器通道 0(温度传感器)上的模数转换结果存储在状态寄存器的地址 00h 中。ADC 多路复用器通道 1(VCCINT)的结果存储在地址 01h 中。状态寄存器还存储设备上电或 XADC 的上一次复位后为片上传感器记录的最大和最小测量值。8 定义了状态寄存器，寄存器每一位的具体说明详见 ug480_7Series_XADC.pdf。

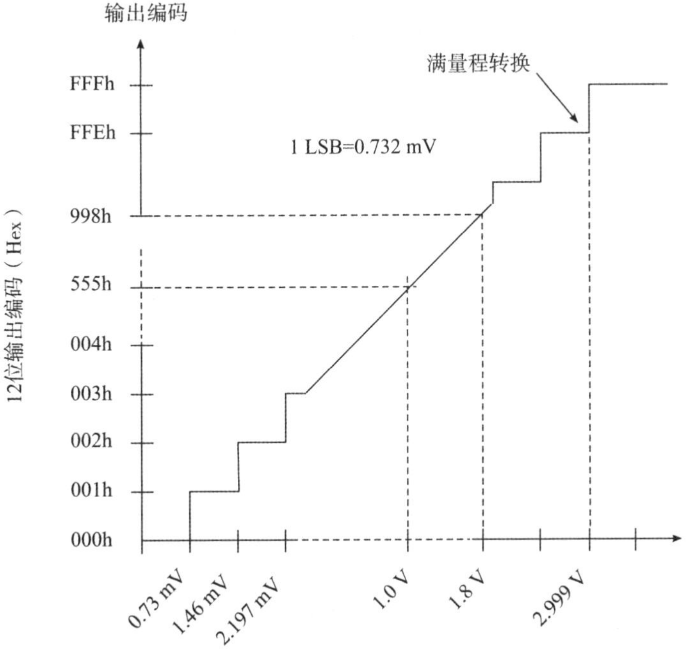

图 26.6　电源转换编码图

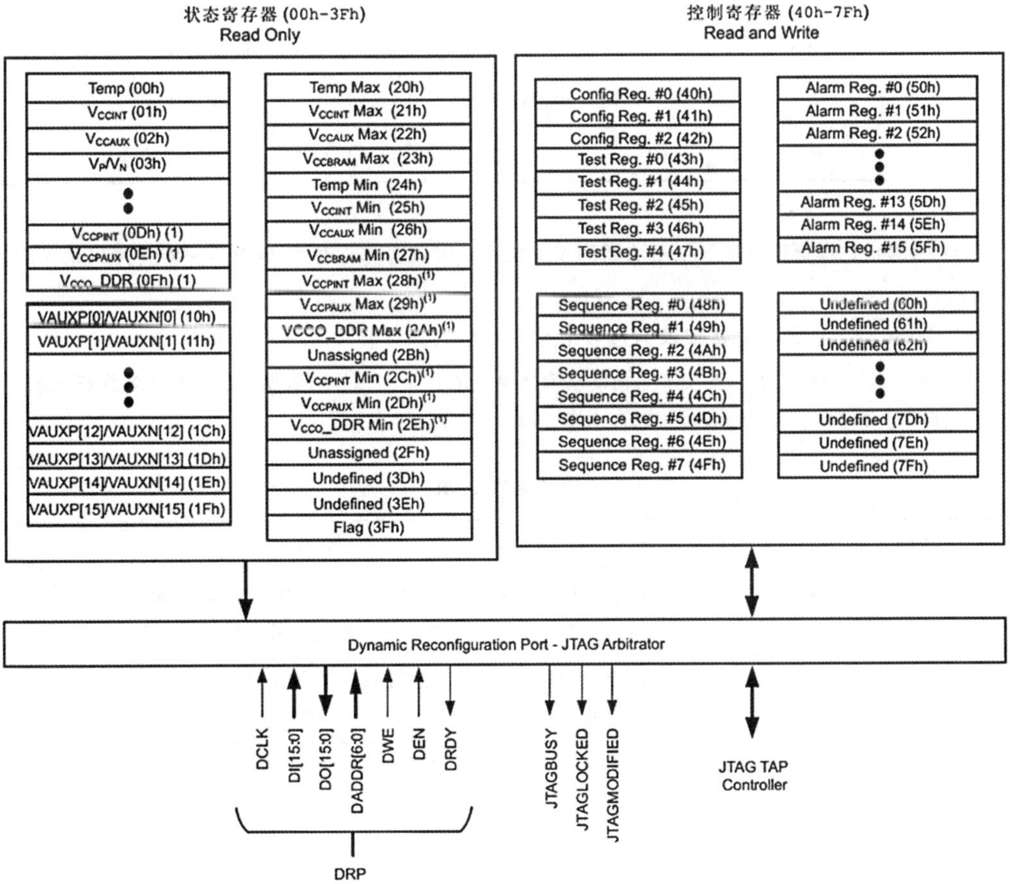

状态寄存器 (00h-3Fh)
Read Only

Temp (00h)
V_{CCINT} (01h)
V_{CCAUX} (02h)
V_P/V_N (03h)
V_{CCPINT} (0Dh) (1)
V_{CCPAUX} (0Eh) (1)
V_{CCO}_DDR (0Fh) (1)
VAUXP[0]/VAUXN[0] (10h)
VAUXP[1]/VAUXN[1] (11h)
VAUXP[12]/VAUXN[12] (1Ch)
VAUXP[13]/VAUXN[13] (1Dh)
VAUXP[14]/VAUXN[14] (1Eh)
VAUXP[15]/VAUXN[15] (1Fh)

Temp Max (20h)
V_{CCINT} Max (21h)
V_{CCAUX} Max (22h)
V_{CCBRAM} Max (23h)
Temp Min (24h)
V_{CCINT} Min (25h)
V_{CCAUX} Min (26h)
V_{CCBRAM} Min (27h)
V_{CCPINT} Max (28h)(1)
V_{CCPAUX} Max (29h)(1)
VCCO_DDR Max (2Ah)(1)
Unassigned (2Bh)
V_{CCPINT} Min (2Ch)(1)
V_{CCPAUX} Min (2Dh)(1)
V_{CCO}_DDR Min (2Eh)(1)
Unassigned (2Fh)
Undefined (3Dh)
Undefined (3Eh)
Flag (3Fh)

控制寄存器 (40h-7Fh)
Read and Write

Config Reg. #0 (40h)
Config Reg. #1 (41h)
Config Reg. #2 (42h)
Test Reg. #0 (43h)
Test Reg. #1 (44h)
Test Reg. #2 (45h)
Test Reg. #3 (46h)
Test Reg. #4 (47h)

Alarm Reg. #0 (50h)
Alarm Reg. #1 (51h)
Alarm Reg. #2 (52h)
Alarm Reg. #13 (5Dh)
Alarm Reg. #14 (5Eh)
Alarm Reg. #15 (5Fh)

Sequence Reg. #0 (48h)
Sequence Reg. #1 (49h)
Sequence Reg. #2 (4Ah)
Sequence Reg. #3 (4Bh)
Sequence Reg. #4 (4Ch)
Sequence Reg. #5 (4Dh)
Sequence Reg. #6 (4Eh)
Sequence Reg. #7 (4Fh)

Undefined (60h)
Undefined (61h)
Undefined (62h)
Undefined (7Dh)
Undefined (7Eh)
Undefined (7Fh)

Dynamic Reconfiguration Port - JTAG Arbitrator

DCLK
DI[15:0]
DO[15:0]
DADDR[6:0]
DWE
DEN
DRDY
DRP

JTAGBUSY
JTAGLOCKED
JTAGMODIFIED

JTAG TAP Controller

图 26.7　XADC 寄存器接口图

表 26.4 ADC 通道选择

ADC 通道	CH4	CH3	CH2	CH1	CH0	描述
0	0	0	0	0	0	片上温度
1	0	0	0	0	1	V_{CCINT}
2	0	0	0	1	0	V_{CCAUX}
3	0	0	0	1	1	VP,VN——专用模拟输入
4	0	0	1	0	0	V_{REFP}(1.25V)(1)
5	0	0	1	0	1	V_{REFN}(0V)(1)
6	0	0	1	1	0	V_{CCBRAM}
7	0	0	1	1	1	无效通道选择
8	0	1	0	0	0	进行 XADC 校准
9～12	…	…	…	…	…	无效通道选择
13	0	1	1	0	1	V_{CCPINT}(3)
14	0	1	1	1	0	V_{CCPAXU}(3)
15	0	1	1	1	1	V_{CCO_DDR}(3)
16	1	0	0	0	0	VAUXP[0],VAUXN[0]——辅助通道 0
17	1	0	0	0	1	VAUXP[1],VAUXN[1]——辅助通道 1
18～31	…	…	…	…	…	VAUXP[2:15],VAUXN[2:15]——辅助通道 2～15(2)

注意:

(1)这些通道选择选项用于 XADC 自检和校准操作。选择这些通道后,电源传感器将连接到 VREFP 或 VREFN。

(2)Kintex ©-7 设备不支持辅助通道 6、7、13、14 和 15。某些 Virtex-7,Artix-7,Spartan-7 和 Zynq-7000 SoC 封装选项中可能还不支持某些辅助模拟通道。请查阅该芯片的数据手册文件了解详细信息。

(3)这些通道仅在 Zynq-7000 SoC 器件中受支持。

表 26.5 状态寄存器(Read Only)

名称	地址	描述
Temperature	00h	片上温度传感器测量结果存储在此位置。数据在 16 位寄存器中经过 MSB 对齐。12 个 MSB 对应于温度传感器传递函数
VCCINT	01h	片上 VCCINT 电源监控器测量结果存储在此位置。数据在 16 位寄存器中经过 MSB 对齐。12 个 MSB 对应于电源传感器传递函数
VCCAUX	02h	片上 VCCAUX 数据供应监视器测量的结果存储在此位置。数据通过 16 位寄存器中的 MSB 对齐。12 个 MSB 对应于电源传感器传递函数

续表

名称	地址	描述
VP/VN	03h	专用模拟输入通道上的转换结果存储在此寄存器中。数据在 16 位寄存器中经过 MSB 对齐。12 个 MSB 对应于传递函数，具体取决于模拟输入模式设置
VREFP	04h	参考输入 VREFP 的转换结果存储在该寄存器中。12 个 MSB 对应于 ADC 传递函数。数据在 16 位寄存器中经过 MSB 对齐。测量 VREFP 时使用电源传感器
VREFN	05h	参考输入 VREFN 的转换结果存储在该寄存器中。该通道在双极性模式下以二进制补码输出编码进行测量。通过在双极性模式下进行测量，可以测量 0 V(VREFN)附近的小的正负偏移。电源传感器还用于测量 VREFN，因此 1 LSB=3 V / 4096。数据在 16 位寄存器中经过 MSB 对齐
VCCBRAM	06h	片上 VCCBRAM 电源监控器的测量结果存储在此位置。数据在 16 位寄存器中经过 MSB 对齐。12 个 MSB 对应于电源传感器传递函数
Undefined	07h	此位置未使用，包含无效数据
Supply A offset	08h	使用 ADC A 的电源传感器失调的校准系数存储在此位置
ADC A offset	09h	ADC A 偏移的校准系数存储在此位置
ADC A gain	0Ah	ADC A 增益误差的校准系数存储在此位置
Undefined	0Bh 至 0Ch	这些位置未使用，包含无效数据
VCCPINT(1)	0Dh	PS 电源 VCCPINT 的转换结果存储在此寄存器中。12 个 MSB 对应于 ADC 传递函数。数据在 16 位寄存器中经过 MSB 对齐。测量 VCCPINT 时使用电源传感器
VCCPAUX(1)	0Eh	PS 电源 VCCPAUX 的转换结果存储在此寄存器中。12 个 MSB 对应于 ADC 传递函数。数据在 16 位寄存器中经过 MSB 对齐。测量 VCCPAUX 时使用电源传感器
VCCO_DDR(1)	0Fh	PS 电源 VCCO_DDR 的转换结果存储在此寄存器中。12 个 MSB 对应于 ADC 传递函数。数据在 16 位寄存器中经过 MSB 对齐。测量 VCCO_DDR 时使用电源传感器
VAUXP[15:0]/ VAUXN[15:0]	10h to 1Fh	辅助模拟输入通道上的转换结果存储在此寄存器中。数据在 16 位寄存器中经过 MSB 对齐。12 个 MSB 对应于传递函数，具体取决于模拟输入模式设置
Max temp	20h	自上电或上一次 XADC 复位以来记录的最高温度测量值
Max VCCINT	21h	自上电或上一次 XADC 复位以来记录的最大 VCCINT 测量值
Max VCCAUX	22h	自上电或上一次 XADC 复位以来记录的最大 VCCAUX 测量值
Max VCCBRAM	23h	自上电或上一次 XADC 复位以来记录的最大 VCCBRAM 测量值

续表

名称	地址	描述
Min temp	24h	自上电或上一次 XADC 复位以来记录的最低温度测量值
Min VCCINT	25h	自上电或上一次 XADC 复位以来记录的最小 VCCINT 测量值
Min VCCAUX	26h	自上电或上一次 XADC 复位以来记录的最小 VCCAUX 测量值
Min VCCBRAM	27h	自上电或上一次 XADC 复位以来记录的最小 VCCBRAM 测量值
VCCPINT(1) max	28h	自上电或上一次 XADC 复位以来记录的最大 VCCPINT 测量值
VCCPAUX(1) max	29h	自上电或上一次 XADC 复位以来记录的最大 VCCPAUX 测量值
VCCO_DDR(1) max	2Ah	自上电或上一次 XADC 复位以来记录的最大 VCCO_DDR 测量值
Unassigned	2Bh	
VCCPINT(1) min	2Ch	自上电或上一次 XADC 复位以来记录的最小 VCCPINT 测量值
VCCPAUX(1) min	2Dh	自上电或上一次 XADC 复位以来记录的最小 VCCPAUX 测量值
VCCO_DDR(1) min	2Eh	自上电或上一次 XADC 复位以来记录的最小 VCCO_DDR 测量值
Unassigned	2Fh	
Supply B offset	30h	使用 ADC B 的电源传感器失调的校准系数存储在此位置
ADC B offset	31h	ADC B 偏移的校准系数存储在此位置
ADC B gain	32h	ADC B 增益误差的校准系数存储在此位置
Undefined	33h 至 3Eh	这些位置未使用，包含无效数据
Flag	3Fh	该寄存器包含常规状态信息

注意：(1)这些通道仅在 Zynq-7000 SoC 设备中可用。

(2)XADC 操作模式。

XADC 包含几种操作模式，涵盖了此类功能的一些最常见用例。最基本的操作模式称为默认模式，该模式下 XADC 监视所有片上传感器，并且无须配置 XADC。在同时采样模式下，定序器用于锁定步骤操作两个 ADC，以采样两个外部模拟输入并将结果存储在状态寄存器中。

除非另有说明，XADC 支持连续采样模式或事件驱动的采样模式一起使用。

①单通道模式。

当控制寄存器 41h 中的 SEQ3 至 SEQ0 位设置为 0011 时，启用该模式。在这种模式下，必须通过写入控制寄存器 40h 中的 CH4 至 CH0 位来选择用于模数转换的通道。还必须通过写入控制寄存器 40h 来设置单通道模式的各种配置，例如模拟输入模式(BU)和建立时间(ACQ)。在需要监视许多通道的应用中，微处理器或其他控制器的开销可能很大。为了自动执行此任务，该模式提供了“自动通道定序器”的功能。

②自动通道定序器。

自动通道定序器设置了一系列预定义的操作模式，其中使用了多个通道(片上传感器和外部输入)。定序器自动选择下一个要转换的通道，设置平均值，配置模拟输入通道，设置采集所需的建立时间，并基于一次性设置将结果存储在状态寄存器中。通过写入配置寄存器1中的SEQ3，SEQ2，SEQ1和SEQ0位来设置定序器模式(见表26.6)。

表26.6　定序器操作设置

SEQ3	SEQ2	SEQ1	SEQ0	功能
0	0	0	0	默认模式
0	0	0	1	单通道序列
0	0	1	0	连续序列模式
0	0	1	1	单通道模式(定序器关闭)
0	1	X	X	同时采样模式
1	0	X	X	独立ADC模式
1	1	X	X	默认模式

通道定序器功能是使用DRP上从地址48h到4Fh的8个控制寄存器实现的。这8个寄存器可以看作4对16位寄存器。每对寄存器控制定序器功能的一个方面。每对寄存器中的各个位(32位)使能特定ADC通道的特定功能。4对寄存器是ADC通道选择寄存器(48h和49h)、ADC通道平均(4Ah和4Bh)、ADC通道模拟输入模式(4Ch和4Dh)和ADC通道建立时间(4Eh和4Fh)。

③序列器模式。

表26.6定义了多种序列器模式。

a. 默认模式。

通过将序列位设置为0来启用默认模式。在这种操作模式下，XADC自动监视片上传感器并将结果存储在状态寄存器中。两个ADC均在此模式下校准，并且平均16个采样被应用于所有传感器。在此模式下，XADC的运行独立于任何其他控制寄存器设置。初始上电后以及在FPGA配置期间，XADC还以默认模式运行。表26.7所示为XADC的默认序列。

表26.7　XADC默认序列

顺序	通道	地址	描述
1	Calibration	08h	ADC A和ADC B的校准
2(1)	VCCPINT	0Dh	VCCPINT电源传感器
3(1)	VCCPAUX	0Eh	VCCPAUX电源传感器
4(1)	VCCO_DDR	0Fh	VCCO_DDR电源传感器
2/5(1)	Temp	00h	温度传感器
3/6(1)	VCCINT	01h	VCCINT电源传感器
4/7(1)	VCCAUX	02h	VCCAUX电源传感器
5/8(1)	VCCBRAM	06h	VCCBRAM电源传感器

注意：(1)仅在Zynq-7000 SoC器件上可用。

b. 单遍模式。

在单遍模式下，定序器通过定序器通道选择寄存器(48h 和 49h)运行一遍，然后暂停。在这些寄存器中选择的通道序列将被转换。当设置了序列位，以启用单通道模式下的自动通道定序器时，序列开始。定序器寄存器 48h 至 4Fh 中的设置用于在自定义的操作模式下操作序列。单遍完成后，XADC 默认为本实验开头所述的单通道模式。因此，XADC 会将配置寄存器 0 中的位 CH5 转换为 CH0 所选择的通道。可以通过再次写入序列位来启动另一个单次通过。例如，更改为单通道模式(SEQ＝0x3)并返回单通道模式(SEQ＝0x1)将重新启动单通道模式，然后另一个序列开始。

c. 连续序列模式。

连续序列模式类似于单遍模式。但是，只要启用了该模式，序列就会自动重新启动。通道定序器寄存器也可以在运行时通过 DRP 重新配置。在写入任何定序器通道寄存器之前，必须先通过写入序列位 SEQ3 至 SEQ0 禁用定序器。建议通过在更新这些寄存器时将零写入 SEQ0 和 SEQ1 来将 XADC 置于默认模式。每当写入 SEQ3 至 SEQ0 时，XADC 都会自动复位。当前状态寄存器的内容此时不复位。通过写入 SEQ3 至 SEQ0 重新启动定序器，将重置所有通道平均。

d. 同时采样模式。

当置于同步采样模式时，定序器自动对 8 对辅助模拟输入通道进行排序，以进行同步采样和转换。这在需要保留两个信号之间的相位关系的应用中很有用。辅助模拟通道 0～7 被分配给 ADC A，并被命名为 A 通道。辅助模拟通道 8～15 被分配给 ADC B，并被指定为 B 通道。在同时采样模式下，始终同时采样和转换一个 A 通道和一个 B 通道。表 26.8 所示为如何使用定序器通道寄存器 49h 选择 A 和 B 对。定义平均，模拟输入模式和建立时间的其他定序器寄存器也可在该模式下使用。

通道平均(4Ah 和 4Bh)和模拟输入模式(4Ch 和 4Dh)可以在同步采样模式下基于每个通道进行设置。因此，可以将 A 通道配置为单极性，将 B 通道配置为双极性。建立时间仅适用于通道对。因此，将寄存器 4Eh 中的位 0 设置为 1 会将辅助通道 0 和通道 8 的建立时间设置为 10 个 ADCCLK。

表 26.8　同步采样模式的定序器寄存器(49h)位定义

序列号	位	ADC 通道	描述
1	0	16,24	辅助通道 0 和 8
2	1	17,25	辅助通道 1 和 9
3	2	18,26	辅助通道 2 和 10
4	3	19,27	辅助通道 3 和 11
5	4	20,28	辅助通道 4 和 12
6	5	21,29	辅助通道 5 和 13(1)

续表

序列号	位	ADC 通道	描述
7	6	22,30	辅助通道 6 和 14(1)
8	7	23,31	辅助通道 7 和 15(1)
x	8～15	x	未定义

注意：(1)Kintex-7 设备不支持这些同时采样通道。某些 Virtex-7，Artix-7，Spartan-7 和 Zynq-7000 SoC 件封装选项中可能还不支持某些其他辅助模拟通道。请查阅该芯片的数据手册。

通过设置定序器寄存器 48h 中的适当位，片上温度和电源也可以包含在所监视的通道序列中。当转换内部传感器通道时，第二个 ADC(ADC B)在同步采样模式下不执行转换。

在同时采样模式下无法启用自动校准。必须将 XADC 置于默认模式或其他定序器模式才能进行校准。上电时会自动校准 ADC，这对于大多数应用来说已经足够了。

e. 独立 ADC 模式。

在独立 ADC 模式下，ADC A 用于实现固定的“监视模式”，该模式类似于默认模式，只是启用了警报功能。在此模式下，警报输出处于活动状态，因此必须正确配置警报阈值。像默认定序器模式一样，固定为 16 个样本平均。

ADC B 仅可用于外部模拟输入通道。此模式释放了第二个 ADC，可用于仅需要单个 ADC 的客户应用中，同时还能监视 FPGA 的可靠性、安全性和防篡改应用。

在此定序器模式下，只能将专用通道和辅助模拟输入通道分配给 ADC B。内部通道(传感器)自动分配给 ADC A，ADC A 自动监视这些通道并根据自定义的警报阈值生成警报。

与同时采样模式一样，在此定序器模式下无法选择 ADC B 的自动校准。ADC A 在此模式下自动校准。为了在 ADC B 上进行校准并保持片上监控，应选择默认的序列模式。EOS 变为高电平至少一次后，XADC 可以返回独立 ADC 模式。

f. 外部多路复用器模式。

XADC 支持在 FPGA I/O 资源有限且辅助模拟输入不可用的情况下，使用外部模拟多路复用器来实现多个外部模拟输入。

转换开始后，XADC 跟踪/保持放大器立即返回跟踪模式。因此，可以在当前转换周期内开始下一个通道的采集。称为 MUXADDR [4:0]的输出总线允许 XADC 控制外部多路复用器。该总线上的地址反映了当前正在获取的通道，一旦 XADC 进入获取模式，它就会更改状态。还可以指定要与外部多路复用器一起使用的通道。

图 26.8 说明了外部多路复用器的概念。在该示例中，使用了外部 16∶1 模拟多路复用器，而不是消耗使用内部多路复用器实现 16 个辅助模拟输入通道所需的 32 个 FPGA I/O。任何 4 个 FPGA I/O 均可用于外部多路复用器解码操作。专用模拟输入(VP / VN)用于将外部多路复用器连接到 XADC 模块，从而使 16 个模拟输入可用。通过将配置寄存器 0 中的 MUX 位置 1 来使能外部多路复用器工作模式。

当 MUX 位设置为 1 时，配置寄存器 0 中的通道选择位(CH0 至 CH4)用于指定要连接

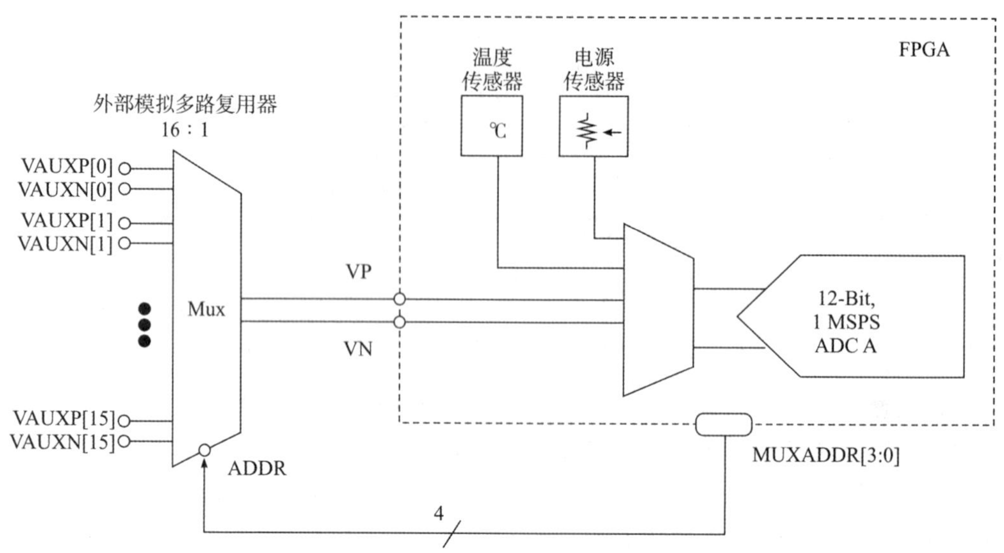

图 26.8 外部多路复用器模式

到外部多路复用器的通道。例如，如图 26.8 所示，使用专用的模拟输入通道 VP/VN。在这种情况下，应将通道 3(00011b)写入控制寄存器 40h 中的 CH4 至 CH0。任一辅助通道都可用于连接到外部多路复用器。在同时采样模式下，必须将两个通道分配给两个外部多路复用器以支持同时采样。

图 26.9 说明了如何为同时采样模式实现外部多路复用器模式。也可以通过写入 CH4 至 CH0 来选择用于连接的通道，但是这些通道是成对分配的，如表 26.8 中所定义。例如，将 16(10000)写入 CH4 至 CH0 将选择辅助通道 0 和 8，以连接到外部多路复用器，如图 26.9 所示。

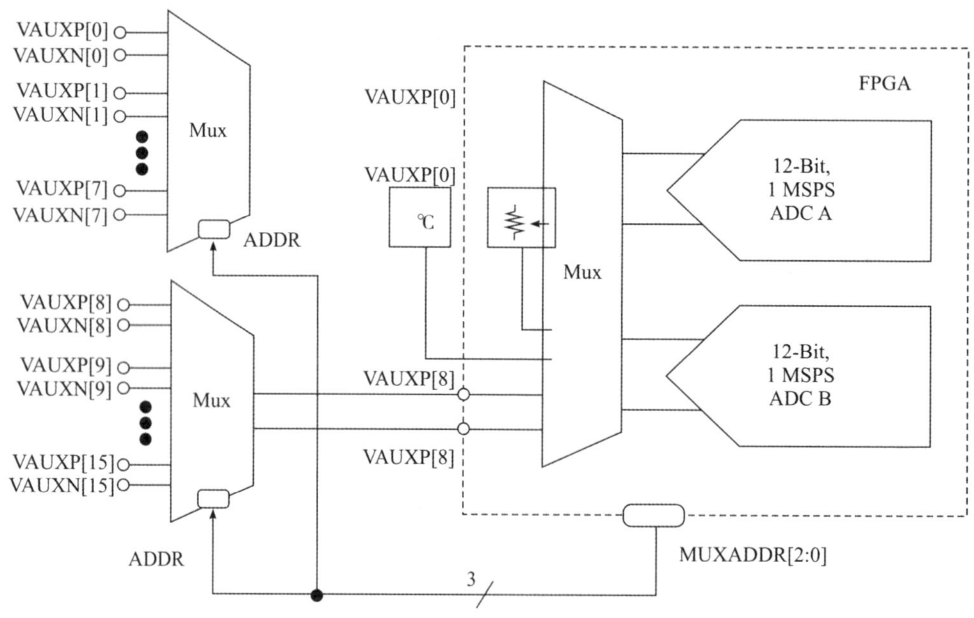

图 26.9 用于同时采样的外部多路复用器模式

在这两种情况下，都使用 MUXADDR [4:0]总线自动选择外部多路复用器通道。图 26.10 显示了 MUXADDR 总线在时序信号的控制下从当前通道(N)到下一个通道($N+1$)的转换过程。由图 26.10 可知，在 BUSY 信号变高后的第 8 个 ADCCLK 时钟信号开始，MUXADDR 开始改变通道。

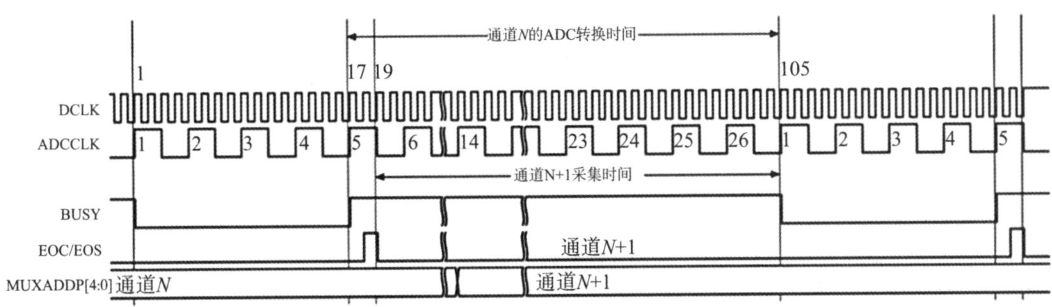

图 26.10　外部多路复用器时序(连续采样模式)

(3)最大和最小状态寄存器。

XADC 还能跟踪自上一次加电或自 XADC 控制逻辑的最后一次复位以来为内部传感器记录的最小值和最大值。记录的最大值和最小值从地址 20h 开始存储在 DRP 状态寄存器中。上电或复位后，所有最小寄存器均设置为 FFFFh，所有最大寄存器均设置为 0000h。将针对片上传感器生成的每个新测量值与其最大和最小寄存器的内容进行比较。如果测量值大于最大寄存器的内容，则将测量值写入最大寄存器。同样，对于最小寄存器，如果测量值小于其最小寄存器的内容，则将测量值写入最小寄存器。每次将测量结果写入状态寄存器时都会执行此检查。

(4)自动报警。

当内部传感器测量值(温度，VCCINT，VCCAUX，VCCBRAM，VCCPINT，VCCPAUX 或 VCCO_DDR)超过某些自定义的阈值时，XADC 还会在逻辑输出 ALM [7:0]上生成警报信号。仅将写入状态寄存器的值用于生成警报。如果已对传感器通道启用平均，则将平均值与警报阈值寄存器内容进行比较。通过将 1 写入配置寄存器 1 中的 ALM6 至 ALM0 位来禁用警报输出。警报阈值存储在控制寄存器 50h 至 5Fh 中。表 26.9 定义了与特定控制寄存器关联的警报阈值。写入阈值寄存器的限制是 MSB 对齐的。限值是从温度和电源传感器传递函数得出的。

表 26.9　警报阈值寄存器

控制寄存器	描述	报警
50h	Temperature upper	ALM[0]
51h	VCCINT upper	ALM[1]
52h	VCCAUX upper	ALM[2]
53h	OT alarm limit	OT
54h	Temperature lower	ALM[0]
55h	VCCINT lower	ALM[1]

续表

控制寄存器	描述	报警
56h	VCCAUX lower	ALM[2]
57h	OT alarm reset	OT
58h	VCCBRAM upper	ALM[3]
59h	VCCPINT upper(2)	ALM[4]
5Ah	VCCPAUX upper(2)	ALM[5]
5Bh	VCCO_DDR upper(2)	ALM[6]
5Ch	VCCBRAM lower	ALM[3]
5Dh	VCCPINT lower(2)	ALM[4]
5Eh	VCCPAUX lower(2)	ALM[5]
5Fh	VCCO_DDR lower(2)	ALM[6]

注意:(2)仅 Zynq-7000 SoC 器件支持这些通道。

2.3 XADC 时序

所有 XADC 时序都同步到 DRP 时钟(DCLK)。通过将 DCLK 除以配置寄存器 2 中的设置选择来生成 ADCCLK。ADCCLK 是 ADC 使用的内部时钟,外部不可用。这里的 ADCCLK 仅用以帮助描述时序。

ADC 模块以两种可能的时序模式之一运行,即连续采样模式和事件驱动采样模式。

在连续采样模式下,ADC 在当前转换周期结束时自动开始新的转换。在事件采样模式下,必须在当前转换周期结束后使用 CONVST 或 CONVSTCLK 输入启动下一次转换。通过写入配置寄存器 0 来选择操作模式。

即使外部时钟输入 DCLK 停止,XADC 的鲁棒性也可确保连续正确的操作。在这种情况下,XADC 会自动切换到内部时钟振荡器以继续按配置工作。配置完成后,DCLK 输入需要 20 个 DCLK 才能与外部时钟重新同步。在此期间,JTAGLOCKED 信号为高电平。在重新同步发生之前,无法访问 DRP。

2.3.1 连续采样

在连续采样模式下,ADC 继续对选定的模拟输入进行转换。图 26.11 所示为与连续采样模式相关的时序。ADCCLK 由时钟分频器产生。模数转换过程由两部分组成,即采集阶段和转换阶段。

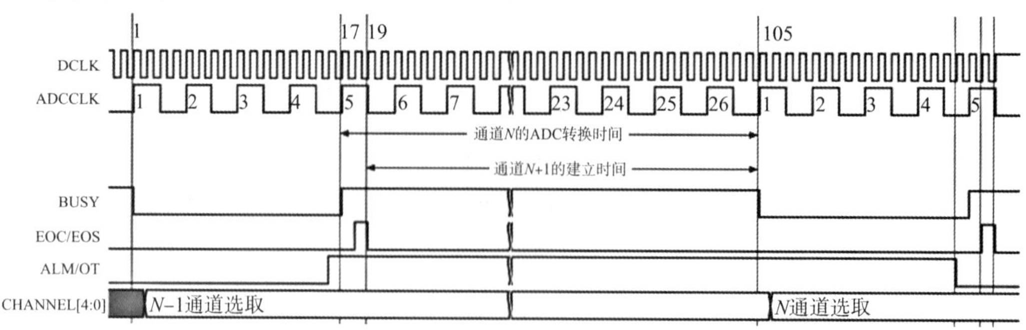

图 26.11 连续采样模式

2.3.2 事件驱动采样

图 26.12 所示为事件驱动的采样模式。在这种工作模式下，采样瞬间和随后的转换过程由称为转换开始(CONVST)的触发信号启动。当需要精确控制采样时刻时，使用事件驱动的采样模式。

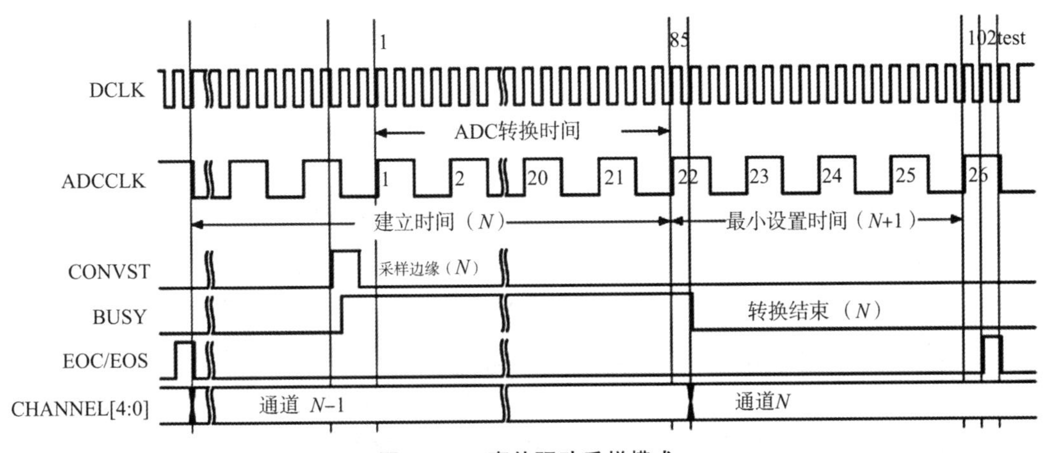

图 26.12　事件驱动采样模式

使用事件驱动的采样模式时，必须始终存在 DCLK。如果不存在 DCLK，则 XADC 使用内部时钟振荡器恢复为连续模式时序。

CONVST 或 CONVSTCLK 上的由低到高的跳变(上升沿)定义了所选模拟输入通道的准确采样时刻。在 DCLK 的下一个上升沿采样瞬间之后，BUSY 信号变为高电平。CONVST 可以是一个异步外部信号，在这种情况下，XADC 会自动将转换过程与 ADCCLK 重新同步。

请记住，CONVST / CONVSTCLK 启动一次转换。使用自动通道定序器或求平均值时，转换次数是序列中通道数与平均样本数的乘积。

2.3.3 动态重新配置端口(DRP)时序

图 26.13 所示为 DRP 读写操作。当 DEN 为逻辑高电平时，DRP 地址(DADDR)和写使能(DWE)输入在 DCLK 的下一个上升沿被捕获。DEN 仅在一个 DCLK 周期内变高。

如果 DWE 为逻辑低电平，则执行 DRP 读取操作。当 DRDY 变为高电平时，此读取操作的数据在 DO 总线上有效。因此，应使用 DRDY 捕获 DO 总线。对于写操作，DWE 信号为逻辑高电平，并且 DI 总线和 DRP 地址(DADDR)在 DCLK 的下一个上升沿被捕获。当数据已成功写入 DRP 寄存器时，DRDY 信号变为逻辑高电平。在 DRDY 信号变低之前，无法启动新的读取或写入操作。

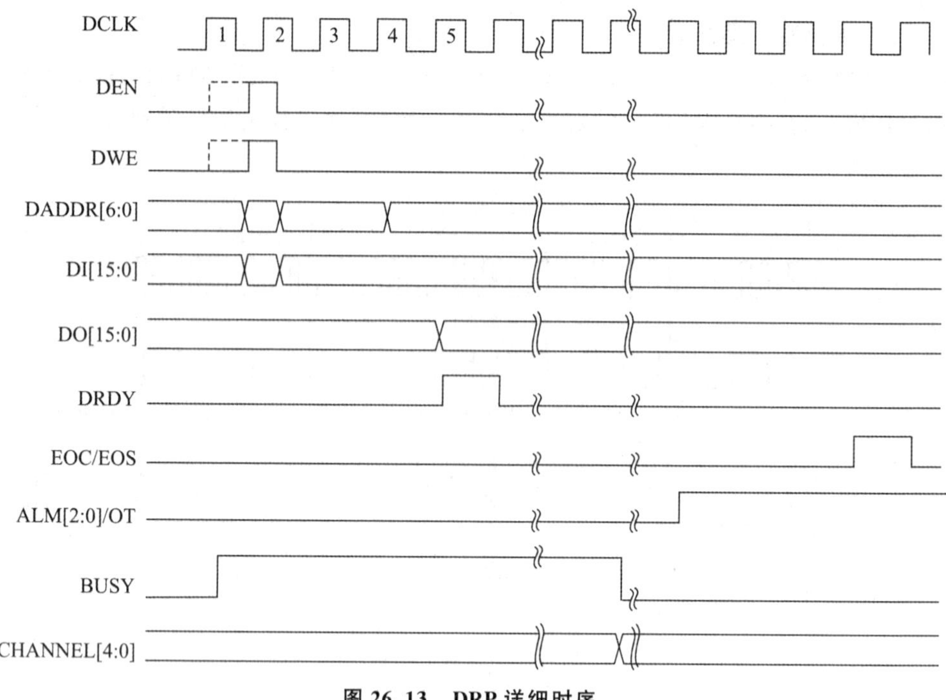

图 26.13　DRP 详细时序

3　实验仪器

(1)登录终端 1 台(台式计算机或笔记本电脑等)。

(2)在线实验平台。

(3*)带开发工具的计算机 1 台。

4　实验内容

4.1　XADC 实例化和仿真

此处以 xilinx 的 XADC 官方用户指南为参考,对实例化基本设计、使用模拟激励文件将模拟信号引入仿真的方法及简单行为仿真的输出进行实践。

4.1.1　解压 ug480_7Series_XADC.zip

解压后的目录结构如图 26.14 所示。

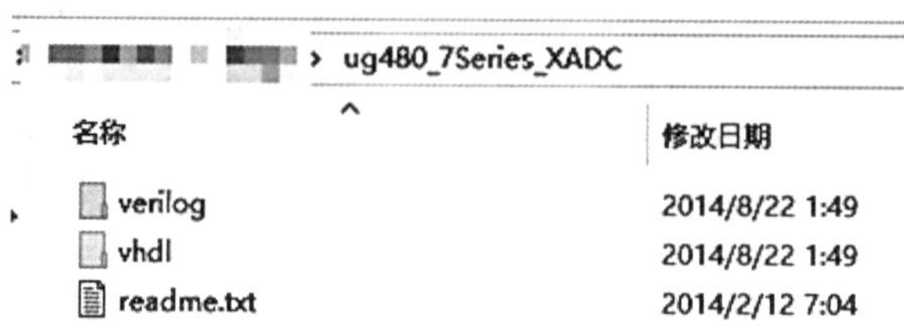

图 26.14　ug480_7Series_XADC.zip 解压目录结构

4.1.2　修改 tcl 文件

用文本编辑器打开“verilog”子目录中的“ug480_setup.tcl”文件。其中第 38 行如下所示：

create_project ug480_XADC-force ug480_XADC-part xc7k325tffg900-2

将其中的芯片型号 xc7k325tffg900-2 修改为 FPGA 开发板搭载的芯片型号。

开发板板载芯片 xc7a35tcsg324-1，修改后的代码如下所示：

create_project ug480_XADC-force ug480_XADC-part xc7a35tcsg324-1

保存后退出文本编辑器。

4.1.3　设置目录

打开“vivado2017.4”进入开始页面，在下方的 Tcl Console 中用 cd 命令把“verilog”目录设置为当前目录。具体操作如下：

cd 解压目录/ug480_7Series_XADC/verilog/

如果你的解压目录为“d:/fpga”，则该命令描述如下：

cd d:/fpga/ug480_7Series_XADC/verilog/

4.1.4　运行 Tcl 文件

在 Tcl Console 窗口中输入 source ug480_setup.tcl，Tcl 中会显示加载信息，其中最后的几行信息如图 26.15 所示。

```
TCL script sets up the following commands:
    ug480_create_project - Creates/overwrites ./ug480_sysmone1/ug480_sysmone1.xpr project
                           NOTE <ug480_create_project> completely rebuilds the project. Previous work will be lost.
    ug480_run_project    - Opens and runs ./ug480_sysmone1/ug480_sysmone1.xpr project
    ug480_sim_project    - Performs behavioral simulation using the testbench and design.txt
<
Type a Tcl command here
```

图 26.15　运行 source 命令后显示的加载信息

4.1.5　创建目录

继续在“Tcl Console”窗口中输入如下命令：

ug480_create_project

该命令会自动在“verilog”目录下创建一个 ug480_XADC 工程。工程的“Sources”栏如图 26.16 所示。

4.1.6　仿真

在左侧“Flow Navigator”栏中选择“SIMULATION”下的“Run Simulation”，弹出菜单选择“Run Behavioral Simulation”开始仿真。出现如图 26.17 所示的初始界面。

图 26.16　Tcl 命令自动创建的工程 Sources 栏

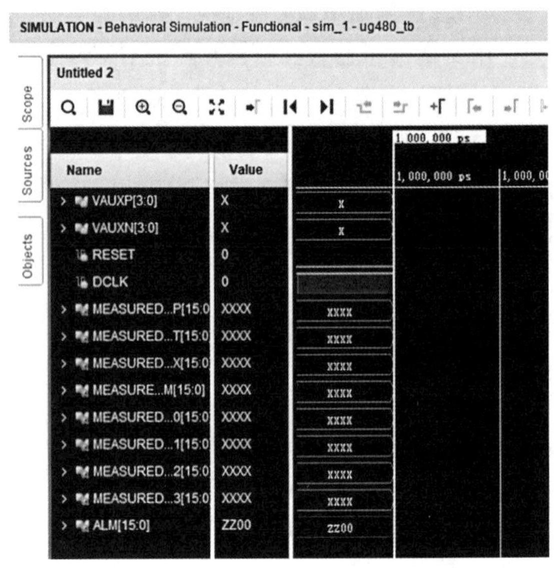

图 26.17　ug480_XADC 仿真波形初始界面

4.1.7　仿真给定时长

在上面快捷菜单栏中的仿真时间控制快捷组中，设置好仿真时长，点击第三个图标 ，让仿真继续执行 200 μs，具体设置如图 26.18 所示。

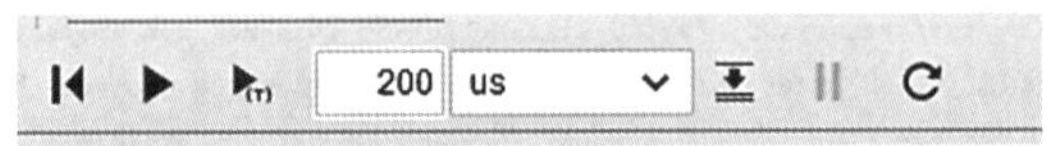

图 26.18　ug480_XADC 时间控制快捷组界面

4.1.8　观察仿真结果

把仿真波形缩放到合适大小，此时仿真波形界面如图 26.19 所示。

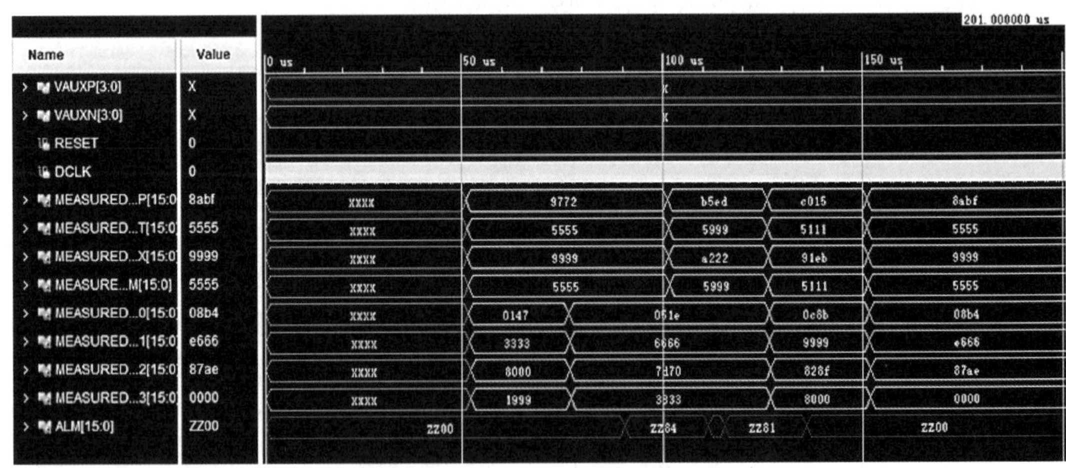

图 26.19　ug480_XADC 仿真最终界面

此项目设置了 50 MHz 的 DCLK，然后在 EOS 变为高电平时在序列的末尾读取状态寄存器(转换结果)。复位后，测试台也会对 DRP 进行写操作，以禁用传感器通道的平均功能。测试台监视警报输出,以便可以看到警报事件。

4.1.9　模拟激励文件导入

使用测试平台不会将模拟信号引入仿真中,模拟模型从文件中读取模拟信号。XADC 实例中使用的 SIM_MONITOR_FILE 属性将模型指向该文件的位置,即模拟激励文件。此示例使用的模拟激励文件为“design.txt”,文件放置位置如图 26.20 所示,文件内容如图 26.21 所示。

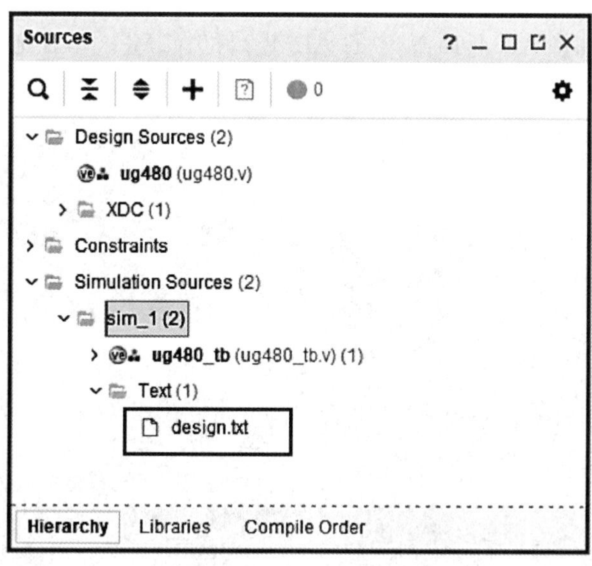

图 26.20　ug480_XADC 模拟激励文件放置位置

TIME	VAUXP[0]	VAUXN[0]	VAUXP[1]	VAUXN[1]	VAUXP[2]	VAUXN[2]	VAUXP[3]	VAUXN[3]	TEMP	VCCINT	VCCAUX	VCCBRAM
00000	0.005	0.0	0.2	0.0	0.5	0.0	0.1	0.0	25	1.0	1.8	1.0
67000	0.020	0.0	0.400	0.0	0.49	0.0	0.2	0.0	85	1.05	1.9	1.05
100000	0.049	0.0	0.600	0.0	0.51	0.0	0.5	0.0	105	0.95	1.71	0.95
134000	0.034	0.0	0.900	0.0	0.53	0.0	0.0	0.0	0	1.00	1.8	1.0

图 26.21　ug480_XADC 模拟激励文件

模拟激励文件的格式基于空格或制表符分隔的数据,并且可以在电子表格中创建。许多工具(例如,SPICE 仿真器)甚至示波器等设备都可以导出逗号分隔值(CSV)格式,可在电子表格中对其进行操作以生成用于模拟的模拟激励文件。所有时间戳信息必须在第一列中列出。其他列列出了片上传感器和外部模拟输入的模拟值。列的顺序并不重要,唯一的要求是时间戳信息在第一列中列出。

添加到第一列的每个时间戳,会将相应的值添加到其他列,仅需要列出模拟输入通道列。在此示例中,模拟激励文件中仅列出了片上传感器和辅助通道 0～3。在此激励文件中,仿真开始后,VCCAUX 上的电压在 67 μs 时从标称电源(1.8 V)移至 1.9 V。当 ADC 在时序期间测量 VCCAUX 电源时,此事件发生后不久,VCCAUX_ALARM 输出高电平有效。在上面的示例中,VCCAUX 的警报上限已设置为 1.89 V。

为了便于观察波形变化,可以对模拟激励文件的第一列时间戳作如图 26.22 所示的变动。

TIME	VAUXP[0]	VAUXN[0]	VAUXP[1]	VAUXN[1]	VAUXP[2]	VAUXN[2]	VAUXP[3]	VAUXN[3]	TEMP	VCCINT	VCCAUX	VCCBRAM
00000	0.005	0.0	0.2	0.0	0.5	0.0	0.1	0.0	25	1.0	1.8	1.0
100000	0.020	0.0	0.400	0.0	0.49	0.0	0.2	0.0	85	1.05	1.9	1.05
200000	0.049	0.0	0.600	0.0	0.51	0.0	0.5	0.0	105	0.95	1.71	0.95
300000	0.034	0.0	0.900	0.0	0.53	0.0	0.0	0.0	0	1.00	1.8	1.0

图 26.22　ug480_XADC 模拟激励文件(修改 design.txt 后)

将 uut 实例中的 CHANNEL[4:0]、eoc、eos、drdy、busy 和 do_drp[15:0]这几个信号添加至波形观察窗口,并将 ALM[15:0]中的 ALM[2]和 ALM[0]单独拖到波形观察窗口中。再次运行仿真,让仿真时间运行 400 μs,最后得到的仿真波形如图 26.23 所示。

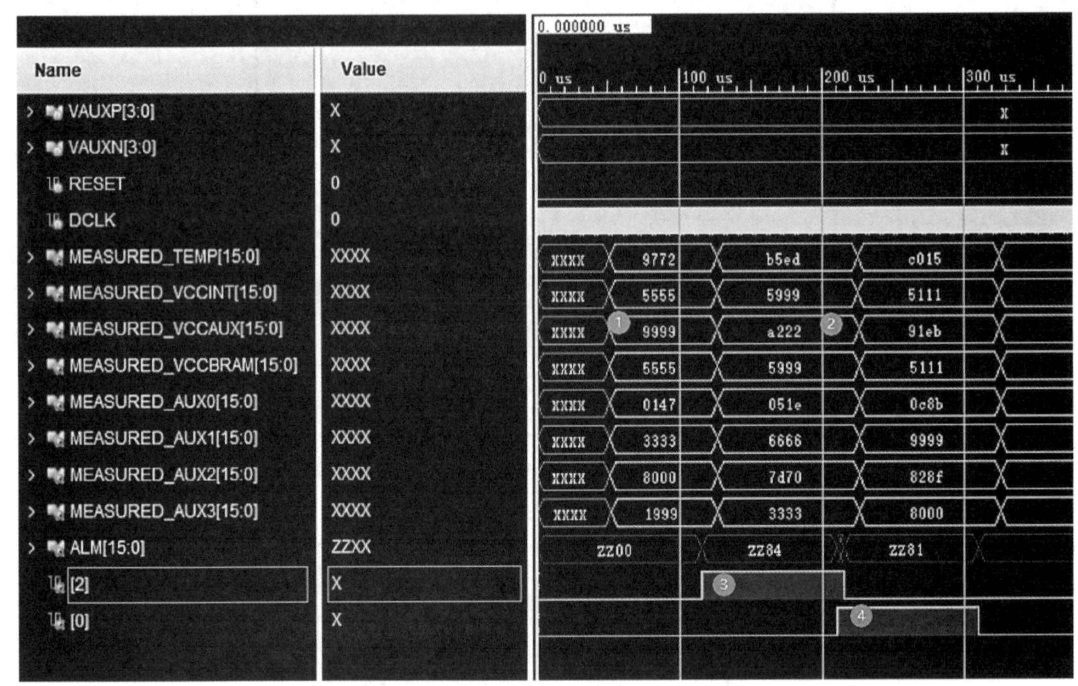

图 26.23　ug480_XADC 仿真最终界面(修改 design.txt 后)

可见在每次模拟激励信号变化后,经过一轮采样,寄存器的值会更新为这些新值,如 VCCAUX 在初始时为 1.8 V,由图 26.23 可知:

①此时对应的 12 位输出编码为 999H,存放到寄存器 MEASURED_VCCAUX[15:0]的前 12 位中,后 4 位自动补齐,得到 9999H 的数值。

②运行 100 μs 时,VCCAUX 变为 1.9 V,此时对应的 12 位输出编码可算得为 1.9/3.0×FFFH=A22H,存放到 MEASURED_VCCAUX[15:0]的前 12 位中,后 4 位自动补齐,得到 A222H 的数值。

③运行 100 μs 时,VCCAUX 从 1.8 V 变为 1.9 V,超出了预设的 1.89 V 的预警阈值,ALM[2]不久后即产生高电平预警信号。

④运行 200 μs 时,TEMP 变为 105 ℃,超出预设 85 ℃的预警阈值,ALM[0]不久后即产生高电平预警信号。

4.2　XADC 实例的实现方法 1

4.2.1　开发板板卡的 XADC 实例

该项目的基本功能是开启 XADC 模块来测量 AUX1 通道的数据，并把数据显示在 4 个数码管上。

如图 26.24 所示，开发板通过电位器(W1)向 FPGA 提供模拟电压输入，输入的模拟电压随着电位器的旋转在 0～1 V 范围变化，输入的模拟信号与 FPGA 的 C12 引脚相连，最终通过 AUX1 通道(AUX1 通道固定分配引脚为 C12)输入内部 ADC。

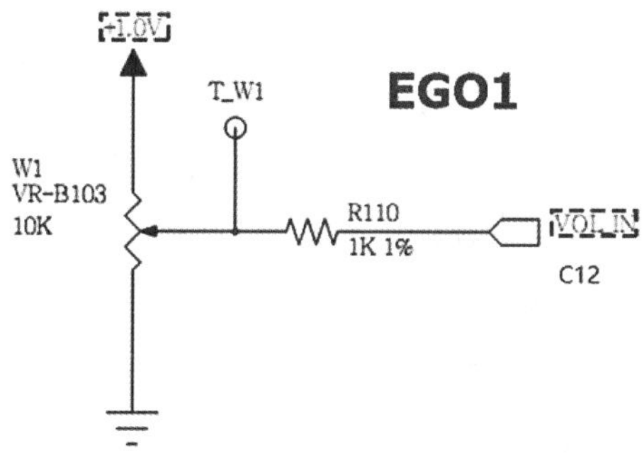

图 26.24　开发板的模拟信号生成

工程总共包含 4 个模块：clk_div，bin2dec，Digitron_Translator 和 XADC0。clk_div 模块生成时钟分频；bin2dec 模块用于将二进制码转换为 BCD 码；Digitron_Translator 模块则用于数码管的显示；XADC0 是实例化的 XADC 模块。顶层模块将这 4 个模块连接起来。

4.2.1.1　挑战 1　新建工程

请在“/data/workspace/lab26”目录下建立“project_1”项目。

4.2.1.2　挑战 2　导入 XADC Wizard

点击左侧“Flow Navigator”栏中“Project Manager”下的“IP Catalog”，右边“IP Catalog”选项卡的搜索栏中输入 xadc，会搜到“XADC Wizard”项，如图 26.25 所示。

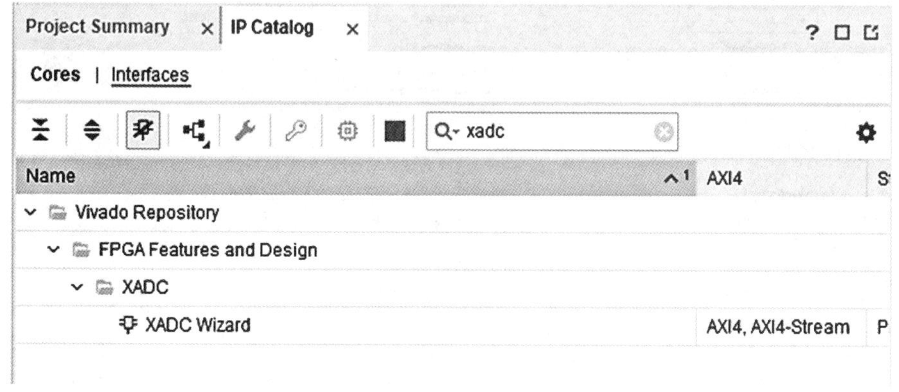

图 26.25　IP Catalog 选项卡中搜索 xadc

4.2.1.3 挑战 3 设置并生成

双击“XADC Wizard”项，弹出“Customize IP”对话框对 XADC 进行实例化，如图 26.26 所示。

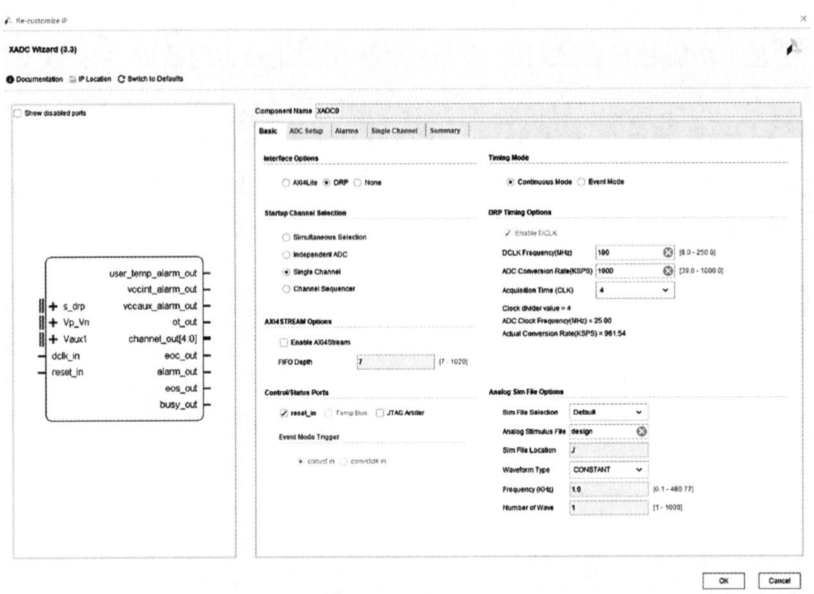

图 26.26 “Customize IP”对话框实例化 XADC

(1)“Component Name”中填写实例的名称，这里命名为 XADC0。

(2)在“Basic”选项卡中，“Interface Options”选择“DRP”；“Timing Mode”选择“Continuous Mode”；“Startup Channel Selection”选择“Single Channel”，如图 26.27 所示。

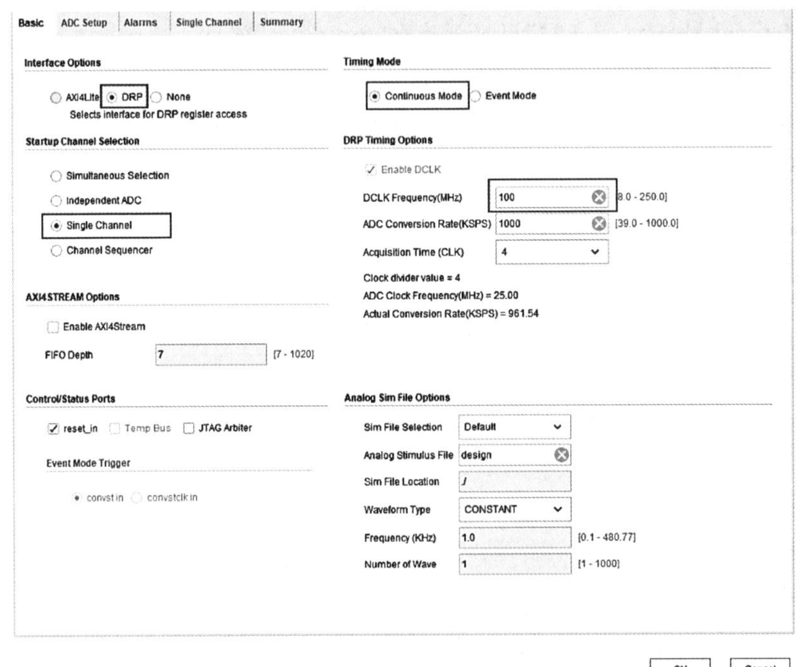

图 26.27 “Basic”选项卡设置

(3)“ADC Setup”选项卡和“Alarms”选项卡使用默认选项。

(4)“Single Channel”选项卡中的“Select Channel”栏，下拉菜单中选择“VAUXP1 VAUXN1”这项，以采集通道 1 的数据，如图 26.28 所示。

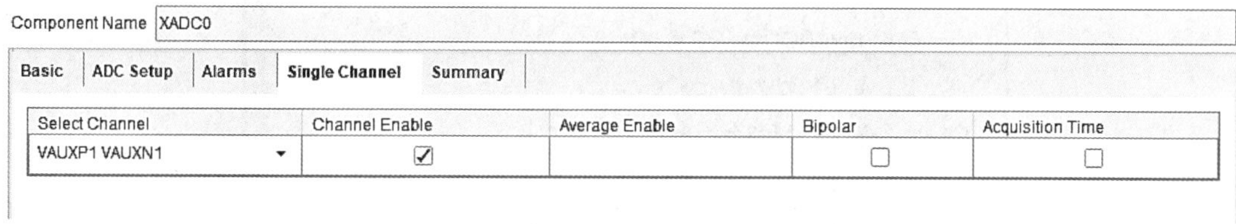

图 26.28　EGO1 板卡“Single Channel”选项卡设置

(5)左侧的 ip 模块图会根据上述设置自动配置引脚的变化，如图 26.29 所示。

(6)点击下方的“OK”按钮，弹出确认对话框再次点击“OK”，再次弹出“Generate Output Products”对话框，如图 26.30 所示，在“Synthesis Options”中选择“Out of context per IP”，再点击“Generate”，生成 XADC 实例。

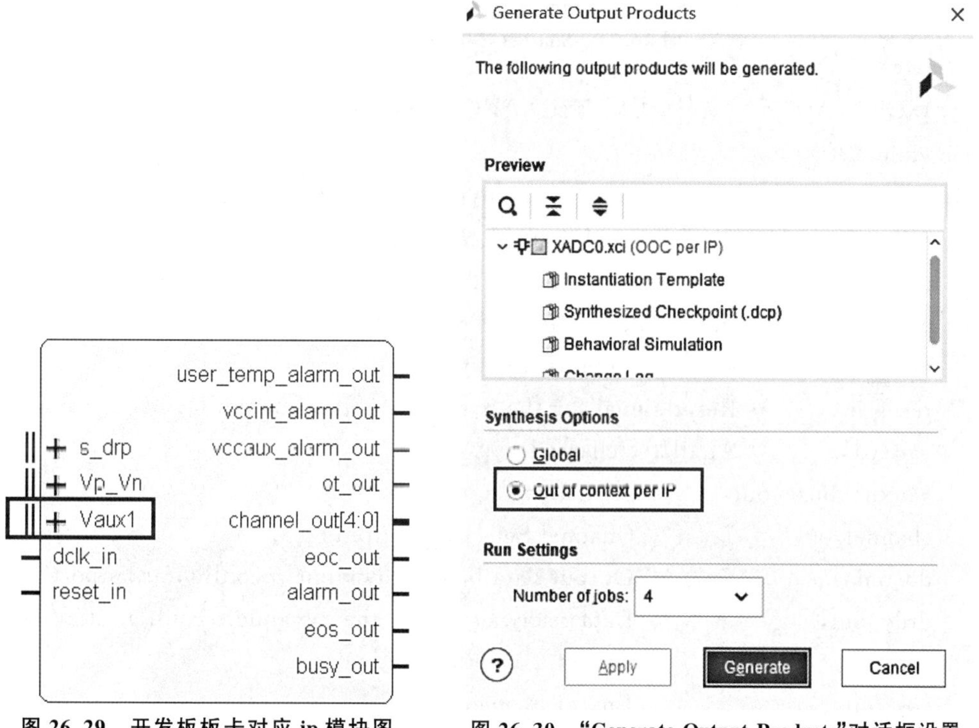

图 26.29　开发板板卡对应 ip 模块图　　**图 26.30　“Generate Output Products”对话框设置**

(7)最终生成的 XADC0 实例如图 26.31 所示。

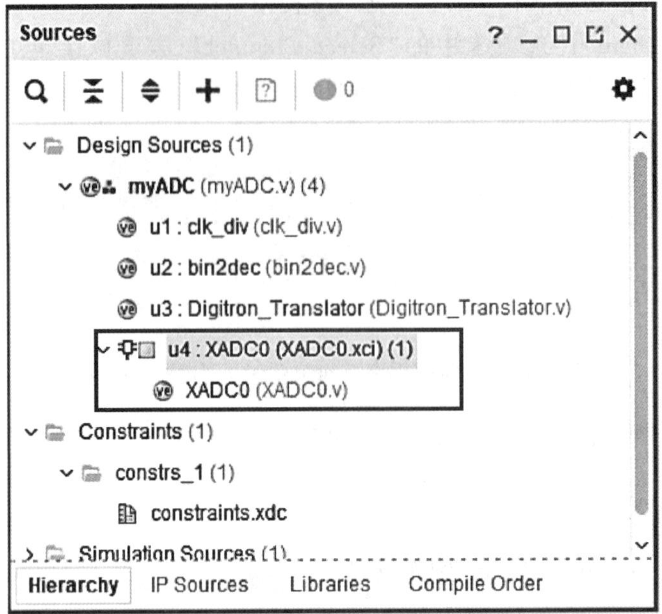

图 26.31　Sources 栏中的 XADC0 实例

(8)双击“XADC0. v”文件,可以查看 XADC0 实例的接口,如下所示:

```
module XADC0(
  daddr_in,         // Address bus for the dynamic reconfiguration port
  dclk_in,          // Clock input for the dynamic reconfiguration port
  den_in,           // Enable Signal for the dynamic reconfiguration port
  di_in,            // Input data bus for the dynamic reconfiguration port
  dwe_in,           // Write Enable for the dynamic reconfiguration port
  reset_in,         // Reset signal for the System Monitor control logic
  vauxp1,           // Auxiliary channel 1
  vauxn1,busy_out,          // ADC Busy signal
  channel_out,              // Channel Selection Outputs
  do_out,                   // Output data bus for dynamic reconfiguration port
  drdy_out,                 // Data ready signal for the dynamic reconfiguration port
  eoc_out,                  // End of Conversion Signal
  eos_out,                  // End of Sequence Signal
  ot_out,                   // Over-Temperature alarm output
  vccaux_alarm_out,         // VCCAUX-sensor alarm output
  vccint_alarm_out,         // VCCINT-sensor alarm output
  user_temp_alarm_out,      // Temperature-sensor alarm output
  alarm_out,                // OR'ed output of all the Alarms
  vp_in,                    // Dedicated Analog Input Pair
  vn_in);
```

4.2.1.4 挑战 4 添加源文件 myADC.v

点击“Add Sources”新建“myADC.v”文件，参考附件输入源代码。

4.2.1.5 挑战 5 添加源文件 clk_div.v

点击“Add Sources”新建“clk_div.v”文件，参考附件输入源代码。

4.2.1.6 挑战 6 添加约束文件

点击“Add Sources”新建约束“constraints.xdc”文件，参考附件输入源代码。

4.2.1.7 挑战 7 综合、实现、下载并观察现象

点击左侧“Flow Navigator”栏“Program And Debug”中的“Generate Bitstrem”，生成 bit 文件，开发板板卡连上电脑并拨动开关上电后，点击“Open Target”连接开发板板卡，最后点击 Program Device 把 bit 文件写入 EGO1 的芯片中。

可以看到开发板板卡的数码管上显示 0.00～1.00 的数据，旋转 w1 电位器，数码管上的数据会跟着变动。

4.3 XADC 实现方法 2 基于 XADC 的电平显示

该项目基于 ACE1 板卡，基本功能是开启 XADC 模块来测量 AUX4 通道的差分输入数据，并把数据显示在 4 个数码管上。

如图 26.32 所示，ACE1 可以通过控制 SW7～SW0 这 8 位拨动开关的高低电平，向 DAC_D0～DAC_D7 输入数字信号，再通过 8 位 R-2R 型 DAC 向 FPGA 提供模拟电压输入，输入的模拟电压随着 8 位拨动开关电平的不同组合，在 0～3.3 V 范围变化(但 XADC 模块仅能测量 0～1 V 的电压范围)。我们让 A1 引脚接地，B1 引脚与输入的模拟信号相连，最终通过 AUX4 通道输入内部 ADC(AUX4 通道差分输入固定分配引脚 AD4P 为 B1，AD4N 为 A1)。

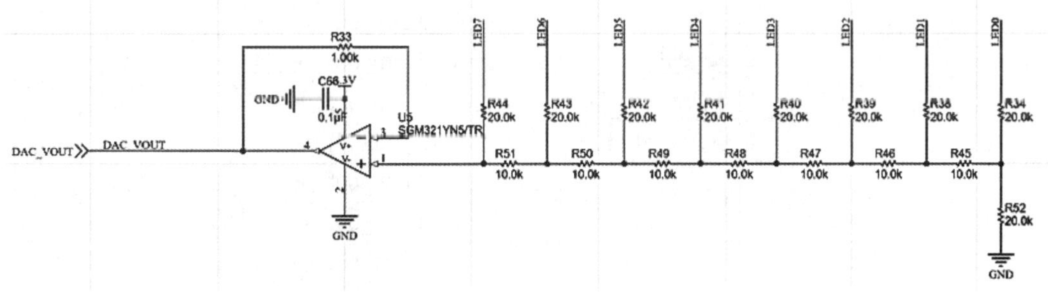

图 26.32 ACE1 的模拟信号生成

工程总共包含 4 个模块：clk_div，bin2dec，Digitron_Translator 和 XADC0。clk_div 模块生成时钟分频；bin2dec 模块用于将二进制码转换为 BCD 码；Digitron_Translator 模块则用于数码管的显示；XADC0 是实例化的 XADC 模块。顶层模块将这 4 个模块连接起来。

4.3.1 挑战 1 新建工程

请在“/data/workspace/lab26”目录下建立“project_2”项目。

4.3.2 挑战 2 导入 XADC Wizard

点击左侧“Flow Navigator”栏中“Project Manager”下的“IP Catalog”，右边“IP

Catalog"选项卡的搜索栏中输入 xadc,会搜到"XADC Wizard"项,如图 26.33 所示。

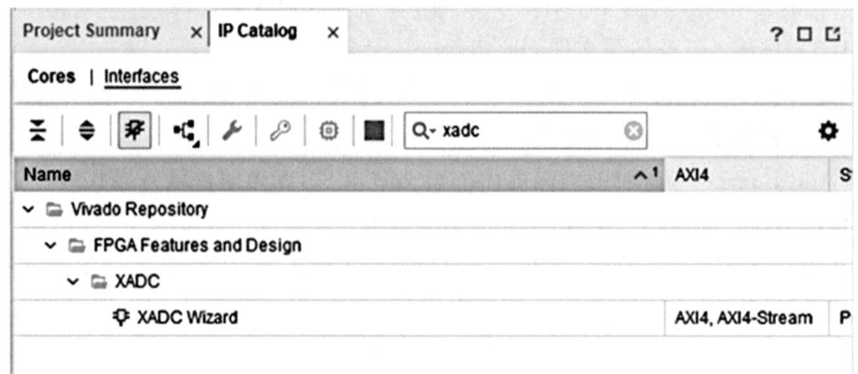

图 26.33 ACE1 板卡"Single Channel"选项卡设置

4.3.3 挑战 3 设置并生成

(1)双击"XADC Wizard"项,弹出"Customize IP"对话框对 XADC 进行实例化。

(2)在"Component Name"中填写实例的名称,这里命名为 XADC0。

(3)在"Basic"选项卡中,"Interface Options"选择 DRP;"Timing Mode"选择"Continuous Mode";"Startup Channel Selection"选择"Single Channel"。

(4)"ADC Setup"选项卡和"Alarms"选项卡使用默认选项。

(5)"Single Channel"选项卡中的"Select Channel"栏,下拉菜单中选择"VAUXP4 VAUXN4"这项,以采集通道 4 的数据。

(6)左侧的 ip 模块图会根据上述设置自动配置引脚的变化,如图 26.34 所示。

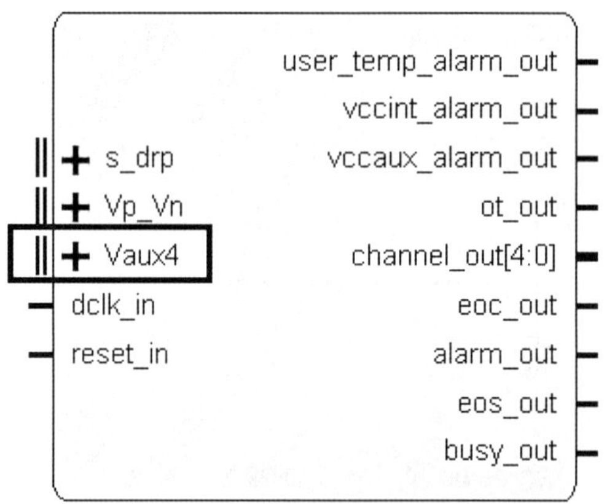

图 26.34 ACE1 板卡对应 ip 模块图

(7)点击下方的"OK"按钮,弹出确认对话框后再次点击"OK",再次弹出"Generate Output Products"对话框,在"Synthesis Options"中选择"Out of context per IP",再点击"Generate",生成 XADC 实例。

(8)双击"XADC0.v"文件,可以查看 XADC0 实例的接口,如下所示:

```
module XADC0
  (
```

```
    daddr_in,           // Address bus for the dynamic reconfiguration port
    dclk_in,            // Clock input for the dynamic reconfiguration port
    den_in,             // Enable Signal for the dynamic reconfiguration port
    di_in,              // Input data bus for the dynamic reconfiguration port
    dwe_in,             // Write Enable for the dynamic reconfiguration port
    reset_in,           // Reset signal for the System Monitor control logic
    vauxp4,             // Auxiliary channel 4
    vauxn4,
    busy_out,           // ADC Busy signal
    channel_out,        // Channel Selection Outputs
    do_out,             // Output data bus for dynamic reconfiguration port
    drdy_out,           // Data ready signal for the dynamic reconfiguration port
    eoc_out,            // End of Conversion Signal
    eos_out,            // End of Sequence Signal
    ot_out,             // Over-Temperature alarm output
    vccaux_alarm_out,   // VCCAUX-sensor alarm output
    vccint_alarm_out,   // VCCINT-sensor alarm output
    user_temp_alarm_out, // Temperature-sensor alarm output
    alarm_out,          // OR'ed output of all the Alarms
    vp_in,              // Dedicated Analog Input Pair
    vn_in);
```

4.3.4　挑战 4　添加源文件 myADC.v

点击“Add Sources”新建“myADC.v”文件,参考附件输入源代码。

4.3.5　挑战 5　添加源文件 clk_div.v

点击“Add Sources”新建“clk_div.v”文件,参考附件输入源代码。

4.3.6　挑战 6　添加源文件 bin2dec.v

点击“Add Sources”新建“bin2dec.v”文件,参考附件输入源代码。

4.3.7　挑战 7　添加源文件 Digitron_Translator.v

点击“Add Sources”新建“Digitron_Translator.v”文件,参考附件输入源代码。

4.3.8　挑战 8　添加约束文件

点击“Add Sources”新建约束“constraints.xdc”文件,参考附件输入源代码。

4.3.9　挑战 9　综合、实现、下载并观察现象

点击左侧“Flow Navigator”栏“PROGRAM AND DEBUG”中的“Generate Bitstrem”,生成 bit 文件,ACE1 板卡连上电脑上电后,点击“Open Target”连接 ACE1 板卡,最后 Program Device 把 bit 文件写入 ACE1 的芯片中。

可以看到 ACE1 板卡的数码管上会显示 0.00～1.00 的数据,拨动 SW7～SW0 开关,数码管上的数据会跟着变动。由于 ACE1 板卡 DAC 模块输出电压为 0～3.3 V,而 XADC 电压测量范围为 0～1 V,所以拨码开关码值的后 2/3 部分,数码管显示的都是电压的最大测量值 1.00。

5 能力拓展

如何实现使用板载 DAC 模块或信号发生器产生输入信号，用 XADC 测量该信号，并将电压数值显示在 LCD 上？

实验二十七 DAC 模块运用

1 实验目的及学习要求

1.1 实验目的

(1)了解 DAC 模块的原理及实现方式。

(2)培养科学精神、工匠精神、系统观及规矩意识。

1.2 学习要求

(1)课前预习,了解 DAC 模块的原理及其 Verilog HDL 实现方式。

(2)课后复习,掌握 DAC 模块的原理及其 Verilog HDL 实现方式。

2 实验原理

本节介绍开发板板载 DAC0832 模块。模数和数模转换模块是连接模拟世界和数字世界的桥梁,也是组成功能复杂的 FPGA 系统的常用组成模块。

2.1 EGO1 开发板的 DAC 数模转换器模块

EGO1 开发板集成了 8 位的数模转换芯片(DAC0832),DAC 输出的模拟信号连接到接口 J2 上,电路原理如图 27.1 所示,DAC 芯片引脚连接到 FPGA 芯片引脚的管脚约束如表 27.1 所示。

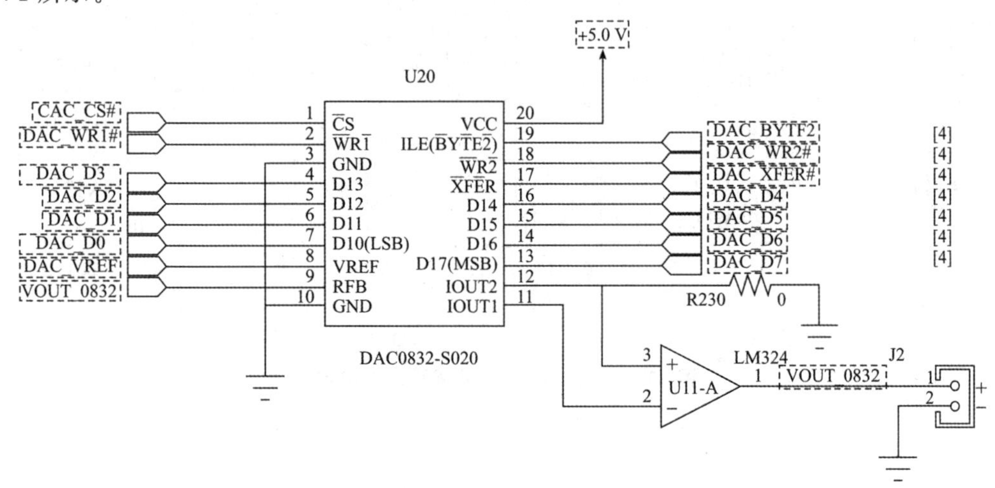

图 27.1 EGO1 板上 DAC0832 连接电路

表 27.1　EGO1 板上 DAC0832 的管脚约束

DAC0832 引脚标号	原理图标号	FPGA I/O PIN
DI0	DAC_D0	T8
DI1	DAC_D1	R8
DI2	DAC_D2	T6
DI3	DAC_D3	R7
DI4	DAC_D4	U6
DI5	DAC_D5	U7
DI6	DAC_D6	V9
DI7	DAC_D7	U9
ILE(BYTE2)	DAC_BYTE2	R5
CS	DAC_CS#	N6
WR1	DAC_WR1#	V6
WR2	DAC_WR2#	R6
XFER	DAC_XFER#	V7

2.1.1　DAC0832 总览

DAC0832 是采样频率为 8 位的 D/A 转换芯片，电流稳定时间为 1 μs，集成电路内有两级输入寄存器，使 DAC0832 芯片具备双缓冲、单缓冲和直通 3 种输入方式，以便满足各种电路的需要（如要求多路 D/A 异步输入、同步转换等）。

DAC0832 的引脚和逻辑结构如图 27.2 所示，由 8 位锁存器、8 位 DAC 寄存器和 8 位 D/A 转换器构成。

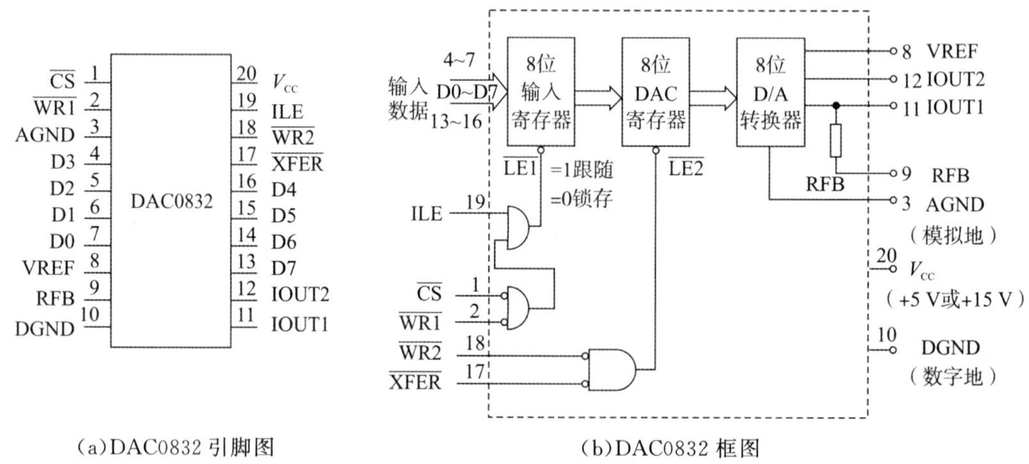

(a)DAC0832 引脚图　　(b)DAC0832 框图

图 27.2　DAC0832 的引脚及逻辑结构

其中，引脚定义如表 27.2 所示。

表 27.2　DAC0832 引脚定义

引脚	定义	引脚	定义
D0～D7	数字信号输入端	IOUT1、IOUT2	DAC 电流输出端
ILE	输入寄存器允许，高电平有效	RFB	片内集成的外接运放反馈电阻
CS	片选信号，低电平有效	VREF	基准电压(－10～10 V)
WR1	写信号 1，低电平有效	V_{CC}	电源(＋5～＋15V)
XFER	传送控制信号，低电平有效	AGND	模拟地
WR2	写信号 2，低电平有效	DGND	数字地，可与 AGND 接在一起

DAC0832 中有两级锁存器，第一级锁存器称为输入寄存器，它的锁存信号为 ILE；第二级锁存器称为 DAC 寄存器，它的锁存信号为传输控制信号$\overline{\text{XFER}}$。因为有两级锁存器，所以 DAC0832 可以工作在双缓冲器方式，即在输出模拟信号的同时采集下一个数字量，这样能有效地提高转换速度。此外，两级锁存器还可以在多个 D/A 转换器同时工作时，利用第二级锁存信号来实现多个转换器同步输出。

图 27.2 中 ILE 为高电平、$\overline{\text{CS}}$和$\overline{\text{WR1}}$为低电平时，$\overline{\text{LE1}}$为高电平，输入寄存器的输出随着输入的变化而变化；此后，当$\overline{\text{WR1}}$由低变高时，$\overline{\text{LE1}}$为低电平，资料被锁存到输入寄存器中，这时输入寄存器的输出端不再随着输入资料的变化而变化。对第二级锁存器来说，$\overline{\text{XFER}}$和$\overline{\text{WR2}}$同时为低电平时，$\overline{\text{LE2}}$为高电平，DAC 寄存器的输出随着输入的变化而变化；此后，当$\overline{\text{WR2}}$由低变高时，$\overline{\text{LE2}}$变为低电平，将输入寄存器的资料锁存到 DAC 寄存器中。

DAC0832 的操作时序如图 27.3 所示。

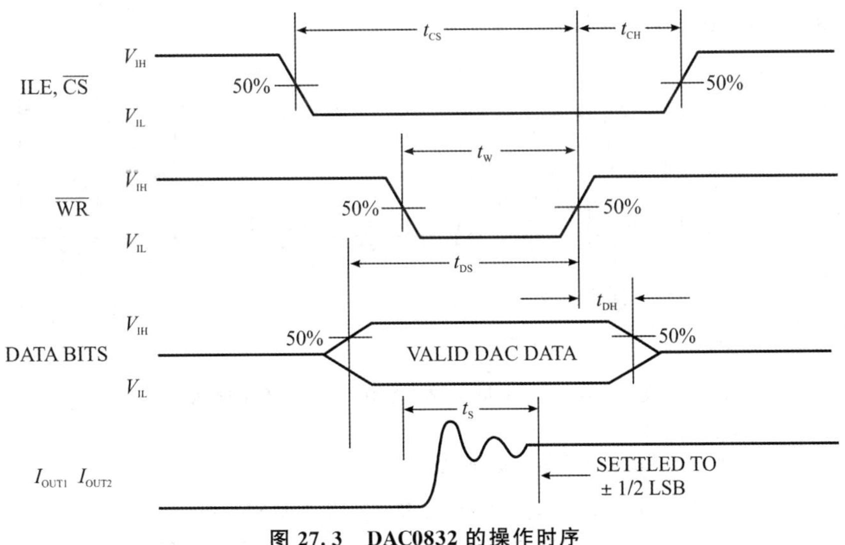

图 27.3　DAC0832 的操作时序

2.1.2　DAC0832 工作方式

DAC0832 进行 D/A 转换，可以采用两种方法对数据进行锁存。

第一种方法是使输入寄存器工作在锁存状态，而 DAC 寄存器工作在直通状态。具体地说，就是使$\overline{\text{WR2}}$和$\overline{\text{XFER}}$都为低电平，DAC 寄存器的锁存选通端得不到有效电平而直通；此外，使输入寄存器的控制信号 ILE 处于高电平、CS 处于低电平，这样，当$\overline{\text{WR1}}$端来一个负脉冲时，就可以完成 1 次转换。

第二种方法是使输入寄存器工作在直通状态，而 DAC 寄存器工作在锁存状态。具体地说，就是使$\overline{\text{WR1}}$和$\overline{\text{CS}}$为低电平，ILE 为高电平，这样，输入寄存器的锁存选通信号处于无效状态而直通；当$\overline{\text{WR2}}$和$\overline{\text{XFER}}$端输入 1 个负脉冲时，DAC 寄存器工作在锁存状态，提供锁存数据进行转换。

根据上述对 DAC0832 的输入寄存器和 DAC 寄存器不同的控制方法，DAC0832 有如下 3 种工作方式：

(1)单缓冲方式。单缓冲方式是控制输入寄存器和 DAC 寄存器同时接收资料，或者只用输入寄存器而把 DAC 寄存器接成直通方式。此方式适用于只有一路模拟量输出或几路模拟量异步输出的情形。

(2)双缓冲方式。双缓冲方式是先使输入寄存器接收资料，再控制输入寄存器的输出资料到 DAC 寄存器，即分两次锁存输入资料。此方式适用于多个 D/A 转换同步输出的情形。

(3)直通方式。直通方式是指资料不经两级锁存器锁存，即$\overline{\text{WR1}}$、$\overline{\text{WR2}}$、$\overline{\text{XFER}}$、$\overline{\text{CS}}$均接地，ILE 接高电平。此方式适用于连续反馈控制线路，不过在使用时，必须通过另加 I/O 接口与 CPU 连接，以匹配 CPU 与 D/A 转换。

2.2 ACE1 板卡 R-2R DAC 电路介绍

ACE1 板卡通过与 LED 引脚复用的 8 位 R-2R 型 DAC，可以将 FPGA 的数字输出转换为模拟电压输出，电路原理图如图 27.4 所示。

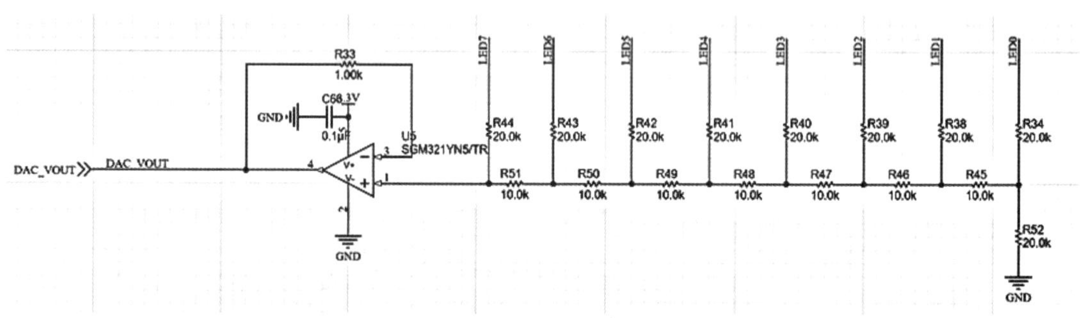

图 27.4 ACE1 板卡 R-2R 型 DAC 模块原理图

引脚名称与 FPGA 引脚对应关系如表 27.3 所示。

表 27.3 ACE1 板卡上 DAC 引脚名称对应图

引脚名称		FPGA 引脚
DAC_D0	LED0	AA21
DAC_D1	LED1	AA20

续表

引脚名称		FPGA 引脚
DAC_D2	LED2	W22
DAC_D3	LED3	W21
DAC_D4	LED4	T20
DAC_D5	LED5	R19
DAC_D6	LED6	P19
DAC_D7	LED7	U21

输出电压与 DAC_D7 至 DAC_D0 的码值关系为：

DAC_VOUT＝3.3V＊DAC_D[7:0]/256

3　实验仪器

(1)登录终端 1 台(台式计算机或笔记本电脑等)。

(2)在线实验平台。

(3*)带开发工具的计算机 1 台。

4　实验内容

4.1　基于 EGO1 板卡 DAC0832 实例

下面通过一个简单且完整的基于 EGO1 的项目来说明 DAC0832 的使用。该项目的基本功能是控制 EGO1 板卡上的 8 位 DIP 开关作为输入，再连接到板卡的 DAC0832 模块来输出可变的电压，用万用表或示波器测量出来。DIP 开关在 00h～FFh 范围变动，跟随的输出模拟电压在 0～3.66 V 范围按比例变化。

本项目使用 DAC0832 的单缓冲方式。具体方法是$\overline{WR2}$和$\overline{XFER}$都为低电平，使 DAC 寄存器工作在直通状态，而输入寄存器工作在锁存状态，ILE 处于高电平、$\overline{CS}$处于低电平，当$\overline{WR1}$端来一个负脉冲时，完成 1 次转换。

4.1.1　挑战 1　建立工程

请在“/data/workspace/lab27”目录下建立“project_1”项目，并新建“myDAC.v”文件，按参考文件输入源代码。

4.1.2　挑战 2　建立约束文件

点击“Add Sources”新建约束“constraints.xdc”文件，按参考文件输入约束代码。

4.1.3　挑战 3　综合、实现、下载和观察

(1)点击左侧“Flow Navigator”栏“PROGRAM AND DEBUG”中的“Generate Bitstrem”，生成 bit 文件，EGO1 板卡连上电脑并拨动开关上电后，点击“Open Target”连接

EGO1 板卡，最后点击“Program Device”把 bit 文件写入 EGO1 的芯片中。

(2)拨动使能开关 SW0-R1，再控制 8 位 DIP 开关，在 DIP 开关右侧的 DAC OUT 输出接口上连接示波器，可以看到 DAC 输出接口上的电压随着 8 位 DIP 开关组成的数据变化，DIP 开关在 00h～FFh 之间变动，跟随的输出模拟电压在 0～3.66 V 之间按比例变化。

4.2 DAC 数模转换模块

下面通过一个简单且完整的基于 ACE1 的项目来说明 R-2R DAC 的使用。该项目的基本功能是控制 ACE1 板卡上的 8 位拨码开关作为输入，再连接到板卡的 R-2R DAC 模块来输出可变的电压，再用万用表或示波器测量出来。DIP 开关在 00h～FFh 范围变动，跟随的输出模拟电压在 0～3.3 V 范围按比例变化。

4.2.1 挑战 1 建立工程

请在“/data/workspace/lab27”目录下建立“project_2”项目，并新建“myDAC.v”文件，按参考文件输入源代码。

4.2.2 挑战 2 建立约束

点击“Add Sources”新建约束“constraints.xdc”文件，按参考文件输入源代码。

4.2.3 挑战 3 综合、实现、下载和观察

(1)点击左侧“Flow Navigator”栏“PROGRAM AND DEBUG”中的“Generate Bitstrem”，生成 bit 文件，ACE1 板卡连上电脑上电后，点击“Open Target”连接 ACE1 板卡，最后点击“Program Device”把 bit 文件写入 ACE1 的芯片中。

(2)开发板右侧黄色排母左下角的 DAC 输出接口上连接示波器，拨动使能开关 SW7～SW0，可以看到 DAC 输出接口上的电压随着 8 位 SW 拨码开关组成的数据变化，拨码开关在 00h～FFh 范围变动，跟随的输出模拟电压在 0～3.38 V 之间按比例变化。

5 能力拓展

如何实现用 UART 串口控制 DAC 输出电压(提示：将板卡 UART 串口连接电脑，从电脑上发送电压数值给 FPGA 板卡，FPGA 板卡通过 DAC 模块输出该数值对应的电压，使用示波器或万用表对输出电压进行测量。)

实验二十八　波形发生器运用

1　实验目的及学习要求

1.1　实验目的

(1)了解 DDS 原理。
(2)掌握 Block Memory Generator IP 核原理及使用。
(3)了解信号发生器的基本结构。
(4)掌握 DAC 转换模块的原理及使用方法。
(5)增强实践能力,激发创新意识。
(6)综合运用所学的知识和各种软硬件工具,初步具备解决工程问题的能力。
(7)培养沟通能力和责任担当意识,具备团队沟通、协作能力。

1.2　学习要求

(1)课前预习,了解 DDS 原理、Block Memory Generator IP 核原理及使用方法,以及信号发生器的基本结构。
(2)课前预习,初步了解 DDS 信号发生器的实现方法。
(3)课后复习,掌握 DDS 信号发生器的实现方法。

2　实验原理

2.1　直接数字频率合成原理

DDS(direct digital synthesizer)即直接数字式频率合成器,是一种新型的频率合成技术。与传统的频率合成器相比,DDS 具有相对带宽大、频率转换时间短、稳定性好、分辨率高、可灵活产生多种信号等优点。其较容易实现频率、相位及幅度的数控调制,因此,在现代电子系统及设备的频率源设计中,尤其在通信领域,直接数字频率合成器的应用越来越广泛。

若对一正弦波形进行采样,每 1 周期为 m 个采样点,分别记为 $1 \sim m$。对应每次参考时钟 f_c,输出一个采样点,输出如图 28.1 所示的一个周期的正弦,需要 m 个时钟周期,则输出的波形频率为 $f_a = f_c / m$。

对于这种情况，每次时钟到来时，相位累加器加 1，则会在第 i 个时钟周期输出第 i 个采样点($i=1\sim m$)，第($m+1$)个时钟输出第 1 个采样点，如此循环，这时的相位累加器实际上是步进为 1 的模 m 计数器。

如果每次时钟到来时，总是间隔一个采样点输出，即相位累加器的步进为 2，这时在第 i 个周期输出第 $2i$ 个采样点，输出波形如图 28.1 的波形 b，显然波形 b 的频率是波形 a 的 2 倍，即 $f_b=2f_a$。

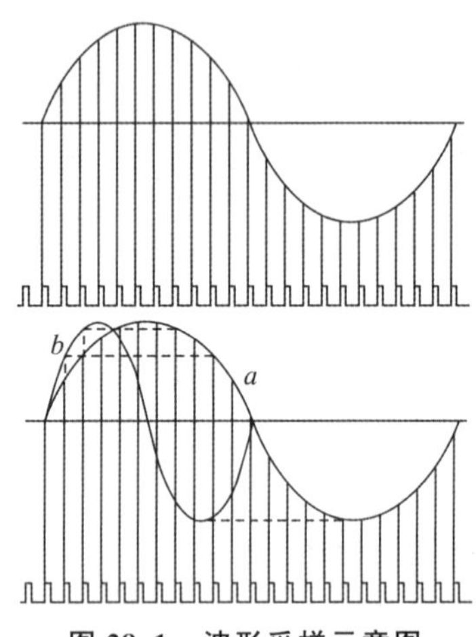

图 28.1　波形采样示意图

综上所述，如果相位累加器的步进为 B，则输出波形的频率为 $B*f_a$，f_a 是最小的输出频率，称为频率分辨率或步进间隔，B 为频率控制字。给定不同的频率控制字即可输出不同的频率。频率输出公式为 $f_o=B*f_c/m$。

在实际设计中，如果累加器长度为 N，则有 2^N 个存储单元存储采样数据。如果我们对一个周期的波形进行 2^N 个点的采样，即 $m=2^N$，此时输出频率 f_o、系统时钟频率 f_c、相位累加器长度 N 以及频率控制字 B 的关系为

$$f_o=B*f_c/2^N$$

为了使波形输出不失真，根据奈奎斯特定理，B 最高为 2^N-1。另外要提高 DDS 的精度，就需要分母越大越好，即采样点的个数越多，越接近实际波形。但实际上不可能提供如此多的存储空间，这就需要对采样点进行量化。如果量化单位为 K，则前 K 个点的值总是相同的，为采样值 1，第二组 K 个采样点的值为采样值 2，以此类推，第 i 组 K 个采样点的值为采样值 i，共需要 m/K 个存储单元来存储 m/K 个采样点。

DDS 的杂散来源之一就是相位累加器相位舍位。现有的频率控制主要采用二进制频率控制原理。这是因为 FPGA 采用二进制的数据处理机制以及波形存储器的二进制寻址方式，所以通常情况下 mK、m、K 都是二进制整数，如 $m=2^N$，这就要求对计算结果进行十进制近似取舍，导致波形发生器的输出频率以及频率分辨率存在无法消除的误差。

DDS 以数控振荡器的方式，产生频率、相位可控制的正弦，电路包括了基准时钟源、相位累加器、相位调制器、正弦 ROM 查找表、D/A 转换器和低通滤波器等，如图 28.2 所示。

频率控制字 B 和相位控制字 N 分别控制 DDS 所输出的正弦波的频率和相位。DDS 系统的核心是相位累加器，它由一个 N 位累加器与 N 位相位寄存器构成。

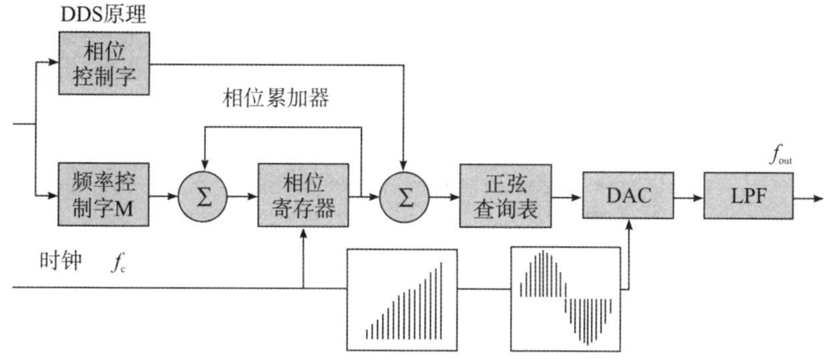

图 28.2　DDS 原理图

时钟脉冲每触发一次，累加器便将频率控制数据与相位寄存器输出的累加相位数据相加，然后把相加后的结果送至相位寄存器的数据输入端。相位寄存器将累加器在上一个时钟作用后所产生的新相位数据反馈到累加器的输入端，以使加法器在下一个时钟的作用下继续与频率控制数据相加。这样，相位累加器在参考时钟的作用下将进行线性相位累加，当相位累加器累加满时，就会产生一次溢出，以完成一个周期性的动作，这个周期就是 DDS 合成信号的一个频率周期，相位累加器的溢出频率就是 DDS 输出的信号频率。

将相位寄存器的输出与相位控制字相加的结果作为正弦查找表的地址。查找表由 ROM 构成，其内部存有一个完整周期正弦波的数字幅度信息，每个查找表的地址对应正弦波中的一个相位点。查找表把输入地址信息映射成正弦波幅度信号，同时输出到 D/A 转换器的输入端，通过 D/A 可将数字量形式的波形幅值转换成所要求的合成频率模拟量形式信号。低通滤波器用于衰减和滤除不需要的取样分量，以便输出频谱纯净的正弦波信号。

2.2　Block Memory Generator IP 核

在 FPGA 中，想要实现 RAM 功能基本有 2 种方式：使用 DRAM 或者使用 BRAM。

其中，DRAM 一般用于少量的数据存储，且会占用大量的 LUT 资源；对于大量数据一般考虑使用 BRAM，而想要调用开发板自带的 BRAM，必须通过 Block Memory Generator IP 核。

下面对其主要的配置作一个简单的介绍。

Block Memory Generator IP 核设置页面如图 28.3 所示，有以下配置：

(1)Component Name：设置该 IP 核的名称，这里保持了默认。

(2)Interface Type：RAM 接口总线。这里保持默认，选择 Native 接口类型(标准 RAM 接口总线)。

(3)Memory Type：存储器类型。可配置成 Single Port RAM(单端口 RAM)、Simple Dual Port RAM(伪双端口 RAM)、True Dual Port RAM(真双端口 RAM)、Single Port ROM(单端口 ROM)和 Dual Port ROM(双端口 ROM)。

(4)ECC Options：Error Correction Capability，纠错能力选项，这里保持默认。

(5)Write Enable：字节写使能选项，勾中后可以单独将数据的某个字节写入 RAM 中，这里不使能。

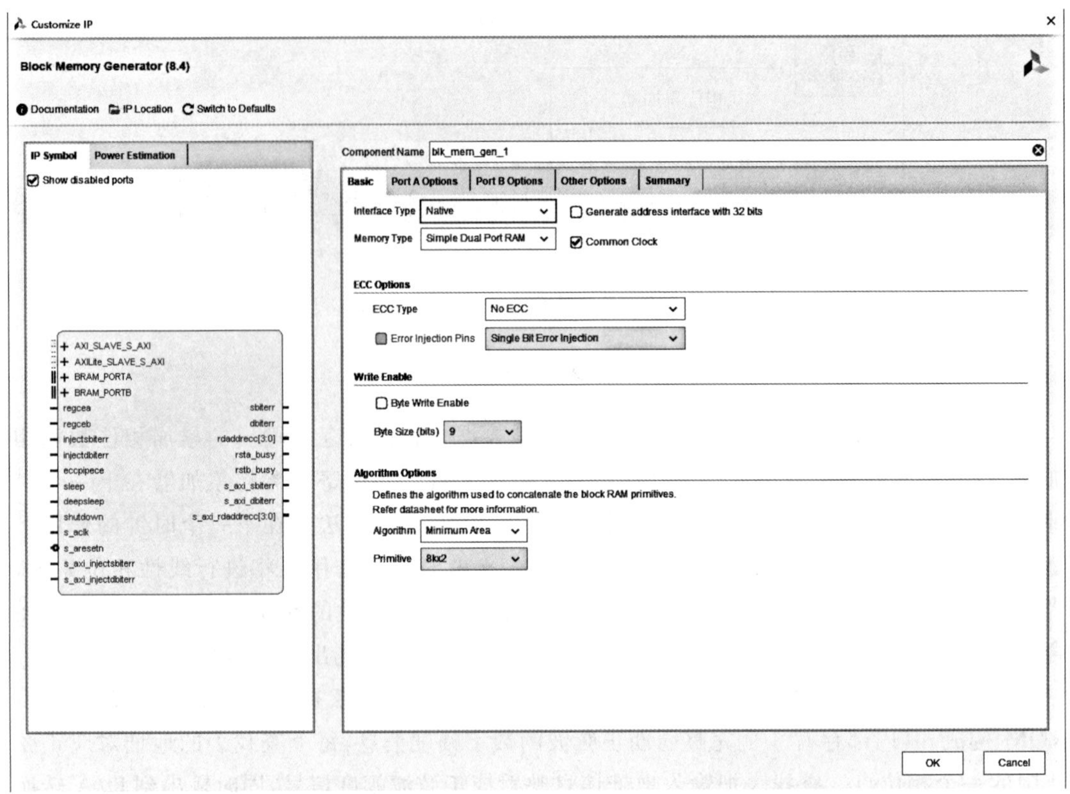

图 28.3 Block Memory Generator IP 核设置页面

(6)Algorithm Options:算法选项。可选择 Minimum Area(最小面积)、Low Power(低功耗)和 Fixed Primitives(固定的原语),这里选择默认的 Minimum Area。

在工程应用中,一般将波形数据存储在 RAM 或者 ROM 中,由于本次实验并不需要写数据到 RAM 中,因此我们将波形数据存储在只读的 ROM 中,直接读取 ROM 中的数据发送给 DA 转换芯片即可。本实验中,ROM 波形存储模块由 Vivado 软件自带的 Block Memory Generator IP 核实现,其存储的波形数据可以使用 matlab 生成的.coe 文件。

3 实验仪器

(1)登录终端 1 台(台式计算机或笔记本电脑等)。

(2)在线实验平台。

(3*)带开发工具的计算机 1 台。

4　实验内容

4.1　第 1 关　创建工程，添加顶层模块

请在“/data/workspace/lab28”目录下建立“project_1”项目，并建立顶层文件“dds_top.v”，参考附件输入源代码。

4.2　第 2 关　添加 Block Memory Generator IP 核

本关卡将使用 Block Memory Generator IP 核生成正弦波、方波和三角波三种波形数据。

4.2.1　挑战 1　正弦波波形 IP 核生成(sin_rom)

下面以正弦波波形数据生成为例，添加名为 sin_rom 的 Block Memory Generator IP 核。

在 Vivado 设计界面的左侧设计向导栏中，点击“Project Manager”目录下的“IP Catalog”，开始添加 IP 核(以创建 sin_rom 为例)。

在 IP Catalog 界面的搜索栏，输入“Block Memory Generator”，会出现 Block Memory Generator 的 IP，双击会打开如图 28.4 所示的 IP 配置界面。

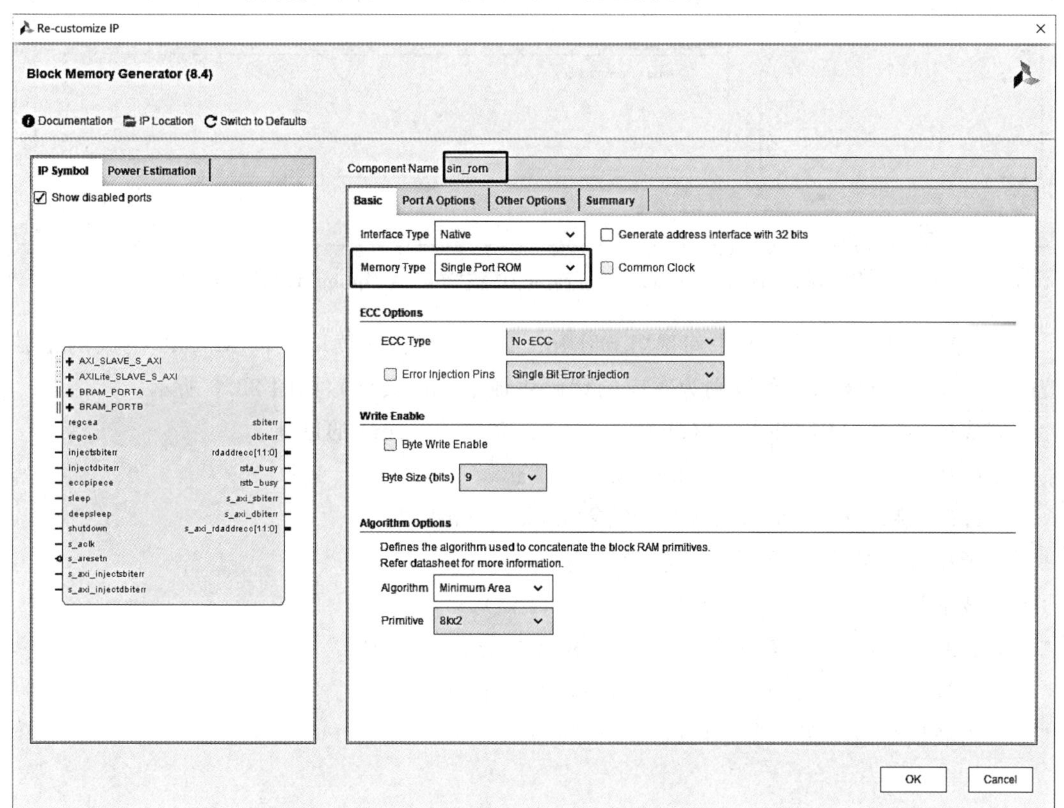

图 28.4　Block Memory Generator IP 核“Basic”设置页面

将 IP 的名字修改为 sin_rom（创建方波和三角波时名字分别改为 square_rom 和 triangular_rom），并且将“Basic”页面的“Memory Type”改为“Single Port ROM”。

“Port A Options”页面中的“Port A Width”和“Port A Depth”分别改为 10 和 4096，以存储 Matlab 生成的 4096 个数据。“Enable Port Type”选项改为“Always Enabled”，如图 28.5 所示。

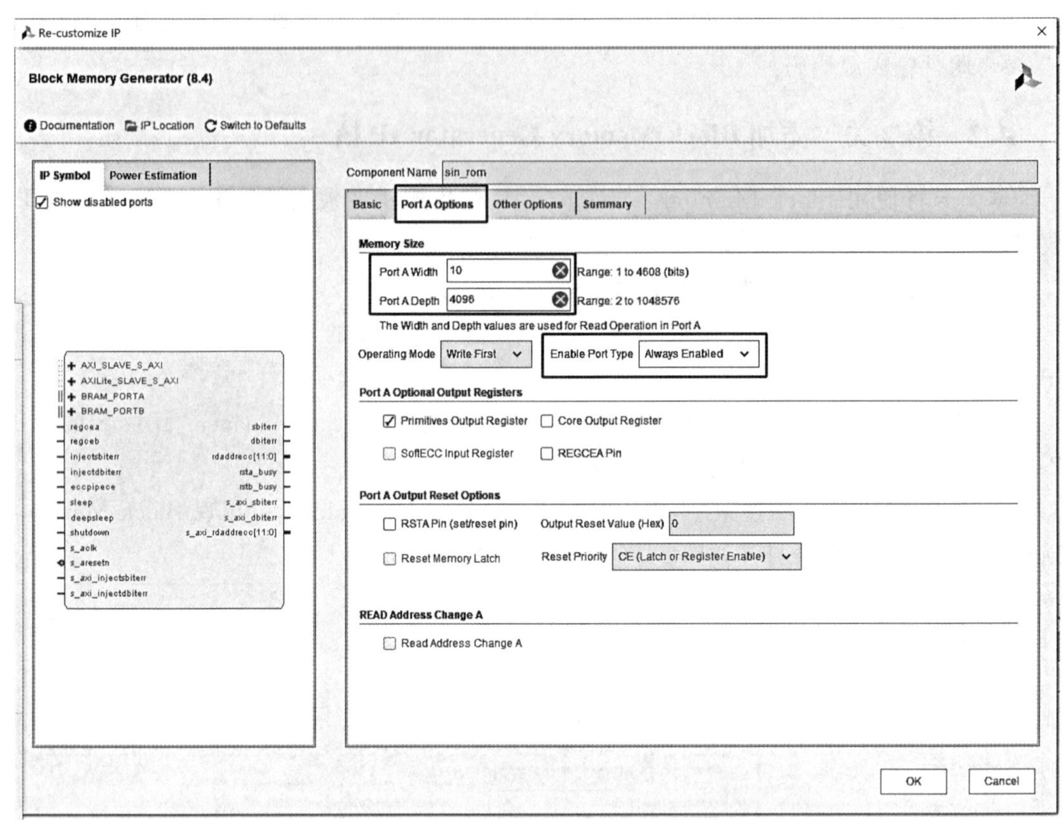

图 28.5　Block Memory Generator IP 核“Port A Option”设置页面

在“Other Options”页面中勾选“Load Init File”选项，并读取之前 Matlab 生成的正弦波的.coe 文件（方波和三角波则为对应的代码生成的.coe 文件），如图 28.6 所示。

完成后，点击“OK”并点击“Generate”选项，完成 sin_rom 的创建。

正弦信号波形采集参考代码（sin_wave.m）。

4.2.2　挑战 2　方波波形 IP 核生成（square_rom）

参考挑战 1 的步骤，创建方波波形模块 square_rom。

方波信号波形采集参考代码（square_wave.m）。

4.2.3　挑战 3　三角波波形 IP 核生成（triangular_rom）

参考挑战 1 的步骤，创建三角波波形模块 triangular _rom。

三角波信号波形采集参考代码（triangle_wave.m）。

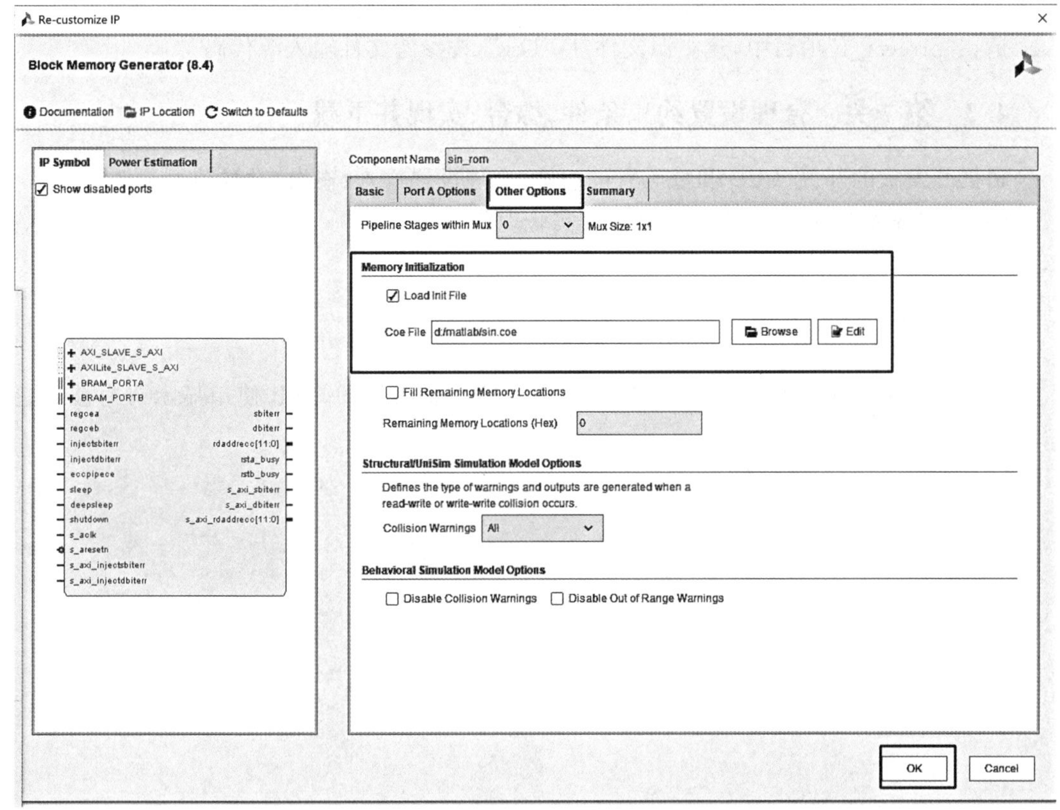

图 28.6　Block Memory Generator IP 核"Other Options"设置页面

4.3　第 3 关　添加 dds 模块

在 dds 模块中，实例化上一关中 3 种波形模块，并通过对频率寄存器与相位寄存器的控制，生成 3 种波形。

请在"project_1"项目中，建立源文件"dds.v"，参考输入源代码。

4.4　第 4 关　添加 debounce 按键控制模块

通过 debounce 模块，我们可以开发板上的上、下、左、右 4 个按键，控制波形的频率变化。

请在"project_1"项目中，建立源文件"debounce.v"，参考输入源代码。

4.5　第 5 关　添加 mux3_1 三选一模块

通过 mux3_1 模块，我们用两个拨码开关控制波形在 3 种模块之间循环切换。

请在"project_1"项目中，建立源文件"mux3_1. v"，参考输入源代码。

4.6　第 6 关　添加 DAC 模块

最后，我们添加 DAC 模块，对生成的数字信号进行数模转换，使得最终生成的模拟信号在 DAC OUT 端口上可以使用示波器进行查看。

请在“project_1”项目中，建立源文件“DAC.v”，按参考文件输入源代码。

4.7　第 7 关　合理设置约束条件，综合、实现并下载

根据开发板的开关、LED 和数码管的引脚，合理设置输入、输出，设置约束条件。

综合、实现并下载后，使用示波器观察实验现象。

5　能力拓展

对于实验中生成的波形，如何来进行观察？试结合已学的知识，使用显示屏对波形进行显示实现。

参考文献

[1] 廉玉欣.基于 Xilinx Vivado 的数字逻辑实验教程[M].北京:电子工业出版社,2016.

[2] 夏宇闻.Verilog 数字系统设计教程[M].2 版.北京:北京航空航天大学出版社,2008.

[3] 欧阳星明.数字逻辑[M].5 版.武汉:华中科技大学出版社,2021.

[4] 丁磊,冯永晋,张海笑.数字逻辑与 EDA 设计[M].西安:西安电子科技大学出版社,2012.

[5] 汤勇明,张圣清,陆佳华.搭建你的数字积木:数字电路与逻辑设计(Verilog HDL&Vivado 版)[M].北京:清华大学出版社,2017.

[6] 王金明,曹阳.数字系统设计与 Verilog HDL (Vivado 版)[M].北京:电子工业出版社,2024.

[7] 陈彦辉,冯毛官,胡力山.数字逻辑电路基础[M].西安:西安电子科技大学出版社,2014.

[8] 阎石.数字电子技术基础[M].6 版.北京:高等教育出版社,2016.

[9] 刘舜奎,林小榕,李惠钦.电子技术实验教程[M].3 版.厦门:厦门大学出版社,2013.

[10] 苏阳,蒋银坪,邢培飞.那些年我们拿下了 FPGA[M].北京:北京航空航天大学出版社,2013.

[11] IEEE Computer Society.IEEE Standard Verilog Hardware Description Language [S].IEEE Std.1364—2001,The Institute of Electrical and Engineers,Inc,2001.

[12] IEEE Computer Society.IEEE Standard Verilog Hardware Description Language [S].IEEE Std.1364—2005,The Institute of Electrical and Engineers,Inc.2005.

[13] EGO1 用户手册:ver1.2[Z].深圳:依元素科技有限公司,2017.

[14]Vivado 上手教程 EGO1 中文版:ver1.1[Z].深圳:依元素科技有限公司,2017.

[15] 7 Series FPGAs and Zynq-7000 SoC XADC Dual 12-Bit 1 MSPS Analog-to-Digital Converter User Guide(UG480):v1.10.1[Z].San Jose:Xilinx,Inc,2018.

[16] 走近 FPGA 之开发板介绍篇:ver1[Z].上海:上海易慕客科技有限公司,2020.

[17] 廉玉欣.Vivado 入门与 FPGA 设计实例[M].北京:电子工业出版社,2018.

[18] 白中英,朱正东.数字逻辑[M].7 版.北京:科学出版社,2020.

[19] 卫朝霞.数字逻辑[M].2 版.北京:清华大学出版社 2020.

[20] 王茜,黄仁,许光辰.数字逻辑[M].北京:人民邮电出版社,2011.

附　录

附录 1　TTL 集成电路管脚图

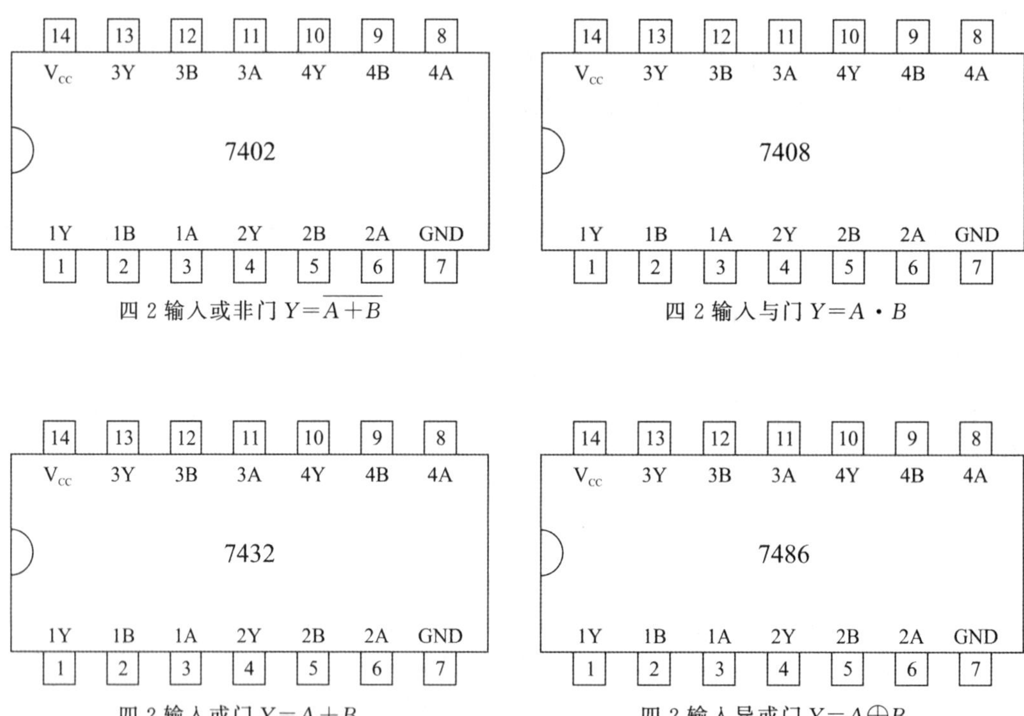

四 2 输入或非门 $Y=\overline{A+B}$

四 2 输入与门 $Y=A\cdot B$

四 2 输入或门 $Y=A+B$

四 2 输入异或门 $Y=A\oplus B$

附录 2　硬木 ACE-75 管脚分配

外设名称	引脚名称		FPGA 引脚
JTAG/USB	UART_RXD		Y21
	UART_TXD		Y22
复位键	rst_n		F4
时钟	FPGA_GCLK_50M		W19
	FPGA_CLK_100M		H4
	FPGA_CLK_3Hz		Y18
蜂鸣器	BUZZER		P20
LED/DAC	LED0	DAC_D0	AA21
	LED1	DAC_D1	AA20
	LED2	DAC_D2	W22
	LED3	DAC_D3	W21
	LED4	DAC_D4	T20
	LED5	DAC_D5	R19
	LED6	DAC_D6	P19
	LED7	DAC_D7	U21
电平开关	SW0		AA19
	SW1		V19
	SW2		V18
	SW3		Y19
	SW4		V20
	SW5		U20
	SW6		AB22
	SW7		AB21

续表

外设名称	引脚名称	FPGA 引脚
开关	KEY0	F4
	KEY1	C2
	KEY2	B2
	KEY3	E2
	KEY4	D2
	KEY5	U22
	KEY6	V22
	KEY7	T21
	KEY8	W20
数码管(不带译码)	Digitron_Out_0	N15
	Digitron_Out_1	R17
	Digitron_Out_2	P16
	Digitron_Out_3	N14
	Digitron_Out_4	N13
	Digitron_Out_5	R16
	Digitron_Out_6	P15
	Digitron_Out_7	P17
	DigitronCS_Out_0	R14
	DigitronCS_Out_1	R18
	DigitronCS_Out_2	T18
	DigitronCS_Out_3	N17
数码管(静态)	Digitron_A_0	P14
	Digitron_A_1	U18
	Digitron_A_2	U17
	Digitron_A_3	AB18
	Digitron_B_0	AA18
	Digitron_B_1	W17
	Digitron_B_2	V17
	Digitron_B_3	AB20

续表

外设名称	引脚名称	FPGA 引脚
XADC	AD15P	J5
	AD15N	H5
	AD7P	K2
	AD7N	J2
	AD14P	H2
	AD14N	G2
	AD6P	K1
	AD6N	J1
	AD5P	E1
	AD5N	D1
	AD13P	G1
	AD13N	F1
	AD4P	B1
	AD4N	A1
DDR3L	DDR3L_DQS0_p	Y3
	DDR3L_DQS0_n	AA3
	DDR3L_DQS1_p	R3
	DDR3L_DQS1_n	R2
	DDR3L_DQ0	V4
	DDR3L_DQ1	AB2
	DDR3L_DQ2	AB3
	DDR3L_DQ3	AA1
	DDR3L_DQ4	AA5
	DDR3L_DQ5	Y4
	DDR3L_DQ6	AB5
	DDR3L_DQ7	AA4
	DDR3L_DQ8	V2
	DDR3L_DQ9	Y1
	DDR3L_DQ10	U1
	DDR3L_DQ11	Y2
	DDR3L_DQ12	T1
	DDR3L_DQ13	W1

续表

外设名称	引脚名称	FPGA 引脚
DDR3L	DDR3L_DQ14	U2
	DDR3L_DQ15	U3
	DDR3L_A0	AA8
	DDR3L_A1	U5
	DDR3L_A2	Y9
	DDR3L_A3	Y8
	DDR3L_A4	V5
	DDR3L_A5	W7
	DDR3L_A6	U6
	DDR3L_A7	V7
	DDR3L_A8	T5
	DDR3L_A9	W9
	DDR3L_A10	AA6
	DDR3L_A11	T6
	DDR3L_A12	Y6
	DDR3L_BA0	AB8
	DDR3L_BA1	W5
	DDR3L_BA2	Y7
	DDR3L_DM0	AB1
	DDR3L_DM1	W2
	DDR3L_ODT	AB6
	DDR3L_CLK_p	V9
	DDR3L_CLK_n	V8
	DDR3L_CKE	R4
	DDR3L_CS	U7
	DDR3L_RAS	AB7
	DDR3L_WE	W6
	DDR3L_RESET	T3
	DDR3L_CAS	T4

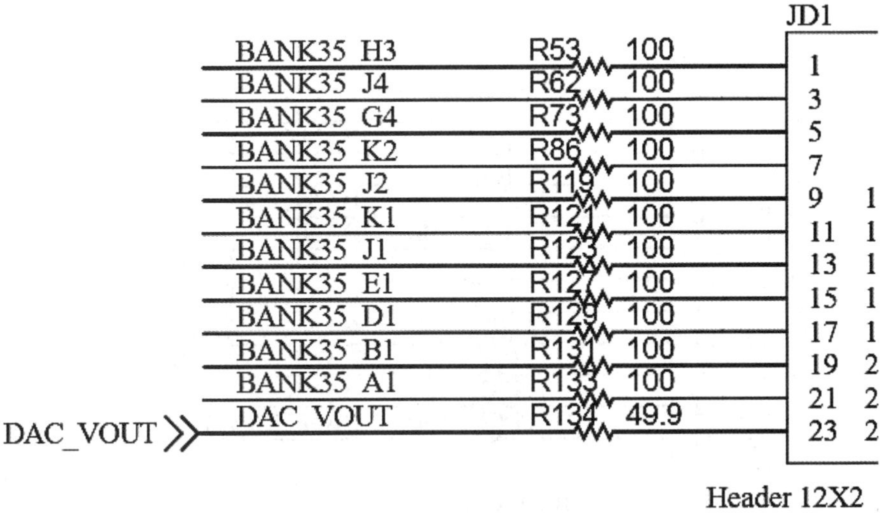

JD1

BANK35_H3 R53 100 1
BANK35_J4 R62 100 3
BANK35_G4 R73 100 5
BANK35_K2 R86 100 7
BANK35_J2 R119 100 9
BANK35_K1 R121 100 11
BANK35_J1 R123 100 13
BANK35_E1 R127 100 15
BANK35_D1 R129 100 17
BANK35_B1 R131 100 19
BANK35_A1 R133 100 21
DAC_VOUT DAC_VOUT R134 49.9 23

Header 12X2

JD1 扩展接口引脚对应图 1

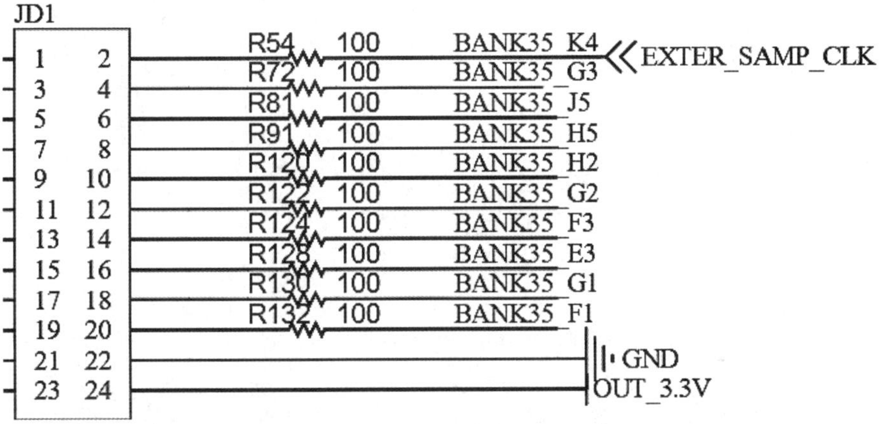

JD1

1 2 R54 100 BANK35_K4 EXTER_SAMP_CLK
3 4 R72 100 BANK35_G3
5 6 R81 100 BANK35_J5
7 8 R91 100 BANK35_H5
9 10 R120 100 BANK35_H2
11 12 R122 100 BANK35_G2
13 14 R124 100 BANK35_F3
15 16 R128 100 BANK35_E3
17 18 R130 100 BANK35_G1
19 20 R132 100 BANK35_F1
21 22 GND
23 24 OUT_3.3V

JD1 扩展接口引脚对应图 2

JD2

1
BANK13_Y11 R141 100 3
BANK13_V13 R145 100 5
BANK13_U15 R146 7
BANK13_W15 R150 100 9
BANK13_T16 R153 100 11
BANK13_AB12 R135 100 13
BANK13_T15 R151 100 15
BANK13_AB10 R136 17
BANK13_AA11 R139 100 19
BANK13_W10 R140 21
BANK13_W12 R144 100 23
100

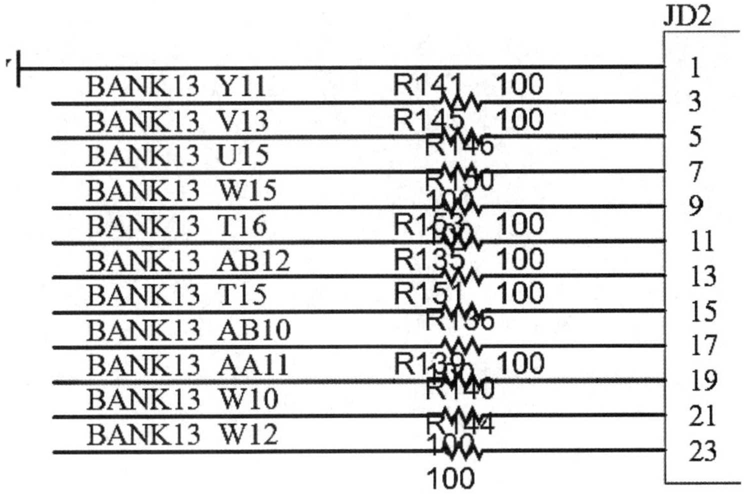

JD2 扩展接口引脚对应图 1

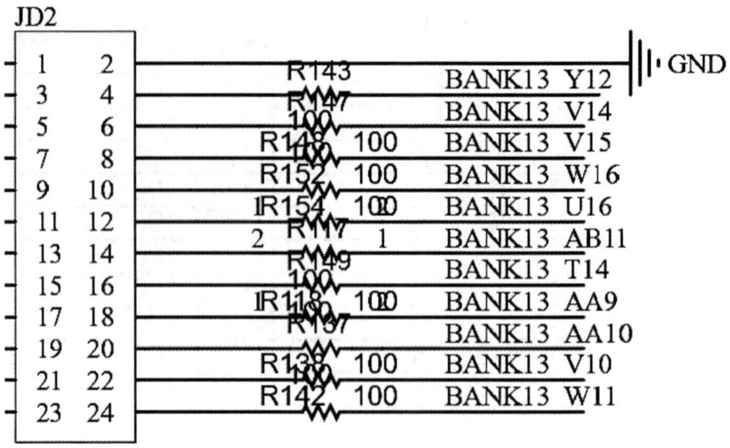

JD2 扩展接口引脚对应图 2

附录 3　EGO1 管脚分配

外设名称	引脚名称	FPGA 引脚	备注
复位键	FPGA_RESET	P15	
时钟	SYS_CLK	P17	100 MHz
LED	LED0	K3	
	LED1	M1	
	LED2	L1	
	LED3	K6	
	LED4	J5	
	LED5	H5	
	LED6	H6	
	LED7	K1	
	LED8	K2	
	LED9	J2	
	LED10	J3	
	LED11	H4	
	LED12	J4	
	LED13	G3	
	LED14	G4	
	LED15	F6	
拨码开关	SW0	R1	
	SW1	N4	
	SW2	M4	
	SW3	R2	
	SW4	P2	
	SW5	P3	
	SW6	P4	
	SW7	P5	

续表

外设名称	引脚名称	FPGA 引脚	备注
8 位 DIP 开关	SW_DIP0	T5	
	SW_DIP1	T3	
	SW_DIP2	R3	
	SW_DIP3	V4	
	SW_DIP4	V5	
	SW_DIP5	V2	
	SW_DIP6	U2	
	SW_DIP7	U3	
按键	S0	R11	
	S1	R17	
	S2	R15	
	S3	V1	
	S4	U4	
数码管(不带译码)	A0	B4	对应 DN0
	B0	A4	
	C0	A3	
	D0	B1	
	E0	A1	
	F0	B3	
	G0	B2	
	DP0	D5	
	A1	D4	对应 DN1
	B1	E3	
	C1	D3	
	D1	F4	
	E1	F3	
	F1	E2	
	G1	D2	
	DP1	H2	
	DN0_K1	G2	对应 A0～DP0
	DN0_K2	C2	
	DN0_K3	C1	
	DN0_K4	H1	

续表

外设名称	引脚名称	FPGA 引脚	备注
数码管(不带译码)	DN1_K1	G1	对应 A1～DP1
	DN1_K2	F1	
	DN1_K3	E1	
	DN1_K4	G6	
串口	UART_TX	N5	
	UART_RX	T4	
USB 转 PS2 接口	PS2_CLK	K5	
	PS2_DATA	L4	
蓝牙	BT_TX	L3	FPGA 串口接收端
	BT_RX	N2	FPGA 串口发送端
音频接口	AUDIO_PWM	T1	
	SUDIO_SD#	M6	
VGA 行同步场同步信号	VGA_HSYNC	D7	
	VGA_VSYNC	C4	
VGA 红绿蓝信号	VGA_R0	F5	RED
	VGA_R1	C6	
	VGA_R2	C5	
	VGA_R3	B7	
	VGA_G0	B6	GREEN
	VGA_G1	A6	
	VGA_G2	A5	
	VGA_G3	D8	
	VGA_B0	C7	BLUE
	VGA_B1	E6	
	VGA_B2	E5	
	VGA_B3	E7	
模拟电压输入	W1	C12	通道 1

续表

外设名称	引脚名称	FPGA 引脚	备注
DAC 数模转换	DI0	T8	
	DI1	R8	
	DI2	T6	
	DI3	R7	
	DI4	U6	
	DI5	U7	
	DI6	V9	
	DI7	U9	
	ILE(BYTE2)	R5	
	CS	N6	
	WR1	V6	
	WR2	R6	
	XFER	V7	
SRAM 接口	I/O0	U17	
	I/O1	U18	
	I/O2	U16	
	I/O3	V17	
	I/O4	T11	
	I/O5	U11	
	I/O6	U12	
	I/O7	V12	
	I/O8	V10	
	I/O9	V11	
	I/O10	U14	
	I/O11	V14	
	I/O12	T13	
	I/O13	U13	
	I/O14	T9	
	I/O15	T10	
	A00	T15	
	A01	T14	
	A02	N16	
	A03	N15	
	A04	M17	

续表

外设名称	引脚名称	FPGA 引脚	备注
SRAM 接口	A05	M16	
	A06	P18	
	A07	N17	
	A08	P14	
	A09	N14	
	A10	T18	
	A11	R18	
	A12	M13	
	A13	R13	
	A14	R12	
	A15	M18	
	A16	L18	
	A17	L16	
	A18	L15	
	OE	T16	
	CE	V15	
	WE	V16	
	UB	R16	
	LB	R10	
通用扩展 I/O	AD2P_15	B16	J5 标号:1
	AD2N_15	B17	J5 标号:2
	AD10P_15	A15	J5 标号:3
	AD10N_15	A16	J5 标号:4
	AD3P_15	A13	J5 标号:5
	AD3N_15	A14	J5 标号:6
	AD11P_15	B18	J5 标号:7
	AD11N_15	A18	J5 标号:8
	AD9P_15	F13	J5 标号:9
	AD9N_15	F14	J5 标号:10
	AD8P_15	B13	J5 标号:11
	AD8N_15	B14	J5 标号:12
	AD0P_15	D14	J5 标号:13
	AD0N_15	C14	J5 标号:14
	IO_L4P	B11	J5 标号:15

续表

外设名称	引脚名称	FPGA 引脚	备注
通用扩展 I/O	IO_L4N	A11	J5 标号:16
	IO_L11P	E15	J5 标号:17
	IO_L11N	E16	J5 标号:18
	IO_L12P	D15	J5 标号:19
	IO_L12N	C15	J5 标号:20
	IO_L13P	H16	J5 标号:21
	IO_L13N	G16	J5 标号:22
	IO_L14P	F15	J5 标号:23
	IO_L14N	F16	J5 标号:24
	IO_L15P	H14	J5 标号:25
	IO_L15N	G14	J5 标号:26
	IO_L16P	E17	J5 标号:27
	IO_L16N	D17	J5 标号:28
	IO_L17P	K13	J5 标号:29
	IO_L17N	J13	J5 标号:30
	IO_L18P	H17	J5 标号:31
	IO_L18N	G17	J5 标号:32